Tafel 1

Relief mit den Sinnbildern der Uthlande, dem Pflug und dem Schiff, auf dem Grabstein des Hausmanns Carsten Her Täge (= Herr Tycho), gest. 1678 und seines Sohnes, des Seefahrers Boy Carstensen, gest. 1681, in Nebel auf Amrum

HENRY KOEHN

DIE
NORDFRIESISCHEN INSELN

*Die Entwicklung ihrer Landschaft
und die Geschichte ihres Volkstums*

*Mit Beiträgen von Prof. Dr. med. Carl Häberlin,
Dr. Julius Tedsen † und Landgerichtsdirektor i. R.
Georg Warnecke*

Vierte, erneuerte und erweiterte Auflage

CRAM, DE GRUYTER & CO., HAMBURG 1954

Bildtext für den Schutzumschlag:
Knudswarf auf Gröde während einer Überflutung der Hallig am 20. September 1935

Copyright 1954 by Cram, de Gruyter & Co., Hamburg 1. Printed in Germany. Alle Rechte vorbehalten
Satz: Walter de Gruyter & Co., Berlin W 35   /   Druck: Otto von Holten G. m. b. H., Berlin W 35

Die Geschichte des

NORDFRIESISCHEN INSELREICHES

kündet von einem Epos von Mensch und Meer. Die Landschaft des Raumes verbindet mit ihrem Gestaltenwandel eines ozeanischen und erdgeschichtlichen Geschehens eine wundersame Naturwelt an Bodenbildung, Pflanzen und Tieren. In der Kultur der Inselfriesen vereinigt sich ein heimatliches Bauerntum mit einer weltfernen Seefahrt. Die Einheit in der Doppelnatur dieser Lebenswelt von Land und Meer, von Pflug und Schiff, kennzeichnet durch Heimatsinn und Ferntrieb den Friesengeist. Den Gang durch die Zeiten in Wort und Bild dieses Buches widme ich zum Gedenken an ihr Stammestum den lebenden

UTHLANDSFRIESEN

INHALT

Bilderverzeichnis	VII
Vom Herausgeber benutzte Quellen	XIV
Einleitung	1

DIE NATUR

Landschaft 7
   Geologischer Aufbau. Umgestaltungen der Uthlande durch Niveauveränderungen und Sturmfluten. Inselcharaktere. Uferschutz und Landgewinnung.

Pflanzenwelt 46
   Geest und Marsch. Versunkene Waldungen und Moore. Dünenvegetation. Gärten und Gehölze.

Tierwelt 61
   Einleitung. Die Vogelwelt im Landschaftsbild. Die Tierwelt der Watten. Die Tierwelt im Wandel der Zeiten. Schluß. Von Landgerichtsdirektor i. R. Georg Warnecke, Hamburg.

DIE KULTUR

Vor- und Frühgeschichte 85
   Steinzeit. Bronzezeit. Eisenzeit. Wikingerzeit.

Entdeckungsgeschichte 98
   Pytheas. Plinius. Tacitus. Ptolemäus.

Stammesgeschichte 102
   Siedlung. Rasse. Familienkunde. Landesgeschichte.

Hausbau 119
   Warfbau. Das Uthländische Haus. Gehöft. Dorfanlage. Badeorte.

Hausrat 134
   Einheimisches und fremdes Kulturgut.

Tracht und Schmuck 142
   Volkstrachten im Wandel der Zeit. Silber- und Goldschmuck.

Sprache 149
   Die nordfriesische Sprache. Von Dr. Julius Tedsen †, Flensburg.

Seefahrt 153
   Allgemeines. Frühzeit. Fischfang. Grönlandfahrt. Handelsfahrt. Leistungen, Erlebnisse und Schicksale einzelner Seefahrer.

Landwirtschaft 172
    Deichbau. Agrarverfassung. Ackerbau und Viehzucht.

Heilkunde 180
    Heilkunde und Heilklima. Von Prof. Dr. med. Carl Häberlin, Wyk auf Föhr.

Recht 187
    Gesetzesüberlieferung. Rechtssitten.

Sitten und Bräuche 192
    Altes Volksgut. Feiern und Feste. Spiele.

Geistesleben 200
    Volksgeist. Sage und Erzählung. Schule. Religion.

Bilderanhang: Verzeichnis siehe Seite VII—XIII . . . . Tafel 1—167

Karte der Nordfriesischen Inseln 1 : 300000 mit Sonderkarten der Inseln Sylt — Amrum — Föhr —
    Pellworm — Süderoog — Langeneß — Oland — Gröde — Habel — Hamburger Hallig —
    Hooge — Norderoog — Nordstrand — Nordstrandischmoor — Südfall 1 : 100000 auf 1 Blatt
    am Schluß des Buches.

BILDERVERZEICHNIS

Alle Aufnahmen stammen, soweit bei den Abbildungen nicht anders vermerkt, vom Verfasser. Jede Vervielfältigung der Bilder ist verboten.

Tafel 1. Relief mit den Sinnbildern der Uthlande, dem Pflug und dem Schiff, auf einem Grabstein in Nebel auf Amrum.
,, 2. Tiefenkarte der Nordsee.
,, 3. Funde aus dem Morsumkliff auf Sylt.
,, 4. In Bernstein eingeschlossene Fliege. / Versteinerter Rückenwirbel eines Wales. / Findlingsteine der Eiszeit am Strand beim Gotingkliff auf Föhr, zur Ebbezeit.
,, 5. Morsumkliff auf Sylt. / Limonitsandstein. Kammerartige Absonderungen von Brauneisen.
,, 6. Rotes Kliff auf Sylt. / Braunkohlen- und Saprohumolithbank im Kaolinsand des Roten Kliffs auf Sylt bei Eisenbuhne 31.
,, 7. Kaolinsand mit Schrägschichtung der Flußablagerung im Roten Kliff auf Sylt bei Eisenbuhne 25. / Abbruchspalten an der Plateaukante des Roten Kliffs bei Kampen auf Sylt.
,, 8. Karten von Nordfriesland Anno 1651 und 1240 von Casparum Danckwerth, 1652.
,, 9. Grab der ausgehenden jüngeren Steinzeit am Ufer des Süderwatts auf Sylt. / Pergamenturkunde eines Handelsvertrages zwischen der Edomsharde und Hamburg vom 19. Juni 1361.
,, 10. Rungholtwatt im Süden von Südfall mit den Resten eines Sodenbrunnens, einer Grabensohle und einer Warf aus der Zeit von 1362. / Pflugfurchen im Rungholtwatt aus der Zeit von 1362 an der NW Ecke von Südfall.
,, 11. Grundriß eines Hauses von dem 1362 untergegangenen Alt-List auf Sylt. / Sodenbrunnen auf dem Weststrand bei Rantum auf Sylt.
,, 12. Restgebiete des 1634 untergegangenen Alt-Nordstrand. / Sturmflut vom 18. Oktober 1936 bei Westerland auf Sylt.
,, 13. Knudswarf auf Gröde, von der Kirchwarf gesehen, während einer Überflutung der Hallig. / Knudswarf auf Gröde mit dem Lehrer und seinen drei Schulkindern am Tage nach der Überflutung der Hallig.
,, 14. Kirchwarf auf Gröde, von der Knudswarf gesehen, während einer Überflutung der Hallig. / Schafe auf der Böschung der Knudswarf auf Gröde während einer Überflutung der Hallig.
,, 15. Brandung bei Kampen auf Sylt. / Wattenmeer bei Sylt mit Blick auf Keitum und die Nössehalbinsel.
,, 16. Kunstmaler am Roten Kliff bei Kampen auf Sylt. / Landschaft im Osten von Kampen auf Sylt mit Blick auf die Lister Dünen.
,, 17. Steilwand einer vom Westwind angeschnittenen Düne mit ihren Aufbauschichten, am Roten Kliff bei Kampen auf Sylt.
,, 18. Leeseite einer Wanderdüne bei Blidselbucht auf Sylt. / Leehang der größten Wanderdüne der Insel bei List auf Sylt.
,, 19. Kuppen mit Strandhafer in den Wanderdünen des Listlandes auf Sylt. / Sandsturm im Dünengebiet von Kampen auf Sylt. SW-Sturm mit Windstärke 10 bis 11.
,, 20. Wintersee mit Kegeldüne in einem Dünental bei Klappholttal auf Sylt. / Wintersee in einem Dünental bei Klappholttal auf Sylt.
,, 21. Wanderdüne im Winter, westlich der Station Vogelkoje auf Sylt. / Dünenlandschaft in Schnee und Eis, westlich der Station Vogelkoje auf Sylt.
,, 22. Verschneite Dünen nördlich von Kampen auf Sylt. / Sylter Inselbahn in den Dünen nördlich von Kampen auf Sylt.
,, 23. Postverbindung im Winter zwischen Sylt und dem Festland. / Eisbootfahrt zwischen Husum-Halebüll und der Insel Nordstrand-Morsumkoog.
,, 24. Fischerboot in der vereisten Wattenmeerbucht von Munkmarsch auf Sylt. / Wattenmeerbucht und Hafen von Munkmarsch auf Sylt bei einer Vereisung im Februar 1936.
,, 25. Vereisung von Strand und Nordsee bei Kampen auf Sylt. / Schneewehen auf dem Weststrand bei Kampen auf Sylt. Blick vom Roten Kliff.
,, 26. Vereisung der Nordsee vom 22. Februar 1947. Ausschnitt aus der Eiskarte des Deutschen Hydrographischen Instituts, Hamburg.
,, 27. Keitum auf Sylt im Winter. / Friesenhaus, ehemals von Kapitän Andreas Bleicken, im Schnee am Keitumkliff auf Sylt.
,, 28. Blick vom Leuchtturm von Amrum über die Dünen auf Wittdün. / Blick vom Leuchtturm von Amrum auf Süddorf und Nebel.

Tafel 29. Gerstenernte auf der hohen Geest von Föhr. / Die Warf von Hallig Oland von Nordwesten gesehen.
,, 30. Blick von Wyk auf Föhr über die Norder-Aue auf Hallig Langeneß-Nordmarsch. / Luftspiegelung von Hallig Gröde.
,, 31. Die Hamburger Hallig vom Watt zur Ebbezeit aus dem Westen gesehen. / Hallig Habel von Südosten gesehen. Im Vordergrund Reste der vor 100 Jahren zerstörten Süderwarf im Watt zur Ebbezeit.
,, 32. Mitteltrittwarf auf Hallig Hooge von Nordwesten gesehen. / Blick über die Gärten der Backenswarf auf Hallig Hooge auf die Ockelützwarf, die Kirchwarf und die Mitteltritt- und Lorenzwarf.
,, 33. Hallig Süderoog zur Ebbezeit vom Watt aus dem Westen gesehen. / Friedhof der Hallig Nordstrandischmoor.
,, 34. Weizenfeld im Pohnshalligkoog auf Nordstrand. Im Hintergrund die Festlandsküste. / Die aus dem Ende des 12. Jahrhunderts stammende „Alte Kirche" auf Pellworm mit der Turmruine, vom Außendeich gesehen.
,, 35. Brandung an der Abbruchkante der Hallig Nordmarsch-Langeneß im Nordosten der Hilligenleiwarf. / Zerstörung des Halligufers von Nordmarsch-Langeneß im Nordosten der Hilligenleiwarf.
,, 36. Seitenpriel des Rummellochs zur Ebbezeit. / Bepflanzung des Dünenfußes am Weststrand bei Hörnum auf Sylt.
,, 37. Queller bei Ebbe, im Priel bei der Ockelützwarf auf Hallig Hooge. / Quelleranwachs auf dem durch Grüppelanlage aufgeworfenen Schlickwatt am Nordstranderdamm.
,, 38. Nivellistische Vermessung des Watts bei Hallig Gröde. Oben: Meßplan mit den Meßprofilen und den Ablesungen je hundert Meter. Mitte: Der nach dem Meßplan gezeichnete Höhenlinienplan. Unten: Im gleichen Maßstab aufgenommenes Luftbild. Archiv Marschenbauamt Husum.
,, 39. Prieldurchdämmung beim Bau des Pohnshalligkooges auf Nordstrand. 1923. Aufn. Archiv Marschenbauamt Husum. / Blick in den neuen Bupheverkoog auf Pellworm. Aufn. Archiv Marschenbauamt Husum.
,, 40. Wermut und Queller in der Verlandungszone der Wattenmeerbucht „Grüning" im Norden von Kampen auf Sylt.
,, 41. Die „Grüning" genannten Wattwiesen im Norden von Kampen auf Sylt mit den Lister Dünen im Hintergrund. / Heide auf der hohen Geest im Osten von Kampen auf Sylt, mit Blick nach Süden auf Keitum.
,, 42. Funde aus dem Seetorf des Süderwatts und vom Weststrand von Sylt. / Baumstamm eines untergegangenen Gehölzes zur Ebbezeit freiliegend im Watt im SO von Gröde.
,, 43. Schlickschollen vom Moorabbau, im Watt zur Ebbezeit freiliegend im SO der Treuburgwarf auf Hallig Nordmarsch-Langeneß. / Querschnitt durch zwei Schlickschollen.
,, 44. Bestand von Kriechweide in den Dünen nördlich von Kampen auf Sylt. / Krähenbeere in den Dünen bei Kampen auf Sylt. / Enzian in der Heide von Kampen auf Sylt. / Dünenrosen am Heidehang bei der Wuldemarsch von Kampen auf Sylt.
,, 45. Pflanzen von Dünenhalm bei Hörnum auf Sylt.
,, 46. Dünenbepflanzung bei Hörnum auf Sylt.
,, 47. Garten und Stammhaus der Uwen in Keitum auf Sylt. / Friesenhaus, jetzt Heimat-Museum, unter Pappeln und Ulmen in Keitum auf Sylt.
,, 48. Lembkehain in Wyk auf Föhr. / Friesenhaus vom Jahre 1711 in der Mühlenstraße von Wyk auf Föhr.
,, 49. Heckenweg in Midlum auf Föhr.
,, 50. Blühender Holunder am Feding der Hanswarf auf Hooge.
,, 51. Vom Sturm gefällter Riesenstamm einer Esche im Osterkoog auf Nordstrand. / Urwald von windwüchsigen Pappeln und Farnkraut in der Vogelkoje von Kampen auf Sylt.
,, 52. Garten der „Pension Jansen" in Keitum auf Sylt. / Gehölz der Berg- oder Krummholzkiefer bei der Vogelkoje von Kampen auf Sylt.
,, 53. Stechginster, Gaspeldorn und Kiefern am Watt bei der Vogelkoje von Kampen auf Sylt. / Ehemaliger Fangteich der Vogelkoje von Kampen auf Sylt.
,, 54. Ein Schwarm von Alpenstrandläufern über Norderoog. / Schutzhütte mit dem Vogelwärter Jens Sörensen Wand auf Norderoog. / Gelege der Zwergseeschwalbe auf Norderoog. / Nest der Brandseeschwalbe auf Norderoog.
,, 55. Junge Silbermöwe. Westerland auf Sylt. / Brutplatz der Brandseeschwalben im Grasland von Hallig Norderoog.
,, 56. Brandseeschwalben auf Norderoog.

Tafel 57. „Neue Oevenumer" Vogelkoje auf Föhr, gegründet 1736. / Teich der „Neuen Oevenumer" Vogelkoje mit Lock- und Wildenten.
„ 58. Schematischer Querschnitt durch eine Stromrinne im Wattenmeer. Nach A. Hagmeier und R. Kändler. / Rothirschgeweih. Gefunden im Wattenmeer 1919 zwischen Habel und Nordstrandischmoor.
„ 59. Sandwatt zwischen Nordstrand und Südfall, übersät mit den Häufchen des Sandröhrenwurms. / Trichter und Häufchen des Sandröhrenwurms im Watt.
„ 60. Miesmuschelbänke im Wattenmeer zur Ebbezeit freiliegend bei der Hamburger Hallig. / Abgestorbene Klaffmuscheln auf dem Wattengrund des Amrum-Tief zwischen Amrum und Föhr.
„ 61. Charakteristische Schmetterlinge der Inseln.
„ 62. Farben- und formenschöne Schmetterlinge von Sylt, Amrum und Föhr.
„ 63. Hornhechtfang im Fischgarten zur Ebbezeit im Wattenmeer im NW von Föhr.
„ 64. Gekerbte Knochenspitze der mittleren Steinzeit. Gefunden bei Boldixum auf Föhr. / Hängegeschmeide aus Bernstein aus einem Riesensteingrab von Kampen auf Sylt.
„ 65. Denghoog bei Wenningstedt auf Sylt, von Süden gesehen. / Kammer und Gang des Denghoog bei Wenningstedt auf Sylt.
„ 66. Tongefäß aus dem Denghoog bei Wenningstedt auf Sylt.
„ 67. Dolch und Beil der jüngeren Steinzeit. Gefunden bei Goting bzw. Ütersum auf Föhr. / Pfeilspitzen und Steindolche der Stein-Bronzezeit von Sylt.
„ 68. Streitäxte von Goting und Amazonenaxt von Ütersum auf Föhr. / Werkzeuge der jüngeren Steinzeit: Wetzstein, Meißel, Bohrer, Messer, Sichel. Gefunden auf Föhr.
„ 69. Bronzedolch aus dem nordöstlichen Krockhoog bei Kampen auf Sylt. / Kamm aus Knochen. Gefunden 1890 in einem Grabhügel der Wikingerzeit bei Hedehusum auf Föhr. / Wall vom Wikinghafen bei Goting auf Föhr.
„ 70. Krummwall auf Amrum. Blick von der Mitte des Wallbogens nach NW auf Nebel. / Krummwall auf Amrum. Blick von der Mitte des Wallbogens nach SO auf Wittdün und den Esenhugh bei Steenodde.
„ 71. Tinnumburg auf Sylt, von Norden gesehen.
„ 72. Skalnastal auf Amrum. Freilegung von drei- und viereckigen Steinsetzungen der jüngeren Kaiserzeit. / Abformung der Grabkammer des jungsteinzeitlichen Harhoog bei Keitum auf Sylt mittels Gips-Papierhülle zur Aufstellung im Museum vorgeschichtlicher Altertümer in Schleswig.
„ 73. Instandsetzung eines der bronzezeitlichen Krockhooger bei Kampen auf Sylt durch das Jugendaufbauwerk „Berghof" bei Flensburg. / Wiederfreilegung eines Ganggrabes der jüngeren Steinzeit durch die Pfadfinder von Kampen auf Sylt.
„ 74. Älteste Spezialkarte von Schleswig-Holstein aus dem Jahre 1559 von Marcus Jordanus. / Ausschnitt einer Karte aus dem ältesten niederdeutschen Seeatlas „Spieghel der Zeevaert" von Lucas Jansz Waghenaer, Enckhusen 1589.
„ 75. Anke Johannsen. Hilligenleiwarf auf Hallig Nordmarsch-Langeneß. / August Jacobs. Kirchhofswarf auf Hallig Nordmarsch-Langeneß. / Regina Jacobs. Kirchhofswarf auf Hallig Nordmarsch-Langeneß.
„ 76. Ella Jacobsen, Wyk auf Föhr. / Engellena Jensen. Oevenum auf Föhr.
„ 77. Tücke Martinen. Tischler, Nebel auf Amrum. / Peter Diedrichsen, Bauer, List auf Sylt.
„ 78. Sönke Hinrichsen. Bauer, Ketelswarf auf Hallig Langeneß. / Alfred Petersen. Bauer, Ockenswarf auf Hallig Hooge.
„ 79. Anna Hansen. Norderhörnwarf auf Hallig Nordmarsch-Langeneß. / Florine Paulsen. Honkenswarf auf Hallig Langeneß.
„ 80. Hinrike Petersen. Knudswarf auf Hallig Gröde. / Seciena Bohn. Wrixum auf Föhr.
„ 81. Heinrich Jensen. Bauer, Oevenum auf Föhr. / Harald Hansen. Amtmann des Amtes Keitum-Land auf Sylt.
„ 82. Friedrich Martensen. Bauer von Pellworm. / Jan Meinert Peters. Seefahrer, Tinnum auf Sylt.
„ 83. Medje Pfeiffer. Wyk auf Föhr. / Naemi Jacobsen. Hanswarf auf Hallig Hooge.
„ 84. „Sonntagmorgen", Ölgemälde von C. L. Jessen, 1901. Stadt Wyk auf Föhr
„ 85. Grabstein des Seefahrers Erck Jung Hansen, 1704—1748, in Nieblum auf Föhr. / Grabstein von Marret Ocken, 1744—1787, des Ocke Freddens Ehefrau, nebst deren Mann, 2 Söhnen und 3 Töchtern, Boldixum auf Föhr.
„ 86. Nordspitze von Sylt mit dem Königshafen. Mit der Darstellung einer Seeschlacht zwischen der vereinigten schwedisch-holländischen und der dänischen Flotte im Jahr 1644. / Kampfplatz eines Gefechts zwischen Schweden und Dänen im Watt bei Südfall am 16. Februar 1713.
„ 87. Uwe Jens Lornsen, 1793—1838.

Tafel 88. Brief von Uwe Jens Lornsen aus seiner Festungshaft in Rendsburg an seinen Vater in Keitum auf Sylt.
„ 89. Kapt. A. Andersen, Keitum, Fregattenkapitän Lindner, Rittmeister Graf Waldburg und Hauptmann von Wiser nach einem Kriegsmarsch durch das Wattenmeer bei Jordsand am 12. Juli 1864. / Kanonenkugeln, die die dänische Flotte 1864 auf das Festland bei Dagebüll geschossen hat.
„ 90. Tamenswarf auf Hallig Langeneß (Butwehl), gesehen aus SW vom Außendeich. / Ockelützwarf auf Hallig Hooge aus SW gesehen.
„ 91. Ockelützwarf auf Hallig Hooge. Blick von Feding aus auf die Hanswarf. / Haus Jacobsen auf der Norderwarf von Hallig Nordstrandischmoor. Vorrichtung zum Sammeln des Regenwassers in einem Brunnen vor dem Hause.
„ 92. Steinsarg als Tränke auf der Knudswarf von Hallig Gröde. / Haus Johannsen auf der Hilligenleiwarf auf Hallig Nordmarsch-Langeneß bei Weststurm.
„ 93. Friesenhaus vom Jahre 1672 von S. Nielsen in Wenningstedt auf Sylt. / Grundriß des Friesenhauses von S. Nielsen in Wenningstedt auf Sylt.
„ 94. Offenes Herdfeuer im Friesenhaus von S. Nielsen in Wenningstedt auf Sylt. / Küche im Friesenhaus von S. Nielsen in Wenningstedt auf Sylt.
„ 95. Haus Olesen von Alkersum auf Föhr, gebaut 1617. / Erdsodenwand am Stallteil des Hauses Olesen von Alkersum auf Föhr.
„ 96. Haus des Halligschiffers Theodor Johannsen auf der Mayenswarf von Nordmarsch-Langeneß. / Altes Hallig-Ständerhaus auf der Neuwarf auf Nordstrandischmoor.
„ 97. Giebel des Hauses Olesen von Alkersum auf Föhr von 1617. / Giebel des Hauses Thiessen in Morsum-Osterende auf Sylt.
„ 98. Giebel des Hauses Nissen in Klein Morsum auf Sylt. / Giebel des „Weißen Hauses" in Kampen auf Sylt von 1763.
„ 99. Anfertigung von Reep aus Dünenhalm zum Binden des Retdaches. / Vernähen des Retdaches mit Reep aus Dünenhalm.
„ 100. Dachdecken in Kampen auf Sylt. Ausrichten des Rets mit dem hölzernen Klopfer. / Die First der Friesenhäuser wird bedeckt mit Erdsoden, die gegen Westen gestaffelt und mit Holzpflöcken befestigt sind.
„ 101. Bauerngehöft von Morsum auf Sylt. / Bauernhaus mit Gartenwall von Anna Bohn in Morsum-Osterende auf Sylt.
„ 102. Altes Friesengehöft von Friedrich Andersen in Keitum auf Sylt. / Friesengehöft von Martin Knudsen in Kampen auf Sylt. Haus v. J. 1786.
„ 103. Westerland auf Sylt nach einem Farbendruck um 1880. / Badestrand von Kampen auf Sylt, 1953.
„ 104. Wyk auf Föhr um 1845. / Badestrand von Wyk auf Föhr.
„ 105. Alter Dorfteil von Keitum auf Sylt. / Blick aus der Mühle von Wrixum auf Föhr auf die an der Grenze der Geest und Marsch gelegenen Dörfer Wrixum und Oevenum. / Grundriß von Westerland und Tinnum auf Sylt aus der Zeit um 1860. / Lageplan des an der Grenze der Geest und Marsch gelegenen Reihendorfes Wrixum auf Föhr.
„ 106. Alte Friesin von Nieblum auf Föhr am Spinnrad. Vor dem Fenster ein friesischer Klapptisch. / Wohnstube des Halligschiffers Theodor Johannsen. Mayenswarf auf Nordmarsch-Langeneß.
„ 107. Ecke mit Wandschrank und Tür des holzgetäfelten und bemalten Pesels eines Seefahrerhauses der Ketelswarf auf Hallig Langeneß. / Wandschrank und Beilegeofen v. J. 1675 nebst Messingstülpe, holländischer Uhr und Schiffsbild in der gekachelten Wohnstube eines Seefahrerhauses der Ketelswarf auf Hallig Langeneß.
„ 108. Eiserner Beilegeofen v. J. 1669 aus dem Königspesel der Hanswarf auf Hallig Hooge. / Friesischer Eckschrank aus dem Königspesel auf der Hanswarf auf Hallig Hooge.
„ 109. Durchblick durch die gekachelten Räume des im Jahre 1766 gebauten Königspeselhauses auf der Hanswarf auf Hallig Hooge.
„ 110. Ecke mit dem Wandbett im Königspesel der Hanswarf auf Hallig Hooge. / Alte Friesin, Naemi Jacobsen, im Königspesel der Hanswarf auf Hallig Hooge.
„ 111. Pesel mit Wandbett und Erdgrube nebst Geldkiste in dem 1699 gebauten Haus des Commandeurs und Strandinspektors Lorens de haan in Westerland-Süderende auf Sylt.
„ 112. Tongefäße aus dem 19. Jahrhundert von Sylt.

Tafel 113. Fliesen von den Nordfriesischen Inseln.
„ 114. Bauer und Frau von Sylt. Nach Rantzau-Westphalen, 1597, Monumenta inedita. / Karren Swen und Swen Fröden von Sylt. Ausschnitt aus einem Ölbild v. J. 1654. Kirche von Keitum. / Kleidung der Nordstrander, Frau und Mann. Nach Rantzau-Westphalen, 1597, Monumenta inedita.
„ 115. Frau von Föhr, Kind aus der Taufe hebend, mit Binden und Schwänzen geziert. Nach Hamsfort-Westphalen, Monumenta inedita, 1739. / Mädchen von Sylt. Nach Rantzau-Westphalen, 1597, Monumenta inedita.
„ 116. „Jungfrau im Brautschmuck von der Insel Sylt." Puppe aus der Zeit um 1700. Waisenhaus zu Halle. / „Jungfrau im Brautschmuck von der Insel Fören." Puppe aus der Zeit um 1700. Waisenhaus zu Halle. / „Eine Frau auf ihrem Kirchgang auf Sylt nach Ankunft ihres Mannes von einer Seereise." 18. Jahrh. Nach J. Rieter.
„ 117. Kapitän Jens Peter Clementz, 1752—1842, von Keitum auf Sylt. Ausschnitt aus einem Ölgemälde. / Göntje Braren, 1791—1883, von Föhr. Miniatur von Oluf Braren, um 1820. / Kapitän Jürgens Groot mit Familie, Wrixum auf Föhr. Ausschnitt aus einem Aquarell v. J. Hansen, Wyk 1807.
„ 118. Rosina Maria Knudsen, geb. Hassold, 1791—1876, Föhr. / Schwarzes Kopftuch und rotes mit Perlen besticktes Läppchen der verheirateten Frau. Tracht der Gegenwart von Föhr. / Frau von Föhr im Leichengefolge. Nach Hamsfort-Westphalen, Monumenta inedita, 1739. / Trauertracht von Föhr aus der Zeit vor 1910.
„ 119. Festtracht der Friesinnen auf Föhr.
„ 120. Frauen von Nieblum auf Föhr auf dem Kirchgang, 1935. / Silberschmied Emil Hansen von Wyk auf Föhr bei der Anfertigung von Silberknöpfen.
„ 121. Teil einer Silberschließe von Föhr. Mus. f. Kunst u. Gewerbe, Hamburg. / Silberner Schürzenhaken, von Langeneß. Mus. f. Kunst u. Gewerbe, Hamburg. / Silberne Maillenkette, von Langeneß. Mus. f. Kunst u. Gewerbe, Hamburg. / Silberner Brustschmuck, von Föhr. Altonaer Museum.
„ 122. Die friesische Sprache in Nordfriesland nach dem Stand vom 1. Dezember 1927, von A. Johannsen.
„ 123. Der versandete Fischerhafen Renning am Budersandberg bei Hörnum auf Sylt. Gez. von C. P. Hansen um 1860; lith. W. Heuer. / Heringfang. Nach einem alten Kupferstich.
„ 124. Grönlandwal, Balaena mysticetus. Ölbild von F. Diehl, Hamburg. / Untergang zweier Walfangschiffe im Grönlandeis, 1678. Kupferstich aus „Groenlandsche Visschery", Amsterdam 1728, von C. G. Zorgdrager.
„ 125. Walfang in Grönland. Kupferstich aus „Groenlandsche Visschery", Amsterdam 1728, von C. G. Zorgdrager. / Kachelbild eines Walfangschiffes. Nebel auf Amrum.
„ 126. Tür des Kirchengestühls der Frauensitze der Familie des Kapitäns Momme Hatje Mommsen von 1743. Hallig Hooge. Jetzt Kanzeltür. / Grabstein des Kommandeurs Matthias Petersen 1632—1706. St. Laurentii auf Föhr. / Zaun aus Walkieferknochen in Nieblum auf Föhr.
„ 127. Relief am Grabstein des Seefahrers Rörd Knuten, 1730—1812, in Nieblum auf Föhr. / Relief am Grabstein des Schiffers Paul Frercksen, 1731—1806, von Langeneß. Boldixum auf Föhr.
„ 128. Junge beim Schiffspiel in einem Priel der Hallig Hooge. / Hafen von Wyk auf Föhr.
„ 129. Kapitän Paul Nickels Paulsen, 1812—1882, von Nieblum auf Föhr. / „Helene Sloman", der erste Atlantikdampfer Hamburgs und der erste Dampfer Deutschlands, der unter deutscher Flagge, unter Kapt. Paul Nickels Paulsen von Föhr, 1850 den Atlantik überquerte. Aquarell von J. Gottheil, 1850.
„ 130. Kapitän Boye Petersen von Langeneß. / Fünfmastvollschiff „Preußen" der Firma F. Laeisz, Hamburg.
„ 131. Kapitän Eduard Paulsen von Boldixum auf Föhr, als Steuermann des Zeppelin L 50 im 1. Weltkrieg. / Kapitän Volquard Bohn von Föhr entdeckte am 27. Juli 1761 die später Scoresby-Sound genannte Bucht an der Ostküste von Grönland.
„ 132. Kapitän Johann Jansen von Keitum auf Sylt, geb. 1872. / Kapitän Carl Christiansen, 1864—1937, von Westerland auf Sylt.

Tafel 133. Ludwig XVIII. von Frankreich als Graf von Provence und die Herzogin und der Herzog von Angoulême. Miniatur von 1804. Prov. Museum Mitau. / Lilienorden, zur Auszeichnung von Kapt. Haye Laurens von Hooge durch König Ludwig XVIII. von Frankreich im Jahre 1818. / Kapitän Haye Laurens, 1753—1835, von Hallig Hooge. Ölgemälde um 1800.

„ 134. Bark „De Kinds Kinder", auf der Ludwig XVIII. von Frankreich unter Führung von Kapitän Haye Laurens von Hooge 1804 eine Seereise von Riga nach Kalmar unternahm. Aquarell, Wyk 1803. / Silberne Teekanne, Geschenk Ludwig XVIII. an Haye Laurens. / Urkunde zur Verleihung des Lilienordens durch Ludwig XVIII. von Frankreich an Kapitän Haye Laurens von Hooge.

„ 135. Strandung der holländischen Kuff „De Spruit" bei Wenningstedt auf Sylt am 30. September 1872. / Strandung des französischen Dampfers „Adrar" am 20. 10. 1935 am Weststrand des Listlandes auf Sylt.

„ 136. Strandung des dänischen Fischkutters E 162 — „Flemming" von Esbjerg bei NW-Sturm. / Friedhof der Heimatlosen in Westerland auf Sylt.

„ 137. Peter Carstensen. Vormann der Rettungsstation Hörnum auf Sylt. / Ludwig Hansen. Vormann der Rettungsstation List auf Sylt. / Arthur Hansen. Vormann der Seenotstelle Westerland auf Sylt. / Jürgen Bleicken. Vormann der Rettungsstation Kampen auf Sylt.

„ 138. Überflutung des Marschlandes bei Archsum auf Sylt am 11. Oktober 1935. / Grenzmarke im Halligrasen der Fenne des Bols Backenswarf auf Hooge. / Bau eines Kajedeiches bei Wadens, südl. Tinnum auf Sylt. 2. Oktober 1936. / Vermessung zur Aufteilung des Landes als Eigenbesitz auf Hallig Hooge. 26. September 1935.

„ 139. Pflüger beim Leuchtturm von Kampen auf Sylt. / Pflugland bei Kampen auf Sylt.

„ 140. Schafe auf dem Weideland von Hallig Gröde, von der Knudswarf gesehen. / Weideland und Warfen von Hallig Gröde.

„ 141. Einen Tag alte Zwillingslämmer im Märzschnee bei Munkmarsch auf Sylt. / Schafschur in Kampen auf Sylt.

„ 142. Melken. Tinnum auf Sylt. / Butterschwinge im Hill von Neuton Nommensen auf Gröde.

„ 143. Pflugland im Wattenmeer zur Ebbezeit freiliegend, aus der Zeit von 1362, im NW der Hallig Hooge, vom Steindeich aus gesehen. / Gerstenfeld bei der Ipkenswarf auf Hooge. Erster Anbauversuch von Getreide auf der Hallig. Juli 1933.

„ 144. Roggensäerin bei Nebel auf Amrum. / Haferdrusch auf der Tenne (Lö) des Hauses Nielsen in Wenningstedt auf Sylt.

„ 145. Heuernte auf Langeneß. / Entladen eines Heuerntewagens auf der Ketelswarf von Langeneß.

„ 146. Messung der Kondensationskerne der Luft mit dem Kernzähler von Scholz durch Dr. Leistner, Wyk auf Föhr. / Messung der Temperatur und Feuchtigkeit der Haut an Kindern durch Dr. Leistner, Leiter der Bioklimat. Forschungsstelle, Wyk auf Föhr. / Messung der Temperatur, Feuchtigkeit und Ventilation der Luft zur Untersuchung des Klimaeinflusses auf die Regulationsmechanismen der Haut, durch Dr. Leistner, Wyk auf Föhr.

„ 147. Ausbootung des Arztes Dr. med. Carl Häberlin, Wyk auf Föhr, auf der Fahrt zu einem Krankenbesuch nach Hallig Langeneß. / Gymnastik am Strand in Wyk auf Föhr. Kindersanatorium von Dr. Schede. / Bioklimatische Forschungsstelle Wyk auf Föhr. / Ballspiel am Strand von Wyk auf Föhr. Kindersanatorium von Dr. Schede.

„ 148. Thinghügel auf Sylt.

„ 149. Bauernhaus von Henry Jacobsen, gebaut 1705. Neuer Koog auf Nordstrand.

„ 150. „Weihnachtsbaum", wie er bis 1886 auf Föhr üblich war. Modelle des Altonaer Museums. / Biikenbrennen auf dem nördlichen Jüdälhoog beim Leuchtturm von Kampen auf Sylt am 21. Februar 1937.

„ 151. Stickerei auf einem Sterbeleinen. Honkenswarf auf Hallig Langeneß. / Stickerei auf einem Sterbekissen des Kapt. Haye Laurens von Hooge. / Totenkrone für Kinder von Hallig Langeneß. Museum Wyk auf Föhr.

„ 152. Kinder von Hallig Hooge beim Kreisspiel. / Schlittenfahren in Keitum auf Sylt.

„ 153. Ringreiten in Keitum auf Sylt. / Umzug der Ringreiter von Sylt nach der Preisverteilung durch Keitum am 16. 6. 1935.

Tafel 154. Christian Peter Hansen, 1803—1879. Chronist von Sylt. / Erich Johannsen, 1862—1938. Heimatdichter von Sylt.
,, 155. Reisehügel bei Braderup auf Sylt. Residenz des Zwergkönigs Finn. / Holstich oder Wullstich bei Kampen auf Sylt.
,, 156. Verschworenenweg bei der Vogelkoje auf Amrum. / Osetal bei Wenningstedt auf Sylt.
,, 157. Schulunterricht auf Hallig Gröde. Sommer 1932. / Schulklasse von Hallig Hooge. September 1935.
,, 158. Ausschnitt aus der Karte „Nordertheil vom Alt Nord Frisslande bis an das Jahr 1240" von Joh. Meyer, Husum 1649. / Balckstein im Wattenmeer nördlich von Dunsum auf Föhr.
,, 159. Fundamentsteine der 1634 untergegangenen Kirche von Morsum auf Alt-Nordstrand, im Wattenmeer zur Ebbezeit, von O nach W gesehen. / Friedhof bei Hallig Habel, vermutlich von vor 1362, zur Ebbezeit im Wattenmeer freiliegend.
,, 160. Friedhof der Kirchwarf von Gröde während einer Überflutung der Hallig bei Südweststurm am 20. 9. 1935. / Blick vom Kirchturm der St. Johannis-Kirche in Nieblum auf Föhr auf den Friedhof und das Dorf.
,, 161. Kirche der Hallig Gröde von 1779. / St. Nicolai-Kirche in Boldixum auf Föhr. Anfang des 13. Jahrhunderts.
,, 162. St. Laurentii-Kirche bei Süderende auf Föhr. Anfang des 13. Jahrhunderts. / St. Johannis-Kirche von Nieblum auf Föhr. Ende des 12. Jahrhunderts.
,, 163. St. Martin-Kirche von Morsum auf Sylt. Ende des 12. Jahrhunderts.
,, 164. St. Severin-Kirche von Keitum auf Sylt. Ende des 12. Jahrhunderts.
,, 165. Grabstein des Kapitäns Dirck Cramers, 1725—1769, in Nieblum auf Föhr. / Grabstein von Peter Melffsen, Anfang des 18. Jahrhunderts, Boldixum auf Föhr. / Grabstein des Müllers Hans Cristiansen, 1685—1771, in Nieblum auf Föhr.
,, 166. Grabstein des Schiffers Oluf Jensen, 1672—1750, in Nebel auf Amrum, Vorderseite und Rückseite.
,, 167. Sonnenuntergang auf Sylt.

Die vom Verfasser aufgenommenen Bilder wurden fotografiert mit der Tropica-Kamera von Zeiß, der *Zeiß Ikon A. G.*, jetzt Stuttgart, mit dem Tessar 1:4,5 in Bildgröße 9 × 12 cm und mit der Leica der *Ernst Leitz G. m. b. H.*, Wetzlar, mit dem Summar f = 5 cm 1:2, dem Elmar f = 3,5 cm 1:3,5 und dem Elmar f = 9 cm 1:4.

Mit der Leica und den angeführten Objektiven wurden folgende Tafelbilder aufgenommen: 4 unten — 12 unten — 15 oben — 16 oben — 18 — 29 unten — 36 unten — 45 — 54 — 55 — 56 — 57 — 63 — 99 — 100 — 103 unten — 104 unten — 105 oben — 120 oben — 128 — 135 unten — 138 — 139 — 141 — 142 — 144 — 145 — 146 — 147 — 150 — 152 unten — 153.

VOM HERAUSGEBER BENUTZTE QUELLEN

Ahlborn, Knud, und Goebel, Ferdinand. Das Syltbuch. Kampen. (Mit Literaturangaben.)
Alnor, Karl. Uwe Jens Lornsen. Eine historisch-politische Skizze. Flensburg.
Ambrosius, Eduard Arnold. Kurze Nachrichten von der Insel Sylt. 1. Auflage 1792. Neuherausgegeben und mit Anmerkungen versehen von Herm. Schmidt, Westerland 1935.
Andresen, Ludwig. Kultur-Spuren im Watt bei der Hallig Langeneß-Nordmarsch. Föhrer Heimatbücher Nr. 22. Hamburg 1937.
Ball, Friedrich. Strandungen an der Küste von Sylt. Westerland 1930.
Behrmann, Walter. Über die niederdeutschen Seebücher des fünfzehnten und sechzehnten Jahrhunderts. Hamburg 1906.
Biernatzki, J. C. Die Hallig oder die Schiffbrüchigen auf dem Eiland in der Nordsee. Leipzig 1836.
Boehn, Max von. Puppen. München 1929.
Boeles, P. C. J. A. Friesland tot de elfde eeuw. Zyn oudste beschaving en geschiedenis. 's-Gravenhage 1927.
Boetius, Mathias. „de cataclysmo Nordstrandico" oder des Matthias Boetius drei Bücher über Denkwürdigkeiten von Sturmfluten, welche Nordstrand betroffen haben. Schleswig 1623. Übersetzt von Dr. Schmidt-Petersen, Bredstedt, veröffentlicht im Jahrbuch des Nordfriesischen Vereins, Heft 1931—1933.
Boetius, Steffen. Eheliches Güterrecht und Erbrecht auf Osterlandföhr und in Wyk vor 1900. Leipzig 1928.
Boie, Karl. Schleswig-Holsteinische Siegel des Mittelalters. Neumünster 1931.
Boie, Margarete. Der Sylter Hahn. Stuttgart 1925.
    Waal — Waal. Das Leben eines Sylter Grönlandfahrers. 2. Auflage, Stuttgart 1927.
    Ferientage auf Sylt. Berlin 1928.
    Moiken Peter Ohm. Roman. 2. Auflage, Stuttgart 1929.
    Die letzten Sylter Riesen. Nach den Aufzeichnungen eines Zeitgenossen zusammengestellt. Stuttgart 1930.
    Dammbau. Sylter Roman der Gegenwart. Stuttgart 1930.
    Sylter Treue. Zwei Sagen von der Insel Sylt. Stuttgart 1932.
Bonhoff, Friedrich. Amrumer Grabsteine. Zeitschrift der Zentralstelle für Niedersächsische Familiengeschichte. Hamburg 1922.
    Alte Grabsteine auf Föhr. Zeitschrift der Zentralstelle für Niedersächsische Familiengeschichte. Stade i. H. 1925.
Borchling, C., und Muuß, R. Die Friesen. Breslau 1931.
Boysen, Jens. Beschreibung der Insel Sylt. Schleswig 1828.
Braren, Johann. Die vorgeschichtlichen Altertümer der Insel Föhr. Hamburg 1935.
Braun und Hogenberg. Civitates orbis terrarum etc. 1572—1618.
Brinner, Ludwig. Die deutsche Grönlandfahrt. Berlin 1913.
Brühl, Ludwig. Bernstein, das „Gold des Nordens". Meereskunde, Heft 166. Bd. XIV, 10. Slg. volkstümlicher Vorträge. Berlin.
Busch, Andreas. Die Entdeckung der letzten Spuren Rungholts. Jahrbuch des nordfriesischen Vereins Husum. 1923.
    Taucht unser Land auch in der Gegenwart noch unter? Jahrbuch des nordfriesischen Vereins, Husum 1930.
    Neue Gesichtspunkte zur Karthographie des mittelalterlichen Nordfriesland. Jahrbuch des Heimatbundes Nordfriesland. Husum 1936.
    Neue Beobachtungen im Rungholt-Watt im Jahre 1935. Die Heimat, Heft 3. 1936.
Camerer, J. Fr. Sechs Schreiben von einigen Merkwürdigkeiten der holsteinischen Gegenden. Leipzig 1756.
    Vermischte histor.-polit. Nachrichten in Briefen von einigen merkwürdigen Gegenden der Herzogtümer Schleswig und Holstein, ihrer natürlichen Geschichte und anderen seltenen Alterthümern. Flensburg und Leipzig 1758.
Christiansen, D. N. Die Blütenpflanzen und Gefäßkryptogamen der Insel Föhr. Altona 1925.
Christiansen, Julius. Zur Agrargeschichte der Insel Sylt. Mannheim 1923.
Christiansen, Willi. Die Vegetationsverhältnisse der Dünen auf Föhr. Leipzig 1927.
Clement, Knut Jungbohn. Lebens- und Leidensgeschichte der Friesen. Kiel 1845.
    Der Lappenkorb. Leipzig 1846.
    Schleswig, das urheimische Land des nicht dänischen Volkes der Angeln und Friesen und Englands Mutterland, wie es war und ward. Hamburg 1862.

Danckwerth, Caspar. Newe Landesbeschreibung der zwey Hertzogthümer Schleswich und Holstein. 1652.

Dieren, J. W. van. Organogene Dünenbildung. Eine geomorphologische Analyse der Dünenlandschaft der West-Friesischen Insel Terschelling mit pflanzensoziologischen Methoden. Haag 1934.

Dietz, Curt, und Heck, Herbert-Lothar. Geologische Karte von Deutschland 1 : 25 000. Land Schleswig-Holstein. Erläuterungen zu den Blättern Sylt-Nord und Sylt-Süd. Aufgenommen von Curt Dietz. Landesanstalt für Angewandte Geologie, Kiel, 1952.

Dircksen, Rolf. Amrum. Ein erd-, natur- und volkskundlicher Wegweiser. Bielefeld 1936.
    Die Insel der Vögel. Ein Buch von Austernfischern, Seeschwalben und Regenpfeifern. C. Bertelsmann Verlag. Gütersloh.

Engert, Rolf. Die Sage vom fliegenden Holländer. Meereskunde Band XV, 7. Berlin 1927.

Ernst, Otto. Zur Geschichte der Moore, Marschen und Wälder Nordwest-Deutschlands IV: Untersuchungen in Nordfriesland. Kiel 1934.

Eschels, Jens Jacob. Lebensbeschreibung eines Alten Seemannes von ihm selbst und zunächst für seine Familie geschrieben. Altona 1835.

Dittmer, Ernst. Die Küstensenkung an der schleswig-holsteinischen Westküste. Forschungen und Fortschritte, Heft 17/18. Berlin 1948.
    Mittelalterliche Verfehnung in Nordfriesland. Die Heimat 1950.
    Das Eem des Treenetals. Schr. d. Naturw. Ver. f. Schl.-Holst., Band 25 „Gripp-Festschrift". 1951.
    Die nacheiszeitliche Entwicklung der schleswig-holsteinischen Westküste. Meyniana. Band I. Schriften d. Geolog. Inst. d. Univ. Kiel. Neumünster 1952.

Evers, Hans. Beiträge zur Microlepidopterenfauna von Sylt. 87 Arten der Sammlung von H. Koehn. Bombus Nr. 39, Hamburg, August 1947.

Ferrand, Dr. W. Hudig. Delfter Fayence. Berlin 1929.

Fischer, Otto. Die nordfriesischen Inseln vor und nach der Sturmflut vom 11. Oktober 1634. Berlin 1934.
    Weiteres siehe bei Müller, Friedrich.

Geerz, F. Geschichte der geographischen Vermessungen und der Landkarten Nordalbingiens vom Ende des 15. Jahrhunderts bis zum Jahre 1859. Berlin 1859.

Gering, Hugo. Beowulf nebst dem Finnsburg-Bruchstück. Heidelberg 1906.

Gripp, Karl, und Simon, Wilhelm Georg. Untersuchungen über den Aufbau und die Entstehung der Insel Sylt. I. Nord-Sylt.

Gripp, Karl, und Becker, Wilhelm. Untersuchungen über den Aufbau und die Entstehung der Insel Sylt. II. Mittel-Sylt. Westküste Archiv für Forschung, Technik und Verwaltung in Marsch und Wattenmeer. 2. Jahrgang. Doppelheft 2/3. Heide 1940.

Gripp, K., Stadermann, R., Schmidt, R., Jacob-Friesen, K. H. Werdendes Land am Meer. Berlin 1937.

Häberlin, Carl. Beiträge zur Heimatkunde der Insel Föhr. Wyk 1908.
    Trauertrachten auf Föhr. Z. d. V. f. Volkskunde. Berlin. Heft 3, 1909.
    Beitrag zur Geschichte von Wyk-Föhr. Die Halligwohnstätte. Das Brennmaterial der nordfriesischen Halligen. Aus: Friesen-Museum. Beiträge zur Heimatkunde von Föhr. Berlin 1919.
    Föhrer Urkunden nebst einem Faksimile der Burgurkunde von 1360. Wyk 1926.
    Bunte Bilder aus der Föhrer Kulturgeschichte. Herausgegeben mit Dr. Roeloffs. Wyk 1927.
    Die Meeresheilkunde. Aus: Strahlentherapie. 31. Band, Heft 2. Berlin und Wien 1929.
    Der Heilwert der Nordsee. Herausgegeben vom Verband Deutscher Nordseebäder. Berlin.
    Seebäder. Bäder-Almanach, XV. Ausgabe. Berlin 1930.
    Inselfriesische Volkstrachten vom 16. bis 18. Jahrhundert. Zeitschrift der Gesellschaft für Schleswig-Holsteinische Geschichte. Band 56 und 59. Neumünster 1926 und 1930.
    Die nordfriesischen Salzsieder. Hamburg 1934.
    Das Biiken in Nordfriesland. Aus: Die Heimat. Neumünster, Mai 1935.

Häberlin, Carl, und Perlewitz, P. Klima-Atlas für die Meeresheilkunde an der deutschen Seeküste. Hamburg 1932.
    Die Kur an den deutschen Seeküsten und ihre Wirkung nach den Ergebnissen der klimatophysiologischen Forschung dargestellt. Hamburg 1933.

Hagmeier, A., und Kändler, R. Neue Untersuchungen im nordfriesischen Wattenmeer und auf den fiskalischen Austernbänken. (Wissenschaftliche Meeresuntersuchungen, Abt. Helgoland, Band XVI. Abh. Nr. 6. 1927.)

Handelmann, Heinrich. Die amtlichen Ausgrabungen auf Sylt 1870—1872. Kiel 1873.
- Die amtlichen Ausgrabungen auf Sylt 1873, 1875, 1877 und 1880. Kiel 1882.
- Volks- und Kinder-Spiele aus Schleswig-Holstein. Kiel 1874.

Hansen, C. P. Die Insel Sylt in geschichtlicher und statistischer Hinsicht. Kiel 1845.
- Friesische Sagen und Erzählungen. Altona 1858.
- Zur Geschichte der Halbinsel Hörnum auf Sylt. Jahrbücher für die Landeskunde der Herzogthümer Schleswig, Holstein und Lauenburg. Kiel 1859.
- Die nordfriesische Insel Sylt wie sie war und wie sie ist. Leipzig 1859.
- Der Fremdenführer auf der Insel Sylt. Ein Wegweiser für Badende in Westerland. Mögeltondern 1859.
- Der Sylter Friese. Kiel 1860.
- Ubbo der Friese. Schleswig 1864.
- Das Schleswig'sche Wattenmeer und die friesischen Inseln. Glogau 1865.
- Der Badeort Westerland auf Sylt und dessen Bewohner. Garding 1868.
- Die Friesen. Scenen aus dem Leben, den Kämpfen und Leiden der Friesen, besonders der Nordfriesen. 2. Ausgabe. Garding 1876.
- Chronik der friesischen Uthlande. 2. Auflage. Garding 1877.
- Die Anfänge des Schulwesens oder einer Schulchronik der Insel Sylt. Garding 1879.
- Beiträge zu den Sagen, Sittenregeln, Rechten und der Geschichte der Nordfriesen. Deezbüll 1880.

Hansen, Karl. Chronik von Pellworm. Husum 1938.

Hansen, Knud Melf. Chronikblätter der Nachkommen im Mannesstamm des Broder Mumsen zu Bopslut im Nordstrande. Unter Mitwirkung von Adalbert Boysen. Band 1, 1908—1913. Band 2, 1923—1928. Detroit. Selbstverlag.

Hansen, Reimer. Kurze Schleswig-Holsteinische Landesgeschichte. 2. Auflage. Flensburg 1924.

Haupt, Richard. Die Bau- und Kunstdenkmäler der Provinz Schleswig-Holstein. Band I—III. Kiel 1887 und 1889.

Heimat, Die. Monatsschrift für schleswig-holsteinische Heimatforschung und Volkstumspflege. Kiel.

Heimreich, M. Antoni. Ernewerte Nordfresische Chronick. Schleswig 1666. 2. Auflage 1668. Faksimile-Neudruck, München 1926.

Herrmann, Paul. Dänische Heldensagen nach Saxo Grammaticus. Jena 1925.

Heß, W. Erinnerungen an Sylt. Hannover 1876.

Hinrichs, W. Nordsee. Deiche, Küstenschutz und Landgewinnung. Husum 1931.

Heydemann, F. Schmetterlingsfauna der Insel Amrum. Aus den Schriften des Naturwissenschaftlichen Vereins für Schleswig-Holstein. Band XX, Heft 2. 1934.

Hinz, H. Zur Herkunft der Nordfriesen. Jahrbuch des Nordfriesischen Vereins für Heimatkunde und Heimatliebe. Band 29, Jahrgang 1952/53.

His, Rudolf. Der Totenglaube in der Geschichte des germanischen Strafrechts. Münster 1929.

Hoffmann, Anna. Die Landestrachten von Nordfriesland. Westholsteinische Verlagsanstalt Boyens & Co., Heide in Holstein, 1940.

Hübbe, Andreas. Söl'ring Dechtings en Leedjis ütdön fuar di Söl'ring Jungen. Hamburg 1911.

Illies, Henning. Die Schrägschichtung in fluviatilen und litoralen Sedimenten, ihre Ursachen, Messung und Auswertung. Aus den Mittlg. a. d. Geolog. Staatsinstitut in Hamburg. Heft 19/1949, S. 89—109.

Jahrbuch des Heimatbundes Nordfriesland. Husum. (Früher: Jahrbuch bzw. Mitteilungen des Nordfriesischen Vereins für Heimatkunde und Heimatliebe. Husum. Heft 1. 1903/04.)

Jahrbücher für die Landeskunde der Herzogthümer Schleswig, Holstein und Lauenburg. Band I—X. 1858—1869. Kiel.

Jannen, Johannes E. Aus den Tagen unserer Väter. Wyk 1932.

Jensen, Christian. Vom Dünenstrand der Nordsee und vom Wattenmeer. Schleswig 1900.
- Bestrebungen zur Erhaltung des Nordfriesischen Volkstums im 19. Jahrhundert. Schleswig 1909. Selbstverlag.
- Inseln in der Sage. Schleswig 1910. Selbstverlag.
- Aus Sturm und Not. Erzählungen und Skizzen vom Nordseestrand. Westerland 1913.
- Die nordfriesische Inselwelt. 2. Auflage. Braunschweig-Hamburg 1925.
- Friesische und Schweizer Wandersagen. Abhandlungen zur Meeresheilkunde und Heimatkunde der Insel Föhr und Nordfrieslands. Leipzig 1927.
- Die nordfriesischen Inseln Sylt, Föhr, Amrum, Helgoland und die Halligen vormals und jetzt. 2. Auflage. Lübeck 1927.
- Vom Tanz der Inselfriesen. Schleswig 1930.

Jessen, Otto. Morphologische Beobachtungen an den Dünen von Amrum, Sylt und Röm. Mitt. d. Geogr. Ges. in München. Band 9. 1914.

Jessen, Werner. Die postdiluviale Entwicklung Amrums und seine subfossilen und rezenten Muschelpflaster. (Unter Berücksichtigung der gleichen Vorgänge auf den Inseln Sylt und Föhr.) Jahrbuch der Preußischen Geologischen Landesanstalt für 1932. Band 53. Berlin 1932.

Jessen, Wilhelm. Rantum auf Sylt. Teil 1 und 2. Westerland 1924 und 1925.
    Sylter Sagen. Nach den Schriften des Heimatforschers C. P. Hansen. Westerland 1925.

Jessen, Wilhelm. Uwe Jens Lornsens Vorfahren und ihre Welt. Zeitschrift d. Ges. f. Schleswig-Holsteinische Geschichte. Band 66. Sonderdruck, Karl Wachholtz Verlag, Neumünster in Holstein.

Johansen, Chr. Halligenbuch. Eine untergehende Inselwelt. 2. Auflage. Schleswig 1889.

Jørgensen, Peter. Über die Herkunft der Nordfriesen. København 1946.

Kielholt, Hans. Silter Antiquitäten. (Zeit etwa 1435.) Herausgegeben von N. Falck in „M. Anton Heimreichs, norfresische Chronik". II. Theil. III. Auflage. Tondern 1819.

Kohl, J. G. Die Marschen und Inseln der Herzogthümer Schleswig und Holstein. 3 Bände. Dresden und Leipzig 1846.
    Die erste deutsche Entdeckungsreise zum Nordpol. Bremisches Jahrbuch, Band 5. Bremen 1870.

Koehn, Henry. Sylt. Eine Wanderung durch die Natur- und Kulturwelt der Insel. Hamburg 1951.

Kersten, Karl. Die vorgeschichtliche Landesaufnahme von Sylt. Ausgrabungen auf Sylt. Nachrichtenblatt für Deutsche Vorzeit. Leipzig 1942. Heft 3/4.

Kolumbe, Erich. Das Naturgebiet Listerland auf Sylt. Nordelbingen. Band 7. Flensburg 1928.
    Ein Beitrag zur Kenntnis der Entwicklungsgeschichte des Königshafens bei List auf Sylt. Wissenschaftliche Meeresuntersuchungen. Abtlg. Kiel. XXI. Band. Kiel 1932.
    Sylt. Ein Insellesebuch. Unterrichtliche Merkblätter für die Hand des Lehrers. Heft 5. Hamburg 1951.

Konietzko, J. Die volkstümliche Kultur der Halligbewohner. Niederdeutsche Zeitschrift für Volkskunde. Jahrgang 8, Heft 1 und 3/4, Bremen 1930. Jahrgang 9, Heft 3/4, Bremen 1931.

Krohn, Hugo. Bilderahnentafel der Geschwister Matzen, Wenningstedt.
    Die Sippe der Nordmark. Heft 2. 1937.
    Uwe Jens Lornsens Vorfahren. Die Sippe der Nordmark. Folge 2. 1938.
    Die Bevölkerung der Insel Sylt. Inaugural-Dissertation. Kiel 1949.

Krüger, Edgar. Die Hummeln und Schmarotzerhummeln von Sylt und dem benachbarten Festland. Schriften d. naturw. Ver. f. Schleswig-Holstein: Band XXIII, Heft 1. 1939.

La Baume, Peter. Die Wikingerzeit auf den Nordfriesischen Inseln. Jahrbuch des Nordfriesischen Vereins für Heimatkunde und Heimatliebe. Band 29, Jahrgang 1952/53.

Laur, Wolfgang. Die Ortsnamen Nordfrieslands. Jahrbuch des Nordfriesischen Vereins. Band 29, Jahrgang 1952/53.

Lehmann, Otto. Das Bauernhaus in Schleswig-Holstein. Altona 1927.
    Spiele und Spielzeug in Schleswig-Holstein. Jahrbuch für historische Volkskunde. III. und IV. Band. Berlin 1934.

Leistner, Walter. Das Wattenmeer- und Küstenklima Nordfrieslands und sein Einfluß auf den menschlichen Organismus. Reichsamt für Wetterdienst. Wiss. Abhdlg., Band 5. Berlin 1938.

Lornsen, Uwe Jens. Die Unions-Verfassung Dänemarks und Schleswigholsteins. Herausgegeben von Georg Beseler. Jena 1841.

Lübbing, Hermann. Friesische Sagen von Texel bis Sylt. Jena 1928.

Mager, Friedrich. Der Abbruch der Insel Sylt durch die Nordsee. Breslau 1927.

Martens, Friedrich. Fridrich Martens vom Hamburg Spitzbergische oder Groenlandische Reise Beschreibung gethan im Jahr 1671. Hamburg 1675.

Meiborg, R. Das Bauernhaus im Herzogtum Schleswig. Schleswig 1896.

Meyer, Gustav Fr. Schleswig-Holsteiner Sagen. Jena 1929.

Meyn, L. Geognostische Beschreibung der Insel Sylt und ihrer Umgebung. 1876.

Möller, Boy P. Söl'ring Leesbok. Altona 1909.
    Sölring Uurterbok. Hamburg 1916.

Möller, Theodor. Die Welt der Halligen. Kiel 1924.

Mohr, Erna. Die Landsäugetiere der schleswig-holsteinischen Nordsee-Inseln. Schriften des Naturwissenschaftlichen Vereins für Schleswig-Holstein. Band XIX, Heft 1. Kiel und Leipzig 1929.

Müllenhoff, Karl. Sagen, Märchen und Lieder der Herzogtümer Schleswig, Holstein und Lauenburg. Neue Ausgabe. Schleswig 1921.

Müller, Friedrich. Das Wasserwesen an der Schleswig-Holsteinischen Nordseeküste. **Die Halligen,** Band I und II. Berlin 1917. Alt-Nordstrand, Berlin 1936; Nordstrand, Berlin 1936; Pellworm, Berlin 1936; Amrum, Berlin 1937; Föhr, Berlin 1937; Sylt, Berlin 1938; Allgemeines. Berlin 1938; bearbeitet und ergänzt von Dr. O. Fischer.

Mungard, Nann. For Sölring Spraak en Wiis. Eine Sammlung von Sylter Wörtern, wie sie zu Anfang des 20. Jahrhunderts auf Sylt gesprochen und vordem gebraucht worden sind, Westerland 1909.

Muuß, Rudolf. Rungholt. Ruinen unter der Friesenhallig. Lübeck.

Nerong, O. C. Föhr früher und jetzt. Selbstverlag 1885.
    Chronik der Familie Flor. Selbstverlag 1887.
    Das Dorf Wrixum. Historisch und topographisch beschrieben. 1898.
    Die Insel Föhr. Selbstverlag 1903.
    Die Kirchhöfe Föhrs. 3. Auflage. Selbstverlag 1909.

Niemeyer, Wilhelm. Oluf Braren, der Maler von Föhr. Berlin 1920.

Nöbbe, Erwin. Münzfund von Westerland auf Sylt. Mittlg. d. Anthropolog. Vereins in Schleswig-Holstein. Heft 19, Kiel 1911.
    Ein Silberschmuck der Wikingerzeit von List auf Sylt. Nachrichtenblatt für Deutsche Vorzeit. Leipzig 1940. Heft 4/5.

Oesau, Wanda. Schleswig-Holsteins Grönlandfahrt auf Walfischfang und Robbenschlag vom 17. bis 19. Jahrhundert. Glückstadt-Hamburg-New York 1937.
    Die deutsche Südseefischerei auf Wale im 19. Jahrhundert. Glückstadt-Hamburg-New York 1939.

Olshausen, Otto. Amrum. Bericht über Hügelgräber auf der Insel nebst einem Anhange über die Dünen. Berlin 1920.

Ottsen. Die Nordseeinsel Sylt. Erdkundliche und geschichtliche Betrachtungen. Westerland 1910

Pappenheim, Max. Die Siebenhardenbeliebung vom 17. Juni 1426. Flensburg 1926.

Pauls, Volquart. Uwe Jens Lornsen's Briefe an Franz Hermann Hegewisch. Schleswig 1925.
    Die Eiderstedter Freiberge. Abhandlung zur Meeresheilkunde und Heimatkunde der Insel Föhr und Nordfrieslands. Leipzig 1927.

Peters, L. C. Das föhringische Haus. Mitteilungen des nordfriesischen Vereins für Heimatkunde und Heimatliebe 1911/12.
    Nordfriesland. Heimatbuch für die Kreise Husum und Südtondern. Herausgegeben von L. C. Peters. Husum 1929.
    Zwischen West- und Nord-Germanien. Beiträge zur Heimatkunde der nordfriesischen Uthlande und der benachbarten Geestharden für Schule und Haus. Husum 1932.

Petersen, Egon. Wyk. Ein Überblick über seine Geschichte. Wyk 1930.

Petreus, Johannes. Schriften über Nordstrand. Herausgegeben von Reimer Hansen. Kiel 1910.

Philippsen, H. Sagen und Sagenhaftes der Insel Föhr. 2. Auflage. Garding 1928.
    Kultur- und Naturbilder von Föhr. 3. Auflage. Garding 1928.

Pielenz, Otto Karl. Neue Forschungsergebnisse über die alt- und mittelsteinzeitliche Kulturentwicklung in Schleswig-Holstein. Mannus, Z. f. Deutsche Vorgeschichte. Leipzig 1937. Band 29. Heft 4.
    Ein Siedlungsplatz des Magdalénien auf Sylt. Veröffentlichungen der Sammlung Otto Karl Pielenz-Eidelstedt. Nr. 2. Hamburg 1940.
    Die Entstehung der Hacke aus dem Lochstab des Zweigeschlechterkultes. Veröffentlichungen der Sammlung Otto Karl Pielenz-Eidelstedt. Nr. 5. Hamburg 1946.

Plett, Emil. Zur Rechtsgeschichte des Spätlandes auf Osterlandföhr und der am Spätland bestehenden Interessentschaften. Leipzig 1931.

Plinius, Cajus Secundus. Naturgeschichte. Übersetzt von C. F. L. Strack. Bremen 1854.

Pontoppidan, Erich. Danske Atlas. Kopenhagen 1763—1781.

Rasmussen, Knud. Heldenbuch der Arktis. Entdeckungsreisen zum Nord- und Südpol. Leipzig 1933.

Reimers, Heinrich. Friesische Papsturkunden aus dem Vatikanischen Archive zu Rom. Leeuwarden 1908.
    Das Papsttum und die freien Friesen. Aus: „De Vrye Fries". 28. Teil. Leeuwarden 1928.

Reinke, J. Die Entwicklungsgeschichte der Dünen an der Westküste Schleswigs. Sitzungsbericht d. Kgl. Akad. d. Wissensch. Berlin 1903.
    Botanisch-geologische Streifzüge an der Küste des Herzogtums Schleswig. Wissenschaftliche Meeresuntersuchungen. Abt. Kiel. Band VIII, Ergänzungsheft 1903.

Retzlaff, Hans. Deutsche Bauerntrachten. Berlin 1934.

Riemann, Else. Nordfriesland in der erzählenden Dichtung. Probefahrten, Band 16. Leipzig 1910.
Rieter, J. Danske nationale Klaededragter. Kopenhagen 1805, 1806 und 1811.
Renger-Patzsch, A. Die Halligen. Geleitwort von Johann Johannsen. Berlin 1927.
Sach, August. Das Herzogtum Schleswig in seiner ethnographischen und nationalen Entwicklung. Halle 1896.
Sauermann, Ernst. Die mittelalterlichen Taufsteine der Provinz Schleswig-Holstein. Flensburg 1904.
    Herausgeber von „Die Kunstdenkmäler der Provinz Schleswig-Holstein". Die Kunstdenkmäler des Kreises Husum. Bearbeitet von Heinrich Brauer, Wolfgang Scheffler, Hans Weber. Berlin 1939. Die Kunstdenkmäler des Kreises Südtondern. Bearbeitet von Heinrich Brauer, Wolfgang Scheffler, Hans Weber. Berlin 1939.
Sax, Peter. Ein Beschreibung der Insul und landes Nordtstrandt. 1637. Herausgegeben von Emil Bruhn. Mittlg. d. nordfries. Vereins für Heimatkunde und Heimatliebe. Heft 6. 1909/10.
Saxo Grammaticus. Historia Danica. Herausgegeben von P. E. Müller. Kopenhagen 1839—1858.
Schade. Wasserbauamt Husum. Denkschrift über die bisherigen Erfahrungen mit den Buhnen am Weststrande von Sylt. Husum 1936.
Scheel, Otto. Die Frühgeschichte bis 1100. Geschichte Schleswig-Holsteins. Band 2, 2. Hälfte, Lieferung 1. Neumünster 1938.
    Die Heimat der Angeln. Aus: Festgabe zur ersten Jahrestagung des Instituts für Volks- und Landesforschung an der Universität Kiel. Neumünster 1939.
Scheltema, F. Adama von. Die Altnordische Kunst. 2. Auflage. Leipzig 1923.
    Die Kunst unserer Vorzeit. Leipzig 1936.
Schmidt, Hermann. Die Windmühlen der Insel Sylt. Nach alten Chroniken, Urkunden und mündlichen Überlieferungen für die Jugend der Insel bearbeitet. Husum 1937.
    Zur Heimatkunde der Insel Sylt. Heft 1. 1. Zur ursprünglichen Lage des Ortes Braderup auf Sylt. 2. Über Deicharbeiten der Holländer auf Sylt. Husum 1938. — Zur Chronik des Ortes Tinnum. Westerland. Im Erscheinen.
Schmidt-Petersen, J. Wörterbuch und Sprachlehre der nordfriesischen Sprache nach der Mundart von Föhr und Amrum. Husum 1912.
    Die Orts- und Flurnamen Nordfrieslands. Herausgegeben vom Nordfriesischen Verein für Heimatkunde. Husum 1925.
Schott, C. Die schleswig-holsteinische Westküste. Probleme der Küstensenkung. Mitteilung des Geogr. Inst. d. Univ. Kiel. 1951.
Schütte, H. Krustenbewegungen an der deutschen Nordseeküste. Aus der Heimat, Heft 11. Stuttgart 1927.
Schulz, Bruno. Die deutsche Nordsee, ihre Küsten und Inseln. Monographien zur Erdkunde. Bielefeld und Leipzig 1928.
Schwantes, Gustav. Die Vorgeschichte Schleswig-Holsteins. (Stein- und Bronzezeit.) Neumünster 1939.
Siebs, Theodor. Zur Geschichte der englisch-friesischen Sprache, I. Halle 1889.
    Geschichte der friesischen Sprache. Grundriß der germanischen Philologie I.
Spanuth, Jürgen, Pastor. Stollberg — ein altes friesisches Zentralheiligtum. Jahrbuch des Heimatbundes Nordfriesland. Band 25. Jahrgang 1938.
Stahl, Wilhelm. Volkstänze von den nordfriesischen Inseln. Kassel.
Stierling, Hubert. Der Silberschmuck der Nordseeküste hauptsächlich in Schleswig-Holstein. Neumünster 1935.
Stolley, E. Geologische Mitteilungen von der Insel Sylt, I—III. Archiv für Anthropologie und Geologie Schleswig-Holsteins, Band III und IV. 1900/01.
Tacitus, C. Germania. Herausgegeben aus dem Lateinischen von F. W. Tönnies. Berlin 1816.
Tedsen, Julius. Der Lautbestand der föhringischen Mundart. Halle 1906. Zeitschrift für deutsche Philol., 36 und 39.
    Erlebnisse nordfriesischer Seeleute. Langensalza 1937.
Thiergart, Fr. Zur Altersbestimmung eines Saprohumoliths am Roten Kliff auf Sylt zwischen Wenningstedt und Kampen (Buhne 31). In Mikropaläobotanische Mitteilungen, 1.—3. Jb., Reichsstelle für Bodenforschung für 1941, Band 62. Berlin 1942.
Timm, R. Moose auf der Insel Föhr. Ein Beitrag zur Naturgeschichte dieses Eilandes. Wyk 1926.
Traeger, Eugen. Das Erdbuch der Hallig Hooge. Zeitschrift der Gesellschaft für Schleswig-Holsteinische Geschichte. 31. Band. Kiel 1901.

Ulrich, Käthe. Die Morphologie des Roten Kliffs auf Sylt. Archiv der Deutschen Seewarte. 56. Band, Nr. 1. Hamburg 1936.

Varges, Helene. Flutkante und Inselflora. Neumünster 1936.

Vogel, Walther. Zur nord- und westeuropäischen Seeschiffahrt im frühen Mittelalter. Hansische Geschichtsblätter, XIII. 1907.

Voigt, Ehrhard. Die Anwendung der Lackfilm-Methode bei der Bergung geologischer und bodenkundlicher Profile. Aus den Mitteilungen des Geologischen Staatsinstituts in Hamburg, Heft 19, S. 111—129.

Warnecke, Georg. Eiszeit und Nacheiszeit in ihrem Einfluß auf die Zusammensetzung der Schmetterlingsfauna Schleswig-Holsteins. Nordelbingen. Flensburg 1928.
    Die Großschmetterlinge der nordfriesischen Insel Sylt. Geographisch-historische, ökologische und genetische Probleme der Fauna Sylts. (Literaturübersicht beigegeben.) Stuttgart 1937.
    Für die nordfriesischen Inseln neue Großschmetterlinge. Bombus, Nr. 25. Hamburg, April 1943.
    Jungzeitliche Strandformen unter den Schmetterlingen der deutschen Nordseeküsten. Bombus, Nr. 37, Hamburg, Juni 1947, und Nr. 38, Juli 1947.
    Einige Bemerkungen zur Frage der Variabilität bei den Schmetterlingen der friesischen Inseln. Verhandl. d. Ver. f. naturw. Heimatforschung zu Hamburg, Band 29, 1947.

Weber, Karl. Zur Rechtsgeschichte der Wiesengemeinschaften der Hallig Hooge. Leipzig 1931.

Weckmann-Wittenburg, P. F. Norderoog. Ein deutsches Vogelparadies. Natururkunden von den Halligen und vom Wattenmeer. Berlin 1931.

Wegner, Theodor. Vorläufige Mitteilungen über Studien im nordfriesischen Wattgebiet. Zentralblatt f. Min. usw., Abt. B, Nr. 5, Jahrg. 1931.

Weigelt, G. Die nordfriesischen Inseln vormals und jetzt. Eine Skizze des Landes und seiner Bewohner. 2. Auflage. Hamburg 1873.

Westphalen, E. J. de. Rerum Germanicorum etc. Monumenta inedita. Leipzig 1739.

Wibel, F. Der Gangbau des Denghoogs bei Wenningstedt auf Sylt. Jahrbücher für die Landeskunde der Herzogthümer Schleswig, Holstein und Lauenburg. Band X. Kiel 1869.

Wirtz, Daniel. Die Fauna des Sylter Crag und ihre Stellung im Neogen der Nordsee. Mitteilungen aus dem Geologischen Staatsinstitut in Hamburg. Heft 19, S. 57—76. Hamburg 1949.

Wiser, Friedrich Ritter von. Die Besetzung der nordfriesischen Inseln im Juli 1864. (Verfaßt im Jahre 1864.) „Danzer's Armee-Zeitung" und Sonderdruck, Wien 1914.

Woebcken, Carl. Deiche und Sturmfluten an der deutschen Nordseeküste. Bremen 1924.

Wohlenberg, Erich. Die Grüne Insel in der Eidermündung. Eine entwicklungsphysiologische Untersuchung. Archiv der Deutschen Seewarte, 50. Band, Nr. 2. Hamburg 1931.
    Ruinen im Wattenmeer. Natur und Museum. 1932.
    Beobachtungen über das Seegras, Zostera marina, und seine Erkrankung im nordfriesischen Wattenmeer. Nordelbingen. Band 11. 1935.
    Die Lebensgemeinschaften im Königshafen von Sylt. Helgoländer Wissenschaftliche Meeresuntersuchungen. Band I, 1. 1937.
    Biologische Kulturmaßnahmen mit dem Queller (Salicornia herbacea) zur Landgewinnung im Wattenmeer. Westküste. Band I, 2. 1938.

Wolff, Wilhelm. Erdgeschichte und Bodenaufbau Schleswig-Holsteins unter Berücksichtigung des nordhannoverschen Nachbargebietes. 3. Auflage. Hamburg 1949.
    Die Entstehung der Insel Sylt. 4., völlig neu bearbeitete Auflage. Hamburg 1938.

Zimmermann, Ernst. Chinesisches Porzellan. Leipzig 1923.

Zorgdrager, C. G. Groenlandsche Visschery. Amsterdam 1728.

EINLEITUNG

Das in sich abgeschlossene Gebiet der *Nordfriesischen Inseln* hat der Verfasser versucht, in großen Zügen landschaftlich und volkskundlich in seiner Ganzheit zu erfassen und zur Darstellung zu bringen. Dem Inselraum und seinen Bewohnern fühlt er sich um so mehr verbunden, als seine Vorfahren mütterlicherseits, Generationen des 18. Jahrhunderts, geb. Smi(d)t, von der westfriesischen Insel Vlieland stammen.

Die Bearbeitung erfolgte in einem Zeitraum von 11 Jahren, von 1928 an. Die für das Inselgebiet eigenartigen und bemerkenswerten Erscheinungen aller Art sind planmäßig in nahezu *2000 Lichtbildern* aufgenommen worden. Es wurde dabei vor allem auch alles das bildlich festgehalten, was infolge der gegenwärtigen Zeitumstände, vorherrschend durch die überall eindringende Zivilisation, einer Veränderung unterliegt oder im Schwinden begriffen ist.

Der *Text* ist so gehalten worden, daß er wirklichkeitsgetreue Berichte gibt und für jedermann verständlich sein soll. Es liegt ihm eine Auswertung der sehr umfangreichen Gesamtliteratur des Gebietes zugrunde, von der ein großer Teil im Quellenverzeichnis aufgeführt worden ist. Weitere Berücksichtigung bei der Abfassung des Textes haben Unterlagen aus Archiven, Instituten und Museen des In- und Auslandes (London, Amsterdam, Paris, Kopenhagen, Kalmar, Stockholm, Riga) gefunden, wie auch Mitteilungen der Inselbewohner, sowie vieler Außenstehender und schließlich eigene Beobachtungen und Feststellungen des Verfassers.

Es ist selbstverständlich, daß weder die Anzahl der Bilder, noch der Umfang des Textes eine sozusagen erschöpfende Darstellung bringen können. Beide können vom Ganzen nur eine Andeutung geben, indem sie jeweils von den wesentlichen Einzelheiten der Inselwelt etwas anführen. Um den Zusammenhang des Ganzen möglichst fühlbar zu machen, sind an vielen Stellen die Wechselwirkungen der einzelnen Erscheinungen untereinander aufgezeigt, und es sind die Inhalte der verschiedenen Abschnitte und Kapitel miteinander in Verbindung gebracht worden. Das Einzelerlebnis in der Inselwelt, mag es den Wissenschaftler, den Künstler oder den Naturfreund betreffen, erfährt durch den Besitz einer Zusammenschau eine unvergleichliche Stärkung. Aus ihr ergeben sich auch Ideen zu schöpferischen Arbeiten, die gerade dieses Gebiet, das so reich an Erscheinungen und Ereignissen in seiner Natur-, Landes- und Volksgeschichte ist, in besonderem Maße zu spenden vermag.

Bei der großen Fülle und Vielseitigkeit des Stoffes konnten im Rahmen der gebrachten Gesamtschau die verschiedenen Themen, wie gesagt, nur in sehr kurzer Fassung behandelt werden. Wer sich eingehender unterrichten will, möge aus dem beigegebenen Quellenverzeichnis das Gewünschte entnehmen. Da die Gliederung des Stoffes eine Orientierung leicht ermöglicht und auf die hauptsächlichsten Personen und Sachverhalte in den verschiedenen Abschnitten immer wieder hingewiesen wird, ist von einem Personen- und Sachregister abgesehen worden.

Worin liegt nun das Bedeutsame der Nordfriesischen Inseln, was haben sie zu geben, und was können sie lehren?

Die *Landschaft* als solche besitzt zunächst einmal die stärkste Naturkraft, die nicht nur die deutschen, sondern die gesamten Nordseeküsten aufweisen. Das amphibische Wattenmeer, in dem nach kosmischen Gesetzen durch Flut und Ebbe das wundersame Schauspiel des ewigen Wechsels von Wasser und Land sich vollzieht, hat einen besonderen Reiz noch in den kleinen einzigartigen Halligen. Unter allen deutschen Landschaften hat diese Landschaft in geschichtlicher und vorgeschichtlicher Zeit die weitaus größten Umgestaltungen infolge Erdkrustenbewegungen, Sturmfluten, Brandung und Windwirkungen erfahren, die die Entstehung und den Untergang von Land, Uferabbruch, Marschlandaufbau und Dünenbildung verursacht haben. Oberflächlich betrachtet erscheint sie sehr einfach und ist doch außerordentlich vielfältig. Von den Vorgängen, die sich in ihr abspielen, sind viele noch ungeklärt und unbekannt. Der geologische Aufbau von Sylt, Amrum und Föhr, besonders die Kliffprofile von Sylt mit ihren Erdformationen, Gesteinen, pflanzlichen und tierischen Einschlüssen, geben einen Einblick in die wohl millionenjährige Entstehungsgeschichte dieser Teile der heutigen Inselkerne von den Zeiten der tertiären Urnordsee an. Biologisch enthält das Gebiet eine große Fülle interessantester Einzelerscheinungen und Wechselbeziehungen geographischer, ökologischer und genetischer Art. Der Einfluß der Umwelt auf den Menschen ist hier so stark, und umgekehrt ist die Einstellung des Menschen zur Natur so vielfältig und offensichtlich, wie bei keinem anderen deutschen Volksstamm. Es lassen sich deshalb gerade aus den ursprünglichen Verhältnissen dieses Lebensraumes Erkenntnisse für die Rassenfrage und Kulturbildung besonders gut gewinnen.

Die *Landschaftscharaktere* der einzelnen Inseln und Halligen haben große Verschiedenartigkeit. Die drei Inseln im Norden: Sylt, Amrum und Föhr besitzen alte Geestkerne und sind von den beiden großen im Süden gelegenen Marschinseln: Nordstrand und Pellworm, zu denen bis 1634 auch die Hallig Nordstrandischmoor gehörte, durch die nahezu 600 Jahre alten kleinen Marscheilande der übrigen neun Halligen getrennt. Dem künstlerischen Auge bieten die Schönheiten und Eigentümlichkeiten der Natur und Kultur die mannigfaltigsten Bilder. Das Meer, das Watt, die Strande, Dünen, Heiden, Wiesen, die Weiden und Felder der Marsch und Geest, die Einzelhöfe, Warfen und Dörfer, die Gärten und Gehölze, üben durch die Weite der Natur, die Feinheit ihrer Zeichnung, durch ihre Farbigkeit und die starke inselfriesische Eigennote, die sie besitzen, immer wieder erneut einen Reiz auf den Betrachter aus. Es ist nicht leicht, sich mit der Natur auseinanderzusetzen, sie ihrer Eigenart nach richtig zu erfassen, ihren Kräften gewachsen zu sein, ihrem in Licht, Farbe und Stimmung ständig wechselnden Ausdruck Tag für Tag und in den verschiedenen Jahreszeiten folgen zu können. Gerade durch ihre starke Eigenkraft, ihre Vielfältigkeit und ihren Ausdruckswechsel ist sie jedoch so anziehungsvoll.

In der gleichen Weise, wie sich der Mensch erst allmählich in die Landschaft einfühlen und ihre Entwicklungsgeschichte begreifen lernen kann, erschließt sich ihm auch nur nach und nach das Volk mit allen seinen Wesenszügen und dessen Stammes- und Kulturgeschichte im ganzen. Sicher datierbare Spuren menschlicher Siedlung sind vorläufig bis in die mittlere Steinzeit zurück nachweisbar.

Für die Insel *Sylt* hat der Verfasser in einer besonderen Veröffentlichung unter dem Titel: „Sylt. Eine Wanderung durch die Natur- und Kulturwelt der Insel" den Versuch unternommen, deren Erscheinungswelt, mit kurzer Aufzeigung der Einzelheiten, in einer Gesamtschau darzustellen. Eine Verknüpfung dieser mit den Zusammenhängen des Erdganzen soll die Formung eines geistigen Einheitsbildes ermöglichen helfen.

Die besondere Lage der „Uthlande" und die vielfachen Umgestaltungen, die sie erfahren haben, haben die *Geschichte* der *Uthlandsfriesen* weitgehend mitbestimmt. Bei keinem anderen deutschen Volksstamm haben sich so schicksalsschwere, das Volksleben erschütternde Naturkatastrophen ereignet, wie bei diesem nördlichsten an der Westküste von Schleswig-Holstein. Der Kampf mit dem Meer hat dem Friesen einen unbeugsamen Lebenswillen verliehen, der als Stammeseigenschaft vorbildlich dasteht. Durch die Seefahrt laufen von dem kleinen Inselgebiet aus Verbindungsfäden über die ganze Erde. Die Grönlandfahrten und die Handelsreisen haben der Bevölkerung wirtschaftlichen und kulturellen Wohlstand gebracht. Andererseits ist vor allem mit dem Walfang eine ungeheure Tragik verbunden. Ungezählte Männer haben dabei ihr Leben verloren, und es sind der Familie wie dem Inselstamm dadurch unersetzliche Verluste zugefügt worden. Aus der Stammes- und Entdeckungsgeschichte vom Mittelalter zurück bis zu Christi Geburt und weiter in die Vorzeit hinein ist leider nur weniges bekannt, so daß wir hier vor großen Lücken stehen.

Von dem *Kulturgut* der Inselfriesen sind neben dem sehr einfachen und gerade deswegen volkskundlich so wichtigen selbstgefertigten Gut an erster Stelle alle die Schätze zu nennen, die zu ihrem Hausrat, ihrer Tracht und ihrem Schmuck gehören, die sie in der Zeit des Walfangs im 17. und 18. Jahrhundert von den stammverwandten Westfriesen und den Holländern erworben und als wohlverdienten Lohn schwerer und lebensgefährlicher Arbeit mit in ihre Heimat gebracht haben. Aber auch von entfernteren Teilen der Welt ist manches in ihren Wohnungen zu finden.

Bei einem Volksstamm, der so außergewöhnliche Lebensverhältnisse hat, bei dem das Meer, das Inselleben, Sturmflutkatastrophen und die Seefahrt einen Einfluß ausgeübt haben, ist auch das *Geistesleben* und sind die *Sitten* und *Bräuche* von besonderer Art. Die Inhalte der Sagen und Erzählungen zeigen, wie stark die Naturelemente auf das Gemüt und die Phantasie der Insulaner gewirkt haben. Ihre Überlieferungen reichen bis in die Vorzeit zurück.

Geistesgut aus alten Tagen ist bis in die Gegenwart auch im *Recht* erhalten geblieben, so beispielsweise bei der Agrarverfassung, in den Wiesengemeinschaften auf den Halligen und der „Freien Weide" auf Sylt. Beide gehen auf die altgermanische, genossenschaftliche Wirtschaftsweise zurück.

Das mit der freien Meeresnatur in Einklang stehende Geistesleben der Friesen zeigt ein ausgesprochen arteigenes *Denken* und einen ebensolchen *Glauben*. Der Kampf um die Selbsterhaltung gegen die Meeresgewalten auf Insel und Schiff haben dem Friesen eine besondere Festigkeit im Wesen und eine stark ausgebildete Individualnatur gegeben. Das Herrentum, das ihm eigen ist, entspringt dem Grundprinzip seines Lebens, der Freiheit der Persönlichkeit, eine Freiheit, mit der er in Selbstbestimmung und Selbstverantwortlichkeit dem Leben wie dem Tod gegenübersteht. Durch die Gefahren und Nöte besitzt der Friese aber auch ein tiefes Mitgefühl für die Geschicke seiner Mitmenschen, und es ist ihm echte Frömmigkeit eigen.

In Ergänzung zu den Kapiteln dieses Buches, die von dem Verfasser selbst bearbeitet wurden, haben drei weitere Mitarbeiter in freundlicher Weise Beiträge geliefert. Für ihre Mitarbeit sei ihnen hiermit mein herzlicher Dank ausgesprochen.

In jahrzehntelanger Arbeit hat Herr Prof. Dr. med. *Carl Häberlin*, Wyk auf Föhr, sich mit seiner ganzen Schaffenskraft in selten rühriger Weise und mit großen Erfolgen für die *Heilkunde* eingesetzt. Neben der ärztlichen Versorgung der Friesen auf den Inseln und Halligen hat er bahnbrechende Arbeit geleistet auf dem Gebiet der Meeresheilkunde. In gleicher Weise widmete er sein Interesse der Volkskunde der Inselfriesen. Die Gründung und der ständig noch weiter erfolgende Ausbau des Friesen-Museums in Wyk sind im wesentlichen sein Werk. In Anerkennung seiner großen Verdienste und zur Ehrung seiner Person hat das Museum seinen Namen erhalten, es wurde ihm außerdem zu seinem 76. Geburtstag, am 15. Dezember 1946, durch die Landesregierung der Titel „Professor" verliehen. Für die zu dem Abschnitt „Heilklima" gemachten Ausführungen sage ich auch Herrn Dr. *Walter Leistner* meinen besonderen Dank.

Neben der musealen Verwahrung des stark im Schwinden befindlichen Kulturgutes der Inselfriesen ist die möglichst vollständige Erfassung des leider ebenfalls im Aussterben begriffenen *Sprachgutes* von gleich großer Wichtigkeit. Die Regierung hatte deshalb den von Föhr stammenden Herrn Dr. *Julius Tedsen*, Flensburg, mit der Aufstellung eines gesamtnordfriesischen Wörterbuches beauftragt. Aus dessen Beitrag in diesem Buch wird u. a. ersichtlich, welch außerordentlich interessante Eigentümlichkeiten die nordfriesische Sprache enthält, wie vielfältig die Dialekte sind und wie groß die Übereinstimmung mit der englischen Sprache ist. In der Sprache offenbaren sich vielerlei Wesenszüge des Volkes, die unmittelbarer Ausdruck der menschlichen Natur sind und tiefe Einblicke ermöglichen in die geistig-seelische Innenwelt des Volksstammes. Ein wesentlicher Teil des Stammestums ist nur durch die Sprachforschung erfaßbar. Es ist somit die Aufzeichnung aller im Volksmunde noch gebräuchlichen Wörter und Redewendungen von großer Bedeutsamkeit.

Nachdem Dr. Tedsen in unermüdlicher Forschungsarbeit eine Kartei von etwa 300 000 Sprachkarten zusammengestellt hatte, wurde er durch einen leider allzu frühen Tod im September 1939 aus seinem Schaffen abberufen.

Herr Landgerichtsdirektor i. R. *Georg Warnecke*, Hamburg, Vorsitzender der „Faunistischen Arbeitsgemeinschaft für Schleswig-Holstein, Hamburg und Lübeck", ist auf dem Gebiet seiner zoologischen Sonderinteressen besonders durch seine Veröffentlichungen über die Schmetterlingsfauna bekannt. In einer grundlegenden, alle einschlägigen Wissensgebiete berührenden Abhandlung hat er eine mehrere Tausend Exemplare umfassende Schmetterlingssammlung von den Nordfriesischen Inseln bearbeitet, die der Verfasser dieses Buches zwecks Feststellung der vorkommenden Fauna und Erforschung zahlreicher noch ungeklärter biologischer Fragen durch Fang zusammengebracht hat. Nach dieser Zusammenarbeit war es dem Verfasser eine besondere Freude, daß Herr Warnecke, gleich wie die Herren Prof. Dr. Häberlin und Dr. Tedsen, sich freundlichst bereit erklärte, über die in vielerlei Hinsicht außergewöhnlich interessante Tierwelt einen Beitrag zu diesem Buch zu liefern.

Ohne das freundliche Entgegenkommen vieler Inselfriesen und die Mithilfe zahlreicher Außenstehender hätte der Verfasser die Bildersammlung und die Textunterlagen nicht zusammentragen können. Allen denen, die im Lauf der Jahre das Zustandekommen ermöglicht haben, sei hier ebenfalls aufs herzlichste gedankt. Das soll besonders denen gelten, die in nicht ungefährlichen Lagen bei Nacht, Sturm und Nebel den Verfasser auf seinen Arbeitsgängen und -fahrten begleitet haben. Genannt seien hier nur die Schiffer Hugo Hinrichsen von Langeneß und Sönke Petersen von Oland.

Zur Drucklegung dieses Buches sind Beiträge zur Verfügung gestellt worden von dem „Deutschen Grenzverein für Kulturarbeit im Landesteil Schleswig e. V.", von der Firma Böhme Fettchemie G. m. b. H., Düsseldorf, und seitens der Kurverwaltung von Wyk auf Föhr. Den genannten Förderern spreche ich hierdurch meinen verbindlichsten Dank aus. Die Herausgabe wurde weiterhin unterstützt durch großzügige Vorbestellungen des Buches seitens der „Nordfriesischen Reederei G. m. b. H., Rendsburg und Kampen Sylt", sowie durch die Kurverwaltungen von Sylt in Hörnum, Kampen, List, Rantum, Tinnum, Wenningstedt und Westerland — hier auch seitens des Magistrats der Stadt. Ich sage auch hierfür meinen besten Dank.

Die Darstellung der Geschichte der nordfriesischen Inselwelt in diesem Buch ist ihrer eigentlichen Bestimmung nach geschaffen worden, der *Friesenkultur* ein *Denkmal* zu setzen.

Kampen auf Sylt, 1953.

Henry Koehn

DIE NATUR

LANDSCHAFT

GEOLOGISCHER AUFBAU

Den Küsten der Nordsee sind in weitem Verlauf im Süden und Osten Inseln vorgelagert. Sie reichen von Texel in Holland über die Helgoländer Bucht bis nach Fanö in Dänemark hinauf. Während der südliche Teil, die West- und Ostfriesischen Inseln, in langgestreckter Folge als Glieder einer Kette ein äußerlich gleichförmiges Gepräge zeigen, bilden die Nordfriesischen Inseln einen bunten Schwarm von Inseln und sind im einzelnen von sehr verschiedenartiger Gestalt. Einem System einheitlicher Ordnung auf der einen Seite steht eine bunte Gruppierung auf der anderen Seite gegenüber[1]). *Die Meeres- und Luftströmungen des Atlantik und der Nordsee* üben auf das eine Gebiet einen Flanken- und auf das andere einen Frontal-Angriff aus, aus denen sich die Längs- und Tiefengliederung der Inselgruppen erklärt. Die Naturgewalten, die das nordfriesische Inselgebiet treffen, erfahren gegenüber der Südküste außer durch die Frontalwirkung eine noch weitere Verstärkung dadurch, daß der Anmarschweg zu diesem östlicher gelegenen Gebiet länger ist, die Wucht also größer ist, und daß neben dem Kanalarm des Golfstromes noch ein zweiter Seitenarm, der bei Schottland in die Nordsee abzweigt, auf die Westküste von Schleswig zuströmt.

Das *Kartenbild* der Nordfriesischen Inseln hat für das Auge etwas außerordentlich Fesselndes. Auf den ersten Blick erkennt man, daß hier geopolitisch, d. h. landschafts- wie volkskundlich, Besonderheiten vorliegen müssen. Der Landschaftsraum der „Uthlande", der Außendeichlande vor der Festlandsküste, enthält tatsächlich denn auch ein ungewöhnlich reiches und mannigfaltiges Leben und darüber hinaus auf allen Gebieten eine Fülle noch ungelöster Fragen.

Das Motiv der „Uthlande" ist das der *Bewegung*, der *Umgestaltung*, und deshalb übt diese Landschaft auch einen so starken, anziehenden und aufrüttelnden Einfluß auf jeden aus, der sie einmal betreten hat. Die Natur ist hier stärker als der Mensch. Das Schicksal hat durch alle Zeiten eine gewaltige Sprache geredet. Kein zweites Stammesgebiet von Deutschland hat einen auch nur annähernd so wechselvollen Verlauf der Landschaftsgeschichte gehabt. Eine Vorstellung im Kleinen gibt uns der täglich zweimalige Wechsel von Ebbe und Flut in diesem amphibischen Gebiet. Kulturspuren menschlicher Siedlungen, die bei ablaufendem Wasser im Wattenmeer sichtbar werden, zeigen uns, daß in früheren Jahrhunderten, zur Zeit des Mittelalters[2]) und selbst vor Jahrtausenden schon zur Steinzeit[3]) die Bodengestaltung, die Verteilung von Land und Wasser, eine andere war. Noch eindrucksvoller wird das Bild, wenn wir einen Blick in noch fernere Zeitentiefen tun, wenn wir uns das Material ansehen, aus denen die drei großen Inselkörper Sylt, Föhr und Amrum aufgebaut sind, und wenn wir darüber hinaus noch deren Untergrund zu erforschen versuchen.

Je mächtiger eine Ahnung von den Urtagen der Erdgeschichte in uns ist, um so stärker ist auch das Erlebnisvermögen in der gegenwärtigen Landschaft. Je lebendiger uns in gleicher Weise die menschliche Vorzeitgeschichte wird, um so besser werden wir alle nachfolgende Kulturgeschichte verstehen. Mensch und Landschaft wachsen bei solcher Betrachtung, wenn wir ihr Werden im einzelnen verfolgen und ihren beiderseitigen Einfluß aufeinander erfassen, über Erkenntnisobjekte der Wissenschaft hinaus zu Kräften, die das eigene Lebensgefühl steigern. Sehen wir hinein in das Geschehen, um von dem Werden dieser Landschaft eine Vorstellung zu bekommen. Wenn wir dann an einem leuchtenden Sommertag eine Fahrt durch das Halligmeer machen oder bei einem schweren Herbststurm hoch

[1]) Taf. 2.   [2]) Taf. 10.   [3]) Taf. 9.

oben von der Abbruchkante des „Roten Kliff"[1]) von Sylt hinabschauen in die tosende und schäumende Brandung, dann wird die Sprache der Natur in uns um so kraftvoller sein.

Das Norddeutsche Tiefland und die Halbinsel Jütland liegen als ein Flachland und Hügelland zwischen den Gebirgsländern Mitteldeutschlands und der gletschergekrönten Bergwelt Skandinaviens. Tief in ihren Untergründen lagert ein versunkenes *Gebirge*, das die Verbindung darstellt zwischen den beiden Bergländern. An vereinzelten Stellen tritt es durch die darüberlagernden jüngeren Schichten zutage. Es gehören hierzu die Gipsfelsen von Lüneburg und Segeberg, die Kreideschichten von Itzehoe und die Buntsandsteinfelsen von Helgoland. Die Tiefenlagerung des Gebirges scheint eine sehr verschiedene zu sein. Bei einer Bohrung nach Süßwasser auf Hallig Oland im Jahre 1897—98 traf man bei 443,75 m kein festes Gestein, bei Hemmingstedt in Holstein wurde dieses bei 504 m erreicht. Durch Bohrungen in den letzten 10 Jahren wurde festgestellt, daß die Kreide bei Hemmingstedt schon bei etwa 50 m Tiefe ansteht, Zechstein und Rotliegendes bei Oldenswort bei 10 m anzutreffen sind und Keuper unter Westerhever und bei Mildstedt in etwa 400 m Tiefe liegt.

Das versunkene Gebirge entstand in der *Zechsteinzeit*, d. h. in der jüngsten Periode der Altzeit unserer Erde. Kurz vor dieser Zeit fand die Bildung des Nordseebeckens statt, welches nun durch das Zechsteinmeer ausgefüllt wurde, das somit als die Urnordsee angesehen werden kann. Seine Ablagerung sind Kupferschiefer und Zechsteinkalk. Ebenso stammen daraus die Stein- und Kalisalzlager wie die Erdölfunde unserer Gegend. Über „Die Entstehung der Nordsee" hat Prof. *K. Gripp* in einer Veröffentlichung des Institutes für Meereskunde, Berlin 1937, eine kurze vorzügliche Darstellung gebracht. Auf 9 kleinen Karten sind darin die Meere des Nordseebeckens zu verfolgen von der Zechsteinzeit bis zum Ober-Miozän, d. h. bis in das Jung-Tertiär der erdgeschichtlichen Neuzeit. Eine beigegebene geologische Zeittafel ermöglicht eine leichte und gute Orientierung über den periodischen Werdegang.

Wir erkennen im Laufe der Jahrmillionen einen erstaunlichen Wechsel in der Verteilung von Land und Wasser, in der Niveauveränderung zwischen der Oberfläche des Landes und dem Meeresspiegel, in der Ablagerung und Aufschichtung von Bodenstoffen, in der Ablösung von kühlem Klima durch tropische Wärme und im Auftreten und Verschwinden der verschiedensten Arten von Pflanzen und Tieren.

Können uns die Nordfriesischen Inseln von diesem erdgeschichtlichen Werdegang heute noch etwas zeigen? Betrachten wir die Oberfläche von Nordstrand, Pellworm und den Halligen, so finden wir ausschließlich flaches Marschland aus der allerjüngsten Zeit, das sich nur eben über den Meeresspiegel erhebt. Auf Sylt, Föhr und Amrum treffen wir dagegen Geest, die aus eiszeitlichen Absätzen besteht und den eigentlichen Kern dieser Inseln ausmacht. Am ausgeprägtesten ist er auf Sylt, wo er einen Sockel bildet, der sich bis zu etwa 30 m Höhe über das Meer erhebt. Die Oberfläche ist, soweit sie nicht in Kultur genommen oder von Dünen überlagert ist, zumeist mit Heide bestanden. Drei Uferstrecken, die Kliffbildung zeigen, ermöglichen uns einen Einblick in den Aufbau der Insel, das „Rote Kliff" bei Kampen-Wenningstedt, das „Weiße Kliff" bei Braderup und das „Morsumkliff"[2]) am Nordufer des östl. Ausläufers der Insel. Letzteres ist von besonderem Interesse, weil es den zeitlich frühesten und an Funden reichhaltigsten Aufschluß gibt. Ein Aufschluß der diluvial-tertiären Schichtenfolge wie am Morsumkliff tritt im Gesamtgebiet der schleswig-holsteinischen Nordseeküste nur einmalig auf; er ermöglicht Rückschlüsse auf den Aufbau der Nachbargebiete und veranschaulicht zugleich die Druck- und Schubwirkung der eiszeitlichen Gletschermassen hinsichtlich der Verlagerung dieser Schichten. In seiner Schrift „Die Entstehung der Insel Sylt" gibt *W. Wolff* eine sehr anschauliche Darstellung von dem überaus interessanten Werdegang des Inselkörpers.

[1]) Taf. 6. 16.   [2]) Taf. 5

Die Frage nach der Beschaffenheit des tieferen Untergrundes von Sylt ist bei den Geologen seit langem rege gewesen. Im Rahmen erdmagnetischer Aufnahmen in Nordwestdeutschland (1926—1931), die durch *H. Reich* durchgeführt wurden, glaubte man neben einem magnetischen Massiv bei Kiel und Husum auch ein „Sylter Massiv" kristalliner Felsgesteine gefunden zu haben. Um Klarheit zu gewinnen wurden im Sommer 1950 von der schleswig-holsteinischen Landesanstalt für angewandte Geologie mittels Sprengungen und seismischer Messungen im Raum Westerland-Kampen-Keitum geophysikalische Untersuchungen vorgenommen. Das Ergebnis aus den Reflexionen der Erderschütterungen ließ erkennen, daß unterhalb der anstehenden und insbesondere am Morsumkliff offen zutage liegenden Schichten des Pleistozäns und des Pliozäns, wie des anschließenden obermiozänen Glimmertons und weiterer unbekannter Tertiärschichten, bei etwa 750 m Tiefe Kalksteine der oberen Kreide einsetzen.

Diesen folgen Schichten der Trias und Jurazeit, über die indes nichts Näheres bekannt ist. Bei etwa 4500 m Tiefe hören die Reflexionen auf, so daß erst von hierab vermutlich mit dem Auftreten kristalliner Gesteine zu rechnen ist. Während im übrigen Schleswig-Holstein die tieferen Schichten des Untergrundes von der Kreide ab sehr wechselvolle Höhenlagerung zeigen, weisen diese auf Sylt vom Glimmerton an eine verhältnismäßig söhlige Lagerung auf. *Curt Dietz* vom Amt für Bodenforschung in Hannover hat auf Grund eigener Aufnahme im Jahre 1952 eine vorzügliche geologische Karte nebst Erläuterungen, in Zusammenarbeit mit *Herbert-Lothar Heck*, von Sylt herausgebracht.

Die ältesten Schichten von Sylt, die wir am „Morsumkliff"[1]) finden, gehören der *Braunkohlenformation* an. Sie fallen in die *Miozän-Stufe des Tertiär*. Das Obermiozän ist hier indes nicht anstehend, sondern, wie schon angedeutet, glazial gestaucht. Sylt und das angrenzende Festland waren damals Meeresgrund. Das Wasser war wärmer als das der heutigen Nordsee. Es hatte zeitweise nach Süden unmittelbare Verbindung mit dem Mittelmeer. Von dort wanderten subtropische Lebewesen ein. Eine ähnliche Ausdehnung des Nordseebeckens nach dem Mittelmeer hinunter hatte bereits während der Eozänstufe des Alttertiär bestanden. Es wuchsen damals Palmen in Skandinavien. Über das Vorkommen von Insekten, unter denen sich auch Termiten befanden, sind wir durch die Funde des Bernsteins und seiner Einschlüsse unterrichtet, worüber im folgenden ausführlicher noch berichtet wird. Im Schlamm des Meeresbodens, dem miozänen Glimmerton des „Morsumkliffs", finden wir heute die Überreste der damaligen Meeresbewohner, Schnecken und Muscheln, Krebse und Seeigel, Haifischzähne, versteinerte Wirbel von Walen und manches mehr. Der Geologe *Meyn* bezifferte auf Grund seiner Forschungen in den achtziger Jahren des vorigen Jahrhunderts die Zahl der am Morsumkliff gefundenen Fossilien auf über einhundert. Bei der 8 m tiefen Ausbaggerung der Erdentnahmestelle an der Nössespitze, zur Gewinnung von Glimmerton für die Abdeckung des in den Jahren 1925—27 gebauten Hindenburgdammes wurden weiterhin reiche Fossilienfunde gemacht. Die neuesten Untersuchungen, die sich allein auf die Molluskenfauna des Glimmertons und Limonitsandsteins des Morsumkliffs von Sylt beziehen, bringt Dr. *Wirtz* in seiner Veröffentlichung: „Die Fauna des Sylter Crag und ihre Stellung im Neogen der Nordsee" (Mittlg. a. d. Geolog. Staatsinstitut i. Hbg. Heft 19/1949). Er führt darin 29 Arten aus dem Glimmerton und 28 bestimmbare, sowie 8 nicht näher bestimmbare Arten aus dem Limonitsandstein auf. Eine reichhaltige Sammlung derartiger Fundstücke, die von dem Sylter Chronisten *C. P. Hansen* (1803—1879) zusammengetragen wurden, befindet sich im „Heimatmuseum" in Keitum. Auf der Tafel 3 dieses Buches sind davon wiedergegeben in der Abbildung links von oben nach unten und von links nach rechts, zuzüglich einiger Versteinerungen aus dem Eiszeitgeschiebe:

Flintausguß einer Seeigelschale aus der Oberkreide. Aus dem Eiszeitgeschiebe.

Versteinerter Taschenkrebs in verhärteter Tonknolle enthalten. Aus dem Glimmerton.

[1]) Taf. 5.

Haifischzahn. Aus dem Glimmerton.
Verkieseltes Schwammskelett. Kreidezeit.
Versteinerter Schwamm. Aus dem Eiszeitgeschiebe.
3 Ringwarzen eines Seeigels in Feuerstein. Kreidezeit. Aus dem Eiszeitgeschiebe.

In der Abbildung rechts:
Fusus eximius, Spindelschnecke.
Conus antediluvianus, Kegelschnecke.
Isocardia olearii, Ochsenherzmuschel.
Cassis saburon, kl. Helmschnecke.
Cassidoria echinophora, stachelige Helmschnecke.
Pyrula reticulata, Feigenschnecke.

Erwähnt sei im besonderen auch der Fund eines Backenzahnes von dem noch dreizehigen Zebra Hipparion gracile. Es ist der nördlichste bisher in Europa bekannte Fund des Pferdes. Sein Vorkommen weist auf Land, das in nicht allzu weiter Entfernung vorhanden gewesen sein muß. Der Zahn wurde der Sammlung des Geologischen Staatsinstitutes Hamburg zur Aufbewahrung übergeben. Mit der Zerstörung dieses Instituts im 2. Weltkrieg ging er leider verloren. Sein Vorkommen unter Hinzufügung einer Abbildung hat Prof. *K. Gripp* in dem Buch „Werdendes Land am Meer" unter dem Titel seines aufschlußreichen Beitrages „Die Entstehung der Nordsee" behandelt.

Abermals wie schon so oft zuvor stellte sich eine neue Niveauveränderung ein. Nach der „Senkung" begann das Land sich zu heben. Sylt wurde Strandzone und schließlich Land. Es lagerten sich über dem Glimmerton nacheinander der braune *Limonitsandstein* und der weiße *Kaolinsand* ab. An dem etwa 750 m langen und bis zu etwa 15 m hohen Morsumkliff[1]) tritt diese Schichtenfolge in der durch die Eismassen bewirkten Schrägstellung d. h. in der durch Quetschung und Faltung erfolgten Verlagerung, bei der der tertiär-diluviale Boden auseinander gerissen wurde, in dreimaliger Wiederholung auf. Die drei Schichten des Morsumkliffs bieten uns danach geologisch und biologisch ein außergewöhnlich eindrucksvolles Bild von der Entstehung von Sylt aus der Zeit, als dieses untermeerisch lag, Verlandungsgebiet war und schließlich Land wurde.

Die neueste Forschung vertritt die Ansicht, daß der Limonitsandstein erst nach der Heraushebung durch Verwitterung aus dem pliozänen Meeressand entstanden ist. Der Kaolinsand, der bisher als pliozän galt, wird durch Dr. *Wirtz*, Hamburg, als altpleistozän betrachtet. Beim Kaolinsandvorkommen am „Roten Kliff" weist *Wolff* auf Einschlüsse von grauem und schwärzlichem Ton. Mikroskopische Untersuchungen des Tons haben ergeben, daß sich darin Blütenstäubchen von Pflanzen befinden, die den unsrigen von heute entsprechen: „Fichten, Föhren, Eichen, Birken, Haselsträucher, Gräser usw.", d. h. von Gewächsen eines gemäßigten Klimas, die an die Stelle der südlichen Vegetation des Miozäns mit den Lorbeeren, Magnolien und Sumpfzypressen getreten sind. Welch ein gewaltiges Naturschauspiel entrollt sich dem Strandwanderer von heute, wenn er den Wechsel dieser Landschaftsbilder vor seinem geistigen Auge lebendig werden läßt.

Am 25. Februar 1952 wurde der Verfasser dieses Buches durch den jungen Swen *Hansen* von Kampen auf Sylt auf ein Holzvorkommen im Kaolinsand des Roten Kliffs aufmerksam gemacht. Die Besichtigung ergab, daß es sich um den Einschluß einer Bank von Braunkohlen und Humolithen handelte. Auf Ersuchen des Verfassers haben die mit der Sylter Kliff-Forschung seit langen Jahren vertrauten Herren Dr. *Illies* und Dr. *Wirtz* vom Geologischen Staatsinstitut, Hamburg, im März 1952 gründliche Untersuchungen vorgenommen, Lackfilme hergestellt und eine pollenanalytische Bearbeitung veranlaßt. Infolge von schweren Stürmen im vorangegangenen Winter und im Februar 1952 erlitt das Kliff starke Abbrüche und hatte hierdurch 10 m südlich der Eisenbuhne 31 eine 15 m

---
[1]) Taf. 5

lange und bis zu 1,20 m hohe horizontal verlaufende Braunkohlenschicht freigelegt. Sie konnte schließlich auf einer Strecke von 40 m nachgewiesen werden[1]). Die weitere Verfolgung hinderten nordwärts große Mengen herabgestürzten Geschiebelehms und südwärts ein Abwärtsstreichen der Bank. Über der am Fuß des Kliffs befindlichen Bank standen noch 6 bis 7 m Kaolinsand und darüber 11 m Geschiebelehm an. Es besteht die Annahme, daß die Braunkohle durch Zusammenschwemmung von Pflanzenresten in einem Altwasser des Kaolinsandflusses entstanden ist. Unter den aufgefundenen Pollen überwiegen Kiefer und Fichte, daneben kommen aber noch Pollen verschiedener wärmeliebender Baumarten vor, die heute bei uns ausgestorben sind. Die Flora zeigt deutlich den Übergang zwischen ausklingender Tertiärzeit und beginnender Eiszeit. Nach Dr. *Wirtz* gehört das Vorkommen in die Stufe des „Prätiglien", d. h. es ist etwas älter als die Tone von Tegelen am Niederrhein. Das Braunkohlenlager stellt hiernach das uns bisher bekannte älteste Diluvium und früheste „Prätiglien" dieser Art auf deutschem Boden dar. Auf das Vorkommen von Braunkohle bei Buhne 31 haben *Dietz*, 1952 und *Fr. Thiergart*, 1941 bereits hingewiesen. *W. Wolff* beschreibt ein solches (gefunden 1909) 1910 bzw. 1928 bei Steinbuhne 13 (betr. heutige Eisenbuhne 26, d. h. 830 m vom jetzigen Fundort entfernt). *P. W. Thomson* erwähnt gleichfalls Braunkohle im Sylter Kaolinsand und *L. Meyn* weist bereits 1876 auf derartige Flöze im Morsumkliff hin. Eine eingehende Veröffentlichung über den neuerlichen Fund erfolgt durch Dr. *Wirtz*.

Auf Grund von fast 200 Schrägschichtenmessungen an acht Stellen der Insel Sylt (fünf am Roten Kliff zwischen Wenningstedt und Kampen, zwei bei Braderup und einer bei Keitum) hat *H. Illies* einen Nachweis über den Vorgang der Ablagerung des Kaolinsandes, d. h. von Flußschotter, gebracht, „die ein weitverzweigtes Stromsystem im Altpleistozän (Günz) aus Mittelskandinavien in Richtung zum Nordseebecken befördert hat"[2]). Textliche und bildliche Mitteilung hierüber enthält die von ihm in den Mittlg. a. d. Geolog. Staatsinstitut i. Hbg. Heft 19/1949 erschienene Arbeit: „Die Schrägschichtung in fluviatilen und litoralen Sedimenten, ihre Ursachen, Messung und Auswertung". Das gleiche Heft bringt eine Beschreibung einer Methode der Konservierung geologischer oder bodenkundlicher Profile zur musealen Aufbewahrung, wie sie u. a. die genannten Schrägschichtungen bilden. Diese Lackfilm-Methode, die von *E. Voigt*, Hamburg, entwickelt wurde, ist feinsinnig erdacht und leistet der Forschung und Lehre wertvolle Dienste. Die Arbeit trägt den Titel: „Die Anwendung der Lackfilm-Methode bei der Bergung geologischer und bodenkundlicher Profile".

Am Ende des Pliozäns trat eine weitere Abkühlung des Klimas ein. Sie führte zunächst dazu, daß sich über Skandinavien ungeheure *Eismassen* auftürmten, die mehrere hundert Meter Mächtigkeit hatten. In breiter Front, die von der Wolga bis nach England reichte, schob sich dieses Inlandeis dann langsam weiter nach Süden vor und deckte ganz Norddeutschland mit einer Eisdecke zu. Gesteins- und Schuttmassen, die das Inlandeis mitführte, gelangten bei der Schmelze als Grundmoräne zur Ablagerung. Der braunrote *Geschiebelehm*[3]), nach dem das „Rote Kliff" auf Sylt seinen Namen hat, ist eine solche Ablagerung. Ebenso sind die großen *Findlingsteine*, die wir am Weststrand, am Fuß des „Morsumkliffs" und überall auf dem hohen Geestrücken — auch dem von Amrum und Föhr[4]) — liegen sehen, Transportgut der Eiszeitgletscher. Wir finden sie auch im Wattenmeer, es sei dabei nur auf den sagenhaften riesigen *Balckstein*[5]) bei Föhr hingewiesen. Wir finden unter ihnen Rhombenporphyr aus Norwegen, Granit aus Schweden und Rapakiwi aus Finnland. Sie haben der Bevölkerung zur Stein- und Bronzezeit bei der Errichtung der Riesensteingräber und der Steinkisten[6]) für die Verewigung ihrer Toten als Baumaterial gedient. Der große Ecktragstein auf der Westseite des Ganges im Inneren des jungsteinzeitlichen Denghoog von Wenningstedt auf Sylt zeigt auf seiner ganzen Fläche Gletscher-

---

[1]) Taf. 6 [2]) Taf. 7 [3]) Taf. 6 [4]) Taf. 4 [5]) Taf. 158 [6]) Taf. 9. 65.

schliff. In diesen Findlingen liegt, gedanklich gesehen, eine gewaltige Größe verkörpert, sie spricht zeitlich aus dem Alter der Steine, das bei dem Granit bis in die Urzeit der Erde zurückgeht, und räumlich weisen sie uns auf den Wanderweg der Steine zur Eiszeit vom hohen Norden her in unser Gebiet. Gleich groß empfinden wir an ihnen die Idee und die Leistung des Menschen, Grabmale aus ihnen zu errichten, die Zeugen eines unvergänglichen Lebenswillens sind. Wir verdanken diesen Steinen die Erhaltung eines mehrere tausend Jahre alten Kulturgutes. Sie haben in stiller und stummer Totenwacht in sicherer Verwahrung dies Vermächtnis für uns umschlossen gehalten.

So, wie die großen Findlingssteine auf der eiszeitlichen Wanderung aus den fernen Ostseegebieten an die Westküste Schleswig-Holsteins gelangten, kam auch der *Bernstein* in die Nordsee. Teilweise wird er in dem Urstromtal der Elbe verfrachtet worden sein. Der Bernstein ist das Harz der Bernsteinkiefer (Pinus succinifera), die in uns noch unbekannten Gegenden im Raum des heutigen Ostseebeckens zur Zeit des Eozän im Alt-Tertiär in Wäldern wuchs. Die Größe und Maße der gefundenen Stücke lassen auf Bäume von mächtigem Wuchs und auf Wälder von großem Ausmaß oder langer Bestehenszeit schließen.

Der von den Meereswogen auf den Strand der Küste geworfene Bernstein galt während der Vorzeit als das „Gold des Nordens". Wir finden ihn zu Zieraten wie Halsketten[1]) usw. verarbeitet, bereits in den Gräbern der jüngeren Steinzeit (3500—1800 v. Chr.). Während der Bronzezeit (1800—600 v. Chr.) war er ein begehrter Handelsartikel, der im Eintausch gegen Bronze und andere Artikel bis an das Mittelmeer hinuntergelangte. Bernstein ist in den Gräbern von Ägypten und Mykene gefunden worden. Nach dem Bericht des Pytheas von Massilia über dessen Nordmeerfahrt um 330 v. Chr. dürfen wir schließen, daß das von ihm besuchte Bernsteinland die Westküste des heutigen Schleswig war. Im letzten Jahrhundert ist im nordfriesischen Inselgebiet und an der Küste von Eiderstedt und dem nördlichen Dithmarschen Bernstein noch in größerer Menge gesammelt worden.

Wie man das auch heute an den Harzausflüssen der Koniferenstämme beobachten kann, wurden vor vielen Millionen Jahren im Eozän allerlei Kleinlebewesen unfreiwillig darin eingeschlossen. Die Bernsteinsammlung in Königsberg enthielt seiner Zeit etwa einhunderttausend Bernsteineinschlüsse. An Pflanzen finden wir Pilze, Flechten, Moose, Farne und Koniferen nachgewiesen. Hauptsächlich sind es jedoch Insekten. Neben Mücken, Fliegen u. a. kommen vereinzelt Käfer und Schmetterlinge vor. Unter den letzteren sind es hauptsächlich Kleinschmetterlinge. Nur selten finden sich Spanner, Spinner und Schwärmer. Bei diesen Faltern sind auch die Farben erhalten geblieben.

Von den Bernsteinstücken, die auf Sylt gefunden wurden, sind dem Verfasser vier Stücke bekannt geworden, die Insekteneinschlüsse haben. Die Sammlung des Chronisten *C. P. Hansen* in Keitum enthält außerdem zwei derartige Stücke mit Fliegen [2]). Weiterhin berichtet der Zoologe *Heß* aus Hannover vom Jahre 1876, von einer Fundmasse von 80 Bernsteinstücken, unter denen eines eine Mücke enthielt.

Die Anzahl der *Vereisungen* und der klimatisch wärmeren *Zwischeneiszeit-Perioden*, die es gegeben hat, ist noch umstritten. Als gesichert gelten für Dänemark und Norddeutschland drei Eiszeiten und zwei Zwischeneiszeiten. Von der ersten und ältesten Vereisung, der Elster- oder Mindeleiszeit, sind auf Sylt Kiese festgestellt worden im Roten Kliff, in der ehemaligen Baggergrube bei Tinnum und in der Ostscholle des Morsumkliffs. Nach dem Bericht von *Curt Dietz* liegen die Kiese an den beiden letzteren Stellen unter saaleiszeitlichem Geschiebelehm. Die Saale- oder Rißeiszeit bildete die zweite Vereisung und Hauptvergletscherung Norddeutschlands. Sie erstreckte sich bis an den Harz und die Mündungen des Rheins und reichte von der Wolga bis Südengland. Sie endete etwa 180 000 Jahre vor der Gegenwart. Die dritte und letzte Vereisung, die Weichsel- oder Würmeiszeit, die vor etwa 20 000 Jahren ihren Rückzug angetreten hat, ist von Osten kommend nur bis

[1]) Taf. 64.   [2]) Taf. 4.

zur Mitte von Schleswig-Holstein vorgedrungen. Sie hat die Nordfriesischen Inseln nicht erreicht. Die Lebensmöglichkeiten auf den hohen Sockeln von Sylt, Föhr und Amrum während der letzten Vereisung mögen vielleicht ähnliche gewesen sein, wie wir sie heute von der Westküste Grönlands her kennen, an der in der Nähe des Inlandeises die Eskimos leben. In gleicher Weise soll Norwegen während der letzten Vereisung an seiner Westküste einen eisfreien Streifen gehabt haben. Es besteht bei einigen Wissenschaftlern die Annahme, daß die Herabminderung der Temperatur unseres heutigen Jahresmittels um nur 5° oder etwas mehr, genügen würde, um eine neue Vereisung Nordeuropas herbeizuführen.

Da weitere Ablagerungen auf den drei Inseln nach der Eiszeit nicht erfolgt sind, sind Oberflächengestaltung und Landschaftscharakter durch diese bestimmt worden. Die flachwelligen Hügelzüge der Moränen und die jetzt mit Heidewuchs bestandenen Flächen, die einstmals Tundra waren, veranschaulichen heute noch die Frühzeit sehr trefflich. Die Kliffs und ihre reichhaltigen Funde ermöglichen uns darüber hinaus einen viel weiteren Blick in längst vergangene Epochen, in das Schöpfungswerk unserer Erde.

UMGESTALTUNGEN DER UTHLANDE
DURCH NIVEAUVERÄNDERUNGEN UND STURMFLUTEN

NIVEAUVERÄNDERUNGEN

Im vorhergehenden Abschnitt wurde auf die neunfache Veränderung hingewiesen, die das Nordseebecken, nach *G. Wagner* und *K. Gripp*, bei dessen Entstehung von der Zechsteinzeit bis zum Ober-Miozän erfahren hat. Wie die Kartenbilder der genannten Arbeit von *K. Gripp* zeigen, ist zu den einzelnen Zeiten die Verteilung von Land und Wasser nicht nur innerhalb des Nordseeraumes, sondern teilweise auch weit darüber hinaus sehr verschieden gewesen. Soweit die Wissenschaft sich von den Ursachen der Umgestaltung heute schon ein Urteil bilden kann, können diese recht unterschiedlicher Natur sein. Als Gestaltungsmächte führt *Gripp* folgende an: die Bruchschollenbewegungen (Auf und Ab einzelner Erdkrustenschollen infolge Bewegung im tieferen Teil der Erdkruste); isostatische Bewegungen (ein Absinken und Aufsteigen des Landes durch Belastung mit Eis bzw. Schmelze von Eis), eustatische Bewegungen (ein Ab- und Zunehmen der Wassermenge des Weltozeans infolge der Umbildung von Wasser in Eis bzw. der Schmelze von Eis zu Wasser); epirogenetische Bewegungen (großspannige Vertikalbewegungen der Erdkruste) und schließlich noch den durch die Eindeichungen verursachten Anstau des anlaufenden Flutwassers.

Die bisherige Meinung, wie sie u. a. durch *Schütte* vertreten wurde, führte die Veränderungen im wesentlichen auf tektonische Vorgänge, d. h. Erdkrustenbewegungen, zurück. Im Gegensatz hierzu neigt die jüngste Forschung wie die der Forschungsstelle Husum auf Grund ihrer Untersuchungen dazu, die Veränderungen im wesentlichen in Schwankungen des Meeresspiegels zu sehen. Das durch Pegelaufzeichnungen in den letzten Jahrzehnten festgestellte Ansteigen der Wasserstände in der Nord- und Ostsee steht nach Beobachtungen von *J. Legrand* im Zusammenhang mit Veränderungen des Salzgehaltes und der Dichte des Meerwassers und ist vermutlich durch klimatische Veränderungen in den Polargebieten bedingt.

Bei der Erforschung der Vorgänge im Nordfriesischen Wattenmeer sind außerdem zahlreiche rein örtliche Sonderfaktoren in Rechnung zu setzen, die sich auf physikalische und andere Einwirkungen beziehen, wie Druck, Folgen der Sackung, Moorabbau usw. Diesen Gesichtspunkten hat vor allem der leider früh verstorbene Geologe Prof. *Theodor Wegner*,

Münster, sein Augenmerk zugewandt. Er hat von 1923—1932 in jeweils wochenlangen Aufenthalten, teilweise vom Wohnschiff aus, das Inselmeer durchforscht.

Es war lange erwünscht, daß exakte und umfassende Untersuchungen unternommen würden. Neuerdings hat die Regierung es sich zur Aufgabe gestellt, in großzügiger Weise diese schwierige, aus Jahrhunderten und Jahrtausenden erwachsene und für die Zukunft der Landessicherheit so wichtige Frage einer Bearbeitung zu unterwerfen. Es geschieht dies auf zwei Wegen, mittels des *Feinnivellements* und der *Wattenforschung*. Durch ersteres sind die deutschen Nordseegebiete seit 1928 mit einem Netz von Festpunkten überzogen, die auf einen als festliegend angenommenen Punkt bei Osnabrück eingemessen sind und deren Höhenlagen zueinander laufend kontrolliert werden. Die Wattenforschung umfaßt alle einschlägigen Wissensgebiete und arbeitet planvoll von Husum aus. Über deren Ergebnisse hat Dr. *Ernst Dittmer* im Septemberheft 1948 der Zeitschrift „Forschungen und Fortschritte" in einem Aufsatz „Die Küstensenkung an der schleswig-holsteinischen Westküste" berichtet. Bei der Bedeutsamkeit, die die Wirkungen der Eiszeiten und Zwischeneiszeiten hinsichtlich deren Absätze in Nordfriesland wie auch bezüglich der Senkungsfrage haben, sollen daraus folgende Mitteilungen gemacht werden. Diese ergänzen zugleich die im Kapitel Geologie über die Frage der Eiszeiten bereits gemachten Angaben.

Im letzten Jahrzehnt konnten im nordfriesischen Gebiet an zahlreichen Stellen marine Ablagerungen aus der ersten Zwischeneiszeit, die auf die Elstereiszeit folgte, festgestellt werden. Es ließ sich eine sandige Ausbildung verfolgen, die sich von Hallig Oland über Husum an den Kaiser-Wilhelm-Kanal erstreckte. Damit ist für diese Zeit eine Transgression der Nordsee, d. h. ein Vordringen des Meeres über das Festland, und es sind beträchtliche Niveauveränderungen im älteren Diluvium nachgewiesen. Durch die folgende Saale-Vereisung sind dann fluvioglaziale Sande und Kiese zur Ablagerung gelangt. Das Niederelbegebiet war damals bis Helgoland und Sylt noch Festland. Zwischen der schleswigschen Geest und diesem „Westland" verlief das Eider-Urstromtal, das nördlich von Sylt in die Nordsee mündete.

Während der letzten Zwischeneiszeit erfolgten auf Grund eines Vordringens des warmen Eem-Meeres, einer Meeresbildung, die ihren Namen von einem Flüßchen hat, das in die Zuydersee mündet, im Urstromtal der Eider mächtige Ablagerungen.

Zur Zeit der letzten Vereisung, der Weichsel-Vereisung, lag der Weltmeerspiegel wieder sehr tief. In diese Zeit fällt eine weitgehende Zerstörung des alten „Westlandes". Es blieben von ihm die Diluvialkerne von Sylt, Föhr und Amrum, ein solcher in der heutigen Hevermündung, der Oldensworter Salzhorst in Eiderstedt und der Felssockel von Helgoland übrig. Die nordfriesischen Flüsse schütteten einen hochliegenden Sammelsandur auf.

Nach der Weichsel-Vereisung trat, wie in den Zwischeneiszeiten, ein „Wasserspiegelanstieg" ein, der im Gebiet der schleswig-holsteinischen Westküste neuerdings als Corbula Transgression, oder auf Grund ihres Vorkommens auch in Belgien und Frankreich allgemein als Flandrische Transgression bezeichnet wird. Die besonders im Altalluvium (5500—4000) starke relative „Senkung" wird auf mindestens 25 m berechnet. Die Nordsee hatte am Ende dieses Abschnitts den Kern von Sylt und die Hevermündung erreicht. Im Mittelalluvium (4000—2000) drang die Nordsee weiter bis Nordfriesland vor. In dieser Zeit entstand ein Wattenmeer, das bis zum Beginn der Bronzezeit Nordfriesland mehr und mehr, vor allem durch eine Vermoorung verlanden ließ.

In die nachchristliche Zeit fällt dann eine weitere Niveauveränderung, die sogenannte Dünkirchener Transgression, die sich auf die gesamte Nordseeküste von Sylt bis Calais erstreckte. Sie hatte katastrophale Auswirkungen in früher Zeit, sowie auch später zur Folge. Zu den letzteren gehören die großen Sturmflutkatastrophen von 1362 und 1634. Ihre Ursache ist vor allem in den Jahrhunderte währenden, mittelalterlichen Verfehnungen, d. h. dem Abbau der Moore durch Menschenhand und damit einer künstlichen Senkung des Bodens, zu suchen. In diese Niederungen, durch die sich der Mensch unbewußt sein eigenes Grab gegraben hatte, ergoß sich bei Deichbrüchen das Meer.

Die jüngsten Überprüfungen der „Senkungsfrage" durch die Forschungsstelle Westküste, Husum, faßt *Dittmer* in folgende Sätze zusammen: „Die Ansicht, Nordfriesland sei zur ständigen ‚Senkung' verurteilt, läßt sich angesichts besserer und umfangreicher Unterlagen durch nichts mehr begründen, und die neuzeitliche ‚Küstensenkung' wird bei Berücksichtigung des Faziesgesetzes, der Morphologie und der starken Eingriffe des Menschen in das natürliche Geschehen zu einer harmlosen Erscheinung, die noch nicht einmal für die letzten Jahrhunderte eindeutig nachgewiesen werden kann. Es ist deshalb nicht nur möglich, sondern auch wünschenswert, daß die Landgewinnung, wo sie mit vertretbaren Mitteln durchgeführt werden kann, weiter betrieben wird. Denn Landgewinn ist der beste Küstenschutz." Über die Arbeiten der Landgewinnung wird in einem späteren Abschnitt berichtet.

Mit dem so gewonnenen Einblick in die Erdschichten, unter Kenntnis der Bodenstoffe und der pflanzlichen und tierischen Bestandteile, die sie enthalten, sowie der menschlichen Kulturspuren, die die Wattenoberfläche und andere Ortslagen uns überliefert haben, wird eine Rekonstruktion der Landschaftsgeschichte möglich.

Schleswig-Holstein ist vor etwa 15000 Jahren eisfrei geworden. Das Land lag in der Nacheiszeit zunächst etwa 40—60 m höher zum Meeresspiegel als jetzt. Sylt, Föhr und Amrum bildeten einen geschlossenen Diluvialkomplex, von dem aus sich eine Sumpf- und Waldlandschaft weit nach Westen erstreckte. Von diesem Landmassiv ragen heute nur drei Höhenzüge noch heraus. Es sind die genannten Inseln, die sich bis zu 27 m, 18 m und 13 m ü. N. N. erheben.

Der südliche Teil der Nordsee bis zur Höhe Doggerbank—Skagen war während der frühen Nacheiszeit Land und blieb es auch während der nun in der Ostsee sich abspielenden „Yoldia-Senkung" und der darauf folgenden „Ancylus-Hebung" (etwa 7600 bis 5600 v. Chr.). Letztere läßt auch eine leichte Hebung des Landes an der schleswigschen Nordseeküste erkennen. Hierauf folgte die nach einer Uferschnecke Litorina litorea genannte „Litorina-Senkung" (etwa 5500—2000 v. Chr.). Sie fällt im wesentlichen mit der vorgeschichtlichen jüngeren Steinzeit zusammen und reicht wahrscheinlich noch bis in die römische Kaiserzeit (30 v. Chr. bis 476 n. Chr.). Der Begriff der Litorina-Senkung ist neuerlich nur noch für die Ostsee gültig. Ihm entspricht für die Deutsche Bucht die schon genannte Corbula-Senkung, die auf ganz Westeuropa bezogen die Bezeichnung Flandrische Transgression führt. Die Nordsee rückte damals unaufhörlich gegen die Küste von Schleswig-Holstein vor. Das ganze Inselland begann zu sinken mit den Mooren und Wäldern, die darauf entstanden waren, in denen der auf den Geesthöhen lebende Mensch der Steinzeit auf Hirsche, Eber und andere Tiere gejagt hatte. Er wurde überdeckt mit einer Schicht von sandig-tonigem Schlick.

Nach deren Stillstand erfolgte eine Bildung von Sumpf- und Moorland auf weiten Flächen. Auch Waldungen wuchsen aufs neue heran. Die vielen Grabhügel der Bronzezeit auf Sylt, Föhr und Amrum, die von einer zahlreichen Bevölkerung zeugen, weisen darauf hin, daß es ausgedehnte Nutzflächen von Marschland um die Geesthöhen herum gegeben haben muß.

Kurz vor 113 v. Chr., dem Jahr der Schlacht zwischen den Kimbern und Römern bei Noreja in Steiermark, hören wir dann von der Südwanderung der Kimbern, Teutonen und Ambronen. Als Wohnsitz der Ambronen nehmen einige Forscher das heutige Amrum an, doch fehlt für diese Annahme bisher noch jegliche Unterlage. Wenn es in der Überlieferung heißt, daß eine große Flut die Veranlassung zu dieser Wanderung gegeben hat, so darf wohl angenommen werden, daß die Flut durch eine „Senkung" des Landes bedingt war. Hierauf weisen uns auch die untergegangenen Moore[1] und Wal-

---
[1] Taf. 43.

dungen hin, die wir zur Ebbezeit an vielen Orten im Wattenmeer heute liegen sehen können. Sie liegen auf der Litorina-Marsch und sind während der Bronzezeit entstanden. — Einen weiteren untrüglichen Beweis für eine „Senkung" liefern uns mehrere Gräber der jüngeren Steinzeit, die im Südwesten von Archsum auf Sylt am Wattenmeerufer und im Wattenmeer selbst gelegen sind, und zwar in Höhe des M. H.W.[1]) und unter dessen Wasserspiegel. Zu ihnen gehören der Inhockhoog, Middelmarschhoog und der Kolckingehoog am Uferrand auf dem Marschland. Unmittelbar am Fuß der Abbruchkante westlich des Mittelmarschhoog sind auf einer im Oktober 1932 vom Verfasser in Begleitung von *Jens Mungard* unternommenen Wattforschungswanderung zwei weitere Gräber aufgefunden worden[2]). Vor ihrer Freispülung waren sie mit einer etwa einen halben Meter starken Marschlandschicht bedeckt gewesen. Weit draußen im Wattenmeer selbst liegen dann noch zwei andere Gräber. Diese Grabanlagen sind zur jüngeren Steinzeit auf einem niederen Geestrücken errichtet worden, der möglicherweise durch die „Senkung" zur Zeit des Kimbernzuges seinen Untergang gefunden hat.

Am Ende des ersten Jahrtausends n. Chr. fand eine Wanderung der Südfriesen nach Nordfriesland statt. Der dänische Geschichtsschreiber *Saxo Grammaticus* (geb. um 1140) berichtet uns, daß lange vor seiner Zeit eine solche Wanderung stattgefunden habe. Nach seinen Mitteilungen hat es in Nordfriesland etwa um das Jahr 1000 herum Deichbau gegeben. Er wird also sehr wahrscheinlich von den eingewanderten Ost- und Westfriesen eingeführt sein. Die Nachricht vom Deichbau ist übrigens die älteste, die wir besitzen.

Falls eine „Senkung" des Landes den Auszug der Ambronen veranlaßt haben sollte, muß angenommen werden, daß diese vor Ende des ersten Jahrtausends zum Stillstand gekommen ist oder daß zu dieser Zeit gar eine leichte „Hebung" eingesetzt hat. Würde die „Senkung" dauernd fortgeschritten sein, dann hätten die eingewanderten Südfriesen sicher keinen Anreiz gefunden, umfassende Eindeichungsarbeiten im nordfriesischen Marschland vorzunehmen. Es wären dann Deichbauten, die so weit westwärts draußen lagen wie die des sogenannten Rungholtgebietes bei der Hallig Südfall, wohl kaum zustandegekommen. Es muß ebenso angenommen werden, daß das Pflugland[3]), das im Nordwesten von Hooge am Fuß der Halligkante in den dreißiger Jahren zum Vorschein gekommen ist und der Zeit vor 1362 angehören dürfte, durch einen Deich gesichert war. Das Land wird damals vermutlich einen halben Meter über Mittelhochwasser gelegen haben, sowie das für das uneingedeichte Halligland von heute auch zutrifft.

Die Reste des sogenannten Niedamdeiches bei der Hallig Südfall, benannt durch den Entdecker *Andreas Busch* im Jahre 1921, dürften auf die Zeit des ersten Deichbaues vor 900 Jahren zurückgehen. Es sind die ältesten Deichreste, die aus jener Zeit im Inselgebiet erhalten geblieben und bekannt sind. Nach den Feststellungen von Busch, unter Zugrundelegung von Messungen durch cand. ing. *Johann Lorenzen* und des Wasserbauamtes Husum, liegt das Kulturland von Rungholt heute bis zu 2 m unter Mittelhochwasser.

Nach der Eindeichung wurden, wie schon angeführt, große Teile Nordfrieslands und Teile von Eiderstedt verfehnt, d. h. deren Moore abgebaut. Die Oberfläche des Landes wurde dadurch künstlich erniedrigt. *Mathias Boetius*, Pastor zu Gaikebüll auf Nordstrand, hat im Jahre 1622 eine Chronik unter dem Titel „de cataclysmo Nordstrandico" verfaßt. Nach der von Dr. *Schmidt-Petersen*, Bredstedt, in den Jahrbüchern des Nordfriesischen Vereins 1931—1933 veröffentlichten Übersetzung schreibt Boetius über die Oberflächengestalt von Nordstrand: „Da die Insel unter der mittleren Fluthöhe liegt, ja überhaupt einst wohl größtenteils nur Ufer und schlammiges Watt war, so hat sie den täglichen Angriffen des Meeres nichts anderes als Schutz entgegenzusetzen, als Dämme in Höhe einiger Ellen, von außen ansteigend, mäßig zugespitzt und mit Reth und Stroh bestickt um so besser den Wellenschlag des Meeres abzuhalten. Wenn es (dem Meere)

[1]) Mittleres Hochwasser.   [2]) Taf. 9.   [3]) Taf. 143.

gelingt sie zu durchbrechen, so stürzt es sofort, sobald es die Öffnung erweitert hat, mit seiner ganzen Masse hindurch und bedeckt sehr hoch das ganze Land, und man wird es nicht eher los, als es bis nach Schließung des Durchbruchs, durch Schleusen, welche alles überflüssige Wasser hinauslassen, wieder hinausgetrieben wird."

Mit dem Untergang von Alt-Nordstrand 1634 wurde auch die letzte größere Landmasse der einstigen Uthlande zerschlagen. Von da an bestehen die Nordfriesischen Inseln, wie wir sie heute kennen. Durch den Untergang von Alt-Nordstrand erfuhr das Wattenmeer, wie schon nach 1362 eine abermalige grundlegende Umgestaltung. Sie verursachte starke Änderungen der hydrographischen Verhältnisse, die sich im Tidenhub und auf den Verlauf der Sturmfluten und deren Höhe bemerkbar machen.

Hält man sich die drei Landschaftsbilder, soweit sie uns im einzelnen erkennbar sind, vor Augen, von der mehr oder weniger geschlossenen Landmasse der Uthlande um das Jahr 1000, von deren Zerstörung nach der Rungholtflut des Jahres 1362 und der endgültigen Auflösung in Inseln seit dem Untergang von Alt-Nordstrand im Jahre 1634, so geht aus diesen Vorgängen eine große Niveauverschiebung zwischen Land und Wasser zu Ungunsten des ersteren hervor[1]).

Welche Veränderungen außerdem im Uthlandsgebiet durch Sturmfluten herbeigeführt worden sind, soll im folgenden gezeigt werden.

STURMFLUTEN

Wenn das Leben an einer Küste oder auf einer Insel an sich schon vom Wasser beherrscht wird, dann wirkt sich das um so eindringlicher aus, wenn dieses Wasser wie bei den Nordfriesischen Inseln nicht nur der offenen See angehört, sondern zugleich auch einem Wattenmeer, in dem Flut und Ebbe in rund 25 Stunden zweimal miteinander abwechseln und dabei die Landschaft in unaufhörlicher Folge abwechselnd in Wasser und in Land verwandeln. Die Bewegung dieser Wassermassen beruht auf der Anziehungskraft des Mondes und der Sonne, vornehmlich des ersteren. Je nach der Stellung beider zur Erde wirkt sich die Anziehungskraft stärker oder schwächer aus. Bei Voll- und Neumond treten die Springfluten und zur Zeit des ersten und letzten Mondviertels die Nippfluten ein. Der Höhenunterschied zwischen Hoch- und Niedrigwasser, der Tidenhub, wird durch die Stärke und Richtung des Windes beeinflußt. Die Stärke der Gezeitenströmung ist außer vom Tidenhub auch von der Tiefe des Wassers, von der besonderen Lagerung der Inseln, der Art des Küstenverlaufs und der im Wattenmeer verlaufenden Ströme und Priele abhängig. Sie beträgt auf der offenen See etwa 1 Seemeile (= 1852 m) und im Wattenmeer bis zu 2—3 Seemeilen.

Die mittleren Werte des Tidenhubs weisen auf Grund einer Beobachtung von 19 Jahren für die nachfolgenden Orte jeweils für die Springzeit und Nippzeit folgende Beträge auf: Wilhelmshaven 4,01—2,99; Cuxhaven 3,20—2,45; Helgoland 2,60—1,90; Sylt-Hörnum 2,13—1,96; Sylt-List 1,81—1,60; Hanstholm (NW-Punkt von Dänemark) 0,5 bis etwa 0,5. Die von Norden her in die Nordsee eindringenden Wassermassen haben naturgemäß im südlichen Teil den höchsten Stau, so daß dort also auch die höchsten Pegelstände verzeichnet werden.

Über die Gezeiten der östlichen Nordsee berichtet das Nordsee-Handbuch: „Die Form ist bestimmt durch die halbtägige Gezeitenwelle des Nordostatlantischen Ozeans, diese dringt um Schottland herum von Norden in die Nordsee ein, schreitet an der englischen Ostküste entlang bis zu den Hoofden und dann nach Osten in die Deutsche Bucht hinein fort, wo sie nach Norden umbiegt."

[1]) Taf. 8. 11. 12.

Zufolge *A. Merz* wirkt sich die Kanalwelle, die durch die Straße von Dover in die Nordsee gelangt, nur bis zu den Hoofden aus, da sie infolge der Verbreiterung des Seeraumes rasch an Höhe verliert. Den Verlauf der Gezeiten in der Nordsee veranschaulicht in vorzüglicher Weise auf 12 Karten der im Oktober 1936 von der Deutschen Seewarte herausgegebene „Atlas der Gezeitenströme für das Gebiet der Nordsee, des Kanals und der Britischen Gewässer".

Westlich der Insel Sylt macht sich ein Küstenstrom noch bis auf 4 Seemeilen Abstand vom Lande bemerkbar. Es heißt in dem Nordsee-Handbuch: „Der Ebbstrom setzt aus dem Hörnum-Loch an der Westküste dieser Insel entlang nach Norden und aus dem Lister-Tief durch das Lister-Land-Tief längs der Westküste von Sylt nach Süden. Bei Westerland treffen beide Ebbströme zusammen. Dementsprechend setzt der Flutstrom von hier aus nach Süden und nach Norden längs der Küste um die Landspitzen herum."

Zur Erforschung der wasserkundlichen Verhältnisse vor der Westküste von Sylt hat das Marschenbauamt Husum seit 1952 im Interesse des Küstenschutzes eine Dienststelle in Westerland eingerichtet. Es sollen durch diese die genauen Ursachen und Zusammenhänge zwischen dem Küstenabbruch einerseits und den Windströmungen, sowie der Brandung andererseits geklärt werden. Eine Klärung ist deshalb gerade bei Sylt unbedingt notwendig, weil Sylt infolge seiner exponierten Lage und seiner Form nach diejenige Nordseeinsel ist, die der Einwirkung des Meeres am stärksten ausgesetzt ist. Seine langgestreckte, hagere Gestalt ist das Ergebnis dieser Einwirkung. Jeder aufmerksame Beobachter kann verfolgen, wie der Strand bezüglich Breite und Höhe sich ständig verändert, er weiß ebenso, daß die Brandung, die bei Niedrigwasser etwa 200 m vor der Küste in Erscheinung tritt, durch eine dort liegende Sandbank hervorgerufen wird. Diese Vorgänge muß man im Zusammenhang kennen, wenn man einen wirksamen Küstenschutz betreiben will. Die Wichtigkeit solcher Untersuchungen liegt auf der Hand, wenn man an die Sturmflutkatastrophe denkt, die sich am 1. Februar 1953 an der holländischen Küste ereignet hat und die ebenso gut in Nordfriesland hätte auftreten können. Ein wirksamer Küstenschutz der Nordfriesischen Inseln liegt außerdem nicht nur im Interesse dieser selbst, sondern ebenso sehr oder noch stärker auch im Interesse der hinter diesen liegenden Festlandsküste. Die Aufgabe der Dienststelle besteht vornehmlich in der Messung der Sandwanderung, Strömung und Brandung, sowie der des Windes und vor allem in solcher des Küstenabbruchs und der Strandveränderung. Die hauptsächlichen Veränderungen des Strandes bewirken naturgemäß die vornehmlich im Herbst und Frühjahr auftretenden schweren Stürme. Alle diese Untersuchungen dienen dazu, die Küstenbefestigung (Buhnenbau, Strandmauern, Deckwerke usw.) möglichst zweckmäßig zu gestalten.

Das Fahrwasser auf der offenen See westlich der Inseln ist durch Bänke und Sande sehr gefährdet und das des Wattenmeers ist durch die Tiefs, Leye, Sande, Gründe und Rücken außerordentlich ungleichartig. Ein Blick auf die Karte der Marineleitung genügt, um das verständlich zu machen.

Wachsen die Winde nun zu Sturmwinden an und bleiben sie längere Zeit aus westlicher Richtung wehend bei (oftmals hält der Sturm drei Tage an), dann bildet sich an der Küste ein hoher Wasserstau. Die Gefahr für eine Sturmflut im Inselgebiet besteht gewöhnlich bei Voll- und Neumond, wenn der Wind längere Zeit aus Südwest geweht hat, so daß große Wassermassen durch den Kanal in die Nordsee gepreßt wurden, und wenn er dann rechtsdrehend auf Nordwest übergeht und auch noch von dort her das Wasser auf die Küste zutreibt. So geht aus den Berichten der großen Fluten von 1634 und 1717 hervor, daß der Wind von SW nach NW sich gedreht hatte. Die großen Sturmfluten fallen im allgemeinen in die Herbst- und Wintermonate. Über die Sturmfluten früherer Jahrhunderte liegen mancherlei Berichte aus Chroniken und anderen Aufzeichnungen vor, doch sind die Angaben vielfach von fragwürdiger Natur. Die Überlieferungen wurden in den meisten Fällen durch lange Zeit hindurch zunächst mündlich weitererzählt, ehe sie zur Aufzeichnung gelangten, und dann vielfach auch noch durch spätere Autoren entstellt wieder weiterberichtet.

Bei den alten Flutberichten sind in vielen Fällen schon die Jahresangaben unrichtig. Über die Höhe der Fluten wissen wir nichts Zuverlässiges, und die Angaben über die Vernichtung von Menschen, Tieren, Häusern und Ländereien unterliegen starken Übertreibungen. *H. Rauschelbach* von der Deutschen Seewarte hat für das Gebiet der Elbmündung festgestellt, daß sich in der Zeit von 1841 bis 1924 im ganzen 640 Fluten ereignet haben, bei denen eine Erhöhung des Hochwassers von 1 m über dem mittleren Hochwasser eingetreten war. Würde man diese Fluten als Sturmfluten bezeichnen, dann hätte sich eine solche also etwa alle 50 Tage ereignet.

Genaue Messungen des Wasserstandes an der Küste von Schleswig-Holstein werden an den Pegeln von Tönning und Husum seit 1870 vorgenommen. Ein Verzeichnis der größten Jahres-Sturmfluten an diesen Orten von 1870 bis 1930 gibt *W. Hinrichs* in seinem Buch: „Nordsee, Deiche, Küstenschutz und Landgewinnung". Die größte Flut in diesem Zeitraum war die vom 16. Februar 1916, sie verzeichnete für Tönning + 4,65 NN + 3,40 m M.H.W. und für Husum + 5,01 NN = + 3,71 m M.H.W.

Bei Sturmwetter in der Nordsee erreichen die Wellen eine Höhe von 4—6 m. Im Atlantischen Ozean sind es 14—16 m. Im Nordatlantik wurden im Höchstfall einmal 23 m gemessen.

Das heutige Nordfriesland wurde im Mittelalter als „Uthland" bezeichnet. Der Ausdruck begegnet uns zuerst 1187 und 1198, kommt dann im Schleswiger Stadtrecht vor und in König Waldemars II. (1202—1241) Erdbuch vom Jahre 1231. Unter Uthland hat man das Außenland zu verstehen, das Marschen- und Inselland westlich der Geest, zu dem auch das heutige Eiderstedt gehörte. Es bestand aus 13 Harden. Die „Landcarte von dem Alten Nortfrieslande von Anno 1240", die *Johannes Meyer*, Husum, gezeichnet hat und die wir in der „Newe Landesbeschreibung der zwey Herzogthümer Schleswich und Holstein" von Danckwerth, 1652 veröffentlicht finden[1]), ist kartographisch nicht als zuverlässig zu bezeichnen, doch kann sie uns annähernd ein Bild geben von der damaligen Ausdehnung und Beschaffenheit des Landes. Nach dem Bericht des dänischen Geschichtsschreibers *Saxo Grammaticus* (geboren um 1140) muß ein großer Teil der Uthlande um 1180 schon unter Deichschutz gelegen haben. Die Stärke dieser Deiche entsprach etwa denen unserer heutigen Sommerdeiche. Im Deichschutz weidete das Vieh, wurde der Acker bestellt und das Moor zur Gewinnung von Salz zu eigenem Gebrauch und vor allem zu Handelszwecken abgegraben, verbrannt und ausgelaugt[2]). In seinem 14. Buch schreibt Saxo Grammaticus daß das Land sehr flach liegt, daß die Deiche oft durchbrochen werden und daß die Meeresfluten sich dann über das Land ergießen und großen Schaden anrichten.

Die erste bedeutende Flut, von der wir mit Sicherheit wissen, ist die Julianenflut vom 16. Februar 1164. Ob diese sich jedoch außer auf die Südküste auch auf die Ostküste der Nordsee erstreckt hat, ist ungewiß. Der erste Bericht eines Augenzeugen über eine Sturmflut, den wir haben, bezieht sich auf die Marcellusflut des Jahres 1219, die sich in Ostfriesland ereignet hat. Die Auswirkungen der großen Fluten sind an den Küsten örtlich begrenzt, so daß eine solche bei Nordfriesland großen Schaden anrichten kann, während Ostfriesland verschont bleibt. Ein deutliches Beispiel hierfür lieferte in unseren Tagen die schon genannte große Flutkatastrophe vom 1. Februar 1953. Sie hat neben der Themsemündung vor allem das Gebiet von Zeeland in Holland auf das Schwerste getroffen. Unter dem Titel: „de ramp" ist bereits im Februar 1953 eine „Nationale uitgave" erschienen, die in Wort und Bild Kunde gibt von dem furchtbaren Ereignis. Es wurden hiernach 175000 Hektar Land unter Wasser gesetzt. 300000 Menschen mußten flüchten

---

[1]) Taf. 8. [2]) Taf. 43.

und etwa 1400 Personen verloren ihr Leben. Der gesamte Schade wird auf Grund einer offiziellen Zahlenangabe auf mehr als eine Milliarde Gulden geschätzt. Auf Sylt herrschte am 1. Februar bei mäßigem Wind und sonnigem Wetter ein hoher Wasserstand mit ungewöhnlich langen und starken Brandungswellen.

Unter den vielen Fluten, die das nordfriesische Inselgebiet betroffen haben, heben sich als besonders große die der Jahre 1362, 1634, 1717 und 1825 hervor. Die erstere, die sich auf die Edomsharde und Rungholt bezieht, hat aller Wahrscheinlichkeit nach am 16. Januar 1362 stattgefunden und nicht, wie einige der alten Autoren angeben, zu einer früheren Zeit. Außer zwei uns bekannten Dokumenten von 1355 und 1358, die sich auf die Edomsharde beziehen, befindet sich im Staatsarchiv in Hamburg das Original einer Urkunde aus Pergament mit Siegel von dieser Harde vom 19. Juni 1361, in der die Ratmänner und die ganze Gemeinde der Harde allen Hamburgern bis zum 1. Mai 1362 sicheres Geleit und Handelsfreiheit zusichern[1]). Die Urkunde würde demnach nur sieben Monate vor dem Untergang der Edomsharde ausgestellt worden sein. Größere Fluten, die 1338, 1341, 1342 und 1354 stattgefunden haben, mögen Vorbereiter des Vernichtungswerkes von 1362 gewesen sein.

Die Flut vom Jahre 1362 wird als die größte von allen in den Überlieferungen angegeben. Mit ihren Verheerungen setzte die Auflösung der Uthlande ein. Sie war der Schrittmacher für alle kommenden Landzerstörungen, insonderheit für die von 1634, die der Zertrümmerung von Alt-Nordstrand. Einen Bericht aus der Zeit von 1362 haben wir nicht. Volle 300 Jahre hat sich jedoch eine Sage dieser Flut, die Rungholt-Sage, die nach dem Hauptort des untergegangenen Gebietes benannt ist, im Volksmunde lebendig erhalten. Der nordfriesische Chronist *Anton Heimreich* (1626—1685) hat sie in seiner „Nordfresische Chronick" (1666, erneuert 1668) uns überliefert. Nach ihm haben andere in Versform (Detlef von Liliencron), Roman (Johannes Dose und Wilhelm Jensen), Novelle und Erzählung (Theodor Storm und Ernst Willkomm) den Untergang von Rungholt dichterisch gestaltet.

Das Hauptgebiet der Vernichtung dieser Flut war die Edomsharde, die in der südlichen Bucht des späteren hufeisenförmigen Alt-Nordstrand gelegen hatte.

Heimreich berichtet, daß die stürmische Westsee 4 Ellen über die höchsten Deiche gefangen sei, daß die Flut 21 Wehlen im Nordstrand eingerissen hat, daß der Flecken Rungholt neben 7 Kirchspiel-Kirchen in der Edomsharde verwüstet worden sei und daß 7600 Menschen ertrunken seien. Nur 2 oder 4 Frauen sollen unter allen Einwohnern mit dem Leben davongekommen sein. Von diesen soll Backe Boisens Geschlecht zu Bopschlut abstammen, deren Stammbaum von Heimreich aufgeführt wird, und der weiter bis auf den heutigen Tag ergänzt wurde von einem Nachkommen, dem Lehrer *Knud Melf Hansen* in Detroit in Nordamerika. Rungholt ist der Hauptort der Edomsharde gewesen und vermutlich auch der Hafenort, auf den sich die Urkunde von 1355 bezieht, die eine Bittschrift der Ratleute und Vertreter der ganzen Gemeinde der Edomsharde an den Grafen Ludwig von Flandern in Handelssachen darstellt. Rungholt hatte für die damalige Zeit wahrscheinlich die Bedeutung, die Husum als Hafen- und Handelsplatz später erlangte.

Das verlorene Kulturland und die Siedlungsstätten der Menschen wurden mit Schlick überlagert, der durch jede größere Überflutung der nachfolgenden Jahrzehnte und Jahrhunderte schichtenweise immer höher aufgetragen wurde, bis daraus schließlich neu entstandenes Marschland wurde, von dem die heutigen Halligen Teile sind. Durch Zerstörung, d. h. allmähliche Abbröckelung der Uferkanten der Halligen infolge der täglichen nagenden Flut und besonders bei Sturmfluten kommen in unserer Zeit die Kulturspuren von 1362 wieder zum Vorschein. Sie sind zur Ebbezeit auf dem Wattenboden sichtbar,

---

[1]) Taf. 9.

bis die Gezeitenströmung oder der winterliche Eisschub sie zerstört hat. Bei der Hallig Südfall sind derartige Kulturspuren in Erscheinung getreten, die ihrer Art und Anlage nach darauf schließen lassen, daß sie Reste von Rungholt sind. Ihre Erforschung verdanken wir dem Landwirt *Andreas Busch* von Nordstrand, der sie seit 1921 ununterbrochen beobachtet hat, und dem die Ergründung der Rungholt-Frage zu einer Lebensaufgabe geworden ist. Es sind bei Südfall zutage getreten Reste von Deichen und Schleusen, ein Sielzug, Grabensohlen von Feldereinteilungen und Pflugfurchen von Ackerland, die die Schar des Bauern vor der Flut gezogen hatte[1]). Es mutet anfänglich sehr eigenartig an und erscheint nahezu unglaublich, daß man im Wattenmeer heute auf einem Pflugfeld stehen kann, dessen Furchen vor nahezu 600 Jahren gewendet worden sind. Wir finden außerdem Spuren menschlicher Wohnstätten in Resten von Warfen und Brunnen[2]). Es sind Tongefäße, Bronzegrapen, Mühlsteine, Schwerter, Beile, 1 Lanzenspitze, 1 Koppelschloß und andere Dinge gefunden worden.

Der Besuch des historischen Watts von Südfall ist für den Verfasser immer eine wundersame Reise gewesen. Der Weg dorthin wurde mehrfach zusammen mit *Andreas Busch* auf dessen Fuhrwerk zurückgelegt. Die Fahrt ging zunächst quer durch die üppigen Köge des reichen Nordstrand, vom Westerdeich aus kam man dann auf die scheinbar unendlich weite Fläche des trockengelaufenen hartsandigen Watts[3]). Dort, wo uns jetzt die Pferde über eine 8 km weite Strecke über ein Niemandsland ziehen, flutet in wenigen Stunden das Salzwasser der Nordsee. Wir steuern auf einen kleinen Punkt am Horizont zu, auf das einzige auf hoher Warf gelegene Haus der kleinen Hallig, die im Besitz der Gräfin Diana von Reventlow ist, und großen Scharen von Silbermöwen, Austernfischern und anderen Seevögeln im Sommer als Brutplatz dient. Das niedrige Halligland selbst mit seiner grünen Rasenfläche und der langen, schneeweißen Muschelbank an der Nordkante wird erst sichtbar, wenn die Überquerung des Watts beinahe beendet ist.

Hier draußen, fernab von aller Welt, liegt das Geheimnis von Rungholt. Bei den Friesen bestand um die Mitte des 17. Jahrhunderts der Glaube, daß Rungholt wieder auferstehen würde. Nach 300 Jahren hat sich dieser Glaube nun verwirklicht. Wenn auch die Stadt selbst nicht wiedererstanden ist, so werden bei Südfall doch die reichhaltigsten Spuren einer untergegangenen Siedlungsstätte sichtbar, die bisher aus dem nordfriesischen Wattenmeer bekannt sind. Das Meer, das Rungholt den Untergang brachte, hat nach 1362 über dieser Stätte fortlaufend Schlickboden aufgespült und damit einem neuen Menschengeschlecht ein neues Wohnland aufgebaut. Nun, nach Jahrhunderten, hat dasselbe Meer durch Abtragung des Bodens in unseren Tagen den Schleier wiederum gelüftet und das, was 600 Jahre unsichtbar war, für kurze Zeit uns zugänglich gemacht, bis auch diese Spuren vom flutenden Wasser in Kürze getilgt sein werden. Die neu entstandene Hallig Südfall mußte sich opfern, damit das unter ihr liegende Rungholt sichtbar wurde. Den kleinen Rest des Eilandes, der verblieben ist, hat man an der Brandungsseite im Jahre 1936 mit einer Steinböschung eingefaßt, so daß das Halligland fortan gesichert ist und weitere Spuren von Rungholt, die noch darunter liegen mögen, nicht mehr frei kommen können.

Außer den Funden, die bei Südfall gemacht wurden, gehören in die Rungholt-Zeit sehr wahrscheinlich auch die Reste von Warfen und die auffallend vielen Feldereinteilungen, die auf dem Rungholt-Sand sichtbar sind. Sie liegen im Kreuzpunkt Bake Holmer Fähre — Südfallhaus und Vogelkoje Pellworm — Vogelkoje Friedrichskoog auf Nordstrand. Weiterhin gehören in die Rungholt-Zeit jedenfalls auch wohl die vielen Spuren, die unter den anderen Halligen zum Vorschein gekommen sind. Es betrifft dies bei Hooge Pflugland[4]), Weideboden und Moorabbau, bei Langeneß Moorabbaue[5]), die hier über hunderte von Metern sichtbar sind, im Süden der Hallig den Grundriß einer Warf, sowie Gehölz im Norden der Hallig, bei Gröde Moorabbau und Gehölz[6]), einen Feding im Südosten und Grabenspuren im Nordwesten und bei Habel einen Friedhof[7]), Pflugland,

[1]) Taf. 10. [2]) Taf. 10. [3]) Taf. 59. [4]) Taf. 143. [5]) Taf. 43. [6]) Taf. 42. [7]) Taf. 159.

Grabensohlen von Feldereinteilungen, einen Holzbrunnen, Fedingsschachttonnen. Mit diesen Angaben soll nur einiges von dem Vorhandenen genannt sein. Die Moorabbaue erfolgten zu Zwecken der Salzgewinnung, die in den Uthlanden nachweisbar ist aus der Zeit um 1180 bis 1800.

Eine weite Fläche des Rungholt-Sand ist mit einer bis zu einem Meter hohen Sandschicht bedeckt, die sich langsam von Südwesten nach Nordosten verlagert. Was mag unter dieser Schicht an Zeugnissen aus der Zeit vor 1362 noch liegen? Wenn es in dieser Gegend Gehölz gegeben hat, wie es der Name und auch die Karte von Meyer angeben, müßten eines Tages hier Stubben und Stämme von Bäumen zum Vorschein kommen, wie wir sie aus der Wattenumgebung von Hooge, Langeneß, Gröde, Habel und auch von Föhr und Sylt kennen. Ältere Männer von Nordstrand und anderen Inseln haben dem Verfasser gesagt, daß sie von jeher immer nur gehört haben, daß Rungholt unter Rungholt-Sand liegt. Nach Meinung von Andreas Busch ist der Sand im Laufe der Zeit aus der Gegend von Südfall infolge der genannten Verlagerung nach der Mitte zwischen Nordstrand und Pellworm nordostwärts gewandert. Möglicherweise hat der Ort Rungholt seinen Namen erhalten nach einem waldigen Landstrich. Vielleicht ist die Ortschaft Rungholt anfänglich nur eine kleine Siedlung gewesen von Menschen, die in dieser wohnten und hat dann später auf Grund seiner günstigen Lage an einem Siel in der Nähe des Heverstroms sich zu einem Hafenort entwickeln können. Aufklärung darüber wird es wohl nie mehr geben.

Außer den genannten Funden, die der Zeit um 1362 angehören dürften und im Wattenmeer liegen, mag hier nun noch auf einen weiteren hingewiesen werden, der auf einer Insel liegt. Nachdem das älteste uns bekannte List auf Sylt in der Nordsee seinen Untergang gefunden haben soll, wurde die Siedlung weiter nach Osten verlegt und zwar auf den Boden eines heutigen Dünentales, das sich westlich von dem jetzigen, also dritten List auf Sylt befindet. Auf diesem Urboden der Insel, in einem großen Tal, das vom Sande frei geweht wurde, ist der vollständig erhaltene Grundriß eines Hauses, dessen Wände aus Erdsoden hergestellt waren, um 1930 gefunden worden[1]). Er wurde im Oktober 1932 durch den Verfasser von dem darüberlagernden Erdreich sorgfältig befreit und ergab ein Bild, wie es die Tafel 11 dieses Buches zeigt. Der Überlieferung nach ist das zweite List in der großen Flut von 1362 untergegangen. Die Fundamente der Kirche sollen unter der 34 m hohen Sandberg-Düne liegen. Aus einem Abfallhaufen, der in der Nordostecke des Tales liegt, sind vielerlei Fundstücke wie Münzen, Angelhaken, Tonscherben usw. geborgen worden. Weitere noch vorhandene Abfallhaufen im Tal bedürfen noch einer fachkundigen Erforschung.

Die große Rungholtflut hatte die Uthlande in ein reines Inselreich verwandelt. Im Süden war als größere, zusammenhängende Landmasse die Insel Alt-Nordstrand entstanden[2]). Es sollten keine 300 Jahre vergehen, bis auch dieses abermals zertrümmert und in kleine Restgebilde aufgelöst werden würde. Am 11. Oktober 1634 ereignete sich die seit 1362 größte Flutkatastrophe, es brach der Schicksalstag von Alt-Nordstrand herein. Von verschiedenen Augenzeugen, wie Anton Heimreich, Peter Sax und J. Adrianus Leeghwater haben wir Berichte über diese Flut. Es erhob sich danach ein ungeheurer Sturmwind aus Südwesten, der in der folgenden Nacht auf halber Springflut nach Nordwesten drehte. Das Wasser stieg bis etwa 4 m über M. H. W. an. An 44 Stellen wurden die Deiche durchbrochen. 6123 Menschen und an 50000 Tiere fielen den Fluten zum Opfer. 1339 Häuser, 28 Windmühlen und 6 Glockentürme wurden zerstört und weggetrieben. Es ertranken auf Hooge 41, auf Langeneß 24, und auf Nordmarsch 48 Menschen. Auf Sylt, Amrum und Föhr war der Schaden nur geringfügig. In Eiderstedt dagegen verloren 2107 Menschen ihr Leben.

[1]) Taf. 11.   [2]) Taf. 12.

Von Alt-Nordstrand waren übrig geblieben nur Teile der Edoms- und Pellworm Harde, der „Amsing-Koog" und das „Wüste Moor" nebst kleinen zerstreuten Landüberresten, die jedoch alle nach und nach verloren gingen. Über den „Amsing-Koog" wird im Abschnitt „Inselcharaktere" etwas näher berichtet. Durch neue langwierige Eindeichungen unter Hilfeleistung von zugewanderten Holländern entstanden im Laufe der Zeit aus den genannten Harden die heutigen Inseln Nordstrand und Pellworm. Von den im ganzen am Leben gebliebenen etwa 2500 Menschen siedelten sich einige auf dem hochgelegenen „Wüsten-Moor" an, daß in der Folgezeit durch Auflandung und Anschlickung zur Hallig Nordstrandischmoor geworden ist. Aus dem „Amsing-Koog" wurde die spätere „Hamburger Hallig". In drei starken Bänden, die „Alt-Nordstrand", „Nordstrand" und „Pellworm" betitelt sind, hat *O. Fischer* das von Friedrich Müller gesammelte Material über die Inselgeschichte bearbeitet und ergänzt im Jahre 1936 herausgegeben. Es ist damit der Öffentlichkeit ein äußerst lehrreicher und geschichtlich wertvoller Dokumentenstoff zugänglich gemacht worden. In gleicher Weise bearbeitet und von Müller selbst noch herausgegeben sind zwei Bände über die „Halligen". Von den abschließenden Veröffentlichungen über Sylt, Amrum und Föhr hat Fischer den Band „Amrum" und den Band „Föhr" 1937, den Band „Sylt" 1938 erscheinen lassen. In eindringlichster Weise berichten diese Werke von den furchtbaren Katastrophen, die über Menschen, Tiere und Land dahingegangen sind.

Von dem gewaltigen Landverlust, den die Fluten von 1362 und 1634 im Norden des Rungholt-Gebietes verursacht haben, bekommt man einen Eindruck, wenn man heute von Norderhafen auf Nordstrand nach Westen und Norden blickt. Nach Westen sieht man über eine Wasserfläche von 9,5 km Luftlinie bis Siel-Hafen auf Pellworm. Dieses ganze heutige Wattenmeer war bis 1362 Land, das bis auf einen schmalen Saum, der beiden Seiten bis 1634 vorgelagert blieb, untergegangen ist. Die dünne Ader des Falls-Tief, die sich bis 1362 durch das Land hindurch zog, hat sich zunehmend vergrößert und ist zur Norder-Hever angewachsen, die heute bis zu 2 km Breite und bis zu 25 m Tiefe hat. Nach Norden streift das Auge 5 km weit über das Wattenwasser hin, bis es am Horizont auf die vier punktförmigen Warfen von Nordstrandischmoor trifft.

Nach der Flut von 1634 war die nächst schwerste diejenige der Weihnachtsnacht des Jahres 1717. Die Verluste an Menschenleben sind in Nordfriesland glücklicherweise verhältnismäßig gering gewesen, obwohl die Flut für alle Bewohner ganz unerwartet kam, zumal der Mond im letzten Viertel stand. Der Wind drehte jedoch abends von Südwest auf Nordwest und ließ das Flutwasser mit ganz ungewohnter Geschwindigkeit auflaufen, so daß die Hallig Nordstrandischmoor, die besonders schwer betroffen wurde, schon um 3 Uhr morgens überschwemmt wurde, während das Flutwasser noch bis 8 Uhr früh ansteigen sollte. Über das Flutereignis auf Nordstransdichmoor haben wir von dem damaligen Pastor der Hallig, dem jüngeren *Heimreich*, einen ausführlichen Bericht. Wachgehalten durch die Unruhe ihres Kindes, bemerkten die Eltern, daß die Meeresfluten in ihr Haus einzudringen begannen. Sie suchten sofort einiges von ihrer Habe auf den Dachboden zu bringen und flüchteten dann sehr bald danach selbst dort hinauf, da das Wasser bereits in den unteren Räumen stand. Kurz darauf schlugen die Wellen auch schon die äußeren und inneren Wände des Hauses ein, „also daß die brausenden Wasserwogen bei vier Ellen hoch als eine offenbare See durchs Haus gingen, den Auskeb an der Norderseite mit Rem, Ständer, Dach, Latten und Sparren weggerissen und auf uns zu schlugen; da dann unser Vieh, als 2 Kühe und 13 Schafe aber nicht ohne großes Gebrüll und Blöcken vor unserm Augen ersoffen, Bett und Bettgewand, Kleider, Leinenzeug, Kisten und Laden, Tische und Schränke nebst anderm Hausgerät und meiner Bibliothek, aus 3 bis 400 Büchern bestehend, wegschwemmten, auch an Gold und Silber bei 200 Reichstaler Wert verlor, das Kupfer-, Messing- und Zinngerät mit großem Geräusch niederfiel, und das Haus sich dabei sehr bewegte, daß wir daher den Tod vor Augen sahen und ja recht nur ein Schritt zwischen uns und dem Tode sich befand."

Da auch nach der Flut das Sturmwetter noch anhielt, war es unmöglich, die Hallig zu verlassen, so daß Heimreich mit seiner Frau und Tochter noch acht Tage lang auf seinem Heuboden aushalten mußte, dem Wind und Wetter ausgesetzt und nur mit wenig Nahrung versehen. Es kamen bei dieser furchtbaren Flutkatastrophe auf Nordstrandichmoor 16 Menschen ums Leben. Nach den Berichten von Heimreich sind die 4 Köge von Nordstrand und auch die Köge von Pellworm unter Wasser gesetzt worden. Auf Nordmarsch ertranken in den Fluten 16 und auf Langeneß 4 Personen.

In der Regel sind die großen Fluten der Geschichte örtlich begrenzt gewesen. Die Weihnachtsflut des Jahres 1717 und die Februarflut von 1825 machten hiervon eine Ausnahme. Ihre Wirkungen haben sich bis nach Westfriesland hin erstreckt. Nach Woebcken sollen 1717 an Menschenleben verloren gegangen sein in Dithmarschen 468, in Kehdingen 388, in Hadeln 309, im Land Wursten 400—500, in Oldenburg 2471, in Jeverland 1649 und in Ostfriesland 2752. Bemerkenswert bei dieser Flut bleibt die Tatsache, daß der Ablauf zeitlich in Nordfriesland und Ostfriesland der gleiche war. In Ergänzung zu dem Augenzeugenbericht des jüngeren Heimreich für Nordstrandischmoor haben wir einen entsprechenden von Outhof für Emden. In Emden sollte erst gegen 6½ Uhr früh Hochwasser sein, während gegen 2 Uhr die See bereits durch die Straßen der Stadt flutete. Der Wind- und Wasserdruck aus Nordwest muß in der Nordsee also so mächtig gewesen sein, daß die ganze weite Deutsche Bucht einer Überschwemmung ausgesetzt werden konnte. Da auch für die Bewohner von Ostfriesland die Katastrophe sich plötzlich und unerwartet eingestellt hatte, muß der Orkan durch eine Augenblicksgewalt ausgelöst worden sein.

Wenn die Auswirkungen der Flut, wie sie uns ein alter Kupferstich von 1719 von Joh. Bapt. *Homann* zeigt, auch übertrieben sind, so gewinnt man daraus von den Schrecknissen doch eine gewisse Vorstellung.

Die letzte schwere Sturmflut, die die Nordfriesischen Inseln betroffen hat, war die in der Nacht vom 3. zum 4. Februar 1825. Das Wasser stieg bis zu etwa 4 m über M. H. W. an. Vom schwersten Schaden betroffen wurden die Halligen. Es verloren im ganzen 74 Menschen ihr Leben, von denen allein 25 auf die Hallig Hooge fallen, die der Flut am ärgsten ausgesetzt war. Die Verheerung, die die Flut anrichtete, war so furchtbar, daß auf allen Halligen insgesamt nur 22 Häuser bewohnbar blieben, die jedoch auch mehr oder weniger beschädigt waren, während 233 Häuser entweder ganz fortgeschwemmt wurden oder unbewohnbar waren. Der Schaden an Hab und Gut der Menschen ist nach einer Taxation des Sturmflutschadens vom 8. März 1825 auf 465 598 Mark berechnet worden. Ein Verzeichnis, das zwecks Vergütung des Schadens seitens der Regierung nach der Flut aufgestellt wurde und jetzt im Staatsarchiv von Kiel verwahrt wird, führt sämtliche verlorenen Gegenstände der einzelnen Bewohner auf. Es ist für uns heute dadurch zugleich auch zu einem kulturgeschichtlich wertvollen Dokument geworden. Infolge der Haus- und Landverluste haben 234 Menschen die Halligen nach der Flut verlassen müssen. Sie haben sich hauptsächlich in Wyk auf Föhr und in Ockholm neu angesiedelt. Es blieben auf den Halligen 162 Familien mit 629 Personen.

Eine der letzten Spuren von der Tragödie konnte man in den dreißiger Jahren dieses Jahrhunderts noch sehen, wenn man von Hooge zur Ebbezeit nach Süden auf das Watt ging. Man sah dort den Rest des Fedings der alten Fedder-Bandix-Warf. Die beiden Häuser, die 1825 auf der Warf standen, wurden von der Flut vollständig zerstört, alle Bewohner fanden dabei den Tod in den Wellen. Einige Topfscherben und Backsteine, die der Verfasser in dem Wasserloch 1932 gefunden hatte, gehörten zu den letzten Zeugen des Untergangs. Hooge war 1825 auf der Westseite bereits so weitgehend durch die Fluten verkleinert worden, daß die Fedder-Bandix-Warf nahe an der Uferkante lag. Die Stelle an der die Warf einst gelegen hatte, befindet sich nunmehr etwa 150 m außerhalb des 1927/28 gebauten Steindeichs der Hallig.

In seiner Novelle „Die Hallig" hat *Joh. Chr. Biernatzki* (1797—1840), der als Pastor die Flut auf Nordstrand erlebte, und der zugleich Geistlicher auf Hallig Nordstrandischmoor war, einen anschaulichen Bericht gegeben von der Sturmflut auf dieser Hallig. Die Novelle ist die erste eigentliche Halliggeschichte in der Literatur, die wir besitzen, neben einer anderen, die Harro Harring in seiner Selbstbiographie des „Rhonghar Jarr" vom Jahre 1828 eingeflochten hat.

In der Novelle von Biernatzki und in den „Nachrichten über die Hallig" des Ratmann *J. Jacobsen* von Norsdtrandischmoor stehen folgende Begebenheiten von der Februarflut des Jahres 1825 verzeichnet. Auf der Kirchwarf von Nordstrandischmoor stand ein Gebäude, in dem Kirche, Schule und Küsterwohnung vereinigt waren. Der dort wohnende Schullehrer suchte sich zunächst mit seiner Frau und seinem 10—11 Jahre alten Sohn vor der Flut auf den Boden seines Hauses zu retten. Als das Haus zu „knacken" begann, flüchtete er mit seiner Frau durch das aufgelaufene Flutwasser, das ihnen beinahe bis unter die Arme ging, nach der unmittelbar daneben gelegenen Warf in das Haus des Peter Levsen. Hier angekommen, erinnern sie sich, ihren Sohn auf dem Boden im Heu vergessen zu haben. Zur gleichen Zeit stürzt auch schon die Kirche zusammen, und der Sohn treibt auf dem Heu nach dem Haus des Levsen zu, der ihn aus den Fluten rettet. Der Wellenschlag ging am Hause von Levsen etwa 5 Fuß hoch bis zur dritten Fensterscheibe hinauf. Nach der Flut haben 42 Menschen der Hallig, Männer, Frauen, Greise und Kinder, 8 Tage lang in diesem Hause, das als einziges auf der ganzen Hallig unversehrt geblieben war, notdürftige Unterkunft gefunden. Auf einer Nachbarwarf befand sich während der Sturmflut eine Frau in Erwartung ihres ersten Kindes. Nachdem man sie von ihrem Lager auf den Boden getragen hatte, brach das Haus zusammen. Sie stürzte auf einen Heudiemen, klammerte sich daran fest und brachte die ganze Nacht darauf zu. Am folgenden Morgen watete sie durch über kniehohes Wasser zum Hause von Levsen und schenkte dort gleich nach ihrer Ankunft einem gesunden Kind das Leben.

Von der Familie der ehemaligen Schiffswerftbesitzer und der Seefahrer *Christiansen* von Wyk auf Föhr ist dem Verfasser der nachfolgende Vorfall mitgeteilt worden, der sich auf Föhr zugetragen hat. Als der Sturm sich gelegt hatte, trieb am Strand von Wyk auf Föhr eine grüne Wiege an, in der zwei lebende Knaben verschnürt lagen, so daß sie nicht herausfallen konnten. Woher die Wiege kam und wer die Eltern der Kinder waren, hat sich nie feststellen lassen. Vielleicht ist sie von dem durch die Flut am schwersten betroffenen Hooge, vielleicht auch von Langeneß abgetrieben und mit dem Flutstrom aus der Norder-Aue nach Föhr gelangt. Der Hafenmeister von Wyk, *Peter Friedrich Lorenzen*, nahm die beiden Knaben in seiner Familie auf, gab ihnen die Namen Hinrich und Carsten und zog sie zusammen mit seinem einzigen 1828 geborenen Sohn Friedrich Christian, genannt Frerk, auf. Alle drei Knaben führen später zur See. Carsten übersiedelte nach Indonesien. Als Frerk nach Jahren der Seefahrt auf allen Weltmeeren Schiffszimmermeister und Werftbesitzer in Wyk war, wurde er eines Tages zur Hilfeleistung bei einem draußen vor Amrum gestrandeten Schiff gerufen. Beim Besteigen des in Seenot geratenen Schiffes erkannte er ganz unvermutet in dessen Kapitän seinen Pflegebruder Hinrich. Dessen Schiff konnte bald wieder fahrbereit gemacht werden. Nach Jahren erreichte Wyk dann die Kunde, daß der in Husum ansässig gewesene Hinrich auf einer Reise nach Westindien verschollen sei. Nicht lange danach fand auch Frerk auf einer Fahrt mit seinem Kutter im Wattenmeer den Tod. Die Wiege ist bei den Nachkommen des Lorenzen, dessen einer Urenkel der Kapitän des D X Flugbootes Friedrich Christiansen ist, heute noch in Gebrauch.

Das „Todtenregister von Hooge" enthält für das Jahr 1825 folgenden Eintrag: „Drey Särge wurden durch die Fluth aus ihren Gräbern fortgerissen, sind auf Pellworm wieder gefunden und bey der alten Kirche beerdigt worden. In einem Sarge waren die Gebeine der Lucia Haykens, in einem anderen die Gebeine des Bandics Boysens majoris und in dem dritten die Gebeine eines am Strande gefundenen männlichen Leichnams vom Jahre 1822".

Wenn bei den großen Sturmfluten die Bewohner Schutz auf dem Boden oder gar selbst auf dem Dach ihres Hauses gesucht haben, hat es sich oftmals ereignet, daß auch noch Feuer im Gebäude ausbrach. In der Einzelwirkung als Katastrophe ist Wasser furchtbarer als Feuer, denn es nimmt dem Menschen jeden Halt und jegliche Bewegungsfreiheit.

Die größten Sturmfluten aus jüngster Zeit waren die vom 16. Februar 1916, die vom 18. und 27. Oktober 1936 und die vom 24. und 26. Oktober 1949. Bei der ersteren zeigte der Husumer Pegel eine Wasserhöhe von 3,70 m über M. H. W. an.

Im Oktober 1936 ereignete sich der seltsame Vorfall, daß zweimal kurz hintereinander hohe Fluten eintraten. Am 18. Oktober erreichte der Weststurm um die Mittagszeit in Böen Windstärke 11. Das Wasser stieg bis zu 3,50 m über M. H. W. an. Bei der Plattform von Westerland auf Sylt bot der Aufruhr der Elemente ein überwältigendes Schauspiel, das schaurig und schön zugleich war[1]). Die ganze Nordsee war bis an den Horizont eine kochende, weißschäumende Fläche. Dort, wo die von der Mauer der Wandelbahn zurückprallende Stausee auf die neuankommende Brandungswoge stieß, stieg jedesmal eine hohe Wasserwand in die Luft. Schwere Brecher gingen über den Musikpavillon und die Wandelbahn hinweg. Der Verfasser beobachtete, wie durch einen Gewaltstoß des Sturmes der Musikpavillon um etwa 3 Meter ostwärts auf die Wandelbahn verschoben wurde. Der Sturmwind fegte die zerstäubten Wasserwogen bis in die zweite Querstraße des Ortes hinein. Die Luft war erfüllt von dem Rauschen, Donnern und Heulen der Naturelemente, die aufgepeitscht von Orkanesmacht mit vereinter Kraft auf die Küste losrasten.

Am Vormittag des 24. Oktober 1949 lag Sylt im Kern eines aus Südwesten kommenden Tiefdruckgebietes. Bei milder Spätherbstluft und sonnigem Wetter fegte ein Sturm über die Insel, der die Windstärke 10 bis 11 erreichte. Der 2,80 m ü. M. H. W. messende Wasserstand der schäumenden Brandungswogen erreichte zwischen Kampen und Wenningstedt den Fuß des Roten Kliffs Durch dessen Unterspülung fand besonders in Höhe der Eisenbuhnen 25 und 26 eine erhebliche Abtragung der Kliffwand statt. Ihre Schichtenfolge von Geschiebelehm und Kaolinsand mit deren haarscharf und geradlinig gezogenem Grenzhorizont bot dem geologisch interessierten Betrachter ein selten günstiges und eindrucksvolles Bild aus der Entstehungsgeschichte des Inselkörpers[2]). Zwischen den beiden genannten Orten entstand in den Dünen ein Sandwehen, wie es in dieser Stärke nur selten zu beobachten ist[3]). Vom Dorfe Kampen aus sah man, wie von verschiedenen Dünenspitzen der Sand wie die Rauchfahne eines Vulkans hochaufgewirbelt wurde. Bei zunehmender Windstärke zur Hochflutzeit nach Mittag flogen die vom Sturm gejagten Sandwolken ostwärts über das Dünengebirge hinweg, den Rauchschwaden eines Heidebrandes oder der von der Gischt erfüllten Luft vergleichbar, wie sie der Sturm vom Oktober 1936 hervorrief. Schaumflocken der Brandung wurden die steile Kliffwand hinauf und bis zu 200 m weit düneneinwärts geweht. In der Sturmflutbrandung des Meeres und im peitschenden Sandhagel der Dünen wirkt die entfesselte Kraft der Natur sich mit doppelten Schlägen auf den Inselleib aus.

INSELCHARAKTERE

Die Schleswigsche Westküste ist eine Wattenmeer-Kliffküste und als solche ein landschaftlich sehr vielseitig zusammengesetztes Gebiet. Entsprechend vielgestaltig ist auch ihre Inselwelt. Größe und Form der einzelnen Inseln zeigen uns das auf den ersten Blick.

[1]) Taf. 12.   [2]) Taf. 7.   [3]) Taf. 19.

Ihre Lage zueinander und zur Festlandsküste, ihr Alter, ihre Bodenstoffe und Geländehöhen, ihre von Natur gegebene Pflanzen- und Tierwelt bereichern das Bild der Verschiedenartigkeit weiterhin beträchtlich. Eine besondere Eigennote haben sie schließlich durch den Menschen noch erhalten, durch dessen Wohnstätten, Wirtschaftsanlagen, Kleidertrachten, Sprachdialekte, Rechtsverhältnisse usw. Alles in allem gesehen, bildet jede einzelne Insel eine Welt für sich. Das kleine Inselmeer ist infolge seiner großen Mannigfaltigkeit daher besonders reizvoll und auch lehrreich.

Äußerlich betrachtet lassen sich die Nordfriesischen Inseln einteilen in drei Gruppen. Im Norden liegen die drei großen und alten diluvialen Geestkörper von Sylt, Amrum und Föhr. Anschließend folgen die jungen, seit dem Mittelalter bestehenden kleinen Marscheilande der Halligen Oland, Habel, Gröde, Langeneß-Nordmarsch, Hooge, Norderoog, Süderoog, Südfall, Nordstrandischmoor und die Hamburger Hallig. Im Süden bilden den Abschluß die beiden großen Marschinseln Pellworm und Nordstrand.

Infolge ihrer westlichen Außenlage haben Sylt und Amrum den ausgesprochensten Nordsee-Inselcharakter, während die Natur von Föhr und die der übrigen Halligen und Inseln durch das ruhigere Wattenmeer bestimmt wird.

Die stärkste der nordfriesischen Inseln ist *Sylt* und in dieser Hinsicht ohne Zweifel die reizvollste. Ihre heutige hagere, greisenhafte Gestalt zeigt uns, daß sie seit Jahrhunderten einen verwegenen Kampf mit dem Meer ausgeführt hat. Der Flächeninhalt umfaßt nach der letzten Vermessung aus den 70er Jahren 93,48 qkm. Ihre Breite wechselt zwischen 0,4 und 13,3 km. Die gesamte Uferlänge mißt 107 km. Das „Rote Kliff"[1]) zwischen Kampen und Wenningstedt trotzt mit seiner bis gegen 25 m hohen Steilwand wie eine alte Festung dem Ansturm der Brandungsgewalten. Wenn die Abendsonne sich dem Meereshorizont nähert, leuchtet das verwitterte Erdreich der langen Wand glutrot auf. Außer zwei kurzen Strecken, südlich des „Hotel Kronprinz" in Wenningstedt und zwischen dem Kurhaus und der Badetreppe von Kampen, von je 50 bzw. 350 m Länge, die völlig sandfrei sind, ist die ganze 38½ km lange nahezu gradlinig von Norden nach Süden verlaufende Westküste von Dünensand überlagert. Im nördlichen List-Land mit seinen großen Wanderdünen[2]) und auf der südlichen Hörnum-Halbinsel ist der Inselboden sogar in seiner ganzen Breite von einem Sandgebirge bedeckt.

Geologisch betrachtet besteht Sylt ursprünglich aus drei Inseln. Diese betreffen den diluvialen Sockel des Dreiecks Westerland—Keitum—Kampen und die diluvialen Kuppen von Archsum und Morsum. Das tiefliegende Marschland zwischen Keitum und Archsum, sowie ein schmaler Streifen von solchem zwischen Archsum und Morsum sind jüngeren, nacheiszeitlichen Datums. Ebenso gehören die langgestreckten Haken mit den Dünenzügen nördlich von Kampen bis zum Ellenbogen und südlich von Westerland bis Hörnum einer jüngeren Bildungszeit an.

Die gleiche landschaftliche Großzügigkeit, die das Dünengebiet hat, zeigen die weiten, uralten Heideflächen mit ihrem so ganz anderen Stimmungsgehalt[3]). Sie liegen oben auf dem hohen Geestrücken des Mittelstückes der Insel und im östlichen Teil der Nösse-Halbinsel. Teilweise sind sie im Laufe der Zeit in Kulturland umgewandelt worden. Die Dünen und Heiden haben gleich einem Wüsten- und Steppengebiet Urlandschaftscharakter. An ihre Kargheit grenzen auf der Ostseite der Insel fruchtbare Marschländereien und ein saftig grünes Grasland von Wattwiesen[4]). Düne, Heide und Marsch kennzeichnen die Oberfläche von Sylt. Auf der Höhe von Kampen findet man diese drei Landschaftszonen in einem besonders schönen Gelände vereinigt. Sie werden im Westen durch den breiten Sandstrand und die ewig rauschende Nordsee[5]), im Osten von dem friedlichen, stellenweise mit Röhricht bestandenen Ufer des den Gezeiten ausgesetzten Wattenmeeres[6]) umrahmt. Über dem flachen, langgestreckten Sylt wöbt sich ein unendlich großwirkender

[1]) Taf. .6   [2]) Taf. 18. 19.   [3]) Taf. 41.   [4]) Taf. 41.   [5]) Taf. 15. 16.   [6]) Taf. 15.

Himmelsraum[1]). Seine übermächtige Wirkung tritt besonders voll in Erscheinung, wenn im Sommer und Herbst um die Mittagszeit die großen balligen Haufenwolken über die Insel dahinsegeln, oder wenn in klaren Nächten das Firmament übersät ist mit unzähligen Sternen.

Wundersam und von starker Eindruckskraft sind die Nächte in der Natur. Wochenlang hat der Verfasser in den Sommernächten bis 2 Uhr morgens und später sich der Erforschung der Schmetterlingsfauna gewidmet, die Heiden und Dünen, die Wattwiesen und Gehölze durchstreift. Einen ganz eigenen Reiz haben die weißen Sandflächen und die Hügelzüge der Dünen im hellen Mondlicht. Prachtvoll kann auch das weite Wattenmeer in seinem Silberglanz erstrahlen. Die Ruhe und die Einsamkeit wird nur hin und wieder von dem Laut eines Vogels unterbrochen, sonst hört man außer dem Fächeln und Streichen des Nachtwindes nichts, es sei denn, daß von fernher die Brandung herüberrauscht. Ein in seiner Stimmung und Schönheit unvergeßliches Schauspiel ist das leichtgetönte Farbenspiel, das am östlichen Himmel jenseits des Wattenmeeres sich vollzieht, bevor der glutrote Sonnenball sichtbar wird und ein neuer Tag beginnt.

Das Hauptmerkmal von Sylt besteht darin, daß seine Natur stärker ist als der Mensch. Das beweist nicht nur äußerlich die Zerstückelung und Versandung der Insel. Es stehen damit die Inhalte der alten Sagen und Erzählungen, der früher allgemein verbreitete Aberglauben und Spuk, sowie andere geistige Erscheinungen, schließlich auch die wilde und wüste Art, durch die die Bewohner berüchtigt sind, und die uns aus vergangenen Jahrhunderten überliefert ist, in Zusammenhang. Sylt zeichnet sich hierdurch vor allen anderen Nordseeinseln aus.

Einen Hauptreiz erhält die Landschaft von Sylt dadurch, daß ihre hohen Geestrücken kaum merkliche langwellige Hügelzüge haben. Von deren Kuppen eröffnen sich dem Wanderer immer neue Aussichten und herrliche Rundblicke über die Insel, das Meer und das Watt. Dem Auge bietet Sylt — wie das auch für die anderen Inseln gilt — außerdem eine reiche Skala von Farbtönen, die in den verschiedenen Jahreszeiten außerordentlich wechselvoll ist. Während zarte Töne in Aquarell und Pastell die Landschaft im allgemeinen auszeichnen, können bei reiner Luft die Linien und Farben eine erstaunliche Klarheit und Leuchtkraft haben.

Sylt ist so groß und so vielgestaltig, daß es nicht leicht zu Ende entdeckt werden kann. Erstaunlich ist die Mannigfaltigkeit der Dünenformationen. Wunderbar erscheinen die weißen Sandberge, wenn die Abendsonne sie mit einem warmen Goldton überstrahlt und Schattenwürfe den Boden beleben. Auch bei Eis und Schnee in der Einsamkeit des Winters, wenn nicht einmal der Flug einer Möwe von Leben zeugt, ist die Natur groß in ihnen. Die Rücken der verschneiten Wanderdünen erscheinen dann wie Hochgebirge[2]). Das ganze Gebiet gleicht einer Polarlandschaft[3]).

Wenn die Winde, im Sommer und im Herbst, durch wildwachsendes, hohes Grasland fegen, wie man es beispielsweise bei Kampen antreffen kann, hört man Töne, wie sie die Flöte der Kirgisen hat, die die Laute des russischen Steppenwindes wiedergibt.

Ihren Eigencharakter, wie ihn die Dünen haben, besitzen in gleicher Weise auch die Heiden mit dem leuchtenden Rosa zur Blütezeit und dem ernsten Braun während des Winterhalbjahres. In ihre weiten Flächen fügen sich stimmungsvoll die alten erhabenen Vorzeitgräber. Ganz anders wieder ist die Gestaltung der Landschaft der östlichen Marschhalbinsel mit ihren langgestreckten, altertümlichen Dörfern der eigentlichen Bauern von Sylt. — Unter den Dörfern der Insel ist Keitum, der Hauptsitz der Kapitäne in früherer Zeit, am hochgelegenen Kliff des Wattenmeeres mit seinen schattigen Bäumen und hübschen Gärten die reizvollste Friesensiedlung[4]). Es entspricht ihm Nebel auf Amrum und Nieblum auf Föhr.

---

[1]) Taf. 16.   [2]) Taf. 21. 22.   [3]) siehe hierzu auch Taf. 24.   [4]) Taf. 27. 47. 52.

Im Süden von Sylt liegt, getrennt durch das 4,5 km breite und bis zu 25 m tiefe Vortrapp-Tief mit seiner reißenden Gezeitenströmung, *Amrum*. Ähnlich im Charakter wie Sylt, ist dessen Inselgebiet jedoch wesentlich kleiner — 20,43 qkm — und mit seiner halbmondförmigen Grundfläche geschlossener. Amrum hat eine Länge von 10 km und eine Breite bis zu 3 km. Ein Besucher kann daher die Insel leichter kennenlernen als Sylt.

Von dem im südlichen Teil der Insel liegenden Leuchtturm hat man aus 67 m Höhe ü. N. N. einen prachtvollen Ausblick auf das ganze Inselland. Steht man nach Norden gewandt und läßt den Blick von Westen nach Osten schweifen, dann übersieht man die ganze von See und Watt eingefaßte Insel mit ihren Landschaftszonen von Strand, Dünen, Heide, Acker- und Marschland[1]). Auf dem alten Heideboden sind in jüngster Zeit am Leuchtturm und westlich von Nebel, dem Hauptort in der Mitte der Insel, sowie bei Norddorf, Koniferenwäldchen angepflanzt. Die drei kleinen, alten Friesendörfer Süddorf, Nebel und Norddorf liegen anmutig eingebettet im Landschaftsbild dieser Insel. Der breite Dünengürtel, der den ganzen westlichen Teil der Insel einnimmt, überlagert wie bei Sylt die ganze Nord- und Südspitze von Amrum. Die Aussicht auf das Dünengelände vom Leuchtturm nach Süden gleicht einer Mondlandschaft mit weiten Bergzügen und erloschenen Kratern[2]). Am äußersten Ende der Insel im Süden liegt der Badeort Wittdün mit dem Hafen von Amrum. Während gegen die Westküste von Sylt die freie und offene Nordsee anbrandet, ist Amrum vor dieser durch eine Sandbarre geschützt. Eine bis über 1 km breite und bis etwa 1½ m hohe Sandbank, der Kniep-Sand, schließt direkt an die Küste an oder ist ihr unmittelbar vorgelagert. Nur die Nordspitze hat offenes Wasser. Eine ähnliche Versandung der Westküste hat auch die dänische Insel *Röm*.

Zwischen dem nördlichen Haken des Kniepsandes und der Inselküste hat früher der Kniephafen gelegen, der jetzt völlig versandet ist. Im Jahre 1879 haben darin noch gleichzeitig 20 Amrumer und Sylter Austernfischer gelegen, und in den sechziger Jahren des vorigen Jahrhunderts benutzte das Bremer Dreimastschiff „Maria" den Hafen zur Überwinterung. Nach der Karte von *Johannes Meyer* für das Jahr 1240 aus der „Chronik von Danckwerth", die, wenn sie auch nur als bedingt zuverlässig anzusehen ist, immerhin genügend Richtiges auch enthalten wird, dürfte der Kniephafen als der Rest des darin verzeichneten Schallhafens anzusehen sein. Wenn es heute unglaublich erscheinen mag, daß die Westküsten der nordfriesischen Außenlande einen Hafen gehabt haben sollen, so sei daran erinnert, daß von Sylt die Überlieferung des alten Friesenhafens Wendingstadt besteht[3]). Auf der genannten Karte sind außerdem nördlich von diesem der Hafen „Westerwyck" und im Süden der Hafen „Hornumhafen" verzeichnet. Amrum liegt heute noch unter dem Schutz von Außensanden, dem „Jungnamen Sand" und der „Knobs-Sande". Wendingstadt wird wahrscheinlich einen ähnlichen Schutz gehabt haben durch eine Bank oder einen Strandwall, der vermutlich 1362 zerstört wurde.

Amrum hat im Vergleich mit Sylt im allgemeinen gemäßigtere Verhältnisse und kleinere Maßstäbe. Während die höchste Düne von Sylt, die Uwe-Düne bei Kampen, 52,5 m Höhe ü. NN. erreicht, hat die Satteldüne auf Amrum nur 27,7 m. Die Dünen auf Amrum sind durchweg stärker bewachsen, während Sylt noch zahlreiche und große Wanderdünen hat[4]). Der diluviale Geestsockel von Sylt erhebt sich beim Leuchtturm von Kampen bis zu 27 m ü. NN., während die höchste Fläche von Amrum südlich Nebel beim Esenhugh nur 16 m Höhe aufweist. Die Kliffbildung auf Amrum ist auch nur geringfügig.

Von den Dörfern hat der Hauptort Nebel eine besonders hübsche Lage inmitten der Insel am Wattenmeer. Das friedliche Dorf hat bis heute seinen alten Friesencharakter noch gut bewahrt. Von hier aus sieht man fern im Osten den niedrigen Küstensaum der Nachbarinsel Föhr sich eben über die Kimmung des Wattenmeeres erheben.

Von der Nordspitze von Amrum aus kann man zur Ebbezeit über das Watt nach Ütersum auf *Föhr* gehen. Durch den Schutz, den Amrum und Sylt gegen die Nordsee

[1]) Taf. 28.   [2]) Taf. 28.   [3]) Taf. 158.   [4]) Taf. 18.

bieten, hat Föhr eine ruhige Wattenlage. Lediglich der Südweststurm vermag seine Wirkung auf dem Weg der Norder-Aue auf die Südküste auszuüben. Föhr ist klimatisch und landschaftlich eine ausgesprochene Wattenmeerinsel. Neben Sylt ist es die größte der Nordfriesischen Inseln. Bei einer Fläche von 82 qkm beträgt sein Umfang 37 km. Während Sylt und Amrum durch die Meeresbrandung eine langgestreckte Gestalt erhalten haben, hat Föhr, das nur von Tiefs umkreist wird, rundliche Form. Den ganzen nördlichen Teil von Föhr nimmt eine etwa 5000 ha große, tischebene Fläche fruchtbaren Marschlandes ein, auf der die rotbunten Rinder und die schweren fuchsfarbenen Pferde der zahlreichen angrenzenden Bauerndörfer grasen und auf dessen Wiesenland das Heufutter für diese gewonnen wird. Über den südlichen Teil ziehen sich diluviale Geesthöhen, die sich jedoch nur bis zu 13 m Höhe westlich Wrixum erheben. Der Boden dieser dient dem Ackerbau. Auf den leicht ansteigenden Flächen heben sich im Sommer die Streifen der helleuchtenden wogenden Kornfelder[1]) von dem dazwischenliegenden dunkleren Rüben- und Kartoffelland in bildlich schöner Wirkung ab. Alter Heideboden ist nur in kleinen Restflächen hauptsächlich im Westen und Norden noch vorhanden. Ebenso wie Amrum zwischen Steenodde und Nebel nur ein niedriges Kliff von 3—9 m Höhe hat, ist auch das Goting-Kliff von Föhr nur klein. Seine Steilwand mißt nur bis zu etwa 4 m Höhe. Bei Witsum liegt landeinwärts ein kleines, jetzt mit Koniferen bepflanztes Dünengelände. Die Bodenerhebungen der Moränenzüge von Sylt, Amrum und Föhr haben den drei Inseln im Mittelalter den gemeinsamen Namen „Die Friesischen Bergharden" gegeben, im Gegensatz zu den südlich davon gelegenen flachen Marschlandharden.

Die Dörfer von Föhr ziehen sich an der Grenze der Geest und Marsch entlang, so daß die Bauern die Ackerwirtschaft zur einen und die Weidewirtschaft zur anderen Seite ihres Geweses liegen haben[2]). Die meisten Dörfer sind ihrer Anlage nach Reihendörfer. Die Häuser stehen geschützt und verdeckt unter hohen, alten Bäumen, so daß die Siedlungen aus der Ferne den Eindruck von Gehölzen machen.

So, wie uns das Kartenbild die Insel zeigt, mit ihrer Wattenlage, Größe und Abrundung, zeugt der landschaftliche Charakter Föhrs von Freundlichkeit, Ruhe und Wohlstand. Die vor dem Auge unendlich weit sich ausdehnende ebene Marschlandfläche und die stillen Friesendörfer mit ihren alten Häusern, umgeben von hohen Bäumen, Hecken und gepflegten Gärten, vermitteln den Eindruck von Bodenverwurzelung, Beharrlichkeit und Zeitlosigkeit[3]). Das Inseldasein und die Schwere des Marschbodens verlangsamen das Zeitmaß. Den Reihendörfern von Föhr sind die Marschdörfer Morsum und Archsum auf Sylt an die Seite zu stellen, wenn sie auch nicht die gleiche Geschlossenheit und den reichen Baumwuchs haben, wie er auf Sylt dagegen in Keitum zu finden ist. Durch ihre Gegensätzlichkeit im Landschaftscharakter ergänzen sich die beiden Nachbarinseln Sylt und Föhr mit ihrer Herbheit und Freundlichkeit in schönster Weise.

Eine Welt für sich zwischen den Geestinseln im Norden und den großen Marschinseln im Süden sind die *Halligen*. Sie sind ein besonderer Bestandteil der Nordfriesischen Inseln, der den Ost- und Westfriesischen fehlt. Ihr grasbewachsener ebener Marschlandboden ragt bei Hochwasser kaum 1 m über das Wasser heraus. Sie gleichen einem losgelösten Stückchen Land, das im Meer zu schwimmen scheint. An warmen Sommertagen, wenn die Luft über dem Wasserspiegel des Wattenmeeres flimmert, wird das Halligland aus der Ferne gesehen vollständig unsichtbar. Als kleine dunkle Punkte sieht man dann nur die Warfen oberhalb der Wasserfläche frei in der Luft schweben[4]). Bei entsprechenden Witterungsumständen kann man im Halliggebiet auch Luftspiegelungen sehr schön beobachten. Am 9. Juni 1935 sah der Verfasser von der Warf der Hamburger Hallig aus die 7 km entfernte Hallig Gröde vollständig über dem Horizont frei in der Luft schweben. Die Häuser der beiden Warfen spiegelten sich in der Luftschicht, die zwischen Halligland

---

[1]) Taf. 29. [2]) Taf. 105. [3]) Taf. 49. [4]) Taf. 30.

und Wasserfläche lag, wider. Das Bild der Luftspiegelung ließ sich mit dem Tele-Peconar Fernobjektiv von Plaubel gut aufnehmen[1]).

Es sei hier eingeschaltet, daß das Natur- und Raumgefühl, das man beim Betreten einer Hallig, insonderheit bei den großen Hooge und Langeneß hat, demjenigen ähnlich ist, das man inmitten der Pußta von Ungarn verspürt. Die Übereinstimmung liegt in der weiten unabsehbaren Graslandfläche, in den punktförmigen Erscheinungen der verstreuten, kleinen Siedlungen am fernen Horizont und in der gewaltigen Raumwirkung, die der riesenhafte Himmel über einem erzeugt. Die absolut ebene im Unendlichen verlaufende Fläche des Bodens und der weiche, elastische Grasteppich heben das Gefühl der Erdschwere in beiden Landschaften nahezu völlig auf. An einem warmen, sonnigen Septembertag im Jahre 1930 erlebte der Verfasser in der Hortobágy-Steppe, der größten und der letzten im urwüchsigen Zustand noch erhaltenen in Ungarn auch eine gleichartige, wie die eben beschriebene Luftspiegelung, bei der Hirtenweiler und Baumgruppen über dem Steppenhorizont in der Luft schwebten.

Die Halligen sind nicht, wie vielfach angenommen wird, Reste des ehemaligen Festlandgebietes der Uthlande. Siedlungsspuren menschlicher Lebensstätten, die bei Zerstörung ihrer Uferkanten etwa 2 m unter ihrer Oberfläche zutage getreten sind, haben uns gezeigt, daß sie, mit Ausnahme von Nordstrandischmoor, erst nach der großen Rungholtflut von 1362 entstanden sind[2]). Sie wurden gebildet durch Schlickablagerung, die das Flutwasser schichtweise im Laufe der Zeit aufgetragen hat. Ihrer Größe und Art nach sind sie untereinander sehr verschieden.

Die kleinste von ihnen ist das am weitesten nach Westen gelegene „*Norderoog*". Es ist etwa nur noch 300 : 800 m groß und heute unbewohnt. Das letzte Hallighaus, das den Gebrüdern Hellmann von Hooge gehörte und von ihnen zuletzt nur noch während der Heuernte im Sommer bezogen wurde, ist um 1865 zusammengebrochen. Zerstreut umherliegende Backsteine auf dem Wattenboden im Nordwesten der Hallig in der Nähe der heutigen Abbruchkante kennzeichnen noch den Ort, auf dem es einstmals gestanden hat. Norderoog verlor mit diesem Haus seine letzte Wohnstätte. Die Hallig ist jetzt Vogelschutzgebiet. Im Juni brüten dort etwa 4000 Brandseeschwalbenpaare und einige andere Arten von Seevögeln[3]).

Den Inbegriff einer Hallig erlebt man am eindrucksvollsten an dem kleinen *Habel*. Die Landzerstörung ist in den letzten Jahrzehnten hier außerordentlich stark gewesen. Die nutzbare Grasfläche verminderte sich allein von 1906—1909 von 18 ha auf 4 ha. Nach der Karte und dem Erdbuch von *Harcksen* vom Jahre 1805 hatte Habel noch 2 Warfen, die Süderwarf mit 4 Häusern und die Norderwarf mit 3 Häusern. Von der vor etwa 100 Jahren zerstörten Süderwarf sah man in den dreißiger Jahren im Watt zur Ebbezeit noch Reste vom Feding und einige Sodenbrunnen, zerstreute Backsteine und Tonscherben, ein Trümmerfeld einer einstmaligen Siedlung[4]). Auf der Norderwarf steht heute einsam und verlassen nur noch ein einziger alter Ständerbau. Der letzte Besitzer der Hallig, Frau Regina Nommensen, hat nach dem Tode ihres Mannes, Meinert N., noch bis 1923 darin gewohnt. Sie verließ Habel, weil die Hallig eine Familie zu ernähren nicht mehr imstande war, und zog nach Hooge. Habel wurde vom Staat angekauft, der 1934 die Uferkante der Westhälfte zum Schutz mit einer Steinböschung einfassen ließ.

An der Abbruchkante sind unter der Hallig Kulturspuren verschiedener Art, ganze Pflugfurchenfelder, Grabensohlen, Schilfwurzelflächen usw. zutage getreten. Wie denn überhaupt der Wattenboden rund um die Hallig herum auffallend viele Feldereinteilungen, holzgefaßte Brunnenschächte, Baumstämme und -stümpfe aufweist. Im Westen der Hallig wurde um 1923 sogar ein Friedhof freigestellt, über den im Abschnitt „Religion" näher berichtet wird[5]).

[1]) Taf. 30. [2]) Taf. 10. [3]) Taf. 54—56. [4]) Taf. 31. [5]) Taf. 159.

Im Jahre 1934 war der Verfasser an einem sonnigen Herbsttag ganz allein auf Habel. Es hat etwas Ergreifendes, das Schicksal einer Hallig mit so viel beredten Zeugen aus sechs Jahrhunderten um sich herum zu spüren. Trümmer einer untergegangenen Welt im Watt, die Hallig verlassen, das Grasland verwildert, das Haus menschenleer und ausgestorben. Nur die eingebauten Wandbetten, eine zurückgelassene Kommode und wenige andere Stücke in Pesel und Küche des Hauses redeten noch eine stumme Sprache aus der Zeit der letzten Bewohner. Und gerade von Habel ist andererseits immer ein ganz besonderer Zauber ausgegangen. Weil es so klein und so unverfälscht echt war, konnte es einem am besten sagen, was eine Hallig ist. Während einer schweren Sturmflut im September 1935 sah der Verfasser von der hohen Knudswarf auf Gröde nach Habel hinüber. Das Halligland von Gröde war tief unter Wasser, und auch von dem fernen Habel ragte nur das einsame unbewohnte Haus und der obere Teil der Warf noch aus der sturmgepeitschten, weißköpfigen See heraus. Das ist Halligdasein im eigentlichsten Sinne des Wortes, wenn rings um Haus und Warf, so weit man sehen kann, sich nur noch eine sturmgepeitschte Wasserwüste erstreckt.

Drei andere kleine Halligen mit nur einer Wohnstätte sind außer Habel noch vorhanden. In nächster Nachbarschaft der letzteren liegt zunächst die „*Hamburger Hallig*"[1]). Sie hat eine ähnlich bunt bewegte Geschichte wie Habel. Zwei Hamburger Kaufleute, die Gebrüder *Rudolf* und *Arnold Amsinck*, pachteten zu Eindeichungszwecken 1624 das damals im Nordosten von Alt-Nordstrand gelegene „Volgesbüller Außenland", das nach der Zerstörung des großen „Strand" im Jahre 1634 Hallig wurde und die Bezeichnung „Amsing-Hallig" bekam und schließlich Hamburger Hallig genannt wurde. Alle Bedeichungs- und Landgewinnungsversuche wurden jedoch durch Sturmfluten immer wieder zunichte gemacht. Im Jahre 1636 starb zunächst Rudolf und 1656 Arnold Amsinck. Beide hatten über 300000 Taler vergeblich in ihr Unternehmen hineingesteckt. Von 1625—1825 ist das Hallighaus fünfmal an gleicher Stelle wieder errichtet bzw. mit der Warf versetzt worden. Als die Hallig im Jahre 1878 an den Fiskus überging, hatte sie zehnmal den Pächter oder Besitzer gewechselt gehabt. Die Hamburger Hallig ist die erste der Nordfriesischen Inseln, die landfest gemacht wurde. Der erste Dammbau erfolgte bereits 1859/60. Heute ist die einstmalige Hallig durch gewonnenes Neuland mit dem Festland verbunden. Das Grasland dient Schafen als Weide[2]).

Ebenfalls nicht mehr in Händen von Halligfriesen ist das im „*Rungholt-Watt*" gelegene kleine *Südfall*[3]). Der letzte Halligbauer, *Carstens*, verließ nach der Sturmflut vom 14. zum 15. Oktober 1881 Südfall, da er fürchtete, daß eine erneute Sturmflut, die sich während der Winterzeit ereignen könnte, die Warf ernstlich gefährden würde. Die Hallig hat nur eine Warf mit einem Haus. Sie wurde angekauft von der auf Nordstrand ansässig gewesenen Diana Gräfin *von Reventlow-Criminil*, die in ihren letzten Lebensjahren sich nicht wie früher nur des Sommers, sondern nunmehr ganzjährig auf dem kleinen, durch die mittelalterlichen Kulturfunde im umgebenden Watt weithin bekannten Eiland aufhielt. Sie starb auf ihrer Hallig am 5. August 1953 im 91. Lebensjahr. Eine gastliche Einkehr in ihrem Haus zusammen mit dem Rungholt-Entdecker *Andreas Busch* von Nordstrand gelegentlich einer gemeinsamen Wattenforschungsfahrt im Jahre 1936 steht dem Verfasser in schöner Erinnerung. Die in vornehmer alter Wohnkultur eingerichteten Räume des kleinen Hauses und der daran anschließende auf der Warf gelegene Garten mit seinen Windschutzsträuchern und -bäumen, in denen allerlei Arten Singvögel nisten, bilden einen wohltuenden Gegensatz zu dem kargen Naturcharakter der Hallig, die lediglich Schafen Grasland und Scharen der großen Silbermöwe sowie anderen Seevögeln einen Brutplatz zu bieten hat.

Schließlich ist dann noch im Südwesten der Außenposten *Süderoog* zu nennen. Einer großen Sandplatte, dem Süderoog-Sand, ist die kleine Hallig, die heute nur noch etwa

[1]) Taf. 31.   [2]) Taf. 30.   [3]) Taf. 10.

einen Sockel von 1 km Länge und Breite hat, aufgelagert[1]). Die Warf hat einen besonders schönen und großen Feding, der von hohen, schattigen Bäumen umrahmt wird. Auf seiner Ostseite liegt das Hallighaus, das in alter Zeit aus ungewöhnlich starken Balken aufgeführt wurde, um allen Stürmen trotzen zu können. Bis zu seinem Ableben im Februar 1951 war Herman Newton Paulsen Besitzer der Hallig. Seine Vorfahren sind dort bereits seit etwa 350 Jahren als Besitzer und Pächter nachweisbar. Die älteste bekannte „Festebesitz-Urkunde" hierüber geht auf das Jahr 1608 zurück. Der Süderoog-Sand, der sich weit nach Westen erstreckt, ist von jeher ein für die Schiffahrt berüchtigter Strandungsplatz gewesen. Manches Schiff hat hier seinen Untergang gefunden und Strandgut ist durch die Jahrhunderte in Menge angetrieben worden. Oberhalb der Eingangstür des Wohnhauses ist ein von zwei Frauen gehaltenes Wappenschild der spanischen Bark „Ulpino" angebracht, die 1870 auf ihrer ersten Reise bei Süderoog strandete.

Nach dem Einsturz des Turmes der alten Kirche auf Pellworm[2]), der bis dahin der Schiffahrt als Einfahrtszeichen in die Norder-Hever gedient hatte, wurde im Jahre 1611 auf der Südspitze von Süderoog-Sand eine Feuerbake errichtet. Für die Besucher der Hallig, die auch Ferienaufenthalt im Hause von Paulsen nehmen können, ist die Wanderung über den festen Sand zur Ebbezeit bis zu der 6 km entfernten Bake ein gern aufgesuchtes Ausflugsziel. Der Name von Paulsen ist in weiten Kreisen bekannt gewesen. Er hatte Süderoog zu einer „Jugend-Hallig" gemacht und war dabei selbst der Leiter der Ferienlager, an denen alljährlich neben Deutschen auch Jugendliche des Auslandes teilnahmen. Die Zusammenführung der Jugend aus den verschiedenen Völkern war ihm nach seiner Teilnahme am 1. Weltkrieg zur Lebensaufgabe geworden. Durch seine Heirat mit einer Schwedin haben sich besonders zu deren Heimatland freundschaftliche Beziehungen gebildet.

Das Dasein für den Menschen auf einer Hallig ändert sich, wenn diese nicht nur von einer, sondern von mehreren Familien bewohnt wird, sei es, daß diese Familien alle zusammen auf einer Warf, wie auf *Oland* und *Gröde*, oder auf mehreren Warfen leben.

Oland hat heute nur noch eine einzige Warf[3]). Wenn man von Dagebüll aus die Halligwelt bereist, so ist Oland die erste kleine Hallig, die fern aus dem Süden über das Wasser herübergrüßt. Von Wyk auf Föhr sieht man die Olandwarf zwischen dem Festland und der Nachbarhallig Langeneß aus den Fluten auftauchen. Bei klarem Wetter kann man selbst von der hohen Morsumheide auf Sylt außer Amrum und Föhr die Warf von Oland liegen sehen. Der starke Abbruch der Hallig, der von 1804—1890 an der Westseite etwa 240 m betrug, gab bereits 1896—1899 die Veranlassung zum Bau eines Verbindungsdammes nach dem 4½ km entfernten Fahretoft am Festland, so daß Oland streng genommen seitdem eigentlich keine Hallig mehr ist. Dieser Damm wurde 1914—1919 zerstört. In den Jahren 1925—1927 wurde daraufhin ein für Lorenbetrieb befahrbarer Damm von Dagebüll nach Oland gebaut. Der seit 1897—1899 bestehende Verbindungsdamm von Oland nach Langeneß ist 1928 erneuert worden. Wie vereinsamt das Leben aber trotzdem auf einer selbst so küstennahen Hallig unter Umständen noch sein konnte, zeigt ein Bericht aus dem strengen Winter 1887. In der Nacht zum 4. Januar 1887 starb plötzlich der ohne Familie lebende Pastor Thormälen auf Oland. Am folgenden Tag überbrachte der Halligmann Paul Knud Paulsen die Meldung über das Watteneis dem auf Langeneß amtierenden Pastor Ketels. Eine Bestattung durfte jedoch erst vorgenommen werden nach Einholung eines Genehmigungsscheines, den der Amtsvorsteher auf Pellworm auszustellen hatte. Da infolge des Eises eine Verbindung nach Pellworm unmöglich und das Eintreten des Tauwetters nicht abzusehen war, ließ man den Entschlafenen durch Umstellung des offenen Sarges mit Eis in seinem Hause einfrieren. Als dann nach 4 Wochen Tauwetter eintrat, begab sich Pastor Ketels am 4. Februar zur Bestattung des Verstorbenen nach

[1]) Taf. 33.   [2]) Taf. 34.   [3]) Taf. 29.

Oland. Als er in das Haus des Verstorbenen trat, fand er diesen in seinem Sarge so wohl erhalten liegen, als ob er eben erst aus dem Leben geschieden sei. Diese Begebenheit, die der Verfasser einer Mitteilung des genannten Pastor Ketels verdankt und die für das Leben auf einer Hallig so kennzeichnend ist, sei hier aufgeführt, um von dem Bild einer Hallig auch nach dieser Seite hin eine Schilderung zu geben.

Den typischsten Halligcharakter hat heute noch *Gröde*. Es kommt äußerlich schon dadurch gut zum Ausdruck, daß die Hallig klein ist, daß sie nur 2 Warfen hat, eine Wohnwarf und eine Kirch- und Schulwarf, die beide dicht nebeneinander liegen und die im alten Stil noch gut erhalten sind[1]). Auf der Wohnwarf, der Knudswarf, stehen im sauberen Viereck um den Feding herum die in den Jahren 1759/60 gebauten Häuser der vier Bauernfamilien. Um sie herum gruppieren sich in malerischer Verteilung die Kleinviehställe (Hills) und die Heuvierkante. Die beiden kleinen Getreidewindmühlen von Rickertsen und Petersen wurden 1936 abgebrochen; sie sind durch eine Motormühle ersetzt. Das Landschaftsbild des Halliglandes mit den beiden Warfen vermittelt den Eindruck einer schönen Geschlossenheit und Harmonie. Im Einklang hierzu steht das gute Gemeinschaftsleben, das bei den vier Halligfamilien, Rickertsen, Nommensen und zwei Familien Petersen[2]), die in allen Dingen aufeinander angewiesen sind, vorhanden ist. Gröde hat im Verhältnis zu seiner Bewohnerzahl mehr Grasland als die übrigen Halligen und den reichsten Bestand an Schafen[3]).

Nach dem Untergang von Alt-Nordstrand im Jahre 1634 ist im Norden zwischen den beiden übriggebliebenen großen Reststücken, den heutigen Inseln Nordstrand und Pellworm, ein hochgelegenes „Wüstes Moor" erhalten geblieben. Alt-Nordstrander, die die Sturmflut überlebt, jedoch Haus und Land verloren hatten, siedelten sich auf dem unfruchtbaren bisher unbewohnten Moor- und Heideland an. So gut es ging, suchten die einst in Wohlstand lebenden Marschbauern sich umzustellen auf ein nunmehr beginnendes äußerst bescheidenes Halligdasein. Von den verlorengegangenen Landgebieten von Alt-Nordstrand schwemmten die Fluten mit der Zeit immer höhere Lagen fruchtbarer Kleierde auf den nassen und unergiebigen Untergrund auf. Aus dem „Wüsten Moor" wurde mit der Zeit die Hallig *Nordstrandischmoor* oder Lüttmoor, wie es von altersher auch genannt wurde.

Die Hallig hat heute, in westöstlicher Richtung liegend, 4 Warfen. Zum alten Halligstamm gehörig ist jetzt jedoch nur noch die Familie Jacobsen auf der Norderwarf. Durch den Bau eines Dammes zur Festlandsküste ist 1933 auch diese Hallig landfest gemacht worden. Von dem Damm besteht jetzt indes nur noch die eiserne Spundwand; die vorhanden gewesene Feldbahnanlage wurde infolge Beschädigung abgebrochen. Während die Friedhöfe der übrigen Halligen neben den Kirchen oben auf den Warfen liegen, werden die Toten von Nordstrandischmoor, das seit der Flut von 1825 keine Kirche und keine Kirchwarf mehr hat, im Halligland bestattet. Da die häufigen Überflutungen, bis zur kürzlich erfolgten Einfassung des Ufers mit einer Steinböschung, jede Grabanlage unmöglich machten, sieht der Friedhof kahl und öde aus. Nur kleine weiße Marmorplatten, die auf dem ebenen Grasland liegen, bezeichnen die Grabstätten. Ein Abzugsgraben, der das Totenland umgrenzt, soll dem Mooruntergrund das Wasser entziehen. So dürftig wie dieser Friedhof sieht wohl kaum ein zweiter Bestattungsplatz in Deutschland aus[4]). Eingebettet im Moorboden und in die vom Meere darüber aufgebaute Halligerde liegen die toten Friesen von Nordstrandischmoor. In dem Boden, der in doppelter Hinsicht, als Moornutzungsgebiet für ihren Lebensunterhalt und allgemein als Halligwohnland, Träger ihres Lebens war, haben sie jetzt ihre letzte Ruhestätte. Wenn die Sturmgewalten der Nordsee sich erheben, rauschen die wogenden Fluten, wenn sie trotz Uferböschung über das Halligland gehen, fort und fort noch über sie hinweg.

[1]) Taf. 13. 14.   [2]) Taf. 80.   [3]) Taf. 140.   [4]) Taf. 33.

In einem großen Gegensatz zu dem einfachen und ärmlichen Nordstrandischmoor steht die Königin der Halligen, *Hooge*. Hooge ist verhältnismäßig hoch gelegen, vor Fluten besser geschützt als andere Halligen und mag daher seinen Namen erhalten haben. Ein altes Schriftstück aus dem Pastoratsarchiv von Hooge sagt: „Es ist bekannt, daß Hooge mit Pellworm landfest war und daß man auf einem Pferdekopf von Pellworm nach Hooge hinübertreten konnte". In dem ungefähr gleich großen Abstand, der fast alle nordfriesischen Inseln voneinander trennt, liegt Hooge auf der westlichen Außenseite des Wattenmeeres zwischen Pellworm und Langeneß. Aus der weiten, ebenen Graslandfläche der Hallig mit ihren länglich geschwungenen Umrißlinien erheben sich heute noch 9 Warfen. Sie liegen bis auf die eng nebeneinander stehende Lorenz- und Mitteltrittwarf weit verteilt, und es ist reizvoll bei einer Wanderung über die Hallig ihre wechselnde Gruppierung zueinander und die bildlich feinen Abstufungen der Tiefenwirkung, die sich durch ihre Lage ergeben, zu beobachten[1]). Die Größe der Warfen ist sehr verschieden. Auf der Volkertswarf steht nur 1 Haus, und die Hanswarf mit ihren 15 Bauten ist die größte aller Halligwarfen überhaupt. Große und kleine Priele, die das Halligland durchziehen, unterbrechen mit ihren geraden und bogigen Uferlinien die tafelebene Grasfläche. Der mit Flut und Ebbe ständig wechselnde Wasserstand füllt sie zeitweise hoch auf und verwandelt sie dann wieder in ein ausgetrocknetes Flußbett. Vorzüglich angepaßt an den Stil der Landschaft sind die schmalen, hölzernen Brückenstege, die in leichter Wölbung die großen Priele überspannen. Durch die Anlage einer Fahrstraße auf Hooge, deren Verbindungsstück zwischen der Hans- und Ockelützwarf im Sommer 1953 fertiggestellt wird, geht naturgemäß, nicht zuletzt durch die Entfernung der charakteristischen und malerischen Brückenstege, eine Wesenseigentümlichkeit der Hallig verloren.

Hooge war während der beiden Jahrhunderte der Grönlandfahrt, von 1600 bis 1800, der Sitz vieler Seefahrer, von denen mancher nach einer gefahrvollen aber glücklichen Fahrt wohlverdienten Reichtum mit in die Heimat zurückbrachte. Da die Reisen meist von Holland aus unternommen wurden, ist von dort aus viel Kulturgut zu den stammverwandten Nordfriesen gelangt. Den besten Eindruck hiervon kann uns heute noch der *Königspesel* auf der Hanswarf von Hooge vermitteln[2]). Der Kapitän Tade Hans Bandix und dessen Frau Stienke Tadens haben das Haus mit dem stattlichen Pesel im Jahre 1766 aufgeführt. Deren letzter direkter Nachkomme, Elewine Hansen, die vielen Halligbesuchern bekannt geworden ist, starb im 85. Lebensjahr am 13. Mai 1947. Es sei ihr gedankt, daß sie gleich ihren Vorfahren die Einrichtung des Hauses auf das sorgsamste gepflegt und zusammengehalten hat. Für die Besucher von Hooge ist dieses Haus mit seinen wandgekachelten Räumen und den barockgemalten Holzdecken und Türen, den alten Möbeln, dem Porzellan und Zinn und den Aquarellen schöner Schiffsbilder der Hauptanziehungspunkt der Hallig. Als nach der verheerenden Sturmflut vom 3. und 4. Februar 1825 der dänische König Friedrich VI. die Nordfriesischen Inseln bereiste, kam er am 2. Juli auch nach Hooge. Ungünstige Winde verhinderten seine direkte Weiterfahrt, sie zwangen den König, auf der Hallig zu bleiben. Er übernachtete in diesem Hause und schlief im Wandbett des Pesels, der seitdem den Namen Königspesel führt. So wie R. Meiborg den Pesel in seinem Werk „Das Bauernhaus im Herzogtum Schleswig" 1896 beschrieb, so sieht er auch heute noch aus.

Die Einwohner von Hooge sind sich der Schönheit ihrer Hallig immer bewußt gewesen. Während der Zeit des wirtschaftlichen Wohlstandes, den der Walfang mit sich brachte, nannte man sie die „Spanier" unter den Halligleuten. Auf hohen Warfen, von denen man weit über das Halligland auf das Wattenmeer und die fernen Inseln und Halligen sehen kann, liegen in wunderbarer Ruhe die langgestreckten Friesenhäuser dicht beieinander. Niedrige, rote Backsteinwände, die von kleinen, vielgeteilten und weißgerahmten Fenstern

[1]) Taf. 32.   [2]) Taf. 109. 110.

unterbrochen sind, tragen die großen tief herabhängenden Retdächer. Ihre ansteigenden Flächen und geraden Firstlinien, wie auch die vor dem Hause stehenden langen Hebelarme der alten Brunnenschwengel lenken den Blick in den weiten freien Himmelsraum, der sich riesengroß über der Hallig wölbt. Vor dem Hause auf der Südseite breiten sich kleine Gärten aus. Hooge kann sich rühmen, unter allen Halligen die schönsten mit Gemüse, Obst und Blumen bestandenen Gärten zu haben[1]). Trotz der Winde sind in ihnen auch hohe Bäume aufgekommen. Auf der Hans- und Backenswarf stehen sogar Obstbäume. Einzelne von ihnen sind nachweislich über 100 Jahre alt, man weiß, daß sie die Flut des Jahres 1825 miterlebt haben. Es überrascht, wenn man zur Sommerzeit auf einem so entlegenen Halligeiland plötzlich vor einem schwerbeladenen Birnbaum steht. Mitten zwischen den Häusern liegt der Feding[2]). Rund um sein Ufer wächst hohes Schilf, das sich leise raschelnd im Winde wiegt. In seinem Wasser spiegelt sich im Juni der weißblühende Holunder, der an der Böschung wächst und als Heilpflanze und Sagenbusch bei den Friesen eine bedeutende Rolle spielt.

Die letzte und größte der Halligen ist *Langeneß-Nordmarsch*. Im zierlichen Kranz der Halligen bildet sie das lange, schlanke Kettenstück im Norden. Geformt durch die Gabelung der Strömungen der Norder- und Süder-Aue hat, sie einen westöstlichen Verlauf. Bei einer Länge von 9 km ist sie an ihrer schmalsten Stelle nur 600 m breit. In langgestreckter Folge ziehen sich auf ihrem schmalen Rücken 19 kleine und große Warfen entlang. Der gebräuchliche Name für diese Hallig ist Langeneß. Genau genommen bezieht er sich jedoch nur auf die östliche Hälfte, da die westliche Nordmarsch genannt ist. Zwischen beiden auf der Südseite liegt außerdem ein drittes kleines Landschaftsgebiet, Butwehl. Im Charakter kommt Langeneß Hooge am nächsten.

Das Westende von Nordmarsch ist häufiger und schwerer Brandung ausgesetzt, so daß man hier auf einer alten jetzt an der Uferkante liegenden Warf, der „Alten Peterswarf" ein Leuchtfeuer errichtet hat. Bei der Rix- und Mayenswarf tritt die Gefahr der Überflutung am häufigsten ein. Während der großen Oktoberflut 1936 stand auf der Mayenswarf das Wasser im Hause des 85jährigen Theodor Johannsen[3]), der vielen Halligbesuchern bekannt wurde, etwa ½ m hoch. Es war das jedoch immer noch nicht hinreichend genug, um den alten Fahrensmann des Wattenmeeres zu veranlassen, sein Wandbett[4]) zu verlassen und sich auf dem Boden in Sicherheit zu bringen.

Am Rande des geraden, nördlichen Küstenverlaufs zieht sich ein fahrbarer Weg über die Hallig entlang. Die Südseite ist von vielen Prielläufen stark durchschnitten. Langeneß gibt lehrreiche Beispiele für den Abbruch einer Hallig. An zwei Stellen liegen Warfen in der Zone der Abbruchkante. Die Hilligenleiwarf grenzt mit ihrer Böschung bereits an das Wasser und hat schon 1873 zu ihrem Schutz eine Steindecke bekommen[5]). Die Hunnenswarf am Ostende von Langeneß liegt in unmittelbarer Nähe des Nordufers und hat nunmehr auch, bei der in den dreißiger Jahren erfolgten Einfassung der ganzen Hallig mit einer Steindecke, eine Sicherung erhalten. Nachdem auf Hooge eine Landaufteilung bereits durchgeführt wurde, ist eine solche für Langeneß auch geplant. Ein Termin für die kostspielige Durchführung besteht jedoch noch nicht.

Vom Badestrand von Wyk auf Föhr hat man einen besonders hübschen Ausblick auf Langeneß[6]). Jenseits der Norder-Aue sieht man in langer Linie aufgereiht am Horizont dessen Warfen liegen. Zwischen ihnen schimmert bei klarem Wetter das ferne Pellworm hindurch. Ebenso schön ist der Anblick umgekehrt, wenn in der Dunkelheit der Nacht die vielen kleinen Lichter von Wyk nach der stillen Hallig herüberfunkeln.

Ebenfalls aus Marschboden aufgebaut wie die Halligen sind die beiden im Süden gelegenen großen Inseln *Nordstrand* und *Pellworm*. Sie sind beide Restbestandteile des 1634 untergegangenen „Alt-Nordstrand", oder wie die ältesten Nachrichten einfach sagen, des

---

[1]) Taf. 32.   [2]) Taf. 50. 91.   [3]) Taf. 96.   [4]) Taf. 106.   [5]) Taf. 92.   [6]) Taf. 30.

„Strand"[1]). Beide Inseln zeichnen sich durch große landwirtschaftliche Fruchtbarkeit aus. Sie stehen damit im starken Gegensatz zu Sylt und Amrum. Selbst Föhr vermag nicht mit ihnen zu wetteifern.

Nach der verheerenden Flut vom Jahre 1634 waren die noch am Leben gebliebenen Bewohner von „Alt-Nordstrand" zunächst mit der Wiederbedeichung des erhalten gebliebenen Landes beschäftigt. Da die Kräfte der Einheimischen auf Nordstrand hierzu jedoch nicht ausreichten, ließ Herzog Friedrich III. auf Grund eines Vertrages vom Jahre 1652 „Partizipanten" aus Holland kommen. Dem Kapital und der Arbeitsleistung dieser ist es mit zu verdanken, daß fruchtbares Bauernland zurückgewonnen wurde, das heute so reiche Früchte trägt. Fährt man im Sommer an den üppigen mit Korn- und Hackfrüchten bestandenen Feldern vorüber, so könnte man vergleichsweise an die Fruchtbarkeit des Nillandes denken[2]). Stattliche Rinderherden und fuchsfarbene Pferde des schweren dänischen Schlages sieht man auf den saftigen Weiden grasen. Der Ergiebigkeit des Bodens entsprechen die auf großen Warfen gelegenen stattlichen Bauernhäuser[3]). — Hohe Deiche schließen die Köge ein. Von ihnen aus hat man herrliche Weitblicke über die Landschaft der Inseln.

UFERSCHUTZ UND LANDGEWINNUNG

Die Geschichte der Bewohner der Nordfriesischen Inseln oder der „Uthlande", wie das Gebiet ursprünglich hieß, so erwähnt zuerst in einer Urkunde vom Jahr 1187, ist zu allen Zeiten ein Kampf mit dem Meer gewesen. Das vorhandene Land zu halten und verlorengegangenes nach Möglichkeit wieder zurückzugewinnen, war Aufgabe ihres Lebens und Grundlage ihrer Existenz. Von einem Dasein, das so ganz hineingestellt ist in den Kampf mit den Naturelementen, wie es diesen Meermenschen beschieden ist, weiß der Binnenländer nur wenig oder nichts.

Die Verteilung von Land und Wasser und die Höhenlage des Landes zum Wasser ist in diesem vorgeschobenen Seemarschengebiet zu verschiedenen Zeiten verschieden gewesen. Niveauveränderungen zwischen Bodenoberfläche und Meeresspiegel, sowie Einflüsse großer Sturmfluten sind, wie schon angeführt wurde, die Ursache gewesen, die das Landschaftsbild gestaltet und unausgesetzt verändert haben.

In den wenigen Mitteilungen, die der um 1040 geborene Geschichtsschreiber *Adam von Bremen* in seiner „Hamburgischen Kirchengeschichte" über Nordfriesland macht, sagt er, daß außer Helgoland (Farria, Fosetisland, Heiligland) auch noch andere Inseln Friesland und Dänemark gegenüber liegen. Damit ist gesagt, daß die „Uthlande" im 11. Jahrhundert keine in sich geschlossene Marschlandfläche gewesen sind. Der um 1140 geborene dänische Geschichtsschreiber *Saxo Grammaticus* berichtet uns, daß dieses Land sehr flach liegt, und daß oft ein starker Sturm die Deiche durchbricht, so daß das Meer die Felder überflutet. Es ist dies der früheste Bericht über *Deichbau* in Nordfriesland, den wir haben. Die Deiche waren Sommerdeiche von etwa 8—9 Fuß Höhe. Sie müssen mindestens etwa um das Jahr 1000 angefertigt worden sein. Zufolge Petreus sind die Deiche im 16. Jahrhundert auch nur 6—12 Fuß hoch gewesen. Die heutigen Deiche haben bis zu 7 m Höhe. Bevor es Deichbau gab, haben die Bewohner ihre Zuflucht vor den Fluten auf *Fluchthügeln* gesucht, die mit der Zeit zu Warfen ausgebaut wurden. Die Viehzucht und vor allem der Ackerbau machten dann den Deichbau erforderlich. Der gleiche Vorgang hat sich bei den West- und Ostfriesen abgespielt, und zwar sehr wahrscheinlich schon zu früherer Zeit, denn nach dem Bericht des Saxo sind es die eingewanderten Südfriesen gewesen, die den Deichbau in Nordfriesland eingeführt haben. Der Deichbau in den Marschländern der Nordsee-

[1]) Taf. 12.   [2]) Taf. 34.   [3]) Taf. 149.

küsten ist ein gewaltiges Stück Menschenwerk, wenn wir uns die Gesamtlänge der „goldenen Ringe" vor Augen halten. Die Größe der Arbeitsleistung kann uns vergleichsweise denken lassen an den Bau des Obergermanischen-Rätischen Limes, der eine Länge von 548 km hatte, oder an die Errichtung der 2450 km langen Chinesischen Mauer.

Will man die Errichtung der Deiche in alter Zeit gebührend würdigen, so hat man zu bedenken, daß die dazu erforderlichen Arbeitskräfte vielfach ungenügend waren, wobei im einzelnen die rechtlichen und sozialen Schwierigkeiten, die mit einer solchen Gemeinschaftsarbeit verknüpft sind, hinzuzurechnen sind. Die den Deichbau betreffenden Bestimmungen, die man ursprünglich mündlich überlieferte, wurden um 1500 in dem sogenannten „*Spade-Landes-Recht*" schriftlich niedergelegt. Auch die damaligen Hilfsmittel, die zu Gebote standen, waren nur sehr einfache. Man braucht hier nicht einmal erst eine Lore oder gar einen Bagger von heute zum Vergleich heranzuziehen. Es genügt, auf die Tatsache hinzuweisen, daß selbst die Schubkarre keine alte Erfindung ist. Sie wurde in unserem Landesteil zum erstenmal 1610 für den Deichbau in Eiderstedt durch den Deichgrafen Johann Claussen Koth, genannt „Rollwagen", aus Holland eingeführt. Auf Nordstrand wurde sie 1612 zuerst benutzt. Vorher beförderte man die Erde in Körben, Säcken und auf Tragbahren.

Über die Profile der ältesten Deiche sind wir nicht unterrichtet. Wir wissen nur, daß die Deiche nicht hoch genug waren, und daß ihe Böschung nach der Meeresseite hin zu steil war, um großen Sturmfluten erfolgreich trotzen zu können. Den anrollenden Brandungswogen bot ihre Bauweise einen zu großen Widerstand. Erst Johann Claussen Koth legte Deiche in flacher Form an, d. h. mit lang auslaufender Außenböschung, so, wie sie heute gebaut werden, wodurch die Welle Auslauf hat und ihre Schlagkraft verliert. Die Deiche in alter Zeit waren zum Schutz gegen die nagende und auflösende Wirkung des Wassers auch noch nicht mit einem Rasenbelag oder mit einer Strohbestickung versehen. Lediglich den besonders gefährdeten Fuß der Erdwälle verstärkte man durch eine Bohlwand aus Balken oder Brettern.

Unter dem Titel „Das Wasserwesen an der Schleswig-Holsteinischen Nordseeküste" hat Prof. *Friedrich Müller* im Auftrag des „Preußischen Ministeriums der öffentlichen Arbeiten" 1917 zwei Bände über „Die Halligen" herausgegeben. Nach seinem Ableben ist weiteres von ihm zusammengestelltes Material ,bearbeitet und ergänzt durch Dr. *Otto Fischer*, 1936 zur Veröffentlichung gelangt. Es sind 3 starke Bände, die Alt-Nordstrand, Nordstrand und Pellworm betreffen. Diese letzteren mit vielen Karten ausgestatteten Werke sind im wesentlichen eine Dokumentensammlung über die Geschichte des Deichbaues dieser Inseln. Einen Band „Amrum" und einen Band „Föhr" hat O. Fischer 1937, einen Band „Sylt" 1938 erscheinen lassen.

Es ist erstaunlich, daraus zu ersehen, welche Deichbauarbeit amtlich und praktisch geleistet worden ist zur Erhaltung von verhältnismäßig kleinen Landflächen. Man kann daran ermessen, welches Kopfzerbrechen und welche Händearbeit hinter den Deichbauten der Nordseeküsten insgesamt verborgen steckt. Nach der verheerenden Sturmflut des Jahres 1634, die Alt-Nordstrand zertrümmerte[1]), hat es 20 Jahre gedauert, bis man, unter Zuhilfenahme von holländischen Arbeitskräften, ernstlich an die Wiedergewinnung einstiger Köge von Nordstrand herangegangen ist. Welche Schwierigkeiten mögen sich, daran gemessen, wohl erst den Wiederbedeichungen nach großen Katastrophen in noch früheren Zeiten entgegengestellt haben.

Von der Gewalt des Wassers bei Sturmfluten geben uns die zahlreichen *Wehlen*, die wir heute noch an vielen Stellen antreffen, eine gute Vorstellung. Diese, an der Innenseite der Deiche durch die einfallenden Fluten bei Deichbrüchen ausgekolkten Erdlöcher, haben teilweise die Größe von kleinen Seen. Das Wehl in der Nordwestecke des Adolfs-Kooges

---

[1]) Taf. 12.

an der Süder-Hever in Eiderstedt ist 175 m lang, bis zu 125 m breit und bis zu 12 m tief. Der Adolfs-Koog ist nach dem Herzog Adolf benannt und wurde 1575—1577 eingedeicht. Ein Wehl von größerem Ausmaß liegt auch zwischen der „Alten Kirche" auf Pellworm und dem Seedeich[1]).

Von der landzerstörenden Wirkung der täglichen Flut gibt uns das uneingedeichte Land eine gute Vorstellung. Es sind dies bis vor kurzem die Halligen gewesen mit ihren senkrecht abfallenden Abbruchkanten[2]). Heute sind alle Ufer der Halligen, bis auf das des kleinen Norderoog, entweder ganz oder bis auf einen Teil, die geschütztere Ostseite, mit einer Steinböschung oder einem Sommerdeich versehen. Nach Angabe des Marschenbauamtes Husum vom Juli 1953 beträgt bei den nachgenannten Halligen die Küstenlänge bzw. der durch Steindecke geschützte Teil des Ufers in km bei Langeneß 20,69 bzw. 19,28; bei Oland 3,95 bzw. 2,97; bei Habel 1,54 bzw. 1,54; bei der Hamburger Hallig 4,47 bzw. 2,32; bei Hooge 11,06 bzw. 11,06; bei Süderoog 3,25 bzw. 2,00; bei Südfall 3,24 bzw. 1,26; bei Nordstrandischmoor 6,12 bzw. 4,10 km. Vollständig eingedeicht sind auch Nordstrand und Pellworm. Durch diesen Schutz haben die Halligen jetzt im eigentlichen Sinn aufgehört solche zu sein. Ihre bis zu 2 m hohen Abbruchkanten lassen einen schichtenweisen Aufbau der Hallig deutlich erkennen. Schlick- und Sandmassen, die bei einer Sturmflut vom Meeresboden aufgewühlt werden[3]), gelangen an gewissen Stellen im Wattenmeer als Sinkstoffe zur Ablagerung und führen auf diese Weise durch schichtweise Aufhöhung allmählich zur Entstehung von Neuland. Nach der großen Februarflut 1825 sollen auf Hooge durchschnittlich 3 Zoll, an einzelnen Stellen 12 Zoll Schlick zur Ablagerung gelangt sein. Da eine Hallig am häufigsten am Rande überflutet wird, ist die Uferzone etwas höher als das Binnenland. Solange Land also überflutet wird, wächst es auch, erst nach der Eindeichung unterbleibt die Auflandung. Die Zerstörung der Flutkanten kann entweder durch Sprengwirkung oder Abtragung erfolgen, d. h. entweder schlägt der Wellenschlag Löcher in die Wand oder unterspült diese, wodurch Erdbrocken losgelöst oder abgeschwemmt werden, oder das hin und her fließende Wasser bewirkt Abrasion, bei der eine Schicht nach der anderen zur Abtragung kommt.

Wasserströmung und Windeinfluß bewirken auch bei den Prielen, die die Halligen durchziehen, Bildungsvorgänge von Abtragung und Anlandung der Uferkanten und bestimmen die Laufrichtung dieser Adern des Halliglandes[4]). Für den Uferschutz der Halligen und Inseln ist alles Erforderliche getan. Die Halligen sind damit in ihrem jetzigen Bestand gesichert und ihrer Auflösung ist Einhalt geboten. Wie vernichtend der Landverlust sich auf eine ungeschützte Hallig auswirken kann, ist erschreckend an Hooge ersichtlich geworden. Hooge hatte 1804 eine Größe von 788 ha, 1900 von 582 ha, und 1927 hatte es nur noch 488 ha.

Einen anderen Uferschutz als die Marschinseln benötigen die der offenen See unmittelbar ausgesetzten Geestinseln Sylt und Amrum. Hier ist der Brandung und der damit in Zusammenhang stehenden Verlagerung und Wanderung des Sandes Einhalt zu gebieten. Die Gefahrenlage dieser ist bei Amrum indes unweit geringer als bei Sylt. Dem Inselkern von Amrum ist westlich zunächst der etwa 1 km breite Kniep Sand als Strand vorgelagert. Die daran anschließenden Meeressande liegen auf weitere 8 km Entfernung auch nur bis zu 4 und 5 m Tiefe unter Wasser. Erst von da ab beginnt unmittelbar die 10 m Tiefenlinie. Auf der Westküste von Sylt steht die stärkste Brandung aller Nordseeküsten. Die 10 m Tiefenlinie, bezogen auf mittleres Springniedrigwasser, liegt mit Ausnahme vor Westerland und dem Ellenbogen, in nur etwa 2 km Entfernung.

Bis zum Jahre 1869 bestand der Küstenschutz von Sylt lediglich in einer Anpflanzung von Dünenhalm am Fuß der Stranddünen[5]). In den Jahren 1869 bis 1871 erfolgte eine Planung zum Bau von Buhnen und der Beginn des Baues solcher. In einer „Denkschrift

[1]) Taf. 34.   [2]) Taf. 10. 35.   [3]) Taf. 36.   [4]) Taf. 32.   [5]) Taf. 36.

über die bisherigen Erfahrungen mit den Buhnen am Westrande von Sylt" hat Regierungsbaurat Schade vom Wasserbauamt Husum unter dem 26. 2. 1936 eine Beschreibung gegeben über die verschiedenen Arten der Buhnen, deren Baukosten und Bewährung. Dem Text sind Tabellen beigegeben von sämtlichen Profilmessungen über den Abbruch seit 1883 nebst karthographischen Zeichnungen dieser. Die Hauptwerke waren zunächst Steinbuhnen, die Zwischenwerke Pfahlbuhnen. Für die Unterhaltung wurden in den Jahren 1881 bis 1914 insgesamt 1 592 000 RM oder jährlich im Durchschnitt 48 240 RM angewendet. Diese Buhnen erwiesen sich im Lauf der Zeit jedoch als unzweckmäßig, der eingebaute Busch verrottete, der Grand wurde ausgespült, die Pfähle wurden durch Auftrieb, Bohrwurmfraß und Sandschliff geschwächt und zerstört, es neigten sich durch seitliche Strandvertiefung die Steine, das Wurzelende der Buhnen hatte unzulängliche Verbindung mit dem Ufer und infolge Stranderniedrigung vermochten die Kronen der Werke der 1888 mit Betonblöcken abgedeckten Buhnen den Angriffen des Wellenschlages und der Strömung nicht standzuhalten. Man versuchte daraufhin in den Jahren 1922 bis 1925 Buhnen aus Betonpfählen zu bauen, die sich indes als zu teuer erwiesen, und begann 1927 mit dem Bau von Stahlspundwandbuhnen aus Spundbohlen, System Larssen, Hoesch und Krupp. Im Lauf der Zeit stellte sich jedoch heraus, daß auch diese nicht von Bestand sind. Verlagerung im Untergrund, Sandschliff und Rostwirkung führten zu ihrem Verfall. Seit 1947 werden sie, von Westerland ausgehend, nach Norden hin durch Stahlbetonpfahlbuhnen ersetzt. Nach Ansicht von Regierungsbaurat Schade dürfte gegen besondere Angriffe in Verbindung mit den Buhnen nur ein Längswerk in Form einer Mauer oder einer eisernen Spundwand genügend sicheren Schutz bieten. Bei einer Länge von rd. 40 km würde diese jedoch rd. 65 Millionen Mark kosten.

In den Jahren 1907 bis 1924 wurde zur Sicherung der Stadt Westerland eine Strandmauer von 807 m Länge gebaut. Die Ausführungskosten betrugen rund RM 2 000 000,—. Der nördliche Teil dieser Mauer wurde im Januar 1946 auf einer Länge von 142,50 m zerstört. Diese Strecke wurde in Form eines Uferdeckwerkes d. h. mittels Basaltsäulen, die auf eine Schotter -und Splittunterlage gesetzt sind, die ihrerseits wiederum auf einer Kleidecke ruhen, erneuert. Die Länge der Strandmauer beträgt hiernach heute noch 665 m.

Den stärksten Abbruch von Sylt erleidet die leicht östlich verlaufende Nordstrecke; sie wird von den auf Sylt vorherrschenden Winden aus Südwest bis West unter einem wesentlich ungünstigeren Winkel bestrichen als die Südstrecke. Die Richtungen der beiden Strandstrecken weichen um rund 19° voneinander ab. Die Südstrecke erhält vermutlich auch dauernd neuen Sandzuwachs von den ausgedehnten Sanden südlich von Hörnum, so daß deren Verluste annähernd ausgeglichen werden.

Dem seit den Beobachtungen festgestellten Abbruch am ganzen Strande steht lediglich ein geringer Anwachs im Norden auf der westlichen Hälfte des Ellenbogens gegenüber. Das Endergebnis faßt Schade folgendermaßen zusammen: „Der größte Gesamtabbruch von 300 m seit dem Jahr 1883 ist am nördlichen Inselende bei Profil 37 entstanden (Profil 37 liegt auf mittlerer Höhe des Insellandes zwischen Westküste und Königshafen. Der Verf.). Das ergibt auf 52 Jahre eine durchschnittliche Abnahme von 5,77 m im Jahre. Der größte durchschnittliche Jahresabbruch ist bei Profil 39 mit 11,70 m festzustellen, wo in der Zeit von 1900 bis 1916 ein Gesamtabbruch von 187,6 m entstanden ist (Profil 39 betrifft die nördlichste, schmalste Stelle des Insellandes zwischen Westküste und Königshafen. Der Verf.). Am Südende der Beobachtungsstrecke zwischen Rantum und Hörnum überwiegt im Jahrzehnt 1916—1926 der Anwachs."

Sehr viel mühsamer und umfangreicher als die Arbeiten des Uferschutzes sind die der *Landgewinnung*. Seit der großen Rungholtflut des Jahres 1362 ist im Gebiet der nordfriesischen Uthlande außerordentlich viel Land verlorengegangen, an dessen Stelle das Wattenmeer getreten ist. Es ist der heutigen Festlandsküste in einem bis etwa 30 km breiten

Gürtel vorgelagert. Wie stark das heutige Wattgebiet früher besiedelt war, zeigen uns die vielen darin vorhandenen Reste menschlicher Kulturspuren. Wir entnehmen das auch aus alten Berichten und ersehen es aus der Möglichkeit der Begehung des Watts zur Ebbezeit, d. h. aus seiner geringen Tiefenlage. Einer Überlieferung zufolge wurde in alter Zeit das Vieh von Föhr über Sylt nach Ripen auf den Markt getrieben. Auf der Heide westlich von Kampen auf Sylt sieht man heute noch einen kleinen Erdwall, den sogenannten „Föhringwall", und 50 m südlich davon eine Süßwasserkuhle, die als Tränke diente. Von hier aus führte nach Kliffende und weiter am heutigen Strand entlang der sogenannte „Riperstieg". Wenn durch die Winterstürme der Strandsand bei Kliffende fortgespült wird und der darunterliegende Kleiboden sichtbar wird, kann man darin Rinder- und Wagenspuren finden, die wahrscheinlich jener Zeit angehören dürften. Der Sylter Chronist Hans Kielholt berichtet um 1435, daß man von Sylt nach Hoyer am Festland zu Fuß und zu Wagen am gleichen Tage hin und zurück konnte.

Für das Jahr 1679 gibt C. P. Hansen in seiner „Chronik der Friesischen Uthlande" an, daß gleich nach Beendigung der Biikenfeier, am 22. Februar, ein königlicher Werbeoffizier auf der Insel erschien, um von den Syltern 110 Matrosen für die dänische Flotte zu fordern. Keiner der Sylter kam jedoch dieser Forderung nach; alle bereiteten sich vor für die Reise auf den Walfischfang. Dänischerseits „wurden nun alle Fahrzeuge der Insulaner an das Ufer gebracht und mit Wachen versehen, damit die Seefahrer selbige nicht zu ihrer Flucht von Sylt benutzen möchten". Alle Bemühungen der Dänen im Guten und Bösen, die Sylter zur Dienstleistung zu bewegen, waren vergebens. „Kein einziger derselben erschien vor den königlichen Officiren an den von diesen bestimmten Werbetagen; alle waren in der Nacht, während ein starker Ostwind das Haff zwischen der Insel und dem Festland fast trocken gelegt hatte, über die Watten zu Fuß nach der Wiedingharde und gleich darauf weiter nach Hamburg und Holland marschirt trotz aller königlichen Officire und Beamten, die sie daran zu hindern suchten. Diese merkwürdige Flucht der Sylter von ihrer Heimath wird in der Nacht zwischen dem 5. und 6. März 1679 geschehen sein."

Im Jahre 1864 hat nach Mitteilung von Graf Baudissin der Sylter Postführer Selmer im Winter die Post über das Watt einmal zu Fuß gebracht. Heimreich berichtet in seiner Chronik, daß „Fohre und Silt" 1362 auseinandergerissen sind. In dem ältesten niederdeutschen Seeatlas „Spieghel der Zeevaerdt" von dem Niederländer L. J. Waghenaer, Enckhusen 1589, ist auf dem Kupferstich der Nordfriesischen Inseln zwischen „Silt" und „Fux vooren" ein hohes Watt eingezeichnet[1]). C. P. Hansen berichtet in seiner „Chronik der Friesischen Uthlande", daß noch 1850 während eines Kriegszuges dänische Soldaten versucht haben, zu Fuß von Hörnum auf Sylt nach Föhr über die Watten zu gelangen, was ihnen jedoch nicht glückte. In dem Codex historiae Germaniae 102 der Hamburger Stadtbibliothek, der aus dem 16. Jahrhundert stammt, befindet sich folgende Notiz: „Die Nordermarsch war vor wenigen Jahren so nahe bei Föhr, daß die Bauern einen Stein von einem Gestade zum anderen werfen konnten."

Einige der alten Angaben, wenn auch nicht die eben gemachten, sind teilweise wohl übertrieben und manche vielleicht gänzlich unrichtig, andererseits sind die Möglichkeiten der Begehung des Watts zur Ebbezeit in heutiger Zeit immerhin noch groß und einem Fremden werden sie unbedingt zunächst als unwahrscheinlich vorkommen. Es ist heutzutage noch möglich, das Watt zu Fuß zu durchqueren von Föhr nach Südwesthörn am Festland, von Föhr nach Amrum, von Bongsiel am Festland nach Habel und Gröde (Briefträger im Winter), von Hooge nach Norderoog, von Hooge nach Pellworm, von Nordstrand nach Südfall (Postbote), von Pellworm nach Süderoog (Postbote), vom Festland nach Nordstrandischmoor. Diese Wanderungen sind aber nicht ungefährlich und daher nur in Begleitung Ortskundiger zu unternehmen. Vorzeitiges Eintreten der Flut,

[1]) Taf. 74.

tiefer Schlick, undurchwatbare Prielläufe, Nebel usw. können lebensgefährlich werden. Manch Insulaner hat auf solchen Wegen im Watt sein Leben schon verloren. Es sei an dieser Stelle auch des Wasserbauinspektors Otto Wienecke vom Wasserbauamt Husum gedacht, der auf einem Dienstweg zur Besichtigung von Uferschutzarbeiten am 27. Januar 1936 infolge starken Nebels bei der Hallig Südfall im Watt sich verirrte und den Tod fand. Auf der Vogel-Freistätte Hallig Norderoog hat im Auftrag des Vereins für Vogelschutz „Jordsand" Jens Sörensen Wand einundvierzig Jahre lang treue Dienste geleistet. Er war weithin bekannt als der „König von Norderoog". In der nächtlichen Frühe des 26. Mai 1950 begleitete er zwei Besucher über das Watt zur Hallig Hooge. Auf dem Rückweg zu seinem Eiland überraschte den 75jährigen bei aufkommendem Wasser im Watt ein tragischer Tod. Auf der Kirchwarf von Hooge hat er seine letzte Ruhestätte gefunden[1]).

Von der Landgewinnung an der Schleswigschen Westküste, wie sie durch die Jahrhunderte erfolgt ist, gibt die Karte ein gutes Bild, die W. Hinrichs veröffentlicht hat in seiner Arbeit „Nordsee-Deiche, Küstenschutz und Landgewinnung". Außer der Gewinnung von Kögen hat man in früheren Jahrzehnten und auch davor schon versucht, Inseln landfest zu machen. Von den heute noch bestehenden Inseln und Halligen ist die „Hamburger Hallig"[2]) die erste, die mit dem Festland verbunden wurde und zwar zunächst 1859/61 durch eine große Lahnung und 1874/75 durch einen Damm. Die Anschlickung zu beiden Seiten dieses Dammes ist heute eine ganz außerordentliche. Aufgebaut auf den Erfahrungen, die bei der Landfestmachung der „Hamburger Hallig" gewonnen wurden, sind mit dem Festland seitdem verbunden Sylt, Oland, indirekt über Oland Langeneß, Nordstrandischmoor und Nordstrand. Der mächtige Nordstranderdamm hat eine Sohlenbreite von 65 Metern und eine Länge von 2800 Metern. 650000 cbm Boden mußten zu seiner Errichtung befördert werden. Weitaus größer aber ist noch der in den Jahren 1923—1927 fertiggestellte Hindenburgdamm, der über eine Wegstrecke von 11,627 km das Festland mit Sylt verbindet, 50,40 m Sohlenbreite hat und von der Bundesbahn befahren wird. Die Dammkrone liegt auf + 6,30 m NN. Die Anschlagkosten betrugen RM 4 700 000. Es sind 3 200 000 cbm Erdboden und 120 000 t Schüttsteine in ihn eingebaut worden. Die untere Böschung ist mit insgesamt 200 000 qm Basaltpflaster belegt worden. Von dem Ausmaß der Wassersperre, die mit dieser Anlage verbunden ist, kann man sich eine Vorstellung machen, wenn man bedenkt, daß auf seiner Verbindungsstrecke bei normaler Flut sonst 28 000 000 cbm Wasser von Süden nach Norden geströmt sind. Die Anlandung, die infolge des Staues hauptsächlich auf der Südseite am Festland in wenigen Jahren erfolgt ist, ist eine ganz außerordentliche.

In jüngerer Zeit sind gewaltige Landgewinnungs- und Küstenschutzarbeiten in Angriff genommen und großenteils bereits ausgeführt worden. Das Marschenbauamt Husum, Wasserwirtschaftsamt, hat dem Verfasser im März 1949 hierüber nachstehende Angaben zukommen lassen. Es wurden danach innerhalb der letzten 25 Jahre im Bezirk Husum außer dem Hindenburgdamm folgende Dämme errichtet: 1. 1926/27 der rund 6 km lange Damm vom Festland, eben südlich Dagebüll-Hafen nach der Hallig Oland. Ein Jahr später erfolgte die 3 km lange Fortsetzung von Oland nach Langeneß. Beide Dämme liegen nur 50 cm über normalem Hochwasser. 2. Im Baujahr 1933 der 6,5 km lange und ebenfalls nur 50 cm über normalem Hochwasser liegende Damm vom Cecilienkoog-Süd nach der Hallig Nordstrandischmoor. 3. Im Baujahr 1933/34 der 3 km lange, als Verkehrsstraße ausgebildete Damm von Wobbenbüll nach der Insel Nordstrand

Von 1933—1939 wurden zwecks Förderung der Landgewinnung im Bezirk Husum außerdem jährlich rd. 50 km Lahnungen neu gebaut. Zur Trockenlegung der Landgewinnungsfelder wurden in derselben Zeit jährlich rd. 5000 km Entwässerungsgräben errichtet.

[1]) Taf. 54. [2]) Taf. 31.

In derselben Zeit entstanden an neuen Kögen:

1. Im Zusammenhang mit dem Bau des Hindenburgdammes
   (im Jahre 1923/24) der Wiedingharder Neuer Koog. . . .   280 ha groß
2. In der Zeit 1923/24 der Pohnshalligkoog auf der Insel Nordstrand . . . .   645 ha groß
3. 1924/25 der Sönke-Nissen-Koog . . . .   1023 ha groß
4. 1933/35 der Tümlauer Koog in Eiderstedt . . . .   600 ha groß
5. 1934/36 der Finkhaushalligkoog . . . .   470 ha groß
6. 1934/36 der Osewoldter Koog, Südtondern . . . .   177 ha groß
7. 1934/35 der Ülvesbüller Koog, Eiderstedt . . . .   100 ha groß
8. 1936/37 der Norderhever Koog, Eiderstedt . . . .   650 ha groß
9. 1936   der Buphever Koog auf Pellworm . . . .   245 ha groß
10.   der Nössekoog auf Sylt . . . .   1700 ha groß

Zusammen: 5890 ha groß

Trotz der genannten umfangreichen Bedeichung von Vorländereien während der letzten Jahrzehnte haben sich vor der nordfriesischen Küste schon wieder erhebliche Flächen neuen Landes gebildet, und zwar nördlich und südlich des Hindenburgdammes wie auch vor Fahretoft und vor den Reußenkögen. Wären die Arbeiten durch den 2. Weltkrieg nicht zum Stillstand gekommen, so hätten schon heute nacheinander Köge von 500 ha nördlich und 1000 ha südlich des Hindenburgdammes, von 1000 ha vor Fahretoft und 1500 ha vor den Reußenkögen errichtet werden können. Es hätten gleichfalls große Flächen nördlich und südlich des Dammes nach Nordstrand bis zur Deichreife aufgelandet werden können. Der Stillstand der Landgewinnungsarbeiten während der langen Kriegsjahre brachte überdies einen großen Rückgang. Es bedarf der Arbeit einiger Jahre, um bei ausreichendem Einsatz von Menschen und Materialien den Stand von 1939 wieder zu erreichen, damit der erlittene Schaden an verlorengegangenen Landgewinnungswerken wieder wett gemacht und durch die Ausführung umfangreicher Entwässerungsarbeiten der eingetretenen Versumpfung der Vorländereien kräftig entgegengewirkt werden kann.

Bezüglich der Förderung der Landgewinnung durch den Lahnungsbau teilte das Marschenbauamt Husum dem Verfasser im Juli 1953 freundlicherweise folgendes noch mit: „Es waren im Jahre 1939 an der Festlandsküste rd. 520 km Landgewinnungswerke vorhanden. Durch die Eiswinter 1939/40 und 1940/41 sowie durch den Krieg ist das Anlandungsnetz entlang der ganzen Küste so erheblich zerstört worden bzw. verfallen, daß bei Wiederaufnahme der Arbeiten im Jahre 1948 ein *wirksamer* Bestand an Landgewinnungswerken von nur rd. 16,4 km vorhanden war. Durch die angemessene Bereitstellung von Geldmitteln seitens des Landes Schleswig-Holstein und des Bundes sowie durch den zusätzlichen Einsatz von Notstandsarbeitern konnte erreicht werden, daß zu Beginn des Jahres 1953 zum Schutze der Küste rd. 380 km Landgewinnungswerke wieder erstellt werden konnten. Namentlich durch den Einsatz von Notstandsarbeitern konnten auch die Entwässerungs- und Begrüppelungsarbeiten in den Anlandungsfeldern gut vorangetrieben werden. Es wurden beispielsweise an Grüppen und Entwässerungsgräben von 0,45 qm Querschnitt ausgehoben: im Jahre 1948 rd. 1620 km; 1949 rd. 3150 km; 1950 rd. 2060 km; 1951 rd. 2530 km; 1952 rd. 3220 km."

Es liegt im Wesen der amphibischen Natur, wie sie das Wattengebiet hat, daß es ein außerordentlich vielseitiges und schwer zu ergründendes Gebilde ist. Die verschiedensten Faktoren, die den Boden, das Wasser, die Luft, die Pflanzen- und Tierwelt betreffen, wirken hier aufeinander ein. Zur Erforschung all dieser Fragen, die für die Landgewinnung und den Küstenschutz von entscheidender Bedeutung sind, ist in Husum eine Wattenforschungsstelle errichtet worden. Das, was sich jeder Forscher der Nordfriesischen Uthlande, sei er Altertumsforscher, Geologe, Biologe, Volkskundler oder was sonst immer, schon gewünscht haben mag, eine umfassende Untersuchung aller Vorgänge naturkundlicher Art, auf der sich ergänzend die Volkskunde dann aufbauen läßt, das unterliegt nunmehr der Erkundung. Eine der interessantesten deutschen Landschaften wird in ihrer naturkundlichen organischen Beschaffenheit und Totalität erforscht. Wir werden eines Tages, wenn die Ergebnisse vorliegen, ein Atlas- und Textwerk haben, wie es interessanter und lehrreicher kaum gedacht werden kann.

Die Arbeiten der Wattenforschungsstelle Husum, als Abteilung des Marschenbauamtes, beziehen sich auf folgende Gebiete: Eine Vermessungsabteilung führt nivellitische Vermessungen des Strandes, der Watten und Sände, Tiefenvermessungen der Priele und Vermessungen der Kulturspuren aus. Zum Aufgabenbereich der geologischen Abteilung gehören folgende Vorhaben: Sammlung sämtlicher Bohrungen in den Marschen und Watten im Bohrarchiv „Westküste"; praktische Bauberatung für Gründungsaufgaben in den Marschen; allgemeine erdgeschichtliche Untersuchungen an der Küste; Untersuchung über die Versandung der Eider; Untersuchungen über das tiefere Grundwasser Nordfrieslands (Versalzungsgefahr). Die biologische, bodenkundliche Abteilung richtet ihr Augenmerk auf die nachstehenden Arbeiten und Forschungen: Förderung der Verlandung durch biologisch begründete Methoden; pflanzensoziologische Kartierung; Untersuchungen an Salzpflanzen; biologische Ansaaten der Deiche und Dämme; Einwirkung des salzhaltigen Grundwassers auf die praktische Nutzung der Wiesen und Weiden; bodenkundliche Untersuchungen im Anwachs der Küste als Vorarbeit für die Bedeichung neuer Gebiete.

Aus diesen Anführungen geht hervor, daß bei den neuen Maßnahmen für die Landgewinnung und des Küstenschutzes auf die wissenschaftliche Mitarbeit heute nicht mehr verzichtet werden kann. Ein wesentlicher Bestandteil der Vorarbeiten dieser Großaufgaben sind die nivellietischen Vermessungen der Watten und Sände vor der Küste. Auf der diesem Buch beigegebenen Abbildung[1]) ist die genaue Höhenlage der Watten ersichtlich; man erhält gleichzeitig von dem Arbeitsvorgang und dessen Auswertung eine klare Vorstellung durch die Verbindung von der Wattenvermessung mit dem Luftbild. Bei dieser Abbildung handelt es sich um eine Einheitskarte dieser von der Forschungsstelle Westküste ausgeführten Spezialvermessung. Es wird das Gebiet in der Gegend der Halligen Gröde und Habel höhenmäßig dargestellt. Der obere Abschnitt zeigt den Meßplan mit den Meßprofilen und den Ablesungen je hundert Meter, der mittlere den danach gezeichneten Höhenlinienplan und der untere das im gleichen Maßstab aufgenommene Luftbild. Damit ist zum erstenmal in der Geschichte der Wattenmeerforschung ein zuverlässiges Bild von der Tiefenlage und von den Oberflächenformen der Watten gegeben. Alle Veränderungen der Zukunft sind durch dieses Kartenmaterial nunmehr auf das genaueste kontrollierbar.

Nach dem zweiten Weltkrieg ist die Biologische Anstalt Helgoland nach dem Ellenbogen, auf die Nordspitze von Sylt, verlegt worden. Auch sie führt wissenschaftlich ebenso bedeutungsvolle, wie für das Wirtschaftsleben nutzbringende Forschungsaufgaben im Bereich des Wattenmeeres und der freien Nordsee durch. Bis zum 30. Juni 1953 war Prof. Dr. *Arthur Hagmeier* 19 Jahre lang deren Leiter. Sein Nachfolger ist Prof. Dr. *Brückmann*.

Selbst bei einer wirtschaftlichen Notlage und gerade bei einer solchen, sollte das Land Schleswig-Holstein und sollte Deutschland alles daran setzen, diese Forschungen tatkräftigst zu fördern. Bei den genannten Stellen geht es um dringend notwendige Anliegen, die sich auf die Sicherung des Landes, die Frage der Volksernährung und damit auch die Volksgesundheit beziehen. Der bedrängte Lebensraum des deutschen Volkes erfordert

---

[1]) Taf. 38.

die größtmögliche Auswertung seiner Schätze und die äußerste Mobilmachung seiner Kräfte. Der überwiegende Teil der Forschungsaufgaben kann, wie allgemein bei der Wissenschaft, nur bei langjährigen, ununterbrochenen Beobachtungen zu nutzbringenden Endresultaten führen.

Die Kunst der *Landgewinnung*, denn um eine solche handelt es sich, besteht darin, Hand in Hand mit der Natur zu arbeiten. Den Boden- und Wasserverhältnissen entsprechend werden im küstennahen Watt zunächst Lahnungen und Grüppen angelegt, die eine vermehrte Schlickablagerung bewirken. Diese mechanische Maßnahme hilft zugleich die Aufbauarbeit durch biologische Vorgänge fördern. Bei den letzteren sind es zunächst die kleinen Kieselalgen, die an der Oberfläche des Schlicks leben und durch Schleimabsonderung die Bodenteilchen verfestigen. In ähnlicher Weise wirkt der Schlickkrebs. Hat das Watt annähernd die Höhe der mittleren Hochwasserlinie erreicht, dann kann sich die erste Pflanze, der *Queller* (Salicornia herbacea L.)[1], darauf ansiedeln. Seine immer dichter werdenden Bestände sind das erste Anzeichen für eine Verlandung. Endgültig durchgeführt wird diese von dem *Andel* (Atropis maritima Festuca thalassica), einer Grasart, die zunächst einzelne Polster und bei deren Zusammenwachsen einen geschlossenen Rasen bildet[2]. Damit ist das sogenannte Außendeichsvorland entstanden, das von Schafen beweidet wird. Es ist die Marsch im Urzustand.

Die Hauptmassen von Schlick und Sand, die das Aufbaumaterial der Marsch bilden, werden aus den Wattenprielen geliefert. Es ist vornehmlich der Ebbstrom, der durch seinen reißenden Abfluß, durch Erosion die Erdstoffe löst, die mit der Flut dann an die Küste herangebracht werden[3]. Bei letztem Ebbwasser ist die Prielströmung wie eine Brühe mit Schlammstoffen dick durchsetzt. In dem Prielbett zwischen Bongsiel und Habel läßt sich das beispielsweise vorzüglich beobachten. Im Laufe der Zeit ist infolgedessen die Erweiterung und Vertiefung der Priele eine sehr starke. Es sei nur hingewiesen auf die Falls-Tiefe, die im Osten von Pellworm gelegen ist. Auf der Karte von Meyer vom Jahre 1649 ist sie noch als dünne Wasserader eingezeichnet. Sie hat sich dann allmählich zur Norder-Hever erweitert und hat heute eine Breite bis zu 2 km und eine Tiefe bis zu 25 m südlich Pellworm. Vor der Ausmündung hat die Norder-Hever heute eine Breite von rd. 3400 m und eine Tiefe von rd. 28 m. Eine große Ausschachtung haben außerdem die Lister- und Hörnumer-Tiefe mit maximal 44 m (nördlich Ellenbogen) bzw. 29 m (dicht vor Hörnum), die Norder- und Süder-Aue mit 26 m (südlich Wittdün) bzw. 20 m (südlich Westecke von Langeneß) und die Süder-Hever mit 18 m (südlich Trendermarsch) erfahren. Für die Rekonstruktion des Landschaftsbildes und der Volkskultur der Uthlande sind diese großen Areale leider verlorenes Gebiet.

Dr. *Kändler* von der Fischereibiologischen Anstalt, Hamburg, hat 1927 errechnet, daß die Gesamtfläche des nordfriesischen Wattenmeeres zwischen der dänischen Grenze und dem 54° 34′ nördl. Breite, d. h. südlich bis zur Höhe von Hooge, ungefähr 1100 qkm beträgt. Hiervon laufen bei Ebbe trocken 725 qkm = 65,9%; und von Wasser bedeckt bleiben 375 qkm = 34,1%. Die Austernbänke nehmen hiervon allein 18 qkm = 1,6% ein. Wie verschieden zeitlich und örtlich Höchste Flut und Tiefste Ebbe im Inselgebiet auftreten können, ist anschaulich auf Sylt zu beobachten. Zwischen dem Weststrand einerseits und Munkmarsch-Loch andererseits, die beide nur durch 4 km Inselbreite voneinander getrennt sind, liegt ein Zeitunterschied von 2 Stunden. Die Sicherung des Bestandes der Inseln und Halligen und die Eindeichung umfangreicher Flächen von Neuland an der Festlandsküste, ist eine Arbeit, die ihrer Natur nach nur im großen und ganzen angefaßt werden kann, zumal wenn sie nennenswerte Erfolge in möglichst kurzer Zeit aufweisen soll. Das, was bisher erreicht worden ist, wird jeden in Erstaunen setzen, der die Küste bereist.

[1] Taf. 37. [2] Taf. 41. [3] Taf. 36.

Wenn an der Festlandsküste vor dem nordfriesischen Wattenmeer Köge zur Eindeichung kommen, dann sind es wesentlich Geschenke und Opfer der Insel- und Halligwelt. Das Marschland, das sich hier aufbaut und in die Hände neuer Siedler übergeht, war einstmals Besitztum von Uthlands-Friesen, die vor Jahrhunderten gelebt haben und solcher, die heute noch die Inseln bewohnen. Das kleine Habel[1]) hat, wie das im Abschnitt „Inselcharaktere" geschildert wurde, seinen Beitrag so gut dazu geliefert wie die hohe Moränenwand des „Roten Kliff" von Sylt[2]), wie das große Alt-Nordstrand[3]) und jede andere Insel. Furchtbare Katastrophen, die ungezählten Menschen das Leben kosteten, haften an diesem Erdreich. Der fruchtbare Boden soll nun gesichert hinter hohen Deichen am Festland neue Ernten tragen und neuen Geschlechtern eine Heimat sein.

> Im Innern hier ein paradiesisch Land,
> Da rase draußen, Flut bis auf zum Rand,
> Und wie sie nascht, gewaltsam einzuschießen,
> Gemeindrang eilt, die Lücke zu verschließen,
> Ja! Diesem Sinne bin ich ganz ergeben,
> Das ist der Weisheit letzter Schluß:
> Nur der verdient sich Freiheit wie das Leben,
> Der täglich sie erobern muß.
> Und so verbringt, umrungen von Gefahr,
> Hier Kindheit, Mann und Greis sein tüchtig Jahr.
> Solch ein Gewimmel möcht ich sehn,
> Auf freiem Grund mit freiem Volke stehn.
>
> (Goethe, Faust)

PFLANZENWELT

GEEST UND MARSCH

Die Nordfriesischen Inseln liegen in einer Kampfzone von Meer und Land. Wenn das Wattenmeer seinem amphibischen Wesen nach auch ein Übergangsgebiet ist, in dem die Grenzen zwischen Festem und Flüssigem aufgehoben zu sein scheinen, so gibt die freie Nordsee der Insellandschaft doch das Hauptgepräge, und zwar den Charakter des Absoluten. Hart stoßen die Dinge hier im Raum aufeinander. Scharf sind die Konturen gegeneinander abgesetzt. Das gilt für die Vorgänge in der Natur so gut, wie für das Wesen der Friesen. Man sehe sich daraufhin die Grenzsetzungen in der Landschaft an, die Uferkanten und Strandlinien, den Grenzverlauf zwischen Düne und Heide, zwischen Geest und Marsch. Man betrachte dann, wie geradlinig und rechtwinklig Hausbau, Gartenwall, Feldwall und Koogdeiche sind. Wie scharf selbst die punktförmigen hohen Warfen vom Lande sich abheben. Ihnen entspricht die klare und zweckmäßig bestimmte Aufteilung im Innern des Friesenhauses, die Sauberkeit der Einrichtung, wie auch das eindeutige Wesen des Friesen selbst in Haltung, Geste und Sprache.

Es geht eine strenge Gesetzmäßigkeit durch die Natur, die durch den Kampf der Elemente bedingt ist. Das zeigt uns deutlich schon der Bodenaufbau und die Pflanzendecke. Es ist das im großen zu erkennen an der Zuweisung der Pflanzenarten auf ver-

---

[1]) Taf. 31.   [2]) Taf. 6.   [3]) Taf. 12.

schiedene Gebiete und im besonderen dann noch einmal in deren Staffelung in einzelne Zonen innerhalb dieser Gebiete, wie das für die Wattwiesen beispielsweise gilt[1]).

Der Grund des Wattenmeeres besteht neben Sand zum größten Teil aus Schlickboden. Die durch das Wasser angespülte und aufgetragene Marsch auf Sylt, Amrum und Föhr findet in der durch die sandig-steinigen Ablagerungen der Eiszeit gebildeten höheren Geest der Inseln einen Gegensatz und eine Ergänzung. Die Marschbildung auf den Inseln und Halligen ist zeitlich jungen Datums. Ihre Bildung findet stellenweise heute noch statt. Die Geest dagegen ist alt, sie ist Urlandschaft. Sie ist großenteils mit *Heide* bestanden. Einst wird diese Heide mehr oder weniger wohl wahrscheinlich die ganzen Moränenrücken überzogen haben. Weite Flächen dieser sind dann durch Sandflug mit Dünen überlagert worden und andere wurden durch die Kultivierungsarbeit des Menschen in Grünland und Ackerland verwandelt. Auf Sylt sind vornehmlich im Gebiet der Norddörfer Kampen, Wenningstedt und Braderup und im Norden von Morsum noch weite Heideflächen vorhanden[2]). Auf Amrum hat die Heide dem Pflug großenteils schon weichen müssen[3]). Föhr hat vorwiegend im Nordwesten der Insel nur noch letzte verschwindend kleine Reste von Heidewuchs.

Wie alt ist die Heide auf den drei Inseln? Eine Antwort auf diese Frage läßt sich heute noch nicht geben. Es müßte dazu die bestehende Streitfrage im allgemeinen erst geklärt werden, ob die Heide in Nordwestdeutschland und insonderheit in Schleswig-Holstein als ursprünglich anzusehen ist, oder ob an ihrer Stelle vorher Wald gestanden hat, der durch den Menschen ausgerodet und auch durch Weidetiere vernichtet wurde. Die besondere Lage der Inseln wäre bei einer solchen Untersuchung noch besonders zu berücksichtigen.

Das Vorhandensein von Heide zur *Vorzeit* schon ist erwiesen durch die Funde, die *Handelmann* in Gräbern gemacht hat, gelegentlich seiner amtlichen Ausgrabungen auf Sylt während der siebziger Jahre des vorigen Jahrhunderts. Handelmann hat das Vorkommen von Heide festgestellt im Tiideringhoog Nr. 2, im Eslinghoog, im Hügel 49 der Gruppe der Markmannshooger und im kleinen Brönshoog. Alle vier Gräber gehören der Bronzezeit an, so daß das Alter der darin gefundenen Heide also etwa 3000 Jahre beträgt. In seinem Bericht über seine Ausgrabungen auf Amrum 1880—1888 berichtet *Olshausen*, daß ein Herr Bonken Heide festgestellt hat in dem der Eisenzeit zugehörigen Hügel Nr. 35 der Esenhughgruppe. Diese Feststellungen weisen darauf hin, wie wichtig es ist, daß bei allen Ausgrabungen in Zukunft botanische Beobachtungen angestellt werden. Neben der Bergung von pflanzlichen Fundstücken sind vor allem pollenanalytische Untersuchungen notwendig. Außer der Heide, die Handelmann und Olshausen in den Vorzeitgräbern von Sylt und Amrum gefunden haben, werden in deren Berichten folgende Fundstücke pflanzlicher Natur genannt: Holzreste, Holzkohlenreste, Birkenrinde, Asche und Harz (zur Dichtung von Deckel und Gefäß der Urnen, sowie zur Ausfüllung von Urnen- und Geräteverzierungen). Die noch unerforschten Grabhügel der Vorzeit, insonderheit der Steinzeit, bieten eine einzigartige Gelegenheit, für die Frühgeschichte der Inseln Feststellungen in floristischer Hinsicht zu machen. Angesichts der großen Lücken in der Forschung sind derartige einwandfreie Belegstücke mit gesicherter Datierung gar nicht hoch genug einzuschätzen.

Die Heide- und Dünengebiete mit ihrem niedrigen Pflanzenwuchs, der durch den kargen Boden und vor allem durch die ständigen Winde bedingt ist, haben den Charakter von Steppen- und Sanderlandschaften. Sie können uns eine Vorstellung davon geben, wie die drei hohen Moränensockel von Sylt, Amrum und Föhr etwa ausgesehen haben, als die Gletscher der letzten Vereisung noch auf der Ostseite der jütischen Halbinsel lagen und auch während der anschließenden Nacheiszeit. Es wird eine Tundra gewesen sein mit zwergwüchsigen Pflanzen wie der Silberwurz (Dryas octopetala L.), der Zwergbirke

[1]) Taf. 40. [2]) Taf. 41. [3]) Taf. 28.

(Betula nana L.) und der Polarweide (Salix polaris). Pflanzenfunde dieser Art aus der Tundrenzeit sind in Schleswig-Holstein gemacht worden.

In Gesellschaft mit der rosa blühenden Heide (Calluna vulgaris und Erica Tetralix) stehen heute auf den Inseln die Krähenbeere (Empetrum nigrum L.)[1], die Rauschbeere (Vaccinum uliginosum L.) u. a. Auf der Kampener und Wenningstedter Heide auf Sylt sieht man im Juni das kleine stolze Wohlverleih (Arnica montana L.) mit seinem hohen Stengel und dem seitwärts gerichteten goldgelben Blütenkopf stehen. Auch der schöne blaue Enzian (Gentiana pneumonanthe L.)[2] kommt im Spätsommer bei Kampen, wie auch auf der Morsumheide, vor. An vereinzelten Stellen steht in kleinen Gruppen die zierliche Dünenrose (Rosa pimpinellifolia DC.)[3]. In den feuchten und moorigen Dünentälern auf Sylt und Amrum findet man als Besonderheit auch den fleischfressenden Sonnentau (Drosera rotundifolia L.). Einen prachtvollen Anblick bieten die breiten Büsche des Ginsters, wenn sie in voller gelber Blüte stehen. Es wirkt überraschend, wenn man selbst bei Eis und Schnee im Februar unerwartet plötzlich vor blühendem Ginster steht. Bei der Kampener Vogelkoje auf Sylt hat sich in der Zeit um 1950 der Stechginster oder Gaspeldorn (Ulex europaeus L.) stark vermehrt. Die bis zu mannshohen Büsche bieten hier mit ihrem Goldgelb im Mai und Juni zwischen dem dunkeln Koniferengehölz und den grünen Retfeldern am Watt einen wunderbaren Anblick[4].

Zu den Pflanzen, die unter dem Schutz des *Bundesnaturschutzes* stehen und auf den Inseln vorkommen, gehören: die Stranddistel (Eryngium maritimum L.), die Dünenrose (Rosa pimpinellifolia var. dunalis L.), das kleine Wintergrün (Pirola minor L.), das rundblätterige Wintergrün (Pirola rotundifolia L.), die Arnika (Arnica montana L.), der Lungen-Enzian (Gentiana pneumonanthe L.), das gefleckte Knabenkraut (Orchis maculatus L.).

Schön wie das Blütenmeer der großen Heideflächen zur Sommerzeit ist auch das der *Wattwiesen* im Mai und Juni. Zwischen den saftigen Gräsern steht eine mannigfaltige und vielfarbige Blumenwelt, umschwirrt von kleinen Insekten, Faltern, Käfern, Bienen und Hummeln. Aus sumpfigen Stellen leuchtet der silberweiße Seidenschopf des Wollgrases (Eriophorum polystachyum L.). Je mehr man sich der Uferzone nähert, um so zahlreicher werden die landbildenden Salzpflanzen, die bei der Anschlickung und beim Aufbau des Landes fördernd mitwirken. Der Queller (Salicornia herbacea L.), der im Spätsommer sich leuchtend rot färbt, ist bei der Landgewinnung bereits genannt worden[5]. Ihm gesellen sich zu das blaugrüne Gänsefüßchen (Suaeda maritima Dum.), der hellgraue wohlriechende Seewermut (Artemisia maritima L.)[6] und die Meerstrand-Aster (Aster tripolium L.). In ganzen Blütenfeldern kommen der Widerstoß (Statice limonium L.) und die Strandnelke (Armeria maritima Willd.) vor. Solange die Halligen noch mit Salzwasser überflutet wurden, war deren ganzes Grasland im Juni-Juli von dem bläulichrötlichen Farbton dieser beiden letzteren hübschen Gewächse überzogen. Seitdem die Halligen eingedeicht sind, vollzieht sich auf ihnen ein floristischer Wandel. Dieser wäre einer näheren botanischen Beobachtung und Untersuchung wert. Im Juni 1936 war so z. B. das Meede-Land im Norden der Hanswarf auf Hooge übersät vom gelben Klappertopf (Rhinanthus L.). Er ist an die Stelle der salzliebenden Strandnelke getreten, die nur hier und da noch an den Halligrändern auftritt, soweit diese noch überflutet werden. Urwüchsiges, verwildertes Halligland zeigt nur noch das verlassene als Vogelbrutstätte dienende Norderoog. Auch hier ließen sich im Zusammenhang mit dem Insektenleben bei einer botanischen Durchforschung des oftmals ganz unter See stehenden Eilandes höchst interessante Feststellungen machen.

Zur Klärung der sehr vielseitigen und großenteils noch unbekannten tier- und pflanzenbiologischen Fragen hat der Verfasser vornehmlich in den drei Jahren 1933—1935 haupt-

[1] Taf. 44.   [2] Taf. 44.   [3] Taf. 44.   [4] Taf. 53.   [5] 37.   [6] Taf. 40.

sächlich auf Sylt, aber auch auf Amrum, Föhr, Hooge, Langeneß, Nordstrand und Pellworm an achttausend Schmetterlinge gesammelt. Es sind durch seine Fänge bis zum Frühjahr 1950 dabei im ganzen 272 Arten allein für Sylt festgestellt worden. Hierunter waren über 50 Arten Großschmetterlinge und 56 Arten Kleinschmetterlinge neu für die Insel. Der Kleinfalter Sparganothis pilleriana Schiff. war neu für ganz Schleswig-Holstein. Die Sammlung ist dem Zoologischen Museum in Hamburg geschenkt worden; mit dessen gänzlicher Zerstörung durch einen Bombenangriff im August 1943 ging sie leider verloren. Landgerichtsdirektor *Georg Warnecke*, Hamburg, hat die Großschmetterlinge bearbeitet und in ausführlicher Darstellung im Rahmen einer gesamtwissenschaftlichen Abhandlung unter dem Titel veröffentlicht: „Die Großschmetterlinge der nordfriesischen Insel Sylt. Geographisch-historische, ökologische und genetische Probleme der Fauna Sylts", Stuttgart 1937. Die Bearbeitung der Kleinschmetterlinge erfolgte durch *Hans Evers*, unter dem Titel: „Beiträge zur Microlepidopterenfauna von Sylt", Bombus Nr. 39, Hamburg, August 1947.

Zu der genannten Arbeit von Warnecke sei vergleichsweise auf die ähnlich vielseitige und auch auf den Zusammenhang der Dinge gerichtete vorzügliche Veröffentlichung von Dr. h. c. *Otto Leege:* „Werdendes Land in der Nordsee" hingewiesen, die sich auf die Ostfriesischen Inseln bezieht.

Auf den Nordfriesischen Inseln gibt es botanisch manches noch zu entdecken. So hat im September 1938 *Eva Maria Koehn*, die Frau des Verfassers, Hamburg, am Morsumkliff auf Sylt an einer sumpfigen Stelle auf halber Kliffhöhe ein hellgrünes Moos gefunden, das als Pogonatum urnigerum bestimmt wurde. Dieser Moosfund war nicht nur für Sylt und die übrigen Inseln neu, sondern für die ganze westliche Provinz Schleswig-Holstein. Nis Jensen, Kiel, gibt an, daß das Moos vordem nur bekannt war aus den Kreisen Flensburg, Schleswig, Bordesholm, Plön, Segeberg, Storman und Lauenburg, sowie aus der Umgebung von Hamburg und Lübeck.

Aus dem Insektenreich sei in Ergänzung hierzu der folgende Fund angeführt. Bei Puan Klent auf Sylt hatte zwischen dem 3. Juli und dem 3. August 1934 der Schüler *Rolf Brandt*, Hamburg, gelegentlich seines Aufenthaltes dort einige Schmetterlinge gefangen. Unter seiner Ausbeute von nur etwa 8 Faltern hatte er das Glück ein männliches Exemplar des Spanners Acidalia emutaria Hbn. gefangen zu haben. Der Spanner lebt auf salzigen Sumpfwiesen, wo die Raupe sich von Statice limonium und anderen Pflanzen nährt. Von demselben Spanner fing im gleichen Jahr *F. Struve* auf Borkum ein Weibchen und außerdem im darauffolgenden Jahr 1935 ein Männchen. Diese Fänge sind die einzigen, die bisher von dieser Art, einer atlanto-mediterranen, deren Verbreitung von Südeuropa und Nordafrika bis in das Nordseegebiet reicht, in Deutschland gemacht wurden. G. Warnecke schreibt dazu in seiner obengenannten Arbeit auf Seite 66: „Die Entdeckung dieser für ganz Deutschland neuen Art auf Sylt (und gleichzeitig auf Borkum) ist ohne Zweifel die wertvollste aller Entdeckungen der letzten Jahre".

Am 16. September 1933 fing der Verfasser an einer Mauerruine der abgebrannten Schule von Kampen-Wenningstedt auf Sylt am Licht ein ♀ von Larentia miata L. Warnecke schreibt hierzu auf S. 14 seiner Arbeit: „Aus Schleswig-Holstein war bisher nur ein 1921 bei Lübeck gefangenes ♀ bekannt gewesen. Die nächsten Fundorte liegen auf Seeland und in Jütland; auf der ostfriesischen Insel Norderney ist 1929 ein ♀ gefangen".

Es ist zu hoffen, daß wir in Fortsetzung der vorhandenen Arbeiten, die über die Botanik der Nordfriesischen Inseln bereits vorliegen, von Knuth, Stark, Fischer-Benzon, Willi Christiansen, D. N. Christiansen, Otto Ernst, R. Timm, Helene Varges u. a. zu einer vollständigen Pflanzengeschichte der Inseln kommen, die uns die Biologie der Pflanze in jeder Hinsicht lebendig vor Augen führt. Die Möglichkeiten hierzu sind weitreichend, sei es durch pollenanalytische Untersuchungen, etwa des jahrtausende alten Tuuls, die uns die Urlandschaft zu rekonstruieren helfen, sei es mittels der neuesten bioklimatischen Forschungsmethoden, durch die wir Einblick gewinnen in die Wirkung von Boden, Luft, Licht, Feuchtigkeit, Temperatur usw., d. h. aller derjenigen Naturfaktoren, die in diesem Lebensraum mit seinen in mancherlei Hinsicht außergewöhnlichen Verhältnissen wirksam sind.

VERSUNKENE WALDUNGEN UND MOORE

Die Nordfriesischen Inseln machen in heutiger Zeit den Eindruck einer gewissen Pflanzenkargheit. Da die Hausgärten, Gehölze und Vogelkojen mit ihren Sträuchern und Bäumen nicht älter als 100—200 Jahre sind und teilweise, wie bei Wyk auf Föhr, auf Amrum und Sylt die Laub- und Nadelholzanpflanzungen sogar erst in den letzten Jahrzehnten angelegt worden sind, ist das Landschaftsbild, wie es im 19. und 18. Jahrhundert bestanden hat, pflanzlich noch wesentlich einfacher gewesen[1]).

Wandert man durch das Wattenmeer zur Ebbezeit, dann stößt man an vielen Stellen auf Stämme und Wurzelstubben von Bäumen[2]). Ebenso läßt sich streckenweise über weite Flächen hin mooriger Untergrund feststellen[3]). Waldungen, d. h. Büsche und Gehölze, sowie Moore haben also in früherer Zeit einmal große Gebiete der Uthlande eingenommen. Wir wissen, daß auch unter den Marschböden der Inseln und Halligen Moore und Baumreste liegen. Diese sind entweder beim Abbruch der Uferkanten zum Vorschein gekommen, oder sie sind bei Grabungen festgestellt worden. Daraus ersehen wir, daß dieses Marschinselland jüngeren Datums ist, daß es aufgebaut wurde auf einem Boden, der einmal höher gelegen hat, d. h. Landschaftsoberfläche war. Die Mächtigkeit der Marsch bei den Inseln und Halligen beträgt bis zu etwa 2 m.

Die Waldungen und Moore liegen ihrerseits wieder auf einer Marsch, die der Zeit der Corbulasenkung angehört. Sie sind entstanden am Ende dieser Zeit, in der eine Verlandung stattfand, die bis in die Bronzezeit (1800—600 v. Chr.) hineinreichte. Eine abermalige „Senkung" des Bodens, mit der möglicherweise der Zug der Kimbern, Teutonen und Ambronen um 113 v. Chr. nach dem Süden in Zusammenhang steht, hat sie allmählich mit Salzwasser überschwemmt und unter den Meeresspiegel gebracht. Daß sich an die drei Geestinseln in damaliger Zahl vermutlich weite Nutzungsflächen anschlossen, dürfen wir folgern aus der großen Zahl der Grabhügel der Bronzezeit, die es auf den Inseln gibt.

Reste solcher Waldungen liegen im Süderwatt von Sylt, westlich von Goting auf Föhr, im Norden von Langeneß und Hooge, im Süden von Habel, Osten von Gröde[4]) und an vielen Stellen mehr. Man sieht an manchen Orten, wie beispielsweise im Norden von Langeneß, die Stämme alle in einer Richtung, und zwar nach Südost gestürzt liegen, so daß die Waldung also wahrscheinlich einem Nordweststurm zum Opfer gefallen ist. Der Verfasser hat Stämme gemessen mit einem Durchmesser bis zu 70 cm. Während der Weltkriege haben einzelne Insulaner, so beispielsweise solche von Föhr, das Holz zum Heizen verwendet. Auf Gröde hat der Halligbauer Neuton Nommensen 6 Eichenstämme im Jahre 1910 aus dem Watt geholt und sie als Ständer eingebaut in sein „Hill" (Kleinviehstall)[5]). Die mannshohen und etwa 15 cm im Vierkant messenden Pfosten haben sich bis jetzt bestens bewährt. Das Holz derselben ist heute so kernhart, daß man eine Messerspitze nicht hineinstoßen kann. Für eine Rekonstruktion der Landschaftsgeschichte wäre es wünschenswert, daß alle noch vorhandenen Holzvorkommen im Wattenmeer kartographisch zur Aufzeichnung gelangten. In der älteren Literatur von *C. P. Hansen* und *Lorenz Lorenzen*, von *Heimreich* und *Petreus* sind zahlreiche Angaben enthalten über das Vor-

---

[1]) Taf. 28. 48.   [2]) Taf. 42.   [3]) Taf. 43.   [4]) Taf. 42.   [5]) Taf. 142.

kommen von Holz und Waldungen im Wattenmeer. Ebenso wichtig wäre die Bestimmung der Pflanzenart dieser Hölzer. Da bei oberflächlicher Betrachtung der im Schlick liegenden Wurzeln und Stämme sehr leicht irrige Feststellungen erfolgen können, müßten Proben aus dem Kerninnern von Fachleuten mikroskopisch auf die Holzstruktur hin untersucht werden. Das „Institut für angewandte Botanik" in Hamburg hat in einigen Fällen für den Verfasser derartige Untersuchungen gemacht. Auf den Karten von Meyer aus der Zeit um 1650 haben verschiedene Ortsbezeichnungen die Endsilbe „wold(t)" oder „hol(d)t", die auf das Vorkommen von Wald und Gehölz hinweisen[1].

In den Uthlanden muß es zur Bronzezeit während einer längeren Zeitdauer große Niederungsgebiete gegeben haben, die von Sümpfen und Seen durchsetzt waren, und in denen eine Süßwasservegetation von Schilfrohr, Bruchwald und Hochmoor sich entwickelt hat. Das über große Teile des Wattenmeeres verbreitete Vorkommen von Moor im Untergrund des Bodens bezeugt das. Als nach der Bronzezeit das Land zu „sinken" begann, überflutete das Meer täglich die Niederungen und damit auch das Moorland. Salzwasser ergoß sich über die Süßwasservegetation, durchtränkte den Moorboden und brachte das Salz darin zur Ablagerung. Der Nachteil, der infolge des Landverlustes für die Menschen aus der ersten Eisenzeit entstand, wurde im nächsten Jahrtausend anderen Geschlechtern jahrhundertelang zum Nutzen. Die Bewohner der Uthlande aus dieser neueren Zeit haben das Torfmoor abgebaut, verbrannt, aus der Asche das Salz ausgelaugt und einen regen Handel damit nach den Ländern der Ost- und Nordsee betrieben. Urkundlich sind uns die Torfabbaue zur Salzgewinnung zuerst durch Saxo Grammaticus aus der Zeit um 1151 belegt. Sie wurden bis Ende des 18. Jahrhunderts betrieben. Große Salzsiedereien gab es bei Galmsbüll und Dagebüll. Über die Torfabbaue und die Salzgewinnung hat u. a. Pastor *Jens Kirkerup* zu St. Laurentii auf Föhr in den „Schleswig-Holsteinischen Anzeigen" von 1759 berichtet. Eine ausführliche Darstellung hat *Carl Häberlin*, Wyk auf Föhr, in seiner Schrift „Die Nordfriesischen Salzsieder", Föhrer Heimatbücher Nr. 18, 1934, gegeben.

Im Süden von Langeneß kann man zur Ebbezeit ein riesiges Abbaugebiet, das sich über eine Entfernung von mehreren Kilometern erstreckt, im Watt noch sehen[2]. Die Bodenoberfläche ist durch rechteckige Schlickschollen gekennzeichnet. Legt man durch eine Grabung den Querschnitt frei, so kann man die Arbeitsweise in allen Einzelheiten noch erkennen. Durch den Halligbauern *Ludwig Andresen* wurde im Winter 1931/32 bei einer Grabung auf dem Halligland zwischen der Süderhörn- und Mayenswarf auf Nordmarsch in 50 m Entfernung von der nördlichen Abbruchkante der Insel bzw. jetzt in 30 m Entfernung von dem 1933 gebauten Steindeich, in 1,70 m Tiefe unter dem Halligrasen der Moorabbau gleichfalls festgestellt. Während die zur Freilegung des Moores gekippten Schlickschollen im Watt durch das flutende Wasser teilweise abgetragen wurden, sind sie hier unter der Hallig noch vollständig erhalten. Die an einem kleinen Priel gelegene Fundstelle schachtete Andresen am 6./7. Oktober 1933 für den Verfasser noch einmal aus, damit dieser von der wichtigen Entdeckung Lichtbilder anfertigen konnte. Das Vorkommen unter der Hallig bezeugt, daß der Abbau etwa aus der Zeit um 1362, vor der Bildung des Halliglandes stammt.

Eine erste gründliche Arbeit über die Erforschung dieser Moore, wie auch der Wälder, liegt von *Otto Ernst* vor in dessen Veröffentlichung „Zur Geschichte der Moore, Marschen und Wälder Nordwestdeutschlands". Untersuchungen in Nordfriesland, Kiel 1934.

Wieviele Funde pflanzlicher, tierischer und auch vorgeschichtlicher Art mögen bei den Moorabbauen im Laufe der Jahrhunderte gemacht worden sein, von denen wir heute gerne wüßten. Die Museumssammlung des Chronisten *C. P. Hansen* in Keitum auf Sylt enthält Hirschgeweihe und Eberzähne aus dem Watt, ebenso einige Pflanzenfunde. Von

---

[1] Taf. 158.   [2] Taf. 43.

den letzteren, die freundlicherweise das „Institut für angewandte Botanik" in Hamburg bestimmt hat, sind auf Tafel 42 folgende abgebildet: Obere Reihe von links nach rechts: Fruchtbecher der Rotbuche (Fagus silvatica L.), Früchte der Haselnuß (Corylus Avellana L.), Knotenstück der gegliederten unterirdischen Achse des Schilfrohrs (Phragmites communis Tr.). — Mittlere Reihe: Fichtenzapfen (wahrscheinlich Picea excelsa Link.). — Untere Reihe: Fichtenzapfen, zwei Erlenzapfen (vermutlich Alnus glutinosa Gaertn.). An der Abbruchkante der Hallig Nordstrandischmoor wurde unter einem Wurzelstubben 1935 eine Messerklinge der jüngeren Steinzeit gefunden. Die 7 cm lange Klinge befindet sich in der Sammlung des Museums von Altona. Die versunkenen Wälder und Moore waren die Jagdgründe des Menschen der Vorzeit. Heute rauschen die Wasser der Nordsee über diese Jagdgründe hinweg, nur die Ebbe zeigt uns noch ihre letzten Spuren.

DÜNENVEGETATION

Die Vielfalt der Landschaftsbilder auf den Nordfriesischen Inseln mit den Kögen und Halligrasen, den Marschweiden und Geestackern, den Wattwiesen und Sumpfgeländen, den Heiden und Stranduferen, findet eine besondere Ergänzung noch durch die Dünen. Die *Dünen*, die große Gebiete von Sylt und Amrum bedecken, bilden eine Welt für sich. Gebirgszüge von Sand, von schier unabsehbarer Ausdehnung und ungeheurer Gewichtslast, lagern auf den Inselkörpern[1]). Die höchste aller Dünen, der „Uwenberg", bei Kampen auf Sylt erhebt sich 52,5 m ü. N.N. Sie liegt auf dem über 20 m hohen „Roten Kliff". Die große Wanderdüne der Norder-Strandtäler bei List auf Sylt erhebt sich bis zu 26,4 m ü. N.N. und ist etwa 1 km lang.

Der Sand, der durch die Meeresbrandung auf den Strand gespült wird, wird von der Luft getrocknet und durch die Winde ostwärts auf das Inselland getrieben[2]). Als Flugsand und Wanderdüne bedeckt dieser „weiße Tod" alles, was ihm in den Weg kommt. Unter den Dünen verborgen liegen ehemalige Wohngebiete des Menschen[3]), Ackerland und Dörfer, Friedhöfe und Vorzeitgräber. Alt-List und Rantum auf Sylt sind solche Siedlungen, die dem Sandmeer weichen mußten. In zwei Dünentälern auf Amrum „Skalnastal" und „Siatlar" hat man Grabhügel und Steinsetzungen, Urnen und Flintgeräte der Vorzeit gefunden. Von Alt-List, das wahrscheinlich um 1362 untergegangen ist, wurden in einem vom Sande freigewehten Dünental, das westlich des heutigen List liegt, der Grundriß eines Hauses und mehrere Muschelabfallhaufen gefunden[4]).

Manches Dorf hat im Lauf der Zeit der Versandung wegen mehrfach ostwärts verlegt werden müssen.

Alt-Rantum, das nordwestlich des jetzigen Rantum gelegen hat, wurde ebenfalls unter Dünen begraben. Nach Henning Rinken soll es zwei Kirchen gehabt haben. 1755 mußte die erstere der Versandungsgefahr wegen abgebrochen werden. Im Verlaufe von 27 Jahren waren die Dünen aus etwa 100 Schritt Entfernung bis an das Gebäude herangerückt. Die neuerbaute ostwärts verlegte Kirche mußte 1801 abermals abgebrochen werden, da die nachgerückten Dünen das Gebäude bereits bis an die Fenster hinauf im Sande begraben hatten. Für 52 Taler und 16 Schilling wurde der Bau, der die Größe eines mäßigen Bauernhauses hatte, an den meistbietenden *Ebe Pohn*, einen Schiffer aus Westerland, verkauft. Die Geschichte von Rantum auf Sylt hat *Wilhelm Jessen* in einer Veröffentlichung zur Darstellung gebracht.

Die Frage nach dem Alter der Dünen ist viel gestellt worden. In seiner Sylter Chronik in der Wiedergabe von Sach schreibt *Hans Kielholt*, als er nach einer 12jährigen Abwesenheit von Sylt wieder auf die Insel zurückkam, es muß das um das Jahr 1435 ge-

[1]) Taf. 18. 19. 28.   [2]) Taf. 17. 36.   [3]) Taf. 11.   [4]) Taf. 11.

wesen sein: „Ach und ock we und iamerlick tho beklagende, dat dit allerbeste van dit landt so sehr is vornichtet, vorwostet und int water vorsunken! Und my vorwundert wegen des sandes, dat alhir am ower des waters sick so hupich seen let, grote humpels, alse houwe hope (Heuhaufen)" Es ist dies also eine Dünenbildung gewesen, die er vorher noch nicht gekannt hatte. Er schreibt dann außerdem: „Under des sint my wol etlicke seltzame tidinge van deme thostande desses landes Silt und anderer byliggender lendere gekamen, awerst ick wolde it nicht gelowen, dat desse lendere alse mit water awergelopen und undergesunken weren, wente dit landt Silt hadde ame westerende by der see einen ower, welcken de buren de baenk nömeden, de was bruen und harde, gelick alse isern und twar, wen men darup mit einem hamer geslagen hefft, is it darvan afgesprungen alse rust van isern." Möglicherweise ist diese Bank durch die St. Gallen-Flut 1434 zerstört worden. Sandmassen, die wahrscheinlich vor der Bank gelagert haben, drangen nun über die Insel vor. Wie weit sich vor Sylt, möglicherweise auch vor Amrum, eine Bank erstreckt hat, und ob dort, wo sie vielleicht fehlte, der Sand schon vor Anfang des 15. Jahrhunderts die Insel erreicht hat, ist eine offene Frage.

In seinem Buch „Der Abbruch der Insel Sylt durch die Nordsee", Breslau 1927, schreibt *Friedrich Mager* auf Seite 148 im Anschluß an den eben wiedergegebenen Satz von Kielholt: „Nach dieser Beschreibung kann es sich nur um eine Limonitsandsteinbank gehandelt haben". Nach einem Hinweis auf L. Meyn, der zu der Bemerkung von Kielholt u. a. schreibt: „... und so läßt sich gewiß die Wahrscheinlichkeit nicht ableugnen, daß dort ein Höhenzug von Kaolinsand mit untergeordneten Bänken von Limonitsandstein ebenso wie im Morsum-Kliff die originale Landgrenze bezeichnete", heißt es bei Mager dann weiter: „Es ist kaum zu bezweifeln, daß Kielholt die Wahrheit spricht und Sylt im Westen wirklich durch eine Limonitsandsteinbank ehemals geschützt war. Die Schilderung ist viel zu klar und zu eindeutig, als daß eine Täuschung in Frage kommen könnte." Auf eine Anfrage des Verfassers des hier vorliegenden Buches hat demgegenüber *Karl Gripp* im Oktober 1938 diesem seine Stellungnahme freundlicherweise mit folgenden Ausführungen dargelegt: „Ich glaube, Sylt erklären zu müssen als eine Geestinsel, die im Westen abgetragen wurde und deren Material teilweise in den heutigen Haken oder Nehrungen von Listland und Hörnum liegt. Diese sind auch langsam gewachsen und wachsen an ihren Enden noch heute. Eine Limonitsandsteinbank, die westlich von Sylt aufgeragt hätte, paßt gar nicht in das Bild, das zahlreiche Bohrungen der Westküstenforschung vom Bau der Insel gegeben haben. Ich glaube, der harte eiserne Wall Kielholts ist ein vielleicht dünenarmer, während einer Hebungszeit podsolierter, d. h. mit Ortstein bedeckter Strandwall gewesen."

In der Zeitschrift die „Westküste", Doppelheft 2/3, erschienen 1940 (Verlag Boyens & Co., Heide), hat Karl Gripp in Zusammenarbeit mit Wilhelm Georg Simon auf Grund zahlreicher Bohrungen eine vorzügliche Veröffentlichung unter dem Titel: „Untersuchungen über den Aufbau und die Entstehung der Insel Sylt, 1. Nord-Sylt" gebracht. In dieser Arbeit ist auch die vorstehende Frage eingehend erörtert. Anschließend bringen Karl Gripp und Wilhelm Becker dann als Fortsetzung einen Bericht über die entsprechenden Untersuchungen über „Mittel-Sylt". Reichhaltige Abbildungen von Karten, Profilen und Photos, sowie ein Abdruck der Bohrergebnisse bieten unter Anführung und Auswertung der bisherigen einschlägigen Literatur eine klare und umfassende Vorstellung von den vielfältigen und schwer ergründbaren Vorgängen, die mit dem Aufbau und der Entstehung der Insel Sylt verbunden sind.

In etwa 2 km Entfernung vom heutigen Weststrand verläuft die 10-m-Tiefenlinie der Nordsee. Es besteht die Annahme, daß der Geestkörper der Insel sich einstmals bis dorthin erstreckt hat. Im Abschnitt über die „Umgestaltungen der Uthlande" wurde darauf hingewiesen, daß, nach Dittmer, am Ende der Corbula-Transgression (5500—4000) die vordringende Nordsee den Kern von Sylt erreicht hat und daß sie im folgenden Mittelalluvium (4000—2000) auch Nordfriesland erfaßte. Der Beginn des Abbruchs der Insel Sylt wird vermutlich also etwa vom Jahr 4000 ab anzusetzen sein. Auf ein genaueres Bild von der Beschaffenheit des verlorengegangenen Westlandes nach Bodenart, Höhenlage und Bewuchs, wie auch Besiedlung, werden wir, so reizvoll dies auch zu wissen wäre, verzichten müssen. Außer den zeitlich späten Angaben von Kielholt ist uns darüber nichts bekannt. Zur Frage des Limonitsandsteins sei hier nur noch vermerkt, daß dem Verfasser vom Weststrand zwischen Kampen und Wenningstedt im Sommer 1953 zahlreiche Fundstücke dieser Art übermittelt wurden, wie sie vom Morsumkliff her bekannt sind und hier im Westen von der Brandung angespült werden[1].

Die Dünenbildung selbst nun ist ein sehr vielseitiger, durch zahlreiche Faktoren bedingter Vorgang. Das zeigt äußerlich schon der Formenreichtum. Klima, Pflanze, Tier und Mensch wirken in vielerlei Hinsicht auf die Gestaltung ein. Der leider sehr früh verstorbene Dr. *J. W. van Dieren* hat über die Frage der Dünenbildung eine ausgezeichnete Arbeit „Organogene Dünenbildung" herausgebracht. Seine Untersuchungen beziehen sich hauptsächlich auf die westfriesische Insel Terschelling. Für die Nordfriesischen Inseln liegen Arbeiten vor von *O. Jessen, E. Kolumbe, J. Reinke* u. a.

In seiner Veröffentlichung „Das Naturschutzgebiet Lister Land auf Sylt", Flensburg 1928, schreibt Erich Kolumbe, daß wir eine riesige Sandplatte, die sich ehemals vor dem heutigen Westrand der Dünen ausgedehnt hat, als Ursprungsort der Dünenbildung anzusehen haben. Auf dieser bildeten sich zunächst kleine Triticum-Dünen (Triticum jundeum = Binsenweizen), welche zu Psamma-Dünen (Psamma areania = Helm) wurden, die sich schließlich in Calluna-Empetrum-Dünen (Heidedünen) umwandelten. „Diese parallel geschalteten Vordünensysteme kennzeichneten sowohl die Entwicklung der Dünen als solche und gaben gleichzeitig einen Einblick in die Alterserscheinungen, die mit Hilfe der Vegetation vor sich gingen." Infolge eintretender Niveauveränderung zwischen Land und Meer hörte die Neubildung und das Vordringen gegen das Meer dann auf. Wie O. Jessen 1914 schreibt, wurde der Flugsandstreifen durch Meer und Wind aufgerollt und der Sand auf den Inselkörper gewälzt, wo im Norden und Süden in einem Jahrhunderte währenden Umwandlungsvorgang die gewaltigen Bogen- und Parabeldünen sich gebildet haben.

Der Pflanzenwuchs in den Dünen beruht auf natürlicher Bewachsung und künstlicher Anpflanzung. Über die Anfänge des künstlichen Auspflanzens von Dünenhalm sind wir nicht unterrichtet. Wie *C. P. Hansen* berichtet, sollen nach einer Sylter Sage vor vielen Jahrhunderten, als die Dünen anfingen, große Verwüstungen anzurichten, die Sylter vier Schmackschiffe nach Holland geschickt haben, um von dort Sandroggen zu holen. So, wie der Deichbau von Holland gekommen ist, wäre danach also auch der Dünenschutz von dorther übernommen. Aus einer Urkunde von 1580 wissen wir, daß der Amtmann von Tondern Sandroggen an den König von Dänemark gesandt hat. Eine planmäßige Bepflanzung der nordfriesischen Dünen soll nach C. P. Hansen erst nach 1790 angefangen haben. Seit 1825 sollen alle Jahre etwa 1 Million Halmbüschel gepflanzt worden sein. Zur Würdigung dieser Arbeit in früherer Zeit muß man sich die Schwierigkeiten vergegenwärtigen, die ihr gegenüberstanden, die großen Flächen, die dauernde Zerstörung der Anpflanzung durch Brandung und Versandung, die Mühe, die nötigen Arbeitskräfte zusammenzubringen, wie auch die geldlichen Unkosten. Auf Grund vieler Fehlschläge mußte die richtige Methode der Pflanzung außerdem erst ausfindig gemacht werden.

Zur Bepflanzung der Dünen wird vornehmlich der Strandhafer (Ammophila arenaria Link.), auch Helm genannt, und der Strandroggen (Elymus arenarius L.) verwendet[2]. Beide wurzeln viele Meter tief im Sand und arbeiten sich nach Verschüttung immer wieder nach oben hindurch. Der weiche, grau- und bläulichgrüne Ton ihrer Halme steht farbig

[1] Taf. 5.   [2] Taf. 36. 45. 46.

in wunderschönem Einklang mit der feinen Tönung des Sandes. Ebenso harmonisch in ihrer fließenden Bewegung sind die langgebogenen, im Winde wehenden Halme und die in sanften Wellenlinien verlaufenden Hänge der Dünen. Auf Amrum und auf Sylt, besonders bei den Bewohnern der Halbinsel Hörnum, ist aus dem Dünenhalm in früherer Zeit — vereinzelt geschieht das auch jetzt noch — Reep verfertigt worden. Es waren das besonders haltbare Stricke, die beim Dachdecken verwendet wurden. Viele arme Familien lebten von diesem Erwerb[1]).

In den Dünengebieten wachsen im übrigen, und zwar örtlich recht verschieden nach Zonen getrennt und gesellschaftlich gruppiert, vielerlei Arten von Pflanzen. Auf den Kliffdünen haben ihr Vorkommen: Silbergras (Weingaertneria oder Corynephorus canescens), Sandsegge (Carex arenaria L.), Salzmiere (Honckenya peploides Ehrh.), Bergsandglöckchen (Jasione montana L.) u. a. Auf den älteren Dünen wachsen: Heidekraut (Calluna vulgaris L., Hull und Erica Tetralix L.), Krähenbeere (Empetrum nigrum L.)[2]) Moosbeere (Vaccinium Oxycoccus L.), wie stellenweise auch die Kriechweide (Salix repens L.)[3]) und der Ginster (Genista anglica L.). Zwischen ihnen steht das kleine blaue und gelbe Hundsveilchen (Viola canina L.), die violette Glockenblume (Campanula rotundifolia L.), das farbenbunte Stiefmütterchen (Viola tricolor L.) und weitere Arten. Auf dem Boden einiger Täler, wie beispielsweise solcher des Listlandes auf Sylt, sieht man Rentierflechten, auch trifft man dort Rasen von Moos an, die den Grund bedecken. In Tälern mit hohem Grundwasserstand sind die feuchten und moorigen Flächen hier und da mit Grünalgen überzogen, es kommt auf ihnen auch der fleischfressende Sonnentau (Drosera rotundifolia L.) vor. Ganz vereinzelt hat sich noch die schöne unter Naturschutz stehende blaue Stranddistel (Eryngium maritimum L.) erhalten.

Der Lebenskampf, den diese Gewächse untereinander, sowie gegen Sand und Wind führen, ist hart. Während des Winters stehen die Dünentäler oftmals wochenlang unter Wasser und Eis[4]). Die Zugfestigkeit der Halme und Stengel bei dem Dünenhalm, der Kriechweide und anderen Pflanzen ist außerordentlich groß. Eine geschlossene pflanzenkundliche Sammlung, die die Standorte der einzelnen Heide- und Dünenpflanzen in Bild und Modell darstellte, könnte ein lehrreiches Unterrichtsmaterial für die Landschaftsgeschichte im Kleinen liefern, wie das für die Wattwiesen und die Verlandungszonen des Watts[5]) in gleicher Weise gelten würde. Es würde dabei etwa zur Darstellung kommen die Dünenvegetation auf jungen und alten Dünen, auf trockenem und feuchtem Boden, auf Luv- und Leeseite, der Schutz, den sich die Pflanzen gegenseitig gewähren, die Übergangszonen, in denen der Dünenhalm mit den übrigen Pflanzen verwächst und allmählich unterliegt. Es ließe sich so die ganze Verwandlung verfolgen von einer kahlen Wanderdüne bis zu den Hügelzügen mit geschlossener Pflanzendecke.

Zur Anreicherung des Bodens mit Nährstoffen für die Pflanzen tragen außer diesen selbst die Stoffwechselprodukte der Kaninchen, Hasen und der Seevögel bei. Die in den Dünen brütenden Möwen bringen außerdem Muscheln und Krebse zur Nahrung und zum Nestbau von der See herbei, deren Kalk den Pflanzen zugute kommt. In dem 1600 ha großen Dünengebiet des Listlandes von Sylt sind bei „systematischem", d. h. unter strenger Regelung stehendem Eiersammeln vor dem 1. Weltkrieg bis zu 60000 und mehr Eier der Silbermöwe gesamelt worden. Es wurden dabei lediglich die ersten beiden Bruten von Mitte Mai (frühestens 10. Mai) bis zum letzten Drittel des Juni (längstehs bis zum 24. Juni) gesammelt und die für den Nachwuchs wichtige dritte Brut geschont. Hieraus wird ersichtlich, wie groß der damalige Reichtum an Vögeln gewesen ist. Infolge des ersten Weltkrieges wurde das Vogelleben dann völlig gestört, so daß vor Ausbruch des zweiten Weltkrieges die Zahl der gesammelten Eier erst wieder auf 7000 Stück angestiegen war. Infolge des starken Anwachsens der Bevölkerung auf der Insel nach dem zweiten Weltkrieg ist die Ruhestörung so groß, daß ein Brutleben nicht mehr aufkommen kann.

[1]) Taf. 99. [2]) Taf. 44. [3]) Taf. 44. [4]) Taf. 20. 21. [5]) Taf. 40. 41.

Der Überlieferung halber sei hierbei noch mitgeteilt, daß vor dem ersten Weltkrieg auch Seeadler ihre Kreise über dem Listland zogen. Sie ernährten sich u. a. von Kaninchen, Hasen und gelegentlich auch von Schafen, wenn solche bei der „freien Weide" im Winter durch Hunger verendeten. Einer der jetzt verstorbenen Landbesitzer, Sören Paulsen, erlegte im Unverständnis der damaligen Zeit 36 dieser majestätischen Vögel. Den Abschuß hat er in späterer Zeit selbst bedauert.

Den stärksten Beitrag zur Düngung des Dünengebietes lieferten einst die Schafe. Vor dem ersten Weltkrieg hatte das Listland einen Bestand von etwa 1100 Stück, der Ende 1918 auf 200 Stück zurückgegangen war. Vor dem zweiten Weltkrieg war die Zahl sogar auf etwa 1500 Schafe gestiegen, von denen infolge Kriegswirkung Ende 1949 nur noch etwa 82 Stück übrig geblieben waren. Die neu entstandene Ortschaft List und der damit verbundene Bevölkerungsanwachs haben die Verhältnisse im Listland grundlegend verändert, so daß künftig eine Schafhaltung wie bisher, mit dem Nutzen für die Dünenvegetation, nicht mehr betrieben werden kann.

GÄRTEN UND GEHÖLZE

Bei den nahezu andauernden und häufig mit Sturmesstärke wehenden Winden hat die Pflanzenwelt auf den Nordfriesischen Inseln einen schweren Stand. Die Gewächse in der offenen Landschaft sind daher durchweg niedrig im Wuchs. Auf der Heide und in den Dünen, die außerdem karge Nährböden haben, hält sich die Flora dicht am Boden. Nur an geschützteren Stellen können sich die Pflanzen höher erheben. So finden wir beispielsweise auf Sylt, das seiner Lage und Höhe wegen am stärksten den Winden ausgesetzt ist, das die freieste und ungebrochenste Natur hat, auf der durch Dünen geschützten Wattenseite Ginsterbüsche, die Mannshöhe erreichen und am Uferrand ausgedehnte Rohrfelder mit Halmen von über 2 m Länge.

In solch einer Natur mit häufig unwirtlichem Wetter und einer durch die Abgeschiedenheit des Insellebens bedingten Einsamkeit ist bei den Menschen das Bedürfnis nach einem geschützten und freundlich gestalteten Heim besonders groß. Das Friesenhaus mit seinem *Garten*, wie es sich der Inselbewohner geschaffen hat, ist diesem Bedürfnis entsprungen. Die Art des *Hauses* nach Bauart und Einrichtung und die Anlage des Gartens sind durchaus landschaftsbedingt. Sie spiegeln die Gegebenheiten der Naturverhältnisse ebenso gut wieder, wie sie uns andererseits auch die Wesensart der Friesen kenntlich machen. In der freien Landschaft, wo nicht beengte Raumverhältnisse, wie sie stellenweise in einem Dorf oder auf einer Warf vorhanden sind, anders bestimmen, liegt das Haus in Westostrichtung mit der Wohnseite nach Süden. Auf einem langgestreckten niedrigen Mauerwerk von roten Backsteinen, die zuweilen weiß übertüncht sind, ruht ein tiefherabgezogenes Retdach. Der Garten ist dem Hause auf der südlichen Sonnenseite vorgelagert. Er wird von einem hohen Erdwall, der durch große, in die Außenseite eingefügte Steine verstärkt ist, oder durch eine Hecke umgrenzt. Der Windschutz, den diese gewähren, wird noch erhöht durch angepflanzte Sträucher und Bäume, die mit ihrem geschlossenen Blätterdach den Besitz umfrieden[1]). Alle diese Wohnstätten vermitteln in gleicher Weise den Eindruck von Freundlichkeit, Sauberkeit und Behaglichkeit. Sie zeugen von dem geraden Sinn und der Freiheitsliebe ihrer Bewohner. Die Innenräume der Häuser mit den schönen Stücken alten Kulturgutes stehen in feinem Einklang mit der lebendigen Natur der kleinen Gärten, in denen wir wohlgepflegte Blumenbeete, Sträucher wie den leuchtend blühenden Holunder und hohe schattige Bäume finden[2]).

[1]) Taf. 101. 102. [2]) Taf. 47. 48. 52.

Von den Pflanzen des Gartens leiten die Blumentöpfe, die hinter den kleinen Vierkantfenstern vor weißen Gardinen die Fensterbänke zieren, über in die Welt des Barock und Rokoko, der die Möbel angehören und die aus der Malerei der Pflanzenornamente der hölzernen Wände und Decken spricht. Eine gewisse Strenge und Ordnung, gepaart mit einer besonderen Art Freundlichkeit und Leichtigkeit, liegt im Wesen des friesischen Menschen, in der Hauseinrichtung und in der Gartenanlage. Das Herrentum und ebenso die einfache und naturliebende Art des Friesen steht mit der Kultur des 18. Jahrhunderts in vorzüglichem Einklang. Diese Lebenswelt auf den Inseln ist eine Frucht des Walfanges, der Grönlandfahrt. Erst der Wohlstand, den die Seefahrer aus dem Nordmeer in ihre Heimat gebracht haben, hat die stattlichen Friesenhäuser, die prachtvollen Einrichtungen[1] und die hübschen Gärten entstehen lassen. Vor dieser Zeit ist die Wohn- und Lebensweise auf den Nordfriesischen Inseln sehr viel einfacher gewesen. Leider ist von dem schönen Kulturgut heute nur wenig noch vorhanden.

Der Heimatforscher C. P. Hansen schreibt in seiner „Chronik der Friesischen Uthlande", daß die Dörfer auf Osterlandföhr, Boldixum, Wrixum, Oevenum und Midlum erst im 18. Jahrhundert mit Bäumen, namentlich mit vielen Ulmen, bepflanzt wurden. Westerlandföhr und Wyk hatten damals dagegen nur wenig Baumwuchs. Auf Sylt waren die Häuser nur durch niedriges Gebüsch von Weiden, Hagedorn und vor allem Flieder geziert. Außerdem gab es auch einzelne im Schutz stehende Birnbäume, sonst aber keinen Baumwuchs. Im großen und ganzen gesehen ist der Baumwuchs in den Dörfern auf Sylt heute auch noch spärlich. Nur Keitum mit seiner hübschen Lage am hohen Wattenkliff hat eine reiche und mannigfaltige Vegetation, die vornehmlich seit 1850 herangewachsen ist. Neben der Esche, Ulme und Pappel, kommt hier die Kastanie, der Ahorn, die Eiche und anderer Baumbestand vor. Keitum, der Sitz vieler Kapitäne in früherer Zeit, ist ein Dorf, wie man es so schön nicht leicht sonst antrifft.

Auch Nebel auf Amrum hat schönen Baumbestand. Die ersten Bäume in Nebel hat Pastor Bartholomäus Wedel (1715—1728) gezogen, nachdem einer seiner Vorgänger, Pastor Monrad, es vergeblich versucht hatte. Nach dem Vorbild von Wedel begannen dann einzelne Einwohner ebenfalls damit, Bäume zu pflanzen. Im Garten des ehemaligen Kapitäns Christian Erken stand noch bis 1943 der Urbaum aller Birnbäume. Er wurde von Ricklef Volkerts gesetzt und hatte in 30 cm Bodenhöhe einen Umfang von 1,40 m. Der Zuckergehalt dieser Birnen war jedoch nicht allzu groß. Die „Ricklef Volkerts Birnen" wurden daher auch „Muultrecker" genannt.

Sieht man aus der Ferne oder etwa von einem Kirchturm herab heute auf die Dörfer von Osterlandföhr und auf Nieblum, so breitet sich vor einem nur ein großes geschlossenes Blätterdach aus, unter dem meist völlig unsichtbar die Bauernhäuser geschützt liegen[2]. Das Reihendorf Wrixum von Osterlandföhr zeichnet sich durch besonders schöne Gartenhecken aus[3].

Reizvoll in ihrer Art sind auch die viel kleineren und dürftigeren Halliggärten. Sie liegen auf der Böschung der Warf[4]. Außer Kartoffeln und Gemüsen stehen in ihnen Obststräucher und Bäume. Besonders wohltuend wirken auf den weiten, flachen und einsamen Eilanden hier die Blumen mit ihrer bunten Farbenpracht.

Auf Nordstrand und Pellworm finden wir bei den großen und wohlhabenden Marschhöfen entsprechend große und schöne Gärten mit reichem Baumbestand. Genannt sei auf Pellworm nur das Gut Seegaarden, das wohl der älteste erhaltene Hof der Insel ist, und der Hof von Friedrich Martensen[5], auf dem 1882/83 der Dichter Detlef von Liliencron als Hardesvogt von Pellworm gewohnt hat. Daß trotz der Ungunst des Wetters kräftiger Baumwuchs auf den Inseln möglich ist, hat eine Esche auf Nordstrand bewiesen[6]. Sie stand auf dem Hof von Ketel Hansen, dem früheren alten Staller Hof (Hof des Landvogts)

[1] Taf. 109. 110.   [2] Taf. 105. 160.   [3] Taf. 49.   [4] Taf. 32.   [5] Taf. 82.   [6] Taf. 51.

im Osterkoog der Insel. Der Volksmund sagte, daß der Baum, der Überlieferung nach, aus der Zeit vor der großen Sturmflut des Jahres 1634 stamme. Der Stamm des seit einigen Jahren abgestorbenen Baumes hatte 8 m Höhe, und der Umfang, in 1 m Höhe über die ungleichmäßig gewachsene Rinde gemessen, betrug 5,80 m. Das Innere des Baumes war bis auf 4 m Höhe hinauf vollkommen ausgehöhlt, so daß mehrere Personen darin nebeneinander stehen konnten. Dieser Riese war zweifellos der stärkste Baum der Nordfriesischen Inseln. Auf den Vorschlag des Verfassers wurde der alte Stamm, der nur wenige grüne Ausläufer noch zeigte, 1934 unter Naturschutz gestellt. Am 10. Februar 1935 hat ein schwerer Sturm ihn umgelegt. Zur Feststellung seines Alters ließ der Verfasser den Stamm in 5 m Höhe an geeigneter Stelle durchsägen. Die Zählung der Jahresringe ergab, daß der Baum ein Alter von höchstens 200 Jahren hatte, d. h. er hatte das Höchstalter erreicht, das für Eschen allgemein bekannt ist.

Fragt man nach der Pflanze, die für die Gärten der Inseln und Halligen am charakteristischsten ist, so ist es der *Holunder*[1]). Wir treffen ihn überall an. Wenn im Juni die stark duftenden und weithin leuchtenden weißen Dolden des Holunder blühen, dann haben die Dörfer und Warfen ein festliches Aussehen. Seit uralten Tagen ist der Holunder mit der Wohnstätte des Menschen verbunden. Dr. Häberlin und Dr. Roeloffs auf Föhr haben in ihrer Veröffentlichung „Bunte Blätter aus der Föhrer Kulturgeschichte" Mitteilungen auf Grund eigener Nachforschungen gemacht über die Bedeutung des Holunderbaumes und anderer Pflanzen auf den Inseln und Halligen. Wir ersehen daraus, daß der Holunder in vielerlei Weise als Medizin benutzt wurde und daß er eine bedeutsame Rolle im Arzneikräuter-Glauben spielte. *C. P. Hansen* schreibt in „Ubbo der Friese", Schleswig, 1866, „Der Flieder- oder Holunderstrauch wird im Friesischen Hellbosk genannt. Er gilt als ein heiliger Baum, der Wunder- und Heilkräfte habe. Ein Thee von Fliederblüten, Hellthee genannt, gilt bei den Friesinnen als eine Universalarzenei". Wenn wir hören, daß der Holunderbaum als heilig betrachtet wurde, und daß er noch vor einer Generation auf Föhr mit Abnehmen des Hutes gegrüßt wurde, und zwar angeblich deshalb, weil alle seine Teile als Heilmittel zu nutzen sind, so weist uns das auf die altgermanische Baumverehrung, auf den Baumkult, und damit schließlich auf den Weltenbaum hin[2]). Eine so tiefgreifende Beziehung des Menschen zur Pflanze, wie sie hier zum Holunder vorliegt, richtet unseren Blick auf die Urzeit, in der der Mensch seelisch eins war mit der Natur. Letzte Ausläufer hiervon sind, wie wir sehen, bis in unsere Tage lebendig geblieben.

Die großen Wildentenscharen, die alljährlich im Herbst, vom hohen Norden kommend, an den Küsten der Nordsee entlang ziehen, um während der Winterzeit südlichere Gegenden mit gemäßigterem Klima aufzusuchen, veranlaßten die Holländer zum Bau von *Vogelkojen*. Auf den künstlichen Süßwasserteichen dieser Kojen, die von Sträuchern und Bäumen umgeben sind, fallen vielerlei Arten der Zugenten ein, um kurze Rast zu halten, und werden bei dieser Gelegenheit gefangen[3]).

Nach dem Vorbild der Holländer sind auf den Nordfriesischen Inseln ebenfalls Vogelkojen angelegt worden. Auf Föhr gibt es heute sechs solcher Kojen, von denen die älteste, die alte Oevenumer aus dem Jahre 1730 stammt, die Borgsumer 1746, die neue Oevenumer 1790, die Westerländer 1862, die Ackerumer 1865 und die Boldixumer 1877 eingerichtet wurde. Von den drei Kojen auf Sylt wurde die Kampener 1767 (stillgelegt 1921), die Westerländer 1874 und die inzwischen verfallene im Burgtal von Hörnum 1880/81 angelegt. Die eine Koje, die Amrum besitzt, ist vom Jahre 1865. Nordstrand und Pellworm haben gleichfalls Vogelkojen.

Der Pflanzengürtel um den Teich der Koje enthält die verschiedenartigsten Sträucher und Laubbäume. Diese *Gehölze*, in denen die Pflanzen wild durcheinander wachsen, gleichen einem kleinen Urwald. Auf Sylt und Amrum liegen die Kojen im Schutz der

[1]) Taf. 50. 91.   [2]) Taf. 151.   [3]) Taf. 53. 57.

Dünen, auf Föhr, Nordstrand und Pellworm in der Marsch. Mit den Kojen auf Sylt und Amrum ist der Beweis erbracht, daß auf den sturmumtobten Inseln an geschützteren Stellen Baumwuchs in der freien Landschaft möglich ist, wenn man den Pappeln, Eschen, Espen und anderen Bäumen die Windwüchsigkeit auch ansieht. In der Kampener Vogelkoje wächst auf dem schattigen Boden zwischen vielen anderen Gewächsen ein herrlicher Adlerfarn[1]). Als Besonderheit findet man dort auch den recht selten gewordenen, unter Naturschutz stehenden formenschönen Königsfarn (Osmunda regalis L.). An einem Augusttag 1950 hat R. Ortmann zusammen mit dem Verfasser eine erste Bestandsaufnahme der Pflanzen der Vogelkoje vorgenommen. Es wurden dabei im ganzen 99 Arten Gefäßpflanzen, 4 Moosarten und 8 Pilzarten festgestellt. Eine botanische Aufnahme aller vorkommenden Pflanzen in den Kojen steht noch aus. Desgleichen, in Zusammenhang hiermit, eine Untersuchung des Insektenlebens. Die Kampener Koje hat, wie der Verfasser bei seiner Erforschung der Schmetterlingsfauna von Sylt feststellen konnte, eine erstaunlich reiche Individuenzahl vieler Arten von Klein- und Großschmetterlingen. Von den winzigsten Mikrolepidopteren bis zu dem großen Weidenbohrer (Cossus cossus) und Pappelschwärmer (Smerinthus populi), dem Roten Ordensband (Catocala nupta) und dem Blauen Ordensband (Catocala fraxini). Besonders zahlreich sind die Nachtfalter[2]).

Recht spät erst nach der Anlage der Vogelkojen und Gärten hat man auf den Inseln den Versuch gemacht zur Anpflanzung von *Gehölzen* und *Hainen*. Der Rathmann Jürgen Jens Lornsen von Keitum auf Sylt, der Vater des Freiheitskämpfers Uwe Jens Lornsen, legte um 1820 auf der Keitumer Heide ein Gehölz aus Birken, Eichen, Erlen und Nadelholz an. Es ist der sogenannte *Lornsen-Hain*. Daneben entstand etwas später der *Friesenhain*. Im Norden von Westerland wurde 1895 der mit seiner Vorpflanzung jetzt 20 ha große, hauptsächlich aus Koniferen bestehende *Friedrichshain* angepflanzt. Im Süden von Westerland wurde außerdem der Dünenkette entlang ein aus Tannen und Kiefern bestehendes Gehölz aufgeforstet. Bei der Kampener Vogelkoje zieht sich sodann am Dünenhang am Wattenmeer ein Wäldchen von Kiefern und Fichten entlang. In einem großen Dünental westlich davon breitet sich außerdem noch eine Anpflanzung von niedrig wachsenden Bergkiefern aus. Diese beiden letzteren Aufforstungen erfolgten von 1870 ab durch das Marschenbauamt Westerland und wurden bis 1914 fortgesetzt. Es wurde in der Hauptsache die als Latsche und Baum wachsende Bergkiefer oder Krummholzkiefer (Pinus montana) gepflanzt, die sich auch als die geeignetste Holzart erwies[3]). In geringerem Maße wurde auch die nordische Schwarzkiefer (Pinus nigra) gesetzt; sie ist aus Samen gezogen, den man aus Norwegen hat kommen lassen. Die Fichte hat sich hier nur auf den der Vogelkoje zu liegenden geschützten, östlichen Abhängen bewährt. Eiche und Erle versagten ganz. Von den ausgepflanzten Birken steht heute noch ein Bestand. Einen kurzen Übersichtsbericht nebst Lageplan über die Aufforstungen gibt das Werk „Sylt" von Müller bzw. Fischer. Das Marschenbauamt hat sodann im Jahre 1938 die bei dem Bau des Hindenburgdammes entstandene Sandentnahmestelle im Nössekoog in einer Gesamtfläche von etwa 9 ha mit Bergkiefern, Schwarzkiefern, Weißerlen, Roterlen, Sandbirken und Sandeichen bepflanzt. Nördlich von Westerland in Richtung auf die Nordseeklinik ist schließlich 1938/39 noch eine etwa 25000 qm große Fläche mit Bergkiefern, Schwarzkiefern und Erlen angepflanzt worden. Bei der Satteldüne auf Amrum hat man 1880—1885 die nordische Bergkiefer und vereinzelt die Zitka-Fichte angepflanzt. Westlich von Nebel und südlich von Norddorf erstreckt sich eine Koniferenpflanzung, und ebenso liegt am Leuchtturm eine Schonung[4]). Bei Wyk auf Föhr schließlich sind eine ganze Anzahl von Wäldchen und Gehölzen aus Laub- und Nadelhölzern angelegt worden. 1889 wurde mit der Anlage des schönen Lembkehains[5]) begonnen, der 1902 feierlich eröffnet wurde.

Aus der älteren historischen Literatur der Nordfriesischen Inseln von der Mitte des 17. Jahrhunderts von Heimreich, Dankwerth usw. geht allgemein hervor, daß es auf den

[1]) Taf. 51.   [2]) Taf. 61. 62.   [3]) Taf. 52   [4]) Taf. 28.   [5]) Taf. 48.

Inseln keine Gehölze und Waldungen gegeben hat. Es wird im Gegenteil berichtet, daß Holzmangel herrschte. Wir wissen, daß das Holz in damaliger Zeit zu Bauzwecken vom Festland geholt wurde. Petreus schreibt sogar, die zweite Hälfte des 16. Jahrhunderts betreffend, daß das Bauholz von Norwegen kam. Aus noch früherer Zeit findet sich bei Hans Kielholt jedoch eine Angabe, wonach es auf Sylt um 1400 „Holt" gegeben hat Vielleicht hat dieses Holz auf Marschland-Niederungen gestanden, die bald darauf den Sturmfluten und der „Landsenkung" zum Opfer gefallen sind.

Daß es um die Inseln herum, im Gebiete des heutigen Wattenmeeres, in vorgeschichtlicher Zeit Holzbestände gegeben hat, ist bereits bei der Besprechung der versunkenen Waldungen und Moore gesagt worden. Daß es in früherer Zeit aber auch auf den Inseln selbst Wald gegeben hat, legen alte *Flurnamen* nahe. Auf Sylt weisen darauf hin die Bezeichnungen Klappholtdeel und Wull-Stich, ein Schluchtenweg östlich von Kampen[1]), der einer Sage nach bis an das Watt, bis an die Wuldemarsch hinunter mit dem Klawenbusch, d. h. mit einem Hagedorngebüsch bestanden war. Noch jetzt sieht man dort vereinzelte Hagedornsträucher. Hat die Sage recht, dann sind sie vielleicht als die letzten Zeugen des einstmaligen Gehölzes anzusprechen. Auf einer Karte über „Die Orts- und Flurnamen der Insel Amrum" führt J. Schmidt-Petersen für diese Insel folgende hierher gehörende Namen auf: Ban-Holt (innerhalb des Holzes), Holtsdünn (Gehölzdüne), Wollweerham (Marsch mit Wald), Bosk (Busch). Für Föhr wäre, ebenfalls nach Schmidt-Petersen, zu nennen: A Woll bei Wrixum und Övenum (Wolde-Marsch mit Baumstämmen), Wollmiad (Wold-Wiese), Kuwoll (Kuhwolde), beides bei Goting, desgleichen bei Borgsum: Kuwoll (Kuhwolde) und Öghsenwoff (Ochsenwolde), schließlich noch bei Toftum: Woll, Söfferwoll (Süderwold; Töftum Wold).

Hinsichtlich der Gehölze und Waldungen sei abschließend auf einige noch offene Fragen hingewiesen, die mit der Vorgeschichte und der Zoologie in Verbindung stehen.

Otto Olshausen hat bei seinen Ausgrabungen auf Amrum in zahlreichen Hügeln der frühen Bronzezeit „Packgräber" angetroffen, d. h. Beisetzungen, bei denen die „Leichen in aufgehäufte Handsteine gepackt sind". Er schreibt dazu: „Wir werden jedoch sehen, daß auf Amrum dieses die gebräuchlichste Art der Beisetzung unverbrannter Leichen war, und wohl nicht fehlgehen, wenn wir dieselbe auf durchaus natürliche Verhältnisse zurückführen, nämlich auf Holzmangel."

In Ergänzung hierzu schreibt *Handelmann*, seine Ausgrabungen auf Sylt betreffend, daß im Anfange des Bronzealters unverbrannte Leichen in sargförmigen Steinkästen beigesetzt wurden und meint: „Die gewaltigen Eichbaumsärge, welche während derselben Kulturstufe auf der kimbrischen Halbinsel vorkommen, hat der sagenhafte Waldbestand Sylts offenbar niemals zu liefern vermocht".

Für die frühe Bronzezeit erhebt sich damit die Frage nach etwaigen Abweichungen in der Bestattungsart zwischen dem heutigen Inselgebiet und dem Festland und inwieweit diese bei dem ersteren möglicherweise auf Holzmangel zurückzuführen sind? Es besteht die Frage, ob die „Landhebung" bzw. die Waldbildung zur Zeit dieser Bestattungen noch nicht so weit vorgeschritten war, daß Holz zur Genüge vorhanden war. Vielleicht auch hat es an Bäumen, zumal Eichen, von so großem Ausmaß gefehlt, daß man aus ihnen Särge hätte herstellen können. Vielleicht gelingt es einer künftigen Forschung, in das Dunkel dieser Fragen Licht zu bringen.

Im weiteren Verlauf der Bronzezeit (etwa 1800—600 v. Chr.) und auch noch zur Wikingerzeit (um 800 n. Chr.) war bei der Totenbestattung die Leichenverbrennung üblich. Bei der großen Anzahl von Gräbern, die aus den beiden Zeitperioden auf den drei Geestinseln heute noch vorhanden sind, drängt sich die Frage auf, ob das Holz für die Scheiterhaufen nicht wenigstens teilweise Beständen entnommen ist, die auf den Flä-

[1]) Taf. 155.

chen der heutigen Inselkörper selbst gestanden haben. Der größte Teil des Holzes mag aus den versunkenen Waldungen geholt worden sein.

In seiner Veröffentlichung „Die Großschmetterlinge der Nordfriesischen Insel Sylt" führt *G. Warnecke* 12 heute auf Sylt lebende Arten auf, die „typische Bewohner von Waldungen bzw. Gehölzen sind." Das Herkommen dieser Falter in Zusammenhang bringen zu wollen mit den neu angelegten Hainen und Gehölzen, oder sie in Verbindung setzen zu wollen mit den Bäumen und dem Buschwerk der Vogelkojen, sowie die Annahme, daß sie alle vom Festland her über das Watt zugeflogen seien, erscheint nicht ausreichend. Das Vorkommen dieser Falter auf der seit langem holzarmen Insel wirft somit die Frage auf, ob es zurückzuführen ist auf eine Zeit einstiger Bewaldung oder früheren Buschbestandes. Eine Beweisführung hierfür ist nicht zu erbringen, der Verfasser möchte es indes nicht für ausgeschlossen halten. Es ist sogar nicht ganz unmöglich, daß einige dieser Arten zurückgehen auf die Waldungen der Bronzezeit. Bei der nachfolgenden „Landsenkung" könnten die Tiere sich dann auf die jeweils noch vorhandenen Trockengebiete zurückgezogen haben. Bedenkt man, daß es nach Angabe von Kielholt um 1400 auf Sylt noch „Holz" gegeben hat, zieht man in Betracht, daß die einst fruchtbaren, dem Ackerbau dienenden Geestböden im westlichen Teil der Insel erst ganz allmählich von Dünensand überlagert wurden und sehr wohl möglich Baumbestand gehabt haben können, berücksichtigt man das heutige Vorkommen von Pflanzen wie der Kriechweide in den Dünengebieten und die Möglichkeit der Anpassung der Schmetterlinge an andere Nährpflanzen, dann erscheint das Vorhandensein der Waldfalter auf der Insel schon etwas begreiflicher. Bei der Ergründung dieser Frage müßte natürlich den Klimaschwankungen im Laufe der etwa 3000 Jahre Rechnung getragen werden. Die „Sylter Nachrichten" vom 22. Mai 1938 haben zu diesem Thema schließlich noch folgenden Bericht gebracht: „In der südlichen Gemarkung hinter Keitum (Bütkaampdik-Büürlaag) wurde bei den dort stattfindenden Erdarbeiten ein kräftiger Steineichenstamm von über 3 m Länge freigelegt. Mit Hilfe einer Feldbahnlokomotive wurde der jahrhundertealte Zeuge herausgeschleppt und dem Sylter Heimatmuseum als Fundstück zugeleitet. Schon bei den Baggerarbeiten für den Schleusenbau und für die Entwässerung sind in den Gemarkungen Bütkaampdik-Tjüülsinge usw. Baumreste und Tuullagerungen zu Tage gefördert, die bezeugen, daß in ganz grauer Vorzeit diese Gegenden mit Urwald bewachsen waren." Der Eichenstamm lag $2^{1}/_{4}$ m unter der Marschlandoberfläche und hat in 1 m Stammhöhe 0,60 m Durchmesser.

Die Natur der Nordfriesischen Inseln birgt eine Fülle ungelöster Probleme. Wenn alle Wissensgebiete zur Lösung einer Frage ihren Beitrag liefern, wird manche der großen Lücken, vor denen wir in der Landschaftskunde wie gleichfalls auch in der Volkskunde heute noch stehen, sich vielleicht schließen.

TIERWELT

Von Landgerichtsdirektor i. R. *Georg Warnecke*, Hamburg

[EINLEITUNG

Nicht anders als alles Lebende ist auch die Tierwelt nur aus der Geschichte der von ihr bewohnten *Landschaft* zu verstehen; nur dann, wenn wir die Tierwelt in das Werden und Vergehen der gesamten Umwelt hineinstellen, und wenn wir sie so als das Ergebnis dieses ewigen Wandels erkennen, werden wir sie in ihrer gegenwärtigen Erscheinung begreifen.

Jede Landschaft hat nicht nur die Tierwelt, die ihrem Charakter entspricht, die von den Lebensmöglichkeiten, welche sie bietet, abhängig ist, sondern sie ruft in der Art und

Zusammensetzung ihrer heutigen Tierwelt auch die Erinnerungen an die eigene erdgeschichtliche Entwicklung wach. So ist die lebendige Welt ebenso wie die unbelebte Landschaft Vergangenheit und Zukunft in einem und ist als Gegenwart nur die Brücke zwischen dem Geschehen der verflossenen Zeiten und einer verhüllten Zukunft.

Die Tierwelt ist an die Scholle gebunden. Unsichtbare Wurzeln halten die meisten Tiere, vor allem die zahllosen Angehörigen der niederen Tierwelt, die Insekten usw. nicht weniger am Boden fest als die Wurzeln die Pflanze an den Platz fesseln, wo der Same aufgekeimt ist. Kein Tier kommt überall vor, jede Art ist an besondere Umweltbedingungen, oft an solche von ganz einseitiger Art gebunden.

Alles, was sich an Lebewesen in ein und demselben Gebiet als bodenständig sammelt, ist von den in dieser Umwelt sich darbietenden Lebensbedingungen abhängig, mag es sich um höhere oder niedere Tiere, um bewegliche oder festsitzende oder um die unendlich vielen anderen Unterschiede handeln. Dem Sachkenner und jedem anderen aufmerksamen Beobachter stellen sich solche besonderen Umweltbedingungen stets durch das Auftreten charakteristischer Tiergemeinschaften dar. Unter Umweltbedingungen ganz besonderer Art steht nun die Lebenswelt der Nordfriesischen Inseln. Sie ist Einflüssen ausgesetzt, wie sie in dieser Vielseitigkeit sich in Europa nur an wenigen Stellen wiederfinden. Da ist einmal der schon gegenüber dem benachbarten Festlande gesteigerte Einfluß klimatischer Faktoren, wie die mechanische Wirkung der starken Winde auf fliegende Tiere, besonders die Insekten, ferner die ausdörrende Wirkung der Winde, die erhöhte Sonnenstrahlung auf den sich stark erhitzenden Sandflächen und im flachen Wasser des Wattenmeeres, der ungeheure Wellenschlag in der Brandungszone, die Schwankungen des Salzgehaltes u. a. m. Aber das Wesentlichste ist der gewaltige *Wechsel* der Lebensbedingungen. Ständig verändert sich der Lebensraum; hier vergeht er, dort bildet er sich neu und muß wieder erobert werden.

>„Und aber nach fünfhundert Jahren
>Kam ich desselbigen Weges gefahren,
>Da fand ich ein Meer, das Wellen schlug ———"
>
>(Chidher, Rückert)

Niedriges Land wird mehr oder weniger ständig von den salzigen Meeresfluten überschwemmt, Sanddünen bedecken andere Gebiete; in den Watten sind festsitzende Tiere (Muscheln u. a.) ebenfalls durch Sandüberschüttungen und Prielverlagerungen gefährdet.

Vor allem aber sind charakteristisch die *im Kreislauf jeden Tages* sich wiederholenden starken Einwirkungen auf den bestehenden Lebensraum. Wo werden wie im nordfriesischen Wattenmeer täglich weite Strecken Wasser zu Land und Land wieder zu Wasser?

Wer das Leben in diesem Gebiet nach einem ruhigen sonnendurchstrahlten Sommertag beurteilen wollte, der irrt. Urgewaltig und heroisch ist das Leben dieser Landschaft, nicht weniger als etwa im Hochgebirge mit seinen Gletschern und Lawinen. Im nordfriesischen Raum steht die Tierwelt in ständigem hartem Kampf!

Und dieser Kampf wird bestanden. Hier zeigt sich eindringlich, wie die Kraft des Lebens die ungünstigsten Lebensräume erobert. Anders stellt sich der Kampf für die Tierwelt dar im Wattenmeer, anders am Sandstrand und auf den sonnendurchglühten Dünen, anders wieder auf den windumtosten Geesthöhen, als im Schutz der menschlichen Ansiedlungen.

In der Gegenwart kommt zu allen diesen verschiedenen Einflüssen noch die Abänderung der Naturlandschaft durch den Menschen hinzu, die sich in den verschiedensten Richtungen und Stärken auswirkt, die Lebensräume vernichtet oder verändert, die aber auch neue Lebensräume schafft, welche der Besiedelung durch die Tierwelt offen stehen.

So bietet sich nicht nur dem Wissenschaftler, sondern auch dem Laien, welcher mit offenen Augen prüft, eine Vielzahl von Lebensräumen dar, welche in ihrer Gegensätzlichkeit und auf so engem Raum immer wieder überrascht.

Es ist sehr beachtlich, daß nicht nur die Meerestierwelt, sondern auch die Fauna der niederen Tiere auf dem Lande eine scharfe Scheidung nach den verschiedenen Umweltbedingungen, denen sie ausgesetzt ist, zuläßt. Allerdings sind die meisten Einzelheiten noch ungeklärt, da bisher methodische Untersuchungen nicht in ausreichendem Umfange angestellt sind. Solche verschiedenen Biotope folgen z. T. recht dicht aufeinander. So kann man für die Insekten (Käfer, Hautflügler, einige Schmetterlinge[1]), vor allem aber für zahllose Fliegenarten) am Strande mehrere Zonen unterscheiden, von denen jede ein besonderes, ihr angehörendes Insektenleben besitzt. Die reine Strandzone, d. h. der niedere Außenstrand, der von dem normalen Hochwasser überflutet wird[2]), hat eine andere Fauna als der Spülsaum, der durch die höheren Fluten gebildet wird und durch reichen Meeresauswurf gekennzeichnet wird[3]); andere und in sich verschiedene Lebensgemeinschaften wieder finden sich auf den vegetationslosen Sandfeldern[4]), auf den spärlich bewachsenen Vordünen[5]) und in den reicher mit Flora bestandenen Dünen mit ihren Hängen und Tälern[6]). Daß die Marsch[7]) wieder eine andere Fauna hat als die Geestkerne der drei großen Inseln Sylt, Föhr und Amrum, wird danach ohne weiteres einleuchten. Übrigens sind diese drei großen Geestinseln auch in sich verschieden; die weiten Heideflächen Sylts[8]) fehlen heute bis auf kleine Reste den Inseln Föhr und Amrum; andererseits nimmt Föhr durch seinen reichen Baumbestand innerhalb seiner 17 Dorfschaften eine Ausnahmestellung ein[9]).

Die Tierwelt des nordfriesischen Inselraumes ist keineswegs gering an Zahl. Die Landfauna allerdings besteht im allgemeinen nicht aus großen, dem Laien in die Augen fallenden Arten der höheren Tiere, aber diese treten auch auf dem Festland Mitteleuropas heute schon erheblich zurück.

Unendlich groß ist die Zahl der niederen Tiere. Wir rechnen in Schleswig-Holstein mit etwa 280—290 bodenständigen Wirbeltieren, aber mit Zehntausenden von niederen Tieren, z. B. allein mit etwa 15000 Insektenarten. Die für das nordfriesische Inselgebiet in Betracht kommenden Zahlen sind noch nicht annähernd bekannt, sie gehen aber in viele, viele Tausende. Hat doch allein der Herausgeber dieses vorliegenden Werkes, Henry Koehn, durch systematisches Sammeln während der Jahre 1933—1935 von den etwa 850 Großschmetterlingsarten Schleswig-Holsteins auf Sylt 256 verschiedene Arten festgestellt, darunter viele Arten in sehr großer Individuenzahl[10]). Die früher verbreitete Fabel von der Insektenarmut der nordfriesischen Inseln ist dadurch endgültig widerlegt. Es fehlt hier der Raum, auf weitere Einzelheiten einzugehen; wer sich über diese Fragen weiter unterrichten will, sei besonders auf die Literaturübersicht hingewiesen.

DIE VOGELWELT IM LANDSCHAFTSBILD

Auf den Nordfriesischen Inseln beherrscht die Vogelwelt die Landschaft. Würde dem Meer und dem Strand nicht etwas fehlen, wenn die Möwen nicht wären? Da sind die großen Mantelmöwen mit ihren schwarzen Schwingen, die unruhigen Seeschwalben mit schwarzer Kopfplatte, schmalen Flügeln und gegabeltem Schwanz, die geschicktesten Stoßtaucher; besonders charakteristisch aber sind die großen Silbermöwen mit ihren blaugrauen Schwingen[11]), vollendete Segelflieger, die im Aufwind am Strand entlangsegeln und im Segelflug den Dampfer begleiten, indem sie mit erstaunlicher Sicherheit durch Ausrecken und Einwinkeln der Flügel den gleichen Abstand vom fahrenden Schiff auch bei wechselnder Windstärke einhalten.

Brutraum in der günstigen Jahreszeit und Nahrungsraum im ganzen Ablauf des Jahres ist das nordfriesische Inselgebiet für eine außerordentlich reiche Vogelwelt.

[1]) Taf. 61. [2]) Taf. 36. [3]) Taf. 4. [4]) Taf. 18. [5]) Taf. 36. 46. [6]) Taf. 11. 156.
[7]) Taf. 40. 41. [8]) Taf. 41. [9]) Taf. 48. 49. 105. [10]) Taf. 61. 62. [11]) Taf. 55.

Allerdings sind die Zeiten vorbei, von denen der Ornithologe Naumann vor über 100 Jahren berichtet hat; im Jahre 1819 fand er in den Dünen bei List und auf dem Ellenbogen Zehntausende von verschiedenen Seeschwalben, dazu etwa 5000 Paare brütender Silbermöwen, Hunderte von Brandenten und Eiderenten. Aber auch heute noch ist der Besuch der Vogelschutzstätten mit ihren Tausenden von Vögeln ein Erlebnis, das einen unvergeßlichen Eindruck von der Größe ungestörter Natur vermittelt. Dies gilt vor allem für die Brandseeschwalbenkolonie auf Norderoog[1]). Überwältigend ist das Bild an den Brutstätten, die heute auf einige mehr oder weniger geschützte Stellen beschränkt sind. Vom April an beginnen die Brutvögel, von denen manche Arten den Winter weit im Süden zugebracht haben, einzutreffen. Im Mai und Juni finden sich dann überall in kleinen Mulden, die mit wenigen Muschelschalen ausgelegt sind, oder auch frei im Sande, nur bei wenigen Arten im Gras versteckt, die durch ihre gelbliche Farbe und dunkle Fleckung unauffällig erscheinenden Eier der verschiedenen See- und Strandvögel. Im Juni wimmelt es von den jungen, ebenfalls unansehnlich und durch ihr gelbgraues, dunkel geflecktes Kleid gut geschützten Vogelkindern, von denen die Möwen übrigens dieses Kleid noch tragen, wenn sie bereits die Größe ihrer Eltern erreicht haben.

Den Reichtum dieser Brutplätze hat sich der Mensch von altersher zunutze gemacht. Das Sammeln der Möweneier ist uralt. In früheren Zeiten ist es bei geregeltem Sammeln nicht zu einer Verminderung der Vögel gekommen. Im Gegensatz zu den meisten Vögeln legen Möwen und sonstige am Strand brütende Vögel nach Wegnahme der Gelege weitere Eier nach — eine notwendige Anpassung an die natürlichen Verhältnisse, in denen oft genug durch Sturmfluten im Mai und Juni Gelege vernichtet werden. So wurden auf der Hallig Norderoog Anfang Juni 1937 durch eine solche Sturmflut etwa 1000 Gelege verschiedener Vogelarten zerstört. Nur wenn eine Sturmflut zu Ende der Brutzeit, Ende Juni, eintritt, vermag sie die Nachkommenschaft eines ganzen Jahres zu vernichten. Im allgemeinen aber werden solche Schäden noch im gleichen Jahre ausgeglichen. So wurden am Anfang des vorigen Jahrhunderts aus den Kolonien bei List jährlich etwa 30000 Möweneier und etwa 20000 Seeschwalbeneier ohne wesentliche Schädigungen der Kolonien eingesammelt. Aber das Bild hat sich gewandelt, und ohne die Gründung von Vogelfreistätten und sonstigen Schutzgebieten würde diese Vogelwelt im wesentlichen längst verschwunden und auch der Rest dem Untergange geweiht sein. Die Vernichtung der früheren Brutplätze durch übermäßigen Eierraub, durch die fortschreitende Zivilisation, nicht zum wenigsten durch den Badebetrieb, hatten bis zur Jahrhundertwende die Bestände der Brutvögel überall an den Nordseeküsten erheblich gelichtet. Galt es doch z. B. bei manchen Westerländer Badegästen noch im letzten Jahrzehnt des vorigen Jahrhunderts als angenehmer Nachmittagszeitvertreib, auf Möwen und singende Lerchen zu schießen, die flügellahm und sterbend ihrem Schicksal überlassen wurden. Das Durchdringen des Naturschutzgedankens, daß der Mensch auch der Tierwelt gegenüber Verpflichtungen hat, und die immer mehr ausgebaute Naturschutzgesetzgebung haben hier, allerdings erst in letzter Stunde, hoffentlich aber endgültig, Wandel geschaffen. Die Einrichtung von Naturschutzgebieten, von Freistätten für die bedrohte Tierwelt, sichert vor allem den Bestand der bisher an ihren Brutplätzen so gefährdeten einheimischen Arten. Hier ist besonders die erfolgreiche Tätigkeit des 1907 gegründeten lange Jahre von Prof. Dr. F. R. Dietrich in Hamburg geleiteten Vereins „Jordsand", Verein zur Begründung von Vogelfreistätten an den deutschen Küsten, und des späteren tatkräftigen Vorsitzenden Heinrich Schulz, Hamburg-Klein Flottbek, hervorzuheben. Aber erst das Reichsnaturschutzgesetz vom 26. 6. 1935 hat die Möglichkeit gegeben, der gefährdeten Tierwelt in ihrer Gesamtheit durch Schaffung befriedeter Gebiete Schutz zu gewähren. So ist auf Sylt 1935 die Kampener Vogelkoje Schutzgebiet geworden und 1937 das nördlich des Hindenburgdammes gelegene Wattenmeer von Sylt.

[1]) Taf. 54—56.

Überraschend hat sich durch diese Maßnahme die einheimische Vogelwelt wieder vermehrt. Allerdings ist das Gleichgewicht noch nicht wieder hergestellt. Infolge des zweiten Weltkrieges hat auf Sylt das Vogelleben bis in die Gegenwart hinein dann jedoch ganz auffallend wieder abgenommen, so daß selbst die Silbermöwen nur spärlich noch auftreten. Der Hauptgrund dafür ist darin zu suchen, daß durch das Militär und die Zuwanderung vieler tausender Flüchtlinge nach dem Kriege der Vogelwelt die erforderliche Ruhe genommen wurde. Man darf auch nicht vergessen, daß die verschiedenen Vogelarten jetzt mehr oder minder gewaltsam auf beschränkten Räumen zusammengedrängt sind. Hier nutzen die Stärkeren ihr Übergewicht rücksichtslos aus. Der Kampf um den Brutraum und um die Nahrung beherrscht alles. Es zeigt sich immer mehr, daß die Beaufsichtigung durch den Menschen in den Vogelfreistätten nicht zu entbehren ist, wenn nicht die schwächeren Arten völlig verdrängt werden sollen. Vor allem sind die als Allesfresser zu bezeichnenden räuberischen großen *Silbermöwen* eine sehr große Gefahr. Ihre Hauptbrutplätze liegen auf Amrum, kleinere auf Süderoog, Südfall und Langeneß. Haben sie doch vor dem ersten Weltkrieg auf dem Memmert (Ostfriesische Inseln) die blühende Brandseeschwalbenkolonie vertrieben. Erst von 1933 an versuchten die Seeschwalben wieder auf Lütje Hörn, einer kleinen Insel südlich des Memmert und anderen Inseln z. B. Scharhörn, wo 1937 etwa 250 Paare sich angesiedelt hatten, Fuß zu fassen. Seit langem befindet sich aber die einzige große und ständige Kolonie dieser gegen Störungen recht empfindlichen *Brandseeschwalben*, „Haffbickers" (Sterna sandvicensis Lath. oder cantiaca Gmel.) an der ganzen deutschen Nordseeküste und überhaupt in Deutschland auf der Hallig Norderoog, wo im Auftrage des Vereins Jordsand, dem die Insel seit 1909 gehört, der erprobte Vogelwart Jens Wand seit diesem Jahre diese Kostbarkeit der heimischen Vogelwelt behütet hat. Die Brandseeschwalbe unterscheidet sich von den anderen heimischen Seeschwalbenarten durch ihren schwarzen Schnabel und die schopfartige Verlängerung der Federn des schwarzen Hinterkopfes. Solange Vogelkundler berichten, ist auf Norderoog eine große Kolonie dieser Brandseeschwalben gewesen, die auf viele Tausende Vögel geschätzt wurde. Ein Jahr vor dem Beginn des Schutzes durch den Verein Jordsand waren nur noch etwa 500 Brutpaare vorhanden, doch stieg die Zahl bald wieder auf mehrere tausend Paare an. Der 2. Weltkrieg und die ersten Nachkriegsjahre brachten in den meisten Vogelfreistätten erklärlicherweise starke Rückschläge und Rückgänge im Bestand. Auf Norderoog aber hielt sich der Bestand bis 1945 dank der Sorge durch den Vogelwärter Jens Wand; es wurden in diesem Jahre noch über 3000 Nester gezählt. Erst 1946 ist durch im Jahre 1945 zufällig auf die Hallig gelangte Wanderratten, die sich auf mehrere Tausende vermehrt hatten und nicht nur Eier und junge Vögel, sondern selbst Altvögel angriffen und töteten, ein empfindlicher Verlust eingetreten. Die Zahl der Brutpaare verringerte sich 1946 auf etwa 1430 und 1947 auf 576. Erst 1947 gelang es, die Wanderratten, von denen ein Teil sogar einer Sturmflut und wochenlanger Vereisung im Winter 1946/47 widerstanden hatte, restlos zu vernichten und die Brandseeschwalbenkolonie zu retten. 1948 wurden 2578 Brutpaare gezählt, 1949 etwa 2800 Brutpaare. Ein Besuch auf Norderoog, wo außer den Brandseeschwalben auch in großer Anzahl die rotschnäbeligen Fluß- und Küstenseeschwalben brüten, ist für jeden Naturfreund ein unvergeßliches Erlebnis. Typisch ist für die Brandseeschwalbe die enge Besiedelung in der Kolonie; es liegt Nest an Nest in dürftig hergerichteten Mulden[1]). Der Besucher wird von einer weißen Wolke auffliegender Vögel mit verwirrendem Geschrei umschwärmt.

Der Verein Jordsand gibt aus jüngster Zeit für Norderoog und andere Vogelbrut- und Vogelschutzplätze im Bereich der Nordfriesischen Inseln folgende Zahlen an: Es waren auf Norderoog 1952 an Brutpaaren vorhanden: 2400 Brandseeschwalben, 2000 Küstenseeschwalben, 700 Flußseeschwalben, 240 Austernfischer, 7 Brandgänse und 7 Seeregenpfeifer.

[1]) Taf. 56.

Auf der ebenfalls vom Verein betreuten Amrum Odde wurden 1953 an Brutpaaren festgestellt: 900 Fluß- und Küstenseeschwalben, etwa 1000 Silbermöwen, 50 Sturmmöwen, 50 Eiderenten, 16 Austernfischer und drei Sandregenpfeifer. Süderoog wies 1951 6000 Brutpaare Fluß- und Küstenseeschwalben auf.

Den Möwen und Seeschwalben gegenüber treten andere See- und Wasservögel in der Brutzeit erheblich zurück. Die *Eiderenten*, welche früher an der Nordspitze Sylts brüteten, haben sich jetzt nach Röm, einige auch nach Amrum zurückgezogen. Vielfach trifft man am Strande und in den Wattwiesen die *Brandenten* (Tadorna tadorna L.), große weiße, braunrot und blauschwarz gefärbte Enten. Sie werden in Nordfriesland auch als Bergenten bezeichnet; in der Wissenschaft ist dies aber der Name einer anderen Art, einer großen Tauchente, welche unser Gebiet nur im Herbst, Winter und Frühjahr auf dem Zuge von Norden und nach Norden zurück berührt. Die Brandente, die „Barigend" der Sylter, ist in früherer Zeit auf den Nordfriesischen Inseln als „Haustier" gehalten. Für die damals wenig scheuen Tiere, die von Natur aus in Höhlen, z. B. Kaninchenbauten, ihre Nester anlegen, wurden künstliche Nistanlagen hergerichtet; von einem Hauptgang gingen Seitengänge mit Nistkesseln aus, die durch ein abzuhebendes Holz- oder Rasen-Stück von oben zugänglich waren und denen die Eier außer den letzten der Brutzeit sowie die Daunenfedern entnommen wurden. Übrigens wurde zu gleicher Zeit auf Sylt auch die Eiderente („Grönlands-End", Grönlandsente) genutzt.

Als besondere naturwissenschaftliche Kostbarkeit ist der *Säbelschnäbler* (Recurvirostra avosetta L.) zu erwähnen, ein mittelgroßer schwarzweißer Stelzvogel mit langem, aufwärts gebogenem Schnabel, welcher Brutvogel im Anlandungsgebiet der Hamburger Hallig und bei Nordstrand ist und sonst nur an wenigen Stellen der West- und Ostküste Schleswig-Holsteins brütet. Er ist neuerdings in der Zunahme begriffen. Nach Beobachtung von Dr. *Menuer* brütet er seit 1951 in einigen Paaren auch auf Sylt wieder, wo er seit etwa 1880 verschwunden war. Die dem Bund für Vogelschutz unterstehende Hamburger Hallig hatte 1953 etwa 20 Brutpaare Säbelschnäbler.

Ein recht auffälliger Vogel im Vorland und dem eingedeichten Marschland der Insel ist der *Austernfischer*, „Lüüw" auf Sylt genannt (Haematopus ostralegus L.), mit rotem langen Schnabel und rosafarbenen Beinen, weißem Bauch, sowie schwarzem Kopf, Hals und Rücken. Er steht oft in größeren Trupps im seichten Wasser, alle Tiere gleichmäßig gegen den Wind ausgerichtet. Der deutsche Name ist irreführend; der Vogel kann mit seinem Schnabel keine Austernschalen öffnen, er nährt sich vielmehr von Würmern im Sand und kleinen Krebsen.

Von den auf dem Lande sich aufhaltenden Vögeln zeigt sich recht häufig der *Kuckuck*; es ist ein für den Binnenländer ungewohntes Bild, diesen Vogel frei auf Telephonmasten und auf Pfählen, z. B. in der Heide, sitzen zu sehen.

Auf den Geestflächen ist der *Steinschmätzer* („Dikswater") häufig (Saxicola, jetzt auch Oenanthe, oenanthe L.), den auch der Laie, wenn der Vogel fliegt, leicht an dem weißen Bürzel und schwarzen Schwanz erkennt. Auf Sylt, wo gesprengte Bunker und andere Schutzstellen ihm für seine Brut Unterschlupf bieten, ist er nach dem zweiten Weltkrieg merklich häufiger geworden. Ein Charaktervogel des Gebietes ist die *Feldlerche* (Alauda arvensis L.); im Frühling und Frühsommer erfüllen sie überall die Luft mit ihren Liedern, und selbst im Winter trifft man solche, die ihren Gesang hören lassen.

Stare („Spreen") sind auffallend zahlreich und legen wie überall in Nordwestdeutschland (im Gegensatz zu Mittel- und Süddeutschland) ihre Nester unter Dächern an, ja, sie werden sogar zu Erdbrütern auf den Halligen.

Kiebitze („Wiip"), die einzeln in milden Wintern zurückbleiben, sind überall auf den Wiesen häufig, und hier hört man auch den klagenden Ruf des *Rotschenkels* („Kliiiri" auf Sylt, Tringa, früher Totanus, totanus L.). Er ist auf allen Marschwiesen als Brutvogel nicht selten und brütet auch auf Norderoog.

Auf Grund seiner letztjährigen Beobachtungen gibt Dr. *Karl Meunier*, Westerland, Sylt, für die Brutvogelarten der Inseln folgendes an: „Die Anzahl der Brutvogelarten auf den Inseln hat insgesamt nicht ab-, sondern zugenommen, was in der Hauptsache auf die in den letzten Jahrzehnten stark geförderte Bepflanzung der großen Inseln durch Schaffung von Gärten, parkähnlichen Anlagen und kleinen Waldstücken zurückzuführen ist. Dies hat zur Folge gehabt, daß eine Reihe von Parklandschafts- und Waldvögeln, die früher nur als z. T. seltene Durchzügler vorkamen, als Brutvögel Fuß gefaßt haben, so z. B. auf Sylt *Drosseln, Grasmücken, Gartenspötter, Fitislaubsänger, Ringeltauben* und als besonders reizvoll die *Waldohreule*. Auf Amrum brütet außer der letzteren auch noch die *Sumpfohreule*, die auf Sylt nur häufiger Durchzügler und Wintergast ist.

Außerdem sind auf Sylt einige Wiesenbewohner und Süßwasservögel heimisch geworden, die früher nicht dort nisteten. Hierher gehören u. a. *Braunkehlchen, Bekassine, Limose, Knäkente, Löffelente* und *Bläßhuhn*. Dieser Vorgang dürfte auf die Eindeichung und damit Aussüßung der südlichen Marschwiesen der Insel zurückzuführen sein. Im ganzen wurden um die Jahrhundertwende von *Hagendefeldt* etwa 46 Brutvogelarten festgestellt, heute sind es deren 60, obwohl einige der damals vorhandenen Arten inzwischen verschwunden sind *(Kasp. Seeschwalbe, Brandseeschwalbe, Rohrweihe, Storch, Haubenlerche)*. Es sind aber seit 50 Jahren etwa 20 Vogelarten neu eingewandert, vermutlich noch mehr, da von weiteren Arten das Brüten vermutet wird, aber noch nicht nachgewiesen werden konnte."

Ganz anders ist das Bild der Vogelwelt im Herbst und Winter. Viele Brutvögel verlassen das Gebiet, das ihnen im Winter keine Nahrung zu bieten vermag. So ziehen z. B. im Gegensatz zu den Möwen alle unsere Seeschwalbenarten im Herbst fort; sie leben nur von lebenden kleinen Fischen, welche sie durch Stoßtauchen aus dem Wasser holen.

Manche Arten sammeln sich vor dem Abzuge. So vereinigen sich die Stare im Oktober zu großen Scharen; sie werden schädlich nicht nur dadurch, daß sie alle Gartenfrüchte verzehren, sondern auch, wenn sie im Reth (Rohr) übernachten, das unter der Last mehrerer an einem Stengel sitzender Vögel umbricht.

Und dann erscheinen die unendlichen Scharen der Wandervögel aus dem Norden, teils als Durchzügler, zum größten Teil aber als Wintergäste. Denn jetzt bieten Land und Meer den *Nahrungsraum*, der in so verschwenderischer Fülle vorhanden ist, daß sich die Durchzügler und Wintergäste besonders im friesischen Wattenmeer in unzähligen Scharen sammeln.

Schon Mitte September kann auch der Badegast, wenn ein glücklicher Zufall es will, bei der Fahrt über den Hindenburgdamm auf dem weiten Anlandungsgebiet vornehmlich auf der Nordseite des Dammes diese Massen sehen, wenn auch nur weit draußen auf seichten Stellen, denn am Damm vertreibt sie der brausende Zug, den nur die Fischreiher, ebenfalls ständige Herbst- und Wintergäste von den benachbarten Brutkolonien auf dem Festlande Schleswigs, ohne besondere Scheu an sich vorüberfahren lassen.

Die im Wattenmeer sich aufhaltenden Vögel sammeln sich vor allem an der Flutkante in Scharen und rücken mit der steigenden Flut allmählich dem Lande näher, so dem am Strand verborgen liegenden Beobachter günstige Gelegenheiten bietend.

Die Nahrung im Gebiet des Wattenmeeres ist unerschöpflich. Möwen, Enten und Stelzvögel der verschiedensten Arten leben von dem, was die Ebbe täglich auf den Watten in Lachen oder ganz auf dem Trockenen an Fischen, Krebsen, Muscheln und sonstigen Tieren zurückläßt. Gänse tauchen im flachen Wasser nach Muscheln, andere äsen das Gras der Vorländereien. Selbst kleine nordische Singvögel trotzen hier dem Winter. Flüge der *Ohrenlerche* (Eremophila alpestris L.), der *Schneeammer* (Plectrophenax, früher Passerina, nivalis L.) und des *Berghänflings* (Carduelis, früher Acanthis, flavirostris L.) trifft man regelmäßig auf den Vorländereien der Inseln und Halligen, wo sie sich von den ölhaltigen Samen des Quellers (Salicornia herbacea L.) ernähren.

Alpenstrandläufer (Calidris [Tringa] alpina L.), benannt nach ihrer Heimat, den Alpen Norwegens und Schwedens, zeigen sich in ungeheuren Scharen, die jeder Zählung spotten[1]). Der Föhringer nennt sie „Slikkmüß = Schlickmaus". Es ist ein eigenartiges Bild, wenn sie als dunkle Wolke fliegen, dann alle im selben Bruchteil einer Sekunde eine Wendung ausführen und nun die helle Unterseite zeigen, so daß der ganze Schwarm jetzt wie ein silberner Schleier vor der Landschaft liegt.

Brachvögel und Regenpfeifer („Riintiiter" = Regenzeitvögel) stehen im seichten Wasser und auf den Wiesen.

Der *Kampfläufer*, der in früheren Zeiten auf Sylt häufig war, dann so gut wie ganz verschwand, kommt jetzt an mehreren Stellen der Insel wieder in nennenswertem Maße vor.

Auf den Vorländereien, z. B. am Damm der Hamburger Hallig, sammeln sich von der ersten Novemberwoche an viele Tausende der nordischen *Weißwangengänse* (auch Nonnengans genannt, Branta leucopsis Bechst.). Ein großartiger Anblick ist das Auffliegen dieser großen Vögel, die immer scheu bleiben. Daß sie bei ihrer Anzahl das Gras der Vorländereien stark schädigen, liegt auf der Hand; die Klagen über diese Schäden kehren immer wieder. Die gleichen Klagen hört man über die *Rottgans* (Branta bernicla L.), die ihre Nahrung außerdem aber auch im Wasser sucht. Die Rottgänse erscheinen mit auffallender Pünktlichkeit schon in der zweiten Septemberhälfte aus dem Norden und verschwinden erst nach Mitte Mai. Bevorzugte Aufenthaltsgebiete sind die Vorländereien der Halligen, so diejenigen von Gröde, Habel und Oland, wie auch die Buchten bei Keitum und Kampen auf Sylt. Die großen Scharen der bei Sylt durchziehenden oder überwinternden Rottgänse sind in letzter Zeit auffallend zurückgegangen. Die Ursache hierfür dürfte das Aussterben des Seegrases sein. Obwohl sich neuerdings dessen Bestände wieder erholt haben, ist eine Wiederzunahme der Rottgänse noch nicht eingetreten.

Im Gefolge dieser wandernden Vögel stellen sich auch Raubvögel ein, die herrlichen *Wanderfalken*, seltener *Habichte* und vereinzelt sogar in jedem Winter auch *Seeadler*, „Guusaarn", die unter den Enten und Gänsen stets Beute finden. Die mächtigen Vögel, die als Brutvögel in Schleswig-Holstein seit etwa 1900 verschwunden waren, seit 1949 aber wieder in einigen Paaren im östlichen Holstein brüten, übernachten in den Forsten des nordfriesischen Festlandes und suchen ihr Jagdgebiet im Wattenmeer auf. Alte Stücke sind an dem weißen Schwanz und dem hellgelben Schnabel schon von weitem zu erkennen. An Raubvögeln ist weiterhin auf Sylt die *Rohrweihe* eine regelmäßige Erscheinung, zur Zugzeit und im Winter ist ebenso die *Kornweihe* nicht sehr selten.

Den Reichtum der im Herbst durchziehenden nordischen Entenschwärme zehnten die *Vogelkojen*[2]). Auf einem künstlichen Süßwasserteich von $1/3$ bis $1/2$ ha Größe werden Lockenten gehalten, welche ihre wilden durchwandernden Artgenossen zum Einfallen auf dem sicher erscheinenden, von Gräben und einem niedrigen Schutzwald[3]) umstandenen Teich veranlassen. Nach vier einander entgegengesetzten Richtungen zweigen allmählich sich verjüngende Gräben, sog. „Pfeifen" ab, die mit Maschendraht überdeckt sind und an der einen Seite durch einen Wall, an der anderen durch schräg stehende Schilfkulissen gegen Sicht abgedeckt sind. In diesen Pfeifen werden die Lockenten von Zeit zu Zeit gefüttert. Die wilden Enten folgen ihnen. Durch den plötzlich zwischen den Schilfschirmen hervortretenden Wärter werden dann die wilden Enten — die Lockenten lassen sich beim Fressen nicht stören — in die äußerste Spitze der Pfeife getrieben, hier in einer Reuse gefangen und durch Umdrehen des Genicks getötet, eine Tötungsart, welche bei der Geschicklichkeit des Kojenwärters den Tod regelmäßig im Bruchteil einer Sekunde herbeiführt.

Die Einrichtung der Vogelkojen haben die Nordfriesen von den Holländern übernommen, mit denen sie ja Jahrhunderte hindurch enge wirtschaftliche Beziehungen gehabt

[1]) Taf. 54.   [2]) Taf. 53, 57.   [3]) Taf. 51.

haben. In Holland sind schon um 1550 zahlreiche Vogelkojen vorhanden gewesen, noch heute sind etwa 137 Kojen in Benutzung. Aber erst 1730 wurde die erste Vogelkoje Nordfrieslands auf Föhr bei Oevenum (alte Oevenumer Vogelkoje) angelegt, der bis 1877 noch fünf weitere gefolgt sind. Auch auf Sylt (Kampen 1767, Rantum 1880/81, Eidum 1874), auf Amrum 1865 sowie auf Nordstrand und Pellworm (1905) wurden Vogelkojen angelegt, an denen in der Regel eine ganze Anzahl Interessenten beteiligt sind. Auf Föhr wurde seit 1885 bis in die jüngste Zeit in großem Umfange der Versand der Enten in Konserven betrieben (Wildentenkonservenfabrik Heinr. Boysen in Wyk auf Föhr).

Auf Sylt ist 1936 die letzte Koje, die Eidumer Vogelkoje, außer Betrieb gekommen; sie lief bei den Sturmfluten im Herbst 1936 voll Wasser. Die Süßwasserteiche der Kojen werden übrigens auch mit Karpfen und anderen Nutzfischen besetzt.

Der Fang dauerte vom September bis in den Dezember, d. h. bis zum ersten starken Frost, der die Fangteiche mit Eis bedeckt und dadurch den weiteren Fang verhindert, jetzt vom 1. September bis zum 1. Dezember.

Gefangen werden nordische Enten verschiedener Arten wie *Pfeifenten*, *Spießenten* (als „Grauenten" bezeichnet) und andere, auch *Stockenten* („große Wildenten"), in der Hauptsache aber *Krickenten*.

Voraussetzung für einen guten Fang ist völlige Ruhe nicht nur in der Vogelkoje selbst, sondern auch in der Umgebung. Vielfach sind behördliche Anordnungen hierzu ergangen, aber oft genug wird in den alten Akten von Übertretungen, insbesondere durch Jäger, berichtet; so haben 1875 einige Ausländer, die von Wyk aus die Enten- und Gänsejagd auf dem Watt sogar mittels einer Art Revolverkanone betrieben, einen fast vollständigen Fangausfall in den Föhrer, Sylter und Amrumer Vogelkojen verschuldet.

Der Fang in den einzelnen Vogelkojen ist zahlenmäßig sehr unterschiedlich gewesen. Von den sechs Föhrer Kojen haben in jüngerer Zeit in den Jahren 1919—1929 die alte und neue Oevenumer Koje mit durchschnittlich 9167 bzw. 10562 Enten den besten Fang gehabt. Den höchsten Jahresertrag hatten beide Kojen 1923 mit 18251 bzw. 20343 Stücken. Im Jahre 1789 wurden in der alten Oevenumer Koje sogar 66883 Enten gefangen. In der Kampener Vogelkoje war bis zum Ende ihres Bestehens im Jahr 1921 *Meinert Knudsen* von Kampen 22 Jahre lang Kojenwärter. Vor ihm hatten sein Vater und Großvater je 27 Jahre lang dieses Amt versehen. Das Fangverzeichnis des Kojenbuches, das von 1809 bis 1921 reicht und das Meinert Knudsen noch verwahrt, verzeichnet für die Zeit vor 1809 im ganzen 17483 Enten, für die Jahre von 1809 bis einschließlich 1915, in denen in ununterbrochener Folge gefangen wurde, 678375 Enten und nach einer darauffolgenden Unterbrechung für das letzte Fangjahr 1921 99 Enten. Es sind demnach in der Kampener Koje im ganzen 695957 Enten gefangen worden. Bezüglich der Vogelarten bezieht sich der Fang auf Stockenten, Spießenten, Pfeifenten und Krickenten. Das jährliche Fangergebnis war nach Vogelart und Gesamtzahl sehr unterschiedlich. Die jährliche höchste Gesamtzahl erreichte das Jahr 1841 mit 25224 Enten. Dieses Jahr weist gleichzeitig den stärksten Unterschied zwischen den gefangenen Arten auf. Es wurden 8 Pfeifenten, 154 Stock- und Spießenten und 25064 Krickenten gefangen. Die Höchstzahl an Pfeifenten gibt das Jahr 1826 mit 5499 Stück an, während das Jahr 1856 die Höchstzahl der gefangenen Stock- und Spießenten mit 5687 Stück verzeichnet. Eine Abnahme der Fangergebnisse infolge dieser Fangart ist bisher nicht mit Sicherheit festzustellen gewesen. Jedenfalls würden die wenigen deutschen Vogelkojen für eine solche Abnahme auch nicht verantwortlich sein; man beachte, daß für das Jahr 1907 an Vogelkojen im Nordseegebiet gezählt wurden: Holland 137, England 21, Dänemark 2, Deutschland 10.

Die Zunahme des Flugverkehrs hat allerdings in den letzten Jahren die scheuen nordischen Wildenten mißtrauisch gemacht; es bleibt abzuwarten, ob sie sich schließlich nicht doch noch an das Motorengeräusch und das Bild fliegender Flugzeuge gewöhnen, wie es die einheimischen Vögel, insbesondere die Möwen, bereits getan haben.

Der Vogelreichtum wird auch der *Jagd* nutzbar gemacht. Die Jagd ist früher (bis zum Erlaß der neuen Gesetze nach 1933) besonders als Wattjagd sehr erfolgreich gewesen. Der Jäger lag am Strande oder kroch im Watt möglichst nahe an die Enten und Gänse heran, welche mit dem Steigen der Flut der Landkante immer näher rückten; ein Schuß in die dichten Scharen brachte stets vielfache Beute.

In früheren Jahrzehnten wurde die Jagd ferner mit großen Stellnetzen von 60—70 m Länge und 4—5 m Höhe ausgeübt, welche auf den Watten um die Halligen und Inseln aufgestellt wurden. In diesen Stellnetzen fingen sich in dunklen Nächten die niedrig fliegenden Gänse.

Auch die Jagd mit der Blendlaterne war früher eine beliebte Jagdart. Den Enten und Gänsen auf dem Watt konnte der Jäger sich im Dunklen mit der Blendlaterne bis auf etwa 20 Schritte und noch mehr nähern, ja die Brachvögel sogar mit dem Stock erschlagen. Ein Hooger „Jäger" hat auf diese Weise einmal in einer Nacht 18 Enten geschossen und 44 Brachvögel mit dem Stock erbeutet.

DIE TIERWELT DER WATTEN

Am eindrucksvollsten prägen sich die Unterschiede der Tierwelt und die Verschiedenheit der Anpassungen an die einzelnen Lebensräume im *Wattenmeer* aus mit seinem täglich zweimal wiederkehrenden ungeheuren Wechsel zwischen Land und Wasser[1]) und allen den dadurch bedingten Folgen stärkster entgegengesetzter Einwirkungen besonders auf wenig bewegliche und auf festsitzende Tiere.

Aber die Einwirkung ist nach der Lage des Biotops verschieden. Anders ist sie im Watt selbst, das mit steter Pünktlichkeit vom Flutwasser überströmt und zur Ebbezeit wieder frei wird, anders am Brandungssaum des Strandes; verschieden aber auch wieder nach der Art des Strandes, ob es sich um Sandstrand handelt oder um felsigen Strand, zu welchem im Gebiet der Nordfriesischen Inseln allerdings nur künstliche Anlagen, wie Molen, Buhnen, Brücken, zu rechnen sind.

Aber auch im Watt selbst sind die Lebensbedingungen verschieden, je nachdem es sich um reines Sandwatt[2]), das sich schon äußerlich durch helleres Grau kennzeichnet, handelt oder um das dunkler grau gefärbte tonige Schlickwatt mit seinem weicheren Boden[3]); anders wieder sind die Lebensbedingungen in den das Watt durchziehenden kleineren Wasserrinnen, den Prielen, und den größeren Wasserströmen, den Tiefs.

In dieser Umwelt empfindet der aufmerksame Beobachter eindrucksvoll die Harmonie der Beziehungen zwischen der Tierwelt und ihrer Umgebung; alles erscheint aufeinander abgestimmt. Entsprechend den Lebensbedingungen stellen sich die Lebensäußerungen dar, und den Lebensäußerungen entspricht wieder die Gesamtheit der anatomischen Konstruktion bei jeder einzelnen Art.

Aber noch immer ist vieles in seinen Einzelheiten ungeklärt — eine Folge der Tatsache, daß in verflossener Zeit der heimischen Fauna von der Wissenschaft nicht immer die Aufmerksamkeit gewidmet worden ist, welche sie verdient.

Das Wattenmeer hat eine sehr reiche Fauna! Das Wasser bietet günstige Wärmebedingungen und ist reich an Abfällen, von denen eine Unzahl planktonischer Lebewesen sich nährt. Durch die ständige Bewegung ist es gut durchlüftet und ist so eine überreiche Nahrungsquelle für unzählige Tiere. Ein Gang an der Flutkante mit ihren Anspülungen der verschiedenartigsten Tiere und Gebilde, unter denen sich gelegentlich auch der Bernstein, das Harz vergangener Wälder findet, gibt schon einen ausreichenden Einblick in die ungeheure Zahl von Lebewesen, welche das Meer ernährt.

[1]) Taf. 15. 36.   [2]) Taf. 59.   [3]) Taf. 36.

Es kann nicht die Aufgabe dieser kurzen Schilderung sein, eine umfassendere Darstellung der Wattfauna zu geben — es gibt manche guten Bücher über Strandwanderungen und Wattwanderungen mit Hinweisen auf die einzelnen Tiere und ihre Lebensart. So können die überall häufigen Tiere, wie *Strandkrabben* (Cancer und Carcinus), die kleinen *Hydrobien-Schnecken*, *Einsiedler-Krebse* (Pagurus), welche die leeren Gehäuse der *Wellhornschnecke* beziehen, *Quallen*, *Seesterne* (Asteroidea), die *Seepocken* (Balanus), zurückgebildete Krebse mit kegelförmigem Kalkgehäuse, die in unendlichen Massen die Flutkante säumenden *Litorina-Schnecken* u. a. hier übergangen werden. Nur auf die auffallendsten Erscheinungen und auf Tiere, welche für einzelne Lebensräume des Watts besonders charakteristisch sind, kann hier kurz hingewiesen werden.

Unter den festsitzenden Tieren im Watt nehmen die *Muscheln* an Arten- und Individuenzahl die erste Stelle ein. Die Schalenhälften der toten Tiere finden sich so unendlich häufig im Watt und am Strande, daß es möglich ist, sie wirtschaftlich zu nutzen. Sie dienen als Material für Wegeausbesserungen und werden wegen ihres Kalkgehaltes als Zugabe für Hühnerfutter verwendet. Früher dienten sie auch zur Herstellung des besonders bindekräftigen Muschelkalkes. Die lebenden Tiere selbst sind eingegraben im Sand, also verborgen, einige Zentimeter bis mehrere Dezimeter tief, und stehen mit der Oberfläche nur durch ihre Syphonen in Verbindung, mit denen sie Nahrungs- und Atemwasser ein- und ausstrudeln. Die Ebbezeit überstehen sie in feuchtem Sand ohne Schwierigkeit.

Dagegen können die meisten Muscheln keine stärkeren Sandüberschüttungen vertragen, sondern ersticken darin. Stromveränderungen legen später gelegentlich die toten Muschelbänke wieder frei. Vor allem die großen, oft Handgröße erreichenden Schalen toter *Klaffmuscheln* (Mya arenaria L.) zeigen sich dann in dichten Bänken von großer Ausdehnung[1].

Rötliche *Tellmuscheln* (Macoma balthica L.) und weißgerippte *Herzmuscheln* (Cardium edule L.) leben ebenfalls frei im Sande.

Schnecken, wie die *Wellhorn-Schnecke* (Buccinum undatum L.), deren Eierpakete der Wanderer oft am Strande angetrieben findet, und Krebstiere vermögen sich in den Sand einzugraben und so die Ebbe zu überstehen, während die in unendlichen Massen an den Buhnen und Brücken vorkommende *Strand-Schnecke* (Litorina) die Ebbezeit an ihrem Aufenthaltsort überdauert.

Das Charaktertier der Sandwatten ist aber der *Sandwurm*, der „Sandpier" (Arenicola marina L.)[2]. Er ist Sandfresser; der stark organisch durchmischte Sand wird verschluckt, und die unverdauten Sandmassen werden wieder ausgestoßen. Die zur Ebbezeit ausgestoßenen Sandteile bedecken in geringelten Häufchen in charakteristischer Weise die ganze Oberfläche des Watts, bis die nächste Flut sie wieder fortspült. Der auch als Angelköder wichtige Wurm wird bis zu 30 cm lang, ist mit Außenkiemen versehen und bohrt im Sand senkrechte Röhren, welche er mit einem schnell erhärtenden Hautsekret auskleidet. Der Sandwurm kommt in ungeheuren Mengen im Watt vor; man hat gesagt, daß der gesamte Wattboden bereits durch den Darm dieser Würmer gegangen sei. Es gehört zu seiner Lebensweise, daß er sich eine U-förmige Röhre baut. Die genannte Form dieser Röhre unterliegt allerdings sehr vielen Abwandlungen, die aber irgendwie doch immer auf das U-Prinzip zurückgehen.

Eine ganz charakteristische Anpassung an das Leben im Watt zeigen auch einige *Käfer*, sogenannte halobionte Käfer. Für solche Landtiere besteht die Schwierigkeit nicht darin, daß sie die Ebbezeit überstehen, sondern umgekehrt, daß sie, wenn sie während der Ebbe auf dem Watt ihrer Nahrung nachgehen, sich vor der Flut schützen. Demgemäß graben sie sich beim Herannahen der Flut in den Sand ein und halten sich hier in luftgefüllten Gängen auf. Andere Arten nehmen in ihrem dichten Haarpelz und unter ihren Flügeldecken Luft während der Flut mit auf den Wattgrund.

[1] Taf. 60.   [2] Taf. 59.

Zum Teil andere Bewohner als das Sandwatt beherbergt das weichere Schlickwatt. Auch hier sind röhrenbauende Tiere vorhanden. Das Charaktertier ist der *Schlickkrebs* (Corophium volutator Pall.), dessen Röhren mit den kleinen trichterförmigen Ausgängen sich im Watt zu Millionen finden. An windstillen Tagen vernimmt man zur Ebbezeit auf dem Watt ein seltsames Geräusch wie ein Gären, das über der ganzen Fläche liegt. Man könnte meinen, es wären austretende Gase. Dieses Wattgeräusch erzeugt der Schlickkrebs, wenn er bei der Nahrungsaufnahme an die Bodenoberfläche kommt und ein dünnes Wasserhäutchen, das sich dabei zwischen zwei Schaftgliedern des Körpers gebildet hat, infolge Überdehnung zerspringt. *Erich Wohlenberg* hat in seiner Inaugural-Dissertation „Die Grüne Insel in der Eidermündung. Eine entwicklungs-physiologische Untersuchung", Archiv der Deutschen Seewarte, 50. Band, Nr. 2, Hamburg 1931, den Vorgang unter Beifügung zeichnerischer Darstellungen beschrieben.

Zahllose Tiere halten sich in den Diatomeen-Rasen und Tang-Dickichten auf, sowohl solche, die sich, wie verschiedene Schneckenarten, hiervon ernähren, wie solche, die räuberisch von diesen Arten leben.

Nahe der Ebbelinie siedelt sich in großen Wiesen zwischen den Tangen das *Seegras* (Zostera) an. Es beherbergt eine außerordentlich vielseitige, z. T. charakteristisch angepaßte Tierwelt, besonders Krebse, welche mit ihren kleinen Körpern auf langen Stelzbeinen zwischen den Dickichten, in welchen kein genügender Raum zum Schwimmen ist, umherstelzen, wie die *Gespenstkrabbe* (Macropodia rostrata L.), die *Meerspinne* oder Sandkrabbe (Hyas araneus L.) und andere.

Besonders wichtig sind die Meergraswiesen als Laichraum und Brutraum wertvoller Nutzfische! So sucht der *Hering* (Clupea harengus L.) das Wattenmeer zum Laichen auf; andererseits laichen die *Goldbutts* (Platessa platessa L.) in der offenen See, aber ihre Jungen wandern ins Wattenmeer. Diese wirtschaftliche Bedeutung des Wattenmeeres ist lange unterschätzt worden. Ebenso wie die dänischen Wissenschaftler wenden die deutschen biologischen Arbeitsstellen der Nordsee dieser Frage neuerdings ihr besonderes Augenmerk zu. Dies ist um so wichtiger, als verantwortungslose Raubfischerei hier schon große Schäden hervorgerufen hat, für deren Umfang seitens der Ausübenden allerdings stets andere Gründe hervorgesucht zu werden pflegen.

Anders als im flachen Watt selbst stellt sich das tierische Leben in den ständig von strömendem planktonreichem Wasser erfüllten Rinnen des Wattenmeeres dar, den Prielen und den stromartigen Tiefs[1]). Diese Wasserrinnen sind vor allem das Gebiet der Fische, ferner der *Seeanemonen* und *Seerosen*, sowie der Austernbänke. Aber auch Krebsarten und Schnecken finden sich hier, wo dauernd Wasser ist. Am häufigsten sind die am Sandgrund verborgenen und hier auf Beute lauernden Plattfische, *Goldbutts* (Platessa platessa L.). *Steinbutts* (Rhombus maximus L.), *Seezungen* (Solea vulgaris L.) usw. Die Jungfische dieser Arten wandern als normal gebaute Fischchen in die Watten ein, hier erst wandeln sie ihre Gestalt unter Verlagerung der beiden Augen auf eine Körperseite so um, daß die eine Körperhälfte die Oberseite und die andere die Unterseite wird. Eine wichtige Nahrung für die Jungfische bildet der kleine *Spaltfuß-Krebs* (Praunus sp.). Besonders charakteristische Fische der Sandwatten-Priele sind die *Spierlinge* (Ammodytes spec.); sie können sich, wenn ihr Wohngebiet bei Ebbe trocken läuft, durch Eingraben in den feuchten Sand in der Regel über die Ebbezeit hinwegretten. Der gut schmeckende Fisch hatte in früheren Zeiten auf den Nordfriesischen Inseln eine große wirtschaftliche Bedeutung und wurde zu Hunderttausenden z. B. am Lister Strand erbeutet; heute wird der Fang nur noch nebenher, mehr als Sport betrieben.

Auf Föhr und auf Sylt widmet man sich besonders dem Fang des *Hornhechtes* (Belone acuus Risso), eines bis 90 cm lang werdenden, in Schwärmen lebenden Zugfisches, der

---

[1]) Taf. 58.

sich im Mai an den Küsten einstellt, um auf flachen, mit Seegras bewachsenen Stellen (bei List, in der Blidselbucht, bei Munkmarsch, im Binnenwatt von Föhr und Nordstrand) zu laichen. Bei Sylt erscheinen die Schwärme dieser Fische im Mai bei Hörnum und werden hier mit Schleppnetzen erbeutet.

Bei Föhr werden die Hornhechte noch nach alter Weise in „Fischgärten" gefangen, in Reusen endendem, in den Prielen aufgestelltem Flechtwerk; im Watt von Föhr sind diese „Fischgärten" bei Ebbe im Nordwesten und auch vom Südstrand aus im Süden zu sehen[1]).

Von großer wirtschaftlicher Bedeutung sind aus der Familie der Krebse die freischwimmenden *„Krabben"* oder *„Porren"*, deren Fang bereits im März beginnt und jetzt in der Hauptsache von Fahrzeugen aus mit dem großen Schleppnetz, der Kurre, betrieben wird, während in früheren Zeiten mit einem großen Ketscher gefischt wurde, den ein Mann zur Ebbezeit im Priele vor sich herschob.

Im Winter bilden die Krabben auf den Halligen ein wichtiges Nahrungsmittel. Übrigens wird der Fang der Krabben mit der Kurre zur Zeit fast nur von Husum und besonders von Büsum in Dithmarschen aus, welches die größte Krabbenkutterflotte besitzt, ausgeübt.

In großen Schwärmen treten oft auch die räuberischen *Makrelen* (Scomber scombrus L.) auf. Andere Fische der hohen See verirren sich selten in das flache Wattenmeer.

Von Meeressäugetieren ist nur der *Seehund* (Phoca vitulina L.) und der *Tümmler* oder *Braunfisch* (Phocaena phocaena L.) heimisch. Der Seehund ist noch heute eine häufige Robbe im Wattenmeer, während die *Kegelrobbe* (Halichoerus grypus L.) nur ganz vereinzelt gefangen wird. Seine Jagd auf den Sandbänken im Wattenmeer, welche er während der Ebbezeit zur Ruhe aufsucht, ist mühsam und nicht jedermanns Sache. Noch bis in die siebziger Jahre des vorigen Jahrhunderts wurde die Jagd nach Art der arktischen Robbenschlägerei betrieben; man schlich sich möglichst nahe an die ruhenden Seehunde heran, sprang dann auf und schlug tot, was man erreichen konnte. Erst Ende der siebziger Jahre nahm die Lockjagd zu, der das Bad Wittdün auf Amrum seinen Ruf verdankt. Neuerdings scheint der Seehund im Wattenmeer wieder häufiger zu werden. Er ist durch Jagdgesetz geschützt, und nur wenige Stücke werden jährlich freigegeben. Ob die gleichzeitig hiermit erhobenen Klagen über seine Schädlichkeit wirklich begründet sind, ist fraglich.

Der *Tümmler*, nicht der „Delphin", ist eine wohlbekannte Erscheinung auf der Reise zwischen der Elbmündung und den Nordfriesischen Inseln und ist der einzige in der Nordsee heimische Wal; er kommt auch ins Wattenmeer und geht sogar die Flüsse hinauf.

Nur ganz vereinzelt gelangen Stücke der großen Walarten von der Hochsee in das Gebiet des Wattenmeeres, wo sie in der Regel stranden und dann umkommen. So ist im Dezember 1918 ein 15 m langer Wal, der als *Finnwal* (Balaenoptera physalus L.) angesprochen ist, am Sylter Weststrand gestrandet. Ein *Schwertwal* (Orcinus orca F.) ist 1841 bei Sylt umgekommen, ein *Blauwal* (Balaenoptera musculus L.) 1881 zwischen Sylt und Amrum und ein *Finnwal* 1930 bei Amrum. Die in Gärten und vor Haustüren aufgestellten Unterkieferknochen („Walfischrippen") sind indes von den Grönlandfahrern und Walfängern früherer Zeiten mitgebracht[2]). Gelegentlich im Watt gefundene Knochenreste des *Pottwales* (Physeter macrocephalus L.) gehören jedenfalls in die Litorina-Zeit, als die Nordsee bis an die Geest des Festlandes brandete.

An den schrägen Abhängen der Priele und Tiefs, wo klares, nährstoffreiches Wasser über sandigem festerem Boden auch während der Ebbezeit hinwegfließt (übrigens auch in der offenen Nordsee), gedeiht die *Auster* (Ostrea edulis L.)[3]), schon in der mittleren Steinzeit ein wichtiges menschliches Nahrungsmittel. Nur an verhältnismäßig wenigen Stellen des nordfriesischen Watts (zusammengenommen etwa auf dem 26. Teil des Wattenmeergrundes) befanden sich solche geeigneten Plätze, wo die Austern sich z. T. in großen

[1]) Taf. 63. [2]) Taf. 126. [3]) Taf. 58.

und dann erst wirtschaftlich wertvollen Bänken angesiedelt hatten, mögen es die sogenannten Strombänke an den steilen Hängen der Tiefs sein oder die weiten Flachbänke an den Prielen oder die Binnenbänke an blind auslaufenden Seitenrinnen. Im nordfriesischen Wattenmeer waren bis 1930 etwa 50 Bänke vorhanden. Die obere Grenze der Austernbänke wird in der Regel innerhalb und oberhalb der Niedrigwassergrenze durch Miesmuschelbänke[1]) gebildet, deren oberste Ansiedelungen also bei Ebbe trocken liegen; nach unten werden die Austernbänke meist durch die Kolonien eines Sandröhren bauenden Wurms, der *Sandkoralle* (Sabellaria spinulosa) abgelöst, deren Bauten wie ein Korallenriff wirken. Man darf sich aber die Besiedelungsdichte einer Austernbank nicht wie diejenige einer Miesmuschelbank vorstellen; die einzelnen Austern liegen weit auseinander, auf einer guten Bank etwa bis zu 10 auf 1 qm.

Bis 1928 wurde der Fang durch eine kleine Flotte von einem Spezialdampfer nebst Kuttern mit dem auf dem Grunde entlangstreifenden Austerneisen ausgeführt. Die durchschnittliche Jahresproduktion betrug bis etwa 1914 ungefähr $^3/_4$ Millionen Stück, bei normaler Besetzung der Bänke hätte jedoch das 3- bis 5fache erzielt werden können.

Der Fangertrag ging dann immer mehr zurück, so daß gegenwärtig Bestände kaum mehr vorhanden sind. Als eine der Ursachen hierfür wird der 1927 fertiggestellte Bau des Hindenburgdammes angesehen werden müssen. Durch die Unterbindung des natürlichen Kreislaufes des Wassers um Sylt sind Veränderungen der Bodenhöhen und der örtlichen Lagerung der Bodenstoffe d. h. des Vorkommens der Schlick- und Sandgebiete eingetreten. Nach Beobachtungen von *Detlef Dethlefs*, dem ehemaligen und letzten Pächter der Austernfischerei in List (seit 1931), zeigen die Wattengründe nördlich des Hindenburgdammes seit den zwanziger Jahren eine zunehmende Versandung. Dethlefs nimmt an, daß dies vielleicht teilweise auch in Zusammenhang steht mit der bekannten Erkrankung und entsprechenden Abnahme des Seegrases (Zostera marina L.) während der rückliegenden Zeit, dessen Wachstum sonst Schlickstoffe bindet. In großem Ausmaß sind Schlickstoffe an die Festlandsküste verfrachtet worden, wie dies südlich und nördlich des Hindenburgdammes bei Klanxbüll sichtbar ist.

Eine Wiederbesiedelung der Bänke hat sich als sehr schwer erwiesen. (*A. Hagmeier* und *R. Kändler*, Neue Untersuchungen im nordfriesischen Wattenmeer und auf den fiskalischen Austernbänken. Wissenschaftliche Meeresuntersuchungen, Abt. Helgoland, Bd. XVI Abh. Nr. 6. 1927). Obwohl eine größere Mutteraster etwa 1 Million Larven hervorbringt, gehen die allermeisten zugrunde, da die Jungaustern als winzige Tierchen von etwa 1,5 mm Länge eine Zeit als Plankton im Wasser schwärmen und sehr vielen Gefahren ausgesetzt sind, bis sie sich an einem geeigneten Platz zur Weiterentwicklung ansetzen. Die Austernbänke müssen daher in Kultur genommen, Saataustern beschafft und gegebenenfalls die Larven solange gepflegt werden, bis sie die zum Ansetzen nötige Größe erreicht haben, um dann auf geeigneten Gründen ausgesetzt zu werden. Auf List wurden zu diesem Zwecke schon 1910 staatliche Austernanlagen geschaffen, die aber trotz vielversprechender Anfänge und obgleich gerade die „fiskalische" Auster von Sylt eine der geschätztesten Sorten war, keine dauernden Erfolge erzielt haben. 1931 hatte der damalige Betriebsleiter der Lister Anlagen, Detlef Dethlefs in List, das gesamte Austerngebiet an der Westküste gepachtet. Da Bestände im Wattenmeer nicht mehr vorhanden waren, beschaffte Dethlefs sich holländische und französische (Bretagne) Saataustern. Er konnte damit den Absatz von Marktaustern von anfänglich 3000 auf über 150000 Stück im Jahre 1939 steigern.

Die in List vorhanden gewesenen Anlagen mußten 1935 Wehrmachtsbauten weichen. Auf dem Ellenbogen wurde danach 1937 eine neue Austernanlage eingerichtet, die gleichzeitig wissenschaftlichen Zuchtversuchen dienen sollte. Im gleichen Jahr wurden

---

[1]) Taf. 60.

300000 holländische Saataustern auf den Bänken ausgestreut. In den Jahren des zweiten Weltkrieges kam das Austernunternehmen ganz zum Erliegen. Die Baulichkeiten auf dem Ellenbogen dienen seit Kriegsende der von Helgoland nach Sylt verlegten „Biologischen Anstalt" als Arbeitsstätte. Direktor dieser Anstalt war vom Februar 1934 bis Juni 1953 Prof. Dr. *Arthur Hagmeier*. Sein Nachfolger ist Prof. Dr. *Adolf Bückmann*. Zur weiteren Hebung der Austernzucht ist 1935 auf Föhr die nordfriesische Austern- und Muschelkultur G. m. b. H. gegründet worden.

Die Lebensgemeinschaft der Austernbänke ist in ihrer Art ebenso charakteristisch wie die der anderen Tiergemeinschaften des Wattenmeeres. Sie enthält nicht wenige Schädlinge der Auster, angefangen von der *Miesmuschel*, welche die lebenden Austern überwuchern kann, über starke Nahrungskonkurrenten bis zu räuberischen, die Austernschalen anbohrenden Tieren, wie dem *Bohrschwamm* (Clione celata).

Die verbreitetste festsitzende Muschel des ganzen Wattenmeeres ist die eßbare *Miesmuschel* (Mytilus edulis L.), im Lebensmittelhandel als Pfahlmuschel bezeichnet. Überall dort, wo sie sich mit ihren Byssusfäden an einer festen Unterlage anheften kann, siedelt sich diese Muschel mit ihren außen blauschwarzen, innen silberweißlichen Schalen in Kolonien an, nicht nur an Buhnen, sondern auch auf dem Wattboden und in den Prielen. Sie verträgt das Freilegen durch Ebbe[1]).

Im Watt treffen wir sie manchmal in Bankanlagen von kilometerweiter Ausdehnung. Hier bieten ihr die einst durch Sandüberschüttung abgestorbenen und dann durch Abtragung des Sandes an die Oberfläche gekommenen Bänke der *Klaffmuscheln* (Mya)[2]) ausreichenden Halt, um riesige Kolonien zu bilden, die sich auch über Niedrigwasser erheben und dann als große dunkle Erhebungen im Watt schon von weitem sichtbar werden. Solche Kolonien sind allerdings stark der Gefahr der Verschlickung und damit der Vernichtung ausgesetzt.

DIE TIERWELT IM WANDEL DER ZEITEN

Uralte Erde liegt auf Sylt am Roten Kliff bei Kampen, am Weißen Kliff bei Braderup und am Morsumkliff zutage[3]). Vor Jahrmillionen trug auch der älteste Teil dieses Bodens tierisches Leben. Aber nur selten finden sich geringe Reste versteinerter Knochenteile oder altertümliche Muscheln[4]). Es sind die Zeiten der *Urnordsee*. Nur unvollständig gelingt es, ein Bild dieser weltfernen Zeiten mit fremdartigen Pflanzen und sagenhaften Riesentieren zu entwerfen; immer aber bleiben diese Reste eine fremde Welt, welcher die unmittelbare Beziehung zur Gegenwart fehlt.

Weiter rinnen die Jahrtausende und die Jahrmillionen. Am Ende der *Tertiärzeit* hat sich das Land ganz aus dem Meer gehoben. Da schieben sich die ungeheuren Gletscher der „*Eiszeit*" über unser Gebiet; alles bisherige Leben wird verdrängt oder vernichtet. Ungeheuer ist die Beeinflussung der Lebewelt in diesem Zeitraum, dessen Dauer auf etwa 600000 oder 800000 Jahre geschätzt wird, gewesen; haben doch kalte Perioden mit warmen, ja mit wärmeren als der heutigen Zeit gewechselt, und dementsprechend auch die von diesen klimatischen Perioden abhängigen Tiere, wie die bisher allerdings nur spärlichen Erdfunde diluvialer Tiere beweisen. Im Tuul, dem jetzt untermeerischen Torf der Sylter Westküste, der vom Meer gelegentlich an die Küste geworfen wird, und den man als einen während des letzten Interglazials an Ort und Stelle entstandenen *Waldtorf* ansieht, sind sogar erkennbare Reste von *Käfern* gefunden worden.

[1]) Taf. 60.   [2]) Taf. 60.   [3]) Taf. 5. 6.   [4]) Taf. 3. 4.

Als die Gletscher dann das von Moränenschutt, Geröll und Sand bedeckte Land endgültig freigaben, — die Geest der Inseln Sylt, Föhr und Amrum war schon seit der vorletzten Vereisung frei — besiedelt eine neue Tierwelt das weit in das Gebiet der heutigen Nordsee bis zur Doggerbank sich erstreckende Land. Es sind Tiergeschlechter der Jetztzeit, Tiere der Polarwelt, allerdings nicht alles dieselben Arten. *Moschusochsen*, *Mammuts* und *Nashörner*, deren Reste zwar noch nicht im nordfriesischen Inselgebiet, aber verschiedentlich auf dem schleswig-holsteinischen Festland gefunden wurden, sind auf ihren jahreszeitlichen Wanderungen sicherlich auch über unser Gebiet gekommen, ebenso wie grönländische *Sattelrobben* und *Walrosse*, deren Reste schon in Dänemark gefunden sind.

Noch vor etwa 20000 Jahren, als die Gletscher sich vom Ostrande Schleswig-Holsteins endgültig zurückzuziehen begannen, werden die Polartiere den Hauptteil der Fauna ausgemacht haben. Welche Veränderungen bis zur Gegenwart, in einer Zeitspanne, die nur einen Augenblick im Weltgeschehen bedeutet! Nichts beweist eindringlicher als dieser Wandel die innere Abhängigkeit der Tierwelt von der Landschaft und die Wahrheit des Satzes, daß nur der Wechsel beständig ist.

Eine Tabelle soll diesen Wandel veranschaulichen. Gewiß, es ist eine in den Einzelheiten manchmal noch unsichere Chronik; sie kann nur den jetzigen Stand unserer Kenntnisse und Vermutungen über das Vorkommen mancher Arten wiedergeben, aber in großen Linien liegt der Ablauf doch fest, und weitere Bodenfunde werden das Bild klarer erscheinen lassen und verbessern.

Zu beachten ist, daß die Tabelle für ganz Schleswig-Holstein aufgestellt ist; aber die Funde in anderen Gebieten Schleswig-Holsteins lassen sich im wesentlichen für die nordfriesische Fauna verwerten. Das wird z. B. auch für die großartigen Entdeckungen gelten, welche von *Rust*-Hamburg in dem altsteinzeitlichen Rentierjägerlager bei Meiendorf (nördlich von Hamburg) gemacht sind, das der Zeit des Abschmelzens der letzten südlichen Randlage des Inlandeises angehört. Die Fauna jener Zeit ist rein arktisch gewesen; in großen Massen ist das *Ren* vorhanden gewesen.

Aus unserem engeren Gebiet liegen bisher nur aus späterer Zeit Reste des *Rothirsches* und des *Urs*, des ausgestorbenen glatthaarigen Wildrindes (also nicht des Wisents), vor. Beide Tiere sind typische Begleiter des früher hier herrschend gewesenen offenen Eichen-(misch)waldes. Der Hirsch ist ein bevorzugtes Jagdtier schon in der Steinzeit gewesen. Reste von Hirschen haben sich im Seetorf von Sylt (Heimatmuseum in Keitum) und sogar noch in einem Kjökkenmödding der Völkerwanderungszeit bei Groß-Dunsum auf Föhr gefunden.

Welche Größe die Hirsche jener Zeit gehabt haben, bezeugt ein prachtvolles Geweih, welches Fischer im Jahre 1919 im Watt zwischen Hallig Habel und Nordstrandischmoor beim Fischen mit dem Netz gefunden haben, und welches sich jetzt im Nissen-Haus (Ludwig Nissen-Museum) in Husum befindet. Es ist ein ungerader Zwanzigender; die obersten Stangenspitzen stehen 0,80 m auseinander[1]).

Heute in der Zeit stärkster vorwärtsdrängender Zivilisation und der Veränderung der letzten natürlichen Landschaftsgebiete sehen wir den Wandel in der Tierwelt, der in früheren Jahrhunderten langsam ablief, vor unseren eigenen Augen mit erschreckender Schnelligkeit sich vollziehen. Was ist nicht alles vernichtet! Die großen jagdbaren Tiere sind schon in vorgeschichtlicher, spätestens in frühgeschichtlicher Zeit verschwunden. Unsicher ist die Zeit des Verschwindens der kleineren Säugetiere, wie des *Igels*, des *Maulwurfs*, des *Fuchses*, des *Steinmarders* von verschiedenen Inseln, während *Wiesel* sich anscheinend immer gehalten haben. Auch das Fehlen aller drei schleswig-holsteinischen Schlangenarten, sowie der meisten Amphibien auf den drei großen Geest-Inseln ist gewiß nicht

---

[1]) Taf. 58.

Ungefähre Datierung	Zeitperiode	Nordsee	Ostsee	Klima	Florenentwicklung	Höhere Tierwelt in Schleswig-Holstein	Kulturperioden d. Menschen
−25000	Beginn des endgültigen Abschmelzens des Inlandeises	Land bis zur 80-m-Linie	vergletschert Eisstausee	arktisch	Tundra, Dryasvegetation	Arktische Tiere: Ren, Vielfraß, Schneehase, Schneehuhn; ferner Wildpferd, Wildschwan	Ausklingende ältere Steinzeit
−20000	Der Eisrand verläßt die Ostküste Schleswig-Holsteins			„	„	„	„
−12000	Präboreale Periode	bis zur 40-m-Linie noch Land	Yoldia-Zeit	arktisch, mit Schwankungen	Dryasvegetation; höhere Tundra; Birken, Espen, Kiefern	Ren, Elch	Mittlere Steinzeit (−5000 ältere Muschelhaufenzeit)
−8000	Boreale Periode (Postglaziale Wärmezeit,	schnelles Vordringen der Nordsee. Doggerbank wird Insel	Ancylus-Zeit Ostsee rückt vor	schnelle Erwärmung, Kontinentalklima, warm und trocken; Klima-Optimum; Hauptbeginn der Hochmoorbildung	Kiefernwälder; Eichenmischwald wandert ein; viel Hasel; Erle. Vegetationsgrenze liegt höher als heute	Ren stirbt aus — Elch, Ur, Hirsch, Reh	
−5500	bis etwa 500 v. Chr. mehrfach wärmer als heute) Atlantische Periode	Nordsee um 4000 v. Chr. in Dithmarschen am Geestrand. Langsame Überflutung in Nordfriesland. Großräumige Marschbildung in Nordfriesland	Litorina-Zeit Ostsee immer ausgedehnter	mildes Seeklima, warm und feucht; Hochmoorbildung, Heide auf den Sandflächen	Kiefer verschwindet immer mehr. Eichenmischwald (Eiche, Ulme, Linde);	Elch verschwindet	
−2000	Subboreale Periode (wird jetzt meist zur atlantischen Periode gerechnet)	ausgedehnte Moorbildung in Nordfriesland. Marschbildung in Dithmarschen u. Eiderstedt	Limnäa-Zeit Bildung der heutigen Föhrdenküste	sommerliche Trockenzeiten werden häufiger — Klimasturz!	Linde tritt zurück, Buche wandert ein Buchenzeit Verheidung der Moore	Hirsch, Reh, Ur	Jüngere Steinzeit (3500 bis 1800)
−500				feucht und kühl, starke Hochmoorbildung		Hirsch, Reh	Bronzezeit (1800 bis 600)
±0	Subatlantische Periode	Einbrüche in Moorniederungen	Mya-Zeit	etwas trockener	Buchen- (Eichen-)Wälder Hainbuchen	Hirsch, Reh	Eisenzeit
+1000	Neuzeit	Eindeichungen, Sturmflutkatastrophen als Folge der Verfehnung. Bildung der jungen Marsch			Nadelwaldkulturen; Trockenlegung der Moore. Verheidung	Reh, Hirsch fast ausgestorben; Damwild eingeführt	

Flandrische oder Corbula Transgression / *Dünkirchner Transgress.*

ursprünglich. Selbst die Vogelwelt hat manche Verluste zu verzeichnen. Im ersten Weltkriege ist auf dem Ellenbogen auf Sylt die einzige im Nordseegebiet befindliche Kolonie der *kaspischen Raubseeschwalbe* (Hydropogne tschegrava Lep.), der größten europäischen Seeschwalbe, eingegangen. Ein Exemplar dieser Schwalbe verwahrt das Museum in Keitum. Um 1939 brüteten auf Föhr nur noch ganz wenige *Störche*. Heute ist dieser Charaktervogel unseres Nordens als Brutvogel dort ganz verschwunden. Nur ganz selten und vereinzelt sieht man ihn auf dem Frühjahrszuge diese Insel, ohne Rast zu machen, noch überfliegen. Auf Sylt verschwand 1906/07 das letzte Brutpaar des Storches; es nistete auf dem Haus von Dirk Boysen an der Keitumer Chaussee. Das Aussterben des Storches auf den Inseln steht im Zusammenhang mit der allgemein zu beobachtenden Tatsache, daß die Storchbestände in unserem ganzen Verbreitungsgebiet in Abnahme begriffen sind.

Andererseits treten andere Tiere neu auf. Ob und wann manche Landtiere wie *Steinmarder* und *Iltisse* absichtlich von Menschen ausgesetzt sind, ist heute nicht mehr zu klären. Ohne Frage sind aber zu verschiedenen Zeiten Tiere zu den verschiedensten Zwecken ausgesetzt. So wird für Amrum angenommen, daß dort bereits seit 1231 *Kaninchen* auf Veranlassung der dänischen Könige eingeführt sind. Sie sind hier, ebenso wie auf Sylt, nachweisbar aber mit entlaufenen, zahmen Tieren vermischt.

Ein gewisser Bestandteil jeder Fauna besteht heute aus sog. „*Kulturfolgern*", denen in unserer „Kulturlandschaft" und in den durch die menschlichen Ansiedelungen entstandenen Lebensräumen die Möglichkeit für ihr Vorkommen geschaffen oder doch mindestens stark erleichtert wird. Zu solchen Tieren zählen z. B. *Schwalben*, einige Singvogelarten (*Sperlinge, Schwarzdrosseln, Hausrotschwänzchen* u. a.), *Ratten* und *Mäuse* und viele Insekten.

Eine große Anzahl dieser Kulturfolger wird durch häufiges Auftreten schädlich; auch auf den Nordfriesischen Inseln sind oft große Schäden durch *Kohlweißlinge* (Pieris brassicae L.) angerichtet und *Nachtfalterraupen* (Agrotis) haben die Wiesen kahl gefressen.

Neue Tiere kommen ferner mit dem Faschinenmaterial auf die Inseln, das jährlich in großen Mengen für Uferbauten vom Festlande her eingeführt wird. Vielleicht ist so das Auftreten der *Zauneidechse* auf Sylt zu erklären. Selbst *Igel* können mit Buschwerk verschleppt werden. Vom *Wiesel, Iltis* und der *Ratte* ist dies durch Arbeiter beim Bau von Buschlahnungen für Sylt belegt. Auf Amrum sind neuerdings zwei *Ringelnattern* und eine *Kreuzotter* gefunden worden, die ohne Zweifel ebenfalls mit Faschinenmaterial dorthin gekommen sind.

Der Schiffsverkehr verbreitet Seetiere. Der schädliche *Pfahlwurm*, Teredo navalis L., übrigens eine Muschelart, ist von Holland her eingewandert. Er schädigt die aus Holz hergestellten Uferbauten. Die zu Millionen im Seetorf lebende *Bohrmuschel* (Petricola pholadiformis) stammt aus Amerika; 1892 ist sie zuerst im Nordfriesischen Küstengebiet bei Föhr beobachtet.

Seit einigen Jahren tritt im Wattenmeer auch die chinesische *Wollhandkrabbe* (Eriocheir sinensis M. Edw.) auf, die sich besonders in nordwestdeutschen Flüssen schon zu einem gefährlichen Schädling entwickelt hat. Allerdings ist sie im Gebiet der Nordfriesischen Inseln nicht häufig, wahrscheinlich aus Mangel an genügenden Süßwasserläufen als Aufwuchs- und Nährstätten. Die meisten Funde wurden 1933 gemacht, wo die Krabben sich z. B. auch im Hafen und in Gräben auf Pellworm fanden; in den folgenden Jahren ist die Anzahl der Funde wieder zurückgegangen.

Für Sylt bedeutet neuerdings der Hindenburgdamm einen wichtigen Weg für die Einbürgerung neuer Tiere. *Iltisse, Wiesel* und selbst *Marder* treten seit der Fertigstellung des Dammes (1927) vermehrt auf. Im Winter 1935/36 wurden fünf Iltisse erbeutet Auch Hasen benutzen den Damm. *Mäuse* und *Maulwürfe* legen ihre Gänge in ihm an und rücken allmählich zur Insel vor. 1935 ist dann auch der erste Maulwurf auf Sylt selbst gefunden (bei Braderup), 1937 der zweite. Sein Hauptverbreitungsgebiet reicht im Jahre 1953 über die Ländereien vom Hindenburgdamm aus bis zur Osthälfte von Morsum. Seit 1940/41 hat auch der *Fuchs* seinen Einzug auf Sylt gehalten. Er wurde zuerst auf der Nössehalbinsel beobachtet, hat sich danach aber über ganz Sylt verbreitet, so daß er selbst auf dem Ellenbogen vorkommt. Als Schlupfwinkel benutzt er u. a. die Trümmer gesprengter Militärbunker. Mehrere Jungtiere wurden gefangen und zahlreiche ausgewachsene Füchse abgeschossen. In der Westerländer bzw. Eidumer Vogelkoje wurden im Mai/Juni 1949 im Tellereisen ein alter Fuchs und dreizehn Jungfüchse erbeutet. Anfang April 1953 fand der Landwirt Boy Thiessen von Morsum in Morsum-Nösse einen *Dachs* vor seinem Bau verendet liegen. Dieser Fund dürfte die erste Feststellung eines Dachses auf Sylt sein. Übrigens finden sich auf den Inseln in den Wiesen Erhöhungen, welche bei flüchtiger Betrachtung als Maulwurfhügel angesprochen werden; tatsächlich sind es die Bauten von *Ameisen*, welche auf den Inseln und Halligen weit verbreitet sind und sich sogar in mehr oder weniger regelmäßig überschwemmtem Vorland finden. Besonders auf den Halligen sind sie eine Plage und verringern die nutzbaren Grasflächen; zu Hunderten liegen ihre mehrere zehn Zentimeter hohen, aus fester Kleierde aufgebauten Hügel auf dem Grasland. Wenn sie im Sommer schwärmen, erfüllen ihre Hochzeitsflüge die Luft in dichten Wolken, die aus der Ferne wie aufsteigender Rauch aussehen. In den Vogelkolonien fressen sie die eben geschlüpften Jungen an und töten sie. Die Bekämpfung dieser Plage durch ständiges Einebnen ihrer Hügel, wie es neuerdings endlich auf Hooge geschieht, würde möglich sein; bisher scheitert sie dort, wo die alte Flurverfassung noch gilt, an dem ständigen Wechsel in der Zuteilung des Landes.

Von Wobbenbüll am Festland aus wurde 1933/34 ein 3 km langer Damm nach Nordstrand gebaut. Über die auf der Insel vorkommenden und hier angetroffenen Säugetiere hat Andreas *Busch*, Morsumhafen, freundlicherweise folgende Mitteilung gemacht. *Wiesel* sind von jeher vorhanden gewesen. *Igel* waren bis 1910 sehr selten, sind aber jetzt häufiger. Der *Iltis* wurde zuerst 1914 festgestellt; ein Fänger erbeutete in einem Jahr 68 Tiere. Ein *Mauswiesel* wurde 1921 gefangen. Mit Lahnungsbusch kam 1907 ein *Marder* auf die Insel, der in einer Falle gefangen wurde. Ein ebenfalls mit Uferschutzmaterial eingeschleppter *Dachs* wurde 1938 erschlagen. Der *Maulwurf* wurde etwa 1938 zuerst am Pohnskoogdeich beobachtet. Den ersten *Fuchs* sah man im Jahre 1938.

Zur Veränderung der Fauna trägt auch die Aussetzung jagdbarer Tiere bei. Von der Aussetzung der *Kaninchen* auf Amrum ist schon die Rede gewesen. *Hasen* sind einheimisch, auch vielfach ausgesetzt, sogar auf Hallig Hooge, wo sie aber bei der ersten Hochflut ertrunken sind. Auf den größeren Inseln sind die Hasen reichlich. Schon 1680 sind auf Sylt Strafen gegen unberechtigtes Jagen auf Hasen angedroht. Föhr gilt als das „Hasenparadies". Übrigens ist der Hasenbestand mit böhmischen, ungarischen und jugoslawischen Hasen derart durchsetzt, daß eine einheitliche einheimische Rasse nicht mehr vorhanden ist. Für die Zeit vom 1. April 1951 bis zum 31. März 1952 macht der Kreisjägermeister für den Kreis Südtondern, der Revierförster *Jessen*, bezüglich Bestand und Abschuß folgende Angaben. „Für *Hasen* auf Sylt: gering, d. h. 105; auf Föhr: sehr gut, d. h. 1420; auf Amrum: sehr gering, d. h. 6. Für *Fasanen* auf Sylt: keine (im Jahre 1936 ausgesetzte Fasanen sind infolge Krieg, Klima — strenger Winter 1946/47 — und Nachstellung verschwunden; d. Verf.); auf Föhr: sehr gut, d. h. 658 (nach Aussetzung 1933 sehr gute Vermehrung, die Strecke von 1935 betrug 127 Stück; d. Verf.); auf Amrum: keine. Für *Rebhühner* auf Sylt: gering, d. h. 103; auf Föhr: gering, d. h. 151; auf Amrum: keine. Für *Kaninchen* auf Sylt: gering, d.h. 78; auf Föhr: gering, d.h. 60; auf Amrum: sehr viel, d.h. 520."

Über das *Rehwild* auf Föhr gibt *Jessen* folgenden Bericht: „Bei dem Rehwild auf Föhr handelt es sich um einen Versuch des Instituts für Jagdkunde Berlin-Dahlem (heute Hann. Münden). Es wurden im März 1939 drei Böcke und zwei weibliche Stücke ausgesetzt, wovon jedoch ein Bock und ein weibliches Stück im ersten Jahr verendet aufgefunden wurden. Das Rehwild hat sich sehr gut den veränderten Lebensbedingungen angepaßt. Es sind zur Zeit rd. 100 Stück auf der Insel, hiervon befindet sich der größte Teil in den westlichen Gemeinden Borgsum, Süderende usw. Der Abschuß ist zunächst nur gering, die Abschußplanung erfolgt im Einvernehmen mit dem Institut für Jagdkunde."

SCHLUSS

Nur skizzenhaft hat aus der unendlichen Fülle des Tierlebens in seiner Gebundenheit an den nordfriesischen Raum das Wichtigste und Auffallendste behandelt werden können. Es kann nicht genug darauf hingewiesen werden, daß die Nordfriesische Inselwelt eine Landschaft ganz besonderen Charakters, eine Landschaft der stärksten Gegensätze in jeder Beziehung ist. Überall sehen wir das in der Auswirkung auf die Tierwelt, wie es im Vorhergehenden verschiedentlich geschildert ist.

Es ist ein unendlich reiches Arbeitsfeld, das sich hier dem Forscher bietet! Noch lange nicht sind die Zusammenhänge geklärt. So hat z. B. erst die Bearbeitung einer reichhaltigen, von dem Herausgeber dieses Buches auf Sylt zusammengebrachten *Schmetterlingsausbeute* die Probleme in ihrem ganzen Umfange erkennen lassen, welche selbst die Landfauna darbietet, mögen es historische, ökologische oder genetische Fragen sein[1]). In dieser Ausbeute finden sich Arten, welche durch ihr zerstreutes Vorkommen in den Gebieten um die Nordsee andeuten, daß sie Relikte, Überbleibsel älterer Zeiten sind, die ihnen geeignetere Lebensbedingungen boten. So führen einige Arten wahrscheinlich auf die warme Litorinazeit zurück; andere Arten weisen auf das frühere Vorhandensein von Wald hin.

Eindringlich hat sich durch die Bearbeitung dieser Ausbeute die Bedeutung des *Kleinklimas* für die Tierwelt ergeben. Man muß beachten, daß es sich in Nordfriesland vielfach um Grenzgebiete des Vorkommens handelt, und daß der nordfriesische Raum, wenn wir die übrige Verbreitung eines bestimmten Tieres berücksichtigen, seinen Lebensansprüchen auf den ersten Blick oft nicht genügend zu entsprechen scheint. So vermag z. B. nicht das Großklima das Vorhandensein mancher Arten zu erklären, sondern nur das von diesem Großklima in seinen Wärme- und Trockenheitsverhältnissen oft ganz außerordentlich abweichende Standorts- und Kleinklima, in welchem die meisten niederen Tiere leben. Aber die Einzelheiten dieser klimatischen Bindung der verschiedenen Arten sind noch bei weitem nicht geklärt. Auf ein weiteres Problem sei in diesem Zusammenhange aufmerksam gemacht. Unter der niederen Tierwelt finden sich in unserem Gebiet manche Arten, welche eine starke *Variabilität* in ihrer Erscheinung, in Größe, Färbung, Zeichnung oder sonst irgendwie zeigen, besonders unter den *Schmetterlingen* und *Hummeln*. Eine umfangreiche Sammlung von Hummeln hat Prof. *Edgar Krüger*, Hamburg bzw. Kampen, zusammengebracht. Die Ergebnisse seiner Forschungen sind 1939 unter dem Titel „Die Hummeln und Schmarotzerhummeln von Sylt und dem benachbarten Festland" in den Schriften des naturwissenschaftlichen Vereins für Schleswig-Holstein erschienen. Die Erklärung dieser Variabilität steht erst in den Anfängen. Bei einer variablen Art ist immer zu fragen, ob hier die nichtvererbliche Einwirkung der Außenwelt zum Ausdruck kommt, oder ob es sich um ein Gemisch verschiedener erblicher Formen (heterozygoter Formen) handelt. Und für den zweiten Fall ist dann weiter noch die Frage zu klären, ob nicht mit den die äußere Erscheinung bedingenden erblichen Faktoren bestimmte physiologische Eigenschaften gekoppelt sind, welche gerade diesen Formen die Möglichkeit des Vorkommens in diesen Grenzgebieten ermöglichen.

[1]) Taf. 61. 62.

So tritt in dieser Landschaft weit eindringlicher als in anderen Lebensräumen dem Wissenschaftler und jedem anderen Denkenden das große Geheimnis entgegen, daß jedes Lebewesen in sich seine erbgebundene Eigenart trägt und in zwangsläufiger Entwicklung zum Ausdruck bringt, daß es aber andererseits in seiner Erscheinungsform und in seinen Lebensbetätigungen die ebenso schicksalhafte Bindung an seinen Lebensraum, an seine Umwelt, erkennen läßt, und es drängt sich in dieser Fülle wissenschaftlicher Probleme zwingend die Frage auf, welche seit Darwins Zeiten die Wissenschaft noch immer entzweit, die Frage, wie die Umwelt auf die lebendige Welt wirkt. Die Verwunderung, daß der deutsche Wissenschaftler in früheren Jahrzehnten diesen Problemen hauptsächlich im Auslande nachgegangen ist, anstatt sie in der Heimat zu erforschen und zu klären, ist jetzt durch das Gefühl der Freude abgelöst, daß durch die veränderten Zeitumstände das Augenmerk — nach manchen früheren Ansätzen — nunmehr verstärkt auf die eigene Heimatwelt und ihre Bedeutung gerichtet wird; sie soll uns auch in wissenschaftlichen Fragen näher stehen als die übrige Welt.

ERLÄUTERUNGEN ZU DEN TAFELN 61 UND 62

Tafel 61. Charakteristische Schmetterlinge der Inseln

O. l. *Miana var. onychina H. S.* Eule. Eine blasse, gelbgraue Sandstrandform der bunten *Miana literosa Hw.* Ausschließlich auf den Sandstrand beschränkt. Kommt nicht auf dem Festland vor. Bisher nur bekannt geworden von der holländischen Küste, den Ostfriesischen Inseln (Borkum, Norderney, Wangeroog), Helgoland, Amrum, Sylt, der jütischen Westküste von Fanö bis hinauf nach Vendsyssel. Also nach den bisherigen Feststellungen ganz auf das Nordseegebiet beschränkt.

O. r.: *Lycaena argyrognomon Bergstr.* (*idas L.*) Bläuling, Tagfalter. Ein charakteristischer, auf den Heideflächen von Sylt und Amrum einheimischer Falter.

M. l. oben: *Leucania littoralis Curt.* Typischer Schmetterling der Sandküsten. Bekannt von den spanischen, französischen, holländischen und englischen Küsten, von Borkum, Juist, Amrum, Sylt, von der jütischen Westküste von Skagen bis Fanö, von Alsen, Seeland, der Eckernförder Bucht, Bornholm, Südschweden, Pommern. Unten: *Leucania var. favicolor Barr.* Bis 1930 nur bekannt gewesen von den Südostküsten Englands; lebt dort auf Salzwiesen, Amrum, Pellworm.

M. m.: *Spilosoma lubricipedum Esp.* (*luteum Hfn.*) *zatima Cr.*, darunter *Spilosoma l.* Nominatform. Bärenspinner, Nachtfalter. Ersterer, eine geschwärzte Varietät, ist eine besondere Eigenart der Nordseeküsten und Nordseeinseln (Ostküste Mittelenglands, Holland [Breda, früher], Helgoland, Föhr). Sie findet sich als erbliche Form jahrweise, aber meist nur sehr vereinzelt, unter der Hauptform, welche auf den Inseln häufig ist. In den letzten Jahrzehnten ist diese Form nur noch auf Föhr beobachtet.

M. r.: *Hadena sordida Hfn. var. engelhartii Duurloo.* Eule. Oben Männchen, unten Weibchen. Eine typische aufgehellte Strandform. Bisher nur von den Küsten der Nordsee bekannt; jütische Westküste von Vendsyssel bis Fanö, z. T. in großer Zahl, Sylt, Amrum, Borkum.

U. l. und u. r.: *Satyrus semele L.* Rostbinde. Tagfalter. Links Weibchen, rechts Männchen. Der typische, einheimische Tagfalter der Dünen und Heiden. Einer der häufigsten Schmetterlinge der Inseln, der auf der Unterseite eine ausgezeichnete Schutzfärbung besitzt. Der große Falter ist im Fluge nicht zu übersehen. In dem Augenblick aber, wo er sich auf dem Sandboden niederläßt und die Flügel nach oben zusammenschlägt, ist er blitzartig aus dem Gesichtsfeld des Beobachtenden verschwunden. Die unregelmäßig grau, weißlich und bräunlich marmorierte Unterseite löst die Umrisse des Falters auf und läßt ihn in seiner Umgebung verschwinden. Auch ein geübter Beobachter findet den Falter nicht wieder, wenn er sich die Anflugstelle nicht genau gemerkt hat.

M. u.: *Agrotis cursoria Hfn. f. ochrea Tutt* (oben), darunter *Agrotis cursoria* Übergang zu *sagittata Stgr.* Eule. Eine außerordentlich variierende Art. An sandigen Küsten finden sich aufgehellte Formen häufiger als im Binnenlande. Die hellen Formen gehen ineinander über. Die Dänen nennen *cursoria* den variabelsten Schmetterling von Dänemark.

Tafel 62. Farben- und formenschöne Schmetterlinge der Inseln

O. l.: *Pyrameis atalanta L.*, Admiral. In manchen Jahren häufiger Einwanderer; im Herbst besonders in Blumengärten.

O. m.: *Sphinx pinastri L.*, Fichtenschwärmer. Ein flugkräftiger Nachtfalter, der vom Festland herüberkommt.

O. r.: *Pyrameis cardui L.*, Distelfalter. Ebenfalls, wie der Admiral, in manchen Jahren häufiger Einwanderer aus dem Süden.

M. m.: *Arctia caja L.*, Brauner Bär. Einheimisch.

U. l.: *Saturnia pavonia L.*, Kleines Nachtpfauenauge. Ein besonders helles, schönes Weibchen dieses auf den Heiden von Sylt einheimischen großen Spinners; es ist 1934 aus einer auf der Heide gefundenen Raupe gezogen.

U. m.: *Smerinthus populi L.*, Pappelschwärmer. Einheimisch, Nordstrand, Föhr, Sylt. Die Raupen besonders auf Kriechweiden.

U. r.: *Catocala nupta L.*, Rotes Ordensband. Eule. Ein flugstarker Nachtfalter, der schon verschiedentlich auf Sylt, Föhr und Amrum gefunden ist; er wird auf Föhr einheimisch sein, fliegt aber auch vom Festlande her zu. Am Tage ruht der Falter an Hauswänden oder Bäumen, und die holzgrauen gemaserten Vorderflügel verdecken das leuchtende Rot der Hinterflügel.

DIE KULTUR

VOR- UND FRÜHGESCHICHTE

STEINZEIT, BRONZEZEIT, EISENZEIT, WIKINGERZEIT

Jede Landschaft hat ihr Gesicht, und bei der Mannigfaltigkeit der einzelnen Züge einen bestimmten Hauptausdruck. Für die nordfriesischen Geestinseln, insonderheit Sylt und Amrum, ist er die Urwüchsigkeit. Sie ist die geheime Kraft, die den Besucher der Inseln in ihren Bann zieht, die er als etwas Großes verspürt.

Die Brandung des Meeres, die Steilufer der Kliffs, die Gebirgszüge der Dünen und die Steppenebenen der Heiden sind die vier Hauptmerkmale im Landschaftsbild der Inseln. In ihnen kommen die schaffenden Kräfte der Natur lebendig zum Ausdruck. Gleichzeitig spüren wir darin aber auch das hohe Alter des in langen Zeiträumen Gewordenen und fühlen das ständig weiter noch Werdende. Die Landschaft auf den Inseln mutet alt an. Es wird das unmittelbar auffällig, wenn man sich von den Gebieten der alten Geest auf die auf der Ostseite der Inseln liegende junge Marsch begibt. Der Blick von dem hohen Heidekliffrand östlich von Kampen auf Sylt auf die saftgrünen Wattwiesen veranschaulicht diesen Gegensatz besonders gut[1]. Die Geschichte der Inselkerne kündet von großen Entwicklungsvorgängen, von dem tertiären Aufbau des Untergrundes, dem Anschub der Moränenmassen, dem Steigen und Sinken der Inselkörper durch Niveauveränderungen von Land und Meer und ihre Zerschlagung durch die Meeresbrandung.

Die Inselnatur ist erfüllt von einer starken Dynamik. Von dieser Dynamik muß man ausgehen, wenn man die Geschichte des Volkstums der Inseln verstehen will. Es gilt das für alle Zeiten, soweit wir in die Vorgeschichte zurücksehen können. Die großen Leistungen der Seefahrt der letzten drei Jahrhunderte zeugen hierfür so gut wie die Grabhügel der Steinzeit, die vor 4000 und mehr Jahren errichtet wurden. Die Sagen und Erzählungen zeigen uns eine Geisteswelt von außerordentlicher Bewegtheit. Die Bronzezeitgräber, die Wikingerzeitgräber, die Ringwallburgen, der Krummwall von Amrum, die monumentalen Kirchen, selbst die Deichbauten sind Ausdruck eines kraftvollen und kämpferischen Lebens. Mag die Landschaft auf den Inseln und um diese herum im Laufe der Zeit sich gewandelt haben, mag sie anders ausgesehen haben in der Vorzeit als im letzten Jahrtausend, die Hunderte von großen Grabhügeln beweisen uns, daß auch in damaliger Zeit dem Boden ein starker Impuls innegewohnt hat.

Das Naturbild der Inseln von Sylt, Amrum und Föhr mit den mächtigen Grabhügeln der Fürsten, Krieger und Bauern liegt als eine heroische Landschaft vor uns. Die Erdhügel zeigen eine Verwachsenheit mit der Landschaft, wie sie vollendeter nicht gedacht werden kann. Das Innere der Hügel ist erbaut aus dem natürlichen Findlingsgestein, das die Gletscher der Eiszeit von den Gebirgen des Nordens hierhergebracht haben. Der Denghoog von Sylt enthält das gewaltigste Baumaterial an Steinkolossen, das die Natur auf den Inseln überhaupt zu bieten hat[2]. Ein Mantel von Erde in sanfter Wölbung umschließt die Ruhestätte. Von Heide und Gräsern überwachsen liegen die Hügel eingebettet und einbezogen in den mütterlichen Erdboden der Landschaft, als wären sie ein Teil desselben[3]. Großartig wie die Anlage der Hügel selbst ist auch die Wahl ihrer örtlichen Lage im Gelände. Sie liegen vorwiegend auf Höhepunkten, die die Landschaft beherrschen.

Welch einen wunderbaren Platz hat man dem Tipkenhoog gegeben, der oben auf dem Kliffrand am Wattenmeer südöstlich von Keitum auf Sylt liegt. Von seiner Höhe aus hat man den weitreichendsten Umblick, den die Insel gewährt; er erstreckt sich bis zu deren drei Endpunkten nach List, Morsum und Hörnum. Einen ähnlichen Fernblick wie von diesem aus hat man auf Amrum von dem Klafhugh (Kliffhöhe) zwischen Nebel

[1] Taf. 41.   [2] Taf. 65.   [3] Taf. 148.

und Steenodde und von dem Esenhugh bei Steenodde, der 27 m Durchmesser mißt am Fuß[1]). Ebenso eindrucksvoll wie ein einzelner Hügel wirkt aber auch das Bild einer ganzen Gruppe solcher. Man betrachte auf der Kampener Heide von Sylt die hart am Nordwestrand des diluvialen Geestkörpers der Insel gelegenen Krockhooger mit einem Börder, die Stapelhooger und die auf dem höchsten Rücken der Insel gelegenen Brönshooger, dazu die Schwärme der Hügel auf der hohen Heide von Morsum. Das gleiche gilt für die Gräber der Wikingerzeit von Steenodde auf Amrum und die von Hedehusum auf Föhr. Der mächtigste Erdhügel aller Sylter Vorzeitgräber ist der bronzezeitliche große Brönshoog. Er ist das der älteren Bronzezeit angehörende Gegenstück zu dem gewaltigsten Steinbau der Insel, dem jungsteinzeitlichen Denghoog. Der Brönshoog ist der Sage nach der Grabhügel des Königs Bröns. Auf dem höchsten Punkt der Insel südlich neben dem Leuchtturm erhebt sich der in Ostwestrichtung 34 m Durchmesser betragende heute infolge der Ausgrabung stark abgeplattete etwa noch 7 m hohe Grabberg. Man hat von ihm aus einen wahrhaft königlichen Umblick, der weithin über die Insel und das Wattenmeer reicht. Bei der Ausgrabung in den achtziger Jahren fand Handelmann im Hauptgrab, einer Steinkiste, auffallenderweise nur einen menschlichen Schädel ohne weitere Knochen und Beigaben.

Geschlechter von Herrenmenschen liegen hier bestattet, die ein großes inneres Lebensmaß besaßen, wie die Landschaft sie hatte, in der sie lebten, die sie als Jäger durchstreiften, als Bauern bebauten, und von der aus sie ihre Seezüge unternahmen.

Als der greise König der Jüten, *Beowulf*, wie uns im gleichnamigen angelsächsischen Heldenepos in der Übersetzung von H. Gering berichtet wird, nach einem siegreichen Kampf gegen einen Drachen selbst todverwundet im Sterben liegt, kündet er mit seinen letzten Worten an, wie seine Edlinge und Mannen ihn bestatten sollen:

> Die Helden nun heißet den Hügel mir wölben,
> Wenn ich Asche geworden, am Ufer des Meeres,
> Am Walfischhöft, daß weithin sichtbar
> Zum Gedächtnis dem Volke das Denkmal rage:
> Die Spitze nennen wohl später die Schiffer
> Beowulfs Berg, die die Barken führen
> Von ferne her durch die finstren Gewässer.

Über eintausend Totenstätten sind auf den drei Geestinseln bis in unsere Zeit erhalten geblieben. Es gibt vielleicht kein zweites deutsches Gebiet, das auf einem so kleinen Raum eine derartige Zahl von Hügeln aufweisen kann. Bis zur Landaufteilung, dem Ende des Gemeinbesitzes auf Sylt und Föhr um 1778 und 1790, zählte man auf jeder der beiden Inseln an 400 Hügel. Hinzu kommt die große Zahl der Amrumer Gräber, unter denen Olshausen in den achtziger Jahren des letzten Jahrhunderts allein 88 Grabstätten der Wikingerzeit angegeben hat.

In das Dunkel, das die deutsche Vorgeschichte bisher umhüllte, dringt zunehmend helleres Licht. In einer Unmenge von Fundstücken sehen wir heute die deutsche Vorzeit nach vieltausendjähriger Ruhe aus dem Boden steigen. Die Forschung der Vorgeschichte hat eine gewaltige Arbeit zu leisten. Ganze Zeiten und Stammesgeschichten sollen aus den Funden neu erstehen. Der wissenschaftliche Scharfblick und die künstlerische Einfühlung haben uns die geistige Innenwelt zu erschließen.

Die Vorgeschichte von Schleswig-Holstein nach dem Stand der neuesten Forschung hat *Gustav Schwantes* in hervorragender Weise zur Darstellung gebracht, in dem mit vielen Abbildungen vorzüglich ausgestatteten Sammelwerk *„Die Geschichte Schleswig-Holsteins"*. Der Wandel in der Natur von der Eiszeit an und die Besiedlung unseres Nordens, die mit

---

[1]) Taf. 70.

den Rentierjägern beginnt, zieht darin in anschaulichen und eindrucksvollen Bildern an uns vorüber.

Die drei hohen Geestinseln Sylt, Amrum und Föhr sind während der letzten Eiszeit, die vor etwa 20000 Jahren von der Osthälfte der jütischen Halbinsel ihren Rückzug antrat, eisfrei geblieben.

Sicher datierte Funde von den Nordfriesischen Inseln reichen vorläufig nur in die mittlere Steinzeit zurück. Es darf aber wohl als sicher angenommen werden, daß die hohen Geestinseln auch schon von dem Menschen der älteren Steinzeit bewohnt wurden. Im Zusammenhang hiermit sei auf die Funde verwiesen, die O. K. *Pielenz* in den Jahren 1928/37 auf Sylt und zwar im Hangenden des „Roten Kliff", auf der Kampener Hochheide und bei Morsum gemacht hat. Eine Veröffentlichung hierüber unter dem Titel: „Neue Forschungsergebnisse über die alt- und mittelsteinzeitliche Kulturentwicklung in Schleswig-Holstein" ist in der Zeitschrift für deutsche Vorgeschichte, Mannus, 1937, Band 29, Heft 4, erschienen.

Den Beginn den auf die ältere Steinzeit folgenden *mittleren Steinzeit* hat Schwantes festgelegt mit dem Auftreten der ersten Beile im Norden im 7. Jahrtausend v. Chr. Schwantes schreibt: „Für uns steht also das Beil an der Schwelle einer neuen Menschheitsepoche. Die ältesten Beile der Welt stammen aus dem nördlichen Europa, ganz besonders aber von der kimbrischen Halbinsel." Im Jahre 1936 fand *Heinrich Lützen*, Kampen, auf der Nordwestheide von Kampen, an einer ausgehöhlten Wegstelle, ein Steinbeil, das durch das Landesamt für Vor- und Frühgeschichte als ein mittelsteinzeitliches Scheibenbeil aus der Zeit um etwa 5000 v. Chr. bestimmt wurde. Eine Anzahl von Fundstücken von Sylt, die in die mittlere Steinzeit fallen und der Muschelhaufenzeit (5000 v. Chr.) angehören, befinden sich in dem Museum von Keitum. Genannt seien hier auch die mittelsteinzeitlichen Funde von dem leider zu früh verstorbenen Prof. *Hans Hahne*, die dieser unter dem Titel:„Ein mesolithischer Fundhorizont auf Sylt" veröffentlicht hat. Ähnliche Stücke wie die aus dem Keitumer Museum sind auch von Föhr bekannt. Im Moor unter der Marsch von Föhr wurde in 5 m Tiefe bei der Ziegelei von Boldixum außerdem eine gekerbte Knochenspitze gefunden[1]. Nach Schwantes handelt es sich wahrscheinlich um eine „Pfeilspitze für den Fang von kleineren Tieren", nicht um eine Harpune, „da ihnen eine Anknüpfungsvorrichtung für die Fischleine fehlt". Infolge der „Landsenkung", die während der mittleren Steinzeit einsetzte und weite Siedlungsgebiete von Nordfriesland mit Marsch überdeckte, sind Funde aus dieser Zeit entsprechend spärlich.

Ein viel reichhaltigeres Bild, als es uns diese frühesten Zeiten geben, erhalten wir aus der anschließenden Periode der *jüngeren Steinzeit* (3500—1800). Waren die Menschen bisher Jäger und Fischer, so vollzieht sich jetzt der für alle nachfolgenden Zeiten grundlegende Wandel vom schweifenden Nomadenleben zum seßhaften Bauerntum. Die Verwurzelung des Menschen mit dem Boden bedeutete eine Umgestaltung des Lebens in jeder Weise. Wie tief und gewaltig sie auf das Seelenleben einwirkte, zeigt uns die Bestattungssitte jener Zeit. Der Urgeist des Bauerntums hat sich in den riesigen Steingräbern der jüngeren Steinzeit, die jetzt in Erscheinung treten, ein Denkmal gesetzt, wie es erdhafter und ewigkeitsgläubiger zugleich, nicht gedacht werden kann[2]. Den Höhepunkt und zugleich den Ausklang der Entwicklung bilden die *Ganggräber*. Der *Denghoog* von Wenningstedt auf Sylt aus der Zeit um 2200 v. Chr. mit seinen riesenhaften 12 Tragsteinen und 3 Decksteinen aus Granit und Gneis und seinem 6 m langen, in Nordsüdrichtung verlaufenden Gang gibt uns einen überwältigenden Eindruck von der Bauleistung und dem Totenglauben der ersten Bauern unseres Nordens[3]. Etwa 500 Jahre vorher, um 2700 v. Chr., wurde die Cheopspyramide bei Giseh in Ägypten errichtet, das größte Bauwerk der Erde, das aus rotem Granit aufgeführt ist, 146 m Höhe und 233 m Breite hat. Die älteste der acht Hoch-

[1] Taf. 64.   [2] Taf. 72. 73.   [3] Taf. 65.

kulturen der Erde ist die ägyptische, die jüngste die abendländische. Für die vergleichende Geschichtsforschung ist der Stand der Entwicklung beider interessant. Ägypten hat das großartigste Denkmal seiner Totenehrung zur Hochblüte der Kultur 500 Jahre vor der entsprechenden der abendländischen Vorzeit gehabt und nahezu 4000 Jahre vor der Errichtung der Dome und Kathedralen um 1200 n. Chr. im Abendland, in der ihrerseits Kaiser, Könige und andere hochgestellte Persönlichkeiten ihre Begräbnisstätte fanden.

Die Untersuchung des Denghoog erfolgte 1868 durch *F. Wibel*, der auch eine genaue Beschreibung darüber hinterlassen hat. Die Töpferei, die bereits seit dem Ausgang der mittleren Steinzeit bekannt ist, und am Anfang der jüngeren Steinzeit einfache Verzierungen aufweist, erreicht bei den Ganggräbern eine kulturelle Hochblüte. Unter den verschiedenen Gefäßen, die der Denghoog enthielt, befindet sich eines, das in die nach *Sophus Müller* benannte Zeit des „Großen Stils" gehört und von dem Schwantes sagt, daß es jenen Arbeiten zuzurechnen ist, „die für immer einen Ehrenplatz in der Geschichte des europäischen Kunsthandwerks einnehmen werden"[1]).

Gräber der jüngeren Steinzeit finden wir auch auf Föhr bei Ütersum und Nieblum, sowie auf Amrum. Neben diesen Ganggräbern sind als Besonderheit die *Langgräber* (auf Sylter Friesisch Lünggrewer, dän. Langdysse genannt) noch zu nennen. Zwei von ihnen, auch *Börder* genannt, die mit 12 m Abstand voneinander ungefähr 150 m im NO des Leuchtturms von Kampen auf Sylt liegen, sind etwa 13×35 m groß und mögen eine Höhe von etwa 2 m gehabt haben. Ein weiteres Langgrab liegt in der Heide am oberen „Holstich" im SO des Dorfes Kampen, ein viertes am Weg von Kampen nach Braderup, in Höhe des Leuchtturms und ein fünftes im Außmaß von 36×14×2 m gehört zur Gruppe der Krockhooger, östlich von Kliffende, am Nordrand des diluvialen Inselkernes. Alle Langgräber sind in Ostwestrichtung angelegt.

In dem Museum für Vor- und Frühgeschichte in Schleswig und anderen des Festlandes — auch in Wyk und Keitum — befindet sich reiches Material an Fundgegenständen aus den Gräbern der jüngeren Steinzeit. Waffen und Werkzeuge, Keramiken und Schmuck[2]). Die Kultur der jüngeren Steinzeit auf den Nordfriesischen Inseln zeugt von einem machtvollen Dasein des Lebens und von einer entsprechenden Großartigkeit des Kunstschaffens.

Zur Zeit der Erbauer der Riesensteingräber, der „Megalithiker", beobachten wir die Einwanderung einer anderen Bevölkerung, die aus dem Innern des Festlandes in unseren Norden kommt. Ihrer Bestattungsart und Keramik nach werden sie als „Schnurkeramische Einzelgrableute" bezeichnet. Es sind Bauern gewesen, von denen man glaubt, daß sie die Bronze und die Leichenverbrennung nach dem Norden gebracht haben. Bei den Megalithikern fand Körperbestattung statt. Aus der Verschmelzung der Megalithiker mit den Einzelgrableuten nimmt man die *Entstehung der Germanen* an. Ausgesprochen wurde dieser Gedanke zuerst von *Hans Müller-Brauel* im Jahre 1910.

Aus der Übergangsphase der Stein-Bronzezeit befinden sich im Keitumer Museum einige schöne steinerne Pfeilspitzen und mehrere Steindolche[3]).

Die eigentlich reiche Zeit der Vorgeschichte des Nordens und auch die der Nordfriesischen Inseln setzt nun ein mit der beginnenden *Bronzezeit* (etwa 1800—600 v. Chr.). Die meisten Grabhügel der Inseln gehören der Bronzezeit an. Außer der Bestattung in den bekannten großen Hügeln, die neben dem Hauptgrab im Kern zahlreiche Urnenbestattungen im Erdmantel aufweisen, sind auch solche unter kleinen, in der Heide liegenden, kaum wahrnehmbaren Erdanhäufungen vorgenommen worden. Es werden dies vermutlich Beisetzungen von Menschen aus weniger bedeutenden Sippen sein. Will man eine Vorstellung gewinnen von der Gesamtzahl aller vorhandenen Totenstätten, so muß man zu den im freien Gelände liegenden bekannten Grabhügeln alle die hinzurechnen, die verborgen sind unter den Dünen, die auf Sylt und Amrum weite Gebiete der Insel

---

[1]) Taf. 66. [2]) Taf. 64. 66—68. [3]) Taf. 67.

bedecken und die, welche mit dem Abbruch der Westküsten in das Meer hinabgestürzt sind. Erinnert sei hierbei nur an die vielen Funde, die auf dem vom Sande freigewehten Plateau des „Roten Kliff" zwischen Kampen und Wenningstedt auf Sylt gemacht wurden. Die Menge der Gräber läßt die Geestrücken der Inseln als wahre Friedhöfe der Vorzeit erscheinen. Wir ersehen daraus, wir reich bevölkert das Gebiet gewesen sein muß.

Daß es damals, zur Zeit einer Verlandung, fruchtbares Marschland, das dem Ackerbau und der Viehzucht gedient hat, um die Geestkerne herum gegeben haben wird, wurde schon gesagt. Begünstigend auf die Zunahme der Besiedlung hat ferner sicherlich auch das trocken-warme Klima gewirkt, das während der Bronzezeit im Norden herrschte.

Der eigentliche Werk- und Wertstoff dieser Zeit, auf den auch die Dichte der Bevölkerung sowie der große Reichtum an Kulturgütern wesentlich mit zurückzuführen ist, war die *Bronze*. Die Verwendung des Metalls anstelle des Steines war kulturgeschichtlich und bevölkerungspolitisch ein Ereignis, wie es umwälzender kaum gedacht werden kann. Das Wort Bronze war gleichbedeutend mit dem Wort Handel, denn die Bronze und mit ihr das Gold, die aus dem südlichen und mittleren Teil unseres Festlandes kamen, wurden damals eingehandelt gegen das Gold des Nordens, den *Bernstein*, dazu wohl auch gegen Pelze und vielleicht noch anderes. Für die ganze Verkehrs- und Wirtschaftsgeschichte Europas ist dieser Bronze- und Bernsteinhandel der Ausgangspunkt. Von der jütischen Halbinsel bis hinunter in das Mittelmeer führten einst auf Land- und Wasserwegen die Bronze- und Bernsteinstraßen, die Fernhandelsstraßen. Wenn man sich heute wundern mag über die Reichweite der Völkerbeziehungen zu damaliger Zeit, braucht man sich nur zu vergegenwärtigen, daß die Steinzeitmenschen teilweise noch Nomaden waren, d. h. daß das Leben dieser auf Wandern beruht hatte. Der Mensch der Vorzeit war von Natur aus beweglich, die Jagd zwang ihn dazu.

Ein Nomadenleben, wie es ursprünglich üblich war, führen heute noch die Lappen und Eskimos im hohen Norden. Zu welchen Einzelleistungen der Mensch fähig sein kann, können wir uns auch heute noch vergegenwärtigen an den mit nur einfachen Hilfsmitteln ausgeführten Reisen, wie sie in den Polargebieten der Erde ein *Roald Amundsen* und *Knut Rasmussen* vollbracht haben.

Der *Bernstein*, das uralte eozäne Kiefernharz, das die Gletscher der Eiszeit von der Ostsee in die Nordsee transportiert hatten, muß in großen Mengen zur Bronzezeit an der Westküste der Jütischen Halbinsel vorgekommen sein[1]. Bernstein ist in ägyptischen und mykenischen Gräbern[2] (letztere etwa 2. Hälfte des 2. Jahrtausends v. Chr.; erstere noch früher) gefunden worden und wird als „Elektron" in der Ilias von Homer (im 9. Jahrh. v. Chr.) zuerst erwähnt. Wir dürfen annehmen, daß das Bernsteinland, das Pytheas von Massilia um 330 v. Chr. besuchte, jedenfalls die Westküste Jütlands gewesen sein wird. Bei der Verfrachtung der Gletscher sind, wie Ludwig Brühl in seiner Veröffentlichung „Bernstein, das Gold des Nordens" schreibt, außer einzelnen Bernsteinstücken auch ganze Teile bernsteinführender Ablagerungsschichten transportiert worden. So hat man derartigen Bernstein nach Westen hin in Jütland, Holland und England gefunden. In den genannten Ablagerungsschichten, die ihrerseits bereits als sekundäre Lagerungsstätten zu betrachten sind, sind aus einem späteren Zeitalter stammende Walwirbel, Haifischzähne, Krebse, Muscheln und Hölzer gefunden worden. An der Westküste von Sylt wird an bestimmten Orten bei starkem Ostwind und im Herbst nach Sturmfluten heute noch Bernstein gefunden. Es sollte dabei darauf geachtet werden, ob sich nicht gelegentlich auch Funde der anderen genannten Vorkommnisse machen lassen.

An die Stelle der gewaltigen Steingräber der jüngeren Steinzeit traten in der Bronzezeit und der darauffolgenden Eisenzeit Grabstätten einfacherer Art. Über Steinkisten

---

[1] Taf. 4.   [2] s. hierzu Taf. 64.

und Packgräber sinkt die Sitte schließlich herab zur einfachen Eingrabung der Urne in Flachgräbern, und zwar selbst auch solche ohne jeden Steinschutz.

Während der Grabbau sich also vereinfacht, läßt sich bei den Erzeugnissen der Kunst eine zunehmende Entwicklung beobachten. Wir finden Gefäße, Kriegsbeile, Schwerter[1]) und andere Dinge mit prachtvollen Ornamenten.

Während die jüngere Steinzeit auf den Inseln nur wenige Gräber hinterlassen hat und wir dann überrascht sind über die vielen Hügel der Bronzezeit, haben wir aus der nun folgenden *Eisenzeit* (ab 600 v. Chr.), wenn man von den Gräbern der Wikingerzeit am Ende dieser Periode absieht, auch nur eine verhältnismäßig spärliche Zahl von Grabstätten. Die Ursache hierfür mag vielleicht zu suchen sein in einem Rückgang des Bernsteinhandels und außerdem in Zusammenhang stehen mit der nunmehr einsetzenden „Landsenkung" durch die der Kimbern-, Teutonen- und Ambronenzug (um 113 v. Chr.) vermutlich veranlaßt wurde. In den Jahrhunderten nach Christi Geburt bedeutete sicherlich auch die Auswanderung nach England eine Bevölkerungsabnahme. Gräber der Eisenzeit hat Sylt auf der Morsum-Heide, Amrum bei Steenodde und Föhr bei Goting. Auf Föhr ist für die Eisenzeit außer diesen Gräbern besonders noch der „Kjökkenmödding" bei Groß-Dunsum zu nennen. Ebenso wie von der mittleren Bronzezeit an wurden auch in der Eisenzeit die Leichen verbrannt.

Das Ende der Eisenzeit (um 800 n. Chr.), vor Einführung des Christentums, beschließt die *Wikingerzeit*. Bei Steenodde auf Amrum und bei Goting und Hedehusum auf Föhr liegen große Gräberfelder dieser Zeit. *Olshausen*, der in den achtziger Jahren des vorigen Jahrhunderts auf Amrum Ausgrabungen vorgenommen hat, zählte bei Steenodde noch 88 solcher Gräber. Bei Hedehusum waren 1890 noch 63 Gräber[2]). Nach einem Bericht von *Kersten* sind in den Jahren 1939—1941 durch die vorgeschichtliche Landesaufnahme auf Sylt 92 kleinere Grabhügel der Wikingerzeit festgestellt worden, die in vier bei Wenningstedt und Morsum gelegenen Gruppen zusammengefaßt sind.

In dem Grab Nr. 34 auf Amrum fand Olshausen verschiedene Stücke der Ausrüstung eines Reiters. In Grab Nr. 4 und Nr. 73 lagen Pferdezähne. Auch auf Föhr wurden Steigbügel, ein Sporn, sowie bei einem Brettspiel halbkugelförmige Spielsteine aus Pferdezähnen neben solchen aus Bernstein gefunden. Das Pferd, wie andererseits auch das Schiff, diese beiden Mittel der Bewegung, des Ferntriebs haben im Norden praktisch und kultisch von der germanischen Vorzeit an eine besondere und große Rolle gespielt. So finden wir denn beide, Pferd und Schiff, auch hier mit dem Leben der Wikingerzeit-Menschen auf das engste verbunden. Die „Reitergräber" von Amrum und Föhr gehören kulturgeschichtlich in einen ursächlichen Zusammenhang mit Funden, die uns aus der Bronzezeit bekannt sind, mit einer Felszeichnung von Ekenberg bei Norrköping in Schweden (etwa 1500 v. Chr.), auf der ein Schiff von zwei Pferden gezogen wird, und ebenso mit dem von einem Pferde gezogenen heiligen Sonnenwagen von Trundholm auf Seeland in Dänemark (etwa 1000 v. Chr.). Als zugehörig seien weiter genannt: das Reitergrab von Anderten in Hannover (um 700 n. Chr.), der Reiterstein von Hornhausen in Sachsen (um 800 n. Chr.) und die vermutliche Darstellung von Odin auf Sleipnir als Verzierung einer Silberplatte von einem Helm der fürstlichen Kriegergräber von Vendel in Uppland in Schweden (etwa 1000 n. Chr.).

In dem norwegischen Schiffsgrab von Oseberg (um 850 n. Chr.) wurden neben anderen Grabbeigaben 15 Skelette von Pferden gefunden. Tacitus berichtet, daß die Deutschen in ihren Wäldern und Hainen zu heiligen Zwecken weiße Pferde hielten. Wir sehen den Pferdekopf heute noch als Symbol am Giebel der Niedersachsenhäuser.

Bei Steenodde auf Amrum wird ein niedriges Marschland, das Meeresbucht war, als *Wikingerhafen* bezeichnet. Die Goting auf Föhr vorgelagerten Watten führen den Namen

[1]) Taf. 69. [2]) Taf. 69.

Nordmannsgrund, und am Gotinger Ufer selbst liegt ein niedriges Wiesenland, das auf der Ostseite von einer steilen, einer Hafenmole ähnlichen Erdböschung eingefaßt ist, das der Überlieferung nach gleichfalls eine Meeresbucht und ein Wikingerhafen war und heute noch als solcher bezeichnet wird[1]). Es wäre zu wünschen, daß hier einmal Grabungen vorgenommen würden Die beiden Wikingerhäfen lassen uns denken an die Meeresfahrten dieser See-Germanen, an das benachbarte Haithabu, an Dorestad in Holland und an Birka am Mälarsee in Schweden, an die Seezüge der Normannen, die vom hohen Nordmeer bis in das Mittelmeer und von Vinland in Nordameika bis zum Warägerreich in Rußland reichten.

Bei Planierungsarbeiten etwa 600 m südlich des alten Dorfes List auf Sylt und ungefähr 200 m vom Ufer des Wattenmeers entfernt, ist von Arbeitern im Mai 1937 eben unter der Bodenoberfläche ein mit einer ovalen Bleischeibe verschlossenes Kuhhorn gefunden worden. In diesem befanden sich 616 ganze Silbermünzen, 165 unvollständige, wie üblich im 10. und 11. Jahrhundert als Kleingeld in Teilstücken benutzte Silbermünzen, sowie Bruchstücke von Barrensilber und Silberschmuck. Über diesen Fund hat *Erwin Nöbbe*, Flensburg, zunächst in den Flensburger Nachrichten, Nr. 119, 1937, unter dem Titel „Ein Kuhhorn als Geldkassette. Barschaft der Wikingerzeit, gefunden in List auf Sylt" und dann im Nachrichtenblatt für Deutsche Vorzeit, 1940, Heft 4—5 unter dem Titel „Ein Silberschatz der Wikingerzeit von List auf Sylt" einen Bericht gegeben, denen die hier folgenden Angaben entnommen sind.

„Die überwiegende Menge der Münzen ist englischen Ursprungs. Von den 616 ganzen Münzen des Fundes sind 546 Gepräge des Königs Aethelraed II. (978 bis 1016). 19 gleichartige Stücke nennen König Sithric III. Silkeskaeg (Seidenbart) von Dublin (989 bis 1029), ein Norweger, der seit 989 in Dublin herrschte."

„48 Münzen und eine beträchtliche Anzahl von Bruchstücken sind deutschen Ursprungs, Dänemark (Haithabu) ist durch zwei Bruchstücke und ein ganzes Stück eines bisher unbekannten Typs vertreten. Den Schluß bildet neben einigen Bruchstücken orientalischer Dirhems eine mit Öse und Ring versehene, als Schmuckstück getragene Münze der byzantinischen Kaiser Basilius II. und Constantin XI. (976 bis 1025)."

Unter den englischen Münzen ist die als Hildebrands Gruppe D (Lang-Kreuz-Type) bezeichnete am zahlreichsten vertreten, sie umfaßt 503 Stücke aus nicht weniger als 41 Münzstätten. Nöbbe schreibt hierzu: „Diese noch ganz neu aussehenden Stücke haben vielleicht erst kurz vor ihrer Reise von einem englischen Hafenplatz nach List die Münzhäuser in England verlassen und sind allem Anschein nach unmittelbar nach ihrer Ankunft der Erde als sicherem Verwahrungsort anvertraut worden."

Die deutschen Münzen beziehen sich bezüglich ihrer Herkunft auf Worms, Speyer, Köln und Soest; es sind Otto-Adelheid-Pfennige darunter, ein Lüneburger Pfennig von Bernhard I. Billing (973 bis 1011), sowie solche aus West- und Ostfriesland.

Hinsichtlich der Verbringung des Münzschatzes nach Sylt schreibt Nöbbe: „Man hat den Eindruck, daß die geschlossene Masse der Lang-Kreuz-Pennies ebenso wie die Gruppe Rheinischer und Friesischer Gepräge aus der Menge des umlaufenden Geldes aus einer südostenglischen Hafenstadt und einem Hafenplatz Hollands oder Frieslands nach Sylt gekommen sind, um dort mit den wenigen norddeutschen Münzen, die keinerlei Erklärung ihres Vorhandenseins im Münzschatz bedürfen, vereinigt zu werden."

Den Zeitpunkt der Vergrabung in List glaubt Nöbbe in die Jahre zwischen 995 und 1002 setzen zu dürfen. Der Münzschatz befindet sich im Museum vorgeschichtlicher Altertümer in Schleswig. Seine geschichtliche Betrachtung steht im Zusammenhang mit den anderen Zeugnissen der Wikingerzeit von Sylt d. h. den Grabhügeln, wie auch der ver-

---

[1]) Taf. 69.

mutlich hierzu gehörigen burgartigen oder hafenortartigen Anlage bei Wenningstedt und den drei Burgen. Er lenkt den Blick darüber hinaus auf die vorangegangene Zeit der Angelsachsenwanderung.

Es sei hinzugefügt, daß Aethelred II. am 13. November 1002 einen Versuch machte, alle Dänen im Lande zu ermorden. Der dänische König Svend Gabelbart unternahm hierauf einen Zug nach England und eroberte das Reich Aethelreds.

Ein Münzfund von Westerland auf Sylt von 114 ganzen Münzen, 11 unvollständigen und 3 kleinen unbestimmbaren Bruchstücken, der aus der ersten Hälfte des 11. Jahrhunderts stammt, der Münzen enthält von Niedersachsen, Friesland, Rheinland, Franken, Schwaben, Ungarn, Dänemark und England und über den E. Nöbbe eine ausführliche Veröffentlichung mit Abbildungen herausgegeben hat, kam Anfang 1905 ebenfalls an das Museum vaterländischer Altertümer, seiner Zeit Kiel, jetzt Schleswig. Schließlich sei noch mitgeteilt, daß bei dem Burgwall bei Ütersum auf Föhr um 1785 unter einem Holzpfahl eine Menge englischer Münzen aus dem 11. Jahrhundert ausgegraben wurde.

Nach den Ergebnissen einer in den vergangenen Jahren durchgeführten vorgeschichtlichen Landesaufnahme ist auf den drei Nordfriesischen Inseln Sylt, Föhr und Amrum in der Wikingerzeit mit zwei Bevölkerungselementen zu rechnen, und zwar mit einem westgermanischen und einem nordgermanischen Bestandteil. Der Nachweis dieser ergibt sich aus den Funden der großen Grabhügelfelder jener Zeit, d. h. aus der Zeit etwa des 9. Jahrhunderts.

Zu den bereits genannten Gräberfeldern auf Föhr bei Goting und Hedehusum kommt noch ein drittes hinzu, das in Wyk (Badestraße-Feldstraße) festgestellt wurde. Die Keramik dieser Zeit ist fast ausschließlich westgermanischer Herkunft. Das Vorkommen Nordischer Schalenspangen weist auf die Anwesenheit nordischer Wikinger. Diese wird vor allem belegt durch die Ausgrabungen, die im Skalnastal auf Amrum erfolgten, einem Gräberfeld in den Dünen, das 1844 und 1845 zuerst bei einer Freiwehung vom Wind bekannt wurde. Die Wikingerfunde deuten darauf hin, daß die Nordmänner die Inseln auf ihren Fahrten nicht nur vorübergehend heimsuchten, sondern dort auch gesiedelt haben. Über: „Die Wikingerzeit auf den Nordfriesischen Inseln" hat Dr. *Peter La Baume* vom Schleswig-Holsteinischen Museum vorgeschichtlicher Altertümer bei der Universität Kiel Ende 1949 eine Dissertation eingereicht. Sie ist im Druck erschienen im „Jahrbuch des Nordfriesischen Vereins für Heimatkunde und Heimatliebe", Band 29, Jahrgang 1952/53. Sie gibt unter Beigabe von Verbreitungskarten der verschiedenen Fundstücke eine umfassende Darstellung des Themas.

Im Juni 1948 führte das Schleswig-Holsteinische Museum vorgeschichtlicher Altertümer eine Probegrabung in der Tinnumburg auf Sylt durch. Der äußere Durchmesser dieses Ringwalles beträgt 110 m; der Wallquerschnitt etwa 20 m. Die gemachten Funde lassen darauf schließen, daß die Burg im 9. Jahrhundert erbaut und noch im 10. Jahrhundert benutzt wurde. Nach der bei der Untersuchung gefundenen Keramik waren die Erbauer der Burg wahrscheinlich Friesen. Es wurde auch das Vorhandensein einstiger Holzhäuser nachgewiesen. Dagegen konnten für die mittelalterliche Benutzung der Burg in den Funden keine Hinweise festgestellt werden. Auf Föhr führt Prof. *Jankuhn* vom ebengenannten Museum an der Borgsumer Burganlage, der Lembecksburg, Grabungen seit 1951 durch. Nach den dort gemachten Funden, wie Hausgrundrissen, gehört auch diese Ringwallanlage der gleichen Zeit an.

Auf den Inseln kommen sodann noch *Burgen* vor in Form von mächtigen Ringwällen aus Erde und kleineren Turmhügeln. Zu den ersteren gehören auf Sylt die „Arentzburg" oder das „Arrerschloß" bei Archsum, die „Rathsburg" bei Rantum und die „Borrig" oder „Limbecksburg" auch „Tinseborg" genannt bei Tinnum; auf Föhr die „Lembecksburg" bei Borgsum. Zu den letzteren gehören der „Tipkentürn" oder „Tipkenhoog" bei Keitum auf Sylt, die „Borreg" bei Ütersum auf Föhr und die „Boragh" bei Norddorf auf Amrum. Zu den Burgen und Turmhügeln gibt La Baume ausführliche Berichte.

Hans Kielholt schreibt in seinen „Silter Antiquitäten", die aus der ersten Hälfte des 15. Jahrhunderts stammen und sich auf das 14. Jahrhundert und die Zeit um 1400 beziehen: „Item hier up dit Land sind 3 Borgen und Festingen gewesen, de dissen Resen (gemeint sind großwüchsige Männer, deren Aufgabe es war, die heidnische Bevölkerung der Insel zu schützen, und die dafür jährlich „Schatt und Tinse" von dieser erhielten; d. Verf.) tom Besitinnge wären ingedahn, und sind genöhmet Arentzborg, Tinseborg, da en järlick ehre Schatt und Tinse vorde gelecht. To deme was noch Rahtzborg, dar se ehren Raht und Anschläge geholden hebben, und boven dat is noch by Heidum (Keitum; d. Verf.) een Wachttorne gewesen, welker wol und fest verwahret, dat se aldar sehn konden des Dages, wat vor Viende vorhanden syn mögten. Disse Festinge alle hadden desse Resen inne, dat se dat Land der Heiden beschütten scholden." Da die Riesen das Inselvolk anstatt zu beschützen, jedoch vergewaltigten, ließ der König von Dänemark (gemeint ist vermutlich Wilhelm IV., Atterdag 1340—1375, d. Verf.) sie alle, 120 an Zahl, hinrichten. Trifft diese Erzählung von Kielholt zu, dann müßte man bei Grabungen an den Burgstätten vielleicht auf Funde aus jener Zeit noch stoßen. Bei Alt-List sind Gliederstücke von Kettenpanzern, die mutmaßlich derselben Zeit angehören, in großer Zahl gefunden worden. Östlich des Tipkenhoog ist die Stelle noch sichtbar, auf der der Wachtturm gestanden haben soll. Sie ist durch einen kleinen Erdhügel, der von einem Schanzwall umgeben ist, gekennzeichnet. In den Langgräbern im Norden der Thinghügel sollen die Riesen bestattet sein.

Gleichfalls noch unbekannten Ursprungs und Alters ist der „*Krummwall*" auf Amrum[1]). In einem weiten, bogenförmigen Verlauf zwischen Steenodde und Nebel zieht sich dieser etwa 2 m hohe und bis zu 7 m breite Erdwall auf dem Geestrücken entlang. Ob er in Verbindung gebracht werden darf mit der Einwanderung der Südfriesen oder dem Hafen und den Gräbern der Wikingerzeit bei Steenodde, oder ob er einer anderen Zeit angehört, ist noch ungeklärt.

Eine Gesamtbearbeitung der Vorgeschichte der Nordfriesischen Inseln fehlt noch. Sie ist aber bei Prof. *Kersten* in Vorbereitung. Einzelforschungen und Veröffentlichungen liegen indes zahlreich schon vor von Braren, Jensen, Johansen, Handelmann, C. P. Hansen, Kersten, La Baume, Olshausen, Philipsen, Rothmann, Schwantes, Splieth, Wibel u.a.

Als Beispiel hierfür sollen nur folgende kurze Angaben gemacht werden, die sich auf die jüngsten, systematischen Forschungen auf Sylt beziehen. In vorbildlicher Weise hat das Museum vorgeschichtlicher Altertümer in Kiel (jetzt Schleswig) und das Landesamt für Vor- und Frühgeschichte in den Jahren 1939—1941 eine archäologische Landesaufnahme von Sylt durchgeführt. Ihr derzeitiger Leiter Prof. *Schwantes* bezeichnet in seinem Tätigkeitsbericht hierüber im Nachrichtenblatt für Deutsche Vorzeit, 1942, Heft 3—4 die Insel Sylt als „die herrlichste Grabhügellandschaft unserer Provinz und vielleicht von ganz Nordwestdeutschland". Der mit der Ausführung der Arbeit betraut gewesene Dr. *K. Kersten*, jetziger Nachfolger von Prof. Schwantes, macht gelegentlich neuerer Grabungen über alle bisher bekannten Vorkommnisse in den genannten Heften folgende Mitteilungen:

Es wurden auf Sylt insgesamt wenigstens *44 jungsteinzeitliche Gräber* gefunden, unter denen sich 22 Hünenbetten und 22 Gräber in Rundhügeln befinden. Von diesen Gräbern sind heute noch 7 erhalten; die übrigen wurden durch das Meer oder durch Abtragung zerstört. Zu den erhaltenen gehören die folgenden vier großen Ganggräber: der „Denghoog" und „Strumphoog" (jetzt abgetragen) bei Wenningstedt, sowie der „Merelmeskhoog" und der jetzt in das Wattenmeer abgestürzte „Kolkingehoog" bei Archsum. Zu den genannten wurden weitere 528 Grabhügel aus späteren Zeiten festgestellt.

[1]) Taf. 70.

Die *jüngere Bronzezeit* und die *ältere Eisenzeit* weisen nur wenige Bestattungen auf. Um so zahlreicher sind dagegen Siedlungsüberreste aus der Zeit der beiden Jahrhunderte vor und nach Christi Geburt. Bei diesen handelt es sich um hügelartige und wallförmige Erhebungen, in denen „Funde wie Lehmbewurf von Hauswänden, Herdstellen, Hausgruben und Tonscherben" gemacht wurden. Auf den Flurmarken von Archsum und Morsum wurden 75 bzw. 223 derartiger Kuppen nachgewiesen; auf ganz Sylt sind 424 solcher Anlagen ermittelt worden. Hierzu gehörige Urnenfriedhöfe sind teilweise bekannt." Die Häuser aus der Zeit der ersten beiden nachchristlichen Jahrhunderte bestanden, wie eine Untersuchung von Prof. *Kersten* und Dr. *Bantelmann* bei Wenningstedt und im Möllenknob bei Archsum ergaben, aus ostwestlich orientierten Langhäusern mit Plaggenwänden, in denen der für die Menschen bestimmte Teil im Westen und der Stall im Osten des Hauses lag. „Aus den folgenden Jahrhunderten bis zur Wikingerzeit sind nur einige Urnenfunde und eine bei Tinnum gelegene, bei Bauarbeiten aber zerstörte Siedlung der *Völkerwanderungszeit* bekannt."

Aus der *Wikingerzeit* kennen wir die schon angeführten Gräberfelder bei Wenningstedt und Morsum. Hierzu gehören insgesamt wahrscheinlich 92 Grabhügel, die in vier Gruppen zusammengefaßt sind. Sie enthielten nur friesische Bestattungen. Richtige Wikingergräber mit entsprechenden Funden sind bisher nur von Föhr und Amrum (Skalnastal) bekannt. Der gleichen Zeit gehören vermutlich auch die vorhergehend genannten auf Sylt befindlichen Burganlagen an, d. h. die Burgen von Tinnum, Archsum und Rantum. Ihrem Wehrgedanken entspricht der „Tipkenturm" südöstlich von Keitum. Diese letzteren Anlagen bedürfen wie gesagt noch einer weiteren Untersuchung. Dasselbe gilt für die Überreste einer burgartigen Anlage auf einem Heidegelände im NO von Wenningstedt, von der aus ein breiter Graben zum Kiarteich von Wenningstedt führt. Es bleibt Hauptaufgabe der Forschung, über die kaiserzeitlichen Siedlungen und die Burgen noch Aufklärung zu schaffen.

Es ist zu hoffen, daß die vom Landesamt für Vor- und Frühgeschichte nunmehr erfolgte gründliche Aufnahme der bisher bekannt gewordenen Grab- und Siedlungsstätten auf den drei nordfriesischen Geestinseln baldmöglichst veröffentlicht wird. Eine kartographische Darstellung dieser wird jedem Interessenten den erstaunlichen Reichtum, wie ihn besonders Sylt aufweist, mit *einem* Blick dann veranschaulichen können. Eine ausführliche Beschreibung der Grabungen wird das Verständnis für die Vor- und Frühgeschichte der Inseln wesentlich vertiefen und aufhellen helfen. Wertvolle Aufschlüsse werden sich daraus vor allem auch für die Besiedlungsfrage ergeben, so für die sehr wichtige Frage der Einwanderung zur jüngeren Steinzeit und Wikingerzeit. Aus den überraschend zahlreichen neuesten Funden von Siedlungsstätten aus den Jahrhunderten um Christi Geburt sind voraussichtlich ergiebige Aufschlüsse über die Frage der Herkunft der Friesen zu erwarten.

Eine derartige Gesamtdarstellung des vor- und frühgeschichtlichen Kulturgutes hätte natürlich auch alle jene Stätten mit aufzuführen, die heute nicht mehr existieren, aber nachweislich einmal vorhanden waren, d. h. solche, die das Meer verschlungen[1]) oder der Dünensand bedeckt haben und diejenigen, die der Pflug eingeebnet hat, oder die abgebaut wurden zu Zwecken der Steingewinnung für den Buhnen-, Straßen- und Wallbau, oder aus anderen Gründen, wie etwa der notwendigen Beseitigung bei einem Hausbau und dergleichen. Aus sprachgeschichtlichen Gründen sind dazu alle alten Flurnamen zusammenzustellen. Auch hierüber sind Einzelveröffentlichungen von *C. P. Hansen*, *Christian Johansen*, *J. Schmidt-Petersen* u. a. bereits vorhanden. Aus den Namen der Hügel lassen sich Anhaltspunkte über deren Bestimmung als Grabstätte, Opferplatz, Thingstätte[2]) usw. gewinnen. An vielen Hügeln haften Sagen und Erzählungen[3]), deren Inhalt in mancherlei Hinsicht bezüglich des Motivs, das bei vielen auf die Vorzeit zurückgeht, ein

[1]) Taf. 9.   [2]) Taf. 148.   [3]) Taf. 155.

höchst wertvolles Gut der Überlieferung birgt. Bei der Generation, die vor der heutigen lebte, zur Zeit von *C. P. Hansen,* der vieles zur Aufzeichnung brachte, hatten die Hügel auf Grund der Sagen und Erzählungen, die an ihnen hafteten, noch eine unmittelbare geistige Bedeutsamkeit. Es war auch mancher „Aberglaube" und „Spuk" mit ihnen verbunden. Das ist heute vorbei.

An Hand aller vorhandenen Fundstücke und Berichte wäre vor allem eine Altersbestimmung wichtig, die uns erst eine Gesamtschau über die Entwicklungsgeschichte ermöglicht und bei Vergleich mit anderen Lebensgebieten etwaige Besonderheiten kultureller Abwandlung oder Einmaligkeitserscheinungen aufzeigt.

Die Lage des Bestatteten zur Himmelsrichtung scheint nach den Angaben von Olshausen und Handelmann recht verschieden zu sein. Es kommt in Packgräbern Nordsüdlage, vereinzelt aber auch Westostlage vor. Soweit Feststellungen noch möglich waren, wird die Kopflage in mehreren Fällen als nach der westlichen Seite liegend angegeben. Bei einer Gesamtbetrachtung wären Männer- und Frauengräber auf alle unterschiedlichen Merkmale zu untersuchen, ebenso die teils figürlichen Steinpflasterungen in den Hügeln zu deuten und manches andere mehr. Olshausen hat bei seinen Forschungen auf Amrum, wie er schreibt, „die Himmelsrichtungen nach dem wahren Norden orientiert, indem die Ablenkungen der Magnetnadel mit Zugrundelegung einer westlichen Mißweisung von 14° umgerechnet wurden". Diese Richtungsangaben für die Lage der Bestatteten entsprechen den von Handelmann auf Sylt gemachten.

Da in der Bronzezeit und Eisenzeit Leichenverbrennung üblich war, kann die große Zahl der vorhandenen Gräber auf den Inseln uns leider keinerlei Aufschluß geben über den Körperbau der Vorzeitmenschen. Die Einführung der Verbrennung während der mittleren Bronzezeit, an Stelle der bis dahin geübten Körperbestattung, ist ein Vorgang tief seelischer Art, dessen Deutung nur Mutmaßungen zuläßt. Vielleicht war es eine Sitte, die dem Süden Europas angehörte, mit den Einzelgräberleuten nach dem Norden kam und übernommen wurde, wie sich vergleichsweise später fremdgeistiges Gut des Katholizismus ebenfalls Eingang verschaffte. Die Verbrennung hat sich über 2000 Jahre gehalten. *Hans Hahne* schreibt in seinem Buch „Totenehre im alten Norden": „Möglich ist, daß die Absicht gründlichster Beseitigung des gefürchteten Toten der Anlaß war, möglich auch, daß die Absicht schnellerer Lösung des unsichtbaren Teiles des Menschen, seiner ‚Seele' vom Körper, zur Verbrennung führte. Beibehaltung der Grabbeigaben auch bei der Verbrennung spricht für diese sagen wir geläuterte Auffassung des Todes". In „Die Kunst unserer Vorzeit" schreibt *van Scheltema,* daß „der Übergang von der Leichenbestattung zum Leichenbrand wohl das untrügliche Zeichen von einer weiteren Vergeistigung des Seelenglaubens" ist.

Vielleicht steht die Verbrennung der Toten im Zusammenhang mit dem Feuerkult. Im alten Indien gab es eine Feuergottheit Agni, der möglicherweise in unserem Norden Loki entspricht. Hier tauchen Fragen der Völkerkunde von großer Tiefe nnd Weite auf, die das Problem der Eigenart und Übertragung der Kultur, der Bodenständigkeit und Wanderung von Elementen, der Gegensätzlichkeit und Entsprechung geographischer Räume, die Wesensfremdheit und Wahlverwandtschaft von Völkern berühren. Im vorliegenden Fall wäre der in vielen Punkten noch ungelösten Frage der Indogermanen bzw. Indoeuropäer, ihrer Herkunft, Verbreitung und Kulturwirkung besondere Aufmerksamkeit zu schenken.

Das angelsächsische Heldenepos *Beowulf,* das nach Hugo Gering nicht später als Ende des 8. Jahrhunderts entstanden ist, in dem wir auch von Kämpfen zwischen Dänen und Friesen hören, schildert am Schluß des Gedichtes die Bestattung des Königs Beowulf, der, wie am Anfang dieses Kapitels schon gesagt wurde, im Kampf mit einem Drachen tödlich verwundet wurde. Es heißt in der Übersetzung von Gering:

Dort schichteten nun den Scheiterhaufen
Die treuen Jüten dem toten Recken;
Dran hängten sie Helme und Heerschilde,
Wie geboten der Held, und blinkende Panzer.
Dann legten sie trauernd den teuren Herrn
In des Holzes Mitte, den herrlichen König.
Dann ward von den Männern ein mächtiges Feuer
Auf dem Berge entfacht, und brauner Qualm,
Vom Klagegeschrei seiner Krieger begleitet,
Stieg gekräuselt empor aus der knisternden Lohe
In den stillen Äther, — die sterbliche Hülle
War hurtig verzehrt von den heißen Gluten.
Nun erhoben aufs neu' ob des Herrschers Verlust
Ihren Wehruf die Männer; die Witwe auch,
Der geschlungene Flechten die Schläfe umkränzten,
Beklagte den Gatten, die kummervolle:
Ihr schwan' es, sprach sie, von schweren Zeiten,
Von Gemetzel und Mord, von mächtiger Feinde
Schrecklichem Wüten, von Schmach und Gefängnis. —
Nun verflog der Rauch in die Fernen des Himmels.

Es wölbten nun der Wettermark Leute
Den Hügel am Abhang, gar hoch und breit
Und weithin sichtbar den Wogenfahrern.
In der Frist von zehn Tagen war fertig das Werk,
Des Ruhmreichen Mal. Die Reste des Brandes
Umschloß der Wall, so schien es würdig
Den weisen Männern. Das weite Grab
Nahm auch Ringe und Schmuck und Rüstungen auf,
Den ganzen Schatz, den gierige Krieger
Dereinst erbeutet: die Erde empfing
Das rote Gold — dort ruht es noch jetzt,
So unnütz den Menschen, wie's immer gewesen.

Dann umritten den Hügel die rüstigen Helden,
Der Edlinge zwölf, die nach altem Brauch
In Liedern sangen die Leichenklage
Und den König priesen. Die kühnen Taten
Rühmten sie laut und sein ritterlich Wesen.
In Wort und Spruch sein Wirken ehrend
In geziemender Weise. Das ziert den Mann,
Den geliebten Herrn durch Lob zu erhöh'n
In treuem Sinn, wenn des Todes Hand
Aus des Leibes Hülle erlöst die Seele. —
So klagten jammernd die Krieger der Jüten
Um des Brotherrn Heimgang, die Bankgenossen,
Der am höchsten stand vor den Herrschern der Erde
Als gütigster Geber, als gnädigster Fürst,
Der rastlos bestrebt war den Ruhm zu mehren.

Es gibt „Jütetöpfe", irdene Kochtöpfe, die sich vereinzelt heute noch in den Haushaltungen der Nordfriesischen Inseln befinden, und es sind Tongefäße unter den Dielen von Häusern gefunden worden, die man als Hausopfergefäß vergraben hatte[1]). Eine Anzahl derartiger Gefäße besitzt das Museum in Wyk auf Föhr. Diese Töpfe und Gefäße zeigen teilweise eine auffallende Übereinstimmung in der Form mit den Urnen der Vorzeit. Die „Jütepötte" wurden auf der Jütischen Halbinsel von Frauen verfertigt, wie denn die Töpferei auf der ganzen Erde Handwerk der Frau ist. Wir dürfen wohl annehmen, daß die Urnen der Vorzeit auch von Frauen hergestellt wurden, und daß sie ursprünglich Speisegefäßen nachgebildet wurden. Weitere Ausführungen hierüber folgen im Kapitel „Hausrat".

Wenn uns die Grabsitten nur spärliche Andeutungen geben von dem Jenseitsglauben des Vorzeitmenschen, dann verschafft uns die Kunst dieser einen um so reichhaltigeren Einblick in die Geisteswelt jener Zeit. In den Veröffentlichungen von *van Scheltema* und anderen liegen bereits bahnbrechende Arbeiten darüber vor. Wenn hier erst kritischer Scharfblick und instinktsichere Einfühlung bei Material und Technik, bei Form und Stil Durchsicht und Ordnung geschaffen haben, werden die Grundlinien der vieltausendjährigen Geistes- und Kulturgeschichte unseres Nordens klar von uns erfaßt werden können.

Aus dem Vielerlei der Einzelgestaltung und nach Absonderung der Fremdeinflüsse werden die Urzüge der nordischen Seele sich dann herauslösen.

Die gerade Linienführung und das Zickzackmuster, die bereits auf den Tongefäßen der älteren Ganggrabzeit (Denghoog) sichtbar sind[2]), die wir im Fachwerkbau und im Kerbschnitt in unseren Tagen noch finden, mutet wie älteste Gotik an. Das gleiche gilt für die strebigen Formen der Steindolche, die in den hohen und schmalen Fenstern der Dome und in vielen anderen Darstellungen im Kunsthandwerk des Mittelalters ihr Gegenstück haben. Der geometrische Stil scheint, wie *Schwantes* schreibt, in der letzten Nacheiszeit mit dem Aurignac-Volk aus dem Südosten Europas nach dem Norden gekommen zu sein. Wir finden ihn als Rillenornament auf einem Angelhaken (?) von Meiendorf. Da während der letzten Eiszeit der Südosten eine Zufluchtsstätte für die durch das Inlandeis aus dem Norden verdrängten Menschen war, würde die Möglichkeit bestehen, daß dieser Stil bereits vorher im Norden bestanden hat und auch hier vielleicht entstanden ist.

In den Ornamenten der Bronzezeit, dem Wellenband- und Spiralrankenmuster, und in dem Tierornament der Wikingerzeit zeigt sich ein reiches und bewegtes Phantasiespiel einer barocken und rokokohaften Zierkunst. Während in der Wikingerzeit, wie gesagt, das Tiermotiv vorherrschend war, ist es später im Barock und Rokoko der Kultur des Abendlandes die Pflanze gewesen. Vielleicht liegt hier ein Merkmal „mutterrechtlicher" Kultur vor, ein Element weiblichen Wesens. Dieses würde dann der hohen Blüte der Bronzezeitkultur allgemein gesehen zugrunde liegen, wie später wieder der tiefen Religiosität des Marienkultes in der Gotik und dann nachfolgend noch einmal der kulturellen Pracht des Lebens in Kunst und Gesellschaft zur Barockzeit. Gotik und Barock stehen wie Knospe und Blüte einer Blume zueinander. Wir sehen sie in den feinsten Übergängen auseinander hervorgehen und verfolgen diese Stilphasen auch in der Kunst der Vorzeit. Aus den geraden und unbeholfen erscheinenden jungen Formen der Steindolche aus der Stein-Bronzezeit[3]), entwickeln sich die blattförmigen Dolche mit den feingeschwungenen lebendigen Linien als Endglieder.

An dem einzelnen Kulturgut können wir den Verlauf einer Formenreihe beobachten, von der ungefügen Gestalt, die zunächst aus dem Rohmaterial hervorgeht, bis zur lebendigen und durchgeistigten Endgestaltung einer hohen Handwerkskunst. Wir sehen, wie aus den einfachen Formen die reichsten und vielgestaltigsten Ornamente entstehen. Den gleichen Vorgang der Entwicklung erleben wir im großen in jedem der drei Zeitalter unserer Vorgeschichte. Wir sehen, wie darüber hinaus ein geistiges Band der Entfaltung und Gestaltung sich durch die ganze Vorzeit hindurchzieht und ursächlich alles mitein-

[1]) Taf. 112.   [2]) Taf. 66.   [3]) Taf. 67.

ander verbindet, vom Faustkeil und Kernbeil bis zu den vollendetsten Erzeugnissen der Hochblüte in Stein-, Bronze- und Eisenzeit.

Wir erkennen, wie sich auf diesem großen und reichen Fundament der Vorzeit unsere germanisch-deutsche Kultur aufbaut, und wie sie durch diese bestimmt ist.

Die Entwicklung und Gestaltung der Kultur erfolgt in geheimer Einheit mit der Natur. In beiden Reichen walten die gleichen Grundgesetze; sie sind in der Kultur bestimmend für das Material, die Formgebung, die Zierde und den Stilwandel. Goethe sagt einmal: „Das Beste, was man von einem Menschen sagen kann, ist, daß er naturhaft ist". Nur soweit der Mensch noch naturhaft ist, kann ihm Kultur noch zugängig sein. Die zunehmende Zivilisation der Gegenwart bringt ihn mehr und mehr in Gefahr, kulturlos zu werden. Hieraus im besonderen sollte die Lehre gezogen werden, daß wir das überkommene Erbe aus der Vor- und Frühgeschichte, soweit wir es in der freien Landschaft noch besitzen, sorgsamst unter einen gemeinsamen Natur- und Denkmalschutz stellen[1]).

ENTDECKUNGSGESCHICHTE

PYTHEAS, PLINIUS, TACITUS, PTOLEMÄUS

Die Bronzezeit hat uns gezeigt, daß bereits um 1000 v. Chr. ein lebhafter Handel zwischen der Nordsee und dem Mittelmeer bestanden hat, durch den Bronze und Gold nach dem Norden gelangten und Bernstein und Zinn (aus England) nach dem Süden gebracht wurde. Über die Fahrten selbst wissen wir nichts Näheres. Einen ersten Bericht über eine Reise aus dem Süden in das Nordmeer haben wir aus dem Beginn der Eisenzeit. Dieser Bericht erhellt wie ein plötzliches kurzes Wetterleuchten unseren Nordseeraum, um ihn dann für Jahrhunderte wieder in geschichtliches Dunkel zu tauchen.

Um 325 v. Chr., oder etwas früher, machte der Grieche *Pytheas* von Massilia (dem heutigen Marseille) eine Entdeckungsfahrt in das Nordmeer. Es war die Zeit, als Alexander der Große seinen Zug nach Indien (327 v. Chr.) unternahm. Pytheas fuhr zunächst an Britannien vorbei und von da in die Nordsee. Der Reisebericht, den er unter dem Titel „Über den Ozean" verfaßt hat, ist uns leider nicht erhalten, doch sind Einzelheiten daraus in Werken von Schriftstellern des Altertums auf uns gekommen. Die Widersprüche, die diese enthalten, und die Unklarheiten der Darstellung sind jedoch so groß, daß wir den örtlichen Verlauf der Reise daraus nicht einwandfrei erkennen können, obgleich Pytheas genaue Messungen der Sonnenhöhe vorgenommen hat und auch Angaben über Entfernungen und die Zeit macht. Es wird indes berichtet von einem aestuarium, d. h. einem Wattenmeergebiet namens Mentonomon, von dem eine Schiffstagereise entfernt die Insel Abalus liege, bei der Bernstein antriebe, der von dort an die nächstliegenden Teutonen verkauft würde. Berücksichtigt man hierzu die Beobachtungen des Pytheas über Ebbe und Flut, so möchte man annehmen, daß unter dem Mentonomon das nordfriesische Inselgebiet, und unter Abalus Helgoland zu verstehen ist.

Auf den Nordfriesischen Inseln sind aus der älteren Eisenzeit nur wenige Grabhügel bekannt. Vielleicht erklärt sich diese Tatsache durch eine Entvölkerung, die durch eine „Landsenkung" verursacht wurde, so daß das Gebiet damals also einen ausgesprochenen Wattenmeercharakter hatte. Die Beobachtungen des Pytheas über Ebbe und Flut würden sich dann auf dieses Wattenmeer beziehen und nicht auf die Ostsee, in die besonders frühere Autoren die Reise des Pytheas und das Bernsteinland verlegen wollten. Wenn es nun heißt, daß der Bernstein an die Teutonen verkauft wurde, die im Süden der Kimbrischen Halbinsel gewohnt haben, dann wird dadurch der Gedanke abermals bekräftigt,

---

[1]) Taf. 72. 73.

daß das Bernsteinland an der Westküste der Halbinsel zu suchen ist. Lediglich als Vermutung schließt der Verfasser hieran den Gedanken an, daß vielleicht die Teutonen den Vorzeithandel vom Norden nach dem Süden elbaufwärts und zu Lande vermittelt bzw. betrieben haben. Vielleicht sind auch einige von ihnen im Süden gewesen und haben von dort über das leichtere und reichere Leben und das angenehmere Klima Kunde in ihre Heimat getragen. Es ließe sich denken, daß der Kimbern- und Teutonenzug nach dem Süden um 113 v. Chr. veranlaßt wurde durch die „Landsenkung" und durch die Handelsbeziehungen. Es würde danach einmal die Raumnot bei den Kimbern der Anlaß gewesen sein, dann aber auch vielleicht Handelsinteresse und Eroberungslust bei den Teutonen, die durch den Handel zu Wohlstand gelangt waren, und wie wir das in der späteren Geschichte des Handels immer wieder sehen, ihre Machtsphäre auszudehnen trachteten.

Die Geschichte berichtet uns nun weiter, daß sich am Kinbernzuge auch die Ambronen beteiligt haben. Ob dieser Name in Verbindung gebracht werden darf mit dem der Insel Amrum, ist eine viel erörterte, aber noch völlig offene Frage. In den Kirchenverzeichnissen des 15. Jahrhunderts und im Kirchensiegel von 1662 heißt Amrum „Ambrum". In der Schlacht von Aquä Sextiä, dem heutigen Aix in der Provence, wurden die Ambronen 102 v. Chr. von den Römern geschlagen und aufgerieben. Aus allem diesem ergibt sich, daß wir über die Jahrhunderte vor Christi Geburt von dem späteren nordfriesischen Inselgebiet nichts Sicheres wissen, sondern nur Vermutungen hegen können. Die Reise des Pytheas und seine wissenschaftlichen Forschungen stellen indes für die damalige Zeit eine ganz außerordentliche Leistung dar.

Im Vergleich zu den spärlichen Nachrichten, die uns von dem Griechen Pytheas überliefert sind, erhalten wir von dem Römer *Plinius dem Älteren* (um 23—79 n. Chr.) über die Küsten der Nordsee sehr viel ausführlichere Berichte. Die große Vielseitigkeit seiner Mitteilungen zeigt uns, daß er ungewöhnlich belesen war. Wir wissen aber auch, daß er selbst in Germanien gewesen ist. Er hat an den Feldzügen der Römer teilgenommen. Wie weit er die Küstengebiete der Nordsee gesehen hat, und ob er z. B. im Lande der Chauken war, ist umstritten.

Durch die Römerzüge vor seiner Zeit hören wir zum erstenmal von den *Friesen. Drusus* dringt nach Unterwerfung der Bataver 12 v. Chr. bis zu den Ostfriesischen Inseln und den Chauken vor. Sein Nachfolger *Tiberius* marschiert 5 n. Chr. bis zur Elbe, und dessen Flotte soll sogar Germanien „bis zum Vorgebirge der Kimbern" umsegelt haben. Ob das letztere zutreffend ist und ob darunter Skagens-Horn an der Nordspitze von Jütland zu verstehen ist, ist eine umstrittene Frage. Unter dem „Vorgebirge" könnten auch die hohen Kreide- und Kalkhügel mit dem Hanstholm bei Hansted zu verstehen sein, von denen aus ostwärts die Jammerbucht sich erstreckt mit der Lehmsteinwand bei Bulbjerg und den weißen Kreidefelsen bei Svinkløvs. Auf Grund einer Nachprüfung der alten Quellen ist nach Otto Scheel („Die Frühgeschichte bis 1100", Geschichte Schleswig-Holsteins, Bd. 2, 2. Hälfte, Lfg. 1, S. 66ff.) die Flotte nicht über die Elbe nordwärts hinausgelangt. Wüßten wir nur durch Tiberius, falls er die Westküste der jütischen Halbinsel befahren hat, wie damals das spätere nordfriesische Inselgebiet ausgesehen hat! Im Jahre 16 n. Chr. fährt dann der Sohn des Drusus, *Germanikus*, mit einer Flotte vom Lacus Flevo (Zuidersee) an den Westfriesischen Inseln entlang bis zur Ems. Die Friesen bewohnten damals die Gebiete von der Zuidersee bis zur Ems. Östlich daran bis zur Elbmündung schlossen sich die Chauken an.

Im 16. Buch seiner Naturgeschichte gibt auch Plinius (23—79 n. Chr.) von demjenigen Teil der Chauken, der am Meere ansässig war, eine ausgezeichnete Schilderung. Nach der Übersetzung von Chr. F. L. Strack lautet der Bericht folgendermaßen:

„Dort überflutet der Ozean in gewaltigem Strom zweimal innerhalb eines Tages und einer Nacht einen unabsehbaren Landstrich, so daß er den ewigen Kampf der beiden

Elemente verhüllt und es unentschieden läßt, ob dieser Raum dem Festlande oder dem Meere angehöre. Dort wohnt dies arme Volk auf Hügeln, oder künstlich nach Maßgabe der höchsten Fluten aufgeworfenen Anhöhen, auf welchen es Hütten errichtet, Schiffenden ähnlich, wenn die Flut ringsum alles mit Wasser bedeckt, und Schiffbrüchigen, wenn dieses sich wieder verlaufen hat, und macht um seine Kabachen (Hütten) her auf die mit dem Meere fliehenden Fische Jagd. Sie können weder Vieh halten, noch von Milch leben, wie ihre Nachbarn ... Und indem sie die mit den Händen aufgegriffenen Erdschollen mehr an der Luft als an der Sonne trocknen, kochen sie mit Erde (Torf) ihre Speisen und wärmen damit auch ihren durch Nordwind erstarrten Körper. Ihr Getränk ist nur Regenwasser, das sie in Gruben im Vorhause bewahren".

Die Beschreibung des Plinius ist so abgefaßt, daß sie heute nach beinahe 2000 Jahren für die Halligen von Nordfriesland noch Gültigkeit hat, wenn auch bei den Chauken die Verhältnisse natürlich noch einfacher waren und in der Halligwelt sich besonders in allerletzter Zeit manche Änderung und Neuerung zeigt. Wäre Plinius damals die Westküste der Kimbrischen Halbinsel hinaufgefahren, so würde er am Küstensaum der späteren Nordfriesischen Uthlande vielleicht ähnliche Verhältnisse angefunden haben. Eingedeicht wurde dieses Gebiet, wie uns der dänische Geschichtsschreiber Saxo Grammaticus (geb. um 1140 n. Chr.) lehrt, erst etwa um das Jahr 1000.

Verheerende Sturmfluten, zu denen vor allem die Rungholtflut von 1362 gehört, im Zusammenhang mit Niveauveränderungen des Meeresspiegels, haben das Land dann zertrümmert und aufgelöst. An einzelnen Stellen des entstandenen Watts hat sich nach 1362 Neuland gebildet und das sind unsere heutigen Halligen.

Die Wohnhäuser auf den Halligen stehen auch heute noch alle auf Warfen, die etwa 4 m Höhe haben[1]). Geht eine schwere Sturmflut über das Halligland hinweg, dann ragen nur diese Warfen noch aus dem Wasser heraus[2]). Zur Ebbezeit geht man auf das Wattenmeer, um die Fische aus aufgestellten Reusen zu holen, und um Krabben zu fangen. Im Gegensatz zu den armen Wattenchauken halten die Halligfriesen jedoch Vieh, so daß sie Milch zur Nahrung haben[3]). Der Dung des Viehs wird zu „Ditten" getrocknet und dient als Feuerungsmaterial, so daß sie den stark salzhaltigen Torf, der im Untergrund des Wattenmeers lagert, nicht zu brennen brauchen. Lediglich aus einigen älteren Berichten wissen wir, daß dieser Torf gelegentlich in Notfällen und von der ärmeren Bevölkerung verwendet wurde. Das Regenwasser, das der Mensch für sich benutzt, läuft vom Dach des Hauses in den Brunnen, d. h. in Erdgruben, die unmittelbar am Hause liegen[4]).

Das Fehlen der Viehhaltung bei den Wattenchauken dürfte wahrscheinlich darauf zurückzuführen sein, daß das Land zur damaligen Zeit infolge einer „Senkung" so tief lag, daß es ständig überflutet wurde. Es wird nach der Beschreibung des Plinius einige Dezimeter tiefer gelegen haben als das heutige Halligland. Vielleicht steht diese „Senkung" in Zusammenhang mit derjenigen, die für den Auszug der Kimbern und Ambronen angenommen wird.

Der Bericht des Plinius ist besonders hinsichtlich der Mitteilung über die Warfen wertvoll. Wenn erst einmal in der ganzen Marschenzone an den Nordseeküsten die Warfenforschung durchgeführt ist, werden wir über das Alter und die völkischen Zusammenhänge der Besiedlung dieses Gebietes ein klares Bild gewinnen. Im 4. Buch seiner Naturgeschichte führt Plinius dann noch die Kimbrische Halbinsel auf unter dem Namen Cartris und weiterhin 23 Inseln, die durch die Kriege der Römer bekannt geworden sind. Es sind dies die friesischen Inseln.

Von einem Zeitgenossen des Plinius, von *Tacitus* erhalten wir über die Völker Germaniens ausführlicheren Bericht. In seiner „Germania" vom Jahr 98 n. Chr. schreibt er über die Friesen, daß diese nach ihrer Macht größere oder kleinere Friesen genannt werden, und

---

[1]) Taf. 32. 90.   [2]) Taf. 13. 14.   [3]) Taf. 140.   [4]) Taf. 91. 96.

daß beide Völkerschaften jenseits des Rheins liegen und die Gebiete bis zur Ems bewohnen, d. h. die Küstengegenden, die einst von den römischen Flotten aufgesucht worden waren. Über das Völkerleben an der Westküste der Kimbrischen Halbinsel erfahren wir jedoch nichts von ihm. Er schreibt in der Germania lediglich von den Kimbern, daß sie ein jetzt kleiner Staat sind, der jedoch einen großen Ruhm hat. Nach dem Kimbernzuge wird die Halbinsel auf längere Zeit wohl stark entvölkert gewesen sein.

Der Ozean verhinderte Drusus und Germanikus, über die Ems hinaus weiter an den Küsten vorzudringen. Den Stürmen ist die römische Flotte nicht gewachsen gewesen.

In seinen 115—117 n. Chr. geschriebenen Annalen berichtet Tacitus, daß die Flotte des Germanikus (14—16 n. Chr.), als sie von der Ems in den Ozean fuhr, von einem Südsturm überrascht wurde, der die Schiffe verschlug. Einige von diesen kamen nach Inseln mit schroffen Klippen und Untiefen und diejenigen, die glücklich daran vorbeigelangten strandeten bei weiter entlegeneren Inseln, die unbewohnt waren. Möglicherweise handelt es sich bei den erstgenannten Inseln um Helgoland und bei den folgenden um die Nordfriesischen Inseln.

Von Plinius hören wir, daß nicht weit oberhalb der Chauken, namentlich um zwei Seen, hohe Wälder stehen und daß vom dortigen Ufer abgetriebene Eichenstämme, die mit den Wurzeln und großen Teilen des Erdbodens losgerissen waren, aufrecht schwimmend gegen die Schiffe der römischen Flotte angetrieben sind und diese oft in Schrecken gesetzt haben. Vermutlich handelt es sich hier um Bäume, die auf moorigem Untergrund gestanden haben und die sich durch Unterspülung, vielleicht infolge der „Landsenkung" gehoben und freigemacht haben. Derartige Eichenstämme sind aus dem Tuul des nordfriesischen Wattenmeeres genügend bekannt.

Nach Plinius und Tacitus hat also die Nordsee ein weiteres Vordringen der Römer nach Norden verhindert, so daß die Westküste der Kimbrischen Halbinsel für die Geschichte einstweilen noch in Dunkel gehüllt bleibt.

Die ersten genauen geographischen Kenntnisse von Germanien und damit auch von unserem Norden verdanken wir dem um 150 n. Chr. in Alexandrien lebenden *Claudius Ptolemäus*. Originalkarten von seiner Hand sind uns nicht bekannt. In der Bibliothek des Klosters Vatopedi auf dem Berge Athos befindet sich jedoch eine Wiedergabe einer Karte von Germanien nach seinen Angaben, die für die älteste vorhandene Kopie gehalten wird und aus der Zeit um 1200 stammt. Auf diesem Holzschnitt sind westlich der Kimbrischen Halbinsel drei Inseln eingetragen, die als Sachseninseln bezeichnet sind, und nördlich davon liegen noch einmal drei Inseln, die Alokischen Inseln. Mit den letzteren könnten möglicherweise die Nordfriesischen Inseln gemeint sein und zwar die drei diluvialen Geestkörper von Sylt, Amrum und Föhr. Diese könnten in damaliger Zeit infolge der „Landsenkung", die bereits vorher, 113 v. Chr., den Kimbernzug veranlaßt haben soll, Inseln gewesen sein.

Bedenkt man, daß die erste von *Georg Alten* gefertigte Karte von Deutschland und dem Norden, die sehr roh gehalten ist und nur dürftige Eintragungen für unseren Norden aufweist, aus dem Jahre 1493 stammt, dann gewinnt die Karte des Ptolemäus, zeitlich gesehen um so mehr an Bedeutung. Auf der Karte von Alten steht auf der ganzen Kimbrischen Halbinsel nur Dacia und an sonstigen Namen sind für Nordalbingien lediglich eingetragen Hamburg, Lubick und Albis Fluv. Die frühe Entdeckungsgeschichte der Nordsee macht uns, wie wir sehen, nur über das südliche Küstengebiet nähere Angaben und läßt die Westküste der Kimbrischen Halbinsel noch im Dunkeln, so daß wir hier über Vermutungen nicht hinauskommen.

Die erste bekannte Karte von den Herzogtümern Holstein und Schleswig stammt von *Marcus Jordan(us)* aus dem Jahre 1559[1]). Von den Nordfriesischen Inseln ist darauf nur als ein langes aufrecht stehendes Rechteck „Strant" verzeichnet, und darüber als

[1]) Taf. 74.

kleines Inselchen „Grode". Etwas besser angegeben sind die Inseln auf der Karte des Jordanus „Danorum Marca" vom Jahre 1585. Die erste genauere Karte von den Inseln verdanken wir dem bedeutenden Niederländer *Lucas Jansz Waghenaer*. Sie ist veröffentlicht in dem ältesten niederdeutschen Seeatlas „Spiegel der Seefahrt", den Waghenaer unter dem Titel „Spieghel der Zeevaerdt" im Jahre 1589 in Enckhusen herausgegeben hat[1]). Wir sehen die Nordfriesischen Inseln darin eingezeichnet, wie sie sich dem Auge des vorbeisegelnden Seefahrers zeigten. Eine ausführliche Beschreibung der Entwicklung der Kartographie von Schleswig-Holstein gibt *F. Geerz* in seinem Buch: „Geschichte der geographischen Vermessungen und der Landkarten Nordalbingiens vom Ende des 15. Jahrhunderts bis zum Jahre 1859."

STAMMESGESCHICHTE

SIEDLUNG

Eine Besiedlung der Geestrücken der Nordfriesischen Inseln läßt sich auf Grund der bisher gemachten Funde, wie das im Kapitel „Vorgeschichte" bereits gesagt wurde, mit Sicherheit bereits zur mittleren Steinzeit nachweisen. Es waren Jäger und Fischer, die dort lebten. Es darf jedoch wohl als sicher angenommen werden, daß diese jetzigen Inselkerne auch schon zur älteren Steinzeit bewohnt waren. Die Inseln sind daraufhin vorgeschichtlich noch nicht genügend durchforscht. Ob während der letzten Eiszeit Menschen auf den Geesthöhen gelebt haben, ist ungewiß. Die Frage braucht indessen nicht ohne weiteres von der Hand gewiesen zu werden, da wir von Norwegen und Grönland wissen, daß unfern eines eiszeitlichen Gletscherrandes Menschen leben konnten bzw. noch leben. Dasselbe haben uns für unsere Gegend die sehr reichhaltigen Grabungsfunde einer Lagerstätte von Rentierjägern der Eiszeit bei Meiendorf unweit Hamburg gezeigt. Die Auffindung dieser Stätte verdanken wir *A. Rust*. Sollten die Höhen jedoch unbewohnt gewesen sein, dann wäre es sehr wohl denkbar, daß sie bald nach dem Rückzug des Eises besiedelt wurden.

Zur jüngeren Steinzeit finden wir bäuerliche Sippengeschlechter im Inselraum, die ihren Verstorbenen gewaltige Riesensteingräber, wie den Denghoog, errichtet haben[2]). Es waren Menschen, die mit dem Boden bereits fest verwurzelt waren. Während der folgenden Bronzezeit war die Bevölkerung, wie uns die vielen Grabhügel zeigen, sehr zahlreich und wohlhabend geworden. Die günstigen Bedingungen für Jagd, Fischfang, Ackerbau und Viehzucht, außerdem der Handel von Bronze, Gold und Bernstein hat vermutlich Zustrom von auswärts in dieses Gebiet gebracht.

Zu Beginn der Eisenzeit scheint die Bevölkerung dann wieder dünn gewesen zu sein. Auch findet der Auszug der Ambronen mit den Kimbern und Teutonen um 113 v. Chr. statt. Nach Ablauf der ersten Jahrhunderte nach Christi Geburt macht sich eine erneute Bevölkerungsabnahme bemerkbar, die vermutlich im Zusammenhang steht mit der Völkerwanderung, d. h. der Auswanderung der Angeln und der Sachsen nach England (449—1066), die angeblich auch von Wendingstadt auf Sylt erfolgte[3]). Am Ende der Eisenzeit, zur Wikingerzeit, ging dann eine Einwanderung von Südfriesland aus vor sich, die anscheinend in die Zeit um 857 fällt und uns auch durch Saxo Grammaticus belegt ist. Sie steht im Zusammenhang mit den Heerfahrten der Normannen und insonderheit mit den Kriegszügen der Dänen Rorik und Gottfried. Durch die Normannen waren die Küsten der Nordsee unter die Botmäßigkeit der nordischen Wikinger gekommen. Aus dieser Karolingerzeit stammen eine Reihe von Bestattungsplätzen, wie die „Friesenhügel" bei

---

[1]) Taf. 74.   [2]) Taf. 65.   [3]) Taf. 158.

Morsumkliff auf Sylt, und andere auf Amrum und Föhr. Diese Gräber wären sonach gewissermaßen die frühesten Zeugen von eigentlichen Friesen auf den Nordfriesischen Inseln, d. h. von Angehörigen und Nachkommen der Südfriesen, die uns mit ihrem Stammesnamen seit dem Kriegszug des Drusus vom Jahre 12 v. Chr. bekannt sind. Den Stammesnamen Friesen hatte es bis dahin in Nordfriesland nicht gegeben. Er begegnet uns lediglich in sagenhaften Überlieferungen, wie in der Sage von dem Kriegsheld Ubbo dem Friesen (8. Jahrhundert) und wie in einer Sylter Volkssage und gleichfalls im Beowulflied (8. Jahrhundert), die beide von einem Friesenkönig Finn berichten. Der Name Nordfriesland taucht, nach *Sach*, erst im 15. Jahrhundert auf, als Gegensatz zu dem südlichen Ost- und Westfriesland.

Es bleibt zunächst eine offene Frage, ob man die nordfriesischen Meeresanwohner aus der Zeit vor der Einwanderung der Südfriesen auch als Friesen oder gar Urfriesen bezeichnen darf. Wir kennen die völkischen und rassischen Zusammenhänge zwischen ihnen wie auch zwischen den Festlandsbewohnern und den Südfriesen vor deren Einwanderung und der danach sicher mehr oder weniger mit allen Küstenbewohnern erfolgten Verschmelzung nicht. Wir wissen nicht, wer die Bewohner der nordfriesischen Außenlande überhaupt waren, ob es etwa die Ambronen waren, von denen uns nur der Name bekannt ist und sonst nichts. Wir wissen nicht, ob Kimbern, Sachsen und vielleicht noch andere Völkerschaften, die auf der Karte der Kimbrischen Halbinsel des Ptolemäus aufgeführt sind, die Charuden, Phundusen, Chalen, Cobanden, Sabalingen, Sigulonen usw. mit hineinspielen in dieses Gebiet. Die Ambronen führt Ptolemäus auffallenderweise nicht auf, während er die Kimbern und im Südosten von den Sachsen im Landinnern die Teutonen verzeichnet hat. Der Kimbernzug hat etwa nur 250 Jahre vor seiner Zeit stattgefunden.

Die Frage nach der Herkunft der Nordfriesen ist von den verschiedenen Wissensgebieten in letzter Zeit rege erörtert und bearbeitet worden. So hat zu den angeführten Forschungen über die Wikingerzeit *Peter La Baume* hierzu Stellung genommen. In dem Jahrbuch des Nordfriesischen Vereins, vom Jahrgang 1952/53, das seine Arbeit enthält, hat auch *H. Hinz* eine Abhandlung gebracht. Eine ausführliche Darlegung ist weiterhin von Peter Jørgensen erschienen.

Der Gedanke liegt nahe, daß englische Besiedler zur Zeit des Englandzuges sich auch im nordfriesischen Küstengebiet, zumal auf den Geestinseln, ansässig gemacht haben. Über „Die Heimat der Angeln" hat *Otto Scheel*, Kiel, in der „Festgabe zur ersten Jahrestagung des Instituts für Volks- und Landesforschung an der Universität Kiel", im Januar 1939 eine Veröffentlichung mit neuem Gesichtspunkt erscheinen lassen. Unter Berufung auf Tacitus und Ptolemäus weist Scheel darin nach, „daß die Angeln östlich von den Langobarden saßen und nicht auf der Kimbrischen Halbinsel siedelten". Er schreibt: „Sie waren eine binnengermanische, vermutlich elbgermanische Völkerschaft. Da die Reste der Langobarden im Kampfbund der Sachsen aufgingen, wurden die Angeln Nachbarn der Sachsen." Für die gemeinsame Besiedlung von Britannien gewinnt diese Nachbarschaft ihrer Wohnsitze an Interesse. Der Name der Halbinsel Angeln, besser Angel, erklärt sich, nach Scheel, aus dem Wort Enge. Die Bezeichnung Angeln für die Halbinsel zwischen der Schlei und der Flensburger Förde ist somit lediglich ein Landschaftsname.

Wie uns der um 1140 geborene Saxo Grammatikus berichtet, hat es in den Uthlanden um 1180 Deiche gegeben. Diese Deiche sind das Kolonisationswerk der eingewanderten Südfriesen, die die Kenntnis der Anlage solcher aus ihrer Heimat mitgebracht haben. Infolge des Deichbaues war es nun möglich, neben der Viehhaltung Ackerbau zu treiben. Für die Siedlungsgeschichte bedeutet das eine Verfestigung des Menschen mit dem Boden und auch eine Hebung des Wohlstandes. An ackerbaulichen Zeugnissen von den im

Laufe der Zeit eingedeichten Marschländereien sehen wir heute noch auf dem abgesunkenen Wattenmeerboden die Kulturspuren, Grabensohlen von Feldereinteilungen, Pflugfurchen usw.[1]. Die weitreichenden nach Flandern, Hamburg[2]) und anderen Orten führenden Handelsbeziehungen des um 1362 untergegangenen Flecken Rungholt beweisen uns, in welcher Blüte der Landstrich gestanden hat. Die Uthlande hatten damals eine gute Zeit, wie vormals zur Wikingerzeit und zur Bronzezeit. Wie am Anfang der Eisenzeit versinken jedoch auch jetzt im 14. Jahrhundert hier wieder große Gebiete unter dem Meeresspiegel.

Die völkischen Ausstrahlungen, die im Lauf der Zeit besonders von Südfriesland aus erfolgten, sind vielverzweigt und weitreichend gewesen. Es sei an dieser Stelle nur eben erwähnt, daß an dem Heereszug, den Karl der Große im Jahre 800 nach Rom unternahm, wo Papst Leo III. die Kaiserkrönung vollzog, Friesen, Südfriesen, beteiligt waren. Seit dem 8. Jahrhundert werden in Rom Niederlassungen der Friesen, Langobarden, Franken und Sachsen (Engländer) genannt. Die Kirche S. Michele in Sassia in Rom, die im 18. Jahrhundert erneuert wurde, war einstmals die Kirche der Friesen.

Es gibt zahlreiche Ortsnamen mit geographisch weitreichender Verbreitung, die die Bezeichnung „Friesen" enthalten. Bei anderen Namen, bei denen die Silbe „Fries" und ähnliche Anklänge an Friesen vorkommen, müßte festzustellen versucht werden, wie weit sie mit den Friesen tatsächlich im Zusammenhang stehen oder nicht. Auszugsweise aus einer Zusammenstellung, die der Verfasser gemacht hat, seien hier nur ganz wenige Ortsnamen genannt: Friesdorf (Rheinland), Friesenheim (Baden und Elsaß), Friesenhofen (Allgäu), Friesenberg bei Zürich (Schweiz), Valle Frisone (Ober-Italien, Piave), Friesach (Kärnten), Fresen (Jugoslawien, Drau), Groß-Friesen (Vogtland), Friesensteine (Riesengebirge, Berg), Friesack (Mark), Neu-Friesland (Spitzbergen).

Schließlich sei auch das sagenhafte „Friesland" der Brüder *Zeno* vom Jahre 1380 genannt. Eine Insel dieses Namens ist auf alten Karten (Mercator, Ortelius usw.) lange Zeiten hindurch südlich von Island eingezeichnet gewesen. Das Problem dieser Insel „Friesland" hat viele Autoren schon beschäftigt. Bei Nachforschungen, die der Verfasser hierauf bezüglich im Nordmeer anstellte, glaubt er Anhaltspunkte für eine Erklärung dieses „Friesland" gefunden zu haben. Die Bekanntgabe dieser soll in einer besonderen Veröffentlichung gemacht werden.

Es sei hierbei schließlich auch noch hingewiesen auf die *Schweizer Wandersagen*. Das Vorkommen von Friesen in diesen hat *Christian Jensen*, Schleswig, in einem kurzen Aufsatz behandelt. Eine von den Sagen berichtet, daß die freien Männer von Schwyz von den friesischen Küsten her in die Gebirgsgegend eingewandert und Gründer der Eidgenossenschaft (1291) gewesen sind. In einer nordfriesischen Inselsage heißt es, daß einst infolge Überschwemmmug und Hungersnot viele Friesen unter Anführung eines gewissen Schwenn oder Schwyn (Name heute noch auf Sylt; d. Verf.) weit nach Süden zogen, den Ort Schwyz gründeten und das umliegende Land Schwyns- oder Schwyzerland nannten. In einem „Ostfriesenlied der Oberhasler" hören wir von einem Einzug von Friesen und Schweden in das Oberhasliland an der Aare. *Ernst Ludwig Rochholz* weist auf die Ähnlichkeit von Auszählformeln und Spielreimen der Kinder im Orte Gressoney, im Hochtale der Lesia (Lys), mit Kinderreimen von Schleswig-Holstein und den Nordsee-Inseln. Die Bevölkerung des Tales setzt die Einwanderung in die Hohenstaufenzeit (1138—1254).

Für die Siedlungsgeschichte der letzten 600 Jahre sind in den Uthlanden, wie gesagt, zunächst die großen Landveränderungen infolge der Landuntergänge und der Landzerstörungen durch Sturmfluten wichtig. Die Rungholtflut des Jahres 1362 und der Untergang von Alt-Nordstrand 1634[3]) haben jeweils Tausenden von Menschen das Leben gekostet. Große Flächen fruchtbaren Landes sind für immer verloren gegangen. Nach 1362

[1]) Taf. 10.   [2]) Taf. 9.   [3]) Taf. 12.

beobachten wir dann wieder die Bildung von Neuland, es sind die Halligen auf denen eine begrenzte Anzahl von Menschen eine neue Heimat fand. Als Folge der großen Landzerstörung, die mit dem Untergang von Alt-Nordstrand 1634 verbunden war, erfolgte um 1640—1650, wie schon im 9. Jahrhundert, jetzt eine Einwanderung von Südfriesen, von Holländern zu Eindeichungszwecken, nach Nordfriesland.

In die gleiche Zeit zu Anfang des 17. Jahrhunderts fiel der Beginn der Grönlandzeit, der Walfang, der bis gegen 1800 andauerte. Im Verlauf dieser beiden Jahrhunderte zog erneut Wohlstand in die Uthlande ein. Siedlungsgeschichtlich machte sich ein starkes Anwachsen der Bevölkerung bemerkbar, dem allerdings auch große Menschenverluste, die die Seefahrt mit sich brachte, gegenüberstanden. Die Grönlandfahrt hatten die Nordfriesen vorwiegend mit den stammverwandten Holländern betrieben.

Als die Grönlandfahrt beendet war, wandten sich die Inselfriesen vom Ende des 18. Jahrhunderts ab der Handelsfahrt zu, und durchkreuzten von nun ab bis auf den heutigen Tag alle Ozeane der Erde. Goldfunde in Kalifornien und vornehmlich auch die abnehmende Seefahrt veranlaßten um die Mitte des 19. Jahrhunderts manchen Inselfriesen, besonders Föhringer, die zu Hause kein genügendes Fortkommen mehr hatten, nach den Vereinigten Staaten auszuwandern. Eine Redensart sagt, daß in Amerika mehr Föhringer leben, als auf Föhr selbst.

In jüngster Zeit hat sich besonders auf den großen Geestinseln durch das Badeleben, die Landfestmachung und die militärische Befestigung das Siedlungsbild außerordentlich geändert und die Bevölkerungszahl durch Zuwanderer vor allem auch durch Flüchtlinge aus den Gebieten Ostdeutschlands vermehrt.

RASSE

Die Geschichte der Landschaft, der Vorzeit und der Siedlung haben uns gezeigt, daß der Ablauf der Geschehnisse wechselvoll gewesen ist, und daß unsere Kenntnis über die Vorgänge noch große Lücken aufweist. Wir haben gesehen, daß es schwer fällt, eine einigermaßen zutreffende Vorstellung von der Entwicklung in großen Zügen zu gewinnen, die Bedingtheiten für die einzelnen Ereignisse zu erkennen und das zeitliche Zusammenspiel dieser richtig zu sehen.

In einem so urtümlichen, kämpferischen Verhältnis wie bei den Friesenstämmen, haben sich Mensch und Natur bei keinem anderen deutschen Stamm gegenübergestanden. Die Binnenlandsvölker und auch die am Ostseerande hatten im Laufe ihrer Geschichte gesicherten Boden unter den Füßen. Der Friese im Süden und im Norden hat sein Land, die Marsch, erst deichen müssen, um es bewohnbar zu machen, er hatte das Gewonnene immer wieder neu zu sichern und zu verteidigen. Der Friese im Wattenmeer gar lebt in amphibischer Zone, seine Umwelt ist nicht festes Land, aber auch nicht reines Meer.

Das Leben des Friesen wird durch die Naturmacht des Meeres bestimmt. Sein Blick ist auf die See gerichtet, sie baut ihm das Land auf und ist Erwerbsquelle für ihn. Die See entscheidet über Sein oder Nichtsein bei ihm, sie ist sein Schicksal. Das hat ihn gläubig und mitfühlend, aber auch selbständig und unerschrocken gemacht. In dem bekannten Volkssatz „Rüm Hart klaar Kimming" kommen beide Seiten seiner Natur vortrefflich zum Ausdruck. Das Meer ist frei und deshalb ist auch das Lebensprinzip des Friesen die Freiheit. Sein Wahlspruch lautet von alten Zeiten her „Lewer duad üs Slaw". Als besonders freiheitsliebend auf den Nordfriesischen Inseln sind von jeher die Sylter, zumal die Bewohner der von Dünen überlagerten Hörnum-Halbinsel, bekannt. Ein Sylter Liedvers sagt:

„Frii es de Feskfang,
Frii es de Jaght
Frii es de Strönd'gang
Frii es de Naght
Frii es de See, de wilde See,
En de Hörnemmer Rhee!"

Die Naturgewalten des Meeres sind unberechenbar und voll Gefahren, mögen sie gegen das Schiff, das Haus, die Insel oder die Marsch gerichtet sein. Die Selbstbehauptung den Elementen gegenüber hat dem Friesen eine ungewöhnliche Festigkeit im Wesen gegeben. Sie spricht aus seiner Haltung, aus Gang, Miene und Blick. Sie wird uns bezeugt durch die fest aufeinanderliegenden Lippen, die schmale Mundlinie, sie ist zu entnehmen aus der Wortkargheit, aus der Wortkürze und aus dem Klanglaut der Sprache. Seine geschlossene Natur, seine Zurückhaltung, die Verankerung in sich selbst, seine Ruhe und sein Selbstbewußtsein zeugen davon. *Freiheit* und *Festigkeit* sind die beiden Pole der Innenwelt des Friesen. Ungebundenheit und Bindung zugleich, beide durch das Meer bedingt, liegen natürlich vereint in seinem Wesen. Der Einzelmensch, wie die Familie, steht gleich fest gegründet und sicher umrissen da. Die Frau steht in voller Ebenbürtigkeit neben dem Mann. Die Friesen sind ein Volk von Bauern und Seefahrern mit dem Herrentum eines in freier Meeresnatur aufgewachsenen Volkes[1].

Die vorherrschenden Merkmale der nordischen Rasse, Großwüchsigkeit, Langschädel, helle Haar-, Haut- und Augenfarbe, sind vorwiegend auch bei den Friesen vorhanden. In ausgezeichneter Weise hat der nordfriesische Kunstmaler *Carl Ludwig Jessen* (1833—1917) von Deezbüll die Wesenszüge seiner Stammesgenossen auf seinen Bildern zum Ausdruck gebracht[2].

Die Lebensart des Menschen aus der vorgeschichtlichen und wanderungsreichen Frühzeit, auch aus der Wikingerzeit mit dem Kampfgeist der Natur gegenüber, mit der Kraft der Selbstbehauptung, mit der Unbeugsamkeit des Willens, den Gefahren trotzend, den Niederschlägen nicht erliegend, mit der selbständigen Auseinandersetzung allen Fragen des Lebens gegenüber, diese Lebensart finden wir unter allen deutschen Stämmen am nachhaltigsten noch bewahrt bei den Friesen. Ihre Leistungen während der beiden Jahrhunderte des Walfanges liefern den besten Beweis dafür.

Der Stammesname der Friesen (Frisii, Frisones, Fresones) ist einer der ältesten unter den deutschen. Seit der römischen Kaiserzeit hat dieser Stamm an der Südküste der Nordsee wie nur wenige germanische Volksstämme seinen Wohnsitz innegehalten.

Über die Herkunft der Friesen und ihre Zugehörigkeit zu anderen Stämmen können wir nichts Sicheres sagen. Soweit Klarheit in diese Fragen zu bringen ist, kann sie uns nur die Warfenforschung und die Vorgeschichte liefern. Wir wissen nicht, wer die Stämme der Vorzeit waren, die an den Küsten der Nordsee gesessen haben. Infolge der Leichenverbrennung, die etwa 2500 Jahre vom Beginn der Bronzezeit bis zum Ende der Eisenzeit gewährt hat, sind uns Studien an Skeletten aus diesen Zeiten nicht möglich. Es kommt also auf den Vergleich der Fundstücke von Kulturgütern an. Wir kennen die Abstammungslinien nicht, die von den Vorzeitstämmen ausgingen, wir wissen nicht, wie die Wanderzüge an den Küsten der Nordsee entlang sich vollzogen haben, und welches Blut sie miteinander verbanden, sei es für die Vorzeit, die Besiedlung von England oder die Bewegungen, die durch die Normannenzüge ausgelöst wurden. Welche Bewegungen und Wirkungen sie auslösen konnten, zeigt uns die Einwanderung der Südfriesen nach Nordfriesland.

Die Frage, ob die Westfriesen Bataverblut, die Ostfriesen Chaukenblut und die Nordfriesen Angelnblut haben, wie weiter die Frage, was wir denn unter Batavern, Chauken

---

[1] Taf. 75—83. [2] Taf. 84.

und Angeln rassisch zu verstehen haben, das sind herausgegriffene Fragen aus einer großen Fülle von Ungeklärtheiten.

Angesichts der Reinheit der friesischen Rasse läßt sich trotz des Vielerlei der angeführten Möglichkeiten und Unklarheiten wohl zweierlei sagen: daß diese Stämme, die einander im Raum der Nordseeküsten der ursprünglich als Inguäonen benannten Völker berührten, durchweg nordischer Art waren und daß die Natur des Lebensraumes eine so starke Ausdruckskraft hat, daß ein Menschenschlag von so eindeutiger Lebensart, wie wir sie bei den Friesen finden, sich eben immer gehalten oder wieder durchgesetzt hat. Vielleicht ist es auch Eigenart der Friesen gewesen, sich nicht leicht zu mischen. Sittenstrenge bei ihnen ist uns von jeher überliefert. Ihre entlegene Lage am Meeresrand mag sie außerdem vor Überfremdung geschützt haben.

Die örtlichen Verhältnisse bei den West-, Ost- und Nordfriesen haben überall verschiedene Stammeseigenschaften geschaffen. Selbst innerhalb der Nordfriesischen Inseln können wir solche von Insel zu Insel beobachten. Das Kerngebiet friesischer Rasse bildet heute noch Föhr. Sylt ist bereits großer Zersetzung unterlegen. Das kleinere Amrum ist nicht stark mehr besetzt mit Friesen. Die Gefahr der Auflösung des Stammestums ist heute, wie überall, so auch auf den Nordfriesischen Inseln groß. Der Fremdenzustrom durch das Badeleben, das damit verbundene rege Geschäfts- und Verkehrsleben, die Militarisierung (Sylt), die Zuwanderung von Flüchtlingen aus den Gebieten des östlichen Deutschland nach 1945, die Landfestmachung der Inseln und anderes mehr nehmen dem Volksstamm und der Landschaft unaufhaltsam die Eigenart.

FAMILIENKUNDE

Bei der Seßhaftigkeit der Inselfriesen und der Kleinheit ihres Wohngebietes müßte es, sollte man meinen, leicht sein, familienkundliche Forschungen anzustellen. Das ist jedoch durchaus nicht der Fall. Andererseits kann man sich kaum einen anderen Volksstamm vorstellen, der so interessante und packende Beiträge an Lebensereignissen aller Art für eine Familiengeschichte vorzuweisen hat, wie wir sie bei den Inselbewohnern von Nordfriesland finden.

Es genügt hierzu auf die Seefahrt und die Sturmfluten hinzuweisen. Durch die Seefahrt laufen von den Nordfriesischen Inseln Verbindungsfäden nach allen Orten der Erde. Kulturgüter aus allen Ländern der Welt finden wir in den Friesenwohnungen. Es sind uns Geschichten bekannt von Abenteuern mit Seeräubern, von der Erhebung von Seefahrern auf hohe Stellen im Ausland, von Katastrophen auf See, von den scheinbar unglaublichsten Erlebnissen auf der Grönlandfahrt und mancherlei mehr, wie sie phantasievoller nicht ausgedacht werden können, und die sich dennoch ereignet haben. Auch das Leben der Frauen, die manchmal während jahrelanger Abwesenheit ihrer Männer für die Familie, für Haus und Hof aufzukommen hatten, zeigt uns ein Bild von Arbeit, Sorge und Opfer, ein Leistungsvermögen jeglicher Art, wie es sicher nicht überboten werden kann. Wenn die Seefahrt das Leben schon eingehend beeinflußte, kommen durch die Sturmfluten und Landuntergänge noch viel tiefergreifende Einwirkungen hinzu. Schicksalsreichere Vorgänge, wie sie die Geschichte der Friesen für die Familie und die Generationenfolge aufweist, sind nicht gut denkbar.

Viel zu weniges von alledem, was geschehen, ist überliefert. Es sollte daher alles, was noch erfaßbar ist, aus Erzählungen der alten Generation zur Aufzeichnung gelangen, denn nur in den lebendigen Geschehnissen haben wir die Vorfahren so vor uns, wie sie waren. Durch Sturmfluten und Hausbrände ist vieles an Dokumenten verloren gegangen, so manches auch von den Bewohnern vernichtet und durch Dritte verschleppt worden.

Aus Schriftstücken, wie Briefen, läßt sich von dem Wesen und der Geistesart der Vorfahren eine gute Vorstellung gewinnen. Auch die Bilder der Vorfahren, die zahlreich als Miniaturen[1]) und Ölgemälde[2]) vorhanden waren, sind, soweit sie nicht in Museen gelangten, von Händlern aufgekauft worden. Personenaufnahmen der Photographie aus älterer Zeit, wie sie beispielsweise der Photograph *Lind* in Wyk auf Föhr besaß, sind infolge Mangels an Glasplatten während des ersten Weltkrieges zur Neuverwendung abgewaschen worden. Es mag dies gesagt sein, um einer Wiederholung vorzubeugen.

Der Wert aller Unterlagen ist jetzt erkannt. In Museen und Inselarchiven trachtet man, die Materialien heute sicherzustellen. Die Hauptquelle für die Familienforschung bilden für uns die *Kirchenbücher*. Eine Ausschöpfung der Kirchenbücher unter Berücksichtigung aller Gesichtspunkte steht noch aus. Es würden für die Nordfriesischen Inseln die interessantesten Ergebnisse daraus zu erwarten sein, so über die Namengebung, die Geburtenzahl, das Heiratsalter, das Lebensalter, die Zuwanderung von auswärts, den Aufenthaltswechsel von Insel zu Insel, die Verwandtschaftsehen, die Strandungen und Unfälle auf See und manches mehr. Es sei hier nur eben angeführt, daß man bei den Bauern von Morsum und Archsum auf Sylt in unserer Zeit ein auffallend hohes Alter feststellen kann.

Weit reichen die Kirchenbücher leider nicht zurück. Dem Alter nach sind sie vorhanden für: Nordstrandischmoor ab 1647, Sylt-Morsum ab 1651, Hooge ab 1652, Nordstrand und Nordmarsch ab 1657, Föhr-St. Johannes ab 1660, Sylt-Keitum und Langeneß ab 1670, Föhr-St. Laurentius 1678, Oland 1703, Gröde und Habel 1718, Föhr-St. Nicolai 1740, Sylt-Westerland 1745, Pellworm-Alte Kirche 1751, Amrum-Nebel 1780.

Aus den *Personennamen* früherer Generationen und Jahrhunderte klingt aus einstigen Zeiten noch etwas nach. Von *Aug. Sach, Chr. Jensen, L. C. Peters* und *Jes Jessen* sind Zusammenstellungen gemacht worden. Es fehlt noch an einer großen Zusammenfassung aller erreichbaren Namen, die die Flurnamen, die Namen der Vorzeitgrabhügel usw. einschließen.

Sie wären den west- und ostfriesischen gegenüberzustellen und der allgemein germanische Ursprung oder die besondere nordfriesische Prägung darzutun.

Erst 1771 wurden feste Familiennamen eingeführt. Vor 1800 hatte der Vorname die Hauptgeltung. Während der Grönlandfahrt wurden die Namen vielfach in das Holländische übertragen. Infolge der Kontinentalsperre von 1806 nahm mancher Seefahrer einen Decknamen an. Die friesischen Vornamen sind, wie man das aus den heutigen Konfirmandenlisten entnehmen kann, stark im Rückgang begriffen. Namenszüge aus der wohlhabenden Zeit des 18. Jahrhunderts treffen wir überall noch als Maueranker an Häusern an[3]), ebenso auf Truhen, Silber, Zinn, Fayence und Stickereien[4]). Ganz besonders wertvoll ist jedoch ihre Hinterlassenschaft auf den Grabsteinen der Seefahrerzeit des 17. und 18. Jahrhunderts. Vielfach ist den Namen und Lebensdaten eine Beschreibung aus dem Leben des Verstorbenen darauf beigegeben. Die alten Grabsteine von Föhr und Amrum dürften ihrer Art und Ornamentik nach die schönsten Seefahrergedenksteine in Deutschland sein[5]). Eine tiefe Rückschau in frühere Jahrhunderte, vielleicht bis in die Vorzeit zurückreichend, gewähren uns die Hausmarken. Wappen und Siegel dagegen gibt es auf den Nordfriesischen Inseln nur wenige.

Bei Aufstellung eines Familienstammbaumes staunt man über die verwandtschaftliche Verflochtenheit der Insulaner untereinander. Ebenso auffällig ist aber auch die ständig zunehmende Durchsetzung mit Eingewanderten aus den verschiedensten Herkunftsgebieten. Zu Uferschutz- und Erntearbeiten sind seit dem letzten Jahrhundert nach der Landaufteilung Arbeiter von Jütland und aus Schleswig-Holstein auf die Inseln gekommen. Viele von ihnen haben dort eingeheiratet. Das gleiche gilt von gestrandeten Schiffern und in neuerer Zeit von zahlreichen Geschäftsleuten, denen das Badeleben den Weg auf die Inseln gewiesen hat.

[1]) Taf. 117.   [2]) Taf. 117. 118.   [3]) Taf. 97.   [4]) Taf. 151.   [5]) Taf. 85. 127. 165. 166.

Auch Menschen aus ferneren Gegenden Deutschlands, so österreichische Soldaten, die während des Krieges von 1864 auf den Inseln waren, haben sich angesiedelt. Selbst ein Italiener, der bei den Uferschutzarbeiten auf den Halligen seit vor 1911 tätig ist, hat sich mit einer Frau von Nordmarsch verheiratet, hat vier Kinder und lebt auf Hooge. Mancher Seefahrer hat von seinen Reisen auch aus dem Ausland eine Frau mitgebracht. Es sei hier nur der sehr tüchtige Kapitän *Paul Nickels Paulsen* von Nieblum auf Föhr genannt, der den ersten Hamburger Atlantikdampfer, die „Helene Sloman", im Jahre 1840 zum erstenmal von Hamburg nach Amerika gefahren hat[1]. Paulsen hat sich gelegentlich seiner Fahrten nach Norwegen eine Frau von dort geholt und sie nach Föhr gebracht. Ebenso hat Kapitän *Haye Laurens* (Lorenzen) von Hooge, dessen Schiff „De Kinds Kinder" im Jahre 1804 von dem Grafen von Provence, dem späteren König Ludwig XVIII. von Frankreich, zu einer Fahrt von Riga nach Kalmar und zurück gechartert wurde, sich mit Elisabeth Rebcke, einer Frau aus Riga verheiratet[2]. Näheres über die Fahrt folgt im Kapitel „Seefahrt", Abschnitt „Leistungen". Die dunkle Haar- und Augenfarbe, die man heute bei vielen Inselbewohnern beobachten kann, ist teilweise auf diese Zuwanderer zurückzuführen. *Peter Boy Eschels* von Morsum auf Sylt schreibt in einem Nachtrag, den er dem Originalmanuskript der „Chronik der Insel Sylt" von *J. J. Booysen* zugefügt hat: „Auf ganz Sylt gab es (1845) 601 Familien und 2635 Einwohner, darunter waren 443 nicht auf Sylt geboren, nämlich 266 männlichen und 177 weiblichen Geschlechts."

Nicht nur die Einwanderungen, sondern auch die großen Auswanderungen machen die Familienforschung auf den Nordfriesischen Inseln schwierig. *Brar Braren*, Husum, hat ein Verzeichnis aufgestellt über seine Verwandten, die von Westerland-Föhr nach Amerika ausgewandert sind. Unter 1600 Namen befinden sich 418, deren Träger die Insel verlassen haben.

Unter dem Titel: „Hark Olufs der friesische Seefahrer aus Amrum, seine Abenteuer und die Schicksale seiner mehr als tausend Nachkommen 1737—1937", ist als ein „Beitrag zur Familiengeschichte und Familienbiologie einer friesischen Insel-Bevölkerung" eine Veröffentlichung angekündigt von *Heinz Howaldt* (Kiel), Nebel/Amrum. Hauptsächlich auf Föhr bezüglich hat bereits 1887 *O. C. Nerong*, im Selbstverlag, eine „Chronik der Familie Flor" herausgegeben, die im Faksimile wiedergegeben 38 Namensunterschriften von Angehörigen der Familie aus dem 17. und 18. Jahrhundert enthält.

Über die Frage der Familienkunde und Volksbiologie von Sylt hat Dr. *Hugo Krohn*, Westerland, im Jahre 1949 eine Dissertation unter dem Titel: „Die Bevölkerung der Insel Sylt" veröffentlicht. Die gründliche Arbeit ist aufgebaut auf den einschlägigen Inhalten von Archiven und gedruckten Quellen aller Art; sie erstreckt sich über den Zeitraum von 1613 bis in die Gegenwart. Die textlichen Ausführungen, die von zahlreichen Statistiken begleitet sind, ermöglichen einen vorzüglichen und aufschlußreichen Einblick in die gesamte Biologie des Volkskörpers. Sie nehmen Bezug auf die Bodenstruktur der Insel (Landschaftsform, Inselabbruch), die Volksdichte (Verteilung, Geburten und Sterblichkeit, Seefahrertod, Frauenüberschuß, Krankheiten, Kriminalistik, Aus- und Einwanderung, Personennamen, Sprache u. a. m.), das Erwerbsleben (Seefahrt, Landwirtschaft, Gewerbe), den Wohlstand usw. In allen genannten Erscheinungen des Volkslebens spiegelt sich das Naturwesen der Insel auf das deutlichste und lebhafteste wider.

Von Wichtigkeit für die Forschung ist es schließlich, etwas über die jeweilige Stärke der Inselbevölkerung zu wissen. In den Veröffentlichungen von *C. P. Hansen* und anderen liegen verstreut Zahlenangaben vor. Nicht nur Sturmfluten, Seefahrerkatastrophen und todbringende Krankheiten in fremden Ländern, wie gelbes Fieber und Malaria, haben die Bevölkerung dezimiert. Im Amringer Kirchenbuch berichtet Pastor *Martin Flohr*, daß er in seinem ersten Amtsjahr 1630 auf Amrum 147 an der Pest gestorbene Personen

---

[1] Taf. 129. [2] Taf. 133. 134.

beerdigt hat. Von den insgesamt 227 Einwohnern waren nur 80 am Leben geblieben. Landvogt *Ambrosius* schreibt über die Einwohnerzahl von Sylt: „Schon 1769 waren hier nur 1180 männlichen Geschlechtes und 1634 weiblichen." Diese eine Zahlenangabe mag genügen, um zu zeigen, welche Menschenverluste die Seefahrt gebracht hat. Für die Erbbiologie muß hinzugefügt werden, daß es die gesundesten und kräftigsten waren, die ihr Leben dabei verloren.

Die Inseln, die bei ihrer Abgeschlossenheit uns im allgemeinen den Eindruck von einer Beständigkeit des Lebens vermitteln, zeigen familienkundlich in den Lebensschicksalen und der Generationenfolge ihrer Bewohner jedoch eine außerordentliche Bewegtheit.

LANDESGESCHICHTE

Im sagenhaften Dunkel liegt die politische Geschichte von Nordfriesland um Christi Geburt und während des ersten Jahrtausends nach dieser. Wir hören von der Beteiligung von 1200 friesischen Männern und noch viel mehr Weibern und Kindern am Kimbernzuge um 113 v. Chr., von einer Seeschlacht des nordfriesischen Königs *Wicho* (Vitho) gegen den Dänenkönig Frotho I. auf der Hever um Christi Geburt. Dann folgen die Seezüge der Angeln und Sachsen nach Britannien, die um 449 n. Chr. beginnen. Wenningstedt auf Sylt soll einer der Ausfahrtshäfen gewesen sein[1]). Friesen haben anscheinend in großer Zahl daran teilgenommen. Die Namen *Hengist* und *Horsa* sind mit diesen Meerfahrten verbunden. Der Überlieferung nach soll König Gorm von Dänemark sich Nordfriesland 741 unterworfen haben. Gleichfalls im 8. Jahrhundert ereigneten sich die Heldentaten des Nordfriesen *Ubbo*. Nachdem dieser zunächst erfolgreiche Kriegszüge nach Jütland gegen den dänischen König Harald III. Hildetand unternommen hatte, wurde er dessen Verbündeter und Heerführer. So nahm er denn schließlich auch auf der Seite des Dänenkönigs an dem Krieg teil, den dieser gegen seinen Neffen, den Schwedenkönig Sigurd Ring (Hring) führte. In diesem Kriege kam es auf der Bravallaheide, die wahrscheinlich in der Nähe der Bucht Bråviken an der schwedischen Ostseeküste zu suchen ist, zu der großen Bravallaschlacht. Nach Saxo Grammaticus (s. „Dänische Heldensagen" von Paul Herrmann) haben zusammen mit den Dänen Streiter aus Jütland, Friesland und dem Slavenlande, aus Norwegen, Livland und selbst aus Schweden und dem Sachsenland gegen die Schweden gefochten, in deren Heer sich Kämpfer aus Gotland, Norwegen und Rußland befanden. Zunächst schien es, hauptsächlich infolge der kühnen Taten, die Ubbo der Friese verrichtete, daß Harald siegen würde. Als der König selbst jedoch tödlich getroffen wurde, ging auch die Schlacht für ihn verloren. Von Ubbo wird berichtet, daß er siegreich gegen zwanzig erlesene Kämpfer des schwedischen Heeres gestritten hat und daß elf weitere von ihm verwundet worden sind. Nach hartnäckiger Gegenwehr ist er schließlich dann im Kampf gegen drei Bogenschützen aus Telemarken von hundertvierundvierzig Pfeilen durchbohrt gefallen.

Im weiteren Verlauf der Geschichte folgt nun die Flottenfahrt des Normannen *Rorik* von Südfriesland nach Nordfriesland. Nach den Jahrbüchern von Fulda hat sie 857 stattgefunden. König Lothar, sein Herr, und der Dänenkönig Horik sollen ihm und seinen Genossen ihre Einwilligung gegeben haben zur Einnahme des Landes zwischen dem Meer und der Eider. Man wird annehmen dürfen, daß infolge dieser Landnahme sich zwischen Süd- und Nordfriesland Verkehrsverbindungen angebahnt haben, und daß von der Eidergegend aus auch das Gebiet der Uthlande mit Südfriesen besiedelt worden ist.

Von hier ab würde dann die eigentliche Geschichte der Friesen in Nordfriesland datieren. Der um 1140 geborene dänische Geschichtsschreiber Saxo Grammaticus schreibt in seiner

[1]) Taf. 158.

Chronik, daß lange vor seiner Zeit Friesen aus der Fremde gekommen seien in dieses Gebiet, das er als Klein-Friesland „Fresia-minor" bezeichnet. In den Jahren 1187 und 1198 kommt für die nordfriesischen Außenlande die Bezeichnung „*Utland*" vor, die auch im alten Schleswiger Stadtrecht und in König Waldemars Erdbuch von 1231 gebraucht wird. Das Wort wird von den Chronisten auch nach dem Mittelalter noch gebraucht und ist bis in die jüngste Zeit in Anwendung geblieben. Wie Sach angibt, tritt gleich zu Beginn neben dem Wort „Utland" jedoch auch das Wort „*Strand*" auf. Es werden darunter die 5 Harden, die Edomsharde, Pelwormharde, Wyriksharde, Beltringharde und Lundenbergharde verstanden. Ihre Bewohner sind die sogenannten „*Strandfriesen*". Die Bezeichnung „De Strant", „Strand", finden wir häufig auf den alten Karten von Mercator, Rantzau, Waghenaer[1]) und anderen. 1427 spricht man von „de Nordstrand", das sich auf Alt-Nordstrand bezieht, d. h. die früher in einer Insel vereinigt gewesenen Nordstrand und Pellworm, die durch die Sturmflut von 1634 getrennt wurden[2]).

Eingeteilt wurde das Gebiet der „Uthlande" nach dem Waldemarschen Erdbuch in 13 *Harden*, für deren Grenzziehung die natürlichen geographischen Verhältnisse maßgebend waren. Die Entwicklung der Harde, ein Wort dänischer Herkunft, ist vielleicht hervorgegangen aus der alten germanischen Hundertschaft. Etwa gleichzeitig mit dem Namen „Nordstrand" tritt auch das Wort „*Nordfriesland*" auf, das im Gegensatz zu Ost- und Westfriesland gebraucht wurde.

Zur Zeit, da wir die Friesen in der Geschichte auftreten sehen, waren sie Untertanen des Königs von Dänemark. Tausend Jahre lang beobachten wir von da ab das Kampfspiel zwischen der fremden Macht der Könige von Dänemark, sowie der Herren von Schleswig und Holstein und der Friesen mit ihrem Unabhängigkeitswillen. Harten, erbitterten und oftmals blutigen Widerstand haben die Inselfriesen der fremden Verwaltung, der Steuererhebung, der militärischen Rekrutierung und der kriegerischen Bekämpfung geboten, bis 1864 und 1866 die Entscheidung über Schleswig-Holstein und damit auch für Nordfriesland fiel. Am 24. Dezember 1866 wurde das Gesetz über die Einverleibung Schleswig-Holsteins in die preußische Monarchie erlassen.

Im Jahre 1252 wurde Abel, König von Dänemark und Herzog von Schleswig, von den Friesen vernichtend geschlagen. Der König, der sein Feldlager bei Oldenswort in Eiderstedt aufgeschlagen hatte, war gegen die Friesen in den Krieg gezogen, da sie seinen Steuerforderungen nicht nachkommen wollten. Bei einem Angriff der Friesen war dem König und seinem Heer eine Flucht zu Wasser nicht möglich, da seine Flotte infolge Ebbe auf der Eider festlag. Auf der Verfolgung wurde der König, der über den Milder Damm zu entkommen suchte, von dem Pellwormer Rademacher Wessel Hummer erschlagen. Die Friesen hatten ihre Freiheit zwar behauptet, eine Auswertung des Erfolges, d. h. die Schaffung dauernder Unabhängigkeit haben sie jedoch nicht erreicht. Sie hätte jetzt und für künftige Zeiten möglich werden können, wenn es zu einem politischen Zusammenschluß aller nordfriesischen Harden gekommen wäre. So haben die Friesen trotz ihrer großen Freiheitsliebe die politische Selbständigkeit damals und auch späterhin nicht erlangt. Der Hauptgrund hierfür mag vielleicht in einem zu starken Individualismus zu suchen sein, der sowohl dem einzelnen Menschen wie der einzelnen Harde anhaftete. Untereinander werden die Harden, so auch nach Wohlstand und Bevölkerungselementen, Bauern, Seefahrern usw. so verschieden gewesen sein, daß eine Einigkeit nicht zu erzielen war. Friesische Starrköpfigkeit und Eigenbrötelei wird darüber hinaus verhindert haben, sich einem Führer unterzuordnen. Die natürlichen Grenzen, die die Harden voneinander schieden, mögen ihrerseits trennend gewirkt haben. Die Eigenart und der Charakter des Friesen scheinen für einen staatenbildenden Zusammenschluß, der alle Stammesgenossen unter einem starken Führer vereinigt hätte, nicht geeignet gewesen zu sein. Ebensowenig

[1]) Taf. 74. [2]) Taf. 12.

hat die offene, durch Wasserläufe, Sümpfe und Seen aufgelöste Landschaft, die ja vorgeschobenes Außenland war und bei dem vorwiegend moorigen Untergrund sicher schlechte Verbindungswege hatte, keine volkformende Bodenkraft.

Innerhalb der Uthlande war kein Zentrum, von dem aus eine Zusammenfassung hätte erfolgen können. Der 1362 untergegangene Ort Rungholt hatte wohl Handel nach Hamburg[1]), Flandern und anderen Gegenden, war aber jedenfalls nicht machtvoll genug oder händlerisch zu sehr nach auswärts orientiert. Ein Hinterland, auf das man sich hätte stützen können, gab es auch nicht. Nach dem Untergang von Rungholt erfolgte eine zunehmende Auflösung des Gebietes in Inseln. Es kam die große Flutkatastrophe von 1634, die das reiche Alt-Nordstrand zerstörte[2]). Mit fortschreitender Inselbildung lockerte sich der Zusammenhang mit den Festlandsharden. Die Zeit der Grönlandfahrt des 17. und 18. Jahrhunderts lenkte das Interesse der Inselfriesen auf den Walfang und stellte die Bevölkerung in den Dienst der Holländer, Hamburger und Unternehmer aus anderen Hafenstädten.

Wir sehen die Friesen heute stark ortsgebunden auf ihren Inseln, und ähnlich wird es auch in früheren Zeiten gewesen sein mit der Bindung an die Harde, das Dorf und selbst die Warf. Das Land war unwegsam und die Lebensverhältnisse dazu bei den meisten, wenn man von Alt-Nordstrand absieht, sicher immer recht dürftige. Zwischen den Bewohnern der beiden benachbarten Inseln Sylt und Föhr sehen wir heutigentags trotz sehr viel besserer Verkehrsverhältnisse noch so gut wie kein Verkehrsleben. Von Sylt aus sieht man auf die freie Nordsee und hat Verbindung nach dem Festland, früher über Hoyer und jetzt über Klanxbüll. Föhr strahlt aus nach Amrum, den Halligen und über Dagebüll zum Festland. Wenn man von den Wattenschiffern absieht, lassen sich kaum einige Insulaner namhaft machen, die den größten Teil der Nordfriesischen Inseln, geschweige denn das ganze Inselgebiet kennen.

Selbst auf den großen Inseln führen die Bewohner schon ein sehr ortgebundenes Dasein. Zwischen den Norddörfern und den Orten der Nösse-Halbinsel auf Sylt und ebenso zwischen Osterland- und Westerland-Föhr besteht nur ein geringer Besuchsverkehr. Erst durch den Kraftwagen ist das in neuester Zeit anders geworden.

Die Bildung der Landschaft in den Uthlanden wird durch das Meer bestimmt und diesem Einfluß unterliegt auch der Mensch. Der Mangel an genügend Bodenfläche und die ewige Veränderung in der Landschaftsgestaltung durch das Meer hat im Laufe der Zeit einen Menschen geschaffen, der zäh und verbissen sein eigenes Dasein zu behaupten sucht, der eine andere Bindung als diese aber ablehnt. Weil er nicht gewohnt ist, sich zu fügen, hat er auch keinen Sinn für eine umfassendere Organisation, d. h. im politischen Sinn für die Schaffung eines Volkskörpers gezeigt.

Wir sehen daher im Laufe der Geschichte die Friesen eingeteilt in Herzogsfriesen und Königsfriesen, d. h. in Festlandsfriesen mit dänischem Recht und die freien Uthlandsfriesen mit ihrem eigenen alten Stammesrecht. Wir sehen die Harden in Uneinigkeit Dänemark und Schleswig gegenüber, so 1334 unter Otto von Dänemark und Herzog Gerhard III. von Schleswig, wie 1344 Waldemar IV. Atterdag gegenüber. Wir sehen den Kampf der dänischen Herrscher und den der Herren von Schleswig und Holstein untereinander. Streitobjekt in vielen Fällen war Nordfriesland.

Am 17. Juli 1426 kamen in der Nicolaikirche auf Föhr die 7 Harden, die Pillwormingharde, Belltringharde, Wrykesharde, Osterharde Föhr, Sildt, Horßbullharde und die Bockingharde zusammen. In der sogenannten *Siebenhardenbeliebung* haben sie ihr altes friesisches Recht, das bis dahin wahrscheinlich nur mündlich überliefert wurde, zur Aufzeichnung gebracht. Der Anlaß für diese Zusammenkunft wird in der Beliebung nicht angegeben. Petreus gibt an, daß im Jahre 1426 die Nordstrander vom Herzog Heinrich

---

[1]) Taf. 9. [2]) Taf. 12.

zur Heerfolge gegen den dänischen König aufgeboten wurden. Gegenüber den Forderungen, die immer wieder an sie gestellt wurden, haben sie ihren Freiheitswillen und ihr überkommenes Recht jedenfalls jedermann damit klar vor Augen führen wollen. Sie sagen in der Beliebung ausdrücklich, „dat se bi eren olden landrechte bliven wolden und nenerleye nye landtrechte annemen." Nachdem Herzog Heinrich ihre Beliebung anerkannt hatte, stellten sie sich auf seine Seite gegen die Dänen. Bei der Beendigung der Kriegführungen wurde im Frieden zu Wordingborg 1435 König Erich Westerlandföhr, Amrum und das Listland auf Sylt belassen. Westerlandföhr und List verblieben von da ab bis zum Jahre 1864 bei Dänemark. Herzog Heinrich hatte bei der Belagerung von Flensburg 1427 den Tod gefunden. Sein Nachfolger Adolf VIII. erhielt das Herzogreich zu Schleswig nebst Fehmarn, Alsen und Nordfriesland. Schleswig, Holstein und Nordfriesland waren damit aus gemeinsamen Kämpfen gegen Dänemark zusammengeführt worden.

Auch durch den Dreißigjährigen Krieg wurden die Inselfriesen in Mitleidenschaft gezogen. Die Truppen von Tilly und Wallenstein durchzogen die Jütische Halbinsel. Durch ihre Besatzungstruppen, die in Eiderstedt lagen, wurden Husum und Nordstrand zur Kriegssteuer herangezogen. Bei einem Versuch der kaiserlichen Truppen, mit 13 Fahrzeugen Föhr zu besetzen, wurden diese von den Föhringern zurückgeschlagen. Der Oberst von Zinß versuchte Sylt zu besetzen. Als er die Insel betrat, fand er die Morsumer Kirche[1]) verschanzt, vermutete wahrscheinlich starken Widerstand der Sylter und zog am folgenden Tag wieder ab. Dänische und englische Truppen hielten Winterquartier auf Sylt und Föhr. *C. P. Hansen* gibt in seiner „Chronik der Friesischen Uthlande" an, daß auf Sylt 1300 und auf Föhr mehrere tausend Mann gelegen haben. Die Inseln hatten die Soldaten zu verpflegen. Am 5. Mai 1629 sind etwa 8000 Mann unter Anführung des englischen Generals Morgan auf 100 Schiffen von Föhr nach Nordstrand gefahren. Dort haben sie bei der 1628 errichteten Schanze bei der Lither Fähre 200 kaiserliche Soldaten gefangen genommen, die der herzogliche Statthalter von der Wahl aus Eiderstedt heranholen ließ, als er das Nahen der feindlichen Schiffe bemerkte.

Nachdem der Friede eingekehrt war, kam dann im Oktober 1634 die furchtbare Flutkatastrophe, die Alt-Nordstrand zerstörte.

10 Jahre später wurden die Inseln erneut in einen Krieg gezogen, der zwischen Schweden und Dänemark ausgebrochen war. Am 16. Mai 1644 fand in der Lister Tiefe bei Sylt eine Schlacht statt zwischen der vereinigten schwedischen und holländischen Flotte, die je 26 bzw. 4 Schiffe hatte, und der dänischen Flotte unter König Christian IV., die aus 9 Schiffen bestand. Die Dänen siegten, ihr König wurde jedoch verwundet. Die Schweden und Holländer sollen etwa 1000 Mann verloren haben. Die Leichname dieser, soweit sie antrieben, sind bei List und auf Jordsand im Sand bestattet worden. Der Hafen von List wurde von nun an der Königshafen genannt[2]).

Im Jahre 1713 entbrannte erneut ein Krieg zwischen den Schweden und Dänen, der für die ersteren mit einer vernichtenden Niederlage, der Kapitulation bei Oldenswort, endete. Der schwedische General Stenbock lag mit seinen Truppen in Eiderstedt und bei Husum. Die Nordfriesischen Inseln hatten wiederum Proviant zu liefern.

Infolge der Kriegführung Ludwigs XIV. von Frankreich gegen die Niederlande kam es im Juli 1673 außerhalb der Lister Tiefe bei Sylt zu einem Gefecht zwischen einer holländischen und einer französischen Flotte. Mehr als 100 Leichname trieben bei List und Kampen an den Strand, die auf dem Friedhof von Keitum beerdigt wurden[3]).

Danckwerth schreibt in seiner „Newe Landesbeschreibung der zwey Hertzogthümer Schleswich und Holstein", vom Jahre 1652 bezüglich des Lister Hafens: „Es wird zwischen der Elbe und dem Schagen kein tieffer und bequemer Hafen an der Westsee gefunden."

[1]) Taf. 163. [2]) Taf. 86. [3]) Taf. 164.

Pastor Jacobus Cruppius von Keitum auf Sylt berichtet, daß er am 24. September 1673 bei List Schiffe von 12 Nationen gesehen habe, die Fischerei und Handel trieben und teils des stürmischen Wetters wegen unter Schutz gegangen waren. Es waren Schiffe von Holland, Seeland, England, Schottland, Frankreich, Schweden, Norwegen, Pommern, Preußen, Jütland, Frièsland und Holstein.

Wie uns eine Karte zeigt, die der dänische Kapitän Woldenberg gezeichnet hat[1]), kam es südlich von Südfall am 16. Februar 1713 zu einem kleinen Gefecht während der Ebbe auf dem Wattenmeer. Unter dem Col. Bassewitz waren etwa 200 Schweden in 4 Fahrzeugen von Nordstrand abgefahren, mußten der einsetzenden Ebbe wegen jedoch südlich von Südfall auf dem Watt liegen bleiben und die nächste Flut abwarten. Diese Gelegenheit benutzten die Dänen, um eilig ein Detachement verbündeter Dänen und Russen unter dem dänischen Col. Meyer aus Husum der Hever entlang dorthin zu schicken, damit dieses den Schweden den Weg abschneiden sollte. Auf dem trockenen Watt kam es während der Ebbe zu einem Gefecht zwischen beiden. Als die aufkommende Flut den Kampf abbrach, hatten die Schweden 40 Tote und verloren 15 Gefangene, während die Verbündeten 16 Tote und 35 Verwundete zu beklagen hatten. Vielleicht werden auf dem Korbakkensand noch einmal Funde militärischer Gegenstände gemacht, die von diesem Gefecht herstammen. Es sei hierbei erinnert an die Waffenfunde aus der Rungholtzeit von 1362, die westlich von Südfall gemacht wurden. Schiffer Peter Jürs aus Husum fand dort 3 Bronzeschwerter, 1 Lanzenspitze und 1 Koppelschloß, Christian Hansen von Nordstrand fand im gleichen Watt einen Sporn und einen Morgenstern.

Unter König Christian VI. von Dänemark bahnten sich zwischen seinem Lande und den Nordfriesischen Inseln bessere Verhältnisse an. Es war die Zeit der Grönlandfahrt, die für die Inseln eine Zeit des Friedens und der Wohlhabenheit war. Durch eine Verordnung vom 28. Januar 1735 wurden die Seefahrer von Sylt, Föhr, Amrum, Oland, Langeneß, Gröde, Habel, Butwehl, Hooge, Nordmarsch, Südfall und Pellworm von jeglichem Land- und Soldatendienst befreit. Nur im Kriegsfall hatten sie für die dänische Flotte die verlangte Mannschaft, die sie selbst auswählen sollten, zu stellen. Von 1754 ab wurden die Befugnisse der Landvögte auf Sylt, Föhr und Pellworm durch königliche Verordnung erweitert.

Während der napoleonischen Zeit hatte Nordfriesland selbst nicht zu leiden. Es mußten jedoch viele Inselfriesen Dienste tun auf dänischen Kanonenbooten und 1808 wurden sogar etwa 70 Sylter und noch mehr Föhrer Seeleute auf Anordnung der dänischen Regierung abkommandiert nach Vlissingen, zur Dienstleistung auf französischen Kriegsschiffen.

In den Jahren 1809 und 1810 waren vor der Küste von Sylt und bei List dänische und englische Kriegsschiffe, französische Kaperschiffe und amerikanische Handelsschiffe.

Der eigentliche Anreger der schleswig-holsteinischen Bewegung war *Uwe Jens Lornsen*, der am 18. November 1793 in Keitum auf Sylt geboren wurde[2]). Dem Kopf eines freien Friesen ist der entscheidende Gedanke entsprungen, der später zur endgültigen Lostrennung der beiden Herzogtümer von Dänemark führte, die fortan eine politische Einheit mit Deutschland bildeten. Aus den Uthlanden also, die vom Geiste der Freiheit beseelt waren, politisch selbst aber niemals ein festes Gebilde geworden waren, wurde die Bewegung ausgelöst.

Als Lornsen am 13. November 1830 zum Landvogt auf Sylt ernannt wurde, veröffentlichte er seine erste Schrift „Über das Verfassungswerk in Schleswig-Holstein", in der er eine ständische Verfassung in den beiden Herzogtümern und Verwaltungstrennung von Dänemark forderte. Nach 10 Tagen schon mußte er dafür sein neues Amt niederlegen und wurde zu einer einjährigen Festungshaft, die er in Friedrichsort und Rendsburg abbüßte, verurteilt[3]). Im Herbst 1833 reiste er nach Brasilien, wo er sein auf Sylt begonnenes

[1]) Taf. 86.   [2]) Taf. 87.   [3]) Taf. 88.

Hauptwerk „Die Unions-Verfassung Dänemarks und Schleswig-Holsteins" vollendete. Von da begab er sich in die Schweiz. Sein Leben endete mit einem Freitod im Genfer See am 13. Februar 1838. Der Stein war nun ins Rollen gekommen.

Der nationalpolitische Gedanke, den Uwe Jens Lornsen anstrebte, reichte weit über Schleswig-Holstein hinaus. Er war auf Deutschland gerichtet. Am 12. August 1833 schrieb er von Sylt in einem Brief an Franz Hermann Hegewisch: „Großer Gott, laß einen großen Mann in Deutschland auftreten, an den sich alle Ehrlichen anschließen können — riefen Sie mit großem Rechte aus. Das ist es, was uns fehlt. Unter den Fürsten ist keiner, auch, soviel bekannt, nicht zu erwarten. Nach dem Stand der Fürsten wäre es demnächst die Preußische Armee, wo man diese Geburt gewärtigen könnte, — aber hier kann sich das Große nur im Kriege entwickeln. Für jetzt könnte nur ein großer Geist, der auf dem Gebiete der politischen Literatur aufträte, eine einigende Herrschaft in Deutschland ausüben, ein politischer Goethe, Herder, ein Pitt, Fox, Canning, Mirabeau, Foy. — In den deutschen politischen Verhältnissen liegt ein Stoff vor, mit dem ein Genius Wunder müßte verrichten können. Aber dieser will immer noch nicht erscheinen, der politische Luther. Es wäre irrig, es aus dem Mangel einer politischen Arena erklären zu wollen. Diese ist nothwendig für die Mittelmäßigen, um etwas ausgezeichnetes aus ihnen herauszuarbeiten, aber der Genius bedarf ihrer nicht."

Im Heimat-Museum in Keitum ist zu Ehren von Uwe Jens Lornsen ein Zimmer eingerichtet worden, in dem sich Handschriften und Bücher aus seinem Nachlaß, sowie Bilder und andere Erinnerungsstücke an ihn befinden. In diesem stattlichen Gebäude, das 1759 vollendet wurde, kam die Mutter von Uwe Jens Lornsen zur Welt. Er selbst wurde in dem sogenannten „Lornsenhaus" geboren, das sein Vater 1785 errichtete und das heute noch eines der ansehnlichsten Friesenhäuser inmitten von Keitum ist. Im Zusammenhang hiermit sei schließlich noch das Stammhaus der Uwen genannt. Dieses altertümliche und anheimelnde, die vergangenen Jahrhunderte so trefflich noch übermittelnde Bauwerk, das wie das Heimat-Museum am hohen Kliffrand gelegen ist, wurde 1739 erbaut und von Peter Uwen, dem Urgroßvater Uwe Jens Lornsens mütterlicherseits bewohnt. Im vergangenen Jahrhundert war es die Wohnstätte des Sylter Chronisten C. P. Hansen (1803—1879). Es ist heute als „Altfriesisches Haus" ein Freilichtnmuseum und ist wie die beiden anderen genannten Häuser unter Denkmalschutz gestellt. Neben dem Geburtshaus von Uwe Jens Lornsen steht sein Denkmal. Es trägt die Inschrift:

„Dem größten Sohne der Insel Sylt,
Uwe Jens Lornsen, am Jahrestage
der Erhebung Schleswig-Holsteins
gewidmet von seinen Landsleuten 1893.
Unser Recht ist klar wie die Sonne!"

Der seit Jahrhunderten bestehende Gegensatz zwischen Schleswig-Holstein und Dänemark führte in der Mitte des 19. Jahrhunderts erneut zu Kämpfen und dann schließlich zu einer endgültigen Auseinandersetzung. 1848 kam es zunächst zu einem Kriege zwischen beiden Parteien. Die Schleswig-Holsteiner erhielten Verstärkung durch preußische Truppen. Nach unentschiedenen Gefechten kam es am 26. August zum Waffenstillstand von Malmö. Im April 1849 entbrannte der Krieg aufs neue. Er nahm für Schleswig-Holstein einen unglücklichen Verlauf, zumal Preußen sich aus den Herzogtümern zurückzog und am 2. Juli mit Dänemark Frieden schloß. An diesen Kämpfen nahmen auch Inselfriesen teil. Im April 1849 geriet Sylt unter dänische Bewachung, etwa 100 Mann lagen verteilt in Keitum und Morsum, geführt von Capt. Polder. Als jedoch am 27. April vier schleswigholsteinische Kanonenboote mit je 60 Mann Besatzung bei Morsum sichtbar wurden und Kurs auf List nahmen, verließen die dänischen Soldaten die Insel. Eine abermalige Einquartierung von Dänen erfolgte am 13. August 1850. Im Lister Hafen lag das dänische

Dampfschiff „Geiser" und die Korvette „Flora". Von Sylt aus wurden am 16. September etwa 250 dänische Soldaten auf Föhr gelandet. Am 17. September war es bei Seesand in der Schmaltiefe südlich von Amrum zu einem unentschiedenen Gefecht gekommen zwischen vier schleswig-holsteinischen Kriegsschiffen und sechs dänischen Kanonenbooten. Ein nachfolgender Kampf zwischen den ersteren Schiffen und dem dänischen Dampfer „Geiser" verlief gleichfalls unentschieden.

Erst ein erneuter Krieg im Jahre 1864, bei dem die Preußen und Österreich er den Dänen gegenüberstanden, brachte die Trennung der Herzogtümer von Dänemark, nach einer mehr als vierhundertjährigen Verbindung. Am 24. Dezember 1866 wurde das Gesetz über die Einverleibung Schleswig-Holsteins in die preußische Monarchie erlassen.

Während der Kämpfe im Jahre 1864 hatte sich der dänische Capitainleutnant und Kreuzzoll-Inspektor *Otto Hammer* als Chef der schleswigschen Westseeinseln angekündigt. Er befuhr mit seinen Kreuzern und Kanonenbooten das Wattenmeer und nahm Einquartierungen auf den Inseln vor. Am 11. Juli fuhr von Cuxhaven eine österreichisch-preußische Flotte zur Befreiung der Inseln aus. Hammer, der bei Föhr mit seinen Streitkräften lag, beschoß am 14. Juli die Orte Dagebüll und Südwesthörn auf dem Festland, die von Österreichern besetzt waren. Kanonenkugeln von diesen Beschießungen sind in den Ländereien um diese Orte herum vielfach gefunden worden. Eine Sammlung solcher eiserner Kugeln von 5 und 10 cm Durchmesser besitzt der Lehrer Theodor Thomsen bei Dagebüll[1]). Den vereinten Kräften der Preußen und Österreicher erlag Hammer am 19. Juli. Er wurde im Wattenmeer eingekreist und zur Übergabe gezwungen.

Aus dem Kriegsjahr 1864 gibt es eine interessante und denkwürdige Photographie, die der Photograph F. Brandt, Flensburg, aufgenommen hat. Sie zeigt den Capitain *Andreas Andersen* von Keitum auf Sylt mit drei österreichischen Offizieren[2]). Es sind der Reihe nach von Andersen ausgehend Fregattenkapitän *Lindner*, der dem Hauptquartier des Oberkommandos zugeteilt war, Rittmeister *Graf Waldburg* vom 2. Dragonerregiment und Generalstabshauptmann *Friedrich Ritter von Wiser*. Der Letztgenannte hat über die kriegerischen Ereignisse, die sich im Gebiet der Nordfriesischen Inseln abgespielt haben, eine Schrift unter dem Titel „Die Besetzung der nordfriesischen Inseln im Juli 1864" im Jahre 1864 verfaßt. Friedrich Ritter von Wiser ist 1835 in Stanislau geboren und als k. u. k. Generalmajor d. R. 1907 in Meran gestorben.

Andersen (geb. 1799), war ein tüchtiger und begüterter Capitain und ein guter Patriot. Zu dem alten Friesenhaus, das er im Südosten von Keitum eben außerhalb des Ortes bewohnte, ließ er noch ein sogenanntes Herrenhaus anfügen, das später Kinder-Heilstätte wurde und heute als einziges der ursprünglichen Gebäude noch erhalten geblieben ist. Als nach Beendigung des Krieges Prinz Friedrich Karl von Preußen, der nach Generalfeldmarschall von Wrangel den Oberbefehl über das ganze preußisch-österreichische Heer geführt hat, von Helgoland und Föhr kommend, am 22. August Sylt besuchte, speiste er bei Capitain Andersen zu Mittag.

Mitte Juli 1864 befand sich Capitain Andersen auf dem Festland bei Hoyer, wohin er sich von Sylt aus vor den Dänen geflüchtet hatte, und wo von der österreichischen Truppenmacht das 9. Jägerbataillon der steierischen Jäger und Fürst Windischgrätz-Dragoner lagen. Diese Truppen sollten auf kleinen Wattenschiffen nach Sylt und Föhr zur Besetzung der Inseln gebracht werden. Um deren Überfahrt vor Angriffen durch die Flottille von Hammer zu sichern, war es notwendig, die bei List liegenden österreichischen Kanonenboote „Seehund" und „Wall" und die preußischen Kanonenboote „Blitz" und „Basilisk" über das Vorhaben zu verständigen. Von der einheimischen Bevölkerung zeigte sich jedoch keiner bereit „mittels Bootes ein Schreiben an die Eskadre zu überbringen", da diese glaubte, daß die bei List liegenden Schiffe dänische seien. Das Unternehmen wurde darauf-

---

[1]) Taf. 89.   [2]) Taf. 89.

hin von den vier auf der Photographie dargestellten Männern am 12. Juli durchgeführt. Hauptmann von Wiser gibt darüber folgenden Bericht: „Überzeugt, daß alle Überschiffungsversuche ohne aktive Mitwirkung der Flotte fruchtlos bleiben müßten, unternahmen mit Genehmigung des Truppenkommandos der Generalstabshauptmann Wiser, der Rittmeister Graf Waldburg vom 2. Dragonerregiment und der Fregattenkapitän Lindner in Gemeinschaft mit dem Merkantilschiffskapitän Andersen das lebensgefährliche Wagnis, die 1½ Meilen lange Strecke von Jerpsted über Jordsand bis in die Nähe der Lister Reede zu durchwaten. Mit einer weißen Flagge und einer langen Stange ausgerüstet, langten diese Herren nach zweistündigem beschwerlichem Marsche, die Hallig Jordsand links lassend, bis auf eine Drittelmeile von der bei List ankernden Flottenabteilung an. Alle Versuche, sich derselben bemerkbar zu machen, blieben anfänglich erfolglos, und die Flut stieg schon in höchst bedenklicher Weise. Die als letzter Zufluchtsort auserseheneHallig Jordsand, die noch erreichen zu können aber durchaus nicht sicher schien, hätte — weil nicht bewohnt — für die ganze Abendflutzeit eine trostlose, den lauernden feindlichen Booten sehr ausgesetzte Unterkunft geboten; an ein Wiedererreichen des Festlandes vor dem nächsten Morgen war aber nicht mehr zu denken! Endlich gewahrte der an Bord des „Seehund" wachhabende Offizier — Baron Haan oder Schiffsfähnrich Spanner — bei Gelegenheit, als er nach den in der Nähe kreuzenden Hammerschen Schiffen auslugte, die mit der weißen Flagge gegebenen Signale. Fregattenkapitän Kronowetter, Kommandant des „Seehund" und zugleich aller bei List ankernden Kriegsschiffe, ließ zwei bewaffnete Boote aussetzen und brachte selbst die Herren, die schon dem Tode des Ertrinkens verfallen schienen, an Bord seines Schiffes. Dadurch war um 3 Uhr nachmittags die ersehnte Verbindung mit der Eskadre erreicht. Generalstabshauptmann Wiser, übergab hierbei das tags zuvor vom Marineministerium aus Wien für die Nordseeflotte eingelangte chiffrierte Telegramm, das den Auftrag enthielt, die Operationen der Landtruppen zu unterstützen. Ohne Erhalt dieser Depesche wäre die Flottenabteilung von List, wie es ihr bereits befohlen war, um 5 Uhr desselben Nachmittags in See gegangen; jede Hoffnung auf Mitwirkung der Eskadre in den nächsten Tagen wäre damit verloren und die Eroberung der nordfriesischen Inseln aufgegeben oder doch auf unbestimmt lange Zeit hinausgeschoben gewesen. Deshalb war die Ankunft der drei Offiziere an Bord des „Seehund" von der größten Tragweite. Das Kommando der alliierten Schiffe bei List wurde aber auch noch durch den Fregattenkapitän Lindner zu einer aktiven Mitwirkung bewogen."

Am 13. Juli erfolgte dann, namentlich unter dem Schutz der Kanonen der beiden genannten preußischen Schiffe, die Überschiffung der österreichischen Truppen von Hoyer nach Munkmarsch und Morsum auf Sylt. In der Nacht vom 17. zum 18. Juli landeten 150 Jäger und 120 Marinesoldaten am Ufer bei Nieblum auf Föhr und besetzten auch diese Insel. Hauptman von Wiser, der sich dabei befand, eilte den Truppen nach Wyk voraus. Bei Tagesanbruch waren auch die Landungstruppen bereits in den Ort eingerückt. Amrum, Hallig Langeneß und Gröde wurden gleichfalls am 18. durch kleine Jägerdetachements besetzt.

Kapitän Hammer, der sich bis zuletzt in bedrohlicher Lage einer Übermacht gegenüber tapfer zur Wehr gesetzt hatte, mußte schließlich am Abend des 19. Juli die Flaggen auf seinen Schiffen streichen lassen und übergab auf dem „Blitz" seinen Säbel. Hauptmann von Wiser schreibt von ihm, daß „selbst seine ärgsten Widersacher ihm das Zeugnis großer Tüchtigkeit, Redlichkeit und Rührigkeit als Seemann und Beamter nicht vorenthalten können. Vom 20. bis 22. Juli war Hammer auf freiem Fuß bei seiner Familie in Wyk und wurde bei seinen Ausgängen durch unsere Jäger vor allfälligen Exzessen der Bevölkerung geschützt. Er hat sich während dieser Zeit sehr taktvoll und als höchst ehrenhafter Offizier benommen, so auch bei der Fahrt über Husum und Rendsburg nach Altona seine Gefangenschaft und die Insulten auf verschiedenen Bahnhöfen mit ruhiger Würde ertragen."

Bei Beendigung des Krieges wurde Hauptmann von Wiser „durch Verleihung des Ordens der Eisernen Krone (K.-D.) ausgezeichnet und von der Landschaft Sylt und dem Flecken Wyk auf Föhr durch Ernennung zum Ehrenbürger geehrt."

Diese wenigen, kurzen Angaben mögen genügen, um einem Besucher der Inseln zu zeigen, welche bunt bewegte politische Geschichte sich auch um die Nordfriesischen Inseln abgespielt hat.

Während des ersten Weltkrieges blieben die Inseln unbehelligt von Angriffen. Auf Grund des Versailler Vertrages hatte dann eine Abstimmung darüber stattzufinden, ob die Bevölkerung von Nordfriesland zu Deutschland oder zu Dänemark gehören wolle. Die Abstimmung erfolgte am 14. März 1920 und ergab auf den Inseln, wie auf dem Festland, eine überwältigende Stimmenmehrheit für Deutschland. Durch die neue Grenzziehung im nordfriesischen Wattenmeer auf Grund der Versailler Bestimmungen ist die Insel Röm und das Vogelschutzgebiet Hallig Jordsand an Dänemark übergegangen.

Trotz der Abstimmung vom Jahre 1920 übt Dänemark nach dem zweiten Weltkrieg eine Invasionspolitik in Südschleswig aus. In zunehmendem Maße werden Schulen gegründet, Bibliotheken eingerichtet und selbst Pastorate errichtet. Bis 1945 gab es im abgetretenen Nordschleswig 89 deutsche Schulen und 9 dänische Schulen in Südschleswig. Im Jahre 1953 sind die letzteren bereits auf über einhundert vermehrt worden. Nach dem Stand vom 1. Mai 1953 haben List, Westerland, Keitum und Hörnum auf Sylt und Wyk auf Föhr je eine neugegründete dänische Schule. In Westerland auf Sylt wurde 1953 ein dänisches Pastorat geschaffen.

Diese nationalistische Kulturoffensive vollzog sich in einer Zeit, in der Deutschland keine politische Selbständigkeit hatte; sie vollzieht sich angesichts des Raummangels des deutschen Volkes durch die Besetzung der Ostgebiete und der damit verbundenen Überbevölkerung der Westgebiete. Auf Grund der Volkszählung von 1950 sind nach Angabe des Statistischen Bundesamtes bis zu dem genannten Jahr 9,4 Millionen Vertriebene und Zuwanderer deutscher Muttersprache in das Bundesgebiet zugezogen. Die Gesamtzahl beträgt im Jahre 1953 etwa soviel, wie Dänemark, Schweden und Norwegen zusammengenommen Einwohner haben. Die Bestrebungen der Zersetzung, wie sie hier von dänischer Seite vorliegen, stehen nicht in Einklang mit dem Europagedanken. Die Beziehungen einer guten Nachbarschaft würden beiden Teilen und dem Ganzen unseres Erdteils nützlicher sein.

Die deutsche Bundestagswahl vom 6. September 1953 war ein Wahlsieg der politischen Mitte, sie war zugleich eine Bekundung des deutschen Volkes nach nationaler Sammlung. Für den SSW, den dänisch bestimmten Süd-Schleswigschen Wählerverband, bedeutete die Wahl eine erhebliche Einbuße an Stimmenzahl. Während der SSW bei der Bundestagswahl 1949 75388 Stimmen verzeichnete, wies er 1953 nur noch 44633 Stimmen auf.

Der „Nordfriesische Verein für Heimatkunde und Heimatliebe" hat sich in jüngster Zeit in verstärktem Maß die Sammlung der bodenständigen Kräfte zur Erhaltung des Volkstums zur Aufgabe gemacht. Sein derzeitiger 1. Vorsitzender ist *Harald Hansen*, Amtmann des Amtes Keitum-Land auf Sylt[1]). Er ist Abkomme eines Friesengeschlechts, das über 400 Jahre auf Sylt nachweisbar ist, zu dem u. a. der Etatsrat und Bürgermeister von Kiel und spätere Landvogt von Sylt *Schwenn Hans Jensen* (geb. 1795) gehört. Der Verein hat darüber hinaus auch die Verbindung zu den Ostfriesen und den Westfriesen aufgenommen. An die vielfachen Berührungen, die die drei Friesenstämme im Lauf der Geschichte gehabt haben, reiht sich somit als gemeinsames Band aller der Gedanke des Allfriesentums.

[1]) Taf. 81.

HAUSBAU

WARFBAU

Auf die Litorinasenkung (etwa 5500—2000 v. Chr.), die im wesentlichen mit der jüngeren Steinzeit zusammenfiel, folgte während der Bronzezeit (etwa 1800—600 v. Chr.) eine Periode der „Bodenhebung". In dieser Zeit fand an der Nordseeküste die Bildung von *Marschland* statt. Durch eine abermalige „Senkung", die mit der beginnenden Eisenzeit einsetzte, sank dieses Marschland. Solange es jedoch noch ständig überflutet wurde, wurde es, wie wir das von den nordfriesischen Halligen her kennen, gleichzeitig durch Schlickablagerung aufgehöht. Um 113 v. Chr. fand der Kimbernzug nach dem Süden statt, der der Überlieferung nach durch eine große Flut, d. h. wohl infolge der „Landsenkung", verursacht wurde.

In der „Senkungsperiode" war die fruchtbare Marsch einer ständigen Überflutungsgefahr ausgesetzt. Für Mensch und Tier war der Aufenthalt hier nur noch möglich, wenn sie Zuflucht nehmen konnten auf künstlich angelegten Erderhöhungen. Diese Erdhügel, *Warfen* in Nordfriesland, Wurten in Ostfriesland, Wierden in Groningen und Terpen in Friesland genannt, waren in der Anfangszeit niedrige Fluchthügel von vielleicht 2—3 m Höhe. Später wurden sie dann zu Wohnhügeln ausgebaut von 4, 5, 7 und mehr Metern Höhe ü. N. N. Sie sind zum Schutz gegen Meeresüberflutungen aufgeworfen und als solche die Vorläufer der *Deiche*. Die eigentliche Warfenzeit liegt daher vor der Zeit der Bedeichung. Warfen und Deiche charakterisieren das Landschaftsbild des Marschengürtels an der Ost- und Südküste der Nordsee von Dänemark bis Belgien. Es mögen vielleicht im ganzen an 2000 Warfen sein, die sich noch nachweisen lassen. *P. C. J. A. Boeles* gibt in seinem ausgezeichneten Buch „Friesland, tot de elfde eeuw" an, daß um 1920 in der Provinz Friesland mindestens 400 Warfen vorhanden waren. Seiner Arbeit ist eine Karte beigefügt über die Verbreitung der Warfen in den Provinzen Friesland und Groningen. Eine Übersicht über die ostfriesischen Warfen gibt die „Tiefenkarte der friesischen Küste" von W. Krüger und K. Lüders, veröffentlicht im Niedersachsenatlas 1934.

Die Warfen sind uns nicht nur interessant als absonderliche Wohnstätten von Menschen in einer mehr oder weniger stark ausgeprägten amphibischen Lebenszone, sie sind darüber hinaus durch die Inhalte, die ihr Erdreich birgt, von außerordentlichem Wert für die Erschließung der ganzen uns in vielerlei Hinsicht noch unbekannten Kulturgeschichte des Nordsee-Küstensaumes. Die Warfen sind neben den Freilandfunden, die bei Torfgrabungen usw. gemacht werden, die eigentlichen Fundquellen in diesem Gebiet, von denen wir Aufschlüsse erwarten können. Sie sind für die Forschung besonders ergiebig, da sie Abfallmaterial aller Zeiten, vor allen Dingen auch aus den wichtigen Frühzeiten, enthalten. Sie sind von gleich großer Wichtigkeit für den Geologen durch ihre mehrfachen Aufschichtungen hinsichtlich der „Landbewegungsfragen", wie für den Biologen durch ihre pflanzlichen und tierischen (Knochen) Einschlüsse, die Einblick gewähren in die Frage der Jagd, des Fischfangs, des Pflanzenbaues, der Tierhaltung (Dunghaufen) und der Ernährung. Da, wie auch heute noch, die Friedhöfe auf ihnen angelegt wurden, kann auch der Anthropologe Aufschlüsse aus ihnen gewinnen[1]). Vor allen Dingen ist es dem Geschichtsforscher möglich, Kenntnisse aus ihnen zu schöpfen. Durch die vielerlei Kulturstücke, die sie enthalten, vermögen wir ein Bild zu gewinnen von den einheimischen Kulturperioden, dem zugewanderten Fremdgut, den Völkerbewegungen, die stattgefunden haben, wie auch von dem Zusammenhang aller Küstenstämme untereinander. Westfriesland ist in der Warfenforschung bisher am weitesten vorgeschritten. Die ersten wissenschaftlichen Untersuchungen sind wahrscheinlich diejenigen, die Stratingh und Wester-

---

[1]) Taf. 159. 160.

hoff im Jahre 1827 in der Provinz Groningen durchgeführt haben. Der gründlichste Kenner der Warfenforschung von heute ist *A. E. van Giffen* aus Groningen.

Die Warfen erinner n in mehrfacher Hinsicht an die Muschelhaufen (Kjökkenmöddinger), die an den dänischen Küsten in sehr großer Zahl gefunden worden sind. Diese liegen in der Strandlinie der tiefsten „Litorinasenkung" und gehören der Schlußstufe der mittleren Steinzeit an. Sie enthalten vor allen Dingen Austernschalen, daneben auch Schalen vieler anderer Muscheln und ebenso Knochen, Geweihe und Gräten der verschiedenartigsten jagdbaren Land- und Wassertiere. Außerdem sind in ihnen Flintgeräte, Topfscherben, Schmuck, Feuerplätze und Herdstellen gefunden worden. In einigen Muschelhaufen ist man sogar auf Gräber gestoßen. Man fand Beisetzungen von Toten in Körperbestattung. Es sind dies die ältesten bisher bekannten Grabstätten im Norden. Spuren von Hausbauten sind bisher nicht gefunden worden. Im Gegensatz zu der Auffassung anderer, daß diese außerhalb der Haufen gestanden haben könnten, schreibt *Schwantes* in „Die Vorgeschichte Schleswig-Holsteins": „Andererseits ist es aber auch denkbar, daß der Muschelhaufen doch die Behausung getragen hat, deren Reste er anfänglich umschloß, die dann aber, wie viele der übrigen organischen Stoffe, vollständig im Laufe der Zeiten vergangen sind". Das Leben auf den Muschelhaufen würde sich danach entsprechend ähnlich zugetragen haben, wie es später auf den Warfen gewesen ist.

Die älteste Kunde über Warfen verdanken wir der Schilderung, die *Plinius* etwa 50 n. Chr. entworfen hat über die Chauken, in der er mitteilt, daß sie auf hohen Erdhügeln wohnen. Von den Nordfriesen hören wir zuerst durch Saxo Grammaticus, geboren um 1140 n. Chr., der berichtet, daß diese auf künstlichen Erdhügeln wohnen.

Die ältesten bisher bekannten Warfen an den Nordseeküsten liegen in Westergo in Friesland und gehören etwa der Zeit um 100 v. Chr. an. Die jüngste hiesige Warf, die errichtet wurde, ist die Neupeterswarf auf Hallig Nordmarsch in Nordfriesland. Sie ist in den Jahren 1891—1896 von 8—10 Männern aufgeschichtet worden, hat etwa 3 m Höhe und trägt ein Haus. Die größte aller Halligwarfen unserer Zeit in den Uthlanden ist die Hanswarf auf Hooge. Sie ist 3,60 m ü. N. N. hoch, mißt etwa 150:200 m im Durchmesser, ist etwa 3 ha groß und trägt heute 15 Häuser. Als Vergleich hierzu sei angeführt, daß es auch Warfen gibt, auf denen ganze Dörfer stehen. Die Warf von Hoogebeintum in Friesland ist ungefähr 10 ha und die von Ezinge in Groningen ungefähr 15 ha groß. Auch die Stadt Tönning in Eiderstedt liegt auf einer Warf. Die Arbeitsleistung, die zum Bau einer großen Warf erforderlich war, ist eine ganz erstaunliche gewesen. Bei ihrer Bauausführung hat man zu bedenken, daß die Hilfsmittel, die in alter Zeit zur Verfügung standen, sehr viel einfachere als heute waren.

Über das Alter der Warfen in Nordfriesland haben wir heute noch kein Urteil. Eine gründliche und systematische Durchforschung der Warfen von Dithmarschen, Eiderstedt und Nordfriesland wäre wünschenswert. Der Leiter der Abteilung Warfen am Landesamt für Vor- und Frühgeschichte in Schleswig, Dr. *Bantelmann*, hat seit 1949 Grabungen durchgeführt an der 5 Hektar großen und 5,2 m ü. N. N. liegenden Tofting-Warf bei Tönning in Eiderstedt. Nach den bisherigen Ergebnissen ist die Warf während der vergangenen 1700 Jahre, mit Ausnahme etwa zweier Jahrhunderte, die noch nicht belegt werden konnten, besiedelt gewesen.

Die Warfen auf den Nordfriesischen Inseln sind vorwiegend jüngeren Datums. Das gilt insonderheit für die nach 1362 entstandenen Halligen. Es ist indes sehr wohl möglich, daß es auch eine Anzahl alter Warfen gibt, deren Fundamente vielleicht in recht frühe Zeiten zurückreichen. Hierfür in Betracht kämen solche auf Nordstrand und Pellworm, aus der Marsch bei Övenum auf Föhr und vielleicht auch solche von Morsum und Archsum auf Sylt. Die Namen der Warfen sind im allgemeinen Personennamen früherer Besitzer oder Bewohner.

Über den *Bau* einer Warf[1]) gibt *Meiborg* in seinem Werk „Das Bauernhaus in Schleswig-Holstein" Schleswig 1896, eine gute Beschreibung. Dort, wo eine Warf angelegt und wo die zur Aufschüttung benötigte Erde hergeholt wird, werden zunächst die Grassoden entfernt, um mit diesen später die Böschung der Warf bekleiden zu können[2]). Dann steckt man am Anlageort auf dem Boden die Plätze für die Häuser, Brunnen (Sote), Wasserbehälter (Trinkwasser für Menschen) und die Tränkwasserkuhle (Feding) für die Tiere ab. Das vertieft ausgegrabene Fedingloch erhält am Rande zur Verstärkung eine Piankenbekleidung[3]). Die flaschenförmigen Sote und Wasserbehälter werden aus Grassoden in Schneckenlinie aufgebaut. Reste solcher Sote untergegangener Warfen von 1634 und 1362[4]) liegen an verschiedenen Stellen im Wattenmeer Die meisten der heutigen Sote sind aus Backsteinen aufgeführt. Feding und Sote werden untereinander durch Holzröhren verbunden und vom Feding läuft außerdem ein Rohr nach dem Rand der Warf, durch das man das Fedingwasser ablaufen lassen kann, wenn es bei einer Sturmflut salzig wird. Hat der Hügel bei der Aufschichtung eine gewisse Höhe erreicht, dann werden die Haus- und Brunnenpfosten[5]), die im allgemeinen etwa 1½ m tief im Boden stecken, eingesetzt. Das auf den Rohrdächern der Häuser niedergehende Regenwasser wird über Holzrinnen, die unter der Traufkante laufen, in Zisternen, die wie die Sote gebaut sind und dicht am Hause liegen, aufgefangen[6]). Es dient als Trinkwasser. Mittels eines Eimers, der an einer Holzstange befestigt ist, wird es daraus heraufgeholt, während das Wasser aus den Soten mit Hilfe eines langarmigen Sotschwengels geschöpft wird[7]).

Als *Tränktrog* werden vor allen Dingen auf den Halligen, aber auch auf den großen Inseln, vielfach alte *Steinsärge* (nooste) verwendet[8]). Die meisten haben konische, einige jedoch auch rechteckige Form. Erstere scheinen römischen und letztere germanischen Ursprungs zu sein. Die Innenseiten, vornehmlich die der Kopfenden, sind bei vielen mit Reliefornamenten verziert. Von 16 Steinsärgen der Hallig Hooge hat Dr. *K. Obenauer* vom Mineralogischen Institut der Universität Bonn dem Verfasser freundlicherweise Gesteinsproben untersucht. Bei allen Särgen handelt es sich um Sandstein und zwar um roten, eisenreichen Kristallsandstein, gelben und weißen feinen Feldspat — Glimmer — Sandstein und gelblichen, groben Sandstein mit mehr Feldspat und beiden Glimmern. Bei der großen Verbreitung der Sandsteine ist es leider nicht möglich, festzustellen, wo diese Steinsärge gebrochen sind.

Das Baumaterial der großen Kirchen auf Föhr[9]) und Pellworm[10]) besteht teilweise aus Traß, der im 12. und 13. Jahrhundert aus dem Rheinland an die Westküste gekommen sein dürfte. Die Annahme ist daher naheliegend, daß zu damaliger Zeit auch die Steinsärge von dort mitgebracht wurden. *Heimreich* schreibt in seiner Chronik, daß 1566 Broder Hansen auf dem Friedhof von Pellworm den Steinsarg erbrochen habe, in dem die beiden Frauen Pell und Worm bestattet worden seien, die die Kirche erbauen ließen, und nach denen die Insel ihren Namen hat. Der Steinsarg soll bei den Nachkommen des Hansen noch bis 1640 zum Tränken des Viehs gedient haben. Die Steinsärge sind jedenfalls wertvolle Kulturdokumente, die einer geschlossenen Bearbeitung noch bedürfen. Wenn sie auf den Warfen und Bauernhöfen an sich auch eine unwürdige Verwendung gefunden haben, so sind sie dort jedenfalls gut erhalten geblieben und haben im Laufe der Jahrhunderte manches Hallig- und Inselschicksal mit geteilt

Das Bild, das die Warfen, aus der Ferne gesehe n, in der Landschaft bieten, ist ebenso reizvoll wie ein Blick von diesen Horsten menschlicher Siedlung auf das weite Land, das sie umgibt, und auf das Meer, das ihren Bau veranlaßte[11]).

[1]) Taf. 90. [2]) Taf. 92. [3]) Taf. 50. 91. [4]) Taf. 10. [5]) Taf. 96. [6]) Taf. 91. 96.
[7]) Taf. 50. 91. [8]) Taf. 92. [9]) Taf. 161. 162. [10]) Taf. 34. [11]) Taf. 32. 92.

DAS UTHLÄNDISCHE HAUS

Jeder Landschaftsraum mit besonderem Naturcharakter hat auch seine kulturelle Eigenprägung. Die Lage und das Klima der Nordfriesischen Inseln, die als alte Geestinseln und kleine und große Marschhalligen und -inseln von außergewöhnlicher Art sind, haben der Volkskultur in vielerlei Hinsicht ihren Stempel aufgedrückt und ihr eine starke Eigennote gegeben.

Den ersten und auffälligsten Eindruck hiervon vermittelt der *Hausbau*. Für die äußere und innere Gestaltung des uthländischen Hauses sind wirtschaftliche und klimatische Verhältnisse maßgebend gewesen. Landwirtschaftlicher Kleinbetrieb und seemännisches Berufsleben, sowie eine den Winden und Sturmfluten ausgesetzte Lage waren bei der Bauausführung richtungweisend. Das Haus ist in seiner Anlage entsprechend durchaus zweckmäßig gebaut und im Vergleich etwa zum Hauberg, dem großen Viereckhaus der Marschbauern in Eiderstedt und dem Niedersachsenhaus in den Maßen bescheidener gehalten. Durch Einbau der Betten und der Schränke in die Wände[1]), durch Verbindung des Herdes mit dem Backofen und dem Beileger[2]) und andere Einrichtungen ist der Raum auf das äußerste ausgenutzt. Als naturgegebener Baukörper zeigt das Haus Bodenverwachsenheit, es ist organisch und harmonisch in die Landschaft einbezogen.

Das uthländische Haus ist ein *Einheitsbau*, der Wohnung und Wirtschaft unter einem Dach vereinigt. Es gleicht hierin dem Hauberg und dem Niedersachsenhaus, hat jedoch eine andere Raumaufteilung. Eine Diele, die quer durch die Mitte des Hauses läuft, trennt auf der Wohnseite Küche, Kammer, Pesel und Wohnstube von der Dreschtenne, dem Heuraum und Stall auf der Wirtschaftsseite[3]). Es ist ein langer Rechteckbau, mit einfacher, gerader Linienführung, klarer Raumaufteilung, von sauberem und schlichtem Aussehen[4]). Es entspricht in seiner Art dem Wesen seiner friesischen Bewohner.

Den Wetterverhältnissen ist das Haus angepaßt durch seine Westostlage. Es hat niedrige etwa mannshohe Grundmauern, auf denen ein tief herabgezogenes Retdach ruht[5]). Der Wirtschaftsteil liegt auf der den Winden und dem Regen am meisten ausgesetzten Westseite, der Wohnteil im geschützteren Osten, und die Wohnräume selbst auf der sonnenwarmen Südseite. Einen besonderen Wetterschutz bietet dem Haus auf den großen Geest- und Marschinseln ferner ein hoher Steinwall sowie Büsche und Bäume[6]). Bei den Reihendörfern von Föhr, die sich an der Grenze der Marsch und Geest entlangziehen, liegen die Häuser der Bodengestaltung entsprechend in nahezu nordsüdlicher Richtung[7]).

Das Haus der Uthlande ist ursprünglich ein *Ständerbau*[8]). Als solcher hat es die urtümliche Bauweise des nordischen Hauses, die sich bis in die Vorzeit zurückverfolgen läßt. Diese Bauweise gewährte vor allem auf den Halligen bei Sturmfluten den besten Schutz. Die dünnwandigen Backsteinfüllungen konnten, wenn die Flut nicht übermäßig groß war, von den Wogen eingeschlagen werden, das Dach blieb dann immer noch auf den etwa 1½ m tief in den Boden eingegrabenen, auf Feldsteinen ruhenden Ständern stehen. Der Halt war um so größer, als das Haus ein Kübbungsbau ist, d. h. es ist dreischiffig wie das Niedersachsenhaus. Zwischen der Außenmauer und den Ständern im Innern laufen in der ganzen Langrichtung des Hauses beiderseits schmale Seitenschiffe mit abgeschrägten Decken (katschur)[9]). Nur bei vereinzelten Häusern sind die Ständer an der Außen- oder Innenwand heute noch sichtbar[10]). Ständerbauten werden in neuerer Zeit nicht mehr errichtet. Das Mauerwerk wird heute wesentlich stärker aufgeführt. Nach Ansicht der Halligbewohner sollen diese neueren Mauern im Ernstfall das Haus vor der Meeresbrandung besser schützen können, als es das alte Ständerwerk mit den dünnen Mauern tat.

[1]) Taf. 106. 107. 109. 110. 111.   [2]) Taf. 94. 108.   [3]) Taf. 93.   [4]) Taf. 93. 95.   [5]) Taf. 50. 93. 95. 96.   [6]) Taf. 101.   [7]) Taf. 105.   [8]) Taf. 96.   [9]) Taf. 94.   [10]) Taf. 96.

Als Deckenbalken sind in manchen Häusern die *Masten* gestrandeter oder abgewrackter Schiffe verwendet worden. Derartige Deckenbalken kann man im Hause Nr. 3 von Westerland-Süderhedig auf Sylt sehen, dessen Besitzer Frau Ingeline Sobiela geb. Christiansen ist. Sie laufen als Querbalken durch die Wohnräume der Westseite des Gebäudes (früher Stallteil) und haben bis zu 22 cm Durchmesser. Das Haus ist erbaut worden von Lütt Peter Hansen, der Zimmermann, Küster und Schullehrer in Westerland war, und 1818 im Alter von fast 84 Jahren gestorben ist. Er war der Großvater des Chronisten C. P. Hansen und hat, wie dieser in seinem Buch „Der Badeort Westerland auf Sylt und dessen Bewohner", Garding 1868, auf Seite 127 schreibt, das Haus sich 1764 selber erbaut. Ein Schiffsmast, der in der Längsrichtung durch einen Teil eines Hauses läuft, befindet sich in dem Haus Nr. 156 von Keitum auf Sylt, das von dem Dachdecker Karl Johannsen bewohnt wird. In dem stattlichen Bau von Bernhard Nissen in Rantum auf Sylt, dem ältesten Haus des Ortes, das 1818 auf einer Warf unmittelbar am Wattenmeer errichtet wurde, läuft ebenfalls ein starker Deckenbalken quer durch das Haus, der einst aus einem Schiffsmast gefertigt wurde. Was haftet nicht alles an diesen Masten, wenn man an die Fahrten der zugehörigen Schiffe denkt, die auf glücklichen Reisen die Weltmeere durchkreuzt haben und von denen dann so manches schließlich als Opfer der Naturgewalten an der Küste gestrandet und in der Brandung zerschellt ist.

Die *Wände* der Häuser bestanden nach Angabe von *Petreus* und *Heimreich* im 16. und 17. Jahrhundert in den Uthlanden noch aus Erdsoden, *Wasen* (Strohwülste), Ret oder Brettern. Das im Jahre 1617 in Alkersum auf Föhr erbaute Haus Olesen, das als Freilichtmuseum nach Wyk überführt wurde, ist das letzte Föhringer Haus mit einer Sodenwand (Stallseite)[1]. Die Querseite des Wirtschaftsteils und der Spitzgiebel dieses Hauses haben Bretterverkleidung[2]. Scheunen mit Retwänden sind vereinzelt noch auf Föhr (Övenum) vorhanden, der Feuersgefahr wegen jetzt jedoch mit Dachpappe überzogen. Die alte Wand aus früherer Zeit wurde später zunächst durch Füllungen von Ziegelsteinen und schließlich durch massive Ziegelsteinmauern ersetzt. Die Backsteine der einfacheren und alten Häuser sind mit Lehm, die der besseren Häuser mit Muschelkalk, der mit der Zeit an Härte zunimmt, gefugt worden.

Bei den alten Häusern ist das *Fundament* der Mauern durch Feldsteine verstärkt, wie das auch beim Niedersachsenhaus und den alten dachhüttenförmigen Schafställen der Lüneburger Heide der Fall ist.

In seiner im Anfangsteil erschienenen „Chronik des Ortes Tinnum" bringt Lehrer *H. Schmidt* (Sylt) den Bericht, den *Henning Rinken* (Hinrich Reinert Hinrichs, 1777–1862) über das Altsylter Haus aus der Zeit etwa um 1700 gegeben hat. Es heißt darin bezüglich der *Fußböden:* „Die Stuben hatten keine Fußböden von Holz, sondern waren mit dünne Rasen (Lüngterev genannt) überlegt, und wenn selbige vertreten, wurden sie durch Einlegung anderer ersetzt. Der Loh, auch bey vielen der Piesel mit Lehm übersetzt, übrigens wurde nur auf die hartgetretene Erde gegangen, nur die Küche und die Vordielen waren gewöhnlich mit große, platte Feldsteine überlegt, des vielen Brauens wegen, wobey oft Nässe auf die Erde kam."

Auf den gestampften Lehm wurde später, mit der Wohnstube beginnend, eine Holzdiele gelegt. Im Haus Boysen auf der Mitteltrittwarf auf Hooge wurde bis zum Tode der Frau Boysen im Jahre 1945 der Holzfußboden noch mit Sand bestreut. Diese alte, sonst kaum mehr übliche Sitte ist damit auf der Hallig erloschen.

Das Dach wurde von jeher mit Ret gedeckt, das mit Reep aus dem sehr haltbaren Dünenhalm gebunden wird[3]. Vereinzelt hat man auch den Dünenhalm selbst zum Decken verwendet. An dem schönen alten Gehöft von Peter Diedrichsen in List auf Sylt ist die Nordseite des Mittelbaues vor 80 bis 90 Jahren teils mit Halm, teils mit Ret gedeckt

---

[1] Taf. 95. [2] Taf. 95. 97. [3] Taf. 99. 100.

worden, ohne daß eine Erneuerung bis heute zu erfolgen brauchte. Der First wird mit Erdsoden, die dem Westen abgekehrt geschichtet sind, abgedeckt[1]). Ein besonderes Kennzeichen des Hauses der Geestinseln ist der über der rundbogigen Haustür in der Mitte der Langseite befindliche *Spitzgiebel* (Friesengiebel), durch dessen Luke die Erntevorräte auf den Dachboden gebracht werden[2]). In neuerer Zeit wird er durch den weniger stilvollen Backengiebel (fränkischen Giebel)[3]) ersetzt und ist daher leider im Aussterben begriffen. Auf Amrum haben nur noch vier Häuser einen solchen Friesengiebel. In die Giebelenden wurden noch vor wenigen Jahrzehnten auf Sylt zwei schräg gekreuzte Hölzer gesteckt[4]). Der Volksmund sagt, daß sie das Haus gegen allerlei Gefahr, gegen Blitzschlag, Hexen usw. schützen sollen. Auf Nordstrand sieht man vereinzelt noch 5 solcher Hölzer, die im Halbkreis sonnenstrahlenförmig in den Giebel gesteckt werden.

Wie auf dem Festland in Schleswig und Jütland, sind auch auf den Geestinseln die Backsteinwände bei zahlreichen Bauten weiß übertüncht[5]). Beim Neubau von Häusern in früherer Zeit verwendete man aus Sparsamkeitsgründen zuweilen auch die teilweise nicht mehr ganz heilen und unansehnlichen Backsteine von alten, zum Abbruch gekommenen Häusern. Das Übertünchen solcher Neubauten mit Kalk zur Verdeckung der Schäden, ist auch einer der Gründe für den weißen Anstrich. Infolge der Wohlhabenheit, die durch den Walfang im 17. und 18. Jahrhundert auf die Inseln kam und infolge des Ausbaues der Landwirtschaft durch die Landaufteilung, die um 1800 auf den Geestinseln erfolgte, sind die Häuser größer und stattlicher als früher gebaut worden.

Soweit Angaben bei der Brandkasse vorliegen, beläuft sich das *Alter* der ältesten Häuser von Sylt auf etwa 250 Jahre. Dieses gleiche Alter dürfte auch für die anderen beiden großen Geestinseln, sowie Nordstrand und Pellworm Geltung haben. Von einzelnen Familien, wie denen von Diedrichsen[6]) und Paulsen in List auf Sylt, von der des Landvogtes Schwenn Hans Jensen in Keitum und des Lorens Petersen de haan in Westerland-Süderende usw. läßt sich eine lange ununterbrochene Nachkommenfolge für ein Besitztum nachweisen. Für Jensen beträgt diese mehr als 300 Jahre. Der Hof von Paulsen in List soll ebenfalls etwa 300 Jahre und der von Diedrichsen etwa 350 Jahre in der Familie sein. Eine Bestandesaufnahme aller alten Häuser der Uthlande, soweit sie mit ihren verschiedenen Merkmalen auf den Inseln und Halligen unversehrt noch vorhanden sind, wäre heute dringend erwünscht. Es müßte darin alles zur Aufzeichnung gelangen, was erfaßbar ist über das Alter, die Bauart (Konstruktion aller Teile), das Material, die Maße, die Raumaufteilung und schließlich auch die Bewohnerfolge. Damit wäre zugleich ein wichtiger Beitrag geliefert zu der heute noch in manchen Punkten umstrittenen Frage der Entwicklungsgeschichte des nordischen Hauses, des jütischen Hauses, des Hauberg, des Vierkanthauses, des Niedersachsenhauses, des ostfriesischen und westfriesischen Hauses, auch des friesischen Hauses in England, in Zusammenhang mit den Bauten der Frühzeit, den Warfenfunden, der Dachhütte und den Hausresten aus der Vorzeit. Die vorzüglichen Proportionen, die Harmonie im Stil von manchen der alten Friesenhäuser beruht auf der Anwendung des Goldenen Schnittes. Das Weiße Haus in Kampen von Anita Warncke soll nach diesen Maßen gebaut sein[7]). Das älteste bisher bekannte Haus des Nordens ist 1928 im südöstlichen Seeland in Dänemark ausgegraben. Es ist ein durch Feldsteine gekennzeichneter Rechteckbau aus dem Beginn der jüngeren Steinzeit. Ganz im alten Stil erhalten sind nur noch sehr vereinzelte Inselfriesenhäuser. Zu diesen gehörte ein Haus von Wenningstedt auf Sylt (Hausnummer 6), das 1672 erbaut wurde und bis 1952 im Besitz von Frau *Sarah Nielsen* war[8]). Nach Kenntnis des Verfassers dürfte es sogar das einzige und letzte sein, das in allen Teilen unverändert geblieben ist. Gerade ein solch kleinbäuerliches Haus gibt ein gutes Bild von der einfachen Wohn- und Lebensweise der Sylter in früherer Zeit. Es wurde 1951 auf Antrag des Verfassers unter Denkmalschutz

---

[1]) Taf. 100. [2]) Taf. 97. 98. 105. [3]) Taf. 27. 102. [4]) Taf. 97. [5]) Taf. 27. 102. [6]) Taf. 77.
[7]) Taf. 98. [8]) Taf. 93. 94.

gestellt, um als Freilichtmuseum erhalten zu bleiben. Bedauerlicherweise konnten für diesen Zweck, zumal bei Vornahme einer Versetzung an einen günstigeren Ort, wie bei dem „Haus Alkersum" auf Föhr, die erforderlichen Geldmittel nicht aufgebracht werden. Es verfiel im September 1953 dem Abbruch. Ein in mehrfacher Hinsicht wertvolles und in seiner Art noch einzig verbliebenes Kulturgut der Uthlande ist damit verloren. Was Erlöschen von Kultur bedeutet, wird fühlbar, wenn an die Stelle eines altüberlieferten Bauwerks mit einer Jahrhunderte überspannenden Tradition, durch dessen Abtragung in wenigen Tagen ein leerer Raum, ein Nichts tritt. Durch den gesunkenen Wohlstand infolge der Weltkriege ist manche alte Bauweise der äußeren und inneren Teile der Inselhäuser noch erhalten geblieben, die als „unzeitgemäß" sonst der Abänderung schon verfallen wäre. Durchfährt man dagegen das verschont gebliebene Dänemark von Kopenhagen bis Ringkøpping hinüber, so ist man erstaunt über die bauliche Modernisierung der Bauernhöfe.

Es ist von alten Zeiten her beim Bau eines Hauses Sitte gewesen, daß der Bauherr ein Opfer brachte. Im Erdreich unter den Fußböden hat man denn auch bei den inselfriesischen Häusern bei Grabungen verschiedentlich Opfergefäße aus Ton gefunden. Eine Anzahl solcher Gefäße, die ihrem Aussehen nach vorgeschichtlichen Urnen gleichen, sind in dem Museum von Wyk auf Föhr zu sehen.

Außer durch die Natur und die bauliche Entwicklungsgeschichte wird das Haus noch charakterisiert durch die Lebenskultur seiner Bewohner. Diese ist auf den Nordfriesischen Inseln von besonderer Art. Wir erkennen sie an den Einrichtungstücken, die einerseits aus einheimischem Gut, aus sehr einfachen, selbst verfertigten Gegenständen und Geräten besteht, und andererseits aus Fremdgut, das die verschiedenartigsten Kulturgüter, die die Seefahrer von ihren Reisen mitgebracht haben, umfaßt. Hierzu gehören die Wandfliesen, Möbel, das Zinn, Porzellan, Silber und manches mehr.

Kein anderes Haus eines deutschen Volksstammes vereinigt auf sich wohl soviel wechselvolle und tiefgreifende Lebensschicksale seiner Bewohner wie das Haus dieser Inselfriesen. Es braucht dabei nur an die Zerstörungen und Untergänge bei Sturmfluten und an den tragischen Tod der Unzahl mutiger Männer, die auf See ihr Leben verloren, und an das sorgenvolle Leben der zurückgebliebenen Frauen und Mütter gedacht zu werden. Dem steht auf der anderen Seite ein stolzes und glückliches Familienleben einer langen Generationenfolge und ein in harter Arbeit redlich verdienter Wohlstand gegenüber.

Das Haus als Geburts- und Sterbestätte des Menschen, als Raumwelt für die Kindheit und den Lebensabend, als Ort fröhlicher Feste und bedeutsamer Zusammenkünfte, als Hüter häuslicher Besitztümer und alter Erbstücke, in dem die Tradition von Mensch zu Mensch durch Erziehung und Übermittlung alter Bräuche, durch Übertragung von Sagen, Erzählungen und Geschichten des Volkes sich fortpflanzt, ist in seinem Wert und seiner Bedeutung nicht hoch genug einzuschätzen.

GEHÖFT

Charakteristisch für das Siedlungsbild auf den großen Geest- und Marschinseln sind die einzelnen *Gehöfte* der landbautreibenden Inselbewohner. Das friesische Uthlandhaus ist, wie bereits beschrieben, ein Einheitshaus, das Wohnung und Wirtschaft unter einem Dach in einem langgestreckten Rechteckbau vereint. Infolge der Vergrößerung der landwirtschaftlichen Betriebe nach der Landaufteilung um 1800 auf den Geestinseln, die ermöglicht wurde durch den Wohlstand, den der Walfang geschaffen hatte, entstand ein Mehrbedarf an Stallung und Scheune. Dieser wurde erzielt, nicht durch Errichtung eines zweiten Gebäudes, sondern durch einen Winkelanbau an das Stammhaus[1]). Es ist also

[1]) Taf. 102.

im Gegensatz zu dem nordgermanischen Vielhaussystem, wie es aus Skandinavien und auch aus der Lüneburger Heide bekannt ist, die geschlossene Hausanlage beibehalten worden. Einen eigentlichen Hof gibt es also nicht.

Der Eindruck der Geschlossenheit wird weiter noch erhöht durch die Umgrenzung des Grundstückes mit einem hohen, durch Einbau von Feldsteinen verstärkten Erdwall[1]). Die Gehöfte liegen meist in weiträumiger Nachbarschaft voneinander. Ihre Gruppierung bildet *Streusiedlungen*, wie sie die Norddörfer auf der Geest und die Marschdörfer auf der Nössehalbinsel auf Sylt darstellen, oder *Reihendörfer*, wie sie die Dörfer auf der Grenze von Geest und Marsch auf Föhr darstellen[2]). Wir finden sie aber auch dichter beieinander liegend, in den *Haufendörfern* der Geest, so beispielsweise in Keitum auf Sylt[3]) und in Nieblum auf Föhr[4]).

Durch die vornehmlich zum Windschutz angepflanzten Büsche und Bäume erhalten die Gehöfte ein besonders hübsches und ländliches Aussehen[5]). Auf den reichen Marschinseln Nordstrand und Pellworm liegen derartige Gehöfte mit großen stattlichen Häusern auf hohen Warfen inmitten der fruchtbaren Wiesen und Felder. Unter ihnen ist besonders hervorzuheben das Gut Seegaarden auf Pellworm, und für Nordstrand sei das Haus der alten „Gerichtsstube", jetzt Henry Jacobsen, das im Neuen Koog steht, genannt[6]).

DORFANLAGE

Der Zusammenschluß der hübschen Einzelhäuser der Friesen und ihrer schönen Gehöftanlagen hat auf den Inseln zu besonders reizvollen Dorfbildungen geführt. Es betrifft dies vor allem die drei Geestinseln. Es gilt das aber auch in entsprechender Weise für die größeren Warfensiedlungen der Halligen.

Die Dörfer von Sylt und Amrum sind ursprünglich *Streusiedlungen* mit weiträumig voneinanderliegenden Einzelhäusern und Gehöften. List, Kampen, Wenningstedt, Braderup, die Hedigen und Enden von Alt-Westerland, Tinnum, Archsum und Morsum auf Sylt, sowie Süderende auf Amrum und Goting auf Föhr, um nur einige zu nennen, sind deutliche Beispiele dafür[7]). Durch Zuwachs von Häusern, die der Wohlstand und die Bevölkerungszunahme im 18. und 19. Jahrhundert mit sich brachten, sind einzelne Dörfer nach Art von *Haufendörfern* zu umfangreichen, geschlossenen Siedlungen zusammengewachsen. Es sind dies die „Kapitänsdörfer" Westerland und Keitum auf Sylt, Nebel auf Amrum und Nieblum auf Föhr. Die drei letzteren sind durch ihre reiche Pflanzenwelt an Blumen, Sträuchern und hohen schattigen Bäumen landschaftlich besonders reizvoll[8]). Eine dritte Form bilden sodann noch die *Reihendörfer* von Föhr, die wie Wrixum und die meisten anderen auf der Grenze von Geest und Marsch angelegt sind[9]).

In ähnlicher reihenweiser Anordnung liegen an den Deichen, die zugleich Straßen sind, die kleinen Häuser der Arbeiter und teilweise auch der Bauern auf Nordstrand und Pellworm.

Die Streusiedlungen und Haufendörfer sind uralt. Über das tatsächliche Alter der nordfriesischen Inseldörfer wissen wir nichts. Der Sylter Chronist *Hans Kielholt* berichtet um 1440 über Morsum und Heidum (Keitum) auf Sylt. Andere von ihm genannte Orte wie Eydum und Lyst sind dem Meer und Dünensand zum Opfer gefallen. Manche dieser Orte, wie List und Rantum, haben dem Wasser und Sand mehrfach weichen müssen und sind von Westen nach Osten verlegt worden.

Nach dem Untergang von Eydum im Jahre 1436 siedelten sich die überlebenden Bewohner weiter nordöstlich auf einem höher gelegenen Heidegelände erneut an und gaben

---

[1]) Taf. 101.   [2]) Taf. 105.   [3]) Taf. 105.   [4]) Taf. 160.   [5]) Taf. 47. 49.   [6]) Taf. 149.
[7]) Taf. 105.   [8]) Taf. 47. 52. 160.   [9]) Taf. 105.

ihrem Orte 1450 den Namen *Westerland*. Die Grabhügel der Vorzeit, die von der Grundfläche Westerlands her bekannt sind, beweisen jedoch, daß an dieser Ortsstelle vor Jahrtausenden schon Menschen gewohnt haben. Im März 1937 ist man bei der Anlage einer Wasserleitung in der Boysenstraße auf der Fläche des sogenannten Helacker auf eine ganze Anzahl von Urnen gestoßen, die nur in 1 m Tiefe unter der Bodenoberfläche lagen. Ebenso wurden im April des gleichen Jahres in der Rungholtstraße bei Ausschachtungsarbeiten mehrere vorzeitliche Feuerstellen gefunden. Ein Strom von Kurgästen des heutigen Seebades Westerland ist alljährlich ahnungslos über diese Stätten uralter Vorzeitbewohner hinweggegangen. Auf dem Boden von Wenningstedt liegt der über 4000 Jahre alte Denghoog der jüngeren Steinzeit[1]). Besonders eindrucksvoll ist die uralte Tradition in Keitum. Das jungsteinzeitliche Kammergrab des Harhoog, der alte Opfer- und Biikenhügel Winjshoogh oder Wednshügel (Wodanshügel) und der Helhoogh (Hügel der Todesgöttin Hel), nebst der Todesschlucht Helhooghgap und dem dabeiliegenden Tipkenhoog, bei dem der einstige Tipkenturm lag, verbinden sich mit der St. Severin Kirche aus der Zeit um 1200 und dem altertümlichen Dorf auf das innigste. Der Ortsname Goting auf Föhr weist vielleicht auf ein altes Gauthing und die dortigen vorzeitlichen Thinghügel.

Über die Bedeutung der *Ortsnamen* gibt *L. C. Peters* in dem von ihm herausgegebenen Werk „Nordfriesland" und *J. Schmidt-Petersen* in seinen Veröffentlichungen über „Die Orts- und Flurnamen" Erklärungen ab. Ebenso *Wolfgang Laur* in dem Jahrbuch des Nordfriesischen Vereins, Bd. 29, Jahrgang 1952/53.

Über die *Größe* der Dörfer und die Anzahl ihrer Bewohner macht u. a. der Sylter Chronist *C. P. Hansen* in seinen Büchern an vielen Stellen Angaben. Er berichtet in seiner „Chronik der Friesischen Uthlande", daß 1769 auf Föhr und Sylt eine Volkszählung stattgefunden hat, und daß die Inseln, mindestens Föhr, damals den höchsten Bevölkerungsstand erreicht hatten. Föhr hatte 6146 Menschen, von denen 2784 in Wyk lebten. Ovenum war mit 162 Wohnhäusern das größte Dorf. Die Gesamtzahl der Häuser von Föhr betrug 1450. Sylt hatte 713 Wohnhäuser und 2814 Einwohner. Auf Amrum waren 140 Häuser und etwa 600 Bewohner. Für Pellworm sind etwa 1600 Einwohner und etwa 280 Häuser verzeichnet. Auf allen Halligen zusammengerechnet sollen etwa 2000 Menschen gelebt haben. Nach 1800 hat es auf diesen mehr als 350 Häuser gegeben. Die größte der Halligen, Hooge, hatte 1793 noch 480 Bewohner, Nordmarsch um 1749 noch 400.

In den Ortschaften sieht man, wie das bei Bauerndörfern in der Regel der Fall ist, mit Ausnahme an Sonn- und Festtagen, nur wenig von den Einwohnern. Im Winter können die Dörfer zuweilen geradezu wie ausgestorben erscheinen. Das Leben der Bewohner spielt sich so gut wie ausschließlich innerhalb der Häuser oder an der Arbeitsstätte außerhalb der Siedlung ab. Es sei hierbei vor allem an die Friesendörfer von Sylt, Amrum und Föhr gedacht. Durch den Bevölkerungszuwachs an Vertriebenen und Flüchtlingen aus den Ostgebieten nach 1945 haben sich besonders auf Sylt, wie in so mancher Weise auch in dieser Hinsicht die Lebenszustände auf den Inseln geändert.

Naturgemäß ist besonders das Leben der Frau an das Haus gebunden. Die Frau hat wenig Zeit und Gelegenheit, andere Ortschaften ihrer Insel aufzusuchen, oder gar eine weitere Reise zu unternehmen. Diese Ortsgebundenheit und Seßhaftigkeit ist ein wesentliches Merkmal der bisherigen Zeit gewesen, sie hört infolge des regen Verkehrslebens der Gegenwart mehr und mehr auf. Die Bildung und Erhaltung der volkstümlichen Eigenart der Bevölkerung ist mit der Bindung an das Haus Hand in Hand gegangen. Es wäre wertvoll, wenn tunlichst alle alten Einwohner noch befragt würden, wieweit sie in ihrem Leben örtlich gelangt sind, und wenn diese Mitteilungen zur Aufzeichnung gelangten.

Folgende Beispiele mögen hierfür angeführt werden.

Eine alte im Jahre 1948 verstorbene Friesin, die 95jährige Mutter des Westerländer Verlegers Carl Meyer, erzählte dem Verfasser im Jahre 1947 von einer Bekannten ihrer

[1]) Taf. 65.

Mutter folgende Begebenheit. Diese Insulanerin machte einst eine Fahrt von Sylt nach dem Festland. Als sie das 23 km breite Wattenmeer mit dem Schiff von Munkmarsch aus überquert hatte, sagte sie bei der Ankunft am Festland in Hoyer, überwältigt von der zurückgelegten Strecke und dem Neuland, das sie betrat: „Wie ist die Welt doch groß".

In Archsum auf Sylt lebte ein Fräulein Maria Andersen (geb. 1843, gest. 1936). Sie verbrachte ihr Leben allein, strickte, hielt sich eine Kuh, war nie krank und starb mit 93 Jahren an Altersschwäche. Sie hat die Insel während ihres ganzen Lebens nur ein einziges Mal verlassen zu einer Fahrt nach Flensburg, zur Heirat ihres Neffen.

Die 1868 in Keitum auf Sylt geborene Christine, spätere Frau des Müllers Johannsen, die 1916 in das Inseldorf Morsum-Osterende übergesiedelt ist, die in ihrem Leben immer gesund war und 9 Kinder in die Welt gesetzt hat, machte dem Verfasser 1936 über ihre Inselbesuche und Reisen folgende Mitteilung. Sie ist in ihrem Leben nur einmal in List gewesen und zwar 1893. Als großes Mädchen war sie einmal in Kampen und 1914 ein zweites Mal gelegentlich einer Wagenfahrt, die sich ihr bot. Ein einziges Mal ist sie in Rantum gewesen, um Schafe zum Gräsen zu führen. Sie hat einmal eine Reise nach Föhr gemacht und kam dabei auch nach Hörnum, das sie vorher und nachher nicht wieder gesehen hat. Als junges Mädchen machte sie einmal eine Dampferfahrt nach Hoyer und ist mehrere Male zum Besuch einer verheirateten Tochter auf Röm gewesen. Sie ist außerdem weder auf Amrum, den Halligen, noch sonstwo auf dem Festland gewesen.

Schließlich sei noch ein Bericht gegeben, der sich auf das auf den Tafeln 93, 94 und 144 abgebildete Fräulein Sarah Nielsen und deren Haus in Wenningstedt auf Sylt bezieht. In diesem 1672 erbauten kleinbäuerlichen Friesenhaus, das sehr wahrscheinlich als letztes der Uthlande noch vollständig in der alten ursprünglichen Bauweise erhalten geblieben war, das jedoch bedauerlicherweise im September 1953 abgebrochen wurde, wurde sie 1877 geboren. Sie bewohnte dieses Haus allein und verrichtete darin in voller Selbständigkeit und bei unermüdlicher Arbeitsamkeit und Sparsamkeit ihre landwirtschaftliche Kleinwirtschaft. Ihr Vater hatte durch großen Fleiß und gleiche Sparsamkeit den Grundstock zu dem Gewese erst gelegt. An Wintertagen konnte man sie oftmals bis gegen Mitternacht im Schein einer Petroleumlampe ihr Korn noch selbst mit dem Flegel dreschen sehen. Bilder wie dieses und andere, die dem Verfasser in diesem Hause geboten wurden, gehören bezüglich ihrer Altertümlichkeit zu den eindrucksvollsten, die er während langer Jahre im ganzen Inselgebiet gewonnen hat. Es waren nach Beleuchtung und Stimmung reinste Rembrandtmotive.

Am zweiten Weihnachtsabend 1948 teilte Fräulein Nielsen dem Verfasser über die Reiseunternehmungen während ihres Lebens nun folgendes mit: „Im Alter von 10 Jahren habe ich mit meinem Vater und zwei Brüdern eine Fahrt nach dem Festland, zu Besuch von Verwandten nach Neukirchen im Kreis Niebüll unternommen. Von Wenningstedt gingen wir zu Fuß nach Munkmarsch, fuhren von dort über das Watt nach Hoyer und wanderten weiter über Rodenäs nach Neukirchen. Den Rückweg legten wir auf die gleiche Weise zurück. Diese Reise ist die einzige meines Lebens geblieben; ich habe nie wieder die Insel verlassen. Die Dörfer auf Sylt habe ich alle kennengelernt. Wenningstedt hatte in meiner Jugend nur 13 Häuser. Die jetzt asphaltierte Hauptstraße, die auch an meinem Haus entlangführt, war damals Feldweg. Die Schafe wurden in meiner Jugendzeit alljährlich im Frühjahr nach der Schur von Wenningstedt am Strand entlang auf die „Freie Weide" ganz nach Hörnum hinunter in die Dünen getrieben, um im Herbst von dort zurückgeholt zu werden. Ich bin in meinem Leben niemals mit der Eisenbahn gefahren. Ich habe auch niemals eine Fahrt mit der Sylter Inselbahn gemacht (diese Bahn besteht für die Strecke Westerland-Wenningstedt-Kampen seit 1903 und liegt 300 Meter vom Wohnhaus von Fräulein Nielsen entfernt)."

Fräulein Nielsen verfügte über geistige Regsamkeit, sie nahm lebhafte Anteilnahme am Weltgeschehen, hatte ein durchaus selbständiges Denken und guten Humor. Sie besaß eine auffallende Energie und Schaffenskraft; sie war eine Persönlichkeit. Bei allem Gewinn den ein bewegliches Leben durch Reisen bringen kann, wie ihn unser Zeitalter des Verkehrs ermöglicht, ist die damit verbundene Gefahr der Verflachung und Entpersönlichung doch nur allzu groß. Das Zeitalter einer pflanzenhaften Seßhaftigkeit, die eine Wahrung der Tradition verbürgt, wie sie hier vorliegt, ist heutzutage im Aussterben und nur in letzten Resten noch vorhanden.

Es wäre wünschenswert, daß Chroniken der einzelnen Inseldörfer und Halligen ausgearbeitet würden. Über das Dorf Tinnum auf Sylt veröffentlichte der Lehrer *Hermann Schmidt* den Beginn einer Chronik. *O. C. Nerong* hat bereits 1898 eine vorbildliche, historische und topographische Bearbeitung über „Das Dorf Wrixum" auf Föhr herausgegeben.

Wie die Häuser im einzelnen, so haben auch die Inseldörfer und Halligwarfen, besonders in letzter Zeit, leider viel eingebüßt von ihrem ursprünglichen echt friesischen Charakter. Es ist zu wünschen, daß das, was an guter alter Kultur noch vorhanden ist, möglichst erhalten bleibt und daß alles Wissenswerte über die Geschichte der Ortschaften und ihrer Bewohner in geschlossener Darstellung zur Aufzeichnung gelangt. Wir würden dadurch ein lebendiges Bild von dem ungewöhnlich interessanten Familien- und Stammesleben der Inselfriesen gewinnen und dies für die Nachwelt sichern.

BADEORTE

Auf den drei großen Geestinseln Sylt, Amrum und Föhr lebten die Bewohner im 15. und 16. Jahrhundert von Landwirtschaft und Fischfang. Im 17. und 18. Jahrhundert gingen die Friesen zum Walfang auf die Grönlandfahrt. Gute Erfolge brachten ihnen Wohlstand, so daß die Inseln damals ein „goldenes Zeitalter" erlebten. Als der Fang sich nicht mehr lohnte, wandten die seefahrenden Männer sich um 1800 der Handelsschiffahrt zu. Um die gleiche Zeit erfolgte auch die Landaufteilung, durch die die Landwirtschaft eine zunehmende Entwicklung erfuhr.

Im 19. Jahrhundert entstand mit der Gründung von *Badeorten* eine neue Erwerbsquelle für die Inseln. Hiermit setzte sogleich ein großer Wandel ein, der sich besonders auf Sylt und Amrum nach und nach auf das ganze Inselleben erstreckte. Während dieses durch alle Zeiten hindurch von der Insel selbst ausgestaltet wurde, ist von nun an der Fremdenverkehr und alles, was mit ihm in Zusammenhang steht, immer mehr richtunggebend geworden. Auch das dörfliche Landschaftsbild hat sich durch Neubauten besonders auf Sylt in jüngster Zeit stark gewandelt. Von der Eigenart des friesischen Volkstums ist dadurch viel verloren gegangen. Die Inselnatur und die Friesenkultur haben an Unberührtheit und Ursprünglichkeit manches eingebüßt. Es ist an der Zeit, dieser Bewegung zu steuern, sonst gewinnt die Zivilisierung derartig die Oberhand, daß der Eigenwert der Inseln an Natur und Kultur vollends gebrochen wird.

Durch das Kurgastleben kommen in heutiger Zeit die Naturwerte und -kräfte der Inseln vielen Tausenden von Besuchern, die zu Ausspannung und Erholung ihre Ferienzeit auf diesen verleben, zugute.

Föhr mit seinem milden Wattenmeerklima und Sylt und Amrum, die unter dem direkten Einfluß der offenen Nordsee stehen, sind klimatisch und landschaftlich Kraftquellen der Natur von außerordentlichem Wert. Um ihre Erschließung und Auswertung für die Volksgesundheit, für Kinder und die Schuljugend, Werktätige und Ferienreisende, ist die Wissenschaft, insonderheit die bioklimatische Forschung, bemüht[1]. Licht und Luft, Wasser und Sand, Schlick und Moor enthalten einen unerschöpflichen Reichtum an Lebenskräften, der im weitesten Maße nutzbar gemacht werden soll.

[1] Taf. 146. 147.

Dort, wo heute der Badeort *Wyk* auf Föhr steht, gab es 1600 eine Bucht = „wick". Im Jahre 1601 wird die Ortschaft Wyk in einer Urkunde zum erstenmal erwähnt. Es sollen dort damals ein Krug und einzelne Fischerhäuser gestanden haben.

Die kleine Siedlung erfuhr im Jahre 1634 eine Vergrößerung durch den Zuzug von Halligfamilien, die bei der furchtbaren Flutkatastrophe, die Alt-Nordstrand den Untergang brachte, ihr Hab und Gut verloren hatten. Um 1663 war Wyk ein Dorf von mehr als 200 Einwohnern. Dem jetzigen Hafen, der 1806 angelegt wurde, waren zwei weitere voraufgegangen, die durch Sturmflut und Verschlickung unbrauchbar geworden waren. Als um 1800 die Grönlandfahrt aufgehört hatte und die Handelsfahrt infolge des englischdänischen Krieges 1807 darniederlag, kamen Notzeiten über Wyk, das damals 600 Bewohner hatte.

Seit längerem hatte man bereits erkannt, daß das Klima und die Lage von Wyk für Erholungszwecke gut geeignet sei. Nach Einrichtung eines Hauses für warme Seebäder wurde am 15. Juli 1819 das Bad eröffnet. Es wurde im ersten Jahr von 61 Gästen besucht, denen die Bewohner des Ortes 40 Wohnungen zur Verfügung gestellt hatten. Mit 3 Badekarren wurde die Saison am Strande eröffnet.

Durch die schwere Sturmflut vom Jahre 1825 erhielt Wyk abermals Zuzug von vielen Halligleuten, besonders von Hoogern, die alles verloren hatten und auf Föhr sich eine neue Heimat suchten. Während der Jahre 1842/47 verlebte König Christian VIII. von Dänemark seinen Sommeraufenthalt in Wyk. Der Ort zählte damals an 800 Einwohner und hatte über 1000 Badegäste[1]). Durch Ausbruch eines Feuers verlor Wyk im Jahre 1857 etwa 100 Häuser. Bei einem abermaligen Brand 1869 fielen den Flammen mehrere Straßenzüge zum Opfer.

Wyk nahm mit der Zeit immer größeren Aufschwung. Nach 1900 hatte es bereits über 1200 Einwohner, und 1924 hatte Groß-Wyk 2782 Bewohner. Die Gästezahl war von 2000 im Jahre 1887 auf 6515 im Jahr 1907 gestiegen. Das Bad ist 1938 in der Zeit vom 1. April bis zum 1. Dezember, einschließlich aller Kinder in privaten und sozialen Heimen, von 12688 Gästen besucht worden[2]). Im Jahre 1951 haben 6272 Kurgäste und 7690 Kinder in Heimen und 1952 haben 8108 Kurgäste und 9717 Kinder in Heimen Wyk aufgesucht. Die Wyker Dampfschiffsreederei, die die Verbindung von Dagebüll am Festland über das Wattenmeer nach Wyk auf Föhr herstellt, beförderte in den beiden Jahren 1951 und 1952 jeweils etwa 200000 Personen.

Das milde Klima, das Föhr während des ganzen Jahres hat, macht Wyk vornehmlich zu einem Badeort für Kinder, die hier auch während des Winters Erholung finden. So hat sich im Laufe der Zeit auf Föhr ein kleines Städtchen entwickelt, das heute mit dem Nachbardorf Boldixum bereits baulich zusammengewachsen ist. Im alten Teil von Wyk stehen in schmalen Gassen noch zahlreiche schmucke, kleine Fischerhäuser, die mit ihren Spitzgiebeln ein echt nordisches Aussehen haben. Der Hafen zeigt während der Sommermonate regen Schiffsverkehr[3]). Es laufen ihn die Dampfer, die Föhr und Amrum mit dem Festland verbinden, und allerlei Frachtschiffe an. Es liegen in ihm Fischerboote (Miesmuschelfang) und viele kleine Lustfahrzeuge, auf denen die Kurgäste ihre Fahrten in das Wattenmeer unternehmen. Hübsche Strandpromenaden, Sportplätze, Parkanlagen und schattige Laub- und Nadelholzwäldchen[4]) verschönern die Umgebung bis weit zum neu erstandenen Ortsteil Südstrand hinaus.

Während Wyk als Badeort eine besonders geschützte Lage an der Südostecke der Watteninsel Föhr hat, sind Westerland, Wenningstedt und Kampen, List, Rantum und Hörnum der starken Nordseebrandung an der Westküste von Sylt unmittelbar ausgesetzt.

Westerland entstand im Jahre 1436 und erhielt 1450 seinen Ortsnamen. Eine geschichtliche Beschreibung des Ortes hat der Sylter Chronist *C. P. Hansen* in seinem Buche „Der

---

[1]) Taf. 104. [2]) Taf. 104. [3]) Taf. 128. [4]) Taf. 48.

Badeort Westerland auf Sylt und dessen Bewohner" vom Jahre 1868 uns hinterlassen. Westerland war in früherer Zeit, ähnlich wie Keitum, Sitz vieler Seefahrer, tüchtiger Kommandeure und Kapitäne. Eine alte Karte vom Jahre 1778 zeigt uns die genaue Fluraufteilung und die Lage der damals 127 Dorfhäuser. Um 1860, als das Bad gegründet wurde, fertigte der Geometer *P. B. Sörensen* einen Grundriß des Seebades „Westerland" an[1]). Der Ort hatte damals noch das gleiche Aussehen wie 1778. Der südliche und östliche Dorfteil hat sich, abgesehen von Neubauten, sogar bis heute ziemlich unverändert erhalten. Nach Westen hin zum Meer ist das ehemalige Dünen- und Heidegelände seit 1860 jedoch völlig mit Geschäfts- und Logierhäusern bebaut worden.

Ähnlich wie bei Wyk waren fremde Besucher, die Sylt in den Jahren 1854 und 1855 aufgesucht hatten, unter ihnen ein Dr. med. *Gustav Roß* aus Altona, aufmerksam geworden auf die besonderen Heilkräfte des Klimas und der Natur der Insel. Mit dem Bau einer „Dünenhalle" wurde am 29. September 1857 zugleich die Gründung des Badeortes vollzogen. Schon 1859 zählte Westerland 470 Badegäste, die 1865 bereits auf 1000 und 1890 auf 7292 angestiegen waren[2]).

Im Jahre 1902 wurde in Westerland das Familienbad eingerichtet. Vor dieser Zeit wurde nicht nur getrennt gebadet, sondern es war männlichen Personen sogar untersagt, sich dem Damenbade zu nähern! Westerland hat im Laufe dieses Jahrhunderts einen großen Aufschwung genommen. 1905 erhielt der Ort die Stadtrechte. Neben den Privatquartieren sind in großer Zahl Pensionen und Hotels entstanden. Auf der sonst ländlich gebliebenen Insel führt Westerland nunmehr ein städtisches Eigenleben. Durch den Bau des Hindenburgdammes, der 1927 fertiggestellt wurde, und durch den Seebäderdienst der Hapag ist der Zustrom an Badegästen und Passanten jährlich stark vermehrt worden. Durch die staatlichen Vorhaben auf der Insel war die Zahl der amtlich gemeldeten Einwohner von Westerland am 10. Oktober 1938 bereits auf 5906 Personen angestiegen. Nach 1945 fanden viele Heimatvertriebene und Flüchtlinge aus den deutschen Ostgebieten ein Unterkommen auf Sylt. Der Höchststand dieser fiel in die Jahre 1947/48; er betrug insgesamt 13956 Personen bei 12449 Einheimischen. Durch Umsiedlung von Flüchtlingen sank die Bewohnerzahl bis zum 15. August 1953 auf 8804 Personen, unter denen sich 2385 Flüchtlinge und 60 Ausländer befanden. Wenningstedt zählte am 1. August 1953 neben 962 Einheimischen 301 Flüchtlinge und Ausländer und Kampen unter insgesamt 954 Einwohnern 547 Einheimische, 404 Flüchtlinge und 3 Ausländer.

Neben Westerland haben besonders *Kampen* und *Wenningstedt* eine starke Entwicklung genommen. *Wenningstedt* zunächst im Zusammenhang mit Westerland. In den sechziger Jahren des vorigen Jahrhunderts hatte es etwa 50 Besucher. Seine Einwohnerzahl stieg von 159 Personen im Jahre 1880 auf 1190 Personen nach dem Stand vom 1. Januar 1951. *Kampen*, das zwischen Meer und Watt inmitten weiter Heideflächen liegt, an dessen Strand das hohe imposante „Rote Kliff" sich bis nach Wenningstedt entlang zieht, von dem aus man einen herrlichen Weitblick auf die Lister Dünen hat, hat die schönste Naturlage der Badeorte von Sylt.

Nach 1945 bildete sich auch *Rantum* mehr und mehr zu einem Badeort heran. Die Lage der kleinen Siedlung auf dem schmalen Haken zwischen Meer und Watt, mit schönem Strand und der kilometerlangen urwüchsigen Dünenwelt nach dem Süden hin bis Hörnum übt auf viele Gäste eine starke Anziehung aus.

In *List* und *Hörnum* entstanden infolge der errichteten Wehrmachtsanlagen nach 1945 neue Gemeinden, die sich nunmehr auch zu Badeorten entwickelten. Im Listland ist bei der sogenannten Weststrandhalle ein neuer Badestrand angelegt worden. Seit Errichtung des Kurbetriebes im Jahre 1948 wurde ebenso auf der Wattseite am südlichen Ende des Mannemorsumtales eine Badestätte geschaffen. Meer und Watt verbindet die Welt der

[1]) Taf. 105. [2]) Taf. 103.

großen Wanderdünen. Hörnum verfügt über einen freien, breiten Strand, der von der Badeanlage im Westen ganz um die Südspitze, Hörnum Odde, mit seiner weiten Sandplatte herum verläuft und auf der Wattseite bis zum Hafen reicht. Von der Südspitze aus bietet sich über das Hörnum-Tief hinweg ein schöner Ausblick auf Amrum und Föhr.

Im Gegensatz zu den Badeorten am Weststrand ist auch das Friesendorf *Keitum* an der gleichnamigen Wattenmeerbucht eine Erholungsstätte der Insel. Seine alte Tradition atmet Ruhe und Frieden. Die hübschen Gärten, der reiche Bestand an Sträuchern und Bäumen und die prachtvolle Lage am hohen Kliff mit dem Blick auf das Morsumkliff und die Lister Dünenwelt sind für viele ein Anreiz, die Ferientage dort zu verleben. Keitum ist für alle Gäste der Insel das beliebteste Ausflugsziel.

Wir sehen also, daß Sylt, die Insel alter Bauern- und Seefahrergeschlechter, heute im Zeichen der Badeorte und des Fremdenverkehrs steht.

Von den Besucherzahlen vor dem zweiten Weltkrieg seien als Beispiel nur folgende angegeben. Westerland hatte an Gästen 1935: 26175, 1936: 28495, 1937: 30865 und 1938: 30396 Personen, unter denen sich 19357 Kurgäste und 11039 Passanten befanden. Kampen zählte im Jahr 1938: 6310 Kurgäste und Wenningstedt 6712.

Ein Gesamtbild von den Inselbesuchern in den Jahren 1951 und 1952 geben die folgenden Statistiken, die die Kurverwaltung von Westerland dem Verfasser freundlicherweise zur Verfügung gestellt hat.

Ort	Gäste 1952	Gäste 1951	Übernachtungen 1952	Übernachtungen 1951	Gäste	Übernachtung
Westerland	30349	30418	407683	375143	— 69	+ 32540
Wenningstedt	7685	5995	96587	85898	+1690	+ 10689
Kampen	6671	6266	65423	67597	+ 405	+ 2174
List	7031	5699	92146	71238	+1332	+ 20908
Klappholttal	397	—	4465	—	—	—
Rantum-Ort	2533	1641	31918	23419	+ 892	+ 8499
Rantum-Seeheim	2222	2747	21713	24683	— 525	— 2970
Keitum	1619	712	21343	8500	+ 907	+ 12843
Hörnum	5152	4702	68990	59785	+ 450	+ 9205
Zusammen	63659	58181	810268	716263	+5478	+ 94005

Kinderheime und Jugendlage

Ort	Gäste 1952	Gäste 1951	Übernachtungen 1952	Übernachtungen 1951	Gäste	Übernachtung
Westerland	3476	3875	129367	130266	— 399	— 899
Wenningstedt*	1898	1231	29194	20365	+ 667	+ 8829
Kampen	54	68	—	2020	— 14	—
Kampen-Vogelkoje	720	1137	30600	23274	— 417	+ 7326
List**	7742	5176	64425	28892	+2566	+ 35533
Klappholttal	1084	541	18452	5410	+ 543	+ 13042
Hörnum	8576	6262	130648	94398	+2314	+ 36250
Puan-Klent	3368	2466	51713	46729	+ 902	+ 4984
Keitum***	151	116	3777	2835	+ 35	+ 942
Zusammen	27074	20872	458176	354189	+6202	+103987

* ohne Bismarck-Oberrealschule.
** einschl. Angehörige der Jugendgruppe Berlin, da in festen Unterkünften untergebracht.
*** ohne Kinderheim Mühlheim.

Zeltplätze der Insel Sylt im Jahre 1952

Westerland-Dikjen-Deel . . .	790 Einzelzelter	mit 11 188 Übernachtungen
Westerland-Dikjen-Deel . . .	1 981 Angehörige von Jugendgruppen	mit 36 081 Übernachtungen
Rantum-Nord	1 130 Personen	mit 13 560 Übernachtungen
Arbeitsgem. ADS	4 500 Jugendliche	mit 67 500 Übernachtungen
Hörnum-Nord	866 Personen	mit 6 259 Übernachtungen
Kampen	548 Personen	mit 5 183 Übernachtungen
List-Mövenberg*	161 Personen	mit 1 125 Übernachtungen
Zusammen	9 976 Personen	mit 140 896 Übernachtungen

* Die Angehörigen der Jugendgruppen (Berlin) sind, da in festen Quartieren untergebracht, bei Kinderheimen und Jugendlagern berücksichtigt worden.

Zusammenfassung

	Personen		Übernachtungen	
	1952	1951	1952	1951
Gäste	63 659	58 181	810 268	716 263
Kinderheime u. Jugendlager	27 074	20 872	458 176	354 189
Zusammen	90 733	79 053	1 268 444	1 070 452
Zeltplätze der Insel Sylt . .	9 976		140 896	
Zusammen	100 709		1 409 340	

Es wurden von der Bundesbahn über den Hindenburgdamm vom Festland nach Sylt, d. h. in einer Richtung, während der Monate Mai bis einschließlich September im Jahre 1951: 12 376 Autos befördert.

Nach Angabe des Bahnhofsvorstandes von Westerland auf Sylt wurden von der Bundesbahn im Jahre 1952 in der Zeit vom 1. Juni bis 30. September in einfacher Richtung von Westerland aus 12 542 Kraftfahrzeuge (Autos und Räder) über den Hindenburgdamm befördert. Im Jahre 1953 betrug die Zahl in der gleichen Zeit 14 631 Kraftfahrzeuge.

Der Hapag-Seebäderdienst brachte nach Sylt 1951: 4808 und 1952: 4226 Gäste; es reisten in den beiden Jahren zur See zurück 4551 bzw. 4593 Gäste.

Bis zur Fertigstellung des Hindenburgdammes im Jahre 1927 erfolgte der Reiseverkehr zur Insel von Husum über Wyk und von Hoyer aus mit dem Schiff. Die Landeplätze auf Sylt waren zunächst Nösse und dann Munkmarsch. Von Husum nach Nösse fuhr 1859 das Dampfschiff „Hammer". Im Jahr 1858 hat, vornehmlich auf Anregung des Schiffskapitäns *A. Andersen* von Keitum, eine Sylter Interessentenschaft zur Verbesserung des Reiseverkehrs den Auftrag zum Bau eines neuen Dampfschiffes gegeben. Dieses Schiff „Ida" wurde 1859 in Dienst gestellt. Infolge seiner Untauglichkeit übernahm 1861 das Föhrer Dampfschiff „Nordfriesland" die Beförderung. Vom 15. März des gleichen Jahres an kam dann, wie C. P. Hansen berichtet, „ein kleines Postschiff, ein eiserner Dampfer ‚Auguste', später ‚König Wilhelm I' genannt, das in Zukunft die Verbindung zwischen Munkmarsch und Hoyer vermittelte, nach Sylt". Der genannte Schiffskapitän A. Andersen legte 1867 auch „einen Molo oder Hafendamm bei Munkmarsch" an.

Die Beförderung der Gäste und des Gepäcks von Munkmarsch nach Westerland erfolgte anfangs mit Fuhrwerken. Am 8. Juli 1888 wurde auf dieser Strecke die „Sylter Dampfspurbahn" eröffnet. Die Verbindung von Westerland bis Kampen erfolgte vom 4. Juli 1903 und die von Kampen nach List vom 31. Mai 1908 ab. Von Westerland nach Hörnum richtete die HAPAG, im Anschluß an den Schiffsverkehr, 1901 einen Bahnanschluß ein[1]). Die seit dem Bau des Hindenburgdammes umbenannte „Sylter Inselbahn" wird seit 1952 durch Schienen-Sattelschlepper-Fahrzeuge mit Dieselantrieb ersetzt. Von diesen Fahrzeugen wurden bisher die „Schöne Insel Sylt" und „Westerland" und im August 1953 das dritte „Hörnum" genannte in Betrieb genommen. Mit der allmählichen Einstellung des altgewohnten und für die Insel so charakteristischen „Dünen-Expreß" geht eine Eigentümlichkeit der geruhsameren Zeit verloren[2]).

Das kleinere und entlegenere *Amrum* reihte sich nach Föhr und Sylt im Jahre 1890 in die Nordseebäder ein. Der aus Süddorf stammende Schiffskapitän *V. Quedens* ist Gründer des Bades *Wittdün*[3]). Während das Bad Wyk auf Föhr und die Badeorte von Sylt, mit Ausnahme von List und Hörnum, die auf Grund militärischer Anlagen entstanden, sich aus Inseldörfern heraus entwickelt haben, ist Wittdün wie gleichfalls Hörnum auf Sylt ein vollständig neu entstandener Ort, der auf dem Dünengelände an der Südspitze der Insel aufgebaut wurde. In den Jahren 1908—1910 hatte Wittdün bereits um 2500 Besucher. Die Anzahl seiner Gäste betrug 1951: 2074 Erwachsene und 4470 Kinder in Heimen; 1952: 2137 Erwachsene und 4315 Kinder in Heimen. Neben Wittdün haben sich Norddorf und Nebel ebenfalls zu Badeorten entwickelt. Norddorf zählte (ohne Jugendliche in Heimen) 1951: 3960 und 1952: 4063 Kurgäste. Das schöne Friesendorf Nebel[4]) am ruhigen Wattenmeer wird, wie Keitum und Braderup auf Sylt und wie Nieblum auf Föhr, gleichfalls von Erholungsuchenden aufgesucht. Die Anzahl der Gäste betrug 1951: 1526 und 1952: 4403 Personen. Der starke Anstieg der Besucherzahl in dem einfachen und schlichten Familienbad ist ein Anzeichen dafür, daß der Ferienreisende, der aus dem Trubel der Großstadt kommt, zu seiner Erholung Abgelegenheit und Ruhe sucht. Diese bietet Amrum neben seiner hübschen Landschaft und seinem noch eigenständigen Inselcharakter. Im Schutz der 115 ha großen Waldflächen der Gemeinde Nebel sind in letzter Zeit zahlreiche Neubauten von Sommerhäusern entstanden.

Im Frühjahr 1949 haben Westerland, Wyk und Wittdün die Bezeichnung „Heilbad" erhalten. Sie sind durch ihre klimatischen und meerischen Heilfaktoren damit den entsprechenden Kurorten des Festlandes gleichgestellt worden. Ergänzend sei hierzu mitgeteilt, daß das Bad auf *Helgoland* 1826 gegründet wurde. Nach der Zerstörung der Insel im und nach dem zweiten Weltkrieg haben die Vorarbeiten für den Wiederaufbau seit 1952 begonnen. Die Düne ist im Sommer 1953 erstmalig freigegeben worden für einen Seeaufenthalt in Zeltunterkünften.

Es ist ein langer und interessanter Entwicklungsweg, der von den ersten vorzeitlichen und frühgeschichtlichen menschlichen Behausungen auf der hohen Geest und von den Warfenhütten in der Marsch der Inseln zum uthländischen Haus und von den frühesten Dorfbildungen zu den modernen Badeorten geführt hat. Durch Jahrtausende voneinander getrennt, liegen auf der gleichen Grundfläche die einstigen Wohnstätten der Vorzeitmenschen und die Hotelbauten der Kurgäste unserer Zeit.

HAUSRAT

EINHEIMISCHES UND FREMDES KULTURGUT

Das Leben auf den Nordfriesischen Inseln ist im 17. und 18. Jahrhundert durch die Grönlandfahrt und im 19. Jahrhundert durch die Entwicklung der Landwirtschaft stark beeinflußt und abgewandelt worden. Die Erträgnisse aus beiden führten zu einem bis dahin nicht gekannten Wohlstand, der vornehmlich in dem Bau und der Einrichtung des

---

[1]) Am 29. Juni 1901 war der Bahnanschluß nach dem Süden fertiggestellt und am 1. Juli desselben Jahres legte als erster Hamburger Bäderdampfer der alte Raddampfer „Cobra" an der neuerbauten Holzbrücke in Hörnum an.   [2]) Taf. 22.   [3]) Taf. 28.   [4]) 28.

uthländischen Hauses sichtbar wurde. Eine ausgesprochen wohlhabende Friesenbevölkerung hatte es vorher sonst nur unter den Bauern von Alt-Nordstrand in der Zeit vor 1634 gegeben, möglicherweise auch zur Rungholt-Zeit vor 1362.

Von einheitlichem Stil alt-uthländischer oder allgemein friesischer Kultur ist heute jedoch so gut wie kein Haus mehr erhalten. Manches alte Gebäude ist infolge Baufälligkeit abgebrochen oder umgebaut worden. Kleinere Häuser wurden durch Anbauten vergrößert. Wer daher heute mit einem kulturgeschichtlichen Auge das Äußere, vor allem aber das Innere der Friesenhäuser betrachtet, wird große Enttäuschungen erleben. Es ist das eine bedauerliche Tatsache, die Veranlassung geben sollte, das noch vorhandene alte Kulturgut zu schützen, entweder im Hause selbst, oder, wenn das nicht mehr angängig ist, durch Unterbringung in Museen.

Erfreulicherweise sind einige alte Friesenhäuser zu *Freilichtmuseen* gemacht worden. In Keitum auf Sylt ist das im Jahre 1739 erbaute Stammhaus der *Uwen*, der Vorfahren von Uwe Jens Lornsen, das später von dem Chronisten *C. P. Hansen* von 1851 bis zu seinem Tode 1879 bewohnt wurde, als „Altfriesisches Haus" ein Museumsbau geworden[1]). Die Osthälfte des im Jahre 1699 erbauten Hauses von *Lorens Petersen de haan*, die einen besonders schönen holzgetäfelten Pesel enthält, hat man 1937 von Westerland-Süderende überführt nach Westerland und dort in Strandnähe wieder errichtet[2]). Auf Föhr ist das aus dem Jahre 1617 stammende, heute älteste Föhringer Haus *Olesen*, aus Alkersum 1927 nach Wyk überführt und vollständig mit altem Föhrer Hausrat ausgestattet worden[3]).

Über „Die Bau- und Kunstdenkmäler der Provinz Schleswig-Holstein" hatte *Richard Haupt* 1887 und 1889 ein dreibändiges Werk veröffentlicht. Eine Neuinventarisation der Kunstdenkmäler der einzelnen Kreise der Provinz hat nach 1935 stattgefunden. Das Ergebnis ist mit ausführlichem Text und reicher Bildbeigabe in Einzelbänden durch den Provinzialkonservator *Ernst Sauermann* herausgegeben worden. Im Gebiet der Nordfriesischen Inseln sind folgende Baulichkeiten als Ganzheit, in Teilen, oder bezüglich Einrichtungsgegenständen inventarisiert und damit unter *Denkmalschutz* gestellt worden: Auf *Sylt* 3 Kirchen; 31 Grabsteine Friedhof Westerland, 17 Grabsteine Friedhof Keitum, 1 Grabstein Friedhof Morsum; insgesamt 67 Friesenhäuser (Kampen 2, Wenningstedt 1, Westerland 31, Tinnum 5, Keitum 16, Morsum 12); nachträglich ab 1951 in List 2 Friesenhäuser. Auf *Föhr* 3 Kirchen; 141 Grabsteine Friedhof Boldixum, 129 Grabsteine Friedhof Nieblum, 28 Grabsteine Friedhof Süderende; insgesamt 44 Friesenhäuser (Boldixum 10, Nieblum 29, Süderende 3, Wrixum 2); über weitere Föhringer Häuser in Klintum, Midlum, Oevenum, Oldsum, Süderende und Wrixum berichtet Peters, „Das föhringische Haus"; 2 Windmühlen. Auf *Amrum* 1 Kirche; 91 Grabsteine Friedhof Nebel; insgesamt 6 Friesenhäuser (Nebel 4, Norddorf 2); 1 Windmühle. Auf Hallig *Langeneß-Nordmarsch* 1 Kirche; insgesamt 17 Friesenhäuser (Bandixwarf 1, Hilligenleywarf 3, Honkenswarf 2, Hunnenswarf 2, Ketelswarf 2, Mayenswarf 2, Norderhörnwarf 2, Tadenswarf 1, Thamenswarf 1, Treubergwarf 1). Hallig *Oland* 1 Kirche; 12 Grabsteine; 5 Friesenhäuser. Auf Hallig *Hooge* 1 Kirche; 3 Grabsteine; insgesamt 12 Friesenhäuser (Backenswarf 3, Hanswarf 8, Ipkenswarf 1); 3 Steinsärge. Auf Hallig *Gröde* 1 Kirche; 1 Friesenhaus. Auf *Nordstrand* 3 Kirchen; 5 Grabsteine Friedhof Theresien-Kirche; 1 Windmühle. Auf *Pellworm* 2 Kirchen; 17 Grabsteine Friedhof Alte Kirche, 3 Grabsteine Friedhof Neue Kirche; 7 Friesenhäuser; 2 Windmühlen.

In verschiedenen Museen von Schleswig-Holstein sind auch Pesel und Wohnstuben der Uthlande zur Aufstellung gelangt, die Zeugnis von der einstigen Seefahrerkultur ablegen, wie es vergleichsweise in Meldorf der prachtvolle Swynsche Pesel von 1568 für die Dithmarsische Bauernkultur tut. Altona, das Prof. *Otto Lehmann* den höchst verdienstvollen Aufbau seines schönen Museums verdankt, hat eine Wohnstube von Hooge von 1777, eine Wohnstube und einen Pesel aus Keitum auf Sylt, beide aus der Zeit um 1750, und

[1]) Taf. 47. [2]) Taf. 111. [3]) Taf. 95. 97.

eine „Gerichtsstube" von Nordstrand von 1705[1]), dazu verschiedene inselfriesische Trachten, Silberschmuck, Hausrat von den Halligen und anderes mehr. Im Flensburger Museum befindet sich ein Pesel mit geschnitzter Täfelung von 1699 aus Borgsum, eine Döns von 1637 aus Nieblum auf Föhr und ein Zimmer von Haus Hellmann von der Ockenswarf von Hallig Hooge vom Ende des 17. Jahrhunderts mit einem holzgeschnitzten Prachtbett von 1668.

Im Zusammenhang hiermit sei darauf hingewiesen, daß man in Husum ein aus dem benachbarten Ostenfeld stammendes Angelsächsisches Bauernhaus von 1600 neu wieder aufgeführt und mit allem Hausrat versehen hat, und daß bei Wilsede in der Lüneburger Heide, wie in Stade bäuerliche Niedersachsenhäuser zu Museumsbauten gemacht worden sind. Skandinavien ist hierin am weitesten vorgeschritten. Dänemark hat in Aarhus und in Lyngby bei Kopenhagen, Schweden in Skansen bei Stockholm und in Bunge auf Gotland, Norwegen in Bygdö eine große Zahl von Bauten des Landes und der Stadt, Wohn- und Bauernhäuser, Handwerker- und Kaufmannshäuser, vereinigt als Freilichtmuseen zur Aufstellung gebracht.

Der *Hausrat* des uthländischen Hauses setzt sich, zeitlich gesehen, aus drei verschiedenen Arten von Einrichtungs- und Gebrauchsgegenständen zusammen. An erster Stelle sind die einheimischen und selbst verfertigten, zum Teil recht primitiven, aus alter Zeit stammenden oder übernommenen Stücke zu nennen. Zu diesen kommen die schönen Kulturgüter aller Art, die als fremde Einfuhr, meist von Holland, aber auch von Dänemark, England und der übrigen Welt, China, Japan usw. durch die Grönlandfahrt und die darauf folgende Handelsschiffahrt von den Seefahrern mitgebracht wurden. In einem bösen Mißklang zu diesen beiden ersteren stehen sodann alle jene Dinge, Möbel, Bilder usw., die aus der Neuzeit stammen, die stilistisch entweder nichtssagend sind, oder sogar als geschmacklos bezeichnet werden müssen. Sie sind leider vielfach an die Stelle wertvoller, alter Stücke getreten, die dagegen in Eintausch oder durch sonstigen Verkauf fortgegeben wurden.

In der heimat- und volkskundlichen Forschung hat das einfache, unscheinbare, dem Material nach geringwertige Kulturgut, das der Küche, dem Landbau, dem Fischfang, dem Handwerk usw. diente, bisher allgemein viel zu wenig Beachtung gefunden. Erst in neuester Zeit beginnt man diesen ursprünglichen und vielfach urtümlichen Geräten und sonstigen Dingen mehr Aufmerksamkeit zu schenken. Gerade diese Kulturgüter, die ihrer Art, der Form, dem Material und dem Zweck nach durch viele Jahrhunderte, manche bis auf die Vorzeit zurück (Tongefäße, Schafscheren usw.) sich ähnlich oder gleich geblieben sind, haben für die einzelne Stammesforschung wie für die vergleichende Volkskundeforschung besonders hohen Wert[2]).

Von solchen Gegenständen, für die eine Verwendung nicht mehr besteht, da das Handwerk ausgestorben ist, oder neuzeitliche Erzeugnisse an ihre Stelle getreten sind, läßt sich manches noch auf Dachböden und an anderen Stellen finden. Fragt man bei den Einheimischen danach, so heißt es gewöhnlich „Wat schall dat olle Schiet, man bloß weg damit". Volkskundlich sind selbst Einzelheiten an derartigen Gegenständen oftmals sehr interessant und hinsichtlich ihrer Entstehung und Verbreitung wichtig. Es sei als Beispiel dabei nur auf den Dreschflegel hingewiesen und die Art der Verknüpfung seiner beiden Hölzer miteinander[3]). Gerade diese Fragen, die psychologisch Aufschlüsse über die Volkseigenart geben können, bedürfen noch einer genauen und zusammenfassenden Bearbeitung. In dem Dr. Häberlin-Friesen-Museum in Wyk auf Föhr, im Altonaer Museum, wie auch in weiteren Landesmuseen sind derartige Gegenstände zusammengetragen. Unter dem Titel „Die volkstümliche Kultur der Halligenbewohner" hat *Konietzko* eine Beschreibung dieses einfachen Kulturgutes gegeben, ebenso hat Dr. *Häberlin* über den „Hausrat" auf

[1]) Taf. 149. [2]) 112. [3]) 144.

den Nordfriesischen Inseln in dem Werk „Nordfriesland" und an mehreren anderen Stellen geschrieben. Sieht man sich die Gegenstände an, die meist aus Holz verfertigt sind und dem Hausbau, der Küche, dem Fischfang usw. dienen, so staunt man über die Einfachheit und könnte meinen, sie müßten teilweise etwa den Zeitverhältnissen angehören, wie sie *Plinius* von den Wattenchauken schildert. Die Einfachheit der Lebensweise und die Materialarmut auf den Nordfriesischen Inseln und besonders den Halligen, sowie die geringe Entwicklung der Handwerkskunst, andererseits die praktische Verwendbarkeit gerade solcher einfachen Geräte hat diese bis in die jüngste Zeit hinein in Gebrauch erhalten. Zum Decken eines „altertümlichen" Retdaches benötigt man „altertümliches Werkzeug", einen Sodenritzer, Sodenschlitten, Dachstuhl, einen Klopfer usw.[1]). Zum offenen Herd in der Küche, von dem aus der Beilegeofen in der Wohnstube und der Backofen bedient werden, gehören die alten Kesselhaken, Dreifüße, Tranlampen (Ölkrüsel), handgeschnitzten Holzlöffel, Bronzegrapen und Jütentöpfe aus Ton[2]).

Letztere sind auf den Inseln selbst jedoch nie hergestellt worden, sondern aus Südwest-Jütland eingeführt, wo sie hauptsächlich in den Dörfern bei Varde, Amt Ringkjøbing, erzeugt wurden. Sie sind bis um die Jahrhundertwende, und zwar ausschließlich von Frauen handwerklich, ohne Drehscheibe, angefertigt worden. Bei aller Einfachheit sind sie in Maß und Linie fast alle von künstlerischer Formenschönheit. Manche von ihnen sind den Gefäßen und Urnen der Vorzeit zum Verwechseln ähnlich. Eine gute Beschreibung über ihre Herstellung hat *C. Kjärböll* gegeben unter dem Titel: „Die Jütenpötte". Ein Beitrag zur Landeskunde. Erschienen in der Zeitung „Unser Schleswig". Deutsche Heimatblätter der Flensburger Nachrichten. 5. September 1924. In der Töpferei ist durch die Jahrtausende eine besonders starke Traditionstreue gewahrt worden.

Mancherlei Gegenstände, Kästchen und Türen[3]), wie auch die schönen, oftmals in farbigen Kerbschnittmustern geschnitzten Mangelbretter, haben die seefahrenden Friesen in Mußestunden auf den Grönlandfahrten selbst verfertigt. Der Kerbschnitt als Ornament hat Vorbilder, die gleichfalls in die Vorzeit zurückreichen. In seinem Werk „Die Vorgeschichte Schleswig-Holsteins" schreibt *Gustav Schwantes*: „Immer verständlicher wird uns nun die schon alte Feststellung, daß die Kunst der mittleren Steinzeit des Nordens nichts Magdalenien-Verwandtes enthüllt, sondern ganz im Banne der Schematisierung und Geometrisierung steht". Das weist auf Beziehungen zu einem nachlebenden Aurignacien mit Herkunft aus dem Südosten, wenngleich daneben auch Beziehungen zum Magdalenien bestanden haben. Im Gegensatz zum Aurignacien war dem Magdalenien die Kunst des naturalistischen Südens, die des Mittelmeergebietes, eigen. Schwantes zieht daraus den Schluß, indem er sagt: „Der Gegensatz zwischen dem naturalistischen Süden und dem geometrischen Norden Europas ließe sich demnach schon am Schlusse der Eiszeit feststellen. Die Kunst erweist sich hier wie jeder andere Kulturausdruck als ein geistiges Widerspiel des Naturcharakters der Landschaft. Das Naturalistische ist seiner Art nach impressionistisch, das Geometrische konstruktiv. In diesen Wesenszügen unterscheiden sich die Randvölker des Mittelmeers von denen des Nordens, die romanische Welt von der germanischen, der Katholizismus vom Protestantismus. Die Kulturgeschichte des Abendlandes wird in ihrem ganzen Verlauf durch diese Polarität gekennzeichnet. Zur Entwicklungslinie des geometrischen Stils und Prinzips gehört der Ständerbau und das Fachwerk unseres Nordens. Das Friesenhaus gehört dazu. Die Vorliebe des Friesen für die Verwendung des geometrischen Musters in der Kunst entspricht seiner Begabung für die Mathematik; diese zeigt sich bei der Navigation, der Konstruktion von Instrumenten, wie der Sonnenuhr am Haus, der Kornwaagen usw. Von weiterem Gut an Hausrat ist folgendes noch zu nennen. Für den Fischfang und die Jagd wurden Schlickschlitten (jetzt außer Gebrauch, in Ostfriesland noch üblich), Angeln, Stecher und Netze (für Fische, Krabben, Enten) in verschiedener Art hergestellt. Fußmatten und Seile fertigte man aus

[1]) Taf. 99. 100.   [2]) Taf. 94. 112.   [3]) Taf. 126.

Strandhafer. In der Landwirtschaft verwendet man selbstgemachte hölzerne Halskoppeln für die Tiere, Dungkarren mit dem uralten Scheibenrad, mit eisenverstärkten Holzschaufeln für die Dittenbereitung (getrockneter Dung als Brennstoff dienend), Heidehacken, Springstöcke und manches mehr. Auf den Halligen sieht man eigen gefertigte Butterschwingen[1]) und Kornhandmühlen.

Von dem Treibholz, das besonders früher zur Zeit der Segelschiffahrt immer reichlich an den Strand getrieben wurde, ist manches Stück nutzbar gemacht worden. Zum alteinheimischen Hausrat gehört schließlich auch alles das, was mit dem Spinnen[2]), Weben, Stricken und Mangeln (mit gläsernen Gnidelsteinen) in Zusammenhang steht. Besonders aus Sylt und Föhr wurden früher Wollstrümpfe und Wolljacken in großer Menge ausgeführt.

In der Selbstanfertigung von Gegenständen des Hausrates hatte der Inselfriese Gelegenheit, eigenes Können zu erproben, seine Phantasie erfinderisch wirken zu lassen und die Fähigkeit zur Selbstbehauptung zu erweisen. An den langen Winterabenden saß die Familie zusammen mit Nachbarsleuten (Aufsitzen = Apsetten) in der von dem Beilegeofen erwärmten Wohnstube. Beim Spinnen, Stricken und Reepmachen[3]) wurden Sagen und Geschichten der Insel erzählt, es wurden die Erlebnisse von der sommerlichen Seefahrt, der Grönlandfahrt, unter den Männern ausgetauscht, auch manches Seemannsgarn wurde dabei gesponnen, und Spuk und Aberglaube geisterten durch den kleinen halbdunklen Raum. In diesen Stunden wurden bei fleißiger Erzeugung von Hausratsgut gleichzeitig auch die geistigen Bande der Familie und des Stammes fester geknüpft.

Unter den Friesenhäusern auf Sylt hat das von *Lorens de haan* (eigene Schreibweise seines Namens als Strandinspektor), der von 1688 bis 1747 gelebt hat, der Heringsfischer, Walfischfänger, Grönland-Kommandeur und Strandinspektor auf Sylt war, Berühmtheit erlangt. Von seinem Wohnhaus, das bis auf den heutigen Tag erhalten geblieben ist, ist, wie schon gesagt, 1937 der östliche Teil mit dem Pesel als Freilichtmuseum nach Westerland überführt worden.

In seinem Buch „Der Badeort Westerland auf Sylt und dessen Bewohner" gibt der Sylter Chronist *C. P. Hansen* folgenden Bericht: „Lorens de Hahn erbaute sich im Jahre 1699 in Süderende, dem südlichsten Theile Westerlands, eine stattliche Wohnung, welche nach der damaligen sylter Bauart sehr lang, niedrig und aus zwei Flügeln bestehend war. ... Es sind überdieß noch mehrere zum Theil große silberne Gefäße, die de Hahn, wenn er eine Reise glücklich zurückgelegt hatte, mit dänischen ‚Kronen' oder Hamburger ‚Zweimarkstücken' gefüllt, als Geschenk für seine Frau von seinen Schiffsrhedern zu erhalten pflegte, vorhanden, und werden von den Nachkommen des berühmten Mannes mit lobenswerther Pietät aufbewahrt. Auch zeigt man noch den ehemaligen Geldkeller des reichen *Lorens de Hahn* und erzählt sich, daß nach seinem Tode seine Töchter denselben mit schwarz gewordenem Silbergeld gefüllt gefunden und dieses in Mulden gemessen und unter sich getheilt hätten."

In dem besonders schönen, holzgetäfelten Pesel ist vor dem Bett auch die Grube im Boden mit dem Holzkoffer, der das Silbergeld enthielt, noch vorhanden[4]).

Das Haus von Lorens de haan ist ein Beispiel für den Wohlstand, der durch die Tüchtigkeit der seefahrenden Männer auf die Nordfriesischen Inseln und Halligen gekommen ist. Er ist auf die Erträgnisse zurückzuführen, die der am Anfang des 17. Jahrhunderts beginnende und bis um 1800 währende Walfang den Friesen gebracht hat. Soweit der Verfasser Feststellungen hat machen können über die Höhe des Vermögensstandes bei Kapitänen aus der anschließenden Handelsfahrt des letzten Jahrhunderts, betrug diese in vielen Fällen etwa 30—40000 Mark. Es hat jedoch auch Vermögen gegeben, die doppelt so hoch waren und noch darüber hinausgingen. Das Leben blieb dabei einfach, über das Kapital wurde nicht gesprochen, und Minderbemittelten gegenüber war man hilfreich. Das Geld

---

[1]) Taf. 142.   [2]) Taf. 106.   [3]) Taf. 99.   [4]) Taf. 111.

war schwer verdient. Wie ärmlich die Verhältnisse andererseits zu Hause jedoch auch sein konnten, und wie hart die Lehrzeit für manchen jungen Menschen war, zeigt der in Nieblum auf Föhr im Jahre 1757 geborene Kapitän *Jens Jacob Eschels* in seiner „Lebensbeschreibung eines alten Seemannes".

Ein besonders eindrucksvolles Gegenstück zu der wohnlich-warmen Holzbekleidung des Pesels von *Lorens de haan* ist das mit Kachelwänden ausgestattete aus dem Jahre 1766 stammende Haus des Kapitäns *Tade Hans Bandix* (1724—1808) auf Hallig Hooge[1]. In dem schönen Pesel dieses Hauses verbrachte König Friedrich VI. von Dänemark auf einer Besichtigungsreise nach der großen Sturmflut vom 3. zum 4. Februar 1825 die Nacht vom 2. zum 3. Juli des Jahres, da widrige Winde seine sofortige Weiterreise unmöglich gemacht hatten. Der letzte lebende Nachkomme des Erbauers des Hauses war *Elewine Hansen* (1861—1947). Es ist ihr zu danken, daß sie so, wie ihre Vorfahren, den Hausrat auf das sorgfältigste gehütet hat. Es ist dadurch wenigstens ein Friesenhaus der Halligen mit seinem ganzen kulturellen Reichtum uns erhalten geblieben.

Die Fahrten der Inselfriesen auf den Walfang in das Nordmeer sind zum größten Teil von Holland (Amsterdam) und im übrigen von Ostfriesland, Hamburg, Schleswig-Holstein und Dänemark aus unternommen worden. Sie fielen in die Blütezeit des Barock und Rokoko. Kulturschätze aller Art sind damals besonders von Holland aus in großer Menge in die südlichen und östlichen Randgebiete der Nordsee gekommen. So haben denn auch die Inselfriesen nach erfolgreicher Reise alles, was wir in ihren Wohnungen an schönem Hausrat, an Tracht und Schmuck finden, aus der Fremde mitgebracht. Das meiste stammt, wie gesagt, aus Holland und dem Gebiet der stammverwandten Westfriesen, aus dem Raume, der oftmals schon in der Geschichte direkte Verbindungen nach Nordfriesland gehabt hat, sei es durch die Auswanderung zur Zeit der Angelsachsen, die Einwanderung der Südfriesen nach Nordfriesland im 9. Jahrhundert und den Zuzug von Holländern zur Bedeichung der Inselreste von Alt-Nordstrand im Jahre 1634 oder durch den See- und Handelsverkehr zur Wikingerzeit, im Mittelalter und dann wieder während der beiden Jahrhunderte der Grönlandfahrt.

Die einstige Einfachheit und Kargheit der Ausstattung der Innenräume[2] verschwand mit dem eintretenden Wohlstand zur Walfangzeit. An die Stelle des urtümlichen von alten Zeiten her übernommenen Hausrates trat, aus der Fremde kommend, die Formenschönheit und Farbenfreudigkeit von Kulturgütern aller Art. Es war Fremdgut, das in die Inselwelt hineinkam, jedoch von solcher Art, als wäre es hier selbst entstanden. Es kam ja aus einem Lande, das ähnliche Verhältnisse hatte wie die Inselwelt und von einem Volk, mit dem die Inselfriesen stammverwandt waren. Kulturgeschichtlich bilden die Küstengebiete der West-, Ost- und Nordfriesen in ihrer Grundlage eine Einheit, trotz vieler Sondermerkmale und Eigenbildungen in Sprache, Tracht, Hausbau wie bei allen übrigen Lebenserscheinungen. Örtliche Bedingtheiten und Einflüsse des Hinterlandes haben in diesen drei Lebensräumen an der Küstenzone der Nordsee eine außerordentlich interessante Variabilität der Kultur geschaffen.

Es sind selbst innerhalb der einzelnen Gebiete recht mannigfache Unterschiede vorhanden. Die Gesamtkultur der Friesen zeigt bei aller Strenge und Beständigkeit ihres Wesens eine lebhafte und vielseitige Bewegtheit der Erscheinungen. Die Abgeschlossenheit auf der Insel, der Hallig und in der Marsch wirkt sich bei Mensch und Kulturgut ebenso sehr nach der Seite der Beharrlichkeit und Unveränderlichkeit in den Grundzügen, wie nach der einer Individualgestaltung aus.

Auffallend an der Einrichtung der Räume sind zunächst die *Fliesen*, die die Wände bekleiden[3]. Sie zeigen in blauen und braun-violetten Farben Bilder aus der Bibel und Motive aus dem Leben, Menschen, Tiere, Häuser, Schiffe, Mühlen, Brücken usw. Be-

[1] Taf. 109. 110.   [2] Taf. 94. 106.   [3] Taf. 108. 109. 113.

sonders schön sind die großen Darstellungen von Schiffen und vom Walfang, die, aus vielen Fliesen zusammengesetzt, meistens die Wand über dem Beilegeofen schmücken[1]). Außer in Delft gab es in Holland und in Westfriesland an vielen Orten, so in Rotterdam, Utrecht, Amsterdam, Hoorn, Enkhuizen, Makkum, Harlingen usw. Fayence-Fabriken, die Fliesen, Geschirr und Ziergegenstände herstellten. Die Fabriken am Rand der Zuider-See verarbeiteten den Ton, den die Meeresfluten angeschwemmt und zu Marschland aufgeschichtet hatten. Zu Fliesen geformt und gebrannt, schützt dieser Ton nun die Wohnungen der Inselfriesen. Viele der Wände und Geschirre hat das Meer bei schweren Sturmfluten, denen oftmals die ganzen Häuser zum Opfer fielen, sich wieder geholt. Verstreut auf dem Grunde des Wattenmeeres sieht man zur Ebbe ihre Bruchstücke an vielen Orten liegen[2]). Ein seltsamer Kreislauf der Dinge.

Die Fliesen und das Fayencegut zeigen aber noch einen anderen kulturgeschichtlichen Ausblick. Die Sitte, Wände mit Fliesen zu verkleiden, stammt aus dem Orient, und ist über Spanien und Portugal nach Holland gekommen. Nach der Gründung der Niederländisch-Ostindischen Compagnie im Jahre 1602 brachten die Holländer auf ihren Schiffen Porzellanware aus China und ab 1640 auch aus Japan mit nach Hause. Aus Japan hat 1664 ein Schiff allein 45000 Stück Porzellan nach Holland verfrachtet. Bei Selbstanfertigung von Fayencen übertrugen die Holländer zunächst die Motive Ostasiens auf ihre Ware und nahmen später eigene, europäische zum Vorbild. Die Hauptfarbe der chinesischen Porzellanmalerei war immer blau. Als der chinesische Kaiser Schi Tsung (954—960) befragt wurde, was für eine Farbe die Erzeugnisse haben sollten, die man für ihn herstellen wollte, befahl er „wie das Blau (ts'ing) des Himmels nach dem Regen, wenn es durch die Risse der Wolken sichtbar wird". Eine tief leuchtend blaue Farbe tritt neben braunvioletter und grüner schon in der T'angdynastie (618—906) auf den Erzeugnissen in China auf. Wir sehen auf den Fliesen also eine Farbentradition, die weit über 1000 Jahre alt ist.

Verfolgt man auf diese Weise den Ursprung der einzelnen Stücke, die die prunkvollen Räume der Inselfriesen bergen[3]), oder wie man leider sagen muß, einstmals geborgen haben, so werden eine Fülle von Gesichten vor einem lebendig. Das Spiel der Phantasie beginnt abermals rege zu werden, wenn man hinter diesen Dingen die Leistungen, Erlebnisse und Schicksale aller der Seefahrer spürt, die mit den Grönlandfahrten im Nordmeer und mit den Handelsfahrten, die sich über die ganze Erde erstreckten, verbunden waren.

Der Mittelschulrektor i. R. *H. W. Jessel* in Westerland auf Sylt hat seit 25 Jahren Fliesenforschung auf den Nordfriesischen Inseln betrieben. Er besitzt eine Sammlung von annähernd 1000 Stück, die einzeln getäfelt sind und fast alle Arten von Fliesen enthält, die seit 1700 auf den Inseln vorkamen und großenteils gar nicht mehr oder heute nur noch vereinzelt zu finden sind. Die gegenwärtig noch vorhandenen Fliesenwände sind zudem mehr oder weniger stark beschädigt und ausgebessert. Den Anreiz zu dieser Forschung und Sammlung gab Rektor Jessel die Tatsache, daß die Heimatliteratur über die Fliesen der Nordfriesischen Inseln nur kurze Hinweise gibt, jedoch keine eingehende Darstellung bringt. Die Museen des Landes Schleswig-Holstein zeigen wohl ganze Fliesenstuben, auch hier und da vereinzelte Muster, doch fehlt auch ihnen eine Gesamtschau. Über dieses ebenso reizvolle wie traditionsreiche Thema hat Rektor Jessel nunmehr ein alle Gesichtspunkte zusammenfassendes Manuskript vorliegen. Die bevorstehende Veröffentlichung wird für die Friesenforschung eine schöne und kulturwissenschaftlich interessante Bereicherung bedeuten.

Über seine Fliesenarbeit hat Rektor Jessel dem Verfasser freundlicherweise einige kurzgefaßte Hinweise gegeben. Er sagt hierzu:

„Die Wandfliesen, die in den letzten zweieinhalb Jahrhunderten — denn um diese handelt es sich in der Sammlung — zum größten Teil durch die Kapitäne aus Holland

[1]) Taf. 110. 125. [2]) Taf. 31. [3]) Taf. 108.

auf unsere Nordfriesischen Inseln kamen, dienten zur Bekleidung der Zimmerwände, vornehmlich der Fenster-, also der Außenwände.

Sie boten — oder soweit noch vorhanden, bieten — bei der derzeitigen einfachen Bauweise der Mauern guten Schutz gegen die Feuchtigkeit, die der häufige Sturm auf den Inseln bei Nebel, Schlackschnee und Regen sonst durch die Wände eindringen läßt.

Befestigt wurden die Fliesen mit Muschelkalk, der nach der Bindung ungemein hart wurde und unlöslich fest band.

Das Befliesen der Zimmer war verhältnismäßig teuer. Fliesenzimmer zeugten von einem gewissen Wohlstand.

Die Fliesenmuster sind sehr verschieden. Am häufigsten kommen der Blompott und das Zwiebelmuster vor. Diese Fliesen waren die billigsten. Die Farben waren, wie bei allen Fliesen, zumeist leuchtend blau und manganbraun. — Weniger häufig findet man die vornehm wirkende Dritulp. Sehr lebendig muten die Fliesen mit den Landschaften an, den Mühlen und Schiffen, den Brücken und Brunnen, den Burgen und Gehöften, den Hirten und Schwänen.

Reizvoll sind die vielen Blumenvarianten, drollig die kleinen Tiere, lustig die Kinderspiele.

Groß ist die Zahl der Rosetten, Ornamentmuster aus vier Fliesen. Das bekannteste, das Sternmuster, auch Sonne, Mond und Sterne genannt, ist in blau und mangan, oder in beiden Farbtönen abwechselnd gehalten. Einem Wandteppich gleich wirken die in sich verwobenen Ornamente von Tulpe und Nelke, der Akanthus-Rosette, der Herzfliese und der Seerose, um einige zu nennen.

Am wirkungsvollsten aber bleiben die Historis, Fliesen mit Bildern aus dem Alten und Neuen Testament. In naiv kindlicher Weise, und gerade dadurch so treffsicher, stellen sie den Kernpunkt der bekanntesten Geschichten der Heiligen Schrift dar.

Leider sind von den schönen alten Fliesenwänden auf unseren Inseln nicht mehr viele vorhanden. Sie sind dem Alter, der Feuchtigkeit, dem Frost, dem Feuer und dem Abbruch zum Opfer gefallen. Ganze Fliesenwände sind in die Museen gewandert. Viele, viele schöne Fliesen sind von den Badegästen für Kamine aufgekauft und während der beiden Kriege von den Soldaten für den üblichen Kacheltisch als Andenken mitgenommen.

Und doch waren es so unvorstellbar viele und schöne Fliesen, die einstmals die Stuben der alten Friesenhäuser zierten und diesen schmucken und sauberen Friesenstuben als Fliesenstuben den ihnen so eigenartigen Reiz verliehen[1])."

An den Wänden der Wohnstuben und Pesel hängen die *Bilder* der Schiffe, in Aquarell, Öl und auf Glas gemalt, die die Kapitäne gesteuert haben[2]). Sie wurden während der Reisen in europäischen und überseeischen Hafenorten (Amerika, China usw.) gemalt. Mancher Seefahrer hat sich auch ein Modell seines Schiffes in Holz gearbeitet und dieses in einem Glaskasten oder auch in einem ganz kleinen Format in einer Flasche zur Aufstellung gebracht. Kronen- oder Deckenkompasse und Fernrohre aus Messing sind neben alten Atlanten und Navigationsbüchern Erinnerungszeichen früherer Seefahrtstage, die in manchem Haus zu finden sind.

Kunstvoll gearbeitetes *Silberzeug* wie Löffel, an deren Stielenden Schiffe, Mühlen, Menschen usw. angebracht sind, weiterhin Tassen, Schalen, Tee- und Kaffeekannen aus *Porzellan* und *Steingut*; *Glas*- und *Kristallwaren* aus Holland, England, China, Japan und anderen Ländern der Welt, füllen die Borde der buntgemalten, praktischen Eckschränke[3]) und die hübschen kleinen, in die Wand gebauten Schränkchen mit den Glastüren[4]). *Hänge*- und *Standuhren* aus Holland, England und Dänemark sieht man in großer Mannigfaltigkeit[5]). Teller aus Fayence mit Schiffen und anderen Motiven bemalt, und solche aus Zinn, die am Rande die Namenszüge ihrer Besitzer tragen, zieren die Borde unter der

[1]) Taf. 113. [2]) Taf. 110. [3]) Taf. 108. [4]) Taf. 107. 110. [5]) Taf. 107. 110.

Decke in Pesel und Küche¹). *Stühle, Sofas, Tische, Spiegel, Schränke, Truhen* und *Wiegen* aus Eiche, Mahagoni und anderen Hölzern im Stil des Barock, Empire und Biedermeier sind vorwiegend aus Holland mitgebracht. Ebenso stammt von dort vieles von dem leuchtenden *Messing,* wie die Stülpen, Feuerkieken, Bettwärmer, Tabakdosen, Feuerschälchen für die Tonpfeifen und der Komfort für den Tee. Mit Messingknöpfen verziert sind auch die eisernen Beilegeöfen, deren Platten Bildreliefs religiöser oder weltlicher Darstellung haben, und die zum Teil in Hessen angefertigt wurden²).

Aus vielen Ländern der Welt befinden sich Gegenstände im Hausrat der Inselfriesen. Sie zeigen uns, daß von den kleinen Eilanden in der Nordsee aus die Reisewege der Seefahrer um die ganze Erde gelaufen sind. Die Einrichtung des Hauses strahlt Weltweite und Heimatgebundenheit zugleich aus. Es ist ein herrliches Bild, inmitten der hellen Fliesenwände und des schönen alten Kulturgutes, wie sie beispielsweise der Königspesel auf Hooge noch hat, die würdige Gestalt einer Friesenfrau in ihrer schwarzen, an den Stil der Gotik gemahnenden Tracht zu sehen³).

TRACHT UND SCHMUCK

VOLKSTRACHTEN IM WANDEL DER ZEIT

Die Kultur eines Volksstammes tritt äußerlich am ersichtlichsten im Hausbau und in der Tracht in Erscheinung. Diesen und anderen „materiellen" Merkmalen stehen die „geistigen" Symptome der Sitten, Bräuche, Sprache, des Rechts, des Glaubens usw. gegenüber. Alle diese Lebensäußerungen zusammengefaßt als ein Ganzes, dessen Teile durcheinander bedingt sind, als Ausdruck eines bestimmten Lebensstiles, als eine physiognomische Einheit, sind in der eigentlichen Bedeutung des Wortes *Kultur*. Sie können aus der schöpferischen Gestaltung des Stammes selbst hervorgehen, oder durch Aneignung fremder Ideen und Vorbilder übernommen und einverleibt werden. Sie wandeln sich im Laufe der Zeit, so daß ein Stil den anderen und eine Epoche die andere ablöst.

In einem großen, natürlichen Verwandlungsprozeß hat sich die Kulturgestaltung der einzelnen Stämme innerhalb der Länder Europas, wie die der Völker des Abendlandes im ganzen vollzogen. Ihre Wurzeln reichen bis in die früheste Vorzeit zurück. Einige Prinzipien und Grundformeln sind über die gesamte Erde verbreitet, wie das für den Ständerbau bei der Hauskonstruktion, für bestimmte vorherrschende Farben bei der Tracht (Farbensymbolik), für gewisse Sagenkerne und Motive von Erzählungen und andere Dinge zutrifft.

Dieses Schöpfungswerk der kulturellen Entwicklung wird gestört, sobald die Zivilisation in sie eindringt. Das ist auf den Nordfriesischen Inseln in einem so starken Maße leider bereits der Fall, daß heute nur noch Reste der einstigen Kultur vorhanden sind. In welchem Maß das uthländische Haus davon ergriffen wurde, ist gesagt worden. Auch von der Tracht ist auf den Inseln nur wenig noch vorhanden. Mit dem Dahinschwinden des alten Erbgutes gehen wichtige Träger und Bindemittel der Stammestradition verloren. Für den Beschauer büßt das Volkstum und die Landschaft damit viel an Eigenart und Schönheit ein.

Für die Volkskunde der Nordfriesischen Inseln, insonderheit der von Föhr, hat sich der Wyker Arzt, Prof. Dr. med. *Carl Häberlin,* durch museale Sammlungen und literarische Veröffentlichungen ein großes Verdienst in unserer Zeit erworben. Ein besonderes Augenmerk hat er auf die *Volkstrachten* der Inseln gerichtet und hierüber eine erste grundlegende, mit vielen Bildern ausgestattete Abhandlung unter dem Titel „Inselfriesische Volkstrachten

¹) Taf. 110. ²) Taf. 106. 108. ³) Taf. 109. 110.

vom XVI. bis XVIII. Jahrhundert" herausgegeben. Über die Trachten Nordfrieslands, wie die der übrigen Küstengebiete der Nordsee, hat außerdem Dr. *Hubert Stierling* in verschiedenen Veröffentlichungen, so in „Nordelbingen", und unter anderem auch in Zusammenhang mit dem Schmuck in seinem hervorragenden Werk „Der Silberschmuck der Nordseeküste hauptsächlich in Schleswig-Holstein" vorzügliche Darstellungen gebracht. Weitere wertvolle Beiträge über die Tracht lieferte *Christian Jensen* in seinem Buch „Die Nordfriesischen Inseln". Von grundlegender Bedeutung für die Trachtenfrage ist sodann noch das 1940 erschienene mit vielen Abbildungen ausgestattete wertvolle Werk von *Anna Hoffmann* „Die Landestrachten von Nordfriesland".

Die ältesten Nachrichten, die wir über die Volkstrachten der Nordfriesischen Inseln besitzen, stammen aus der Zeit um 1600. Sie beziehen sich auf Trachtenbilder, die *Heinrich von Rantzau* (1526—1598) zu seiner Beschreibung des „Cimbrischen Chersones" (= Schleswig-Holstein) von 1597 anfertigen ließ, die jedoch erst 1739 durch *E. J. Westphalen* (1700 bis 1759) im ersten Band seiner Monumenta inedita in Druck gelangten. Ein Teil dieser Bilder ist mit geringen Abweichungen auf einem Doppelblatt veröffentlicht worden, in dem 5. Buch des großen Werkes von *Braun* und *Hogenberg* (1573—1618) „Theatrum urbium praecipuarum totius mundi". Außerdem hat Westphalen in dem genannten Werk einen Aufsatz „Über die Taten der Holsteiner und benachbarter Völker" eines *Cornelius Hamsfort* (gest. 1627) gebracht, der aus dem Jahre 1579 stammt und Angaben über die Kleidertracht von Föhr, Sylt, Strand und Helgoland enthält.

Die Trachten von Föhr und Sylt, besonders letztere, erscheinen auf den Bildern von Rantzau einfach in ihrer Art[1]). Es trifft auf sie die Bemerkung von Hamsfort zu, daß „die Inselfriesen außerordentlich zäh am Alten haften, daß sie auch heute noch keine Seide, keine ausländischen Kleidersachen, sondern hausgemachte Stoffe, Webbe genannt, benutzen". Die Hutform der Männer und die lange glatte Frauenkleidung erinnert an Fundstücke, wie sie uns aus den Gräbern der Bronzezeit von Jütland und Schleswig bekannt sind.

Die Landwirtschaft war zu damaliger Zeit wenig entwickelt, der Boden nicht so fruchtbar wie auf Alt-Nordstrand, der Fischfang in der Nordsee wird nur geringen Verdienst eingebracht haben, und die Grönlandfahrt hatte noch nicht begonnen; sie setzte erst um 1634 ein, nachdem die französische Regierung den Basken den Walfang auf holländischen Schiffen verboten hatte.

Wohlhabender dagegen war das Leben auf Alt-Nordstrand. Es ist uns das aus der Geschichte der Insel vor deren Untergang, der in das Jahr 1634 fiel, bekannt. Der Wohlstand erinnert an den Reichtum, den es damals in Eiderstedt und Dithmarschen gab. Wir erkennen das auch aus dem Trachtenbild von Rantzau, auf dem die Frau mit einem Eierkorb am Arm dargestellt ist und der Mann anscheinend einen Geldbeutel in der Hand hält[2]). *Petreus* schreibt, daß auf dem Kleiland im Westen des Heerweges, das gar nicht oder nur selten gedüngt wird, schöner Weizen, Gerste und Hafer wächst, auch Bohnen und Erbsen gedeihen, daß es reichen und vielfältigen Segen bringt und oftmals das Zwanzigfache von dem erzeugt, was in den Boden hineingegeben worden ist. Im Herbst liegen die 15 Siele und Schleusen der Insel voll fremder Schiffe aus Stade, Holland, Husum und anderen Gegenden und führen den Überschuß aus.

Daß es indes unter der an sich ärmeren Bevölkerung von Sylt auch wohlhabende Menschen gegeben hat, bezeugt ein Familienbild aus der Kirche von Keitum[3]). Auf diesem auf Holz gemalten Ölbild sind Karren Swen und Swen Fröden, nebst vier seiner Brüder dargestellt. Das Bild trägt die Jahreszahl 1654. Die Kleidung der Männer ist spanisch beeinflußt, die der Frau mittelalterlich und aus einem Stück bestehend. Der reiche Schmuck weist darauf hin, daß Fröden vielleicht durch Seefahrt oder Handel besonders begütert gewesen ist. Dem Walfang wird man die Wohlhabenheit wohl noch nicht zuschreiben

[1]) Taf. 114. 115.   [2]) Taf. 114.   [3]) Taf. 114.

können, da er gerade erst eben begonnen hatte. Das Bild ist ein einzigartiges Stück seiner Zeit und insofern besonders wertvoll. Kulturgeschichtlich ist es dadurch wichtig, daß es zeigt, daß die Männer zu damaliger Zeit bereits fremde Mode angenommen hatten, während die Frau noch an der alten Tracht festhielt. Wir erleben dann im 19. Jahrhundert, daß der Mann die Tracht ganz aufgibt, während die Frau die ihrige noch weiter trägt. Das Bild lehrt uns außerdem, daß der Einfluß der Niederlande und der von Spanien Eingang gefunden hatte. Wir stehen am Beginn einer Zeitperiode, die nahezu 200 Jahre gedauert hat, in der die Niederlande entscheidenden Einfluß gewonnen haben auf die Gestaltung des Kulturbildes auf den Nordfriesischen Inseln. Es ist die Zeit der Grönlandfahrt. — Holland ist für seine Kleidertuche bereits von altersher bekannt gewesen. Schon unter den Geschenken, die Karl der Große an Harun al Raschid (765—809) machte, befanden sich friesische Stoffe.

Der Wandel, den die Walfangzeit mit sich gebracht hat, ist für die Tracht aus Kupferstichen ersichtlich, die Westphalen in seinem genannten Werk veröffentlicht hat[1]). Sie gehören dem 18. Jahrhundert an. Einen Teil von ihnen, jedoch mit verschiedentlicher Abänderung, bringt *Erich Pontoppidan* im „Danske Atlas" 1763—1781. Schließlich hat auch *J. Rieter* noch ein vorzügliches Werk mit farbigen Trachtenbildern unter dem Titel „Danske Nationale Klaededragter" 1811 herausgegeben. Es tritt uns in diesem der ganze Stoffereichtum und die Farbenpracht der Trachten des 18. Jahrhunderts entgegen[2]). Wir erkennen auch die Unterschiede, die zwischen den einzelnen Inseln und weiter zwischen den unverheirateten und den verheirateten Frauen, sowie zwischen der Alltags-, Fest- und Trauertracht bestanden haben. Von diesen Trachten ist in Originalstücken kaum etwas erhalten geblieben. Im Heimat-Museum von Keitum auf Sylt befindet sich eine einzige alte Frauentracht aus der Zeit um 1800 mit dem „*Hüf*" (Kopfbedeckung) aus schwarzem Samt und den großen „Silberdöppken" (Knöpfe) als Verzierung. Das Altonaer Museum besitzt von Sylt einen roten Kortel (Ruad Kaartel = Überrock), einen Brocket Kortel und einen Schist (weißer Schafpelz).

Um so bedeutungsvoller sind fünf *Puppen*, die in den Besitz des Waisenhauses in Halle gelangten und durch Dr. Stierling der Öffentlichkeit bekannt gemacht wurden[3]). Es sind drei Frauentrachten von Föhr und zwei von Sylt. Die Puppen haben etwa 30 cm Größe, stammen aus dem Anfang des 18. Jahrhunderts, sind durch einen Pastor Wedel von Amrum nach Halle gelangt und geben die Tracht mit völliger Genauigkeit der Stoffe, Farben und des Schmuckes wieder. Wolle und Leinen, Pelze und Lederbesatz, Schleifen und Schmuck an diesen Puppen vermitteln uns eine noch anschaulichere Vorstellung von der Tracht, als wir sie den genannten Bildern und Beschreibungen zu entnehmen vermögen.

Während der kulturellen Hochblüte des 18. Jahrhunderts müssen die Wohnungen und Trachten der Inselfriesen außerordentlich würdevolle und zugleich malerische Bilder abgegeben haben. Dem Wohlstand dieser Zeit entsprechen auch die prachtvollen *Grabmale* auf den Friedhöfen. Auf einigen von ihnen, auf Föhr und Amrum, sind die Verstorbenen als Relief in den Stein eingemeißelt dargestellt in ihrer alten Tracht[4]). Ein einziger Stein, in Nebel auf Amrum, zeigt die einheimische Inseltracht der Frauen mit dem Kortel (Oberkleid), dem Smok (Unterkleid) und den Knöchelbinden. Die dazugehörigen männlichen Figuren haben die holländische Seemannstracht.

Durch den Krieg zwischen England und Dänemark im Jahre 1807 und die folgenden Kriegszeiten entstand für die Sylter eine Zeit der Not. *C. P. Hansen* schreibt in seiner „Chronik der Friesischen Uthlande" bezüglich der Tracht. „Man mußte sich daher überall einschränken; die Perrücken, die feinen tuchenen, oft sammtenen oder seidenen Röcke und anderen Kleider der früheren Capitäne[5]), selbst die kostbare Nationaltracht der Sylterinnen[6]) wurden jetzt abgeschafft; man begann, sich in eigen gemachte wollene oder

[1]) Taf. 115. [2]) Taf. 116. [3]) Taf. 116. [4]) Taf. 85. 165. [5]) Taf. 117. [6]) Taf. 116.

halbwollene Zeuge zu kleiden. Die Sylterinnen haben von ihrer alten Tracht nur das weiße „Hauddok" übrig, kleiden sich jetzt nach städtischen Moden im Allgemeinen. Die Föhrerinnen haben noch vieles von ihrer alten Tracht behalten."

Auf Ölgemälden, Pastellbildern und Miniaturen aus jener Zeit können wir die Üppigkeit der Stoffe und das heitere Farbenspiel der Kostüme dieser um 1800 zu Ende gehenden Kulturepoche eines gesellschaftlichen Glanzlebens noch sehen[1]). Die Trachten des 19. Jahrhunderts sind im Vergleich dazu sehr viel einfacher. Zu Beginn ist allerdings bei den Frauentrachten ein beinahe orientalisch anmutender Stoffreichtum und eine ebensolche Farbenbuntheit noch vorhanden gewesen. Einen ganz vorzüglichen Eindruck davon geben uns die mit außerordentlicher Feinheit und Genauigkeit gemalten Bilder des Lehrers *Oluf Braren* (1787—1839) von Föhr[2]). *Wilhelm Niemeyer*, Hamburg hat in einer Veröffentlichung „Oluf Braren, der Maler von Föhr", seiner Kunst die gebührende Würdigung zuteil werden lassen.

Um die Mitte des Jahrhunderts tritt auf Amrum und Föhr dann eine Tracht auf, die ein Vorläufer der jetzt noch auf diesen Inseln wie auf den Halligen vorhandenen ist. Auf dem Kopf wurde ein Tuch getragen, das so gebunden war, daß es ein hutförmiges Aussehen hatte. Es war verziert durch ein mit Blumen besticktes Band und schwarzseidene Fransen. Halstuch, Ärmel und Rock waren bauschiger als an der heutigen Tracht[3]).

Diese letztere besteht aus dem „pei", einem Rock mit Miederansatz, aus dunkelblauer Wolle oder Tuch (Festtags), der am Fußende einen handbreiten, hellblauen Woll- oder Seidenstreifen hat. Hinzu kommt ein leinenes Leibchen, an dem die Ärmel befestigt sind, die früher aus farbigem Stoff bestanden und jetzt aus schwarzem Stoff sind. Um die Schultern wird ein Tuch gelegt, das beim Werktagskleid auf der Brust glatt anliegt und über Kreuz geschlagen wird. Zum Festtagsgewand gehört ein Tuch aus buntem Seidenstoff oder Kaschmir, das kranzförmig in vielen Falten drapiert um den Hals und die Schultern gelegt wird[4]). Eine große Schürze, in meist weißer, aber auch dunkelblauer Farbe, bedeckt den Rock auf Vorder- und Rückseite[5]). Um den Kopf wird kunstvoll ein Tuch gebunden, das vorne hoch steht, mit Blumen bunt bestickt ist und an den Rändern Fransen hat. Diese Tracht macht einen besonders feinen, feierlichen, vornehmen und stilvollen Eindruck. Sieht man ältere Frauen darin, die ganz in schwarz gehen, mit ihrer ruhigen, würdigen und stolzen Haltung, so glaubt man ein Stück Gotik noch vor sich zu haben[6]).

Die „*Kopftracht*" der verheirateten Frau zeigt noch eine besondere Sitte. Am Hochzeitstage wird der jungen Frau im Kreis der Gäste um Mitternacht ein handgroßes, mit schwarzen Perlen besticktes, *rotes Läppchen* oben auf den Kopf, eingefügt unter das Kopftuch, eingelegt[7]). Es gilt als Zeichen der verheirateten Frau. Es ist das Zeichen dafür, daß die Frau „unter die Haube" gekommen ist. Dieses ovale Läppchen geht auf eine gleichförmige scharlachrote Haube (Hüw) mit schwarzem Rand zurück, bei der anstatt der Perlen vielförmige weiße und auch blaue kleine Stoffstücke aufgenäht sind. Eine Abbildung hiervon hat *Christian Jensen* in seinem ausgezeichneten Buch „Die Nordfriesischen Inseln" gebracht. Der Maler *Oluf Braren* von Föhr zeigt sie unter anderem auf dem kleinen Medaillon der Jong Göntje Braren[8]). Auf dem großen weißen Mittelstück befindet sich ein mit weißen Seidenfäden aufgenähtes christliches Kreuz. Diese Hauben machen einen recht altertümlichen Eindruck. Es scheint, als ob sie eine Kopfbedeckung sind, die einmal mit der Kirche im Zusammenhang gestanden hat. Die Frau, die *Rieter* unter dem Titel „Kommunionfrau von Föhr" bringt, hat eine derartige Haube auf dem Kopf. Ihre Entstehung erklärt sich vielleicht daraus, daß sie eine sehr geeignete Ergänzung bildete zu der dazugehörigen *Hatte* oder *Hörnerhaube*. Die Hörnerhauben, die *Westphalen*, *zu Hamsfort* und *Pontoppidan* bringen, gehören ebenfalls Trachten für den Kirchgang an. Die rote Farbe, die Farbe des Blutes, der Geschlechtlichkeit, gilt in der Farbensymbolik, wie sie die Völkerkunde kennt,

[1]) Taf. 117.　[2]) Taf. 117.　[3]) Taf. 118.　[4]) Taf. 76.　[5]) Taf. 119.　[6]) Taf. 120.
[7]) Taf. 118.　[8]) Taf. 117.

wesentlich als die Farbe der Frau, die weibliche, „mutterrechtliche" Farbe. Insofern kommt ihr hier als Kopfbedeckung der verheirateten Frau eine sehr sinnvolle, urtümliche, kultursymbolische Bedeutung zu.

Auf den Halligen trug die verheiratete Frau um 1750 im Gegensatz zur unverheirateten eine *weiße Haube* unter einer seidenen Mütze. Die Halligtracht unterschied sich überhaupt in vielfacher Hinsicht von der der Geestinseln.

Als besonders bemerkenswerte Tracht ist schließlich noch die einstmalige „*Trauertracht*" von Föhr zu nennen[1]). Um 1910 ist sie zuletzt in Gebrauch gewesen. Die Frauen trugen über den Kopf gestülpt eine bis zu den Hüften hinunterreichende, schwarze gefaltete Kappe (Surregkapp), über dem Rock, diesen allseitig überdeckend, eine weiße Schürze, und in der Hand hielten sie ein großes, weißes, mit Stickmuster versehenes Taschentuch (skräepnösduck), mit dem sie während der ganzen Feier bei ständig gebeugter Haltung das Gesicht verdeckten. Die Verhüllung des ganzen Menschen in eine solche schwarze und weiße Bekleidung ist von außerordentlich eindrucksvoller Wirkung. Es gibt einen einzigen Grabstein auf den Inseln, und zwar auf Föhr, von der 1775 verstorbenen Gondel Knudsen, der diese Trauertracht in Reliefmeißelung zeigt. Der Stein wird jetzt im „Prof. Häberlin-Friesen-Museum" verwahrt. Ihrem Herkommen nach weist die Trauerkappe auf ein Bekleidungsstück, das im Mittelalter allgemein üblich war und über Holland und Spanien von den Mittelmeerländern und Vorderasien nach dem Norden kam.

Die bei uns als „Hoike" oder „Heuke" übliche Bezeichnung für den Kopfüberwurf geht vermutlich auf das arabische Wort „haik" zurück, das sich auf eine wollene Kopfbedeckung der arabischen Frauentracht bezieht.

Hans Retzlaff bringt in seinem schönen und wertvollen Werk „Deutsche Bauerntrachten" drei Abbildungen aus Hessen (Biedenkopf, Erksdorf, Holzburg), die Frauen mit einem gleichartigen „Trauermäntelchen" darstellen.

Eine noch ausstehende allgemeine volkskundliche Bearbeitung der Trauertracht in Zusammenhang mit den Bestattungssitten, Klageschreien, Farbensymbolik der Trauerfarbe (schwarz, weiß und rot), dem Totenglauben und anderem mehr, würde zu sehr interessanten Ergebnissen der Völkerpsychologie und der Verbreitung von Volkssitten führen.

Die weiße Schürze, das weiße Taschentuch und auch die Sitte, daß die älteren Frauen auf Sylt bei Bestattungen früher ein weißes Kopftuch trugen, erinnert daran, daß die Trauerfarbe allgemein in Deutschland früher weiß gewesen ist. In seinem Buch „Die Nordfriesischen Inseln" schreibt Christian Jensen hinsichtlich der Leichenbestattung auf den Halligen um die Mitte des 18. Jahrhunderts: „Die alten Friesinnen von der Hallig trugen auf dem Kirchgange eine weißes Mulltuch mit breitem Hohlsaum, welches hinten geknotet wurde, um den Kopf".

Nach *Rudolf Helm* sind die Geestbäuerinnen aus Sittensen in Hannover und die wendischen Bäuerinnen aus Schleife in der Lausitz die letzten, die weiß als Trauerfarbe tragen. Ein weißes Kopftuch zur Trauertracht tragen heute noch die Frauen aus dem Walsertal, aus Bergen (Hoyerswerdaer Wendentracht) und aus dem Kreise Biedenkopf in Hessen. Ursächlich vielleicht hiermit in Verbindung stehend, sei verwiesen auf das symbolische Weiß der „Fee" und der „weißen Frau". Die Bestattung von Kindern in weißen Särgen ist in Deutschland weit verbreitet. Weiß ist auch in China die Trauertracht.

Das heutige Kerngebiet inselfriesischer Tracht, wie des Inselfriesentums überhaupt, ist *Föhr*. Doch ist auch hier, ähnlich wie auf Amrum, die Tracht als Alltagsgewand nur bei einer beschränkten Zahl älterer Frauen noch in Gebrauch. Außer diesen wird sie von einer Anzahl junger Mädchen und Frauen sonst nur an Sonn- und Festtagen getragen. Auf Hallig Langeneß-Nordmarsch gehen nur vereinzelte ältere Frauen noch in Tracht. Auf Hooge war *Elewine Hansen*, die 1947 starb und als Besitzerin des Königspesel-Hauses

[1]) Taf. 118.

letzter direkter Nachkomme des Erbauers des Hauses war, die letzte Frau gewesen, die die Tracht noch trug. Auf Gröde wahrte bis zu ihrem Tode 1948 nur *Hinrike Petersen*[1]) ebenso im täglichen Gebrauch die Tradition der Halligtracht. Mit diesen älteren und alten Frauen stirbt die Tracht als tägliche Bekleidung in den Uthlanden aus. Auf Pellworm und Nordstrand gibt es seit langem keine Trachten mehr. Die kulturelle und völkische Geschichte dieser Inseln ist durch den Untergang von Alt-Nordstrand 1634 gestört worden. Sieht man von den vereinzelten Frauen, die in den Vierlanden bei Hamburg noch Tracht tragen, ab, so sind innerhalb von Schleswig-Holstein die Nordfriesischen Inseln das letzte Restgebiet, in dem Trachten noch getragen werden.

Von den dänischen Nordseeinseln hat nur Fanö noch eine Tracht aufzuweisen, und zwar wird diese auch hier nur von einigen älteren Frauen noch getragen. Auf der Ostfriesischen Inseln ist die Tracht, wie auch die friesische Sprache, seit langem ausgestorben. Die kriegerischen Ereignisse um 1800 haben hier ebenso kulturzerstörend gewirkt, wie das für Sylt bereits berichtet wurde.

SILBER- UND GOLDSCHMUCK

Mit den inselfriesischen Trachten ist ein schöner Silber- und Goldschmuck verbunden. Er ergänzt deren übrige Zierate an bunten Bändern, Tüchern und Gürteln und gibt der Gesamtwirkung der Tracht eine letzte Steigerung.

Tracht und Schmuck geben uns einen sehr offensichtlichen Aufschluß über die Wesensart eines Volksstammes. Die Trachten und der Schmuck der Uthlandsfriesen wie wir sie von den Zeichnungen von *Heinrich von Rantzau* (1526—1598) bis zur Gegenwart kennen, zeugen von einer selbstbewußten Menschennatur und einem freien Herrentum ihrer Träger. Tracht und Schmuck zeigen uns an, wie groß das Bedürfnis sich zu kleiden und zu schmücken bei einem Volksstamm ist. Wie wir aus den Bildern, die uns überliefert sind, sehen, bestand bei den Inselfrauen für jung und alt, wie für die verschiedensten Begebenheiten im Leben, ein großer Trachtenreichtum. Es gab außerdem Unterschiede zwischen den einzelnen großen Inseln und zwischen diesen und den Halligen. *Anna Hoffmann* hat in ihrem bereits genannten Buche „Die Landestrachten von Nordfriesland" in vorzüglicher Darstellung die verschiedenen Trachtenarten und Trachtenteile nebst Schmuck und Kleiderordnung der Nordfriesischen Inseln und Halligen wie auch die der Festlandsfriesen behandelt. In einer bunten Fülle sehen wir darin die Brauttracht, Brautjungferntracht, Abendmahlstracht, Tracht zum sonntäglichen Gottesdienst, Trauertracht, „gewöhnliche" Tracht und die Männerkleidung, wie die Kleidung des Täuflings und Konfirmanden an uns vorüberziehen. Wir erkennen an Tracht und Schmuck den Grad der Wohlhabenheit der Bevölkerung und erhalten durch sie Hinweise auf dessen wirtschaftliche und kulturelle Beziehungen zur Außenwelt. Schließlich drückt sich in ihnen auch noch die Art der zugehörigen häuslichen Wohnwelt und die diese umgebende Landschaftsnatur aus.

Wie uns die Trachtenbilder von Rantzau zeigen, war um 1600 die Tracht auf Föhr und Sylt recht einfach[2]). Sie zeigt an Schmuck nur eine Gürtelverzierung und an der Kopfbedeckung Knöpfchenbehang. Bei den Nordstrandern sehen wir dagegen metallene Ärmelknöpfe, sowie Gürtelbandbeschläge und Halsketten mit Anhängern[3]). Erst mit den farbenbunten und stoffreichen Trachten, die während der Grönlandfahrerzeit des 17. und 18. Jahrhunderts aufkamen, in dieser „goldenen Zeit" des Inselreichs, tritt auch auf den Geestinseln Schmuck in mancherlei Form und Art in Erscheinung. Wir sehen ihn an den im vorhergehenden Abschnitt genannten Puppen von Halle[4]), auf dem Kirchenbild von Fröden von Sylt[5]) und auf den Bildern von Rieter. Er tritt uns entgegen in Silber und

[1]) Taf. 80. [2]) Taf. 115. [3]) Taf. 114. [4]) Taf. 116. [5]) Taf. 114.

Gold, in Form von Brustschmuck, Ärmelschmuck, Schulterknöpfen, silbernen „Döppken" am Hüf, Mantelschließen, Gürtelverzierungen, Hemdknöpfen, Fingerringen und anderem mehr. *Stierling* hat in seinem grundlegenden und hervorragenden Werk „Der Silberschmuck der Nordseeküste" nachgewiesen, daß dieser Schmuck vorwiegend auf den mittelalterlich-ostfriesischen Schmuck zurückgeht. In Ergänzung zu dieser Tatsache sei angeführt, daß, wie *Theodor Siebs* schreibt, es erwiesen ist, „daß die nordfriesische Sprache, und zwar sowohl die der Küstengebiete als auch die der Inseln Amrum, Föhr, Sylt und Helgoland eine Zeit engerer Gemeinschaft mit der Sprache der Ostfriesen durchgemacht hat".

Enge Verbindung hat durch den Walfang zu gleicher Zeit auch nach den Niederlanden bestanden. Von hier, wie von anderen Orten, es seien nur Hamburg und Kopenhagen genannt, ist manches Schmuckstück und manche sonstige Silberware, Löffel, Becher, Zuckerschalen, Riechdöschen, Schnupftabakdöschen usw. von den Inselfriesen mitgebracht worden. Die Herkunft läßt sich in vielen Fällen an den Meister- und Beschauzeichen nachweisen.

Der auffälligste Schmuck der Friesenfrauen in heutiger Zeit ist der große, silberne Föhringer *Brustschmuck*[1]). Er besteht zur Hauptsache aus zwei Haken und einer drei- oder vierreihigen gelenkigen Kette (Haak an Leenk). Entwicklungsgeschichtlich ist diese silberne Brücke hervorgegangen aus einer zuerst um 1800 auftretenden zweireihigen Brustkette, die ihrerseits wiederum wahrscheinlich zurückgeht auf eine einreihige Kette, wie sie Rieter an dem Bild „Eine junge Frau auf der Insel Föhr" um 1806 dargestellt hat. Noch weiter zurück sehen wir auf einem Bild „Braut von Föhr", das Westphalen um 1739 bringt, eine einreihige Mantelschließe mit den gleichen dreiblattförmigen Hakenenden, wie sie sich bis heute erhalten haben, so daß diese vielleicht den Ursprung bildet. Von der Brücke des heutigen Brustschmuckes hängen bogenförmig angeordnet Silberketten herab. Bei der Halligtracht hatte die Jacke früher einen Ausschnitt mit eingelegtem Brusttuch, über das eine lange silberne Kette lief, die beiderseits an Maillenhaken befestigt, die Jacke verschnürte[2]). Zu dieser Art Verschnürung ist ursprünglich vermutlich ein Band verwendet worden, wie es u. a. die Tracht aus dem „Alten Lande" bei Hamburg noch zeigt.

Ergänzt wird der Brustschmuck von Föhr nun noch durch eine Anzahl von meistens 12 silbernen *Knöpfen*. Sie verbinden, im Halbkreis nach unten verlaufend, die Enden der Brücke miteinander. Je zwei solcher Knöpfe sind außerdem an den Ärmeln beim Handgelenk befestigt[3]). Ursprünglich waren die Knöpfe klein, geschlossen und nur wenig ornamentiert. Mit der Zeit nahmen sie an Größe zu und wurden in Filigranarbeit hergestellt[4]). Die heutigen großen Knöpfe des Brustschmuckes stellen bereits eine Überbetonung dar. Der Schmuck würde wirksamer sein, wenn sie kleiner gehalten würden. Eine Übertreibung in der Kleidung zeigte früher bereits das „Hüf" und das darübergebundene Kopftuch, wie es Rieter um 1800 darstellt bei „Kirchgangstracht einer Frau von Sylt nach der Rückkehr ihres Mannes von einer Seereise"[5]). Ähnlich maßlos erscheint heute bei einer anderen Tracht die allzu große Schleifenhaube der Bückeburger Frauen. Das sind Ausartungen, in denen die Tracht nicht mehr als solche vorherrscht, sondern ein Prunken zum Ausdruck kommt. Die Silberknöpfe der Inseln begegnen uns in Ost- und Westfriesland wieder, wie sie denn überhaupt in unserem Norden und auch in Skandinavien überall verbreitet sind. Lediglich die Art der Bearbeitung ist verschieden.

Von besonders schöner Filigranarbeit gibt es auf den Inseln außerdem *Schürzenhaken* und *Halskettenschlösser*[6]). Die Halsketten selbst sind ein zierlich gearbeitetes und dekorativ wirkendes Silberwerk. Erwähnung verdienen weiterhin die mit sehr hübschen Ornamenten verzierten goldenen „Trauringe".

Nach den Vorbildern der Silber- und Goldschmiede der Südfriesen haben nach 1800 auch in Wyk auf Föhr einheimische Meister den Schmuck selbst angefertigt. Es seien hier

[1]) Taf. 119. 121.   [2]) Taf. 121.   [3]) Taf. 119. 120.   [4]) Taf. 120.   [5]) Taf. 116.   [6]) Taf. 121.

genannt C. J. = Christian Jörgensen (gest. 1836), dessen Sohn J. S. J. = Jörgen Sönnich Jörgensen (1784—1874), R. G. = Richard Goos (1808—1892) und E. H. = Emil Hansen (1869—1912). Bei der Familie Hansen übt bereits die dritte Generation das Kunsthandwerk aus[1]).

Ein Teil des alten Inselschmuckes, soweit er nicht in der Welt verstreut ist, ist im Laufe der Zeit in die Museen von Schleswig-Holstein gelangt. Manches Stück von Kunst- und Kulturwert aus der glücklichen Zeit des 18. Jahrhunderts befindet sich jedoch noch im Besitz der Inselfriesen. Diese Erbschätze sollten um der Familientradition und auch um der Kulturwissenschaft willen wohl gehütet werden.

DIE NORDFRIESISCHE SPRACHE

Von Dr. *Julius Tedsen †,* Flensburg

Das Friesische ist eine völlig selbständige Sprache[2]) neben den andern germanischen Sprachen. Es gehört mit dem Englischen, Niederdeutschen und Hochdeutschen zu den westgermanischen Sprachen. Innerhalb dieser Gruppe weisen das Friesische und Englische so große Übereinstimmungen auf, daß man auf Grund des ältesten *Lautstandes* sogar von einer anglofriesischen Ursprache gesprochen hat. Eine solche hat es zwar nicht gegeben, doch mögen ein paar Beispiele die nahe Verwandtschaft beider Sprachen zeigen. Sie stimmen u. a. überein in der Vokalisierung des auslautenden g: engl. to say, fries. sai „sagen"; engl. to lay, fries. lei „legen"; engl. way, fries. Wai „Weg". Eine auffallende Übereinstimmung zeigt die Verwendung der englischen Präposition at mit dem friesischen at, ät, it, etj. Engl. at ours, fries. at üsen „bei uns, in unserm Hause"; engl. at yours, fries. at jauen „bei euch"; engl. at home, fries. et je Hüse „zu Hause"; engl. to laugh at, fries. laachi ät „lachen über"; engl. at last, fries. at leetst „zuletzt".

Das Friesische gliedert sich in das Westfriesische, Ostfriesische und Nordfriesische. Das *Altostfriesische* ist erhalten in den Rechtsquellen des Mittelalters, sonst ist diese Sprache bis auf geringe Reste ausgestorben. Das *Westfriesische* in der niederländischen Provinz Friesland wird noch von mehr als 250 000 Menschen gesprochen. Es ist eine lebenskräftige Sprache, die sich über die Bedeutung einer bloßen Mundart erhoben hat und als Schriftsprache die Trägerin einer reichen friesischen Kultur ist. Das *Nordfriesische* ist die Sprachder nordfriesischen Inseln und Halligen und des friesischen Festlandes. Es hat dem Jütischen gegenüber sein Gebiet ungefähr behaupten können, während es im Süden und Südosten langsam vor dem Niederdeutschen zurückgewichen ist.

Das Nordfriesische ist nicht Schrift- und Literatursprache geworden. Um die Mitte des 14. Jahrhunderts, als die niederdeutschen Stämme unter der Führung der Hansa eine ungeheure kulturelle und politische Kraftentfaltung erlebten und ihre Sprache als Schriftsprache ebenbürtig an die Seite des Hochdeutschen trat, wurde mit dem Herzogtum Schleswig auch Nordfriesland in diese große geistige Bewegung hineingezogen. Die friesischen Dialekte blieben als Volkssprache zwar in voller Kraft bestehen, aber über ihnen stand als Sprache der Regierung, der Gebildeten, der Kirche und endlich auch der Schule das *Niederdeutsche*. Etwa 300 Jahre später hielt, genau wie einst das Plattdeutsche, als Vermittlerin einer höheren Kultur, das *Hochdeutsche* seinen Einzug. Um 1700 hatte es sich als Amts-, Schul- und Kirchensprache durchgesetzt. Damit wurde das Niederdeutsche zu einer zweiten Volkssprache neben dem Friesischen. Die sprachgeschichtliche, kulturelle und

[1]) Taf. 120.   [2]) Taf. 122.

politische Bedeutung dieses Sprachwandels besteht darin, daß das Niederdeutsche Nordfriesland mit den andern norddeutschen Stämmen verbindet und daß die friesische Nordmark durch das Hochdeutsche in den gesamtdeutschen Kulturkreis hingezogen worden ist und sich als Glied des großen deutschen Vaterlandes fühlt, für das es durch die Abstimmung 1920 ein eindeutiges Bekenntnis abgelegt hat.

Die Kerngebiete des Nordfriesischen sind heute Amrum, Westerlandföhr, die östlichen Dörfer von Sylt, Helgoland und auf dem Festlande die Wiedingharde und die Bökingharde. In den Goesharden und in der Karrharde ist das Friesische freilich noch lebendig, hat hier aber schwere Einbuße erlitten. Es sprechen heute noch rund 16 000 Menschen nordfriesisch.

Das Zurückweichen des Nordfriesischen vor dem Niederdeutschen hat vor allem seinen Grund in der großen Verschiedenheit der *Dialekte*. Es handelt sich dabei nicht nur um die Sonderentwicklung einzelner Laute und Lautgruppen, sondern auch um erhebliche Abweichungen im Wortschatz. Für „Tisch" hat das Föhr-Amringsche das Wort Bosel, das Sildringische Staal, das Festland Schew. „Vater" heißt in diesen drei Mundarten Aatz, Foder und Tete oder Taatje.

Man unterscheidet zwei Hauptgruppen nordfriesischer Mundarten, die *Festlands- und Halligdialekte* und die *Inseldialekte* von Föhr-Amrum, Sylt und Helgoland. Der lautgeschichtliche Zusammenhang der drei Inselmundarten ist leicht nachzuweisen. Trotzdem unterscheiden sie sich so stark voneinander, daß Sylter, Föhrer und Helgoländer sich nur schwer in ihren Dialekten verstehen. Demgegenüber können das Festland und die Halligen trotz nicht unerheblicher Unterschiede nicht nur lautgeschichtlich, sondern vor allem auch wegen der ziemlich mühelosen Verständigung als ein einheitliches Sprachgebiet betrachtet werden.

Das Nordfriesische hat sich rein erhalten. Einige niederländische und dänische Entlehnungen, letztere besonders an der Sprachgrenze, vermögen den Eindruck einer unverfälschten und einheitlichen Sprache nicht zu stören. Mit dem Vordringen des Niederdeutschen dringen neuerdings freilich immer mehr plattdeutsche Wörter ein, obwohl in den meisten Fällen gute friesische Ausdrücke zur Verfügung stehen. Die Aufnahme zahlreicher technischer Bezeichnungen, gegen die sich keine Mundart schützen kann, liegt im Zuge der Zeit.

Das Nordfriesische ist eine höchst *altertümliche Sprache*. Es sollen hier nur zwei Eigentümlichkeiten erwähnt werden. Die Beispiele werden in der Föhr-Amrumer Form gegeben. In allen friesischen Mundarten ist der Dual oder die Zweiform der Fürwörter noch lebendig. „Wir, uns, uns" heißt wi, üss, üss; auf zwei Personen bezogen aber wat, onk, onk. Die Entsprechungen für „ihr, euch, euch" sind jam, jam, jam und jat jonk, jonk. Ebenso unterscheidet man das besitzanzeigende Fürwort der ersten und zweiten Person der Mehrzahl. „Unser Haus" heißt üs Hüss, „euer Haus" jau Hüss. Handelt es sich aber um zwei Besitzer, dann sagt man onk oder onkens Hüss und jonk oder jonkens Hüss. Bei mehr als zwei Personen oder Dingen heißt „jeder" arki; doch sagt man edder Hunn „jede der beiden Hände". Die Entsprechungen für niemand sind nämen und nochwedder. Hirr hä nämen wesen. „Keiner von mehr als zwei ist hier gewesen". Nochwedder hä det denn. „Keiner von beiden hat es getan." Ebenso altertümlich ist der Gebrauch des alten Dativs der Mehrzahl in zahlreichen adverbialen Ausdrücken des Ortes und der Zeit: auer äkerem „auf den Äckern", d. h. „auf dem Felde", madd Dünnem „in den Dünen", bütj Dünnem „außerhalb der Dünen", üb Bualkem „auf den Balken", d. h. „auf dem Boden". Die alte Pluralendung hat sich auch da erhalten, wo sie nicht mehr als solche empfunden und mit dem unbestimmten Artikel verbunden wird. An Daiem oder üb an Daiem hat die doppelte Bedeutung „bei Tage" oder „eines Tages"; an Injem oder üb an Injem „abends" oder „eines Abends"; an Sommerem oder üb an Sommerem „im Sommer".

Das Nordfriesische hat sehr oft mehrere Ausdrücke für dieselbe Sache oder denselben Vorgang. Aber die feinen *Bedeutungsunterschiede* setzen eine genaue Kenntnis der Sprache und ein sicheres Sprachgefühl voraus. Für „Nutzen" haben alle Mundarten drei Wörter, die im Föhr-Amringischen Natt, Gadeng und Bad heißen. Die entsprechenden Verben heißen nattegi, gadi und badi; letzteres lebt freilich nur noch in der Zusammensetzung unbadi. Während Natt und nattegi dem deutschen „Nutzen" und „nützen" entsprechen, kommen die beiden andern Wörter nur in bestimmten Redensarten vor. Det as jüst min Gadeng. „Das ist gerade das, was mir nützt und paßt." An Thif gadet alles. „Einem Dieb nützt, paßt alles." Arki Bad hallept. „Jeder Nutzen, jeder Vorteil hilft mit". A Ki badi un, wann-s tu Gärs kemm. „Die Kühe bekommen mehr Milch, wenn sie auf die Weide kommen". Für das Wort „gehen" verfügt die Mundart über eine Unmenge von Verben, die aber immer eine besondere Art des Gehens bezeichnen und daher nicht willkürlich gebraucht werden können: gung „gehen"; putji, telki „vorsichtig gehen"; löötji loffi, trebbli „langsam, trippelnd gehen", fartli, twirrli, bocksi, jagi, stört, süsi, benski „schnell gehen"; skridj, köiri, krani, struisi, sweisi „stattlich einhergehen"; stral, lank, spanki „mit langen Schritten gehen"; ruili, slingri, dingli, dangli, waampi, skiawli, fiasmi „schwankend gehen"; tjaaski, tjoski, kliw „durch aufgeweichten Boden gehen"; hompli, stompi, stompli, stommli, sköderi „auf unsicheren Beinen gehen". Von vielen Verben bildet man sogar Diminutivformen, um mit dem Verb den Begriff des Kindlichen oder Schwächlichen zu verbinden: göönki zu gung, löffki zu loffi; trebbelki zu trebbli,, hömpelki zu hompli stömki zu stompi, stömpelki zu stompli, stömmelki zu stommli.

Wie alle Mundarten ist das Friesische verhältnismäßig arm an Ausdrücken für *seelische Vorgänge*. Die Abstrakta werden meistens durch Bilder und Vergleiche wirdergegeben, wodurch die Sprache an plastischer Bildhaftigkeit und damit an Schönheit gewinnt. Di Gast wall fle, iar hi Jüggen hä. „Der Bursche will fliegen, ehe er Flügel hat, d. h. er ist zu selbstbewußt." Von erheuchelter Trauer sagt man: Jü skriald me det ian Ug an laachet me det öder. „Sie weint mit dem einen Auge und lacht mit dem andern." Hi kon üb sin aanj Federn sil. „Er kann auf seinen eigenen Federn schwimmen, d. h. er ist selbständig." Jü as an jippgungen Skapp. „Sie ist ein tiefgehendes Schiff, d. h. sie ist verschwenderisch." Huar jü hüsshält, waaks a Skinker bi a Bualk. „Wo sie haushält, wachsen die Schinken am Balken, d. h. sie ist fleißig und sparsam."

Das Friesische besitzt einen großen *Sprichwörterschatz*. Sie sind häufig gereimt. Wonriad gongt wech me Säk an Siad. „Falscher Rat geht weg mit Sack und Saat." Diar as nian Gull so ruad, det sprangt för Bruad. „Kein Gold ist so rot, es springt für Brot." Di föll änt, die föll skänt. „Wer viel beendet, der viel schändet, d. h. wer zuviel und darum schlecht arbeitet, verdirbt viel". Zur Hervorhebung eines Gedankens hat die Sprache oft mehrere Ausdrücke gleicher Bedeutung. Hi kon kam ei rapp of rer, flatt of fer. „Er kann sich nicht rühren, bewegen." Diar füng ick nant üs Huan an Smuan, Spit an Spot. „Dort behandelte man mich mit Hohn, mit Spott." Det as tass niks üs Rinn an Rot. „Es ist jetzt nichts als Regen und Fäulnis, d. h. es ist eine regnerische Zeit." Hat as an Thuat, ham Kon nochwedder hew of hiar. „Es ist ein Lärm, daß man nichts hören kann."

Die Nordfriesen sind sich des ganzen Wertes ihrer schönen Sprache erst voll bewußt geworden, als diese in Gefahr geriet, vom Plattdeutschen verdrängt zu werden. Erst im 19. Jahrhundert erwachte das wissenschaftliche Interesse am Friesischen und das Bestreben, durch friesische Schriften zur Erhaltung heimischer Sprache und Art beizutragen. Zu den älteren *Vorkämpfern des Nordfriesentums* gehören vor allem der Sylter *Jan Peter Hansen*, dessen Lieder und Gedichte dem Volksleben entnommen sind und dessen Lustspiel „Di Githals of di sölring Pidersdai" voll echten Volkshumors ist. Der leidenschaftlichste von allen, die nur für das Friesentum lebten, war der Amrumer *Knut Jungbohn Clement*, der nicht müde wurde, seine Landsleute aufzurütteln: „Wir wollen festhalten mit heiliger

Kraft an allem, was uns heilig ist, an der Sitte, Zucht und Sprache, die als nationales Selbsteigentum von den fernsten Zeiten auf uns alle und jeden gekommen sind." Aus der Menge seiner Schriften sei genannt: „Schleswig, das urheimische Land des nicht dänischen Volkes der Angeln und Friesen". In diesem Buch zeigt Clement besonders aus sprachlichen Übereinstimmungen, wie eng die Verwandtschaft zwischen dem Friesischen und Englischen ist.

Zu dieser älteren Generation führender Nordfriesen gehören noch eine Reihe bedeutender Männer, die sich ausschließlich mit der Sprache beschäftigen. Auf dem Festlande waren es der Lehrer *Bende Bende* „Die nordfriesische Sprache nach der Moringer Mundart" und der Lehrer *Moritz Nissen*, der seine ganze Kraft in den Dienst der friesischen Sache stellte. Er gab friesische Gedichte heraus unter dem Titel „De Freske Sjemstin" und eine große Sammlung friesischer Sprichwörter. Die Kieler Universitätsbibliothek besitzt sein großes handschriftliches Wörterbuch. Von den Insulanern sind hier zu nennen *Christian Johannsen* „Die nordfriesische Sprache in der Föhringer und Amringer Mundart", der Pastor *Lorenz Mechlenburg*, dessen handschriftliches Wörterbuch des Föhr-Amrumer Dialektes sich in der Hamburger Staatsbibliothek befindet, und Dr. *Schmidt Petersen* mit einem Wörterbuch des Föhringisch-Amringischen.

Mit Professor *Theodor Siebs* und Professor *Otto Bremer* begann die wissenschaftliche Erforschung des Nordfriesischen, die im ersten Jahrzehnt unseres Jahrhunderts von den Kieler Universitätsprofessoren *Kauffmann* und *Holthausen* eifrig gefördert wurde. Alle Mundarten wurden in kleineren oder größeren Arbeiten historisch und phonetisch dargestellt, die Föhr-Amrumer von *Tedsen*, die Sprache der Goesharden von *Brandt*, der Sylter Dialekt von *Selmer*, die Moringer Mundart von *Erika Bauer*, das Wiedingharder Friesisch von *Jensen*, die Mundart der Karrharde von *Jabben* und die Sprache des Dorfes Ockholm und der Halligen von *Löfstedt*. Von lexikalischen Arbeiten sind aus dieser Zeit zu nennen *Jensens* Wörterbuch der Sprache der Wiedingharde und *B. P. Möllers* Sölring Uurterbok. An der restlosen Erfassung des nordfriesischen Sprachgutes wird weitergearbeitet mit dem Ziel eines *gesamtnordfriesischen Wörterbuches*.

Diejenigen, die sich nach dem ersten Weltkrieg um das friesische Schrifttum verdientgemacht haben, können hier nicht alle gewürdigt werden. Zum dauernden Besitz der nordfriesischen Literatur gehören die Lieder, Gedichte und Volksstücke von Dr. *L. Peters-Föhr* und von *Katharina Ingwersen*-Deezbüll. Der weitaus fruchtbarste Dichter und Schriftsteller dieser Nachkriegszeit ist aber der Lehrer *N. A. Johannsen*, dessen zahlreiche Prosaschriften, Lieder und Gedichte in der Moringer Mundart bei seinen Landsleuten wärmste Aufnahme gefunden haben. Dasselbe gilt von den Liedern und Gedichten seines Sohnes, des Rektors *N. A. Johannsen*.

In der Erkenntnis, daß das Aussterben friesischer Sprache und Art ein bedauerlicher Verlust hoher geistiger Werte wäre, hatte die Regierung im Jahre 1925 in einem Erlaß die Pflege des Friesischen in der Schule angeordnet und war darauf bedacht, Lehrer anzustellen, die das Friesische als Muttersprache beherrschen und an der Heimatpflege tätigen Anteil nahmen.

Wenn es auch nicht möglich ist, verlorenes Gebiet zurückzugewinnen, so hoffen wir doch, daß es gelingen wird, das noch heute lebendige friesische Volksgut in Sprache, Sitte und Brauch zu erhalten.

SEEFAHRT

ALLGEMEINES

Die Inselkerne von Sylt, Amrum und Föhr sind bei einer „Hebung" der Erdkruste im Pliozän einst aus den Wassern der tertiären Urnordsee heraufgestiegen. Auch die großen Marschinseln Nordstrand und Pellworm und die kleinen Halligen sind meergeborene Eilande, die das Flutwasser der Nordsee aufgebaut hat, und zwar letztere erst in allerjüngster Zeit, nach 1362. Es gibt wohl kaum ein zweites Insel- und Küstengebiet, in dem das Meer so sehr Schöpfer und Gestalter der Landschaft ist, wie bei den „Uthlanden", und zwar das zum Vorteil wie auch zum Nachteil des Menschen. Urverbunden ist daher von den frühesten geschichtlichen Zeiten an das Leben der Bewohner mit dem Wasser.

Auf den Niederungsmooren von Duvensee im Herzogtum Lauenburg in Holstein entdeckte *K. Gripp* im Jahre 1923 eine bedeutungsvolle Fundstätte der mittleren Steinzeit. Bei den ausgeführten Grabungen ist neben zahlreichen anderen Fundstücken dort ein *Paddelruder* gefunden worden. Es ist dies, wie *Schwantes* schreibt, das älteste bisher bekannte Ruder der Erde und zugleich auch wohl das älteste bekannte Holzgerät überhaupt. Ein zweites Ruder jener Zeit wurde im Moor von Holmegaard auf Seeland gefunden.

Das Ende der mittleren Steinzeit und der Übergang zur jüngeren Steinzeit, d. h. die Zeit um 5000—3500 v. Chr. ist gekennzeichnet durch die sogenannte Muschelhaufenzeit. Aus dieser Zeit stammen die vielen zumeist aus Austernschalen bestehenden Abfallhaufen (Kjökkenmöddinger), die man an den Küsten von Jütland und an denen der dänischen Inseln gefunden hat. Da gleichartige jedoch auch an der atlantischen Küste bis über Portugal hinaus vorkommen, darf auf eine Verbindung unserer Nordvölker mit denen von Westeuropa während dieser Periode geschlossen werden. Funde von Steingeräten aus der mittleren Steinzeit, die auf der hohen Geest von Sylt und Föhr gemacht wurden, zeigen, daß das Gebiet der jetzigen nordfriesischen Küste damals ebenfalls schon besiedelt war. Es kann daher angenommen werden, daß auch an diesen Orten damals Fischfang und Schiffahrt bereits bekannt waren. Sollten Muschelhaufen an den Ufern da gewesen sein, so sind sie durch die spätere „Landsenkung" zerstört worden. Fischfang und Schiffahrt sind heute die ältesten Erwerbszweige, denn die Jagd hat als solche aufgehört, und Viehzucht und Ackerbau datieren erst seit der jüngeren Steinzeit. Durch die letzteren ist der Mensch seßhaft geworden. Walfang und Robbenschlag bilden bei den Friesen, wie sie von ihnen auf der „Grönlandfahrt" bis gegen 1800 betrieben wurden, die letzte eigentliche Jagd. Die Schiffahrt besteht in unserem Norden nunmehr also seit etwa 10 000 Jahren. Mit Fischfang und Schiffahrt hat sich das Schweifen, das die Urstufe des Menschen kennzeichnet, bis in die Gegenwart erhalten. Bei den Friesen bildet ein solch schweifender Bewegungstrieb einen Hauptzug ihres Wesens. Die meerumrauschte Insel- und Küstenlandschaft ihrer Heimat, dazu die Kargheit ihres Lebens, haben sie immer wieder auf die See hinausgelockt und hinausgetrieben. Die Geschichte der Friesen ist im Grunde eine Seefahrergeschichte.

FRÜHZEIT

Die großartigsten Bauten der Vorzeit, die wir besitzen, sind die Riesensteingräber der jüngeren Steinzeit. Zu ihnen gehört der Denghoog bei Wenningstedt auf Sylt (um 2200 v. Chr.)[1]. Er ist das besterhaltene Grab auf den Nordfriesischen Inseln aus jener Zeit. In seiner Vorgeschichte von Schleswig-Holstein schreibt *Schwantes*: „Mit aller Deutlichkeit läßt sich feststellen, daß der Weg, den die Zivilisation der Riesensteingräber

[1]) Taf. 65.

nahm, zunächst das Wasser war, nicht das Land. Von Bucht zu Bucht wagten sich die nordischen Ankömmlinge immer weiter nach Süden vor". Wenn das für die Küsten unserer eigenen Heimat gilt, wird man bei dem gewaltigen Können, das die Megalithiker bautechnisch bei der Errichtung der Gräber gezeigt haben, auch annehmen dürfen, daß sie in der Schiffahrt Ähnliches vollbrachten und die Küsten Europas vielleicht weithin befahren haben.

In der folgenden Bronzezeit (1800—600 v. Chr.) sehen wir einen lebhaften Handel, bei dem Bernstein von der nordfriesischen Inselküste gegen Bronze und Gold auf Wasserstraßen und Landwegen nach dem Süden Europas eingehandelt wird. Im Südwesten von Keitum auf Sylt liegen die beiden Vorzeithügel Klöwenhoog und Öwenhoog. Der Sage nach sollen in ihnen die Seehelden Klow und Ow bestattet sein. In dem Grab von Klow befindet sich auch dessen goldenes Schiff. Die goldenen Anker des Schiffes ruhen in der nahen Marsch. So sehen wir also auch in den Sagen die Schiffahrt eine Rolle spielen.

Die Kleinschiffahrt auf Prielen, Seen und Flußläufen zu Jagd- und Verkehrszwecken in dem durch die „Landhebung" gestiegenen, vielenorts von Wasser durchzogenen Gebiet, sowie die Küstenschiffahrt für den Handel, wird damals schon eine weitgehende Entwicklung erreicht haben. Auf ihr bauten sich die angelsächsischen Wanderzüge auf, die später während der Eisenzeit vom 5. Jahrhundert n. Chr. ab erfolgten, die Handelsfahrten Frieslands im 7. und 8. Jahrhundert und schließlich die Seefahrt des Mittelalters und der Neuzeit.

Der Nordseeraum ist für die Schiffahrt dabei immer ein gefahrvolles Seegebiet gewesen. Wie schwierig die Nordseeküsten zu befahren waren, zeigen uns bereits die Berichte von den Flottenfahrten der Römer Drusus, Tiberius und Germanicus eben nach Christi Geburt. Flut und Ebbe, Wattengründe und Sandbänke, Strömung und Brandung, Sturm und Nebel haben von jeher in diesem Meeresraum einen hohen Grad von seemännischer Erfahrung und Leistung gefordert. Nur auf Grund von Naturgegebenheiten wie diesen, die die höchsten Anforderungen an einen Seefahrer stellen, sind derartig hervorragende Leistungen möglich geworden, wie wir sie aus nunmehr 1500 Jahren friesischer Seefahrt kennen.

Von 449 n. Chr. an beginnen die *Wanderzüge der Angeln und Sachsen* nach England. Ein Teil der Auswanderer soll von dem Friesenhafen Wendingstadt auf Sylt die Fahrt nach Britannien angetreten haben[1]. Die Landnahme und der damit verbundene Siedler- und Kolonialverkehr hat sich über einen langen Zeitraum hingezogen. Die damaligen Bewohner der späteren Uthlande werden am Seeverkehr, der teilweise wohl direkt über die Nordsee oder sonst der Südküste entlang erfolgt ist, beteiligt gewesen sein. Die Sage berichtet von friesischen Heerführern und Seehelden wie Hengist und Horsa und deren Kriegstaten auf englischem Boden.

Die nächstfolgenden bedeutenden Seefahrerleistungen der Friesen, von denen wir wissen, beziehen sich auf Friesland und dessen Handelsblüte im 7. und 8. Jahrhundert. Um 680 reichte das Gebiet der Südfriesen vom „Sincfal" (Swin) bis zur Weser. Ihr *Handel* ging von Dorestad und anderen Orten den Rhein hinauf und erstreckte sich außerdem nach England, Skandinavien und Rußland. Zahlreiche Münzfunde, die auf *insel*friesischem Boden gemacht wurden, ermöglichen eine genaue Orts- und Zeitbestimmung dieses Handelsverkehrs. Ein Hauptartikel des Handels war das friesische Tuch aus einheimischer Wolle.

Von der gleichzeitigen Geschichte Nordfrieslands wissen wir so gut wie nichts. In der Landesbeschreibung von Danckwerth gibt *Johannes Meyer* 1649 eine uns heute nach Größe usw. fragwürdige Karte von „Helgelandt in annis Christi 800, 1300 und 1649". Auf der Insel Helgelandt um 800 ist im Nordosten ein „Friesenhaven" eingetragen. Vielleicht war dies, wenn ein solcher bestanden hat, ein Anfahrtshafen von Helgoland für die Friesen in der Zeit der Nordwanderung der Südfriesen.

Will man die Geschichte der Seefahrt der Nordfriesen voll erfassen, so hat man die der Südfriesen mit einzubeziehen, denn in der Mitte des 9. Jahrhunderts erfolgte ja die Ein-

[1] Taf. 158.

wanderung der Südfriesen nach Nordfriesland, d. h. der Nachkommen jener Seefahrer des damals ersten Handelsvolkes in unserem Norden. Diese eingewanderten Südfriesen bilden zusammen mit der damals in den Uthlanden ansässig gewesenen Bevölkerung, von der wir jedoch nichts wissen, und die auch zahlenmäßig wohl nicht groß gewesen sein wird, die Stammwurzel, aus der die Nordfriesen hervorgegangen sind. Die Südfriesen brachten die Kunst des Deichbaues mit und ermöglichten den Uthlandsbewohnern dadurch den Aufschwung in Landwirtschaft, Handel und Seefahrt (Rungholt).

Im Zusammenhang mit der Einwanderung der Südfriesen nach Nordfriesland stehen die „*Normannen-* und *Wikingerzüge*" mit ihren Handelsfahrten, dem Seeräuberwesen und den Entdeckungsreisen.

Bereits um das Jahr 1000 haben die Normannen das Nordmeer durchkreuzt. Sie sind an Island und Grönland vorbei bis nach Amerika (Vinland) gefahren. Die Schiffsfunde von Nydam, Oseberg und neuerdings Ladby geben uns eine gute Vorstellung von der Art der *Schiffe* der Frühzeit und lassen den Seefahrergeist der Normannen und Wikinger aus dem ersten Jahrtausend nach Christi Geburt in uns lebendig werden. Nicht nur die Norweger, auch die Friesen haben um die gleiche Zeit schon den hohen Norden bis an die Polareisgrenze aufgesucht. Der Historiker und Geograph *Adam von Bremen* (gestorben um 1076) berichtet, daß ihm der Erzbischof Adalbert erzählt habe, „daß in den Tagen seines Vorgängers im Amte einige edle Männer aus Friesland nach Norden gesegelt seien, um das Meer zu erforschen, weil nach der Meinung ihrer Leute von der Mündung des Flusses Weser in direkter Linie nach Norden kein Land mehr zu finden sei, sondern nur das Meer, welches man die Liber-See nenne". Die Fahrt dieser Männer hat auf mehreren Schiffen stattgefunden und ging vom „friesischen Ufer" nach Island und von da weiter nordwärts, bis sie „in jenen finsteren Nebel des erstarrten Ozeans gerieten", und durch gefährliche Meeresströmungen, die einigen Schiffen den Untergang brachten, zur Umkehr veranlaßt wurden. Die Schiffe, die unversehrt den Gefahren entronnen waren, sind glücklich in Bremen wieder gelandet.

Diese erste bekannte deutsche *Entdeckungsreise zum Nordpol*, wie sie von *J. G. Kohl* bezeichnet wird, ist somit von Ostfriesen ausgeführt worden und hat etwa im Jahre 1040 stattgefunden. Das wagemutige Unternehmen läßt sich nur dadurch erklären, daß die Friesen, vornehmlich die von West- und Ostfriesland, seit 2 Jahrhunderten schon mit den Normannen und Wikingern in Berührung gekommen waren. Es haben sicher viele der Friesen an deren Fahrten im Laufe der Zeit teilgenommen, wie vergleichsweise nahezu 1000 Jahre später die Nordfriesen mit den Holländern auf den Walfang gegangen sind. Die Kunst der Seefahrt haben die Friesen aber nicht erst von den nordischen Eroberern und Seeräubern gelernt. Auf Seefahrt haben die Küstenvölker der Nordsee sich seit der Vorzeit verstanden. Ihr seemännisches Können haben die Friesen zur Zeit der Angelsachsenwanderung und vor allen Dingen auch während der alten Blütezeit ihres Handels im 7. und 8. Jahrhundert bereits bewiesen.

Der Ostfriesische Geschichtsschreiber Wiarda berichtet, daß die West- und Ostfriesen sich mit ihren Flotten auch beteiligt haben an den Kreuzzügen 1096, 1189, 1198 und 1227 nach Palästina und 1269 nach Tunis. Der Sammelplatz der friesischen Flotte 1227 und 1269 war bei der ostfriesischen Insel Borkum. Die Flotte für den letzten Kreuzzug bestand aus 50 „Koghen".

Die Schiffsart der *Kogge*, des späteren Handelsschiffes der Hansa, das im Gegensatz zu den Langbooten der Normannen breitbauchig war, ist wahrscheinlich bei den Friesen an der Zuider-See entstanden, und zwar vermutlich in der zweiten Hälfte des 9. Jahrhunderts. Belege für diese Annahme sind jedoch nicht vorhanden. Auch der Name Kogge scheint friesischen Ursprungs zu sein. Karl der Große verwendete für seine Fahrten auf der Elbe und Havel eine friesische Flotte. Die Seetüchtigkeit der Friesen in der Frühzeit geht auch aus der „Saxon Chronicle" hervor, nach der König Alfred von England 897 im Kampf gegen die dänischen Wikinger neben der englischen Besatzung Friesen auf seiner Flotte hatte. Die friesische Seefahrt im Mittelalter war so bedeutend, daß nach Adam von Bremen um 1050 die Nordsee das „friesische Meer = mare Frisicum" genannt wurde.

FISCHFANG

Das Leben, besonders auf den Geestinseln Sylt und Amrum, muß um die Wende vom 14. zum 15. Jahrhundert recht kärglich gewesen sein. Die Landwirtschaft war wenig entwickelt und die große Rungholtflut des Jahres 1362 hatte auch diesen Inseln erheblichen Landverlust gebracht. So hatten die Inselfriesen sich denn dem Fischfang zugewandt. Während des 15. und 16. Jahrhunderts trieben sie *Herings-* und *Schellfischfang* auf der Nordsee. Aus den „Sagen und Erzählungen der Strand- und Dünenbewohner, sowie der Haidebewohner auf Sylt", die *C. P. Hansen* (1803—1879)[1] gesammelt hat, kann man sich ein gutes Bild davon machen, wie es vor allem auf der *Hörnum*-Halbinsel damals etwa ausgesehen haben mag. Es sei hier eingefügt, daß die gesamten Aufzeichnungen von Hansen bereits heute schon gar nicht hoch genug bewertet werden können. Sie sind aus echt friesischem Inselgeist geschrieben. Es ist dabei von untergeordneter Bedeutung, daß manches, was sich auf weit zurückliegende Zeiten und Ereignisse bezieht, sich vielleicht anders zugetragen hat. Es hat niemanden gegeben, der mit seinem Interesse und seinem Forschergeist so tief und allumfassend die Uthlande, insonderheit Sylt, bearbeitet hat wie Hansen. Seiner Abstammung von begabten Vorfahren, seinem Lehrerberuf, vielen Jahren freier Arbeitszeit, nachdem er pensioniert war, und vor allem auch der Tatsache, daß er noch rechtzeitig um die Mitte des 19. Jahrhunderts die letzte Generation, die aus alter Zeit noch etwas zu sagen wußte, erlebte, daß er sie angehört und ausgefragt hat, allen diesen glücklichen Umständen verdanken wir seine Niederschriften.

Der Hauptfangplatz des *Herings* lag im 15. und 16. Jahrhundert bei Helgoland. Als die Kunde von reichen Fängen von dort zuerst nach den Nordfriesischen Inseln kam, muß sie ähnlich gewirkt haben wie der Aufruf zum Walfang, der von den Holländern am Anfang des 17. Jahrhunderts an die Inselfriesen erging. Nach Hansen haben die Insulaner mit dem Heringsfang nach 1425 begonnen. Pontoppidan gibt an, daß 1530 etwa 2000 Menschen ausschließlich mit dem Heringsfang bei Helgoland beschäftigt waren.

Die Sylter Fischer hatten bei Hörnum am Budersandberg ihren Hafen, genannt Renning[2]. Der Fischfang wurde großenteils in offenen Fahrzeugen, in Schniggen, Pinken und Ewern betrieben. Wie immer während der Seefahrt sind auch infolge dieses Fischfanges die Verluste an Menschenleben groß gewesen. 1571 sind 6 Fischerfahrzeuge unweit Hörnum bei einem Sturm mit der ganzen Mannschaft, darunter 20 Morsumern, verunglückt. 1607 sind 14 Fischerewer von Sylt beim Schollenfang mit 45 Mann Besatzung untergegangen. Die Fischereistation bei Hörnum ging 1610 ein. 1611 hatten die Sylter nur noch 4 Fischerewer. Die Hütten der Fischer dienten Inselfischern und Strandläufern lange Zeit danach noch als Unterkunft. Im letzten Jahrhundert sind viele Fundamente der einstigen Fischerhäuser am Budersandberg vom Dünensande freigeweht worden.

Nur vereinzelt noch gingen die Insulaner fortan zum Fischfang in die Dienste der Helgoländer. So nahm denn auch der später berühmt gewordene *Lorens de haan* von Westerland-Süderende auf Sylt noch 1679 in seinem 11. Lebensjahr als Schiffsjunge Dienste auf Helgoland an. Im 17. Jahrhundert war der Fang dort jedoch schon kärglicher geworden. Die Inselfriesen hatten sich daher von etwa 1634 an dem Walfang bereits zugewandt. Ausgiebige Fischerei hat es von den Nordfriesischen Inseln aus dann nicht mehr gegeben.

Heute sind es nur vereinzelte Fahrzeuge noch, die im Wattenmeer und in der Nordsee vor den Inseln auf Fang von Schollen, Aalen, Krabben usw. ausgehen.

[1] Taf. 154.   [2] Taf. 123.

In neuester Zeit hat der Fang von *Miesmuscheln*[1]) einen großen Aufschwung genommen. Alljährlich im Juni kommen große Schwärme von *Hornfischen* zum Laichen in das Wattenmeer. Von Föhr aus werden sie in Fischgärten, die aus Zäunen aus Weidengeflecht bestehen, zur Ebbezeit im Watt gefangen, während man sie von Hörnum auf Sylt aus mit Schleppnetzen vom Boot aus erbeutet[2]).

GRÖNLANDFAHRT

Auf der Suche nach der nordöstlichen Durchfahrt für den Seeweg nach Indien entdeckte der Holländer *Willem Barents* 1596 Spitzbergen. Von einer Reise, die dem gleichen Zweck galt, brachte der Engländer *Henry Hudson* 1607 die Kunde mit nach Hause, daß es bei Spitzbergen Robben, Walrosse und Wale in großen Mengen gäbe. Hierauf sandten 1612 die Engländer und 1613 die Holländer Schiffe zum Fang dorthin aus. Der *Walfang*[3]) und der *Robbenschlag* haben von da ab im Nordmeer über 200 Jahre gewährt und außerordentlichen Reichtum eingebracht. Da man Spitzbergen, wie dies schon Barents tat, irrtümlicherweise für Grönland hielt, das nach seiner Entdeckung durch den Norweger *Erik den Roten* 983 jahrhundertelang wieder verschollen war und nun zu dieser Zeit gerade durch *Frobisher*, *Davis* und die Dänen erneut gefunden war, so sprach man eben immer nur von Grönland und der Grönlandfahrt. Die Schiffslisten von Hamburg enthalten erst 1719 Aufzeichnungen über den Fang von Walen in der Davis-Straße bei Grönland.

Mit den Holländern sind anfänglich die Basken auf den Walfang gegangen. Als diesen 1634 aus Rivalitätsgründen die französische Regierung die Dienstleistung verbot, traten von da ab die Inselfriesen, vornehmlich die von Nordfriesland, an deren Stelle. Das Jahr 1634 war das große Unglücksjahr des Unterganges von Alt-Nordstrand[4]). Auch war der Fischfang, den die Insulaner auf der Nordsee betrieben hatten, sehr zurückgegangen, so daß sie sich nun mehr und mehr dieser neuen Erwerbsquelle zuwandten. Es kam schließlich dahin, daß alljährlich Anfang März die gesamte seetüchtige Bevölkerung männlichen Geschlechts die Inseln verließ, sich vornehmlich in Amsterdam und Hamburg, jedoch auch in anderen Hafenstädten von Schleswig-Holstein, sowie in Kopenhagen einschiffte, und im Herbst erst wieder zurückkehrte.

Ausführliche Beschreibungen von diesen erlebnisreichen, abenteuerlichen, glücklich beendeten und tragisch verlaufenen Fahrten haben uns *Martens* (1671), *Zorgdrager* (1720), *Jens Jacob Eschels* (1835) und andere hinterlassen. Über „Die deutsche Grönlandfahrt" hat außerdem *Brinner* 1913 eine eingehende Darstellung gebracht, und über „Schleswig-Holsteins Grönlandfahrt" hat *Wand ι Oesau* 1937 ein ausgezeichnetes Werk herausgegeben.

Knaben von elf, wie Jens Jacob Eschels von Föhr, und Männer von über siebzig Jahren, haben sich am Fang beteiligt. Etwa 3000 Mann fuhren in der Blütezeit im 18. Jahrhundert von den Nordfriesischen Inseln jährlich ins Eismeer. Föhr, das den Hauptanteil stellte, entsandte 1760 von seinen etwa 4500 Einwohnern allein 1450 Mann hinaus, unter denen sich 64 Schiffsführer, sogenannte Commandeure, 229 Steuerleute und Harpuniere und 1122 Matrosen befanden. Ganze Geschwader von Fangschiffen haben damals das hohe Nordmeer durchkreuzt. Aus den Schiffsprotokollen der verschiedenen Staats- und Stadtarchive ist die Besatzungsmannschaft namentlich ersichtlich. In der Zeit von 1670 bis 1725 sind von Holland aus 7891 und von Hamburg aus 2602 Schiffe ausgefahren, die 34 447 bzw. 10 441 Wale gefangen haben. Von Hamburg aus fuhren von 1787 bis 1800 im ganzen 367 Schiffe. Sie hatten in den 14 Jahren 1026 Wale erbeutet. Das waren in dieser Spätzeit nur noch 2,8 Wale pro Schiff, während es in der Zeit von 1670 bis 1725 dagegen 4,7 Wale gewesen waren. Der Föhringer Commandeur *Matthias Petersen* (1632—1706), der ein besonderes Fangglück hatte, erhielt den Beinamen „der glückliche Matthias", da er auf seinen Reisen insgesamt 373 Walfische gefangen hatte[5]).

[1]) Taf. 60.   [2]) Taf. 63.   [3]) Taf. 124. 125.   [4]) Taf. 12.   [5]) Taf. 126.

Bewundernswert sind die Leistungen in der *Navigation* gewesen, und bemerkenswert ist die Tatsache, daß das kleine Volk der Inselfriesen aus eigenem Vermögen heraus die jungen Seeleute herangebildet hat. Ältere Kapitäne und Lehrer gaben den Unterricht während der Wintermonate, in denen die Männer daheim waren. Der angeborene Sinn für Mathematik, den die Friesen besitzen, kam ihnen hierbei zugute. So schrieb Kapitän *Hinrich Braren* von Föhr mehrere seemännische Lehrbücher und hat über 3500 nordfriesischen Seeleuten Unterricht erteilt. *Okke Tükkis* von Föhr gab 1713 ein Besteckbuch heraus und erhielt als Auszeichnung für seine Verdienste um die Seefahrt von der Stadt Amsterdam ein Jahrgehalt.

Jap Peter Hansen von Sylt, der Vater des Chronisten C. P. Hansen, verfaßte Rechenbücher, verfertigte einen hundertjährigen astronomischen Kalender und hat über 4000 Plainscalen gemacht, die er bei seinem Navigationsunterricht verwendete.

Den glücklichen Erfolgen auf der Grönlandfahrt stehen jedoch auch große Verluste an Menschenleben und der Untergang vieler Schiffe, ja ganzer Flotten, gegenüber[1]. Während der Fangperiode von 1670 bis 1725 sind im Eis geblieben und verunglückt von Holland 317 und von Hamburg 93 Schiffe. Unter den vielen Katastrophen, die sich dauernd ereigneten, bildete das Jahr 1777 ein besonderes Unglücksjahr. Bei der Insel Jan Mayen, bei der man sonst hauptsächlich Robbenfang betrieb, wurde eine große Flotte von holländischen und englischen Schiffen von Eisfeldern eingeschlossen und mit Meeresstrom im Herbst des Jahres an der Ostküste von Grönland entlang getrieben. Im Winter gelang es dem größten Teil der Besatzung, bei der Griffenfeldt-Insel die Küste von Grönland zu erreichen. Eine Anzahl der Männer versuchte nun quer durch das Innere des Landes hindurch zu den dänischen Niederlassungen an die Westküste zu gelangen. Man hat nie wieder etwas von ihnen erfahren. — Die erste Durchquerung von Grönland im südlichen Teil gelang Nansen im Jahre 1888. — Die übrigen wanderten um die Südspitze herum an der Küste entlang und kamen nach unsäglichen Mühsalen in Frederikshaab an. Im Sommer 1778 nahmen heimwärts fahrende Schiffe sie von dort mit nach Europa, so daß sie nach einer arktischen Überwinterung endlich wieder zu den Ihrigen gelangten.

Die Begebenheiten, die sich auf den Walfangreisen zugetragen haben, die Anstrengungen und Gefahren, die damit verbunden waren, die Leistungen, die der Einzelne vollbracht hat, stellen jedes andere Jagdunternehmen auf der Erde weit in den Schatten. Neben der Navigation erforderte der Fang selbst, der ja nur mit kleinen, mit 6 Mann besetzten Ruderbooten und mit der Handharpune betrieben wurde, vielfach äußerstes Können. Es kam vor, daß der Harpunier dem schwimmenden Wal auf den eben aus dem Wasser ragenden Rücken sprang, um ihm die Harpune in den Leib zu stoßen, oder daß der Wal auf der Flucht die ganze Bootsbesatzung unter das Eis zog, wenn die Leine nicht rechtzeitig gekappt werden konnte. Ein Schlag von der Schwanzflosse des Wals hat manches Ruderboot zum Kentern gebracht. Sturm, Nebel, Schnee, Meeresströmungen, Eisschollen und Eisberge, Kälte, Nässe, Hunger und Krankheit, schließlich der Tod selbst waren drohend gegenwärtig. Allen diesen Gefahren zu trotzen, bedurfte es Menschennaturen, die auf sich selbst gestellt waren, Persönlichkeiten, die über eine eigene innere Freiheit und Selbstbeherrschung verfügten, die sich voll verantwortlich fühlten und mit Gott und der Welt jederzeit abzurechnen wußten. Diese Natur besaßen die Friesen. Das Meer, das eigentliche Lebenselement ihrer Heimat hat sie dazu erzogen und so geschaffen.

Die erwähnte *Harpune*, die eigentliche Waffe des Walfangs, gehört zu den ältesten Geräten des Menschen. Eine bei Boldixum auf Föhr gefundene gekerbte Knochenspitze[2], die harpunenartig ausgezahnt ist und der mittleren Steinzeit angehört, ist ihrer Zweckbestimmung nach, als Widerhaken wirken zu sollen, hierher zu rechnen, wenn sie, wie im Kapitel „Vorgeschichte" gesagt wurde, nach Schwantes auch wahrscheinlich eine Pfeilspitze gewesen ist.

[1]) Taf. 124. [2]) Taf. 64.

Eine gleichartige Knochenspitze wurde bei Duvensee gefunden, von wo auch das bisher älteste Ruder der Erde stammt, und zwei weitere solcher sind von Karby, Kreis Eckernförde, bekannt. Gleichzeitig mit allen diesen zur mittleren Steinzeit gehörigen treten dann aber ausgesprochene Harpunen auf bei Törning (Kreis Hadersleben) und Brodersby (Kreis Eckernförde). Sehr viel älter als diese und damit zu den ältesten Fundstücken gehörig, die wir besitzen, ist eine Harpune von Rengeweih, die in dem von *Alfred Rust* entdeckten altsteinzeitlichen Rentierjägerlager Meiendorf bei Ahrensburg in Holstein gefunden wurde. Diese Harpune gehört der Magdalenien-Kultur an und hat ein Alter von etwa 20 000 Jahren.

Nicht nur im Eismeer, wie bereits gesagt wurde, sondern auch auf der Nordsee, auf den Fahrten zu oder von den großen Ausfahrtshäfen, haben sich tragische Unfälle ereignet. So berichtet C. P. Hansen in seiner Chronik „Im Jahre 1711 traf ein großes Unglück die Insel Sylt. Am 23. März segelte der Schiffer *Peter Heiken* aus Morsum auf Sylt auf seiner Schmack mit 85 Passagieren, Sylter Seefahrern, die in Holland Schiffsdienste suchen wollten, nach Amsterdam ab, jedoch ein Sturm ereilte das Schiff und warf dasselbe am 24. März 1711 östlich von der Insel Ameland an der holländischen Küste auf die Seite, so daß alle an Bord befindlichen Menschen, 87 an der Zahl, ihren Tod in den Wellen fanden"! Am 10. Oktober 1767 ging das Boot des Schiffers *Boy Paulsen* von Wyk mit 72 Föhrer Seefahrern auf der Hever unter. Die meisten der Ertrunkenen waren Walfänger, die glücklich nach Holland zurückgekehrt waren und nun kurz vor dem Heimathafen in schwerem Sturm noch ihr Leben verloren.

Ein großer Teil der gesunden und starken männlichen Bevölkerung ist durch den Walfang dahingerafft worden. Für den Volksstamm bedeutete das einen unersetzlichen Verlust. Auf den Frauen lastete während der sommerlichen Abwesenheit der Männer eine außerordentliche Arbeit und die ganze Verantwortung für Familie, Haus und Wirtschaft. Viele von ihnen warteten im Herbst vergebens auf die Rückkehr ihres Mannes und verblieben dann meistens zeitlebens im Witwenstand. In anderen Familien zog Glück und Wohlstand ein. Im ganzen ist die Bevölkerungszahl auf den Inseln in den Zeiten der Grönlandfahrt trotz der großen Menschenverluste stark angewachsen, das wirtschaftliche Leben nahm einen Aufschwung, man kleidete sich in schöne Trachten[1]), und die reiche Hollandkultur hielt mit herrlichem Hausratsgut ihren Einzug in die Wohnungen der Inselfriesen[2]). Landvogt *Ambrosius* von Sylt schrieb 1792 „wie wenig es hier an wohlhabenden fehlt ist wohl schon daraus zu ersehen, daß für mehr als 50 000 Rthlr. bey Sr. Majestät belegte Gelder hier jährlich die Zinsen ausbezahlt werden, ohne was manche in Altona, Hamburg u. a. bey Communen stehen haben".

Manche Holzschnitzerei, die die Walfänger auf ihren Reisen in Mußestunden anfertigten und Stücke von Walknochen, die als Stützen für Grabsteine, als Grenzbefestigungen, als Hocker, Banksitze usw. benutzt wurden, kann man auf den Inseln noch antreffen[3]).

Die Ausrottung des Grönlandwales (Balaena mysticetus), der bis 18 und 22 m Länge erreicht, ist durch den Fang im Laufe der Zeit so groß geworden, daß die Grönlandfahrt um 1800 herum so gut wie nicht mehr lohnend war. Die letzte Reise von Sylt aus unternahm Capitain *Peter Eschels* von Westerland im Jahre 1836. Er fuhr mit dem Hamburger Schoonerschiff „Wettrenner" auf Walroßfang nach Spitzbergen. Das Schiff wurde jedoch bei Hoopen-Eiland vom Eise eingeschlossen, die Besatzung suchte mit den Schaluppen offenes Wasser zu erreichen, ruderte nach den Tausend-Inseln, mußte schließlich des Eises wegen dann auch die Schaluppen zurücklassen und wanderte zu Fuß auf Whales-Point von Spitzbergen zu. Dort entdeckten sie ein verlassenes russisches Schiff, das halbvoll Eis und Wasser an die Felsen getrieben war. Die dazu gehörige Besatzung von achtzehn Mann, es waren ebenfalls Walroßfänger, fanden sie als Leichname am Lande liegen. Sechzehn

---

[1]) Taf. 116. 117.   [2]) Taf. 109. 110.   [3]) Taf. 126

von ihnen waren in Matten gewickelt, und zwei lagen in ihren Kleidern. Da Proviant noch vorhanden war, werden alle an einer Krankheit gestorben sein. Die beiden zuletzt Überlebenden hatten ihre verstorbenen Kameraden nacheinander zur Ruhe gebettet. Nach Flottmachung dieses russischen Schiffes ist Eschels mit seinen Leuten damit nach Hammerfest gesegelt und schließlich glücklich wieder in der Heimat angelangt.

Leider besitzen wir allzu wenige Reisebeschreibungen von den Grönlandfahrten. Die vorhandenen zeigen jedoch, daß die Wirklichkeit der Geschehnisse und Erlebnisse, die Vorstellungen auch einer regen Phantasie eines Betrachters von heute noch weit übertreffen.

An dem in diesem Jahrhundert in der Antarktis von verschiedenen Ländern betriebenen Walfang hat sich auch Deutschland wieder beteiligt. In den drei Jahren von 1936 bis 1939 hat es mit vier Firmen daran teilgenommen. Den Auftakt machte die „Erste deutsche Walfang-Gesellschaft m.b.H.", Henkel, Düsseldorf. Es folgten die Unternehmen „Walter Rau", Neuß am Rhein; das „Hamburger Walfang-Kontor" und die „Unitas — Deutsche Walfang-Gesellschaft m.b.H.", Besitzer: Margarine Verkaufsunion, Berlin. Zahlreiche Inselfriesen, wie auch Festlandsfriesen nahmen an den Fahrten des „Hamburger Walfang-Kontor" teil, dessen Leiter Kapitän Karl Christiansen von Wyk auf Föhr war. Sie versahen den Dienst als Kapitäne, Techniker und in anderen Funktionen. So fuhr beispielsweise *Peter Jars* von Westerland auf Sylt als Kapitän auf dem Schiff „Südmeer". Für die Unitas leitete Kapitän *Tycho Schnoor* von Kampen auf Sylt im Jahre 1938 die Navigation. Nach dem zweiten Weltkrieg wurde Deutschland der Walfang versagt. Es ist dringend zu hoffen, daß unser Land bei dem lebenswichtigen Bedarf an Fetten baldmöglichst wieder selbsttätigen Anteil am Walfang nehmen kann.

HANDELSFAHRT

Nach dem Frieden von Utrecht 1713, der den spanischen Erbfolgekrieg (1701—1713) beendete, hob sich der Handel und die Schiffahrt der Nordseeländer. Die Inselfriesen begannen, sich nunmehr neben der Grönlandfahrt auch der Handelsfahrt zuzuwenden und von Hamburg, Holland und den Seestädten anderer Länder aus die Meere der Welt zu befahren. König Christian VI. von Dänemark befreite 1735 die Inselfriesen, außer für Kriegszeiten, von jeglichem Land- und Soldatendienst, so daß sie sich hierdurch der Seefahrt ungehinderter widmen konnten.

Der Unterricht, den sie in den von ihnen auf den Inseln gegründeten Navigationsschulen genossen hatten und der sie hauptsächlich für die Walfangfahrten vorbereiten sollte, kam ihnen nun für ein Vorwärtskommen bei der Handelsfahrt zugute. Die Sicherheit der Schiffahrt wurde damals weiterhin erhöht durch die Erfindung des Spiegeloktanten durch den Engländer *Hadley* im Jahre 1731 und durch die des Chronometers oder der Seeuhr durch den Engländer *Harrison* im Jahre 1736.

In der zweiten Hälfte des 18. Jahrhunderts nahm die Handelsfahrt schon beträchtlich zu. Einer der Gründe dafür war der Rückgang der Erträgnisse bei der Grönlandfahrt. Hauptsächlich gingen zunächst die Sylter zur Handelsfahrt über, während die Föhringer noch beim Walfang blieben. Die *Handelsreisen* richteten sich besonders nach Ost- und Westindien. Nach Ostindien unterhielten England, Holland und Dänemark durch ihre schon nach 1600 gegründeten Compagnien rege Handelsbeziehungen. Der Chronist C. P. Hansen von Sylt schreibt für das Jahr 1775 „Es gab aber von jetzt an Familien auf den Inseln, welche unter ihren Gliedern 6 bis 8 Schiffscapitaine, die auf großen Schiffen nach allen Gegenden der Erde zerstreut waren, zählten, und in der Regel alle ihr gutes Einkommen nicht alleine erwarben, sondern auch als sparsame Leute bewahrten".

Von den Ostindienreisen, wohin die Seefahrer auf holländischen Schiffen gefahren waren, hatten sie auch Gewürze von den Molukken, den Gewürzinseln, mit nach Hause gebracht. Den Festländern, die zu jener Zeit die Nordfriesischen Inseln besuchten, und denen die Gewürze bis dahin natürlich noch unbekannt waren, gab diese Neuigkeit und Besonderheit damals Anlaß, die Inselbewohner Gewürzinsulaner (Gewürzeilanders) zu nennen. Bei Seefahrern ist diese Bezeichnung in der Unterhaltung bis auf den heutigen Tag noch in Anwendung geblieben.

Im gleichen Maße wie sich die Inselfriesen beim Walfang bewährt hatten, bewiesen sie nun auch ihre Tüchtigkeit bei der Handelsfahrt. Sie genossen in der Weltschiffahrt großes Ansehen. Im Jahre 1792 zählte man auf Sylt 378 Seefahrer und auf Föhr reichlich 1000. Während die Seefahrer zur Zeit der Grönlandfahrt nur den Sommer über unterwegs waren, ereignete es sich jetzt, daß sie ein ganzes Jahr lang ausblieben und manchmal selbst mehrere Jahre lang der Heimat fern waren. Die Kapitäne fuhren meist auf „wilde Fahrt", d.h. sie hatten in den fremden Häfen für neue Ladung selbst zu sorgen und standen somit immer vor unbekannten, neuen Reisezielen. Neben der Navigation lag also auch das Handelsgeschäft in ihren Händen, sie trugen damit eine doppelte Verantwortung.

Vielfach ließen die Kapitäne ihre Frauen zu sich kommen nach Hamburg, Kopenhagen, Amsterdam, London usw., wenn sie vorübergehend in einem dieser ihrer Heimat benachbarten Häfen waren. Manche Frau hat ihren Mann gelegentlich auch begleitet auf einer großen Reise, und mancher Seemann hat sich aus fremden Ländern eine Frau mit nach Hause genommen.

Aus Aufzeichnungen, Kirchenbüchern und von den Inschriften auf den herrlichen Grabsteinen, von denen auf Föhr und Amrum viele mit der Darstellung der Schiffe verziert sind, auf denen die Seefahrer gefahren sind[1], erfahren wir, daß einzelne Inselfriesen jahrzehntelang glücklich die See befahren haben. Unter dem besonders schönen, in starkem barockem Schwung gemeißelten Schiff des *Rörd Knuten* (1730—1812) von Nieblum auf Föhr[2], steht, daß dieser sich 1744, also mit 14 Jahren, dem Seeberuf gewidmet, und 36 Jahre lang auf Grönlandfahrt und Handelsreisen die Meere der nördlichen Erdhalbkugel befahren hat.

Einer von den wenigen echten alten Seemannstypen, der vor nicht langen Jahren auf Sylt noch gelebt hat, ist *Jan Meinert Peters* gewesen[3]. Er entstammte einem alten Westerländer Geschlecht, wurde 1848 geboren, ist nur auf Segelschiffen gefahren, war auf allen Weltmeeren, widmete sich später dem Austernfang im nordfriesischen Wattenmeer und ist im 87. Lebensjahr 1935 in Tinnum gestorben.

Besonders beschwerlich und gefahrvoll für die Segelschiffahrt ist die Umschiffung des Kap Hoorn gewesen. Manches Schiff hat bei widrigen Umständen mehrere Wochen und selbst Monate benötigt, um die Südspitze von Amerika zu umfahren. Kapitän *Christian Jürgens* von Föhr, der im Jahre 1905 das Vollschiff „Susanna" von Siemers, Hamburg, führte, brauchte auf einer solchen Fahrt 100 Tage dazu.

Als die Fahrt mit Dampfschiffen aufkam, sind auch bei dieser die Inselfriesen in führende Stellungen gelangt. Der vielen Syltbesuchern bekannte Kapitän *Carl Christiansen* (1864 bis 1937) von Westerland[4] hat von 1879—1927 alle Weltmeere befahren. Viele Jahre während der kolonialen Aufbauzeit war er Kapitän bei der Ost-Afrika-Linie und hatte unter anderen deutschen Pionieren Carl Peters und Hermann von Wißmann an Bord seines Schiffes. Der in Keitum auf Sylt lebende Kapitän *Johann Jansen*[5], geboren 1872, fuhr 44 Jahre lang zur See, auf allen Ozeanen der Erde, und führte zuletzt Schiffe des Norddeutschen Lloyd.

Es stehen auch jetzt noch die Insulaner bei den verschiedensten Reedereien in Diensten und gutem Ansehen. Mancher Reeder weiß unter den Männern seiner Schiffsbesatzungen, die von den Nordfriesischen Inseln besonders zu schätzen.

In diesem Zusammenhang verdient die Nordfriesische Reederei G.m.b.H. besondere Erwähnung, die seit 1943 in Kampen auf Sylt besteht und in Rendsburg eine Zweigniederlassung unterhält, von der aus der Betrieb geleitet wird. Der Reeder dieser Gesellschaft, Konsul *Thomas Entz*, der seinen zweiten Wohnsitz in Kampen hat, hat eine ganze

[1] Taf. 127. 165. 166.   [2] Taf. 127.   [3] Taf. 82.   [4] Taf. 132.   [5] Taf. 132.

Flotte von Schiffen mit Sylter Ortsnamen laufen. Zu den beiden älteren mit Kohle fahrenden Dampfern gehört die „Tinnum" vom Baujahr 1922 und die „Hörnum" von 1930. Aus dem Jahre 1950 stammen folgende mit Ölfeuerung ausgestattete Dampfer: die „Archsum", „Blidum", „Keitum", „Lystum" und „Morsum". Schließlich lief 1953 noch das Motorschiff „Rantum" vom Stapel. Zum Stapellauf der einzelnen Fahrzeuge hatte die Reederei Vertreter der zuständigen Gemeinden geladen.

Die „Tinnum" und „Hörnum" sind Trampschiffe, die vorzugsweise in der Nord- und Ostsee, gelegentlich aber auch im nordamerikanischen Küstendienst verwendet werden. Die Schiffe vom Jahre 1950 sind an die Deutsche Orient-Linie G.m.b.H., Hamburg, verchartert. Sie haben ihre Bestimmungshäfen im Mittelmeer und laufen neben Algier, Orte in Griechenland, der Türkei und Ägypten an. Die „Rantum", gelegentlich aber auch eines der anderen Schiffe, stehen im Deutschen Cuba-Mexiko-Dienst, an dem die Nordfriesische Reederei G.m.b.H. als Teilhaberin der Ozean-Linie G.m.b.H. beteiligt ist; ihre Order geht nach Cuba, Mexiko und zu den Golfhäfen.

Alle Ausfahrten erfolgen von Hamburg und Bremen. Die Besatzung der Schiffe stammt großenteils aus Nordfriesland. Von den Inseln sind vorwiegend Angehörige von Sylt und Föhr an Bord. Die alten Ortsnamen von Sylt werden durch diese sinnvolle Benennung einer ganzen Reedereiflotte am Bug der Schiffe somit weit über die Erde getragen.

LEISTUNGEN, ERLEBNISSE UND SCHICKSALE EINZELNER SEEFAHRER

Was ein Kind bei den Eltern und Erwachsenen beobachtet, sucht es im *Spiele* nachzuahmen. So spielen kleine Mädchen mit Puppen, und Jungens, die an der Wasserkante groß werden, sieht man von klein auf beim Bootspielen[1]). Die ersten Unterweisungen, ein Schiff aus einem Kloben Holz zu schneiden, es mit einem Segel zu versehen und fahren zu lassen, gibt ihnen der Vater, oder sonst einer, der mit dem Leben auf dem Wasser vertraut ist. Es ist außerordentlich reizvoll, einem Knaben bei solch einem Spiel zuzusehen. Neben der vergnüglichen Unterhaltung liegt ihm zugleich ein großer Ernst und Wert für das kommende Leben zugrunde. Beim Spiel wird die Phantasie entfaltet, das handwerkliche Können erprobt, und durch den Erfolg das Bewußtsein vom eigenen Leistungsvermögen in den Menschen hineingelegt.

Nach dem Spiel kommen erste praktische Versuche in der Kunst der Seefahrt. Die Knaben üben sich im Rudern und Segeln in kleinen Booten, sie begleiten die Männer auch auf den Wattenfahrten und helfen ihnen beim Fischfang.

Kapitän *Boye Richard Petersen*[2]), der seine lange und erfolgreiche Laufbahn zur See Ende des zweiten Weltkrieges als Inspektor bei der durch ihre Segelschiffe rühmlich bekannten Reederei *F. Laeisz* in Hamburg beendete, wurde 1869 auf Hallig Langeneß geboren. Als er 6 Jahre alt war, siedelten seine Eltern nach der Hallig Gröde über. In den Aufzeichnungen, die er über seinen Lebenslauf gemacht hat, schreibt er: „Da die Hallig Gröde vom Festlande und den anderen Halligen durch tiefes Wasser abgetrennt war, lag es in der Natur der Sache, daß man von klein auf mit dem Wasser und den Booten bekannt und vertraut wurde. Mit 12 Jahren segelte ich schon alleine tapfer von einer Hallig zur anderen, worüber die Eltern sich keine Sorge machten. Die Folge davon war, daß ich, wie mein Großvater und mein Vater in ihren jungen Jahren, Seemann werden wollte." Boye Petersen begann seine Seemannslaufbahn als Koch und Junge auf einem kleinen Englandfahrer, der Kuff „Tetta Margaretha", deren Heimathafen Wyk auf Föhr war. Er wurde schließlich Führer des Fünfmastvollschiffes „Preußen"[3]), der Firma Laeisz, des größten, ohne Hilfsmaschine ausgestatteten Segelschiffes der Welt, das 43 Segel mit insgesamt 5560 qm Fläche hatte. Er führte das Schiff vom Baujahr 1902 bis 1909, erzielte damit 1903 eine

[1]) Taf. 128. [2]) Taf. 130. [3]) Taf. 130.

Rekordfahrt vom Englischen Kanal nach Iquique in Chile in 56½ Tagen und erhielt für die vorzügliche Führung des Schiffes den Kgl. Kronenorden IV. Klasse. Am 1. November 1938 beging er sein 25jähriges Jubiläum als Inspektor bei Laeisz und konnte gleichzeitig auf eine über 40jährige Dienstzeit bei dieser Reederei zurückblicken.

Von einigen weiteren Kapitänen sei über deren Leistungen zur See hier folgendes mitgeteilt.

Etwas ausführlicher soll dabei zunächst berichtet werden von dem Föhrer Commandeur *Volkert Bohn* (Schreibweise des Namens nach der Taufurkunde, St. Johannis auf Föhr, sowie allgemein übliche Schreibweise auf Föhr), auch Volquard Boon genannt (Schreibweise des Sterberegisters, St. Nicolai auf Föhr; Volquard ist festlandsfriesisch und Boon ist holländisch). Das Register zu St. Johannis nennt als seinen Vater Boh Ketels und schreibt seine vier Brüder, wie ihn selbst, Bohn. Nach einem Faksimile vom Jahre 1784, das sich in dem Buch: „Chronik der Familie Flor" von O. C. Nerong befindet, lautet seine eigenhändige, wohl durch seine von Holland aus unternommenen Seereisen beeinflußte Namensunterschrift, Volquart Boon.

Dieser Seefahrer nun ist der eigentliche Entdecker der großen „Scoresby's Sound" benannten Bucht an der Ostküste von Grönland. Da seine Entdeckung im Grunde unbekannt geblieben ist und die wenigen Literaturstellen, die von ihr berichten, zum Teil mit Fehlern behaftet sind, so sollen hier aus den Nachforschungen, die der Verfasser zur Ermittlung des ganzen Sachverhaltes und zur Klarstellung unternommen hat, einige nähere Angaben gemacht werden.

Volkert Bohn ist am 12. August 1734 in Borgsum auf Föhr geboren und am 3. Februar 1800 in Boldixum (Boldixumholm) auf Föhr gestorben. Nach Beendigung der Seefahrt war er Ratmann auf seiner Heimatinsel. Das Haus, das er in Boldixum bewohnte, ist später das Küsterhaus geworden, es trägt heute noch in seinem Giebel einen eisernen Maueranker in Form eines B.

Die Nachricht von der Entdeckung der großen Bucht durch Volkert Bohn verdanken wir dem Dänen *Morten Wormskiold* (1783—1845), der naturhistorischer Reisender war und u. a. eine erst planmäßige botanische Untersuchung von Grönland 1812—14 ausführte In seiner Abhandlung „Gammelt og Nyt om Grönlands, Viinlands og nogle fleere af Forfaedrene kiendte Landes formeentlige Beliggende", erschienen in: „Det skandinaviske Litteraturselskabs Skrifter, 1814, Tiende Aargang, Kjöbenhavn", schreibt er auf Seite 383/4: „Sandsynligviis bliver denn Fiord (eller dette Straede?) den samme som den der Aar 1761 saaes af en Hvalfanger Volqvard Boon, der i Aaret 1788 var Raadmand i Boldisum paa Österland Föhr, og af hvis af ham selv haandskrevne Kort naervaerende Beretning er uddraget: Fra den 21 de Junii til 30te Julii 1761 kom han langs Landet fra 76°30′ Breede til 68°40′ i en Afstand af 1½ til 6 Miil, og fandt dets Straekning i N. O. og S. V. per Compas. Han blev den 27 de Juli paa 70°40′ Breede ved en staerk Ström inddraget i en stor Fiord, som han anslog paa omtrent 15 Miles Viide. Dens Straekning var i N. V. til V. per Compas og Ende kunde man ikke kiende paa den, da man med klar Luft fra Bramsadlingen ikke kunde öine Land; formodedes derfor og fordi Strömen altid satte indad her, at Fiorden vel gik heelt igiennem Landet; temmelig Söedynning og Besaetning af Iis bemaerkedes her inde." [Altes „Altes und Neues von Grönland, Vinland und einigen weiteren unseren Vorfahren namentlich bekannten, aber örtlich unbekannten Ländern".
— „Augenscheinlich handelt es sich bei diesem Fjord (oder dieser Straße?) um denselben, der im Jahre 1761 gesehen wurde von einem Walfänger Volquard Boon, der im Jahre 1788 Rathmann in Boldixum auf Osterland Föhr war und von dem auf einer von ihm selbst gezeichneten Karte die ungefähre Berechnung eingetragen ist: „Vom 21. Juni bis zum 30. Juli 1761 fuhr er am Lande entlang vom 76° 30′ Breite bis zum 68° 40′ in einem Abstand von 1½ bis 6 Meilen, und stellte mit dem Kompaß dessen NO—SW Richtung fest. Er wurde am 27. Juli auf 70° 40′ Breite von einer starken Strömung in einen großen

Fjord hineingetrieben, dessen Weite er auf ungefähr 15 Meilen schätzte. Er verlief dem Kompaß zufolge in der Richtung von NW bis W. Sein Ende konnte man nicht feststellen, da man bei klarer Luft von der Bramsaaling (Krähennest) aus kein Land wahrnehmen konnte; es wurde deshalb vermutet und auch weil die Strömung hier immer nach innen setzt, daß der Fjord wohl ganz durch das Land hindurch führte; ziemliche Seedünung und Vereisung wurde hier drinnen festgestellt." lt"].

Hiernach ist Wormskiold also im Besitz gewesen von einer handgezeichneten *Karte* des Volkert Bohn, aus der hervorgeht, daß Bohn zwischen dem 21. Juni und 30. Juli 1761 die Ostküste von Grönland zwischen dem 76. und 68. Grad befahren hat und daß er am 27. Juli auf 70° 40′ von einem starken Strom in einen großen Meerbusen, den er 15 Meilen breit schätzte und dessen Richtung Nord-West zu Westen war, hineingezogen wurde.

Über diese selbstgefertigte Karte von Volkert Bohn ist sonst nichts bekannt geworden, sie ist auch nicht im Druck erschienen. In dem Buch von Rosenörn-Teilmann: „Om Slaegten Wormskiold" 1902, steht auf Seite 30: „Verschiedene Umstände stellten sich der Herausgabe von Reisebeschreibungen usw. entgegen, u. a. wurden ihm die Materialien durch eine Feuersbrunst geraubt, die den 2ten Dezember 1842 an einem vorläufigen Aufbewahrungsort in Jütland seine Sammlungen und Handschriften vernichtete." Vermutlich ist die Karte von Bohn bei dieser Feuersbrunst mit vernichtet worden. Auf eine Anfrage bei der Kgl. Bibliothek in Kopenhagen im Dezember 1938 nach dem Verbleib der Karte, wurde dem Verfasser nach dortselbst freundlichst erfolgter Nachsuche mitgeteilt, daß die Sammlungen der Königlichen Bibliothek ohne Ergebnis untersucht worden sind und daß die Karte weder in der „Bibliographia Groenlandica" 1890 (= Meddelelser om Grönland, Hefte 13) noch im Katalog der antiken Kartensammlung des Seekarten-Archivs, 1895, erwähnt ist.

Der dänische Geologe *Christian Pingel* (1793—1852) schreibt in seiner Abhandlung „Om de vigtigste Reiser, som i nyere Tider ere foretagne fra Danmark og Norge, for igjen at opsøge det tabte Grønland og at undersøge det gjenfundne" („Von den wichtigsten Reisen, die in neueren Zeiten von Dänemark und Norwegen unternommen wurden, um das verlorene Grönland wieder aufzusuchen und das wiedergefundene zu untersuchen."), erschienen als Kapitel XXXIII, S. 625 bis 794, in „Grønlands historiske Mindesmaerker, udgivne af det Kongelige Nordiske Oldskrift-Selskab", 13. Band, Kopenhagen 1845, nachdem er den obigen Bericht von Wormskiold gegeben hat, über die Karte von V. Bohn folgendes: „Det paaberaabte Kort, hvilket Wormskiold havde faaet af Löwenörn, er formodentligen forgaaet ved den Brand, som for et Par Aar siden i Jylland tilintetgjorde alle den Förstnaevntes videnskabelige Samlinger." („Die vorerwähnte Karte, die Wormskiold von Löwenörn erhalten hatte, ist vermutlich verloren gegangen bei dem Brande, der vor ein paar Jahren in Jütland alle vorher erwähnten wissenschaftlichen Sammlungen vernichtete"). Löwenörn, Poul de (1751—1826) war Admiral und Direktor des Seekarten-Archivs in Dänemark, das 1784 errichtet worden ist. Zufolge Pingel hatte Wormskiold die Karte also erhalten von Löwenörn. Die weiteren Angaben, die Pingel über V. Bohn macht, daß er 1825, 82 Jahre alt, gestorben ist, nachdem er als Walfänger 45 Reisen nach dem nördlichen Eismeer gemacht hat, beruhen auf einem Irrtum, sie beziehen sich nicht auf V. Bohn, sondern auf den Commandeur Volkert Boy Rickmers (1743—1825) von Wrixum auf Föhr.

Die einzige Eintragung der Entdeckung von Volkert Bohn in eine Karte von Gröhland hat wohl der kgl. dänische Capitain *G. Fries* vorgenommen. In dem Buch: „Bruchstücke eines Tagebuches, gehalten in Grönland in den Jahren 1770 bis 1778" von Hans Egede Saabye, das von G. Fries aus dem Dänischen übersetzt und in Hamburg 1817 gedruckt ist, befindet sich ein Kupferstich „Karte über Grönland, die Westküste nach P. Egedes Karte, entworfen von G. Fries"[1] auf welchem, auf der sonst bis auf eine kurze durch Egede

[1] Taf. 131.

bekanntgewordene Strecke im mittleren Teil der im übrigen gänzlich unbekannten Ostküste innerhalb einer schraffiert gezeichneten Bucht oberhalb des 70. Breitengrades die Eintragung „Volquard Boon 27 Julii 1761" verzeichnet steht.

Auf seiner Heimatinsel Föhr scheint es Karten, Aufzeichnungen u. dgl. von Volkert Bohn nicht mehr zu geben. Der Verfasser hat an vielen Stellen bei den Nachkommen usw. Nachforschungen angestellt, die jedoch alle ohne Ergebnis geblieben sind.

Im Jahre 1822 nun hatte der Engländer *William Scoresby* der Jüngere (1789—1857) ebenfalls zu Zwecken des Walfischfanges, sowie außerdem zu Untersuchungen und Entdeckungen eine Reise an die Ostküste von Grönland unernommen. Seine Veröffentlichung über diese Reise trägt den Titel: „Journal of a voyage to the Northern Whale-Fishery, including researches and discoveries on the eastern coast of West Greenland made in the summer 1822, in the ship Baffin of Liverpool." Edinburgh 1823. Eine deutsche Übersetzung dieses Buches „William Scoresby's des Jüngeren, Tagebuch einer Reise auf den Walfischfang, verbunden mit Untersuchungen und Entdeckungen an der Ostküste von Grönland, im Sommer 1822" hat Friedrich Kries, Hamburg 1825, herausgegeben.

Die Erforschung der Ostküste von Grönland durch Scoresby erstreckte sich zwischen dem 75. und 69. Breitengrad, also je einen Grad nach Nord und Süd weniger als die von V. Bohn. Eine seinem Buch beigegebene Karte veranschaulicht den von ihm aufgenommenen Küstenverlauf. Vom 25. bis zum 27. Juli befuhr und untersuchte er die große nördlich des 70. Breitengrades gelegene Bucht, die am 27. Juli 1761, d. h. genau 61 Jahre vorher V. Bohn bereits befahren und somit als erster entdeckt hatte. Gleichzeitig mit William Scoresby befand sich auf einem anderen Schiff „Fame" dessen Vater, der den gleichen Vornamen trägt, in der Bucht und zwar war dieser bereits schon am 23. Juli dort hineingefahren. Auf Seite 225 der Übersetzung seines Buches schreibt Scoresby ausdrücklich mit Bezugnahme auf seinen Vater „... er war nicht nur, wie ich glauben muß, der erste Entdecker derselben, sondern er war auch der erste, der sie befuhr, und ihre Lage im allgemeinen bestimmte. ... Daher habe ich es mit der Beseitigung der Bedenklichkeiten, welche Bescheidenheit und Zartgefühl dagegen erheben könnten, gewagt, dieser geräumigen Einbucht, zu Ehren meines Vaters, den Namen *Scoresby's Sound* beizulegen". Scoresby hatte also nichts gewußt von Volkert Bohn und es sind ihm sonach auch die oben genannten Veröffentlichungen darüber von Wormskiold, 1814, und von G. Fries, 1817, unbekannt geblieben, sonst hätte er, bei der vornehmen Denkweise die er besaß, der Bucht sicher den Namen Bohn-Sund gegeben.

Vor seiner Entdeckung des Scoresby-Sound gibt Scoresby, den 20. Juli 1822 betreffend, folgenden Bericht: „Nahe an derselben (gemeint ist die Küste mit dem Roscoe-Gebirge und dessen spitze Berggipfel, die nördlich des Scoresby-Sound liegt; d. Verf.) wurden mehrere Inseln entdeckt. Diese hatten ein ganz entgegengesetztes Ansehen, indem ihre Felsen mehr abgerundet und unbedeutsam waren. Eine der südlichsten von diesen, unter 70°40′, mit einem einzelnen, über das Meer emporragenden Pik, auf dessen Spitze ein Felsen, der den Ruinen einer verfallenen Burg gleicht, nannte ich nach meinem geschätzten Freunde *William Rathbone*..." (Deutsche Übersetzung von Friedr. Kries). In der englischen Ausgabe heißt es: „I named after my esteemed friend Mr. William Rathbone..." Die Insel ist auf der Karte von Scoresby eingezeichnet und „Rathbone I." benannt.

Die „Royal Geographical Society" in London, der hier nochmals bestens gedankt sei, teilte dem Verfasser auf seine Anfrage mit, daß William Rathbone, der 1787 geboren und 1868 in Greenbank bei Liverpool gestorben ist, jener Familie der Rathbones in Liverpool angehörte, die eine große Kaufmannsfirma hatten. Er stand in Liverpool als Pädagoge und Philanthrop in hohem Ansehen.

Die Frage der Rathbone-Insel sei hier deshalb erwähnt, weil C. P. Hansen von Sylt in seiner „Chronik der Friesischen Uthlande", Garding 1877, S. 203 und O. C. Nerong von Föhr (vermutlich von Hansen übernommen) in seinen Schriften „Föhr früher und jetzt", Dollerup 1885, S. 23 und „Die Insel Föhr", Dollerup 1903, S. 41 schreibt, daß Volkert Bohn diese Insel gefunden bzw. entdeckt hat und daß sie nach ihm „Rath-Bohn-Insel" bzw. „Rath-Boon-Insel" genannt wurde. Die Tatsache, daß Bohn „Rathmann" gewesen war, hat wahrscheinlich zu dieser irrigen Annahme geführt. Seine Landsleute haben ihm also irrtümlicherweise eine Insel zugeschrieben, während ihm durch Scoresby die Entdeckung einer Bucht unwissentlich vorenthalten worden ist.

Der Handelsschiffer *Urban Otto Flor* (1736—1804) von Morsum auf Sylt war viele Jahre als Handelskommissar des Conferenzrates Ryberg von Kopenhagen auf den Färöern tätig. Er trug zur wirtschaftlichen Hebung der Inseln wesentlich bei und bahnte einen Handelsverkehr nach Schottland an. Auf Grund seiner mathematischen Kenntnisse fertigte er eine Karte der Inseln an, die 1781 in Leith in Schottland gedruckt wurde.

Eine erlebnisreiche Reise hatte einst der Kapitän *Haye Laurens* (Lorenzen, 1753 bis 1835) von der Hallig Hooge[1]). Als er 1804 mit der Bark „De Kinds Kinder" seines Reeders M. v. Trompowsky in Riga lag, wurde sein Schiff durch den französischen Grafen von Blacas, einem Abgesandten des Grafen von Provence, des späteren König Ludwig XVIII. von Frankreich, für diesen gechartert. Der damals bei dem deutschen Baron von Königsfeld in Blankenfeld in Kurland in Verbannung lebende spätere König beabsichtigte, sich mit seinem in England lebenden Bruder, dem Grafen von Artois, späteren König Karl X. von Frankreich, in Kalmar in Schweden zu treffen, um gemeinsam mit ihm Protest zu erheben gegen die von Napoleon beabsichtigte Kaiserkrönung. Die unternommene Reise von Bolderaa, an der Dünamündung, nach Kalmar und zurück, bei der Haye Laurens außer Ludwig XVIII. noch 19 weitere seiner französischen Begleiter, darunter seinen Neffen, den Herzog von Angoulême, an Bord hatte, dauerte vom 14. September bis zum 7. November. Als besondere Anerkennung für seine Dienstleistung, es mußte infolge schweren Sturmes auf der Hinreise eine Notlandung bei Gräsgård auf der Insel Öland vorgenommen werden, erhielt Haye Laurens später vom König, als dieser endlich nach 23jähriger Verbannung, nach dem Sturz Napoleons, auf den Thron von Frankreich gekommen war, im Jahre 1818 den Lilienorden und 1000 Franken. Geschenke von der Fahrt, eine silberne Teekanne, Porzellantassen, eine Taschenuhr und eine Kaminuhr, die die Franzosen dem Kapitän gemacht hatten, befinden sich noch im Besitz der Nachkommen auf Hooge und Föhr. Auf Grund von unrichtigen Angaben der Nachkommen des Kapitäns ist die Seereise örtlich, zeitlich und inhaltlich von verschiedenen Autoren, so von Pastor Bruhn, Koldenbüttel und Theodor Möller, Kiel, in dessen sehr schönem Werk „Die Welt der Halligen" irrtümlich veröffentlicht worden. Zur Klarstellung der Begebenheit hat der Verfasser dieses Buches 1932 sämtliche Reiseorte selbst aufgesucht und alles noch erreichbare Material aus Archiven, wie denen von Mitau, Riga, Kalmar, Stockholm, Paris und anderen Orten, wie aus anderen Quellen zusammengetragen und diese denkwürdige Seereise in einem geschlossenen Zusammenhang zur Aufzeichnung gebracht. Aus Akten, die in Riga noch vorhanden waren, konnte der Verfasser auch den Namen des Schiffes, „De Kinds Kinder", einwandfrei feststellen. Ein im Jahre 1803 in Wyk auf Föhr gemaltes Aquarellbild des Schiffes, das sich noch in Händen von Nachkommen in Hamburg befindet, konnte unter drei weiteren Bildern von Schiffen, die sich auf Föhr und Hooge befinden, die Schiffe zeigen, die ebenfalls von Haye Laurens geführt worden waren, damit als dasjenige bestimmt werden, mit dem die historische Seereise unternommen worden war. Ein großes, wahrscheinlich in Holland gemaltes Ölbild des Kapitäns, befindet sich im Nachlaß des Nachkommen Haye Lorenz Jacobsen in Tondern. Die Protestererklärung, die auf der Seereise abgefaßt wurde, bildete später die Grundlage für die „Erklärung von Saint-Ouen", mit der Ludwig XVIII. bei seinem Einzug in Paris als König von Frankreich im Jahre 1814 dem Volk eine Verfassung gab.

[1]) Taf. 133. 134.

Kapitän *Dirk Meinerts Hahn* (1804—1860) von Westerland auf Sylt hatte als tüchtiger Seefahrer viele glückliche Reisen gemacht. So brachte er denn auch im Auftrage seines Reeders Dede in Hamburg 140 deutsche Auswanderer im Jahre 1835 von Cuxhaven nach New York. Im Jahre 1838 hatte er 199 deutsche Altlutheraner an Bord seines Schiffes, die ihres Glaubens wegen von Preußen nach Südaustralien auswanderten. Nach den Aufzeichnungen von Hahn hatte die Fahrt von Hamburg nach Holfast Bay 128 Tage gedauert. Durch Vermittlung von Hahn fanden die Auswanderer in der Gegend von Mount Barker unweit von Adelaide in einem fruchtbaren Tal eine neue Heimat. Für die Fürsorge, die der Kapitän seinen Passagieren während der Reise und nach der Ankunft hat zu teil werden lassen, wurde das Dorf, das sie gründeten, „Hahndorf" genannt. Es ist eine fruchtbare und wohlhabende Niederlassung geworden, die heute noch besteht.

Kapitän *Paul Nickels Paulsen* (1812—1882) von Föhr war Kapitän des ersten Hamburger Atlantik-Dampfers „Helene Sloman" der Firma Sloman in Hamburg[1]). Das Schiff war der erste Dampfer Deutschlands, der unter deutscher Flagge den Atlantik überquerte und seiner Führung anvertraut wurde. Drei Reisen von Hamburg nach New York hat Paulsen mit diesem Dampfer im Jahre 1850 ausgeführt. Auf der dritten Reise geriet der Dampfer bei den Neufundlandbänken in einen so schweren Sturm, daß das Schiff seinen Untergang fand. Die Passagiere und die Besatzung wurden jedoch von dem englischen Schiff „Devonshire" gerettet. Die Passagiere schenkten Paulsen aus Dankbarkeit für seinen tatkräftigen Einsatz um ihre Rettung eine große Silberkanne, in die außer einer Widmung die „Helene Sloman" und die „Devonshire" eingraviert sind. Die Kanne befindet sich heute im Besitz der Kirche von Nieblum auf Föhr und dient als Abendmahlsgerät. Paulsen führte für Sloman außerdem die Segelschiffe „Howard", „Gutenberg" und „Humboldt".

Ihre navigatorischen Fähigkeiten haben die Inselfriesen mit gleich großem Erfolg, wie bei der Seefahrt, so auch bei der Luftfahrt bewiesen. Kapitän *Eduard Paulsen* von Boldixum auf Föhr, der seit 1891 zur See gefahren war, wurde während des ersten Weltkrieges 1915 zur Luftfahrt abkommandiert. Er stand unter Dr. *Hugo Eckener* und fuhr auf den Luftschiffen „Sachsen" und „Schwaben", sowie auf „L 13" und „L 50"[2]).

Wie beim Walfang auf den Grönlandfahrten sind die *Schicksale*, von denen viele Inselfriesen auch auf den Handelsreisen betroffen wurden, mannigfaltig und hart gewesen. Für manchen ist auch die Handelsfahrt zur Todesfahrt geworden. Es konnte das nicht ausbleiben, da die Seeleute ja alle Ozeane befuhren. Sie kamen nach allen Orten, zu allen Völkern und in alle Klimate der Erde. Es sollen hier nur einige Ereignisse geschildert werden.

Der im Abschnitt „*Grönlandfahrt*" bereits genannte glückliche Walfänger, der Commandeur *Matthias Petersen* von Föhr[3]), wurde mit seinem Schiff während des spanischen Erbfolgekrieges 1702 von einem französischen Kaper aufgebracht und mußte sich durch die Zahlung von 8000 Reichstalern loskaufen.

Im Verfolg dieser Mitteilung berichtet C. P. Hansen in seiner Chronik weiter: „Zwei seiner Söhne, die ebenfalls eigene Schiffe führten, wurden zu gleicher Zeit von Seeräubern angefallen und nach hartem Widerstand überwunden. Einer derselben, namens Otto, wurde samt einem jüngeren Bruder dabei erschossen, der dritte aber gefangen nach St. Malo gebracht. Beider Schiffe kamen in Feindeshände."

Viele Inselfriesen gerieten im 17. und 18. Jahrhundert durch türkische und algerische Seeräuber in Sklaverei. Der 15 Jahre alte *Hark Olufs* (Ulws, Ollefs) (1708—1754) von Amrum wurde 1724 mit der gesamten Besatzung des Schiffes seines Vaters *Oluf Jensen* des Dreimasters „Die Hoffnung", die mit 14 Kanonen bestückt war, nach Gefangennahme durch Seeräuber in Algier in die Sklaverei verkauft. Er geriet schließlich in die Hände des Bei von Konstantine, bei dem er nach längerem Dienst Schatzmeister und Truppen-

[1]) Taf. 139. [2]) Taf. 131. [3]) Taf. 126.

kommandeur wurde. Erst 1736, also nach einer Gefangenschaft von 12 Jahren, konnte Olufs nach Amrum zurückkehren. Er traf auf seiner Heimatinsel angeblich in türkischer Uniform ein. König Christian VI. von Dänemark soll ihm später einen hohen Militärposten angeboten haben, den er jedoch abgelehnt hat. Auf dem Grabstein seines Vaters[1], der 1750 starb, ist „Die Hoffnung" in Stein gemeißelt worden und das Lebensschicksal seines Sohnes Hark beschrieben. Von *Heinz Howaldt* (Kiel), Nebel Amrum, ist die Veröffentlichung eines Buches angekündigt, das den Titel trägt: „Hark Olufs, der friesische Seefahrer aus Amrum, seine Abenteuer und die Schicksale seiner mehr als tausend Nachkommen 1737—1937."

Von den Schicksalsschlägen, die die seefahrenden Inselfriesen betroffen haben, gewinnt man eine Vorstellung, wenn man die Angaben liest, die *C. P. Hansen* in seiner „Chronik der friesischen Uthlande" darüber macht. Im Jahre 1777 heißt es in bezug auf die Schiffscapitaine von Sylt: „Jürgen Balzers starb im Eismeer, Jens Groot im Kattegatt, Peter Geiken strandete auf der Elbe, Teide Bleiken verlor Schiff und Leben bei Ameland, Peter Prott starb zu Marseille, Hans Möller litt Schiffbruch bei Island, Bleik Erken verlor Schiff und Leben bei Fanöe, Peter Andresen strandete auf Anholt, Knut Knuten verlor ebenfalls sein Schiff im Kattegatt, das Schiff des Erk Schwennen sank bei den Azoren, Jakob Jappen verlor Schiff und Leben an der französischen Küste, Bunde Hansen strandete im Kanal."

1780 waren allein von Sylt, hauptsächlich in West- und Ostindien, 14 Seefahrer an klimatischen Krankheiten (gelbes Fieber usw.) gestorben. Im Jahre 1799 raffte das gelbe Fieber 8 Sylter in Westindien dahin. Für das Jahr 1797 heißt es hinsichtlich der Sylter Seefahrer bei Hansen: „Capitain Peter Uwe Peters starb in Westindien; Capitain Boy Peter Bleiken verlor Schiff und Leben im atlantischen Meere; den Capitainen Jakob Peter Prott, Jürgen Jens Lornsen und Andreas Claasen wurden ihre Schiffe in westindischen Gewässern von Engländern gekapert; das Schiff des Capitain Jens Booysen wurde von Franzosen im atlantischen Meere gekapert und verbrannt."

Von ganz besonderer Tragik sind außerdem die *Strandungen* von Schiffen an den Küsten der Nordfriesischen Inseln gewesen. Infolge der gewaltigen Brandung, die bei Stürmen hier herrscht, und infolge der schwierigen Strömungsverhältnisse, wie der vorgelagerten Sandbänke und Untiefen, sind die Westküsten von Sylt und Amrum berüchtigte Gefahrenzonen für die Schiffahrt. Es trifft das heute für die Dampfer und für die mit Hilfsmotoren ausgerüsteten Segelschiffe weniger zu, um so mehr dafür für die frühere Zeit der reinen Segelschiffahrt.

Nachdem am 29. September 1872 bei orkanartigem Sturm auf Sylt zunächst die Papenburger Kuff „Gesina" bei Wenningstedt gestrandet war, dazu auch noch eine norwegische Brigg und die Kuff „Bonna Rommeling" dort aufliefen, strandete am 30. September auch noch die holländische Kuff „*De Spruit*" bei Wenningstedt, wobei vier Mann der Besatzung ertrunken sind.[2]

Friedrich Ball hat in einer sehr eindrucksvollen Zusammenstellung in Form von Auszügen aus den Strandprotokollbüchern die „Strandungen an der Küste von Sylt" veröffentlicht. In der Zeit von 1788, dem Beginn der Protokollführung, bis 1923 sind 202 Schiffe bei Sylt gestrandet. Außer den Seeleuten, die von der Besatzung der Schiffe dabei den Tod fanden, haben viele Sylter und Amrumer bei dem gefahrvollen und häufig äußerst schwierigen Rettungsdienst ihr Leben verloren.

Als am 9. Dezember 1863 das mecklenburgische Schiff „*Horus*" bei der Sandbank Jungnamen vor Amrum strandete, suchten trotz schwerster Brandung vier Amrumer, Olle Swennen, Peter John, Christoffer Weiß und Jan Gerrets, Hilfe zu bringen. Ihr Boot kenterte jedoch und alle ertranken. Erneut fuhr ein mit fünf Mann besetztes Boot hinaus,

---

[1] Taf. 166. [2] Taf. 135.

in dem sich der Grönland-Commandeur Jacob Engemann, Albert Jensen, Niels Nielsen, Hans Hansen und Erich Jannen befanden. Auch diese kamen in der tobenden See um. Unglücklicherweise stellte sich dazu noch nachträglich heraus, daß die Besatzung des gestrandeten Schiffes bereits bei Norwegen geborgen war, daß das Schiff steuerlos allein weiter getrieben war, und daß sich schließlich, als es vor Amrum ankam, nur noch ein Hund darauf befand, dessen Bewegungen man von der Insel beobachtet hatte und sie für die von einem Menschen gehalten hatte. So hatten neun tapfere Amrumer um eines menschenleeren Wrackes bzw. eines Hundes wegen ihr Leben verlieren müssen.

Viele auf dem Meere verunglückte Seeleute sind im Laufe der Zeit an den Strand der Insel angespült worden. Man hatte sie früher entweder auf den Inselkirchhöfen, oder — wie seit 1812 — auf Sylt, damals ursprünglich zum Schutz gegen das herrschende gelbe Fieber, in den Dünen bestattet, da, wo sie angetrieben waren. Auf Anregung des Strandvogts *Wulf Hansen Decker* ist 1854 in Westerland auf Sylt ein besonderer Friedhof für Strandleichen, eine „Heimatstätte für Heimatlose", eingerichtet worden. Auf Amrum gibt es bei der Nebeler Mühle und auf Helgoland gab es auf der Düne ebenfalls einen derartigen Friedhof, auf dem die meist namenlosen Unglücklichen ihre letzte Ruhestätte finden bzw. fanden. In Westerland wurde auf dem an der Käpt'n Christiansen- und Elisabethstraße gelegenen Friedhof am 3. Oktober 1855 der erste Tote und 1905 der 53. Angetriebene bestattet[1]). Infolge Umbauung des Friedhofs mit Häusern des aufkommenden Badeortes mußte dieser 1907 geschlossen werden. Die weiteren Beisetzungen erfolgten in der Nordwestecke des neuen Westerländer Friedhofs. Im Sommer 1888 besuchte die Dichterin *Carmen Sylvia*, Königin von Rumänien, Westerland. „Im Gedächtnis an die fernen Witwen und Waisen" hat sie am 17. August des Jahres auf dem erstgenannten Friedhof den Toten einen Gedenkstein gewidmet, der am 2. September errichtet wurde. Er trägt Verse des Oberhofpredigers *Rudolf Kögel*. Auf Grund des Beschlusses des Kirchenkollegiums von Westerland vom 13. Mai 1896 legte der Strandvogt *Hans Broder Decker* ein Grabbuch an, das im evangelischen Pastorat verwahrt wird. Die ersten vierunddreißig traurigen Berichte sind Aufzeichnungen des Strandvogts *Wulf Hansen Decker;* bis zur achtundvierzigsten weiteren Bestattung liegen Angaben des Strandvogtes *Hans Broder Decker* vor. Auf dem neuen Friedhof erfolgte die erste Beisetzung am 5. September 1905 und die bisher letzte und fünfundfünfzigste am 23. Juli 1945.

Selbst in heutiger Zeit kommt es vereinzelt noch vor, daß auch größere Dampfer an den Inselküsten stranden. Am 21. September 1922 ist bei Sturm und Nebel der Fischdampfer „Ottensen" von Altona mit voller Ladung bei Jungnamen-Sand westlich von Amrum aufgelaufen. Das Wrack des Schiffes liegt versandet heute noch da und dient der Schiffahrt als Warnungszeichen. Auf der Höhe von Blidselbucht auf Sylt strandete am 20. Oktober 1935 infolge Steuerschadens der 5872 BRT. große französische Dampfer „Adrar"[2]). Strandvogt *Jürgen Bleicken* von Kampen leitete in einer sturmdurchtobten Nacht die Rettungsarbeiten[3]). Nach mehrfachen vergeblichen Versuchen, den Dampfer freizumachen und abzuschleppen, ist es schließlich der Hamburger Bugsiergesellschaft am 17. August 1936 gelungen, das große Schiff, das mit der Besatzung einen ganzen Winter und den darauffolgenden Sommer über auf dem Strand gelegen hatte, flottzumachen.

Das deutsche Küstenrettungswerk wird ausgeübt durch „*Die Deutsche Gesellschaft zur Rettung Schiffbrüchiger*", deren Hauptverwaltung sich in Bremen befindet. Sie wurde 1865 gegründet. Nach dem Bericht des Jahrbuches 1953 der Gesellschaft verteilt sich der Rettungsdienst auf 21 Stationen an der Nordsee und 9 Stationen an der Ostsee. Er wurde im Jahre 1952 durchgeführt mit 15 Groß-Motorrettungsbooten (12 an der Nordsee und 3 an der Ostsee), mit 15 Strand-Motorrettungsbooten (9 an der Nordsee und 6 an der Ostsee) und mit 6 Raketenapparaten (davon 5 an der Ostsee). 14 Seenotfunkstationen versahen den Seenotmeldedienst.

[1]) Taf. 136.   [2]) Taf. 135.   [3]) Taf. 137.

Über die jährliche Meldung vom „Einsatz und Erfolg" berichtet das Jahrbuch 1953: „Neben den regelmäßigen Dienst- und Kontrollfahrten führten unsere Rettungsboote im Jahre 1952 insgesamt 216 Einsatzfahrten zum Teil unter schwierigsten Umständen durch. 203 Menschenleben konnten dabei aus Seenot gerettet oder aus unmittelbarer Gefahr befreit werden, und zwar 123 in der Nordsee und 80 in der Ostsee. Unter ihnen befanden sich 7 Ausländer, nämlich 6 Dänen und 1 Amerikaner. — 26 Gerettete waren Fischer, 80 Jachtsegler, und in 11 Fällen wurden Schwerkranke durch unsere Boote von Schiffen abgeborgen oder von den Inseln zum Festland in Krankenhausbehandlung gebracht, zumeist weil Wetter- und Eisverhältnisse keine andere Transportmöglichkeit mehr zuließen. 17 weitere, weniger schwierige Krankentransporte sind in dieser Zahl nicht berücksichtigt. Unsere Rettungsboote konnten im Jahre 1952 weiterhin 71 in Seenot geratene Fahrzeuge bergen oder bei ihrer Bergung maßgebliche Hilfe leisten; unter ihnen befanden sich 9 Fischerfahrzeuge und 28 Segeljachten.

Seit Gründung unserer Gesellschaft wurden bis zum Jahresende 1952 insgesamt 9525 Menschenleben durch die Mannschaften, Boote und Geräte unserer Stationen gerettet oder aus Gefahr befreit, davon entfallen 2329 auf die Zeit nach Kriegsende im Mai 1945. Von der Gesamtzahl der Geretteten waren 7125 Deutsche, während 2400 anderen Nationen angehörten."

Die Gesamterfolge der Rettungsstationen im Bereich der Nordfriesischen Inseln betragen bis Ende 1950 an geretteten oder aus Gefahr befreiten Menschen bzw. Schiffen für Amrum 305 bzw. 21, für Sylt bei Hörnum 157 bzw. 20, bei Westerland 65 bzw. 1, bei List 79 bzw. 38."
Im Inselgebiet von Nordfriesland hat gegenwärtig, d. h. 1953, nur Sylt Rettungsstationen, und zwar eine in List mit dem MRB „Hermann Frese", eine in Hörnum mit dem MRB „Geh. Rat Sartori" und eine Seenotstelle in Westerland. In List ist *Ludwig Hansen* seit 1919 im Dienst und ist seit 1925 Vormann. In Hörnum steht *Peter Carstensen* seit 1914 im Dienst und ist seit 1936 Vormann. Vormann der Seenotstelle Westerland ist *Arthur Hansen* seit 1940; er ist Mitglied seit 1928. In Kampen bestand von 1920 bis 1949 eine Rettungsstation, deren Vormann *Jürgen Bleicken* war, der außerdem seit 1924 Strandvogt ist[1]). In Wittdün auf Amrum befindet sich nach dem Abzug der „Bremen" z. Zt. kein Boot, Vormannsdienste übt dort *Volquart Quedens* aus. Die Rettungsdienst-Chronik 1952 verzeichnet für Sylt: „11. 4. MRB ‚Hermann Frese', List Sylt, bringt das in Seenot befindliche dänische Fahrzeug ESA mit seiner Besatzung in Sicherheit". Für das in Hörnum stationierte MRB „Geh. Rat Sartori" steht eingetragen: „19. 6. — schleppt den havariert in Seenot befindlichen Motorsegler ‚Magdalena' ein und bringt die Besatzung in Sicherheit." „25. 7. — rettet 2 abgetriebene und erschöpfte Schwimmer von einer Wracktonne." „28. 8. birgt den Fischkutter ‚Irene' aus schwerer Seenot und rettet die Besatzung." „15. 9. — schleppt das in Gefahr befindliche Boot ‚Ekke-Nekkepen' ein." „11. 12. — birgt den schwer havarierten Fischkutter ‚Dirk' aus Seenot und rettet seine Besatzung."

In dem besonders kalten Winter 1946/47 wurden von und nach den vom Eis blockierten Nordseeinseln in den Monaten Januar bis März annähernd 700 Personen und fast 100 000 kg Lebensmittel, Arzneien und Post befördert. Außerdem fanden Arzt- und Krankentransporte zwischen den Inseln und dem Festland statt.

Zur Kennzeichnung der Leistung der Besatzung der Boote sei der folgende Nachruf aus dem Jahrbuch der Gesellschaft von 1951 gebracht. Es heißt darin: „Einer der bewährtesten und markantesten Rettungsvorleute, der Helgoländer *Rickmer Bock*, erlag am 17. September 1950 im Alter von 58 Jahren einer tückischen Krankheit. Über 30 Jahre hatte er dem Rettungswerk gedient, in zum Teil außerordentlich schwierigen Fahrten 164 Menschenleben gerettet und im Jahre 1940 für die schwerste Rettung des Jahres die Prinz-Heinrich-Medaille erhalten. Schweigsam, zuverlässig und unerschrocken war er an

---

[1]) Taf. 137.

der ganzen Nordseeküste bekannt und wird ein unvergeßliches Vorbild bleiben. — Das Rettungsboot ‚Geheimrat Gerlach', das er bis zuletzt führte, trägt jetzt den Namen ‚Rickmer Bock' und wird das Andenken dieses unvergeßlichen Mannes im Rettungswerk an der deutschen Küste fortleben lassen."

Im Lauf der fast 90jährigen Geschichte der Gesellschaft haben 37 deutsche Rettungsmänner ihr Leben verloren.

Der Schirmherr der „Deutschen Gesellschaft zur Rettung Schiffbrüchiger", der Herr Bundespräsident Prof. Dr. *Th. Heuss*, sagte am 7. Februar 1952 anläßlich der Verleihung von Auszeichnungen an Rettungsmänner: „... die das tun, leisten es gegenüber ihnen völlig fremden Mitmenschen — aus dem hintergründigen Wissen: wenn *sie* auf dem Wrack liegen würden, dann würden andere kommen, in derselben Art ihnen helfen zu wollen. Denn in allen Ländern und allen Völkern gibt es Menschen, die in solchem Sinne die Bindung zu anderen — gleichviel wer es sei — besitzen und aus dem Besitz heraus bewahren ... "

In strengen Wintern vereist das Wattenmeer zwischen den Inseln und dem Festland. Die Schiffahrt kommt dann zum Erliegen. Das galt auch für Sylt bis zur Fertigstellung des Hindenburgdammes im Jahre 1927 und für Nordstrand bis zur Anlage des dortigen Verbindungsdammes zum Festland nach Wobbenbüll im Jahre 1935. Es muß dann zumindest der Postverkehr trotzdem aufrecht erhalten bleiben. Dies geschah durch Eisboote d.h. mittels eines Ruderbootes, das außer dem Kiel mit zwei seitlichen Kufen versehen war und das von vier oder fünf Mann je nach den Verhältnissen über das Eis gezogen, oder durch freie Wasserflächen und Scholleneis gerudert wurde. Man hatte auch ein Segel an Bord. Von der Mannschaft der Sylter Eisbootfahrten ist uns eine einzige Aufnahme überliefert worden, die der Fotograf Otto Lorenzen im Winter 1904/05 anfertigte. Es sind darauf von links nach rechts abgebildet: Martin Boysen, Morsum; Matthias Johannsen, Keitum; Christian Petersen, Morsum; Martin Jürgensen, Munkmarsch und dessen Vater Jan Jürgensen als Vormann, Keitum[1]). Von diesen lebt heute nur noch der am 18. 6. 1874 in Keitum geborene *Martin Jürgensen*. Nach seinen Mitteilungen an den Verfasser beteiligte er sich an der Eisbootfahrt von 1899—1913, d.h. also 13 Jahre lang. Während der ersten Jahre wohnte er in Braderup und mußte von dort aus täglich um halb drei Uhr früh in den schweren und hüfthohen Schlagstiefeln zu Fuß nach Keitum, um von hieraus mit dem Pferdewagen der Post zur Nössespitze zu fahren. Bei gutem Eis erfolgte die etwa 11 km breite Überquerung in Richtung auf Rodenäs hin und zurück von 7 Uhr früh bis ein Uhr mittags. Bei ungünstiger Witterung, wie Schneesturm usw. mußte die Mannschaft zuweilen in Rodenäs übernachten, und konnte erst am folgenden Tag den Rückmarsch antreten. Jürgensen nach erinnert sich an einen Tag von besonders großen Anstrengungen an dem die Mannschaft dem gewohnten Abmarsch um 7 Uhr früh von Nösse erst um acht Uhr abends bei der Eispoststation von Rodenäs anlangte. Bei glatter Postbeförderung betrug der tägliche Lohn pro Mann drei Reichsmark. Konnte der Marsch von Nösse aus wegen allzu schlechten Wetters nicht erfolgen, so wurde jeder nur mit zwei Reichsmark entschädigt. War ein Fortkommen von Keitum aus schon unmöglich, so fiel die Löhnung ganz aus. Neben der Post wurde auch die für das Backen von Brot so wichtige Hefe mitbefördert. Von dem Inseldasein früherer Zeit legt die Eisbootfahrt ein besonders beredtes Zeugnis ab.

Im November 1948 wurde in Wyk auf Föhr durch die Kapitäne *Julius Tadsen* und *W. Schröder* eine „Gilde der Seefahrer von Föhr" gegründet. Durch die Mitglieder der Gilde sollen alle Geschehnisse, die sich auf die Seefahrt der Insel Föhr beziehen, zur Sammlung und Aufzeichnung gelangen. Der Seefahrergeist ist ein schlichter Geist, er ist beherrscht von der Weite und Macht der Weltenmeere. Um so lebendiger und ergreifender heben sich davon die Tatsachen aller nur erdenklichen Vorkommnisse ab, wie sie die

[1]) Taf. 23.

wechselvollen Ereignisse des Lebens in ihrer bunten Fülle nun einmal bieten. Das Meer ist Schicksal in einem höheren Grad als das Land.

Würde man die Geschehnisse aus der Seefahrt der Inselfriesen, soweit diese bekannt sind, und Unterlagen dafür vorliegen, in einem Buch einmal zusammentragen, so würde man eine Folge von Lebensbildern vor sich haben, die Begebenheiten von erfolgreichen Mannestaten und tragischen Todesfahrten enthalten, die weit über jede Vorstellung hinausgehen.

LANDWIRTSCHAFT

DEICHBAU

Die Festlandsküste der Nordsee von Holland bis nach Dänemark besteht aus einem Saum von Marschland. Es ist fruchtbarer Boden, der aus Schlickstoffen vom Meere aufgebaut wurde. Seine Entstehung bewirkte das tägliche Flutwasser, das aufgewühlte Bodenstoffe mit heranbrachte, die zur Ablagerung kamen, bis das nach und nach schichtweise aufgebaute Marschland so hoch angewachsen war, daß es über mittlerem Hochwasser lag, d. h. daß es flutfrei blieb und eine Grasnarbe sich darauf bilden konnte. So hat daher beispielsweise der aufgebaute Erdsockel der Halligen eine Höhe von etwa zwei Metern.

Die Küste, die den Menschen an sich schon zu Fischerei und Seefahrt anlockte, mußte es um dieses ertragreichen Bodens wegen um so mehr tun. Die Nutzbarmachung des Landes setzte jedoch Schutz vor Überflutung voraus. Wie man zur Sicherung seines eigenen Lebens sein Wohnhaus bereits auf Erdhügel, auf Terpen, Wurten oder Warfen gesetzt hatte, mußte man zunächst Erdwälle errichten, bevor man daran gehen konnte, das Vieh in Meeresnähe weiden zu lassen, und bevor man vor allen Dingen den Ackerbau wagen durfte.

Es werden furchtbare Katastrophen gewesen sein, die die Friesen bei ungeschütztem Land im ersten Jahrtausend nach Christi Geburt erlebt haben, da vor dem Deichbau an den ganzen Küsten die Verhältnisse ähnliche waren, wie sie bis vor Errichtung von Seedeichen in den letzten Jahren auf den Halligen von Nordfriesland bestanden haben.

Für die Völkerschaften, die unmittelbar an der Küste gelebt haben, in einer dem Meere besonders ausgesetzten Lage, trifft die Beschreibung zu, die *Plinius* um 50 n. Chr. von den Chauken gegeben hat. Diese lebten auf Warfen und konnten sich weder Vieh halten, noch von Milch leben wie ihre Nachbarn. Unter den Nachbarn werden wir jedenfalls die etwas weiter auf der landeinwärts gelegenen höheren Marsch oder die am Geestrand wohnenden Teile des Chaukenstammes zu verstehen haben.

Der *Deichbau* hat in Nordfriesland etwa um das Jahr 1000 n. Chr. begonnen und ist sehr wahrscheinlich eingeführt worden von den um diese Zeit eingewanderten Südfriesen, die die Kunst der Errichtung von Deichen vorher schon in ihrer alten Heimat erlernt hatten.

Daß trotz des Deichbaues Überflutungen und Verheerungen noch auftreten können und immer wieder aufgetreten sind, zeigen uns die vielen schweren Sturmflutkatastrophen, die sich durch alle Jahrhunderte bis auf den heutigen Tag ereignet haben.

Eine Karte, die *W. Hinrichs* in seinem Buch „Nordsee. Deiche, Küstenschutz und Landgewinnung" gibt, zeigt die Lage und Größe der Köge mit ihren Deichverläufen an der Schleswigschen Westküste, wie sie heute bestehen. Ein Verzeichnis dazu gibt das Jahr der jeweiligen Bedeichung an. Wie ein pflanzliches Zellgewebe ist das Marschland von oben gesehen durch die Köge oder Polder aufgeteilt. Die heutigen höchsten und noch ausreichenden Deichhöhen liegen auf NN + 7,45 m. Zur Zeit in Gang befindliche Erhöhungen der alten Seedeiche erhalten je nach Lage der örtlichen Verhältnisse eine Kronenhöhe bis zu + 7,50 m über NN.

Nach Angabe des Marschenbauamtes Husum ist für das Jahr 1954 eine Eindeichung des Vorlandes südlich des Hindenburgdammes geplant, die eine Fläche von rd. 1000 ha umfassen wird. An weiteren Bedeichungen für die nächsten Jahrzehnte sind vorgesehen das Vorland nördlich des Hindenburgdammes von rd. 500 ha, das vor Fahretoft von rd. 1000 ha und dasjenige vor dem Sönke-Nissen- und Cecilienkoog von rd. 1500 ha.

Die nordfriesischen Uthlande sind in den ersten Jahrhunderten des zweiten Jahrtausends von vielen Deichen durchzogen gewesen. Das dann später durch „Senkungen" und Sturmfluten zu Wattenmeer gewordene einstige Land zeigt hiervon heute noch Restspuren wie den Niedamdeich des vermutlichen Rungholtgebietes aus der Zeit von 1362 bei der Hallig Südfall. Nach dem Untergang des großen und reichen Alt-Nordstrand im Jahre 1634 hat der Deichbau innerhalb des Inselgebietes seine größte Bedeutung zunächst für die Erhaltung der nachgebliebenen Inseln Nordstrand und Pellworm erlangt[1]). Die Geschichte dieser Inseln mit ihren außerordentlich fruchtbaren Marschlandböden ist von 1634 ab eine reine Geschichte des Deichbaues. Die von *O. Fischer* bearbeiteten und ergänzten Werke von Prof. *Friedrich Müller* bringen die Deichbaugeschichte in aller Ausführlichkeit.

Von ähnlicher Wichtigkeit wie für diese beiden Inseln im Süden ist der Deichschutz für die weiten Marschländereien auf Föhr, und zwar in dessen nördlichem Teil gewesen. Der erste Deich von Föhr, das heute 8206 ha Fläche hat, soll 1362 begonnen und 1492 fertiggestellt worden sein. Nach Angabe von *Heimrich* ist das Föhringer Marschland 1374 jedoch noch unbedeicht gewesen. Die Deiche dieser Frühzeit sind zunächst nur schwache *Sommerdeiche* gewesen, so daß das Land im Winterhalbjahr Überflutungen immer noch ausgesetzt war.

Auch Sylt hat von altersher für seine Wiesenländereien Deiche gehabt. Bei dem heutigen Dorf Rantum, auf den Wattwiesen in Höhe der Westerländer Vogelkoje, wie auch bei Wadens und auf der Nössehalbinsel sind noch Reste einstiger Deiche vorhanden. Sie umschlossen einstmals Land, das jetzt vom Süderwatt, der Steidum-Bucht, mit eingenommen wird. Eine Nachricht aus dem Jahre 1593 sagt, „daß am Christabend des Jahres 1593 die Wasserflut über Sild und auch über andere Orte gegangen ist und daß die Deiche danach nicht beständig geblieben sind". So haben sich beispielsweise die Bewohner der untergegangenen Gebiete der alten Morsummarsch weiter nördlich in dem heutigen Lütje Morsum, Osterende und Wall erneut angesiedelt. — Entsprechende Nachrichten aus Chroniken von Amrum fehlen leider.

Bei der großen Flut des Jahres 1825 wurde der Seedeich, den man heute noch südlich von Westerland liegen sieht, durchbrochen. Nach *C. P. Hansen* drang das Wasser damals in etwa 100 Häuser auf Sylt ein, mehrere hundert Schafe sind dabei umgekommen. Auf Föhr ist durch die gleiche Flut der Deich ebenfalls an mehreren Stellen durchbrochen worden, und es sind dort an 4000 Schafe ertrunken. Größere Fluten haben die Wiesen und Weideländereien bei Morsum und Archsum[2]) auf Sylt, wie zuletzt noch bei der schweren Oktoberflut 1936, immer wieder unter Wasser gesetzt, manchem Tier das Leben gekostet und die Grasnarben versalzen. Durch den inzwischen fertiggestellten Deich am Süduferufer der Nössehalbinsel ist dem ungehinderten Eindringen des Wassers nunmehr endgültig ein Riegel vorgeschoben worden[3]). Eben westlich der Alten Landvogtei von Tinnum auf Sylt, steht an der Dorfstraße heute noch eine Steinsäule, auf der der Höchststand der Sturmflut des Jahres 1825 angegeben ist.

Die kleinen Halligen, die besonders auch während der letzten hundert Jahre außerordentliche Landverluste zu verzeichnen hatten und deren Erhaltung für den Küstenschutz und die Landgewinnung von entscheidender Bedeutung ist, sind als letzte im Bunde in der Zeit nach dem ersten Weltkrieg nun auch mit einem Sommerdeich oder einer Steinböschung versehen worden. An Deichbau- und Uferschutzarbeiten wurde im nordfriesischen Inselgebiet, wie das im Abschnitt „Uferschutz und Landgewinnung" angeführt worden ist, sehr viel geleistet.

[1]) Taf. 12.   [2]) Taf. 138.   [3]) Taf. 138.

AGRARVERFASSUNG

Das heutige nordfriesische Inselgebiet war als früheres „Uthland" um 1200 n. Chr. ein mehr oder weniger geschlossenes Landgebiet, das von Flußläufen und breiten Wasserarmen durchzogen, auch wohl von Seen- und Sumpfbildungen durchsetzt war. Nach Waldemars II. Erdbuch (1231) war es in *13 Harden* eingeteilt, die den natürlichen Verhältnissen entsprechend geographisch bedingt waren. Zu diesen Harden gehörten die Dreilande Eiderstedts: Tunnighenhaereth (Eidersted), Getthinghaereth (Everschop), Utholmherrit (Utholm); die fünf Harden des alten Nordstrand: Wyrikshaereth (Wiedrichsharde), Bültrynghaereth (Beltringharde), Pylwaermhaereth (Pelwormharde), Edomshaereth (Edomsharde), Lundaebyarghaereth (Lundenbergharde); die beiden Marschharden Bokynghaereth (Bökingharde), Horsaebühaereth (Horsbüll- oder Widingharde), und die drei Inselharden Sild, Föör (Österhaereth und Waesterhaereth) und Ambrum.

Durch die großen Sturmfluten vom 13. bis zum 17. Jahrhundert wurde das Gebiet immer mehr in Inseln aufgelöst. Durch Neubildung von Land, wie die Entstehung der Halligen nach 1362, traten andererseits neue Inseln hinzu. Auf dem Wattenmeerboden sieht man zur Ebbezeit heute noch an sehr vielen Stellen Grabenläufe einstiger Feldereinteilungen und selbst Ackerland mit Pflugfurchen von untergegangenem Kulturboden aus der Zeit 1362, 1634 usw.[1]). Nach Errichtung von Deichen in den Uthlanden seit etwa 1000 n.Chr. konnten sich Viehzucht und Ackerbau, wie auch Handel, mehr als bisher entwickeln. Zeugnis hiervon legen zwei Schriftstücke vom 13. Januar und vom 1. Juni 1335 ab, die zwischen der Edomsharde und dem Grafen Ludwig von Flandern gewechselt wurden, und in denen beide einander Handelsfreiheit zusichern. In einer weiteren Urkunde vom 19. Juni 1361, deren Original im Staatsarchiv in Hamburg verwahrt wird[2]), sichert die Edomsharde allen Hamburgern bis zum 1. Mai 1361 freies Geleit und Handelsfreiheit zu. Ein großer Teil der Harde mit dem Hauptort Rungholt ist bald darauf untergegangen, und zwar vermutlich am 16. Januar 1362.

Der Deichbau war in dieser küstennahen und wenig über Mittelhochwasser liegenden Gegend die Voraussetzung für die Entwicklung der Landwirtschaft und damit auch für eine entsprechende *Agrarverfassung* geworden. An den Deichbau selbst knüpften sich Fragen der Baukosten, Arbeiterbeschaffung, Ansiedlung, Unterhaltung, d. h. Fragen der Finanz, der Wirtschaft und des Rechts, die im wesentlichen von den Anwohnern selbst zu lösen waren. Nach erfolgter Lösung der Deichfrage, die zunächst den Außen- oder Seedeich betraf, folgte die Regelung der inneren landwirtschaftlichen Gestaltung der Landfläche der Inseln bzw. Harden.

Außer dem *Binnendeichland*, das entweder als eine große freie Fläche gehalten wurde wie etwa die Marsch von Osterlandföhr, oder das durch Binnendeiche in Köge aufgeteilt wurde wie auf Nordstrand und Pellworm, unterlag mit seiner Nutzung auch das *Außendeichland* noch einer besonderen Agrarregelung. Eine solche kam weiter in Betracht für die uneingedeichten Halligen und die ungeschützten Wattuferzonen, wie sie Sylt und Amrum haben. Diesen Marschlandböden, die vorwiegend der Viehzucht dienen und die mehr oder weniger dem Einfluß des Meeres, dem Anwachs, Abbruch und den Sturmfluten ausgesetzt sind, stehen die hohen Geestlandrücken von Sylt, Amrum und Föhr gegenüber, auf denen von altersher Ackerbau getrieben wurde, und für die ihrerseits agrarrechtliche Regelungen getroffen wurden.

Die Nordfriesischen Inseln sind hinsichtlich ihrer Agrarverfassung interessant dadurch, daß sich auf ihnen altes germanisches Recht bis in die Jetztzeit erhalten hat. Es bezieht sich das auf die *Flurverfassung*, der Gemeinbesitz zugrunde liegt. Auf Sylt gab es bis zur Landaufteilung im Jahre 1778 *Gemeinweiden*, sogenannte Buergräsung, die Dorfeigentum

[1]) Taf. 10. [2]) Taf. 9.

waren und auf denen im Sommer unter der Aufsicht eines Hirten Schafe und Jungvieh geweidet und Pferde getüdert wurden. Ebenso gab es *Gemeinheiden*, auf denen die zur Feuerung dienende Heide gehackt wurde.

Die Ländereien, Wiesen und Äcker, die Eigentumsbesitz waren, sind infolge von Erbteilung, Kauf oder Verkauf im Laufe der Zeit außerordentlich zersplittert worden. Eine Bewirtschaftung dieser vielfach sehr schmalen Streifen war schließlich nur noch möglich durch eine allgemeine Arbeitsregelung. Hierzu wurden die Flächen in große Laaghen = Wiesenabteilungen und Wunghen = Ackerlandsabteilungen eingeteilt. Nach einem Beschluß der Bauernschaftsversammlung mußte eine Wungh dann jeweils an einem bestimmten Tag von allen Interessenten gemeinsam gepflügt, besät und abgeerntet werden. Ebenso wurde bei einer Laagh das Gras an einem bestimmten Tag geschnitten und ebenso das Heu eingebracht.

Weitere Allmende auf Sylt, die sich bis in die heutige Zeit erhalten hat, bilden die sogenannten *Los-Interessentschaften*. Hierzu gehören die *Wulde* genannten Wattwiesen der Norddörfer, die 1911 aufgeteilt wurden, bei denen das Los sich ursprünglich nach der Zahl der Pferde richtete, die einer besaß; die zu Kampen gehörigen *Grüning* genannten Wattwiesen[1]) und Retfelder, die 1923 an die Interessenten aufgeteilt wurden, und die zwischen Keitum und Archsum gelegene erst 1921 aufgeteilte *Burlagh* (Büürlaag), ebenfalls ein Wiesenland, bei dem die Nutzungsberechtigten Jahr für Jahr ihr Land untereinander wechselten. Nach *Julius Christiansen*, der eine Veröffentlichung „Zur Agrargeschichte der Insel Sylt" herausgegeben hat, geht die Entstehung der Burlagh auf Sylt etwa bis in das 12. Jahrhundert und die des Pferdeloses mindestens auf das 12. und 13. Jahrhundert zurück. Das letztere läßt auf ausgedehnten Ackerbau in jener Zeit schließen (siehe den Beitrag von J. Chr. in „Das Syltbuch" von Ahlborn und Goebel). Außer diesen Losinteressentschaften gibt es solche der Norddörfer, die neueren Datums sind, d. h. aus der Zeit um 1800 stammen und mit der Verteilung von Heideland entstanden sind.

Mit Errichtung des Seedeiches am Südufer der Nössehalbinsel auf Sylt, mit dessen Bau 1936 begonnen wurde, ist dort zur besseren Verteilung und Zusammenlegung der Besitze eine *Verkoppelung*, d. h. eine Flurbereinigung, durchgeführt.

Durch die jetzige Regelung der Besitzverhältnisse, vor allem durch die im folgenden näher erörterte Aufhebung der „Freien Weide", wie andererseits auch durch die Zunahme von Eigenheimen seitens Fremder (Sommergäste u. a.) erhält das Landschaftsbild der Insel mehr und mehr einen anderen Ausdruck. Die schönen, großen, freien Landflächen schwinden zunehmend infolge von Hausbauten und Einfriedigungen mit Drahtzäunen und Erdwällen dahin.

Mit dieser endgültigen Landaufteilung kommt auch die freieste Nutzungsweise der Ländereien auf Sylt in Wegfall, die es gegeben hat, die sogenannte *Freie Weide*. Nach uraltem Brauch war es bis in die Gegenwart Sitte auf Sylt, vom 29. September bis zum 10. November das Hornvieh, und den ganzen Winter über bis zum 1. April des kommenden Jahres die Schafe völlig frei umherlaufen zu lassen, wohin sie wollten. Das Vieh konnte jeder auch tüdern, wo es ihm paßte. Bis vor 1900 ließ man gleichfalls die Pferde bis zum 10. November frei laufen, die zur Vermeidung von Unglücksfällen dann jedoch eingekoppelt blieben. Die allgemeine Aufhebung der „Freien Weide" in den Gemeinden Wenningstedt, Kampen, Keitum, Archsum und Morsum ist mit dem 29. September 1937 in Kraft getreten.

Nach der *Landaufteilung* auf Föhr, 1772—1801, sind in den Marschen der Dörfer Boldixum, Wrixum, Oevenum und Midlum von Osterlandföhr, Ländereien unaufgeteilt geblieben. Es sind die sogenannten *Spätländereien* (Spadeland), die unmittelbar innerhalb der Insel am Deich liegen und als Erdentnahmestellen zur Unterhaltung des Deiches benutzt

[1]) Taf. 41.

werden. Bei diesen wurde die Weide bis vor kurzem von den Interessenten gemeinsam benutzt. In jüngster Zeit wird sie als Grasland verpachtet. Über die Geschichte und die vielfältigen Fragen, die mit diesen Spätländereien, einem Restbestand der alten Agrargemeinschaft der Gemeinschaftsländereien von Dorfgemeinschaften, in Zusammenhang stehen, hat *Emil Plett* eine Arbeit veröffentlicht unter dem Titel „Zur Rechtsgeschichte des Spätlandes auf Osterlandföhr und der am Spätland bestehenden Interessentschaften". — Auf Amrum erfolgte die Landaufteilung im Jahre 1800.

Die Gründe, die zu dem Gemeinbesitz des Marschlandes geführt haben, waren die ständige Überflutungsgefahr infolge fehlender oder unzureichender Deiche, bei denen letztere ihrerseits wiederum gemeinsam Unterhalt erforderten, und der infolge der Überflutung verschiedene Nutzungswert des Bodens. Die auf solchem Marschland betriebene Viehzucht mit Weidegang und Heugewinnung machte ein Eigentumsland auch nicht so erforderlich, wie der Ackerbau. Schließlich spielte die Landwirtschaft im 17. und 18. Jahrhundert der Seefahrt gegenüber eine untergeordnete Rolle. Der Rückgang der Seefahrt um 1800 machte fortan jedoch eine gründlichere Betreibung der Landwirtschaft erforderlich. Es kam hinzu, daß die früher in bescheidenen oder gar ärmlichen Verhältnissen lebende Bevölkerung durch die Grönland- und Handelsfahrt zu Wohlstand gelangt war, wodurch Mittel zum Ausbau der Landwirtschaft gewonnen worden waren. Durch die erfolgte Landaufteilung ist an Stelle des alten Gemeinbesitzes nunmehr der *Privatbesitz* mit dem freien Privatrecht getreten und eine gründlichere Nutzung des Bodens nach eigenen Kräften und eigenem Gutdünken ermöglicht.

Ganz besonders interessant in bezug auf die Übereinstimmung mit der altgermanischen genossenschaftlichen Wirtschaftsweise ist die Agrarverfassung auf den uneingedeichten Halligen. Hier ist das Meer in absoluter Weise der bestimmende Faktor. Das Meer hat das Marschland der Halligen wie sie da sind, aufgebaut, durch seine Überflutungen bei Stürmen läßt es nur Grasland als Weide- oder Meedeland zu, es schreibt also die Nutzungsart vor, es gebietet innerhalb der Warfgenossenschaft den Gemeinbesitz, bestimmt damit die Eigentumsfrage, die Einnahmemöglichkeit, die Arbeitsordnung und schließlich das Gegenseitigkeitsverhältnis der einzelnen Warfbewohner und darüber hinaus das der gesamten Halligbewohner untereinander.

In einer vorzüglichen Arbeit, „Zur Rechtsgeschichte der Wiesengemeinschaften der Hallig Hooge", hat *Karl Weber* diesen eigenartigen, naturbedingten, vielseitigen Fragenkomplex ausführlich behandelt. Diese Jahrhunderte alte Rechtsordnung zu verstehen ist indes nicht leicht. Innerhalb der Hallig bilden die Bewohner einer Warf hinsichtlich des zu dieser gehörigen Graslandes, soweit sie durch Erbgang oder sonst rechtsgültig nutzungsberechtigt sind, eine Warfgenossenschaft oder eine sogenannte „Bolsinteressentschaft". Das zu einem *Bol* gehörige Grasland zerfällt in Meedeland und Weideland[1]). Die Anrechte der Interessenten hieran sind festgelegt im sogenannten *Meedschifflerbuch* (Mahdwechselbuch, Schifft = Landstück) und im *Fennebrief* (Weidebrief). Infolge von Erbschaft und Verkauf ist die Besitzfrage des Bodens ähnlich wie das bei den großen Inseln bereits gesagt wurde, außerordentlich verwickelt. Als Maß gelten noch die altfriesischen Maße, d. h. die Rute (Rute, Elle, Quartier und Zoll) und die Gräser (Nots = nuot = Rinds-, Kalbs- und Lammsgras).

Nachdem Hooge, wie gleichfalls die übrigen Halligen, nunmehr mit einem Außendeich versehen ist, ist man 1935 auch hier zur Landaufteilung übergegangen[2]). Am 9. Mai 1939 erfolgte eine vorläufige Besitzanweisung für einzelne Beteiligte und am 20. April 1941 haben alle Grundeigentümer ihr Eigenland zugewiesen erhalten. Wie schon durch den Deichbau, geht auch durch die neue Flurordnung der eigentliche Halligcharakter allerdings verloren. Beide Maßnahmen sind indes notwendig und vorteilhaft. Ohne einen Deich

---

[1]) Taf. 138.   [2]) Taf. 138.

würden die Halligen in absehbarer Zeit völlig verschwinden. Durch den Bau des Deiches ist nicht nur das Halligland als solches gesichert, sondern kann in seinem Ertragswert gesteigert und, wenn auch nur in begrenztem Maß, ackerbaulichen Zwecken nutzbar gemacht werden. — Auf Hooge haben die Halligbauern Peter Rickertsen von der Ipkenswarf, Paul Diedrichsen, Anton Andresen, Peter Boyens und Max Diedrichsen von der Hanswarf im Jahre 1933 zum erstenmal den Anbau von Hafer und Gerste versucht, und zwar mit Erfolg[1]). Durch eine Beispielwirtschaft und ein Versuchsfeld wurden 1938—1941 Fragen des Schlagwechsels, der Düngung sowie des Anbaues von Kartoffeln und Rüben usw. erprobt.

Im Nordwesten der Hallig, auf der Höhe der Ipkenswarf, konnte man um 1933 vom Steindeich aus zur Ebbezeit auf dem davorliegenden Wattenmeerboden gepflügtes Ackerland sehen, das unter der Hallig verlief. Es stammt wahrscheinlich aus der Zeit der Rungholtflut vom Jahre 1362[2]). Bei der Flutkatastrophe wurde es durch Überschlickung zugedeckt, ist auf diese Weise erhalten geblieben und nach neuerlicher Zerstörung des Halliglandes allmählich vom Wasser jetzt wieder freigespült worden. Auf diesem alten Kulturboden hat sich der Marschlandsockel des heutigen Hooge mit einer etwa 2 m hohen Schlickbodenlage aufgebaut. Oberhalb der Arbeitsfelder ihrer Vorfahren bauen nun nach beinahe 600 Jahren die Halligbauern wieder Korn an. Der letzte Ackerbau auf Hooge dürfte sich vermutlich auf das Ackerland der Hanswarf beziehen, das als solches nach der großen Sturmflut von 1634 aufhörte zu bestehen und in Grasland umgewandelt wurde.

Das Land als Privatbesitz hat im Gegensatz zu dem des Gemeinschaftsbesitzes einen wertvollen erzieherischen Einfluß auf den Menschen. Während bei dem letzteren der weniger Arbeitsame sich stützen konnte auf den Fleißigen, erntet bei dem Eigentumsland jeder nur das, was er an Arbeitsleistung und Können hineinsteckt. Aus diesem Grunde ist die Landaufteilung auf Hooge von den vorwärtsstrebenden Halligbauern denn auch begrüßt worden.

Es mag im Zusammenhang hiermit angeführt werden, daß ein Teil des Meedelandes von Hooge, wie im Kapitel über die „Pflanzenwelt" bereits gesagt wurde, um 1936 zunehmend von dem Klappertopf, Rhinantus L., durchsetzt wurde, wodurch der Heuwert wesentlich herabgemindert worden ist. Ebenso haben sich in unendlicher Menge Ameisenhaufen auf der Graslandfläche der Hallig ausgebreitet, die die Nährfläche für die Weidetiere erheblich eingeschränkt haben. Bei einer privatwirtschaftlichen Nutzung des Halliglandes wäre man der Ausbreitung beider sicher zeitiger entgegengetreten, als dies bei der gemeinwirtschaftlichen Betriebsweise geschehen ist, bei der es schwerer fällt, Maßnahmen wie die der Pflege und Vorbeugung, die nicht gleich unmittelbaren Nutzen bringen, zur Durchführung zu bringen.

Den gleichen Willen zur Landaufteilung wie auf Hooge bekundeten, um ein Beispiel anzuführen, um 1930 auch die Bauern der kleinen Insel Runö im Rigaer Meerbusen. Es herrschten auf Runö, als der Verfasser diese Insel im Jahre 1932 aufsuchte, die gleichen Agrarverhältnisse, wie auf Hooge. Es lebten damals 278 Menschen altschwedischer Abstammung auf der Insel. Die Landaufteilung auf Runö fand 1930/31 statt, wonach jeder von den dort vorhandenen 27 Höfen sein eigenes Land, Acker, Weide und Wald erhielt. Lediglich die Kälberweide und die 6 Landungsplätze für die Fischerboote sind Gemeingut aller geblieben. Es hat sich also dort wie hier, die gleiche durch die gegenwärtige Zeit bedingte Abänderung der Agrarverfassung vollzogen.

[1]) Taf. 143. [2]) Taf. 143.

ACKERBAU UND VIEHZUCHT

Die beiden Erwerbszweige auf den Nordfriesischen Inseln, die Landwirtschaft und die Seefahrt, reichen weit in die Vorzeit zurück. In der jüngeren Steinzeit, vor über 5000 Jahren, vollzog sich in unserem Norden der Wandel vom Jäger- und Fischerdasein zu dem des Bauerntums. Die Erbauer der Riesensteingräber (Denghoog auf Sylt) sind zugleich die ersten Ackerbauern[1]). Durch die Seßhaftwerdung wurde der Mensch vom Urgeist der Erde erfaßt. Der erste Pflanzenbau mit dem Grabstock, der wie das bisherige Sammeln von Wildpflanzen in der mittleren Steinzeit von der Frau betrieben wurde, führte eine tiefe Verwurzelung mit dem Boden herbei. Die gewaltigen Grabmale, die die ersten bäuerlichen Geschlechtersippen ihren Toten errichteten, sind für die Erdverbundenheit ein geistig-seelisch unübertrefflicher Ausdruck. Mit den größten Steinen, die die Megalithiker finden konnten, bauten sie in kreisförmiger Anlage, die ein weiterer Ring von Steinen umgab, die Kammer. Das Grab wurde mit einem Mantel von Erde überdeckt und durch die halbkugelförmige Gestalt, die es dadurch bekam, vortrefflich in die Landschaft einbezogen.

Es sprechen Anzeichen dafür, daß in der Zeit des ersten Pflanzenbaues, vielleicht auch noch in der der großen Ganggräber, das „Mutterrecht" geherrscht hat, bzw. mutterrechtliche Wesenszüge maßgeblich waren. Diese für den Unterbau unserer nordisch-germanischen Kultur außerordentlich wichtige Frage ist einer gründlichen und umfassenden Untersuchung noch zu unterziehen. Durch eine vergleichende völkerkundliche Betrachtung ist der Klärung dieser Frage vielleicht näher zu kommen. Ihren lebendigen Gehalt bekommt die Vorgeschichte erst, wenn sie zur ganzheitlichen Kulturgeschichte ausgeweitet wird. Die gestaltenden Elemente der letzteren sind das männliche und weibliche Prinzip in Form des „Vaterrechts" und „Mutterrechts". Sie durchziehen in wechselnder Ausdruckskraft und in mancherlei Verkleidung die Menschheitsgeschichte in allen Phasen.

Bei wachsendem Verständnis für die Kunst unserer Vorzeit, für die Anlage des Grabes, die Art der Bestattung, für die Kulthandlung und anderes mehr, wird bei einer Zusammenschau der Einzelzüge manches uns heute noch Unverständliche klarer werden. So greifen, um nur auf eines hinzuweisen, der Ackerbau und die Tierzucht, wie das die Kulturen auf der ganzen Erde zeigen, in alle Lebensgebiete des Menschen hinein und sind ursächlich mit allen Geschehnissen, von der Nahrung und Kleidung bis zum Opfer und Kult verknüpft.

Auf den hohen Geestrücken von Sylt, Amrum und Föhr und auf den übrigen Marschlandflächen der Uthlande, soweit sie bei der abwechselnd erfolgten „Hebung" und „Senkung" des Bodens jeweils bestanden haben, ist von den Siedlern der Stein-, Bronze- und Eisenzeit Ackerbau und Viehzucht getrieben worden. Auf einigen der Grabhügel aus dieser Zeit haben spätere Geschlechter noch ihre *Thingversammlungen* abgehalten, bei denen über die Ländereien Rechtsprechung geübt wurde. Zu solchen Hügeln gehören die Thinghügel bei Keitum auf Sylt[2]). In frühe Zeiten hinein verweisen noch heute auf den Inseln auch die alten *Flurnamen* und *Hausmarken*.

Auf den drei genannten Inseln baute sich die Landwirtschaft von jeher auf eine solche der Geest und der Marsch auf, während die Halligen, Nordstrand und Pellworm nur Marschboden besitzen. Reicher an landwirtschaftlichem Nutzboden als die beiden westlichen, großenteils mit Dünen überlagerten Inseln Sylt[3]) und Amrum[4]), ist das in geschützter Wattenlage über die Hälfte aus Marschland bestehende Föhr[5]). Fruchtbarer wiederum und vielfältiger in den Erträgen als Föhr sind die schweren und fetten Böden der Köge von Nordstrand und Pellworm mit ihren Weizen- und Rübenfeldern[6]).

Die Landwirtschaft auf den Halligen hält sich entsprechend deren Kleinheit und des ausschließlich vorhandenen Graslandes nur in beschränkten Grenzen. Auf die Ausnahme,

[1]) Taf. 65.   [2]) Taf. 148.   [3]) Taf. 139.   [4]) Taf. 28.   [5]) Taf. 29.   [6]) Taf. 34.

die Hooge dabei macht, infolge des Umlegungsverfahrens, wurde schon hingewiesen. Die überschüssigen Produkte an Vieh, Wolle, Butter und Käse verkaufen die Halligbauern nach Wyk oder Husum. Besonders auf Gröde, das im Vergleich zur Einwohnerzahl an Weideland reicher ist als die übrigen Halligen, werden auch Schafe vom Festland in Gräsung genommen[1]). Das in der Zeit vor der Eindeichung vom Salzwasser überspülte Grasland gab ein besonders wertvolles Heufutter[2]).

Unter den *Haustieren* ist das *Schaf* das widerstandsfähigste und abgehärtetste Tier geblieben. Bei eisigem Ostwind und Schneetreiben konnte man im Winter bis zu der 1937 erfolgten Aufhebung der „Freien Weide" in den Heiden und Dünen von Sylt die Schafe frei herumlaufen sehen. Schutz boten ihnen notfalls nur Erdwälle oder sonstige Böschungen. Lediglich, wenn das Futter allzu knapp wurde, zogen sie in die Dörfer. Bei dem freien Weidegang im Winterhalbjahr nährten sich die Schafe teilweise von den Flechten, die an der Heide haften. Die Befreiung der Heide von den Flechten war deren Wachstum förderlich. Nachdem die „Freie Weide" nunmehr aufgehoben ist, bleibt abzuwarten, wie weit die Heide dadurch im Wachstum beeinträchtigt wird. Nachteilige Beobachtungen in dieser Hinsicht sind in der Lüneburger Heide gemacht worden. Durch die günstigen Naturverhältnisse von Boden und Klima hat die Sylter Schafwolle schon die höchsten Marktpreise erreicht, d. h. unter den sechs Qualitätsarten der amtlichen Taxe ist Wolle von Sylt schon als solche erster Qualität bewertet worden. Die Wolle ist besonders lang, seidigfein und sehr fest im Faden. Die beiden Bauern des Listlandes mit ihren etwa 1500 Schafen lieferten vor dem zweiten Weltkrieg jährlich je etwa 70—80 Ztr. auf den Markt.

In der Landwirtschaft hat man sich auf den Inseln, vereinzelt bis in die Jetztzeit, vielfach mit einfachen Mitteln behelfen müssen. Auf Sylt wurde dem Verfasser bekannt, daß man in Kampen um 1922 noch *Dünenhalm* als Viehfutter während des Winterhalbjahres geschnitten hat. Die Stoppeln des Halms wurden als Streu verwendet. Mit Dünenhalm, der sehr haltbar ist, deckte man auch die Dächer der Häuser. So ist beispielsweise die Nordseite des Bauernhauses von ehemals *Seier Jepsen* in Kampen unlängst noch mit Dünenhalm, der etwa 50 Jahre lang sich gehalten hat, gedeckt gewesen. *Seegras* wird vereinzelt heute noch als Dünger auf den Acker gefahren, obgleich es schwer vergeht und daher den Boden verunreinigt. Zum Eindecken der Mieten von Kartoffeln und Rüben ist Seegras infolge seines Salzgehaltes, der den Frost abhält, dagegen sehr gut verwendbar. *Miesmuscheln*[3]) werden auf Sylt und Amrum von einzelnen Bauern als Dünger benutzt. Die frischen und unzerkleinerten Muscheln werden auf den Feldern ausgestreut. Sie führen durch den Kalkgehalt der Gehäuse und der Fleischstoffe des Tieres dem Boden auf Jahre hinaus wirkende Bereicherungsstoffe zu.

Während der Grönlandfahrerzeit im 17. und 18. Jahrhundert, auch später noch zur Zeit der Handelsfahrt, wenn die Männer lange von den Heimatinseln fort waren, haben die *Frauen* die Hauptarbeit geleistet, und zwar nicht nur im Haus, sondern auch in der Landwirtschaft. Für die Familie, die Sippe und die Stammesgemeinschaft der Friesen ist der Beitrag, den die Frau zur Erhaltung und Förderung des Lebens geliefert hat, gar nicht hoch genug einzuschätzen. Ganz allgemein hat in der Völkergeschichte die Leistung und Bedeutung der Frau in der Regel viel zu wenig Beachtung gefunden. Es wird ihre Leistung ohne besondere Würdigung immer nur als selbstverständlich hingenommen, wenn die Frau nicht gar, wie das bei manchen Völkern der Fall ist, überhaupt nur als ein besseres Arbeitstier angesehen wird.

Die Frau von den Nordfriesischen Inseln, wie wir sie aus den letzten Jahrhunderten kennen, steht voll ebenbürtig neben dem Mann, so wie es dem Empfinden des germanischen Menschen im Norden entspricht, dessen Auffassung vom Menschen in der Persönlichkeit und Freiheit der Person begründet ist. Die Friesenfrau verkörpert die hier gemeinte autoritäre Eigenpersönlichkeit in vollem Maße.

[1]) Taf. 140. [2]) Taf. 145. [3]) Taf. 60.

Als Gegenüberstellung zu den uns wohlbekannten Taten des mutigen und tüchtigen friesischen Seefahrers, sei hier das angeführt, was der Chronist *C. P. Hansen* von Sylt am Anfang seiner „Chronik der Friesischen Uthlande", 1877, über die friesische Frau sagt:

„Das inselfriesische Weib ist in der Regel eine würdige Gefährtin des stolzen und tüchtigen friesischen Seefahrers. Ich will nicht hervorheben die Schönheit, die frische Farbe, das große blaue Auge, das blonde Haar der Friesinnen, noch die hohe Gestalt der Sylterinnen oder den feinen Teint der Föhrerinnen besonders anführen; aber ihre Arbeitsamkeit und Sparsamkeit, ihre Sittsamkeit und Treue, ihren Muth und religiösen Sinn, ihr Streben, alte ehrwürdige Sitten und Traditionen, sowie die von den Männern erworbenen Güter zu bewahren und auf die Kinder zu vererben, muß ich rühmen. Alle häuslichen Arbeiten, wie Kochen, Waschen, Backen und Brauen, die Kindererziehung, die Viehzucht, die meisten landwirtschaftlichen Arbeiten, wie Graben, Pflügen, Säen, Eggen, Haidehacken, Feuerungsammeln, Grasmähen, Harken, Kornschneiden, Heimholen der Ernte, Korndreschen, ferner die Schafschur, das Wollekratzen, Spinnen, Stricken, Weben und Nähen, kurz alle diese und noch manche andere Arbeiten, die bei der kleinen oder Küstenfischerei z. B. vorkommen, waren zum größten Theile den inselfriesischen Frauen überlassen. Man fand sie daher fast niemals müßig, oft mit der größten Anstrengung und Ausdauer die schwersten Arbeiten verrichtend. Ich habe Weiber gesehen, die mit unendlicher Geduld im Spätherbst und selbst im Winter barfuß auf den schlüpfrigen, von der Fluth teilweise bedeckten Wiesen umher liefen, um irgend ein verlorenes Schaf zu suchen und wenn möglich zu retten. Ich habe gehört, daß Weiber in früheren Zeiten mit Händen und Füßen das Eis im Haff nicht selten zerbrochen, um ihren Kindern ein Gericht kleiner Butten oder Schollen zum Weihnachtsabend zu holen. Ich habe Witwen gekannt, welche mehr als die Hälfte ihres Lebens unverdrossen recht eigentlich mit der oft so kargen und rauhen Natur rangen, die wie Sklavinnen arbeiteten und darbten, um den Ihrigen, oft Eltern und Kindern zugleich, das Leben zu fristen, und zwar ohne Schulden zu machen, ohne irgend Jemand und am allerwenigsten der Ortsarmenkasse zur Last zu fallen"[1]).

Am Ende des Kapitels Seefahrt wurde darauf hingewiesen, daß sich in Wyk eine „Gilde der Seefahrer von Föhr" gebildet hat. Sie hat sich zur Aufgabe gesetzt, alles Gut der Überlieferung aus der Seefahrt zu sammeln, um es der Nachwelt lebendig vor Augen zu führen und zu erhalten. So sollten auch die Bauern der Inseln und Halligen Gilden bilden und alle Denkwürdigkeiten des Landlebens als Vermächtnis der Vorfahren in einer geschlossenen Schau zusammentragen. Die alte noch lebende Generation ist die letzte, die eine unmittelbare geistige Rückverbindung zu den Vorgeschlechtern besitzt. An sie sei dieser Aufruf gerichtet. Unter dem Sinnbild des Grabsteins am Anfang dieses Buches würde damit ein einzigartiges Werk der Denkwürdigkeiten aus Seefahrt und Landwirtschaft der Inseln und Halligen von Nordfriesland entstehen können.

HEILKUNDE UND HEILKLIMA

Von Prof. Dr. med *Carl Haeberlin*, Wyk auf Föhr

HEILKUNDE

Die Heilkunst auf den Nordfriesischen Inseln weist in ihren Anfängen natürlich denselben Charakter auf wie überall, wo Gelehrsamkeit und Wissenschaft nicht die aus dem Volk selbst hervorgegangenen Heilverfahren beeinflußt haben, d. h. ihre ersten Umrisse, die aus dem Dunkel der Frühzeit eben erkennbar auftauchen, zeigen *mystische Züge* mit besonderem Einschlag. Dahin weisen Beschwörungsformeln, deren eine Christ. Johansen aus Amrum (1867) überliefert hat:

[1]) Taf. 93. 94. 106. 142. 144.

Ik hed an Siar;	Ich hatte eine Wunde;
Ik wul, dat't beeder wiar.	Ich wollte, daß sie besser würde.
Gung am tu Sam	Geh herum zu Sam
Am an Tram,	Um einen Faden,
Au'r tu Göntji	Hinüber zu Göntji
Am an Slöntji;	Um ein Läppchen;
Hen tu Tat,	Hin zu Tat,
Dat jü't di knat;	Daß sie es dir knotet;
Am tu Feedar,	Um zu Feedar,
Do as't beedar.	Dann ist es besser.

Die hier angerufene Vierheit erinnert ganz unmittelbar an die Merseburger Zaubersprüche (aus dem 8. Jahrhundert). Ob der Spruch, der zur Beseitigung der Warzen gesprochen wurde, „Warze du sollst verschwinden, wie der Tau vor der Sonne", in ebenso ferne Zeit zurückweist, ist nicht sicher. Dagegen trägt ein Verfahren zur Heilung des „Marschfiebers" (Malaria, früher in den Marschgegenden häufig) die Zeichen hohen Altertums: man schneidet den Namen des Kranken in eine Torfsode, die dann verbrannt wird. — Im Jahre 1566 wird verboten, die Häuser mit Beifuß (Wermut) zu behängen (vermutlich zur Abwehr gegen Zauberei, Feuer, Krankheit u. a.). Der Beifuß ist im germanischen Altertum weit und breit als Heil- und Zauberkraut berühmt. In angelsächsischen Quellen wird er das älteste der Kräuter genannt, mächtig gegen Gift, Ansteckung und den Schaden, der über Land fährt. Auch jetzt noch wird er als Hausmittel gebtraucht: die getrocknete Pflanze wird in Branntwein getan und gegen Magenleiden getrunken. — Ein zweites noch heute hochgeschätztes pflanzliches Heilmittel lieferte der Holunderbaum[1]), sowohl als Tee aus den Blüten, wie in Gestalt von Holundermarkkügelchen als Kranz um den Hals gebunden. Ein Holunderblatt in Branntwein getaucht, wurde auf offene Füße gelegt mit der glatten Seite, während, wenn ein Geschwür aufgezogen werden sollte, seine rauhe Unterseite darauf gebunden wurde. Der Holunderbaum galt überhaupt früher für heilig und namentlich als Schutzgottheit der Kinder. — Um eine Krankheit zu beseitigen, wurde ein Wollfaden mit einer dazu gesprochenen Formel um den Holunderbaum geknüpft. Der Ast sei dann verdorrt und der betreffende Kranke geheilt. — Die Blätter des Wegerich werden als Wundverbandmittel benützt. Ein Tee aus Schafgarbe wurde noch in neuester Zeit angewandt. In den Sammlungen des Friesenmuseums befindet sich die Eihaut eines Kalbes als Wundverbandmittel. Auch die Innenhaut des Hühnereis dient bisweilen noch heute dem gleichen Zweck. Bei Blutvergiftung und Brandwunden soll man möglichst frischen Kuhmist, bei Frostbeulen Hühnermist auflegen, bei Masern Schafmist in Warmbier einnehmen, damit der Hautausschlag ordentlich herauskomme, bei Mundfäule den Mund mit Urin spülen und mit demselben bei juckenden Hautkrankheiten waschen. Im Friesenmuseum befindet sich ferner: 1 Gichtkreuz, ein 6. Buch Mosis das bekanntlich zu magischen Zwecken Verwendung findet; besonders interessant ist eine holzgeschnitzte Tafel:

Als Bedeutung wird angegeben:

G S M S G	Gott sei mir Sünder gnädig
S S E S S	So stirbt ein Sünder selig
M E M E M	Mein einziger Mittler erlöste mich
S S E S S	So stirbt ein Sünder selig
G S M S G	Gott sei mir Sünder gnädig.

[1]) Taf. 50. 91.

Über den Gebrauch dieser Tafel ist unter den jetzt Lebenden nichts mehr bekannt, doch ist kaum ein Zweifel, daß es sich um ein Analogon der in Deutschland weit verbreiteten „Tolltafeln" gegen Tollwut handelt. — Vom Jahr 1683 berichtet Pastor Monrad-Amrum, daß dort ein sonderlicher Medicus gewesen, der den Leuten, welche mit Fieber behaftet, ein Stück Papier mit etlichen Worten und Zahlen in Branntwein eingegeben. In Schweden gab es ein papierenes Buchstabendreieck, von dem bei Erkrankungen die Kinder jeden Tag einen Buchstaben zu verzehren hatten. — Auch heute noch ist hier wie an vielen anderen Orten der Glaube lebendig, daß Warzen durch Bestreichen mit der Hand eines Toten verschwinden. Dieselbe Wirkung soll die Berührung der Warzen mit dem Wasser aus einer Grabsteinhöhlung haben. Auch an Hexen wird teilweise noch heute geglaubt: In einem Stalle auf Sylt starben mehrere Stück Vieh nacheinander; der Besitzer begab sich mitternachts mit einem Knüppel bewaffnet zu dem Vieh. Da sah er einen übers natürliche Maß großen grauen Kater neben einem Kalb stehend. Als er ihm mit dem Knüppel zu Leibe gehen wollte, verschwand der Kater. Nun war ihm klar, daß es sich um eine Behexung handelte, und er wartete gemäß einem alten Glauben, wer anderntags als erster in sein Haus kommen würde, um etwas zu borgen. Es kam dann auch sein Nachbar, dem er im weiteren Verfolg des für solche Fälle festgelegten Verfahrens diese Bitte abschlug. Auch borgte er im Verlauf der nächsten 14 Tage niemandem anderen etwas aus. Darauf wurde der Nachbar krank, und es kam soweit, daß er den durch das Viehsterben Geschädigten um Hilfe bitten mußte, worauf ihn dieser löste und damit die Genesung des Kranken herbeiführte. (In den dreißiger Jahren geschehen.)

In anderen Fällen wurde zur Behandlung von *Hexenkrankheiten* ein Hexenmeister gerufen. Über dessen Verfahren erwähnen wir, was Chr. Johansen sagt: „A kluuk Mân rollat an Kualsbleed am an Staak, diar hi't Krânkas bispreagh." („Ein kluger Mann rollte ein Kohlblatt und einen Stock, als er die Krankheit besprach").

Philippsen erwähnt, daß es unzählige Mittel zum Schutz gegen Hexen gäbe, z. B. kreuzweise hingelegte Gegenstände, ebenso über der Tür zum Pferdestall angebrachte Hufeisen, eine Sitte, die man noch heute findet; oft benutzte man als Schutzmittel Teufelsdreck. — Kirchhofserde um Mitternacht geholt und im Hause aufbewahrt, oder eine Handvoll unter jeder Tür begraben, schützt das Haus vor Hexen. — Kleinen Kindern wurde die Bibel oder eine kreuzweis geöffnete Schere ins Bett gelegt, vor der Taufe mußten die Wickelbänder kreuzweise übereinander gelegt werden, um die Kinder vor Hexen zu schützen. — Wenn das Buttern nicht gelingen wollte, wurde das ebenfalls auf Behexung bezogen. Dagegen erweist sich wirksam, zwei Nähnadeln kreuzweis über die Haustür zu stecken. — Ein Bündel Wermut wird unter das Brett, das auf den Misthaufen führt, 3 oder 7, oder 9 Tage gelegt. Wenn der Wurm darin ist, macht dieser, einem Menschen auf die Hand gesetzt, den Betreffenden verrückt. — Kirchhofserde in der Tasche und Leinsamen im Bett schützen vor Behexung. — Die Kinder werfen jeden Zahn, der ihnen ausgezogen wird, in den Schornstein mit dem Spruch:„ Da bring ich dir einen beinernen Zahn, gib mir einen goldnen wieder." Dieser Brauch dürfte sehr alt sein. Der Herd und der Schornstein als Sitz übernatürlicher Wesen ist anscheinend altgermanisches Gedankengut. In einem Aberglaubenverzeichnis aus der Zeit Karls des Großen findet sich als 17. Aberglaube: „die Gebräuche der Heiden am Herde". In der Edda kommt das Wort „Zahngeschenk" vor = Gabe, die das Kind beim Durchbruch des 1. Zahnes erhält. Ein auffallender Zug der nordfriesischen Seele ist das zweite Gesicht, eine Erscheinung, die sich noch an manchen anderen Orten findet und scheinbar immer da, wo noch die Menschen einer unverfälschten Natur gegenüberstehen. Auf unseren Inseln kommt das Vorschauen von Leichenbegängnissen, Bränden und Schiffsuntergängen nicht selten und gut beglaubigt vor. Auch das Wiedererscheinen Verstorbener, besonders auf der See Umgekommener, ist ein weitverbreiteter Volksglaube.

Es ist selbstverständlich, daß die Naturverbundenheit eines am Rande der See wohnenden und Schiffahrt betreibenden Volkes in starkem Maße auf das Meer hinweisen mußte, besonders muß das so ungeheuer eindrucksvolle Phänomen der *Ebbe und Flut* die Gemüter bewegt haben. Es wird von den meisten Eingeborenen noch jetzt fest daran geglaubt, daß Todesfälle nur zur Ebbezeit, Geburten nur zur Flutzeit erfolgen. Dieser Glaube ist so fest, daß ein im Sterben liegender alter Mann fragte: „Was für eine Tide ist es?" Auf die Antwort, daß es Flut sei, sagte er schmerzlich: „Dann muß ich ja noch länger auf meinen Tod warten." Ich habe versucht, der Frage hinsichtlich der Geburtstermine nachzugehen und 10 Jahrgänge Geburten mit den entsprechenden Flutkalendern verglichen, ohne Erfolg. Ich bin aber keineswegs überzeugt, daß der alte Volksglaube trügt. Ich glaube vielmehr, daß man das Ebbe und Flut auslösende Naturgeschehen in Beziehung zu den zu untersuchenden Daten stellen müßte. — Hausfrauen der Insel Föhr sind überzeugt, daß bei Ebbe die auf dem Feuer stehende Milch nicht überkocht. (Ich füge hier an, daß Untersuchungen, die hier in der Bioklimatischen Anstalt von einem für Luftelektrizität spezialistisch geschulten Fachmann gemacht wurden, zeigten, übereinstimmend mit den Befunden anderer Forscher, daß mit dem Tidenwechsel eine charakteristische Veränderung der Luft-Ionen eintritt, falls nicht durch Stürme die Luftverhältnisse stark gestört sind).

Es ist klar, daß Völker, die an der See wohnen, einen anderen *Charakter* haben müssen, als solche mitten auf dem Festlande. Das Grenzgebiet zwischen zwei Naturreichen kann nicht ohne tiefen Eindruck auf die Sinnes- und Gedankenwelt des Menschen bleiben. Besonders deutlich tritt das bei Seeleuten hervor, deren Ruhe und Gelassenheit als unausbleibliche Frucht ihrer ständigen Berührung mit einer ungebändigten Naturkraft erscheint. Einen Abglanz dieses Verhältnisses glaube ich im Charakter des Friesen zu finden: In ihm lebt etwas von dem, was *Caspar David Friedrich* in seinem Bild „Am Meer" ausdrückt und was *Goethe* in die Worte faßte: „Stünd ich Natur vor dir, ein Mann allein, dann wär's der Mühe wert, ein Mensch zu sein." *Friedrich Ratzel* sagt daher mit Recht: „Es ist eine unvollkommene Völkerkunde, die nur Ackerbauer und Viehzüchter, Nomaden und Jäger kennt. Die Seevölker dürfen den Anspruch haben, eine Gruppe für sich zu bilden." Den Einfluß der Umwelt auf den Menschen können wir uns nicht stark genug vorstellen. Darwin hat in seinen späteren Jahren geäußert, daß der größte Fehler, den er begangen habe, der sei, den Einfluß von Klima und Nahrung auf die Rassenbildung vernachlässigt zu haben.

Der ärztliche Beruf wurde auf den Inseln lange Zeit durch „*Chirurgen*" ausgeübt, d. h. durch die auf den Walfischfahrten mitgenommenen Wundärzte. Sie hatten meist zugleich noch andere Berufe, z. B. ein gewisser Hogenkamp war zugleich Chirurgus und Krüger (1762). Im Jahre 1780 machten die Chirurgen Hogenkamp, Burchardi, Oberschar, Zech und Dehne eine Petition gegen die Zulassung eines Arztes auf Föhr. Ein solcher konnte offenbar auch hier keine Existenz finden. Ein Dr. Nissen sei darum wieder fortgezogen, weil er sein Auskommen nicht hatte; Dr. Flor sei in Wyk in der größten Armut gestorben. Im Jahre 1784 wird dem Peter Peters, Krüger in Boldixum, untersagt, weiter zur Ader zu lassen.

HEILKLIMA

Die Schwierigkeit der Niederlassung von Ärzten entfiel mit einem Male mit der *Gründung von Seebädern*. Das erste derselben war Wyk im Jahre 1819. Es ist auffallend, daß Peter Sax schon 1637 erwähnt, „daß auf Föhr eine frische und gesunde *Luft* und wegen der Geest und Marsch eine feine temperierte Aeris-Konstitution sei, daß es daher zu allen Zeiten gute gesunde Leiber hat gegeben". Im Jahre 1704 erwähnt der Amtsmann von Königstein die gute Luft des Fleckens Wyk, das schöne Wasser und die unvergleichliche Situation dieses Ortes. 1785 berichtet der Kammerherr Otto Scheel: „Diese Insel würde ein guter Erfrischungsort sein." Wenn ein Kammerherr in einer militärischen Statistik dergleichen Dinge erwähnt, so müssen ihn schon auffallend günstige Beobachtungen dazu veranlaßt haben. Die Gründung des Bades, die im Jahre 1819 endgültig den Bemühungen des Amtmannes von Colditz gelang, war schon viele Jahre vorbereitet worden; sie fiel in eine Zeit, da in ganz Deutschland an verschiedenen Orten Seebadgründungen sich drängten. Daß das Bad sich rasch und günstig entwickeln konnte, spricht deutlich für seine gesundheitlichen Qualitäten[1]). Die erste Einrichtung war erstaunlich zweckmäßig und reichhaltig. Es entstand ein *Badehaus für warme Bäder*, nahe am Ufer, in dessen Bassin das Wasser bei jeder Flutzeit hineingepumpt wurde. Aus diesem Bassin wurde es durch Röhren zu den Wannen geleitet, nachdem es vorher in einem Kessel erwärmt war. Jede Wanne hatte 2 Hähne für kaltes und warmes Seewasser. In dem Badehaus sind die Vogelschen Baderegeln angeschlagen; der Bademeister wartet mit Erfrischungen und Zeitungen auf. Es gab Tropf-, Regen- und Sturzbäder, auch Dusche-, Schwefel- und dann Dampfbäder. Es waren vom Jahre 1817 an mehrfach Seewasseranalysen gemacht worden.

Die *kalten Bäder* wurden, wie damals allgemein, von Badekutschen aus genommen. Diese sind nach dem Muster der englischen eingerichtet, haben 4 Räder und 6 Quadrat-Fuß Bodenfläche. Die Badekarren wurden mit Pferden ins Wasser gefahren. Colditz erwähnt schon neben den Bädern die gesunde frische Seeluft. Im Jahre 1880 wurde dann das erste der von dem Marburger Professor Friedrich Wilhelm Beneke veranlaßten *Seehospize* hier gegründet und zwar auf Wunsch der damaligen Kronprinzessin Friedrich, da der Ort Wyk sie, die englische Prinzessin, in seinen Eigenschaften lebhaft an die Insel Wight erinnerte. Im Laufe der Zeit wurden außer den Hotels und Mietshäusern für Erwachsene immer mehr *Kinderheime* hier errichtet[2]). Ähnlich ging es auf sämtlichen übrigen Nordfriesischen Inseln. Jedoch haben die einzelnen Badeorte jeder eine gewisse Eigenart entwickelt, so z. B. hat die Bodelschwingsche Gründung Norddorf-Amrum auch heute noch ihren, dem üblichen „Betrieb" abgeneigten Charakter deutlich bewahrt. In Wyk ist es insbesondere die Erforschung seeklimatischer Wirkungen, die dem Badeort eine gewisse Sonderstellung gab, und die ihrerseits sich anschloß an das Vorhandensein großer Kinderseehospize, s. oben.

Eine große Reihe grundlegender Studien entstanden hier, die schließlich in der *Gründung einer bioklimatischen Forschungsanstalt* in Wyk im Jahre 1925 gipfelten. Diese Anstalt entstand unter tätiger Mitwirkung der Gesundheitsbehörde Hamburg, der Stadt Wyk, des Kreises Südtondern und zahlreicher anderer für die Volksgesundheitspflege interessierter Körperschaften. Sie trägt heute die Bezeichnung „Bioklimatische Forschungsstelle". Der die Leitung ausübende Herr Dr. *Walter Leistner*, den wir auf den Bildern von Tafel 146 bei seinen Arbeiten sehen, hat uns folgende Ausführungen zur Verfügung gestellt:

„Das Klima der Nordfriesischen Inseln wird durch das sie umgebende Meer und die Lage innerhalb der großen Westwindzirkulation bestimmt. Die anhaltende Luftbewegung, die Reinheit der Luft und ihr Gehalt an Bestandteilen des Meeres, die starke biologische Wirkung der Sonnenstrahlung, sowie das Meerwasser, sind das Heiltum dieser Landschaft, das in mannigfaltiger Weise wirkt.

Die Wirkungen einer *Klimakur* lassen sich nicht nur an den Maß- und Gewichtsverhältnissen des menschlichen Körpers, sondern auch an dessen mannigfaltigen physiologischen Reaktionen und Organfunktionen feststellen.

Der menschliche Organismus besitzt in seinen Hautnerven Regulationsmechanismen, mit denen er die Temperatur und Feuchtigkeit seiner Oberfläche den verschiedenen Umweltbedingungen anpaßt. Die Oberflächentemperatur des Körpers nimmt mit fallender

[1]) Taf. 104.   [2]) Taf. 147.

Lufttemperatur ab. Bei gleichbleibender Temperatur und zunehmender Windgeschwindigkeit erniedrigt sich die Hauttemperatur ebenfalls. Die Hautnerven sind nun um so besser trainiert, je schneller die Anpassung der Hauttemperatur an die wechselnden meteorologischen Faktoren erfolgt. Eine gute Regulationsfähigkeit der Hautvasomotoren besagt, daß der Körper abgehärtet ist.

Die hohe Windgeschwindigkeit des Seeklimas ist ein wichtiger heilklimatischer Faktor, der auf die Regulationsmechanismen des Körpers wirkt und denselben abhärtet. Das fortschreitende Training der Hautnerven und ihre sich ändernde Einstellung gegenüber den Faktoren des Seeklimas kann man nun im Laufe einer Kur deutlich feststellen. So haben die Messungen ergeben, daß die Hauttemperatur sich am Ende einer Kur den wechselnden Umweltbedingungen schneller anpaßt, der Körper also abgehärteter ist. Und noch weitere physioklimatische Wirkungen ergeben sich hier.

Das Instrument, mit dem die Hauttemperatur und die Feuchtigkeit der Haut gemessen wird, ist das *Hauthygrometer nach Robitzsch*, welches ein Thermometer und ein Hygrometer enthält. Das Thermometer liegt der Haut auf, während die Feuchtigkeit unmittelbar über der Haut, in den hautnächsten Luftschichten gemessen wird.

Die Abbildungen in der Mitte und unten auf der Tafel 146 zeigen die Durchführung einer Messung. Das Hauthygrometer liegt auf dem rechten Oberschenkel. An einem auf dem Stuhl stehenden Laboratoriumsstativ sind drei Thermometer befestigt. Die beiden Thermometer rechts und links dienen zur Messung der Temperatur und Feuchtigkeit der Luft. Das mittlere wird zur Messung der Ventilation nach einer Abkühlungsmethode benützt. Bei dieser Messung werden auch die beiden Stoppuhren benötigt.

Aber nicht nur die Temperatur, Feuchtigkeit und Windgeschwindigkeit, sondern auch der elektrische Zustand und die kolloidale Struktur der Atmosphäre wirken auf den Organismus. Die in der *Atmosphäre* vorkommenden Änderungen der chemischen und elektrischen Struktur der Luft können mit den Reaktionen bei kolloidalen Lösungen verglichen werden. Im Gegensatz zum Begriff des Hydrosols spricht man daher bei der Luft auch von einem Aerosol. Die Luft enthält kleinste Schwebeteilchen und Suspensionen, die man als Kondensationskerne bezeichnet. Diese hygroskopischen oder nicht hygroskopischen Teilchen, die für die Anlagerung von Wasserdampf von Bedeutung sind, spielen bei den turbulenten Umlagerungen und aufsteigenden Luftströmungen, sowie den damit verbundenen niederschlagsbildenden Prozessen in der Atmosphäre eine große Rolle. Ohne Kondensationskerne würde es keinen Niederschlag und keinen Nebel geben.

Eine große Anzahl der Kerne entstammt den Verbrennungs- und Glühprozessen in den Städten und Industriezentren. Früher nahm man an, daß nur wasseranziehende, hygroskopische Teilchen, wie Kochsalz, in der Lage sind, Kerne zu bilden. Neuere Untersuchungen haben jedoch gezeigt, daß auch Staub und jede trockene Substanz als wasseranziehender Kern fungieren kann, wenn die Urbestandteile von besonders kleiner Größenordnung sind.

Auch über dem Meere werden durch die Wirkung des Windes, der Verdunstung und der Strahlung Kerne gebildet. Es kann angenommen werden, daß diese maritimen Kerne größtenteils aus ähnlichen Stoffen bestehen wie die Salze des Meeres, und daher in ihrer biologischen Wirkung ganz anders zu werten sind als die Kerne, die den Verbrennungs- und Verwesungsprozessen entstammen. Während die Anzahl der Kerne in den Großstädten 100000 und mehr pro ccm beträgt, liegt die mittlere Kernzahl in unserem Gebiet bei etwa 4000. Da Kerne von bestimmter Größenordnung in den Atmungsorganen haften bleiben, ist es nicht gleichgültig, welche Art von Kernen im menschlichen Organismus zur Wirkung kommt.

Das Instrument, mit dem man nun die Kondensationskerne, die kleinsten in der Luft enthaltenen Suspensionen sichtbar machen kann, ist der *Kernzähler nach Scholz*. Die Abbildung auf Tafel 146 oben zeigt die Vornahme einer Messung mit dem kleinen Scholzschen Kernzähler. Wir sehen den Kernzähler mit verschiedenen Hähnen zum Ein- und Auslassen der Luft und den Lupen zum Zählen der Kerne. Im Innern des Hohlraumes sind die Zählfelder mit verschiedener Teilung. An den Rändern des Hohlzylinders ist Fließpapier angebracht, welches befeuchtet wird, um die eingebrachte Luft mit Feuchtigkeit zu sättigen. Der Kernzähler ist als Pumpe ausgebildet, durch Niederdrücken des Hebels, wie es in der Figur gezeigt wird, wird die Luft im Innern des Rezipienten ausgedehnt und kühlt sich ab. Wenn die Luft vorher mit Wasserdampf gesättigt war, so tritt jetzt infolge dieser Abkühlung Übersättigung ein, der überschüssige Wasserdampf muß ausfallen und lagert sich an den Kernen an, die dadurch sichtbar werden und so gezählt werden können.

Langjährige Untersuchungen haben nun gezeigt, daß der Kerngehalt der Luftmassen ganz verschieden ist, je nachdem, ob diese vom Festland mit östlichen Winden, oder vom Meere mit westlichen Winden kommen. Während die mittleren Kernzahlen bei Seewind um 2000 pro ccm liegen, betragen diese bei Landwind ungefähr 4—6000 und können noch wesentlich höhere Werte erreichen. Bemerkenswert ist, daß bei den vom Festland kommenden Winden die Kerne mit zunehmender Windstärke abnehmen, während sie bei westlichen Winden ansteigen. Es zeigt sich also, daß die vom Festland kommenden Luftmassen, mit den ungünstigen Kerneigenschaften, bei ihrem Weg über das Wattenmeer gereinigt werden, bei westlichen Winden dagegen die biologisch günstigen Kerne vermehrt werden. Da sich ein Teil der vom Meere stammenden Kerne landeinwärts absetzt, ist die Wirkung der Seeluft in der Nähe des Meeres am stärksten, eine Tatsache, die mit anderen Erfahrungen im Einklang steht und für die Klimaheilkunde von Bedeutung ist.

Neben der Luftbewegung und der Seeluft mit ihrem besonderen Chemismus, ist die *Sonnenstrahlung* ein ganz besonderer Heilfaktor. Untersuchungen, die erst in der jüngsten Zeit durchgeführt wurden, haben uns einen tieferen Einblick in die biologische Wirkung der Strahlung gegeben. Die gewonnenen Erkenntnisse sind allgemein von Interesse und für die richtige Ausnützung der Sonnenstrahlung von Bedeutung.

Infolge der Reinheit der Seeluft kommen die biologisch wirksamen Strahlen besonders zur Geltung. Bei der Sonnenbestrahlung der Haut stellen wir rein äußerlich 2 Wirkungen fest. Einmal tritt eine Bräunung auf, die „direkte Pigmentierung" genannt wird, zum anderen kann eine starke Rötung der Haut erscheinen, die als „Erythem" bezeichnet wird, und die stets eine Hautschälung zur Folge hat. Nach der erfolgten Hautschälung tritt dann auch eine Bräunung auf, die „sekundäre Pigmentierung" genannt wird. Beim Erythem handelt es sich um einen entzündlichen Prozeß, der in seinen Auswirkungen einer Verbrennung gleichkommt. Als nachteilige Folgen für den Körper sind vor allem Vergiftungserscheinungen und eine verminderte Hautatmung zu nennen, und bei zu langer Bestrahlung, schwüler Atmosphäre und verhältnismäßig hohen Lufttemperaturen besteht auch die Möglichkeit eines Hitzschlages. Untersuchungen, die an vielen Hunderten von Kindern durchgeführt wurden, haben nun gezeigt, daß eine weitgehende Ausnützung und eine gesunde Pigmentierung oder Bräunung auch ohne das schädigende Erythem zu erzielen ist, wenn die Sonnenkur so eingerichtet wird, daß bis kurz vor der Entstehung des Erythems bestrahlt wird. Diese Bestrahlungszeit wird als Erythemschwellenzeit bezeichnet, sie kann für jeden Menschen durch ein einfaches Testverfahren ermittelt werden, und nach dem Ergebnis der Testung die Sonnenkur dann zum Besten des Organismus eingerichtet werden. Auf Grund der großen Anzahl von durchgeführten Untersuchungen, wurden für die verschiedenen Jahres- und Tageszeiten auch Mittelwerte der Erythemschwellenzeiten für normal reagierende Menschen gewonnen, die als rohe Anhaltspunkte für die Bestrahlung dienen können. Es würde zu weit führen, auf die gefundenen Zusammenhänge und Ergebnisse noch weiter einzugehen, sie sind in der Fachliteratur niedergelegt.

Aus dem großen Fragenkomplex, der die Beziehungen zwischen Klima und Mensch behandelt, konnten nur Teilprobleme herausgegriffen, sowie ihre Bearbeitung und die Ergebnisse vor Augen geführt werden. Sie zeigen uns wie die Forschungsergebnisse die Wirkungen der Klimafaktoren verstehen und deuten lassen, was nicht nur für die Wissenschaft, sondern auch für die Praxis von Bedeutung ist.

Es ist heute kein Zweifel, daß wir im Seeklima, einschließlich der Seebäder, ein Mittel zur Heilung und Vorbeugung von Krankheiten und zur Kräftigung von Gesunden besitzen, das in einer zugleich milden und doch äußerst wirksamen Weise Erfolge erzielt, die durch Medikamente nicht erreicht werden können."

In Westerland auf Sylt befindet sich außerdem ein „Universitäts-Institut für Bioklimatologie und Meeresheilkunde" der Universität Kiel, das unter der Leitung des namhaften deutschen Bioklimatologen Prof. Dr. *Heinrich Pfleiderer* steht und bemüht ist, Erkenntnisse und Praktiken zu gewinnen aus den für die Volksgesundheit so außerordentlich wertvollen Heilfaktoren der Luft und des Lichts.

RECHT

GESETZESÜBERLIEFERUNG

„Die Friesen sollen frei sein, solange die Winde aus den Wolken wehen und die Welt stehen wird." So lautet eine Satzung aus dem Landrecht der Friesen. Während der ganzen Stammesgeschichte der Friesen, die wir in den Küstengebieten der Nordsee über 2000 Jahre überblicken können, ist der Name der Friesen gleichbedeutend gewesen mit dem Begriff der *Freiheit*. Bei keinem anderen deutschen Stamm hat die Freiheit als Lebensprinzip, eines der Hauptmerkmale des nordischen Menschen, eine so bedeutsame und alles umfassende Rolle gespielt, wie bei den Friesen.

Die offene, freie und bewegliche See hat den Freiheitssinn der Friesen immer wieder genährt, wachgehalten und gestärkt. Das Meer lockte sie zu Fahrten der Entdeckung, der Eroberung, der Siedlung, des Fischfangs, der Waljagd und des Handels. Es forderte sie unausgesetzt zum Kampf gegen seine vernichtenden Gewalten und zur Selbstbehauptung auf. Es ist daher verständlich, daß auch das *Recht* der Friesen auf Freiheit gegründet ist.

Näheren Einblick in das Leben der Bewohner der nordfriesischen Uthlande haben wir erst seit dem 16. Jahrhundert. Erst von da ab sind uns Berichte von Chronisten wie Petreus, und später Heimreich, Danckwerth und anderen überliefert. Aus der Zeit vorher sind nur wenige Urkunden auf uns gekommen. Das Leben der Friesen in Landwirtschaft, Seefahrt und Handel war ein praktisches, in dem jeder vorwiegend auf eigene Faust handelte. Die Sitten, Rechte und Gewohnheiten des Stammes vererbten sich von altersher, wie das Gut der Sagen und Erzählungen in mündlicher Übertragung von einem Geschlecht auf das andere.

Bei der konservativen Art des Friesen, der Einfachheit der Lebensweise, der Abgeschlossenheit und Kleinheit des Harden-, Koog-, Bols- und Warfgebietes, sind die Lebensverhältnisse, wie das allgemein für das Land gilt, sicher sehr gleichbleibend gewesen.

Die früheste Rechtsaufzeichnung der Uthlandsfriesen, die wir kennen und vermutlich die erste, die es überhaupt gegeben hat, ist die *Siebenhardenbeliebung* vom 17. Juni 1426. An diesem Tage kamen in der St. Nikolai-Kirche[1] in der Osterharde von Föhr die Vertreter der „Pillworminghartde, Belltringharde, Wrykesharde, Osterharde Föhr, Sildt, Horßbullharde und der Bockingharde" zusammen. Über den Zweck der Zusammenkunft heißt es in der Einleitung: „Dar wurden dise vorbenömeden eines, bewilligeden unde beleveden,

[1] Taf. 161.

dat se bi eren olden landrechte bliven wolden und nenerleye nye landtrechte annemen und hebben ein del eres olden rechtens utgedrucket, als hirna geschreven steit in sondergen artikelen". Eine ausführliche Darstellung der textlich nur kurzen, aus 23 Artikeln bestehenden Beliebung hat *Max Pappenheim* veröffentlicht. Den Anlaß zur Föhrer Tagung hat anscheinend der Aufruf des Herzogs Heinrich von Schleswig an die Nordstrander zur Heeresfolge gegen die Dänen im Jahr 1426 gegeben. Bei dieser Gelegenheit haben sich die Friesen ihr altes ererbtes Recht wahrscheinlich garantieren lassen wollen.

In der Siebenhardenbeliebung, wie wir sie kennen, deren Original leider nicht erhalten ist, ist nur ein Teil aller Rechtsfragen behandelt und diese auch nur unvollständig. Immerhin gewinnen wir einen Einblick in das *Strafrecht* (Blutrache, Mannbuße, Friedlosigkeit), das *Vermögensrecht* (Kauf und Tausch), das *Erbrecht* (Sippenverband, Verwandtenfolge, Güterrecht) und das *Strandrecht*.

Es muß einer künftigen Forschung vorbehalten bleiben, bei Aufhellung der frühzeitlichen Kulturgeschichte der Friesen die außerordentlich wichtigen Inhalte des Rechts, soweit uns solche bekannt sind, in Verbindung zu setzen mit den Gegebenheiten anderer Gebiete, mit denen aus der Familienkunde und Namengebung, aus den Sitten und Bräuchen (Geburt, Heirat, Bestattung), aus den Sagen und Erzählungen und schließlich auch aus den Vorzeitfunden (Ornamentzeichen, Totenkult) und anderem mehr.

Erscheinungen, wie die unter dem *Strafrecht* genannten, reichen in sehr frühe Zeiten zurück. Sie ermöglichen uns einen Einblick in eine Glaubenswelt, wie wir sie in ähnlicher Weise heute noch antreffen bei einigen der sogenannten Naturvölker. So steht die *Blutrache* ursächlich in Verbindung mit dem Totenkult. Der Getötete findet solange keine Ruhe, bis die an ihm begangene Tat gesühnt ist. Sie greift andererseits ein in das Sippenwesen. Die Sippe des Getöteten und die des Totschlägers werden rechtlich einander gegenübergestellt. Es werden einerseits diejenigen bestimmt, die nicht nur das Recht, sondern die Pflicht haben, die Rache zu üben, während andererseits die nächsten Verwandten des Totschlägers namhaft gemacht werden, die gleich diesem selbst für die Tat einzustehen haben, wodurch sie entweder der Tötung selbst verfallen oder solange in Haft gehalten werden, bis die Mannbuße erlegt ist. Das *Erbrecht* gibt seinerseits ebenfalls wichtige Aufschlüsse über den Verband der Sippe, über die Stellung von Mann und Frau, von Bruder und Schwester zueinander, sowie über die Stellung der Kinder zu den Eltern und über die Generationenfolge.

Ein Vergleich des nordfriesischen Rechts mit dem südfriesischen Recht, dem jütischen Lov, dem mittelalterlichen, altgermanischen und nordischen Recht wird vielleicht manche entwicklungsgeschichtlich wichtige und interessante Einsicht ermöglichen in allgemeine grundlegende Lebensfragen unseres Volkswesens, wie die des Vater- und Mutterrechts, des Besitz- und Erbrechts, der Sippengemeinschaft und des Totenglaubens, d. h. in alle diejenigen Fragen, die in ursprünglicher Verbindung stehen zu Blut und Boden und die damit Träger eines natürlichen, gesunden und kraftvollen Volkslebens sind.

Das friesische Recht mit seinen Strafarten, der Rechtsstellung von Mann und Frau und vielem mehr, hat *Rudolf His* behandelt in seiner Veröffentlichung „Das Strafrecht der Friesen im Mittelalter". Ebenso weist er, gestützt auf *Karl von Amira*, in seiner Schrift „Der Totenglaube in der Geschichte des germanischen Strafrechts" hin auf den Totenglauben der Friesen. Von *Steffen Boetius* liegt weiterhin eine Arbeit vor über „Eheliches Güterrecht und Erbrecht auf Osterlandföhr und in Wyk vor 1900 unter Berücksichtigung der Nachbargebiete" . . .

Mit der Niederschrift der Siebenhardenbeliebung, die bereits als eine Abwehr gegen die Staatsgewalt der Fürsten aufzufassen ist, hat die eigentliche Freiheit der Friesen aufgehört zu bestehen. Die staatsrechtliche Sonderstellung der Harden, in denen die „Königsfriesen" (Rechte des Königs zu Heeresfolge und Landgeld) bisher volle Selbständigkeit hatten, ging von nun an mehr und mehr verloren. Im Gegensatz zu ihnen wurden die Friesen der Geest-

harden des Festlandes, die zum Herzogtum Schleswig gehörten, „Herzogsfriesen" genannt.
— Im Jahre 1426 fand zugleich auch in Eiderstedt eine Rechtsaufzeichnung statt unter dem Namen „Krone der rechten Wahrheit".

Aus dem alten Landrecht der Friesen gibt folgende Satzung eine Erklärung für den Anspruch, den diese auf das Freiheitsrecht erhoben. Es heißt darin: „Der freie Friese soll auf keiner Heerfahrt weiter ziehen, als mit der Ebbe aus und mit der Fluth wieder zurück, wegen der Noth, daß er das Ufer alle Tage bewahren soll wider die salzige See und die wilden Seeräuber".

Im Jahre 1518 kam es zu einer *Fünfhardenbeliebung*, zu der die folgenden fünf Harden von Nordstrand gehörten: Die Pilwormharde, Edomsharde, Beltringharde, Lundhbullingharde und die Wyricksharde. Die 33 Artikel dieser führt *Petreus* in seinen Schriften über Nordstrand auf. Der Zweck war „er landtrecht und vorige belevinge tho aversehen und etlicke articulen beter tho verklaren". Spätere Rechtsaufzeichnungen, denen die Siebenhardenbeliebung nahezu unverändert zugrunde liegt, sind das „Landrecht der 5 Harden von 1558" und das „Nordstrander Landrecht von 1572". Das letztere hat mit wenigen Abänderungen Geltung behalten bis zur Einführung des Bürgerlichen Gesetzbuches.

Die Westerharde auf Föhr, Amrum (das zu dieser gehörte) und List auf Sylt waren 1435 durch den Frieden von Wordingborg, Riepen zugeteilt worden, bei ihnen galt daher das *Jydske Lov* und nach dessen Erlöschen 1683 das Gesetzbuch König Christians I.

Auf Grund der besonderen Naturverhältnisse der Nordfriesischen Inseln haben sich Rechtszustände eigener Art bis heute erhalten. Gedacht sei dabei zunächst an das *Strand-* und *Deichrecht*. Von einschneidender Bedeutung war der Anwachs und Verlust von Land für das Besitz- und Erbrecht. Die Wirkungen von Sturmflutkatastrophen sind im Laufe der Jahrhunderte oftmals so groß gewesen, daß mancher Besitzer seine Habe, sein Haus und sein Land teilweise oder ganz verlor. Ganze Wohngebiete sind zugrunde gegangen, aus deren Erdreich Halligen im Wattenmeer und Köge am Festland neu erstanden sind. So tiefgreifende Änderungen der Besitzverhältnisse wie diese hat es auf deutschem Boden nirgends sonst gegeben.

Von den Rechten, die am Lande haften, sei in Kürze nur hingewiesen auf die auf das Jahr 1141 zurückgehenden *Mönkebohlen* oder Mönchsländereien, drei Landstücke auf der Feldmark von Keitum auf Sylt, die jährlich eine besondere Steuerzahlung zu leisten hatten, und zwar ursprünglich an das Kloster Odensee und die im Kapitel „Landwirtschaft" genannten neuzeitlicheren *Losinteressentschaften* der Norddörfer, sowie die alten aus dem 12. Jahrhundert stammenden Interessentschaften von *Wulde* und *Burlagh* auf Sylt, auf das *Spätland* auf Osterlandföhr und auf die *Wiesengemeinschaften* auf den Halligen. So gibt es weiter Rechtsbestimmungen über den Weidegang der Tiere, über den Dünenschutz, die Vogelkojen und anderes mehr.

RECHTSSITTEN

Die einzelnen Harden hatten in früherer Zeit volle Selbständigkeit, so daß es beispielsweise auch in ihrer Macht lag, Krieg zu führen und Frieden zu schließen. Eigentliche Stände, Leibeigenschaft und Lehnswesen hat es in Nordfriesland nie gegeben.

Um wenigstens eine kleine Vorstellung zu geben von den *Rechtssitten*, seien hier einige dieser aufgeführt. Außer in den bereits genannten Rechtsaufzeichnungen finden wir in den Veröffentlichungen des Sylter Chronisten *C. P. Hansen* vielerlei hiervon verzeichnet. In seinem vorzüglichen Werk über „Die Nordfriesischen Inseln" bringt auch *Christian Jensen* Beiträge über das Recht. In dem Kapitel über die „Landwirtschaft" hat der Verfasser dieses vorliegenden Buches auf die darauf bezüglichen Rechtsdinge bereits hingewiesen. Schließlich ist das Rechtsleben der Friesen auch berührt worden von der Rechtsordnung, die mit der Seefahrt verbunden ist. Das trifft vor allen Dingen auch für den Dienst auf den Schiffen zu während der etwa 200 Jahre währenden Grönlandfahrt. Wir wissen, um nur eines anzuführen, daß in Fällen eines tätlichen Angriffs auf den Commandeur das *Kielholen* als Strafart in Anwendung kam. Der Täter wurde an einem Seil von der einen Seite des Schiffes zur anderen um den Kiel herum durch das Wasser gezogen. Aus den Insel-, Landes- und Staatsarchiven ließe sich für eine Bearbeitung des inselfriesischen Rechts sicher manches für die Volkstumsgeschichte Wissenswerte noch herausarbeiten.

Nach der Überlieferung kam das freie Volk der Friesen in früherer Zeit dreimal im Jahr auf den Thinghügeln unter freiem Himmel zusammen, um Rechte zu küren und Recht zu sprechen. Auf Sylt gab es die drei folgenden *Landesthinge*: das Frühlings- oder Petrithing am 22. Februar; das Sommer- oder Petri-Paulithing, das auch Weiberthing genannt wurde, am 29. Juni; und das Herbstthing am 26. Oktober. Das Sylter Thing wurde ursprünglich auf den Thinghügeln im Norden von Tinnum[1]) abgehalten und später in Keitum. Vom freien Felde wurde in späterer Zeit das Thing nach den Kirchhöfen verlegt und schließlich in die Dörfer. Der nordfriesische Maler *Carl Ludwig Jessen* (1833—1917) hat auf einem seiner Gemälde eine solche Rechtssitzung von Männern in einem friesischen Hause zur Darstellung gebracht. Die ehemalige „Gerichtsstube" von Nordstrand, die sich in dem heute Henry Jacobsen gehörigen, im Neuen Koog gelegenen Bauernhaus befand, ist in das Altonaer Museum überführt worden[2]). In Tinnum auf Sylt steht heute noch die unter Denkmalschutz gestellte ehemalige Landvogtei. Es ist die 2. Landvogtei von Sylt, die, nach den Forschungen von *Hermann Schmidt*, durch den, soweit sich ermitteln läßt, fünften Landvogt der Insel, Peter Taken I, der sein Amt von 1635 bis 1684 versah, im Jahre 1649 erbaut wurde. In dem an das Hauptgebäude angefügten Ostflügel befindet sich der — heute durch eine Zwischenwand unterteilte — Gerichtssaal. Er enthält eine geschnitzte hochdeutsche Inschrift: „Gott der Vater mich geschaffen hat bewahre mich vnd treibe von mir dvrch seine almacht des bösen feindes macht amen".

Einige der Rechtssitten, die uns überliefert sind, gehen auf sehr frühe, vorchristliche Zeiten zurück. Sie enthalten uralte Glaubensvorstellungen, die sich auch nach Einführung des Christentums noch jahrhundertelang erhalten haben. Hierzu gehört die *Blutrache*, die erst 1518 durch eine Fünfhardenbeliebung zum Teil beseitigt wurde. Eine die Freunde des Getöteten betreffende Satzung, die sich auf diese bezog, lautete: „De dar Füste hefft mag schlan, und de Geld und Guth hefft, schall betalen". War ein Totschläger nach verübter Tat geflohen, so mußte er bei der Beerdigung des Getöteten dreimal „verbannet" werden. Die Bannung bezog sich jedenfalls sowohl auf den Totschläger, an dem Rache zu nehmen war, wie auf den Getöteten, dem Sühne zu verschaffen war, und bei dem man vielleicht auch fürchtete, es könnte sein Geist zurückkehren, solange er durch Rachenahme nicht zur Ruhe gekommen sei. Am 13. Juli 1682 hatte der 16 Jahre alte Peter Boh Haulken von Keitum auf Sylt das 12jährige Mädchen Ose Jens Clausen aus Kampen erschlagen und war geflohen. Bei der Beerdigung des Mädchens wurde der Mörder dreimal gebannt, und zwar beim Sterbehause, bei der Kirche und am offenen Grabe. Der damalige Strandvogt von List, Andreas Hansen, ein Verwandter des Mädchens, der die Beerdigung leitete, schlug bei jedesmaliger Bannung des Täters dreimal mit einem Schwert auf den Sarg des Mädchens und rief dabei aus: „Wraek! Wraek! Wraek!" d. h. Rache! Rache! Rache!

In Eiderstedt, wie auch in Dithmarschen, hat es im Mittelalter sogenannte *Freiberge* gegeben, d. h. Erdhügel in Gestalt einer gleichseitigen abgestumpften Pyramide, die der Überlieferung nach wahrscheinlich zu deuten sind als Freistätten, auf die ein Missetäter nach erfolgter Tat flüchten konnte, und auf denen er zunächst einmal vor Verfolgung und Blutrache geschützt war. Auf der „Landtcarte von Eyderstede, Everschop und Uthholm" von Meyer, 1648, ist je ein „Fribarch" eingezeichnet unweit westlich von Cotzenbull,

---

[1]) Taf. 148. [2]) Taf. 149.

Garding und Tating. Auf der Karte von Meyer „Sudertheil Vom Alt Nord Frißlande bis an das Jahr 1240" stehen noch zwei weitere Freiberge verzeichnet auf dem westlich von Uthholm gelegenen „Suderstrandt". Eine Abhandlung über „Die Eiderstedter Freiberge" hat *Volquart Pauls*, Kiel, veröffentlicht in „Abhandlungen zur Meeresheilkunde und Heimatkunde der Insel Föhr und Nordfrieslands", Leipzig 1927. Auf den übrigen Karten von Meyer, die Nordfriesland betreffen, sind Freiberge nicht angegeben. In der Literatur über die Nordfriesischen Inseln, soweit sie dem Verfasser bekannt ist, steht über Freiberge nichts vermerkt. Es erscheint ihm daher einstweilen fraglich, ob es Freiberge in diesem Gebiet gegeben hat.

Es ist aus der Geschichte der Friesen von altersher bekannt, daß diese ein strenges Sittenleben gehabt haben. So wurde denn auch der *Ehebruch* streng geahndet. Bei unzüchtiger Lebensweise verfiel der Betreffende einem geheimen Gericht oder Familiengericht. Die über ihn verhängten Strafen wurden „Rügenopfer" genannt. Zur Warnung vor weiterer Strafe überfielen mehrere Verkappte den Täter nachts und führten ihn, ohne ein Wort mit ihm zu reden, auf einem längeren Wanderweg auf einen steilen Abhang, vor ein tiefes Wasser oder vor ein offenstehendes Grab und ließen ihn dort stehen. Diese Strafe, die vorerst zur Warnung dienen sollte, wurde „Trakkin" genannt. Sie soll im 18. Jahrhundert noch auf Sylt geübt worden sein. Auf Föhr war es Sitte, daß man den Unzüchtigen auf eine Schiebkarre setzte, ihn auf einen Düngerhaufen fuhr und dort ablud. Änderte der durch das Trakkin-Verfahren Bestrafte seinen Lebenswandel nicht, so verfiel er der heimlichen Tötung, dem „Wrögin". Dies galt vornehmlich den Ehebrecherinnen. Die Tötung erfolgte durch Ertränken oder Untereisstecken. Den Vollzug durften nur der Gatte, der Vater und falls jene fehlten, die Brüder der Ehebrecherin nach altem Rechtsherkommen ausführen. Die Tötung erfolgte bei Dunkelheit und soll um 1640 noch auf Sylt vorgekommen sein. Bei Westerland auf Sylt ist zur Zeit von C. P. Hansen der Weg noch bekannt gewesen, auf dem man die Unglücklichen zum Meere geführt hat.

Die Friesen, Dithmarscher und Norweger vollzogen die Hinrichtungen in alter Zeit nach dem germanischen Strafrecht an der Flutgrenze am Meeresstrand. Die Flut sollte über die Richtstätte dahinströmen, um die Wiederkehr des Toten zu verhindern. Aus dieser Sitte spricht eine tiefe geistige Verbindung, die zwischen Mensch und Meer bestanden hat. In der „*Lex Frisionum*", dem friesischen Stammesrecht, das zur Karolinger Zeit in der heutigen holländischen Provinz Friesland aufgezeichnet wurde, wird berichtet, daß ein Tempelräuber am Meeresstrand der beleidigten Gottheit geopfert wird, nachdem man ihm zuvor die Ohren abgeschnitten und ihn entmannt hat.

Von den Rechtssitten, die auf den *Lebenslauf* des Menschen Bezug nehmen, seien hier folgende genannt.

Nach dem Nordstrandischen Landrecht von 1572, das bis 1900 auf den Nordfriesischen Inseln in Geltung war, steht in Artikel 25: „Wenn ein Kind geboren wird und einen lebendigen Odem hat und solches glaubwürdig von Frauen und Wehemüttern bezeuget wird, dasselbe soll ein Erbe sein nach altem Landrechte". „Hingegen ist anno 1531 ein neu geborenes Kind, so kein laut und geschrey von sich gegeben, nach altem Landrechte erbloß erkand". Im zweiten Teil im 8. Artikel heißt es: „Ein Knabe von XVIII Jahren und ein mägdelein von XII Jahren sein mündig". „Es mag auch ein Knabe von XIIII Jahren in Eiden und gezeugnissen stehen nach altem fresischen Landrecht."

In seiner „Nordfriesischen Chronik", deren erste Ausgabe 1666 erschien, schreibt *Heimreich*, daß in Nord- wie in Westfriesland bei der Trauung in der Kirche die Braut zur rechten und der Bräutigam zur linken Hand steht. Weiter heißt es dann, Föhr und einige Halligen betreffend, „daß wenn der Bräutigam seine Braut in sein hauß führe will, er seinen degen von der seiten nimmt, selbigen über der thüren auffstickt, und nach dem er ihr zuvor zugetruncken, sie also unter solchem bloßen degen muß in seinem hause gehen. Mit welchem gebrauch die braut ist erinnert worden, daß sie ihrem ehemanne den ehelichen bund getrewlich solte halten, und da sie denselben gebrochen, hat der Mann macht gehabt, sie als eine ehebrecherinne mit demselben schwerdt (so daher Aeswird oder ein Eheschwerdt ist geheißen worden) zu tödten nach altem Freschen gesetze".

Nach einer Überlieferung aus alter Zeit war auf Sylt *Selbstmördern* das Recht verwehrt, auf dem Friedhof bestattet zu werden. Man beerdigte sie außerhalb desselben. Es folgte in späterer Zeit dann eine Übergangssitte, nach der diejenigen, die sich das Leben selbst genommen hatten, wohl gemeinschaftlich mit den anderen Verstorbenen beigesetzt wurden, sie wurden jedoch über den Friedhofswall auf den Kirchhof gebracht und in einer bestimmten Ecke begraben. Heute ist auch dieser Brauch geschwunden, wie denn durch die neuen Gesetzesbestimmungen, die Landaufteilung, den Fremdenverkehr, und anderem mehr, von den Gesetzesüberlieferungen und Rechtssitten aus früherer Zeit nur weniges auf den Nordfriesischen Inseln noch erhalten ist.

SITTEN UND BRÄUCHE

ALTES VOLKSGUT

Im Kapitel über das Recht ist bereits auf eine Reihe von Sitten und Bräuchen hingewiesen worden, die auf den Inseln in Geltung waren, und die uns einen Einblick in die Wesensart der Inselfriesen geben konnten. Bei dem Wandel, dem ein Volkskörper und die geistige Vorstellungswelt der Menschen im Laufe der Jahrhunderte unterworfen ist, ist es indes nicht immer leicht, vielfach unmöglich, nachträglich die Bedeutung zu erfassen, die eine Sitte oder ein Brauch zeitweilig gehabt haben. Der ursprüngliche Sinn geht mit der Zeit verloren und wird durch eine neue Gedankengebung ersetzt. Viele Sitten verschwinden auch vollständig, und so wird es auf den Nordfriesischen Inseln sicher mancherlei gegeben haben, von dem wir keine Kunde mehr besitzen. Man stelle sich beispielsweise nur vor, was uns allein an Überlieferungen entgangen wäre, wenn wir selbst die aus jüngster Zeit stammenden Aufzeichnungen eines *C. P. Hansen* (1803—1879) nicht hätten. Es hat für uns Betrachter und Forscher von heute Chronisten allen Orts immer zu wenige gegeben.

Bei aller Beständigkeit, die der Friesenart eigen ist, ist das geistige Leben im Inselraum großem Wandel und starken Erschütterungen ausgesetzt gewesen. Einen Wandel im Glaubensleben brachte das Christentum durch den Katholizismus und Protestantismus. Im Untergrund des Seelenlebens blieb dabei jedoch durch alle Zeiten der arteigene Glaube als Sprache des Blutes bestehen. Zu dem geistigen Einfluß, den die Umwelt, d. h. das Meer als beherrschendes Element und die Abgeschlossenheit des Insellebens auf die Bewohner ausübte, kamen als besondere Ereignisse die großen Naturkatastrophen mit den Untergängen ganzer Inselgebiete und Bevölkerungsteile noch hinzu.

Durch den Übergang von der Landwirtschaft zur Seefahrt, d. h. dadurch, daß die Inselfriesen sich nacheinander vom 15. Jahrhundert an dem Fischfang, der Grönlandfahrt und der Handelsschiffahrt widmeten, hat sich sowohl für den Mann wie die Frau das Leben praktisch und geistig in mancher Hinsicht geändert.

Geistesgut der Außenwelt ist indes nicht nur durch die seefahrenden Männer auf die Inseln gekommen, sondern auch durch den Zuzug Fremder, und zwar stammesverwandter, sowie auch solcher anderer deutscher Volksteile. Als Eingewanderte in den Lebensraum als solchen sind volksgeschichtlich gesehen, wenn man bis in die Vorzeit zurückblickt, bereits die „Einzelgrableute" der jüngeren Steinzeit anzusehen, wie später die Wikinger. Dann kamen die Südfriesen, die Nordstrander Partizipanten nach 1634 und die vielen Zugewanderten seitdem.

An den vorhandenen Sitten und Bräuchen kann man erkennen, wie traditionsgebunden und eigenwüchsig ein Stamm noch ist. Bei Feiern, Festen und Spielen tritt der einzelne

Mensch zurück hinter der überindividuellen Gemeinschaft aller, in der der Volkskörper als solcher spürbar wird. Durch die gemeinschaftlichen Veranstaltungen wird die Trennung, die durch Stand, Bildung, Beruf und Alter im täglichen Leben gliedernd und trennend wirkt, aufgehoben.

Sitte und Brauch äußern sich in allen Lebenserscheinungen. Sie sind daher in der einfachsten Arbeitshandlung des Alltags ebenso gut zu finden wie bei den Festen und Feiern. An der Tracht und am Handwerksgerät, an der stillen, ernsten Totenfeier und am ausgelassenen, lärmenden Jahrmarktsfest haften Sitten und Bräuche. Sie zeigen uns das Volkswesen mit allen Zügen, die ihm eigen sind.

Bedauerlicherweise schwindet durch Überfremdung und Zivilisierung heute leider, wie überall, so auch auf den Nordfriesischen Inseln die volkstümliche Eigenart mehr und mehr. Ein großer Teil des Volksgutes ist bereits nur noch im *Museum* anzutreffen. Für Sylt hat der Chronist *Christian Peter Hansen* und für Föhr Prof. Dr. med. *Carl Häberlin* das große Verdienst, ein Museum geschaffen zu haben. In Keitum ist im „Altfriesischen Haus" und im „Heimat-Museum"[1]), in Wyk im „Häberlin-Friesen-Museum"[2]) dank des Interesses und der Wachsamkeit dieser beiden Heimatforscher schönes und wertvolles altes Kulturgut gesammelt worden. Im übrigen bergen die Museen von Husum, Flensburg, Schleswig und Altona vieles aus der nordfriesischen Inselwelt. An Hand dieser Stücke vermögen wir die ganze Kulturgeschichte von der Vorzeit an zu durchstreifen und uns lebendig zu machen. Wir erfahren dabei aus Sitte und Brauch manches von der Lebensart der Menschen, dem Stil und der Form ihres Lebens; geistig erschließen sie uns deren Temperament, Denk- und Fühlart und gewähren uns einen Einblick in den Kunstsinn und die Weltanschauung des Volkes.

Aus der Geisteswelt der Inselfriesen ist vieles mündlich überliefert worden von einer Generation auf die andere bei den abendlichen Zusammenkünften des *Aufsitzens* (Apsetten) im Winter. Diese Sitte, die auf Sylt, Amrum und Föhr aus früherer Zeit stammt, hat sich bis in die jüngste Gegenwart erhalten. Bei gegenseitig abwechselnden Besuchen kamen früher mehrere Frauen, die sogenannten „Bläänsters" (auf Föhr „Kurdstern"), d. h. Lockenmacher oder Wollkratzer, zusammen, um Wolle zu kratzen, die zu Strümpfen, Handschuhen usw. verarbeitet wurde. An solchen Abenden wurde auch gesponnen und gestrickt. Die dabei sitzenden Männer fertigten aus Dünenhalm Dachreep[3]) an oder erzählten von ihren Erlebnissen auf den Seereisen und beim Walfang. Die Zusammenkünfte und Aussprachen in den kleinen Friesenstuben, beim schwachen Lichtschein von Öllampen, im Tabakrauch der weißen Tonpfeifen, bei anfänglich Warmbier, in späterer Zeit bei Tee und Kaffee, Kuchen und Butterbrot, wenn draußen der Schnee fiel und die Winterstürme heulten, waren gut geeignet, alte Sagen und Erzählungen und alles, was an geistigen Gesichten in den Friesen lebte, zur Sprache zu bringen.

Viel strengere Winter als sie uns aus der jüngsten Zeit bekannt sind, hat es, wie uns das Aufzeichnungen berichten, in älterer Zeit gegeben. In den „Denkwürdigkeiten" betitelten handschriftlichen Aufzeichnungen des Pastors Cruppius, der von 1670 bis 1708 in Keitum auf Sylt im Amt war, befinden sich u. a. folgende Mitteilungen: „Anno 1674 war Ein Ungemeiner harter Winter als bey Menschen Dencken nicht gewessen. Den 15. Jan. fing es an zu schneyen und lag der Schnee Continuirlig biß an d. 14 Marty da fing es an zu regnen. Die Kälte war so stark daß Tauben und Krähen auch Menschen Erfrohren sind. Den 18. Jan. legt daß Wasser sich zu mitt Eys zwischen Sylt u. wiedingharde und Kuntte man mit Wagen u. schlitten auch mitt beladenen Hoppen Karren darüber fahren Continuirlig biß Gregory (12. März; d. Verf.) und lag das Eyß fest biß an den 3. April. Da gings in der nacht fort mitt einem Süden wind. Alhir war Zu der Zeit der größte mangell an futter und feurung weill man so harten winter nicht Vermuhtet hatte." Weiter heißt es

---

[1]) Taf. 47.   [2]) Taf. 95.   [3]) Taf. 99.

dann für das Jahr 1684: „Anno 1684 war ein ungemein harter winter. Von Martiny des Vorigen Jahres begunte eß zu zu friehren und lag der winter biß inß folgende Jahr d. 29 Marty, den Sonnabend vor Ostern. Daß Haff war gar zugefrohren daß man zwischen Silt und wiedingharde lauffen und fahren kuntte. Den 23 January fuhr Andres Hansen und Jens Hansen von List mit pferden und wagen von Morsum nach Hoyer und folgens nach Tundern und Kahmen den 27 Jan. gesund und woll wieder zu Hausse. Es Erfrohren damalß vögell und menschen, auch junges Vieh. Den 15 Marty Kamen noch leuhte von wiedingharde nach Sylt über das Eyß␣gelauffen, Unter andern Steffen Poh Ehrken. Zwischen List und Rimm (Röm; d. Verf.) kuntte man auch lauffen, auch von List nach Jurdsand, Balm (Ballum; d. Verf.) und Hoyer, doch ward daselbst noch vorm Marty Schiffarht. Bey Munkmarsch aber wurden die schiffe in den Ostern flott, und kunnte kein Boht vom Kliff für den Paschen (Ostern; d. Verf.) abkommen für Eyß"[1]).

Ausnehmend streng in der Gegenwart war der Winter 1946/47. Durch einen wochenlang anhaltenden eiskalten Ostwind vereiste zunächst das ganze Wattenmeer. Die Eisbildung griff dann aber auch auf die freie Nordsee über. Soweit man vom Roten Kliff bei Kampen auf Sylt hinaussehen konnte, erstreckte sich ein geschlossenes Feld von Eisschollen[2]). Die bewegliche See hatte sich bis an den Horizont in ein erstarrtes Polarmeer verwandelt (die Entfernung der scheinbaren Kimm für eine Augenhöhe von 1,8 m beträgt 2,8 Sm; bei 19,8 m, d. h. bei der Kliffhöhe, wie sie hier etwa besteht, 9,2 Sm — eine Seemeile = 1852 m). Etwa 75 m vom Ufer entfernt konnte man die Eisdrift des Küstenstromes verfolgen. An Stelle der Brandungswogen war eine ganz schwache Dünung des wogenden Eisschollenfeldes getreten. Kleine Eisberge säumten den Strand. Der Höchststand der Vereisung trat am 22. Februar 1947 ein. Nach den Feststellungen des Deutschen Hydrographischen Instituts, Hamburg, war die Nordsee an diesem Tage westlich Sylt bis auf 60 Seemeilen, d. h. bis auf 111 km Entfernung vereist. Von der Südküste, d. h. von Ostfriesland aus erstreckte sich das Eisfeld 30 Seemeilen weit nordwärts. Die ganze Deutsche Bucht weit über Helgoland hinaus bildete also ein Eismeer[3]). Die Aufzeichnungen der Eisverhältnisse an den deutschen Küsten, die bis 1903 zurückreichen, kennen kein Beispiel eines solchen Ausmaßes. Mit dem Frost war zeitweilig auch starker Schneefall verbunden. Es gab in Kampen auf Sylt Aufwehungen an Wegen von über 2 m Höhe. Zwei Tage lang wurden alle Männer des Ortes aufgeboten, um die Straße nach Westerland und die Gleisanlage der Inselbahn freizuschaufeln, damit Lebensmittel und andere Güter herangeführt werden konnten.

FEIERN UND FESTE

Der älteste Volksbrauch, der auf den Nordfriesischen Inseln heute noch geübt wird, ist das *Biiken*. Es geht nach der Überlieferung auf die heidnische Frühzeit zurück und zeigt, wie selbst innerhalb eines kleinen Volkskörpers, bei allem Wandel der Zeiten, ein Brauch vielleicht ein Jahrtausend oder mehr überdauern kann. Das Wort Biiken steht in Zusammenhang mit Bake = Feuerzeichen. Im Mittelpunkt der Biikenfeier, der Frühlingsfeier der Friesen, steht das Biikenbrennen, mit dem die Bräuche des *Jahreslaufes* anheben[4]).

In seinem Buch „Friesische Sagen und Erzählungen" schreibt der Sylter Chronist *C.P.Hansen*: „Das Biikenbrennen geschah früher immer auf dazu von altersher bestimmten, sogenannten heiligen oder Winjs- oder (Wedns)-Hügeln in der Nacht vor dem 22. Februar, dem berühmten Petristuhlfest oder dem Hauptthing und Nationalfest der Sylter, und hatte in uralter heidnischer Zeit eine religiöse Bedeutung, in dem es ein Opferfest war, welches die abreisenden Seefahrer und Krieger dem Weda oder Wodan weiheten, wobei sie eine Menge Stroh, Theertonnen und andere Sachen verbrannten. Man rief übrigens noch nach

---

[1]) Siehe dazu Taf. 24.   [2]) Taf. 25.   [3]) Taf. 26.   [4]) Taf. 150.

der Einführung der Reformation bei dieser nächtlichen Feier stets den Weda an und bat ihn, daß er das Opfer nicht verschmähen wolle". Zu dieser Feier berichtet *J. K. Kohl*, das 18. Jahrhundert betreffend, weiter: „Weiber und Männer tanzten durcheinander um die Biikenfeuer herum. Bei diesem Tanze pflegten sie auszurufen: ‚Weadke teare! Weadke teare! (Wodan zehre! Wodan zehre!)'. Es gibt noch jetzt alte Leute auf der Insel (Sylt um 1864), die sich jener mit Hügeltänzen verbundenen Biikenfeuer sehr wohl erinnern, und denen dieser Wodansruf noch ganz geläufig ist".

Als im 17. und 18. Jahrhundert die Inselfriesen zum Walfang und Robbenschlag auf die Grönlandfahrt fuhren, wandelte sich die alte Kulthandlung in ein Abschiedsfest und Thinggericht. Man wußte, daß viele der ausfahrenden Männer die Heimat nie wieder sehen würden. So war es notwendig, daß vor der Ausreise alle Rechtsfragen geregelt würden. Es geschah dies am Tage nach dem Biikenbrennen, am Peterstag, oder Pidersdai. Auf Sylt wurde das hierauf bezügliche *Thinglesen* auf den westlich von Keitum gelegenen Thinghügeln abgehalten[1]).

Im Jahre 1909 zählte man vom hohen Munkhügel am Morsumkliff auf Sylt in weiter nächtlicher Runde, einschließlich der Wiedingharde auf dem Festland, die Flammenscheine von 28 Biiken. Ihre Feuer loderten als ein Zeichen der Verbundenheit aller Friesen untereinander zum Winterhimmel hinauf.

Als am Anfang des 19. Jahrhunderts die Grönlandfahrt aufhörte, wurde das Biikenbrennen nur noch von Kindern veranstaltet, die auch heute noch das Brennmaterial zusammentragen und den Haufen errichten. In jüngster Zeit beteiligen sich auch die Erwachsenen wieder an dem alten Brauch. Im Schein der Flammen wird in friesischer und deutscher Sprache der Geschichte in Vergangenheit und Gegenwart gedacht. Am Petritag kommen jung und alt zu fröhlichem Schmaus, Spiel und Tanz in den Gasthäusern der Inseldörfer zusammen.

So, wie denn überhaupt die Sitten und Bräuche auf den einzelnen Inseln und Halligen verschieden waren, so gilt das auch für die Feiern und Feste. Jede Insel bildet hierin wie im Landschaftscharakter und vielen sonstigen Zügen, die die Bevölkerung kennzeichnen, eine Welt für sich. Es ist das Vorhandensein und Fehlen wie auch die Artverschiedenheit eines bestimmten Vorkommnisses bei so eng benachbarten Volksteilen volkskundlich außerordentlich interessant.

Auf Osterlandföhr suchen am *Ostermorgen* die Kinder ihre Verwandten auf und erbitten sich mit dem Gruß „Guten Morgen, fröhliche Ostern!" bunte Eier und Kuchen. Am Abend des Ostertages werden auf den Inseln weiße und bunte Ostereier gegessen.

Bräuche verschiedener Art sind an die *Ernte* von Heu und Korn geknüpft. Am Nachmittag des Tages vor Beginn der Heuernte war es bis 1870 Sitte auf Sylt, daß die Wiese von den Schnittern und Schnitterinnen, die sie gemeinschaftlich zu mähen hatten, aufgesucht wurde. Nachdem ein Stück des Graslandes angemäht war, wurde das Abendbrot eingenommen, und dann tanzten jung und alt im Freien nach den Klängen einer Geige. In früherer Zeit kannte man auf den Inseln als Musikinstrument die *Hommel*, sie glich einer Guitarre. Auf Osterlandföhr wurden im 17. Jahrhundert nach Beendigung der Mäharbeit Volksspiele auf dem Felde aufgeführt.

Am Ende der Jahresfeste steht das *Weihnachtsfest*, das Fest der Wintersonnenwende. Es führt auf Sylt den Namen Jööl und wird auf Föhr und Amrum Jul genannt. Der *Weihnachtsbaum* ist auf die baumlosen Inseln und Halligen erst Ende des letzten Jahrhunderts gelangt. Vordem begnügte man sich damit, in einen durchbohrten Holzstiel Zweige zu stecken, oder man fertigte kleine, ungefähr 60 cm hohe Gestelle an, die geschmückt auf den Tisch gestellt wurden[2]). Sie wurden verziert mit dem Grün der Rauschbeere, des Immergrün und des Efeu. Man behing sie mit Äpfeln, Birnen, Pflaumen, Zuckerstücken und Kuchen.

[1]) Taf. 148. [2]) Taf. 150.

Die Kuchen wurden in alten Formen als Gebildbrote gebacken und hatten die figürliche Darstellung von einem Hund, Eber, Pferd, Mensch usw. Gleichartige Aufbauten sind auch von Helgoland und Ostfriesland bekannt. So einfach und spielerisch diese kleinen Gestelle, von denen einige in den Museen erhalten sind, auch aussehen, so liegt ihnen doch ein sehr tiefer und weitreichender Sinn zugrunde. Aus der Verwendung von Pflanze und Tier spricht die Naturverbundenheit des nordischen Menschen. Die Darstellung des Baumes weist uns in ihrem Ursprung auf den Ur- und Weltenbaum, auf den Lebensbaum hin. Wir finden diesen als Ornament vielfach wieder auf Gegenständen aller Art, so auch auf Stickmustern und als sinnvolle Verzierung auf Totenleinen[1]). Der Apfel galt unsern Vorfahren als Symbol unzerstörbarer Keimkraft, und Festgebäck aus Mehl wurde als „Kraft" gefühlt. Das Tier gehörte in alter Zeit gleicherweise dem Bereich des Göttlichen an. Später spielte es eine Rolle bei der Jagd und ist heute zum Haustier herabgesunken. Nach dem nordischen Mythus ritt in der zwölften Zeit Odin, wenn er die wilde Jagd anführte, in Begleitung bellender Hunde auf seinem Schimmel als Sturmesgott durch die Lüfte. Die nordischen Helden alter Zeit brachten figürliche Darstellungen des Wildschweins, des Urtiers der Kraft, auf ihren Helmen an und trugen ganze Halsschnüre von Eberhauern. Beim goldborstigen Götter-Eber wurden in der Vorzeit um die Jahreswende alte Freundschaften und Verträge erneuert. Im nordisch-germanischen Glauben wurde die Unterwelt oder Hel-Burg von dem Hunde Garmr bewacht. Wo im Volksglauben der Tod als Jäger, als Heljäger gedacht wurde, war er von einem Hunde begleitet.

An *Speisen* sind, wie *Christian Jensen* berichtet, zur Weihnachtszeit von den Inseln die *Julfladen* oder Julkuchen auf Föhr, sowie Fettpfeffernüsse und Eisenkuchen bekannt. Die letzteren zeigen oftmals ornamental sehr schöne und sinnbildlich alte Figuren. Am Weihnachtsabend kommt warmes Essen auf den Tisch, saure Schweinsrippe auf Sylt, Mehlbeutel und Schweinskopf auf Amrum, und Langkohl mit Schweinskopf oder „Fürtjen" und mit Zucker und Zimt bestreuter Reisbrei auf Föhr.

Lärmend mit dem *Rummelpott* ziehen am Altjahrsabend die Kinder von Haus zu Haus. In Keitum hielten noch vor 1890 die Erwachsenen mit Stocklaternen um die Mitternachtsstunde einen *Umzug* durch das Dorf. Auf den großen Inseln maskieren und verkleiden sich die Kinder am Sylvesterabend. Sie ziehen so von einem Haus zum andern, wünschen den Bewohnern ein fröhliches Neujahr und erhalten dann Backwerk geschenkt. Auf Amrum werden diese Umzügler *Hulken* genannt.

Junge und ältere Männer reiten am Neujahrstag in kleinen Trupps von Dorf zu Dorf und lassen sich von ihren Bekannten und Verwandten bewirten. Schon zur früheren Seefahrerzeit ist dieser *Neujahrsritt* üblich gewesen. Manch älterer Seemann, der wohl auf seinem Schiff schweren Wogengang gewohnt war, mit dem Bewegungen eines Pferdes aber weniger vertraut war, zumal, wenn er sich verschiedentlich unterwegs „gestärkt" hatte, mag dabei eine sonderbare Figur abgegeben haben. Der Anblick eines solchen Seemannes zu Pferde ließ im Volksmund das Wort entstehen „En Seeman to Hingst es en Gruul fuar Got".

Wie mit dem Jahreslauf, so sind auch mit dem *Lebenslauf* Feiern und Feste, Sitten und Bräuche der verschiedensten Art verbunden. In seinem Buch „Die Nordfriesischen Inseln" hat uns der gute Friesenkenner Christian Jensen vieles davon vermittelt.

An die Geburt eines Kindes und an den Tod eines Menschen knüpfen sich geistige Vorstellungen aller Art. Sie sind für die Erfassung des Wesens der Inselfriesen von großer Bedeutsamkeit. Die Motive, die sie enthalten, gehen teilweise auf sehr frühe Zeiten zurück und sind für die vergleichende, volkskundliche Forschung dieses Gebietes besonders wichtig und wertvoll.

So spielte beispielsweise bei der Geburt das *Ei*, das man dem Kind als Symbol der Kraft und künftigen Wohlergehens schenkte, eine Rolle. Auf der Hallig glaubte man, daß ein

[1]) Taf. 151.

vor der Taufe verstorbenes Kind in einen kleinen *weißen Vogel* fährt. Es gab Verhaltungsmaßnahmen für Schwangere und Wöchnerinnen. Der böse Blick, Vorspuk, Beschreien der Kinder, Schutzmittel gegen Gefahr und vieles mehr ist von den Inseln bekannt. Die Geburt, Namengebung und die Taufe, wie später die Konfirmation, waren von besonderen Sitten und Bräuchen begleitet.

Das Hauptereignis des Lebens ist die *Hochzeit*. In früherer Zeit fand diese statt, wenn die Männer vom Walfang aus dem Eismeer glücklich zurückgekehrt waren, und wenn die Frauen daheim die Ernte beendet hatten.

In seiner Kirchspielchronik von St. Nikolai auf Föhr vom Jahr 1845 schreibt Pastor *K. A. Frerks* über das Verhältnis der Geschlechter zueinander vor der Ehe: „Die Anleitung oder Einleitung zur Ehe ist oder war vielmehr das sogenannte Fenstern, *Nachtfreien* oder Nachtlaufen. Die jungen Leute (Jong Gaster) statten der jungen Schönen nächtliche Besuche ab, steigen in aller Ordnung durchs Fenster und setzen sich an ihr Bett, wo denn holdselige Reden und Küsse gewechselt werden. Polizeiliche Maßregeln haben sich gegen diesen Gebrauch stets fruchtlos gezeigt, wie allenthalben, wo sie gegen den Geist des Volkes sich richten. Nur, wenn dieser sich ändert, ändern sich auch die Sitten, und jetzt (1851) ist das Fenstern allerdings im Abnehmen begriffen. Die Sitte des Fensterns war nie eine Unsitte, führte wohl oft zur Ehe, aber nie, wie die Alten einstimmig versichern, zur Unzucht."

Von den jungen, übermütigen Seefahrern auf Sylt weiß man, daß sie nachts in den Dörfern Streiche aller Art ausgeführt haben. Sie hatten den Namen *Halbdunkelgänger* (Hualevjunkengonger). Auf Sylt war es Sitte, daß sie, oftmals zu mehreren, die Häuser aufsuchten, in denen junge Mädchen wohnten. Wollte der junge Mann, wenn er sich eine Zeitlang unterhalten und eine Pfeife Tabak geraucht hatte, wieder gehen, so war es Sitte, daß ihn eines der heiratsfähigen Mädchen des Hauses zur Tür begleitete. Längere Plaudereien, die sich vielfach an der Haustür dabei dann noch entwickelten, nannte man damals *Bi Dürr stunen* (bei der Tür stehen).

Auf den Halligen und von da übertragen auch in Wyk auf Föhr ist es noch heute Sitte, daß bei einer Verlobung, wenn der Bräutigam nicht von der Insel stammt, junge Männer ein mit Flaggen und Laternen geschmücktes Boot zum Hause der Braut bringen. Der Bräutigam muß sich für das *Bootbringen* durch Bewirtung der Überbringer erkenntlich zeigen.

Hatte sich ein Paar gefunden und war der Hochzeitstag herangekommen, so unternahmen am Morgen dieses Tages auf Sylt die zum Fest geladenen Männer auf bekränzten Pferden einen *Brautritt*. Dieser führte zunächst zum Hause des Bräutigams, wo eine Bewirtung stattfand. Mit dem Bräutigam und dem Vormann an der Spitze begab sich der Reiterzug dann nach dem Hause der Braut, wo der Hausherr, nach zunächst scherzhaft erfolgter Abweisung, ebenfalls zu einer Einkehr einlud. Die unter den Völkern der Erde weit verbreitete Sitte des *Brautraubs* ist auch auf Sylt üblich gewesen. Am Abend des Hochzeitstages suchten die Bräuträuber eine Gelegenheit, die Braut in einer Rumpelkammer oder in einem benachbarten Hause zu verstecken. Der Bräutigam hatte nun seine Liebe offenkundig dadurch zu beweisen, daß er sich alle Mühe gab, seine Braut möglichst bald ausfindig zu machen.

Im Freien vor der Tür des Brauthauses wurde dann der *Brauttanz*, ein Ringeltanz, getanzt. Alsdann zog man, die Männer zu Pferd und die Frauen auf Wagen, zur Trauung nach der Kirche. War die Trauung in der Kirche vollzogen, dann fand im Haus des Bräutigams das Festessen mit anschließendem Tanz und Gesang statt. Früher waren Tanz und Gesang miteinander verbunden. Diese Tatsache, wie auch die, daß es Vortänzer und Sänger gab, daß *Kreis-* und *Reihentänze* getanzt wurden, erinnert an die Tanzsitten Skandinaviens. Derartige Tänze sind dem Verfasser besonders eindrucksvoll bei der alten Schwedenbevölkerung der Insel Runö im Riga-Meerbusen und auf den Färöern bekannt geworden. In dem Gruppentanz liegt der altnordische Gemeinschaftsgedanke, der für Sippe und Volk besteht, verkörpert. Die alte Tanzsitte, insonderheit die Form (Rund- und Reihentanz), der Takt (das kosmische Zahlen- und Richtungsgefühl, von dem auch die Vorzeitgräber mit ihrer Anlageform, Steinezahl und Totenlage bereits Ausdruck geben), und der Rhythmus weisen auf das Zeremoniell sakraler und kultischer Handlungen alter Zeiten hin. Erinnert sei hierbei an die Tänze um das Biikenfeuer und an die Erntetänze.

In Zusammenhang hiermit steht auch ein Bericht des Pastors *Richardus Petri* (1620—1678) von Föhr, in dem es heißt: „daß noch bey seiner Zeit alte Leute davon wissen zu sagen, daß viele mannbare Jungfrauen ehemals auf Westerlandföhr, für die Westerkirchhofpforten (Laurentii-Kirche)[1], das neue Jahr eingetanzet, und auch aufm Nachmittag nach geendigtem Gottesdienst wiederum beym Kirchhof getanzet haben".

Zahlreich wie die Sitten und Bräuche, die mit der Verehelichung verbunden sind, sind auch die, die zur *Bestattung* gehören. Auch von diesen können hier nur wenige aufgeführt werden. In seinem Buch über „Die Nordfriesischen Inseln" hat *Christian Jensen* davon eine vorzügliche Zusammenstellung gebracht.

Bei einem Volk wie den Inselfriesen, für die das Meer Lebenselement ist als Nahrungsspender, als Berufsfeld für den Seefahrer, als Landbildner und Landzerstörer, bildet sich ein Geistesleben eigener Prägung aus. Es wird verstärkt noch durch die abgesonderte Lebensweise, die das Inseldasein mit sich bringt.

Die mit Inschriften und bildlichen Darstellungen sinnvoll verzierten und künstlerisch wertvollen Grabsteine auf den Friedhöfen zeugen von dem religiösen Glaubensleben der Inselfriesen[2].

Wenn auf den Halligen und Inseln in früherer Zeit ein Mensch gestorben war, so übte man die *Totenklage*. Sie hat im Leben der Völker der Erde eine weite Verbreitung und ist als Seelenkult sicher uralt. *J. G. Kohl* schreibt von der Mitte des letzten Jahrhunderts von Westerlandföhr: „Es sind die Töchter, Schwestern, Mütter, Gattinnen und Nachbarinnen, die dieses Geschrei an dem Begräbnistag erheben, sowohl wenn sie am Sarge, in dem die Leiche ausgestellt ist, sitzen, als während der Begleitung des Zuges zum Kirchhofe. Man nennt diese Weiber die *Sörgewüffe* (Sorgeweiber, d. i. Klageweiber)".

Bemerkenswert ist, daß die Wehklage von Frauen erhoben wird. Durch ihre größere Naturhaftigkeit ist die Frau den Erscheinungen des Lebenslaufes, der Geburt, Verehelichung und dem Tod näher verbunden als der Mann. Tacitus schreibt in seiner „Germania" im Bericht über die Leichenbegängnisse der Deutschen, „den Weibern ist es anständig, zu trauern; den Männern, des Toten zu gedenken."

Der Verstorbene wurde in früherer Zeit mit seiner Sonntagskleidung bestattet. Frauen sprachen oftmals den Wunsch aus, daß man sie in der älteren Tracht, die nicht mehr in Mode war, begraben sollte. In diesem Brauch haben wir einen der Gründe zu suchen, weshalb so verhältnismäßig wenige Trachtenstücke in Händen der Inselbevölkerung erhalten geblieben sind. Aufgebahrt wurde der Verstorbene, wie auch heute noch, im Pesel des Sterbehauses. Die Spiegel wurden, was vielfach auch jetzt noch geschieht, verhängt. Am Sarge brannten zwei oder drei Kerzen, die in meist schön geformten Messingleuchtern standen, von denen einige sich auf den Inseln noch befinden und auch noch verwendet werden. Auf den Halligen legte man früher auf einen Kindersarg eine *Totenkrone*. Sie bestand aus einem Drahtgeflecht, das mit künstlichen Blumen verziert war. Die Krone wurde entweder mit begraben, oder in der Kirche aufbewahrt. Das Museum in Wyk auf Föhr hat eine Krone von Langeneß[3] und das Museum für Völkerkunde in Hamburg hat eine solche von Hooge. Über eine besondere *Trauertracht*, die schwarze „Surregkapp" mit weißer Schürze, die die Frauen bis etwa 1910 noch auf Föhr getragen haben, ist im Kapitel über die „Tracht" bereits berichtet worden[4].

[1] Taf. 162.   [2] Taf. 85. 111. 148. 149.   [3] Taf. 151.   [4] Taf. 118.

Nach Angabe von *Henning Rinken* gehen „seit undenklichen Jahren auf Sylt immer zwei verheiratete Frauen, die ‚Fuarlikgungsters‘ genannt, als Verwandte der Leiche aus dem Sterbehause bis zum Grabe voran". In früherer Zeit trug man die Toten dreimal um die Kirche herum, ehe sie bestattet wurden. In dieser Zahl 3 drückt sich der Dreitakt aus, der seelisch unserem nordischen Lebensgefühl zugrunde liegt, der als Symbol überall in Erscheinung tritt. — Zahl und Farbe als Symbol sind Urelemente der Kultur. — Nach erfolgter Beerdigung kommen die nächsten Verwandten zu einem *Totenmahl* zusammen, das auf Sylt in früherer Zeit „Ehrbier" genannt wurde.

Auf vielen Grabsteinen der Inselfriedhöfe stehen Gedenkworte für Seefahrer, die ihr Leben fern der Heimat auf dem Meer verloren haben. Für diese Verschollenen hielt man in früherer Zeit auch Leichenbegängnisse. Im Gedenken an sie wurde in der Kirche, wie bei sonstigen Sterbefällen, eine Feier abgehalten.

SPIELE

Die bunte Fülle menschlicher Spiele leitet u. a. das Spiel des Kindes mit der Puppe ein. Fast überall in Deutschland und so auch auf den Nordfriesischen Inseln bekommt man in heutiger Zeit jedoch kaum eine aus Stoff, Holz, Knochen usw. selbstgefertigte *Puppe* mehr zu sehen. An ihre Stelle sind Erzeugnisse der Industrie getreten. Es ist das kulturell und volkskundlich außerordentlich bedauerlich. An den aus eigener Phantasie geschaffenen, mit ganz einfachen, naturgegebenen Mitteln hergestellten Dingen konnte der Kindesgeist sich selbst erproben, lernte er spielend gestalten und begnügte sich mit dem denkbar einfachsten Material. Was das Kind so schuf, oder was es durch die Mutter und die Schwester für sich bereiten sah, wurde ihm etwas Ureigenes. Für die geistige Entfaltung des Menschen ist dieser Ausfall in der Kindheitsstufe ein nicht zu unterschätzender Verlust. Bei seinen Nachforschungen auf den Inseln ist es dem Verfasser im Laufe vieler Jahre nicht gelungen, auch nur eine einzige selbstgefertigte Spielpuppe ausfindig zu machen. In der großen Sammlung von über 900 Puppen der ganzen Erde, die *J. Konietzko*, Hamburg, besaß, befanden sich drei selbstgefertigte Puppen von Hallig Oland und eine von Hallig Langeneß, die um 1920 gesammelt wurden. Von den ersteren hat Konietzko eine in seiner Arbeit „Die volkstümliche Kultur der Halligbewohner" abgebildet. Diese einzigartige Sammlung ist durch einen Bombenangriff auf Hamburg im zweiten Weltkrieg leider zerstört worden.

In dem Kapitel über die „Seefahrt" ist auf das Spiel der Jungen mit selbstgefertigten *Schiffen* schon hingewiesen worden[1]. Wollten die Kinder auf den Halligen *Tiere* beim Spiel darstellen, so nahmen sie früher Muscheln dazu. Die Schale einer Wellhornschnecke (Buccinum undatum), an die ein Bindfaden als Geschirr angebracht wurde, stellte ein Pferd dar. Die Herzmuschel (Cardium edule) diente dazu, ein Schaf zu versinnbildlichen.

Bei der heranwachsenden Schuljugend sind *Kranz-* und *Tanzspiele* üblich. Sie erinnern uns an die Tänze bei Fest und Kult in alter Zeit. Zu dem Spiel „Die goldene Brücke", „Der Sandmann ist da", und zu anderen werden Lieder, und zwar wie bei dem ersteren mit besonderem inselfriesischen Text gesungen[2].

An den Osterfeiertagen spielen die Kinder im Freien auf einer Wiese *Eierwerfen* und *Eierstoßen*. Auf Föhr und Amrum werden bunte Eier „Puaskaiarn" mit einer Schleuder solange geworfen, bis sie zerbrechen. Sie werden auch zu einem Ballspiel benutzt und aufgegessen, wenn die Schale zerschlagen ist. Beim Eierstoßen, das auf Amrum „Njötjrin, und auf Föhr „Pötjerin" genannt wird, stoßen die Kinder die Spitzen der Eier aneinander. Derjenige, dessen Ei heil bleibt, hat gewonnen. Das Eierwerfen und Eierrollen, das gleichfalls auf Sylt auf altüberlieferten Plätzen im Freien stattfindet, heißt: „Knipsin". Das Verstecken von Ostereiern war auf den drei Inseln früher nie üblich.

[1] Taf. 128. [2] Taf. 152.

An Kinderspielen kommen ferner vor das *Würfelspiel,* zum Verspielen kleiner Sachen das *Hexenlehren,* bei dem ein Kind mit einem rußigen Hut sich unwissend das Gesicht schwarz einreiben soll, und andere Spiele. Im Winter vergnügen sich die Kinder mit *Schlittenfahren*[1]) und Schlittschuhlaufen. In den verschneiten Dünen versuchen es einige auch mit dem Skilauf auf selbstgefertigten Brettern.

Ein schöner Brauch alten Ursprungs, der von erwachsenen Männern getrieben wird, ist das *Ringreiten*[2]). Auf Sylt besteht das „Sylter Ringreiterkorps", das 1861 gegründet wurde und etwa 25 aktive Mitglieder hat, sowie der Keitumer, Archsumer und Morsumer Ringreiterverein. Das Hauptfest findet alljährlich Mitte Juni in Keitum statt. Der Reiter muß auf galoppierendem Pferde mit einer Holzlanze einen an einem aufgespannten Seil hängenden Messingring durchbohren und abreißen. Das Spiel kennt drei Ringe von verschiedener Größe. Wer dreimal einen Ring getroffen hat, ist Gewinner. Die Sieger werden als König, Kronprinz und Prinz bezeichnet und erhalten Preise. Der König wird am nächstjährigen Fest vom Reiterverein zu Pferd mit Musik abgeholt und hat dafür ein Frühstück zu geben. Auf Föhr und Amrum ist das Ringreiten gleichfalls üblich. Die Reiteruniformen sind auf den drei Inseln jedoch verschieden.

GEISTESLEBEN

VOLKSGEIST

Der Geist einer Landschaft erschließt sich einem Menschen, der Einfühlung für einen Naturraum besitzt, verhältnismäßig leicht, zumal wenn es sich um eine Natur mit starker Eigenprägung handelt. Schwieriger ist es schon, die sichtbaren Merkmale der Volkskultur den Hausbau, die Tracht, das Handwerk, die Sitten usw. richtig zu erfassen, besonders dann, wenn diese nur in Resten noch vorhanden sind, wie das ja in unserer Zeit fast überall der Fall ist. In die Geisteswelt eines Volksstammes selbst hineinzusehen, erfordert weit mehr. Die Rasse und die ganze Stammesgeschichte wollen außer der Umwelt dabei berücksichtigt und verstanden werden.

Ihrem Wesen nach sind die Volksstämme Deutschlands von großer Verschiedenartigkeit und Gegensätzlichkeit. Küste, Tiefebene und Gebirge, wie alle sonstigen Landschaftsformationen, weisen Bevölkerungselemente der unterschiedlichsten Art auf. Selbst bei unmittelbar aneinandergrenzenden Bevölkerungsteilen eines Volksstammes und sogar eines Berufslebens, wie in Nordfriesland bei den Ackerbau treibenden Bauern der kargen Geest und den viehzüchtenden Bauern der fetten und reichen Marsch, sind tiefgreifende Unterschiede in vielerlei Hinsicht vorhanden. Im Temperament, im Charakter, an der Intelligenz, im Gemüt, im Humor und vielem mehr, zeigt sich die Wesensart der Menschen, die zugleich kennzeichnend ist für den Volksgeist.

Die Wesenszüge und die Eigenart des Volkstums treten bei den einzelnen Volksstämmen auch verschieden stark in Erscheinung. Die Inselfriesen zeigen ein ausgesprochen klares Ausdrucksbild mit scharfen Umrißlinien, das dem Stil nach gotischer Einfachheit und Strenge gleichkommt. Es ist bei der Verschlossenheit ihrer Natur indes nicht leicht, in ihre Innenwelt hineinzusehen.

Durch die Aufeinanderwirkung von Rasse und Umwelt mögen von den Merkmalen, die sie kennzeichnen, folgende vier herausgehoben werden.

Die Inselfriesen sind als Anwohner des Nordseeraumes echt nordische Meermenschen mit rassisch stark ausgebildeter Eigenprägung. Sie zeigen Reserviertheit im Wesen, die durch die Abgeschlossenheit des Inseldaseins in besonderer Weise bedingt und gekenn-

[1]) Taf. 152.   [2]) Taf. 153.

zeichnet ist. Die Gewalten der Naturmächte, denen ihr Leben ausgesetzt ist, haben sie diszipliniert und zu Wirklichkeitsmenschen, sie haben sie ebenso individualisiert und zu Herrenmenschen gemacht. Dieselben Mächte, im Verein mit den lebendigen Kräften, die aus ihrer Volksgeschichte bis in die Vorzeit zurückreichend, wirksam sind, haben ihren Geist außerdem mit übersinnlichen Dingen stark erfüllt. Je zwei Pole stehen hier einander also gegenüber, Rasse und Landschaft, Wirklichkeit und Übersinnlichkeit.

Neben einem klaren und exakten mathematischen Denken, neben einem einfachen, geraden, praktischen Sinn, lebt in ihnen eine phantastische, dämonische Welt von Aberglauben, Vorspuk, Gespenstersehen und vielem mehr. Literarische Zeugnisse dafür sind hinreichend vorhanden, und Feststellungen darüber lassen sich heute ebenfalls noch machen.

Die hervorragenden Navigationsleistungen, wie die allgemeine Seetüchtigkeit, die die Männer durch Jahrhunderte auf allen Weltmeeren bewiesen haben, fußen auf einer angeborenen Begabung für das logische Denken, das verstandesmäßige Rechnen und auf einer Selbstbeherrschung in allen Lagen. Der Mut und die Unerschrockenheit im Kampf mit dem Grönlandwal, auf den Fangreisen im hohen Norden, wie überhaupt ihr Selbstbehauptungsvermögen allen Gefahren des Eismeeres gegenüber, hat im In- und Ausland ihnen den besten Namen gemacht. Gleich hoch zu stellen sind die Verrichtungen jeglicher Arbeit in Haus und Hof, für Kind und Familie, seitens der Frauen, während manchmal jahrelanger Abwesenheit ihrer Männer. In beiden Fällen konnte nur ein ganz gewissenhafter, nüchterner Wirklichkeitssinn, der mit den Gegebenheiten fertig zu werden wußte, ein Verantwortlichkeits- und Selbstbewußtsein zum Erfolg führen. Im Kapitel der Seefahrt ist hierüber bereits ausführlich berichtet worden. Ein auffallendes Merkmal bei den Friesen, das mit den vorgenannten Eigenschaften in Zusammenhang steht, ist eine exakte Auffassungsgabe und ein gutes Gedächtnis.

Von den anderen geistigen Erscheinungen, die diesen gegenüberstehen, sollen einige im folgenden aufgeführt werden. Es sei dabei zunächst ganz allgemein hingewiesen auf die starke Wirkungskraft, die von der Insellandschaft und den Inselmenschen überhaupt ausgeht. Die außerordentlich umfangreiche und vielseitige Literatur, die über dieses kleine Inselgebiet vorhanden ist, beweist, welch starke Anregung von ihm ausgeht. Sie berührt alle Gebiete von der Wissenschaft bis zum Roman und Volksschauspiel. Hinweise auf die Wissenschaft sind in vielen Kapiteln gegeben worden. Die Dichtung betreffend, sei hier der in Keitum auf Sylt am 27. Februar 1862 geborene und am 25. August 1938 dort verstorbene *Erich Johannsen* genannt[1]). Neben seinem Beruf als Zimmermann ist er zum Heimatdichter seiner Insel geworden. Im Laufe von 48 Jahren schuf er 32 volkstümliche Bühnenwerke in seiner Muttersprache und etwa 400 Reimdichtungen in friesischer und deutscher Sprache.

Das größte literarische Vermächtnis, das uns übermittelt wurde, verdanken wir dem Chronisten *Christian Peter Hansen* (1803—1879) von Keitum auf Sylt[2]). In zahlreichen Veröffentlichungen hat dieser Inselfriese das Leben seines Volksstammes in allen seinen Teilen behandelt und damit der Nachwelt sichergestellt.

SAGE UND ERZÄHLUNG

„Was an feindseligen Stimmen vor und nach dem Erscheinen der Sammlung der ‚Sagen, Märchen und Lieder der Herzogtümer Schleswig, Holstein und Lauenburg' gegen dieselbe laut ward, als verbreite sie von neuem den alten Aberglauben, den man längst glaubte ausgerottet zu haben, und werde nun in den Augen der aufgeklärten und gebildeten Welt unserem Land und seinen Geistlichen nur Schande machen; ferner daß sie

[1]) Taf. 154. [2]) Taf. 154.

Gotteslästerung enthalte, ein unchristliches, heidnisches Werk, kurzum ‚das allerverderblichste Buch sei, das je unter uns erschienen', obwohl diese Stimmen, man weiß wohl von welcher Seite, sich zahlreich und selbst öffentlich so aussprachen, so will ich sie doch gerne auch ferner anhören, froh der Theilnahme, die dies Buch seit seinem Entstehen fand, und weil ich weiß, daß sie ihm nicht gar viel geschadet haben, und ich im stillen auch die Hoffnung hege, solche Meinungen und ähnliche nächstens bei einer neuen Auflage schon als Sagen benutzen zu können. Sie zu widerlegen, würde noch vergeblicher und nutzloser sein, als die Ausrottung des Aberglaubens." So schrieb *Karl Müllenhoff* in der Einleitung seines genannten Werkes im Jahre 1845.

Heute weiß man, daß das, was hier als *Aberglaube* bezeichnet wird, als eine wichtige Erscheinung in der Volkskundeforschung zu betrachten ist. Dieser sogenannte Aberglaube ist ebensowenig als Widersacher christlichen Glaubens zu verwerfen, wie es möglich wäre, ihn vom medizinischen Standpunkt aus einfach als Krankheit abzutun. Durch die neuzeitlichen geopsychischen und bioklimatischen Forschungen wird vielleicht in die eine oder andere der hier gemeinten geistigen Erscheinungen vor allem in die Ursachen ihrer Entstehung Licht gebracht werden können.

Eine bedeutsame Rolle dabei spielt die Landschaft, das Meer, das Watt, die Dünen, die Heide und die Marsch. Sturmfahrten auf See, das Brüllen der Brandung im Aufruhr der Elemente, das steigende Flutwasser, das den Wanderer bei einem Wattgang überrascht oder Nebel, der ihm dabei die Orientierung nimmt, können den Geist und die Phantasie auf das äußerste erregen. Auch die Dünen haben ihre Macht, wenn die Herbststürme den Sandhagel durch die Lüfte jagen, und der wandernde Sand alles Pflanzenleben, ja selbst die Felder und Wohnstätten des Menschen zu überschütten und zu vernichten droht[1]), wenn man die schier endlosen Bergzüge auf Sylt einsam einen Tag lang durchwandert bei winterlicher Ausgestorbenheit, wenn nichts an Leben sich mehr regt und Eis und Schnee die Landschaft in eine große Polareinöde verwandelt[2]). Schwer drücken kann auf das Gemüt in der Dämmerung eines Spätherbsttages die weite Fläche der leblosgewordenen Heide[3]), wenn Dunst und Regen die Luft erfüllt und die schwarze Ebene noch finsterer erscheinen läßt als sonst. Eine ähnliche Melancholie kann zu gleicher Stunde über der schweren und wassergetränkten Marsch liegen, deren endlos erscheinende Fläche dem Auge durch keine Unterbrechung eine Belebung und einen Anhalt gibt.

Naturkatastrophen wie die Sturmfluten und die Trauerfälle in den Familien, die durch den Tod ungezählter Seemänner und ganzer Schiffsbesatzungen verursacht wurden, wirken auf den Geist und auf das Gemüt.

Die Erlebnisse bei Strandungen an den Inseln und die Begegnungen mit Seeräubern im Inselgebiet und auf fremden Meeren haben phantasieerregend auf die Bevölkerung gewirkt.

Bei den einsam und vielfach sehr ärmlich lebenden Insulanern, wie bei denen etwa auf der Dünenhalbinsel Hörnum auf Sylt oder bei denen auf den Halligen, finden wir geistige Phänomene mancher Art.

Auch aus der Volksgeschichte sind Kräfte wirksam. Der Inhalt mancher Sage und Erzählung bezieht sich auf die Grabhügel der Vorzeit, die Burgen und Kirchen, auf Inselkämpfe und Volkskriege.

Jeder, der die Inseln bereist, die Natur auf sich wirken läßt und in die Geschichte der Friesen Einblick gewinnt, wird vom Geisteswesen dieses eigenartigen und einzigartigen Inselraumes etwas verspüren. Schon das Kartenbild der Inselwelt kündigt davon manches an. Es spricht aus den verstreut und doch gruppiert liegenden Inseln, aus den Strombetten der Priele, die wildwüchsig hineingreifen in das Watt, und aus dem erstaunlichen Schau-

---

[1]) Taf. 18. 28.   [2]) Taf. 21. 22.   [3]) Taf. 41.

spiel von Ebbe und Flut, das der Pegelstand anzeigt. Hat nicht, um nur eines zu nennen, das den Elementen am stärksten ausgesetzte Sylt im Laufe der Jahrhunderte eine geisterhafte und greisenhafte Gestalt angenommen?

Wir wir aus den Sagen und Erzählungen sehen, ist das Phantasiespiel der Sylter daher auch ein besonders lebhaftes und vielseitiges. Über ihre Urzeit sagen sie folgendes aus: „Als die Friesen zuerst nach Sylt gekommen waren, hatten sie die kleinen Leute, die schon vor ihnen da gewesen, nordwärts gejagt nach der Heide und den unfruchtbaren Stellen und hatten sie da wohnen lassen. Die kleinen Leute, die wohl zu den Finnen oder Kelten gehört haben, krochen in die Hügel und Höhlen auf der Heide und in das Gebüsch, welches damals viele Niederungen im Norden von Braderup füllte." Diejenigen, die unter der Erde in den Hügeln wohnten, wurden von den Friesen die *Unterirdischen* (Öndereersken) genannt. Die anderen, die sich in den Gebüschen und später in Häusern aufhielten, wurden *Puken* genannt. Nach den letzteren hat heute noch ein von Heide bewachsenes, nach dem Wattenmeer abfallendes Tal den Namen Puktal. Ein Grabhügel der Vorzeit, der dort am Kliffrand liegt, heißt Pukhügel.

Nach der Sage hatte das kleinwüchsige Volk „steinerne Äxte, Messer und Streithammer, die sie sich selber schliffen; und sie machten auch Töpfe aus Erde und Ton." Ihr König hieß *Finn*. Er hatte seine Residenz in dem heute noch vorhandenen, auf der weiten Heide nördlich von Braderup gelegenen „Erhebungshügel" oder „Reisehoog"[1]. Schon aus diesem kurzen Auszug aus der von *C. P. Hansen* um die Mitte des letzten Jahrhunderts aufgezeichneten Sage „Der Meermann und die Zwerge auf Sylt", aus: Friesische Sagen und Erzählungen, Altona 1858, geht hervor, wie lebendig die Vorzeit im Volke geblieben ist.

Der Inhalt dieser, sowie auch der der anschließenden Sage „Die Zwerge im Kampf mit den Riesen auf Sylt" ist volkskundlich und volkspsychologisch besonders interessant dadurch, daß Vorkommnisse aus der ganzen Sylter Geschichte ohne Rücksicht auf die Zeit, der sie angehören, in einer Handlung zusammengetragen erscheinen. So schreibt denn auch *C. P. Hansen* im Schlußwort seines genannten Buches auf Seite 189: „Jedoch die ächten alten Sagenerzählerinnen meiner Heimath nennen nie eine Jahreszahl oder ein Jahrhundert, die Zeitordnung geht ihnen gewöhnlich ganz verloren. Was sie erzählen, ist fast immer ungeordnet, man muß sich mit der Versicherung begnügen, daß es in alter Zeit geschehen ist. Jede Sage (Tial oder Staatje) fängt so an: „Diar wiar jens en" usw. (Es war einst ein usw.)" In den beiden genannten Sagen, die von dem König Finn und seinem Zwergenvolk handeln, kommen daher gleichzeitig miteinander vor: Waffen, Werkzeuge und Langgräber der jüngeren Steinzeit; Grabhügel wie der Reisehoog aus der Bronzezeit; das Christentum, dessen Einführung in den Uthlanden vermutlich erst um 1100 erfolgte; eine Kriegsrüstung „ein eisernes Wams aus lauter Ringen", wie es König Brōns und dessen Sohn tragen (diese liegen der Überlieferung nach im großen und kleinen Brōnshoog am Kampener Leuchtturm, in Gräbern der Bronzezeit), das dem 14. Jahrhundert angehören dürfte (nach Fundstücken von Alt-List zu urteilen; d. Verf.) und anderes mehr. Alle heutigen Ortschaften von Sylt werden in den Schauplatz der Vorzeit verlegt. Tipken, der „Hahn von Keitum", ist Wächter im Tipkenturm, der der Zeit um 1374 angehört und erhielt als Grabstätte den Tipkenhoog, einen Grabhügel, der aus der Vorzeit stammt.

Hinsichtlich des Namens des Königs Finn mag erinnert werden an den gleichnamigen Friesenkönig in dem angelsächsischen Heldenepos *Beowulf*, das nach dem Übersetzer *Hugo Gering* nicht später als Ende des 8. Jahrhunderts entstanden ist, und an das nur im Bruchstück erhaltene selbständige angelsächsische Gedicht „Der Überfall in Finnsburg". Auch in dem angelsächsischen *Widsith-Lied* wird Finn als König der Friesen genannt.

[1] Taf. 155.

Für die Geistesverfassung der Inselbevölkerung ist, zeitgeschichtlich gesehen, die Tatsache jedenfalls bedeutsam, daß vor ein paar Jahrzehnten Mensch und Natur einheitlich noch miteinander verbunden waren, daß Menschengeist und Naturkräfte lebendig aufeinander einwirkten. Hierzu sei folgendes, dem Verfasser überliefertes Vorkommnis angeführt. Im Nordosten von dem genannten „Reisehoog" liegt auf der Braderuper Heide der vorzeitliche Hügel „Bröddehoog". In diesem Grabhügel sollen, wie C. P. Hansen berichtet, einer neuzeitlicheren Sage nach die durch See- und Strandraub erworbenen Schätze eines Geizhalses verborgen liegen, der selbst nun nach seinem Tode, da er keine Ruhe finden kann, als Gespenst, als Weddergunger, als sogenannter Bröddehoogmann auf dem Hügel umgeht und als solcher den Lebenden erscheint. So wußte Frau Jenny Jahns, Kampen, von ihren Großeltern, Johann Kaiser und dessen Frau noch zu berichten, daß diese um 1884, als sie einst abends von Braderup kommend über die Heide an dem Hügel vorbeigegangen waren, zu Hause ankommen in Kampen erzählten, sie hätten „den Brörremann gesehen".

Im Südosten von Kampen auf Sylt zieht sich durch uraltes Heideland eine Schlucht zur Wuldemarsch und zum Wattenmeer hinunter, deren Bezeichnung Wull-stich oder Hol-stich (Hohlweg) ist[1]. In alten Zeiten war die ganze Schlucht mit einem Gebüsch von Hagedorn (Weißdorn) bewachsen. Man nannte es das *Wolderholz* oder den *Klawenbusch*, weil die Bauern aus den krummen Zweigen die Klawen ihres Pferdegeschirrs zu schneiden pflegten. Durch Neid aufeinander infolge übermäßigen Verbrauchs dieses Holzes trieben sie jedoch Raubbau und rotteten das ganze Buschwerk aus. Heute stehen an einigen Erdwällen im Osten von Kampen als letzte Zeugen nur noch ganz vereinzelte Hagedornsträucher. Dank des Flurnamens, der sich aus früherer Zeit erhalten hat, erfahren wir aus der Geschichte vom Klawenbusch und der Wuldemarsch, daß das Vegetationsbild auf und bei der Insel früher ein anderes war. In dem Abschnitt dieses Buches „Gärten und Gehölze" sind eine Anzahl weiterer Flurnamen aufgeführt, die auf das Vorhandensein von Holzungen usw. auf den Inseln in früherer Zeit hinweisen. Über das einstmalige Vorkommen von Waldungen wie Mooren, die es ebenfalls einmal gegeben hat, bei den Inseln, d. h. im Bereich des heutigen Wattenmeeres, ist im Abschnitt „Versunkene Waldungen und Moore" berichtet worden. Auf der Karte von *Johannes Meier* von 1649, die den „Nordertheil vom Alt-Nord Frießlande bis an das Jahr 1240" betrifft, ist die Gegend des Wolderholz oder des Klawenbusch durch Bäume gekennzeichnet und als „Wollerholdt" bezeichnet[2].

Zu den bekanntesten Sagen von Sylt, die auch mit der Landschaft, und zwar mit den Dünen in Verbindung stehen, gehört die Sage „Das Osetal auf Sylt". Ein Bauer von Wenningstedt, der bei einem Ernteschmaus einen Sylter im Streit erschlagen hatte, war geflohen und hatte sich jahrelang in einem Dünental im Norden seines Dorfes in einer Höhle verborgen gehalten. Er wurde dort heimlich von seiner Frau, namens Ose, mit dem Lebensnotwendigen versorgt, bis eines Tages ihre Schwangerschaft zur Nachfrage nach dem Freier und zur Entdeckung des Totschlägers führte, den man längst von der Insel entwichen glaubte. Die verbüßten schweren Jahre in den Dünen sah man indes als Strafe genug für ihn an und gab ihn frei. Zum Andenken an die Treue, die seine Gattin ihm gehalten hat, heißt das Tal bis auf den heutigen Tag *Osetal*[3].

Auf Amrum hatte einst in der Heesenhughburg ein gewaltiger Ritter gehaust, der den Bewohnern der Insel an beweglichem und festem Eigentumsgut nahm, was er konnte. So erklärte er denn eines Tages auch ein Erbteil von Äckern und anderem Land, das unmündigen Kindern zugefallen war, als sein Eigentum. Einige Taugenichtse von Amrumern standen ihm in dieser Forderung bei und erklärten sich bereit, einen Eid zu leisten, daß seine Forderung zu Recht bestünde, da die Eltern das Land dem Ritter verpfändet hätten. Hierauf verlangte die Bauernacht, daß sie darauf schwören sollten. Sie traten dann

[1]) Taf. 155.   [2]) Taf. 158.   [3]) Taf. 156.

auch auf dem Acker in den Ring und sind gottlos genug gewesen, einen falschen Schwur zu leisten. Unter Donner und Blitz verdorrte dabei sofort im Ring alles Gras. Auf dem Harwai (Heerweg) sind die Taugenichtse danach weitergegangen nach Meerham (Gegend der Vogelkoje) und dem Moorwasser. Der Weg, den sie zurücklegten, ist heute noch kenntlich durch seine Unfruchtbarkeit. Er verläuft östlich der Vogelkoje durch die Heide, von der er sich durch einen fahlen Farbton deutlich abhebt. Man nennt ihn heutigentages noch den *Verschworenenweg* = Ferswearen-Wai[1]).

Unter den angeführten Ringen sind jedenfalls wohl die sogenannten Hexenringe zu verstehen, die durch einen Pilz gebildet werden. Eine Erklärung für die bleiche Wegspur konnten die Amrumer dem Verfasser nicht geben. Die hier im Auszug wiedergegebene Sage ist 1880 aufgezeichnet worden von *Johannes E. Jannen* aus Nebel nach einer Mitteilung von *Jens Drewsen*.

Wie bei den Friesen im allgemeinen, so haben auch auf den Inseln von Nordfriesland die *Hexen* früher eine große Rolle gespielt. C. P. Hansen schreibt in seinem Buch „Friesische Sagen und Erzählungen": „Die wirkliche oder vermeintliche Macht der Hexen oder richtiger wohl: der Glaube an ihr Dasein und ihre Macht, spielte in der Geschichte der Inselfriesen von Alters her eine so außerordentliche durchstehende Rolle, daß es von dem Geschichtsforscher und Sittenschilderer Unrecht und Unsinn wäre, solches zu ignorieren oder gar zu leugnen".

Auf Föhr sind vor allem die Frauen von Dunsum für ihre Hexereien aller Art bekannt gewesen. Auf Sylt waren der Öwenhoog am Ufer der Steidum-Bucht, der Klöwenhoog zwischen Keitum und Tinnum und der Stippelstienhoog im Südosten von Wenningstedt ihre Versammlungsorte.

Der Buder-Sand, eine 30 m hohe Düne auf der südlichen Hörnum-Halbinsel von Sylt, ist aus den Erzählungen der Hörnumer als alter Hexenberg bekannt.

In Ergänzung zu den verschiedenen Motiven, die zur Bildung von Sagen und Erzählungen Anlaß gegeben haben, sei zum Abschluß noch eine Begebenheit erzählt, die sich auf der Hallig Oland zugetragen hat.

„Ein Mann von Dagebüll hatte auf der Hallig Oland Verwandte. Als er diese einst besuchte, klagte die junge Frau der Familie dort, daß ihr Kind jeden Abend von 8—10 Uhr ununterbrochen schreie. Da entdeckte der Mann, daß in der Nachbarschaft eine Frau saß, die unentwegt mit einer Nadel in eine Puppe stach." Diese Erzählung verdankt der Verfasser Frau *Johanna Jensen* von der Dyenswarf bei Dagebüll, die 1934 auf seine Bitte freundlicherweise Aufzeichnungen gemacht hat nach Mitteilungen von Einheimischen der Gegend. Das Stechen in einen Gegenstand zum Zweck der *Willensübertragung* ist bekanntlich eine Sitte, die bei vielen Völkern der Erde ausgeübt wird.

Zu den häufigsten übersinnlichen Erscheinungen gehört das *Hellsehen*, der *Vorspuk* bzw. das *Zweite Gesicht*. Wohl in den meisten Fällen bezieht es sich auf Unglück oder Tod. Im Zusammenhang hiermit seien auch die Prophezeiungen erwähnt von der um 1400 in der Wiedingharde geborenen friesischen Sibylle *Heerti* (Herthje) über Deichbau, Sturmfluten, Krieg und anderes mehr in Nordfriesland. Heimreich hat sie in seiner Chronik beschrieben.

Die Frau als Seherin hat bei den Deutschen von alters her eine bedeutsame Rolle gespielt. *Tacitus* schreibt von den Deutschen: „Ja, sie glauben sogar, es sei in den Weibern etwas Heiliges und Vorahnendes; und sie verachten weder ihre Ratschläge, noch schätzen sie ihre Antworten gering'.

Unter den Naturmächten hat selbstredend das *Meer* den stärksten Einfluß auf den friesischen Menschen ausgeübt. Das Meer wie überhaupt das *Wasser*, d. h. also auch Seen, Sümpfe und Brunnen, sind der Ort, von dem die *neugeborenen Kinder* kommen. Auf Sylt heißt es, daß sie aus dem Wasser gefischt werden. In der Sage „Der Meermann Ekke Nekkepenn" wird berichtet, wie einst die Frau eines Kapitäns, die ihren Mann auf einer

---
[1]) Taf. 156.

Seereise nach England begleitete, von einem Meermann auf den Grund der See geholt wurde, damit sie seiner Frau, dem Meerweib, Hilfe leisten sollte bei der Geburt eines Kindes. Auf Amrum holen die Frauen aus „Guuskölk", einem „Gänsewasser" genannten Süßwasserbecken, die Kinder. Durch die zahlreichen Süßwasserstellen, die es auf Föhr gibt, können sich dort Störche aufhalten, die auf den andern Inseln nicht vorkommen. Es bringt daher auf Föhr der Storch die Kinder aus einem Sumpf durch den Schornstein ins Haus. Auf den Halligen holen die Eltern die Kinder vom Grunde des Meeres.

Das Meer gilt also als das Reich, aus dem die Kinderseelen kommen. Im Kapitel über das „Recht" wurde gesagt, daß nach dem germanischen Strafrecht der Verbrecher bei den Friesen an der Flutgrenze des Meeresstrandes hingerichtet wurde. Die Flut sollte ihre Wasser über die Richtstätte ergießen, um die Wiederkehr des Toten zu verhindern. Das Meer wurde also als ein Element empfunden, dessen Macht über Leben und Tod geht. Bei den Inselfriesen bestand in früherer Zeit der Glaube, daß der Geist eines auf dem Meere verstorbenen Seefahrers sich schon vor seinem Tode, oder gleich danach, als *Gonger*, d. h. als Wanderer bei seinen Verwandten meldet.

Wenn sich auf dem Wattenmeer zur Winterzeit die großen Scharen von Rotgänsen einfinden und ihr klagendes Geschrei erheben, das sich wie ein lautes Bellen anhört, dann glaubten die Friesen, es seien die Stimmen ihrer verstorbenen Ahnen. Der weit über die Erde verbreitete Glaube an den *Totenvogel* tritt hier also in Gestalt eines Wasservogels auf.

Einzelne Leute auf den Inseln sehen im voraus ein Licht, ein sogenanntes *Totenlicht*, an Stellen, an denen kurze Zeit danach eine Strandleiche antreibt. So sah um das Jahr 1908 ein Mann von Oland eines Morgens ein Licht bei Gröde, als er an der Hallig vorbeisegelte. Einige Tage später trieb eine Leiche an. Dieser Vorfall wurde dem Verfasser 1932 von dem Hallgbauern Johannes Rickertsen von Gröde mitgeteilt.

Zu Gesichten dieser Art gehören auch die *Geisterschiffe*, d. h. die Totenschiffe, wie die Gespensterschiffe, von denen die letzteren an den „Fliegenden Holländer" erinnern, die in den Sagen vorkommenden Geister des Wassers, die Meermänner und die Wasserjungfern, die Hexen in Gestalt von Sturzwellen, und die Klabautermänner auf den Schiffen.

Manche Erscheinungen, die ihre natürliche Erklärung haben, wie das Elmsfeuer und die Luftspiegelungen[1]), mögen ihrerseits beigetragen haben zum „Geistersehen". So auch die treibenden *Wracks*, die von Wind und Strömung getrieben auf dem Meer umherirren, durch das Tragisch-Unheimliche, das ihnen anhaftet, zumal wenn sie bei Nacht oder im Nebel in Sicht eines Schiffes kommen. Solche Wracks können, wenn sie eine schwimmfähige Ladung wie z. B. Holz haben, jahrelang auf der See einhertreiben. In Heft 7, II. Jahrg. der „Meereskunde. Sammlung volkstümlicher Vorträge" gibt Otto Krümmel unter dem Titel „Flaschenposten, treibende Wracks und andere Triftkörper in ihrer Bedeutung für die Enthüllung der Meeresströmungen" einige Berichte von treibenden Wracks, deren Trift aus den beigegebenen Karten ersichtlich ist. Angeführt sei hier nur die Wracktrift „des Schoners ‚Fanny Wolston', die vom 15. Oktober 1891 bis 21. Oktober 1894 — 1100 Tage und eine Strecke von fast 15000 km (über 8000 Seemeilen) umfaßte". Das Schiff trieb auf seiner Holzladung, überwiegend in der sogenannten Sargassosee, und wurde 46mal erkannt und gemeldet.

Die Einwirkung des Meeres auf Körper, Geist und Seele ist jedenfalls eine außerordentliche. So behauptet auch der Volksmund, daß die Geburten bei Mensch und Tier vornehmlich in die Flutzeit fallen, und daß das Fieber beim Menschen mit eintretender Flutzeit sinkt. Im Abschnitt „Heilkunde" wurde hierüber schon berichtet. Es wäre wünschenswert, daß von berufener Seite weiterhin genaue Untersuchungen angestellt würden. Einen so tiefgreifenden Einfluß der Natur auf den Menschen wird man im allgemeinen jedoch nur erwarten können, wenn der Mensch innerlich verwoben ist mit der Umwelt, wenn er ihre Prägung trägt, wenn er alteingesessen ist, mit ihr mitschwingt. Bei Überprüfung

[1]) Taf. 30.

der Frage sollte also nur ein begrenzter Kreis von Personen herangezogen werden, der die vorgennanten Voraussetzungen erfüllt. Zu beachten sind dabei außerdem die Entfernung des Wohnortes (Festlandsküste) vom Meer, die jeweilige Stärke der Tide, die Ausschaltung von Medikamenten wie andere Eingriffe usw., die auf die Geburt mitbestimmend wirken können. Wer den Blick hat, kann jedem Menschen ansehen und abspüren, wieweit er heimisch verwurzelt ist oder nicht. Aus den Friesenköpfen im Abbildungsteil dieses Buches spricht der Geist der Landschaft, das Wesen der Uthlande.

Besonders schön und eindrucksvoll ist der Inhalt der Sagen, die in die Vorzeitgeschichte zurückführen, in der wir das Meer verbunden sehen mit den Helden und Königen des Volkes und mit dem Gott der Welt.

Von dem Seeriesen oder König *Ring* von Sylt heißt es, daß er einen vergoldeten Hut, „ein Ding wie ein umgekehrtes kleines Boot auf dem Kopf hatte". Er soll, als er gestorben war, damit in dem großen Ringhügel nördlich von Westerland begraben sein. Der Sage nach soll in dem Klöwenhoog, einem großen Grabhügel der Vorzeit, der zwischen Keitum und Tinnum auf Sylt in der Marsch liegt, der Seeheld *Klow* mit seinem goldenen Schiff begraben liegen. Die goldenen Anker des Schiffes ruhen in der nahen Marsch.

Eie oder *Eia*, auch *Ekke* oder *Nekke*, hieß der Gott des Meeres bei den Friesen. Das „Eia, Eia, Ei!" des friesischen Schaukel- oder Wiegengesanges, darf wohl auf seinen Namen zurückgeführt werden. Seine Gemahlin war die Göttin Ran. „Von allen diesen Gottheiten der heidnischen Friesen", so schreibt der Chronist *C. P. Hansen*, in seiner „Chronik der Friesischen Uthlande", „ist zu unterscheiden der Ualdh, der Alte, ohne Zweifel identisch mit dem Deutschen Allvater oder Alfadur. Auf den Schiffen und in den Wohnungen der Friesen nennt man noch in einem ähnlichen Sinne den Schiffs- oder Hausherrn de Ualdh. Man dachte sich nämlich den Herrn der Erde wie den Capitain auf einem Schiffe, die Erde selber aber wie ein großes Schiff, de Mannigfualdh (zu deutsch Mannigfaltigkeit) genannt, im Himmelsmeere schwimmend. Die Menschen waren die Matrosen des Weltschiffes, die jung in die Takelage des Mannigfualdh hinaufkletterten, um ihr Lebenswerk zu beginnen, alt und grau aber wieder zurückkehrten, die ab und zu durch ihre Thorheit und Ungeschicklichkeit das Schiff in allerlei mißliche Lagen, bald in Untiefen, bald in Meeresengen brachten, aus welchen Gefahren der Alte dann jedesmal dasselbe wieder glücklich errettete, durch seine Macht und Weisheit."

SCHULE

In der sehr umfangreichen Literatur über die Nordfriesischen Inseln steht auffallend wenig geschrieben über das Schulwesen. Es hängt das weniger damit zusammen, daß nicht jeder sich gerne der Schulzeit erinnert, sondern es findet seine Erklärung darin, daß es eine Schule und einen Lehrunterricht im heutigen Sinne auf den Inseln vor gar nicht allzu langer Zeit überhaupt nicht gab. Bis etwa zur Mitte des letzten Jahrhunderts beschränkte sich der Unterrichtsstoff im wesentlichen nur auf das praktische Arbeitsleben, d. h. auf die Seefahrt für die Männer und den Haushalt für die Frauen. Das abgeschlossene Inseldasein mit seinen einfachen, teils sehr kärglichen Verhältnissen, zumal in den entlegenen Dünengegenden und auf den einsamen kleinen Halligen, hat eine Entwicklung des Schulwesens außerdem erschwert.

Den Anlaß zur Einführung von Schulen hat die *Seefahrt* gegeben. Der im Anfang des 17. Jahrhunderts beginnende Walfang, an dem sich nach und nach die gesamte gesunde männliche Bevölkerung der Inseln beteiligte, machte zur navigatorischen Ausbildung der jungen Seefahrer Unterricht im Rechnen, in der Mathematik und Astronomie, wie auch in der Geographie notwendig.

Aus der Zeit vor und um 1600 besitzen wir nur wenige Überlieferungen von den Inseln. In seinen „Schriften über Nordstrand" schreibt der im Jahre 1603 verstorbene *Johannes*

Petreus „So holden ock sehr viel Nordstranders ere Kinder gerne tho der scholen, vorschicken ock de, by welckern betere ingenie gesporet, in Universiteten, dat se nicht allein mit eren egen Kindern im geistlicken regiment ackerwercken".

Die beste und auch wohl die einzige umfassende Abhandlung über das Schulwesen, die wir haben, stammt aus der Feder des Chronisten *C. P. Hansen*, der selbst von 1820—1824 Elementarlehrer und von 1829—1860 Oberlehrer und Organist in Keitum war. Seine Abhandlung bezieht sich allerdings nur auf Sylt und ist betitelt „Die Anfänge des Schulwesens oder eine Schulchronik der Insel Sylt". Viel anders sind die Verhältnisse, wie sie hierin geschildert werden, auf Föhr und Amrum jedoch auch nicht gewesen. Auf den Halligen, besonders den kleinen, ist es indes um die Schulfrage jedenfalls noch dürftiger bestellt gewesen.

Einige der Inselschulen gehörten und gehören auch jetzt noch zu den kleinsten in Deutschland. Nach Angabe des Lehrers *K. Sönnichsen*, Bredstedt, der in dem von *L. C. Peters* herausgegebenen Werk „Nordfriesland" die Entwicklung der Volksschule schildert, gingen auf Nordstrandischmoor zur Schule im Jahre 1840: 6 Kinder, 1898: 1 Schüler, 1899—1902: kein Schulknd und 1926 nur 2 Schüler. Die Hallig Gröde, die nur von vier Bauernfamilien bewohnt wird, hatte im Sommer 1932 nur 2 Schulkinder, den 10 Jahre alten Bernhard Rickerten und seine 6jährige Schwester Henriette[1]). Im Jahre 1953 besucht nur 1 Kind diese Schule.

Doch selbst in diesen kleinen Halligschulen konnte guter Unterricht erteilt werden. Kapitän *Boye Richard Petersen*[2]), der im Jahre 1869 auf der Hallig Langeneß geboren wurde und es zum Führer des größten, ohne Hilfsmaschine ausgestatteten Segelschiffes der Welt, der Fünfmastvollschiffes „Preußen" gebracht hat, schreibt in einer Aufzeichnung zu seinem „Lebenslauf": „Nachdem ich mein 6. Lebensjahr erreicht hatte, kaufte mein Vater einen weiteren Landbesitz auf der Hallig Gröde und verzogen wir dorthin. Hier kam ich in die Schule und wurden wir mit 5 Kindern von dem dortigen Pastor, der zugleich den Lehrerposten vertrat, unterrichtet. Da sich der Pastor dem einzelnen Schüler bei der kleinen Anzahl Schüler eingehend widmen konnte, erhielten wir eine gute Schulbildung, so daß wir den anderen Halligschulen gegenüber immer als Musterschüler gegenübergestellt wurden. Uns Jungens paßte dies natürlich nicht, daß wir dauernd unter Zwang waren und haben wir unserem guten Pastor das Leben nicht leicht gemacht. Erst später haben wir eingesehen, wie gut es dieser mit uns gemeint hat."

C. P. Hansen schreibt „Das *Schulwesen* der Insel Sylt ist durch das Volk der Insel ohne fremdes Zuthun zuerst entstanden. Die kurzen sonst müßigen Wintertage sammt den langen Winterabenden wurden vor allen anfänglich dem Unterrichte der männlichen Jugend und der unerfahrenen Seeleute gewidmet. Der Unterricht fand gewöhnlich statt auf den friesischen Inseln in der beengten Wohnstube des Lehrers oder in dem größern, aber kältern ‚Pesel' seines Hauses. Da buchstabierten und lasen die jüngern Knaben, geleitet und beaufsichtigt von einigen ältern, selber nebenbei im Schreiben und Rechnen sich übenden Schüler. Die Erwachsenen übten sich in der Mathematik, namentlich in der Steuermannskunde. Die inselfriesischen Schulen waren übrigens nicht bloß ursprünglich, sondern bis zu 1760 fast ohne Ausnahme unabhängige Privatlehranstalten und Navigationsschulen, in welchen nur friesische und plattdeutsche Mundarten gesprochen und holländische Hülfsbücher neben deutschen benutzt wurden bei dem Unterricht."

Im südlichen Morsum auf Sylt bestand 1736 eine kleine Nebenschule während der Wintermonate nur aus einem kalten, finsteren Bodenraum, in dem ein alter Seefahrer für 10 Mark im Jahr Kinder unterrichtete. In Oevenum auf Föhr steht heute noch das Haus des Navigationslehrers *Hay Okkens* und ebenso das des letzten dieser Lehrer, den die Insel gehabt hat, das von *Ocke Hinrich Volkerts* (1829—1901).

[1]) Taf. 157. [2]) Taf. 130.

In manchem Inselhaus findet man heute noch Lehrbücher aus jener Zeit, von denen ein Teil in holländischer Sprache geschrieben ist. Unter zahlreichen Wörtern, die der holländischen Sprache entlehnt sind, lautet der auf die Seefahrt sich beziehende Abschiedsgruß bei den Syltern heute noch „Faarwel".

In seiner Chronik schreibt *Hansen* weiter, „Für die weibliche Bildung wurde von Alters her auf Sylt weniger systematisch als für die männliche gesorgt. Noch im 18. Jahrhundert lernten die Mädchen in den Schulen dort selten mehr als Lesen, Beten, ihren Catechismus aufsagen und den eigenen Namen schreiben." Bei den abendlichen Zusammenkünften der Frauen, wie sie während der Winterzeit stattfanden, und vom Verfasser dieses Buches in der Abhandlung über das „Alte Volksgut" beschrieben wurden, lernten die jungen Mädchen außerdem die damals üblichen Handarbeiten, das Wollekratzen, Spinnen, Stricken und Strickedrehen aus Dünenhalm.

In das sich frei und selbständig entwickelnde Schulleben griff um 1760 die Regierung ein und schrieb ihrerseits *Schulgesetze* vor. Diese neue Ordnung konnte sich jedoch erst 1860 endgültig durchsetzen, da die Inselbevölkerung den Neuerungen, vor allem solchen, die mit Geldausgaben verbunden waren, wie Hausbauten und Lehrerbesoldungen, hartnäckigen Widerstand entgegensetzte, und die Regierung es ihrerseits daran fehlen ließ, sich durchzusetzen.

Erteilt wurde der Unterricht anfänglich von älteren, ehemaligen Seefahrern, die wie der Ausdruck lautete, „die See bedankt hatten", das heißt sich von der Seefahrt zurückgezogen hatten. Neben ihnen lehrten, und zwar vereinzelt selbst in der Navigation, auch Geistliche, wie der Prediger Urban Flor (von 1692—1739 Prediger in Morsum) und Pastor Richardus Petri (von 1620—1678 Prediger auf Westerlandföhr). Da der weit überwiegende Teil der männlichen Bevölkerung, vornehmlich im 18. Jahrhundert, während der Sommermonate auf dem Walfang war, und die Daheimgebliebenen mit den Arbeiten in der Landwirtschaft voll beschäftigt waren, waren die Schulen mit wenigen Ausnahmen den Sommer über geschlossen.

Unter den Lehrern, die sich besonders hervorgetan haben, möge hier der als Zeichner und Kunstmaler[1]) bekannte *Oluf Braren* (1787—1839) genannt sein. Er war zunächst Schullehrer von den Norddörfern auf Sylt und danach in Ütersum auf Westerlandföhr. *Jap Peter Hansen* (1767—1855), der Vater des Chronisten *C. P. Hansen*, war ein hervorragender Mathematiker und Navigateur. Er verfaßte mathematische Schriften, konstruierte Instrumente, förderte die Schule in Westerland ganz wesentlich, dichtete auch Volkslieder und schrieb ein friesisches Schauspiel „Der Geizhals auf der Insel Sylt". Von *C. P. Hansen* selbst (1803—1879), diesem einzigartigen Chronisten, Heimatforscher und Schöpfer des natur- und volkskundlichen Museums in Keitum, ist an vielen Stellen dieses Buches berichtet worden[2]).

In der Folgezeit ist das Schulwesen, besonders in den großen Orten wie Westerland und Wyk, so zur Entwicklung gelangt, wie das auch sonst in Deutschland der Fall war.

Die heutigen Schulen sind keine Navigationsschulen mehr. Es gibt auf den Inseln auch kein Volksleben mehr, das ausschließlich inselfriesisch ist. Es ist aber ein wertvolles Volksgut noch vorhanden, in dem das Friesentum lebendig ist, aus dem die Stammesgeschichte redet, und das in unsichtbarer Gestalt, selbst dann, wenn alles materielle Kulturgut entschwunden sein sollte, das Erbe noch wahren kann. Das ist die *Sprache*. Sie zu erhalten, ist Aufgabe der heutigen Schule.

[1]) Taf. 117.   [2]) Taf. 154.

RELIGION

„Die Deutschen glauben, es sei der Größe der Götter unwürdig, sie in Wände einzuzwängen oder ihnen irgendeine der menschlichen Gestalt ähnliche Form zu geben; Haine und Wälder heiligen sie und nennen mit Götternamen jenes Geheimnis, was sie sonst in bloßer Verehrung schauen". So schrieb vor bald 2000 Jahren *Tacitus* über den Götterglauben der Deutschen.

Die Deutschen im ersten Jahrhundert n. Chr. hatten also einen Glauben, der nicht vermenschlicht und stofflich gebunden wurde. Ihre Seele war erfüllt von dem Schöpfergeist der Allnatur. In diesem unmittelbaren, ungeteilten Alleinheitsgefühl spürten sie das Geheimnis des Lebens, dessen Gesetz auch ihr innerstes Gesetz war. In Ehrfurcht davor schauten sie die Gottheit.

Diese natürliche Bindung, die jeder Einzelne besaß, bedeutete zugleich ein persönliches Freisein, das der Freiheit der Natur entsprach, wie denn der Inbegriff der nordischen Seele die Freiheit, die Freiheit der Persönlichkeit ist, während im Gegensatz dazu das Dogma ihr fremd ist. Diese seelische Verbindung zwischen Mensch und Natur zieht sich durch die ganze germanisch-deutsche Geschichte. Von ihr künden bereits die Megalithgräber der Steinzeit, der Sonnenkult der Bronzezeit, das Tierornament der Eisenzeit und die Meeresfahrten der Wikinger, der Säulenwald in den Domen der Gotik und die frohe Lebenskunst des Barock. Aus der Freiheit einer solchen naturhaften Weltanschauung schuf das Königsgenie Friedrichs des Großen den preußischen Staat, Beethoven seine Musik, und dementsprechend lautete auf die Frage der Margarethe an Faust „Glaubst Du an Gott", dessen Antwort: „Gefühl ist alles".

Es ist die große, weite nordische Natur, es sind die Wälder Germaniens, die Gebirge Skandinaviens und die Wogen des Nordmeers, es sind die langen, dunklen, sternenklaren Winternächte und es ist die lebensspendende Kraft der warmen Sommersonne, an der der Glaube dieser Menschen in der Frühzeit sich entzündete. Die übermächtig starke und die großartig schöne Naturwelt des Nordens hat den nordischen Menschen natursichtig gemacht.

Der Zug zum Großen, wie er in der Natur verkörpert liegt, wohnte auch in seiner Brust. Der Kampf der Naturelemente forderte ihn zur Lebenstat heraus. So hat das *Meer* die Küstenstämme der Nordsee zu dem gemacht, was sie sind. Es zeichnete die Friesen aus durch Freiheit, Beharrlichkeit und Lebensmut. Ihre Lage am Rande des bewohnbaren Landes und ihr Leben eines unausgesetzten Daseinskampfes hat die nordischen Wesenszüge besonders klar bei ihnen heraustreten lassen.

Wie die römische Kirche es anfing, sich diesem von Natur gegebenen Glauben gegenüber durchzusetzen, als sie 500 Jahre nach Tacitus versuchte, im Norden Europas Fuß zu fassen, sehen wir aus einer päpstlichen Verfügung.

In einem Schreiben vom 17. Juni 601 erteilt Papst Gregor I. der Große (590—604), der Knecht der Knechte Gottes, an den Abt Mellitus, den er zur Unterstützung des Bischofs Augustinus nach Britannien gesandt hatte, seine Anweisung, wie bei der Bekehrung der heidnischen Angelsachsen verfahren werden soll. Es heißt darin: „Man soll die heidnischen Tempel des Volkes nicht zerstören, sondern nur die Götzenbilder in denselben; dann soll man diese Tempel mit Weihwasser besprengen, Altäre errichten und Reliquien dort niederlegen; denn wenn diese Tempel gut gebaut sind, so können sie ganz wohl aus einer Stätte der Dämonen zu Häusern des wahren Gottes umgewandelt werden, so daß, wenn das Volk selbst seine Tempel nicht zerstört sieht, es von Herzen seinen Irrtum ablegt, den wahren Gott anerkennt und anbetet und sich an dem gewohnten Ort nach alter Sitte einfindet. Und weil so viele Ochsen zu Ehren der Dämonen geschlachtet zu werden pflegen, soll auch dies in eine Art Fest verwandelt werden. Am Tage der Weihe der Kirche oder an den Geburtstagen der heiligen Märtyrer, deren Gebeine dort ruhen, sollen sie um die Kirchen herum, die aus jenen Tempeln entstanden sind, Hütten aus Zweigen bauen und einen kirchlichen Festschmaus begehen. Dann opfern sie nicht mehr dem Teufel die Ochsen, sondern töten die Tiere bei ihrem Schmause Gott zu Ehren und werden dem Geber aller Gaben dafür danken, denn wenn ihnen äußerlich einige Freuden zugestanden werden, so werden sie sich zu den innerlichen Freuden leichter gewöhnen. Unmöglich darf man nämlich harten Gemütern alles auf einmal abschneiden, weil auch derjenige, welcher zum höchsten Gipfel aufsteigen will, stufen- oder schrittweise sich emporarbeitet ..."

Die religiösen Sitten, wie sie hier geschildert werden und bei den Angelsachsen in Britannien etwa 150 Jahre nach Beginn der Landnahme (460 n. Chr.) bestanden haben, dürfen vielleicht auch bei den Friesen die gleichen oder ähnliche gewesen sein. Wir hören von dem Vorhandensein von Tempeln und Götzenbildern, die es zur Zeit von Tacitus bei den Deutschen nicht gab. Wichtiger ist indes die Art, wie man versuchte, unter Beibehaltung herkömmlicher Einrichtungen einen neuen Glauben einzuführen. Der Vorgang, der sich hier vollzog, war der einer Pseudomorphose. Es war die Überlagerung eines letztlich seit den Tagen der Altsteinzeit bestehenden Naturseelentums, eines Kosmotheismus (sicher vielfacher Unterschiedlichkeit — Körperbestattung, Leichenverbrennung usw.) durch eine aus dem Mittelmeerraum kommende Geistigkeit anderer Art, einen Monotheismus, der seinerseits wieder eine Abwandlung des aus dem magischen Geist der arabischen Kultur hervorgegangenen Urchristentums war.

Die älteste Karte, die uns von Nordfriesland überliefert ist, ist eine Karte von *Joh. Meyer*, Husum. Sie ist veröffentlicht in der „Newe landesbeschreibung der zwey Hertzogthümer Schleswich und Holstein" von *Caspar Danckwerth*, 1652. Ihr Titel lautet: „Norderteil Vom Alt Nordt Frießlande biß an das Jahr 1240". Sie entspricht im Ausschnitt der auf Tafel 8 dieses Buches abgebildeten Karte: „Landcarte Von dem Alten Nortfrieslande — Anno 1240" von Meyer. Wenn diese Karten den geographischen Tatsachen sicher auch nicht in vollem Maß gerecht werden, so können sie uns doch einen ungefähren Anhalt vermitteln über die damalige Beschaffenheit der Landesverhältnisse. Auf der erstgenannten Karte sind für das Sylt betreffende Gebiet 14 Kirchen und Kapellen eingezeichnet, deren Namen sich vorwiegend auf die zugehörigen Kirchspiele und nur in einzelnen Fällen auf die Kirchen selbst beziehen. Es sind der Reihe nach angegeben: Wardincap(elle), Stedum, Hantum, Arrerschloß bei Archsum, S. Severin ohne Ortsnamen, Laegum, Lystum, Mosenca(pelle), Knockboll, Wendingstadt, Eytum und Rystum wester Capell; außerdem im Nordwesten Berlum und Mabberum. Hinzu kommen folgende sechs heidnische Tempel: Templum jovis, Templum fostae, Templum martis, Templum saturni, Templum woedac und Templum veneris.

In einer „Designatio der Harden und Kercken in Frisia Minori oder Nordfreßlandt 1240", die gleichfalls Meyer zugeschrieben wird, sind indes nur elf Kirchen verzeichnet. Die Wardyn-Capell und „ein Deell von Sylt" sind darin zur Osterharde gerechnet; Berlum und Mabberum sind als heidnische Tempel an Stelle von Kirchen aufgeführt. Die elf Kirchen der „Nordwesterharde" betreffen: Stedum, Steinum, Alt Rantum, Rantum, Nistum, Keytum vel S. Severinus, Loegum Capell, Listum, Morsumb Kirch, Wendingstatt ein Flecken, Eytumkirch. Die hier gemachten Angaben stützen sich auf die Abhandlung, die *O. Fischer* in dem Band „Sylt" des Sammelwerkes „Das Wasserwesen an der schleswigholsteinischen Nordseeküste" gemacht hat. — Im Wattenmeer östlich von Kampen liegt eine auffallend große und hohe Miesmuschelbank des Namens Leghörn. Möglicherweise deckt sich ihre Ortslage mit der von Meyer angegebenen Loegum Capell. Auf seiner „Antiquarischen Karte der friesischen Bergharden" vom Jahre 1872 hat *C. P. Hansen* eine entsprechende Eintragung der letzteren vorgenommen. Es wäre wünschenswert, daß der Untergrund der Bank einmal gründlich durchforscht würde. Außer den elf in der Designatio aufgeführten Kirchen sind auf den „Insulen Ostum und Mabberum" auf ersterer Berlum Capell als alter Templum. Martis und Roddum vel Rothum und auf letzterer Mabberum als alter Templum Jovis und Witum sowie Rystum genannt.

In seinen „Silter Antiquitäten" schreibt der Chronist *Hans Kielholt* im Anfang des 15. Jahrhunderts über das Glaubensleben auf Sylt: „In olden Tyden sind allhier up Silt, heidnische Völker gewesen, und hebben eenen seltsamen Gloven gehat, de man nicht alle vertellen kan, und se sind ehre egen Herren gewesen disses Landes". Nach den weiteren Berichten, die Kielholt gibt, beziehen sich die „olden Tyden" mutmaßlich auf das 14. Jahrhundert. Es ist sehr bedauerlich, daß Kielholt keine Beschreibung des Glaubens gegeben hat.

Es heißt dann weiter: „Und nach dissen hefft it sick also begeven, dat de Pavest durch sine Vullmechtigen gewessen is by dem Konincklichen Maytt (gemeint ist vermutlich wohl König Erich von Pommern, 1412—1439, wenn die Annahme richtig ist, daß Kielholt etwa 1410 geboren ist; d. Verf.) mit freundlicker Beede, dat he dat geistlicke Regiment auer alle Kirken muchte in een rechte Ordeninge bringen, und de Kirken inwieyen laten, und nen ieder Kerke een sünderigen Namen geuen, welkes se nicht in Vortüden hadden, welcker beede is dem Paueste georlouet. Darnach worden alle heidensche Prester affgeschaffet, und alle andere Prediger na des Pawestes Befehl wedder angesettet, derer im Tall teien wehren, to de Veer grotesten Kerken alse Morsum, Heidum, Eydum und See Kerken iedes twe Prediger, und Rathsborger Kerk een und tho Norder Lyst eine kleene Kerke ock een Prediger, und seh worden altosamen in der Wester See Kerken gewyet und eenen Namen geeuen, to Morsum de erste und de oldeste Kerke, so up Silt gebuwet, is genömet Sünt Marten, Heidum Sünt Söuerin, Eydum Sünt Nicolaus, Wester See Kerken Sünt Peter, Radtsborger Kerken Sünt Maria, Norder List Sünt Jürgen, und mank dissen vorgemeldeden geordeden Kerk Herren is min Vater mit Nahmen Herr Albertus van Kyll herkamen, dar he ock gebaren is, to der Tidt bin ick Hans Kiel halfacht Jahr olt gewesen, do min Vater im Deenste up Silt gekamen is."

Hans Kielholt ist vermutlich etwa 1410 geboren. Seinem Bericht nach ist zu damaliger Zeit Sylt also vollständig heidnisch gewesen, d. h. es war wieder heidnisch geworden. Um den Katholizismus erneut einzuführen, mußten für alle Kirchen Prediger wieder eingesetzt und die Kirchen geweiht und mit einem Namen versehen werden. Die Weihe der Kirchen läßt wohl darauf schließen, daß sie von den Heiden benutzt worden waren. Von den anfänglich 14 Kirchen und Kapellen sowie 6 heidnischen Tempeln sind nach Kielholts Angaben bis zu Beginn des 15. Jahrhunderts nur noch 6 Kirchen erhalten geblieben. Von diesen Kirchen besteht heute noch die Kirche von Morsum und die von Keitum (Heidum)[1]).

Dadurch, daß der Bevölkerung seitens der Kirche in Sachen von Ablaßbriefen, Ehestand, Kindbetterinnen und Sakrament zu hohe Zahlungsverpflichtungen auferlegt wurden, kam es zwischen dem Papst und dem König von Dänemark zu einem Krieg. — Zwischen der innerlich freien und selbständigen Stellung, mit der der Friese allen Fragen des Lebens gegenüber steht, und der kirchlichen Einrichtung des Priesters als Mittelsperson, der Beichte, des Bekenntnisses zur Erbsünde, wie überhaupt der Diesseitsverneinung, besteht ein absoluter Gegensatz, eine Unmöglichkeit der Vereinbarung.

Der Chronist *C. P. Hansen* schreibt in seinen „Friesischen Sagen und Erzählungen": „*Zehnten* an die Kirchen und Geistlichen sind aber nie auf Sylt eingeführt worden, wohl aber freiwillige Geschenke, auch Fische an die Prediger und Küster". Obwohl die Sylter aus ihrer ganzen Geschichte für besonders freiheitsliebend bekannt sind, wird es mit der Zehntenzahlung auf den übrigen Inseln nicht sehr viel anders gewesen sein.

Es ist aus der Überlieferung auch bekannt, daß es bei den Friesen, sowohl den Nord- wie den Südfriesen, verheiratete Priester gegeben hat. Es wird von Priesterkindern berichtet und von Priestersöhnen, die dem Vater im Amt nachfolgen. *Heinrich Reimers* führt

---
[1]) Taf. 163. 164.

in seiner auf die Südfriesen bezüglichen Arbeit „Das Papsttum und die freien Friesen" vier Papsturkunden aus dem 15. und 16. Jahrhundert an, die auf die *Priesterehe* sich beziehen. Das Vorkommen der Priesterehe ist sicher auf eine sittliche Forderung, wie allgemein auf das Freiheitsprinzip seitens der Friesen zurückzuführen.

Von der Ablehnung des Christentums durch die Inselfriesen mögen die folgenden beiden Überlieferungen noch ein Bild geben. Hans Kielholt schreibt am Ende seiner „Antiquitäten": „doch dünket my, dat de meisten Verwüstinge disser Lande syn gekamen von wegen des vorigen heidenschen Glovens, darvon etlike nicht hebben aflaten willen. Wente da ik noch up dem Lande by minen Vader was, und een kunstlik Mahler in unse Kerke malede, von den Aposteln und ander Märtyrern, dat se ock desülven wolden ehren und anbeten, is een olt Mann, de een Heide gewesen, darmank in de Kerke gestahn und to gesehen, de hefft sin egen Mesre genahmen, und sik sulvest de Kele utgesteken, darum dat he sik nicht mit dem nien Gloven wolde beladen."

Weiter handelt die Sage vom *Balckstein* darüber. Der „Balckstein" ist ein ungewöhnlich großer Granitstein, der, nach Messung durch den Verfasser, etwa 1240 m nördlich des Steindeiches bei Dunsum auf Föhr im Wattenmeer liegt[1]). Auf der Karte von *Johannes Meyer* „Das Ambt Tondern, Anno 1648" findet man den Stein eingezeichnet und nördlich von ihm den untergegangenen Ort Bilckum.

Ein Mann von Föhr, namens Balck, der im Glauben der Heiden fest verwurzelt war, hatte kurz vor Einführung des Christentums seine Heimatinsel verlassen und war lange Jahre in der Welt herumgereist. Als er dann eines Tages wieder zurückkehrte, war sein Vater gestorben, sein Elternhaus (das vielleicht in Bilckum gestanden hatte; d. Verf.) von der See hinweggerissen worden, und der große eiszeitliche Stein, der früher auf dem festen Lande gelegen hatte, lag nunmehr draußen auf dem Watt. Es waren dazu alle seine Verwandten und Bekannten Christen geworden. Mit dem Geld und den Habseligkeiten, die er besaß, begab er sich hinaus auf das Watt zu dem Stein und vergrub sie dort. Dann setzte er sich oben auf den Stein und versank tief in Gedanken, bis das Wasser der steigenden Flut ihn weckte. In der Erkenntnis, daß seine Heimat eine glaubensfremde Welt geworden war, stürzte er sich in die See. Weder von ihm noch von seinem Geld und Gut ist jemals etwas gefunden worden.

Schließlich sei noch auf die stammverwandten Westfriesen verwiesen. Als *Bonifacius* auf der Bekehrungsreise sich bei ihnen befand, wurde er mit samt seinen Begleitern von diesen bei Dokkum am 5. Juni 754 erschlagen.

Auf den Karten von *Johannes Meyer* in der Chronik von *Danckwerth* aus der Zeit um 1650 sind, wie schon angeführt, im Gebiet der Uthlande viele Tempel und Kirchen eingezeichnet. Es sind dort, wie bereits genannt, auf der Karte der „Nort Wester-Herde" d. h. im Gebiet der heutigen Insel Sylt vermerkt: „Templum iovis, föstae, martis, saturni, woedae und veneris". Außer diesen Namen kommt noch vor in der „Oster-Herde", d.h. im Gebiet der heutigen Inseln Amrum-Föhr der „Tempel Phosetae" und im „Suderstrandt" der „Tempel Meda". Neben den lateinischen Götternamen trägt also ein Tempel den Namen Wodans[2]).

Hierzu möge angeführt werden, was *Heimreich* in seiner Chronik über die „*Abgötterei der Nordfriesen*" schreibt: „Es sein aber besonders von den Fresen vornehmlich vier abgötter geehrtet und angebetet worden, welche Phoseta oder Fosta, Freda, Meda und Woeda geheißen. Unter denselben hatten Meda und Phoseta in der rechten hand einige pfeile, und in der lincken Hand eine korngarbe; Freda und Woeda aber auff ihrer Brust ein schild, auff dem haupt einen helm, an armen und beinen waren sie nacket, und hatten flügele auf den rücken; daraus zu schließen, daß jene beym feldbaw, diese aber bey den vorgefallenen krigen werden angebetet worden sein. Und habe ich den 12. Jun: A. 1650

[1]) Taf. 158.   [2]) Taf. 158.

der Phostae und Woedae bildnussen neben einem großen horn, dadurch man das volck beym götzendienste zusammen geblasen, in S. Marien Kirche zu Utrecht selber gesehen". Sie stehen heute im Reichsmuseum in Amsterdam.

Das Christentum hat in den Uthlanden vermutlich erst um 1100 n. Chr. Eingang gefunden. Die älteste *Kirche*, die von Tating in Eiderstedt, wurde 1103 erbaut. Die St. Salvator „Alte Kirche" auf Pellworm[1]), die St. Johannes Kirche auf Föhr[2]), sowie die St. Martin Kirche von Morsum[3]) und die St. Severin Kirche von Keitum[4]) auf Sylt stammen wahrscheinlich aus dem Ende des 12. Jahrhunderts. Die St. Nicolai-Kirche[5]) und die St. Laurentii-Kirche[6]) auf Föhr gehören dem Anfang des 13. Jahrhunderts an. Wenn es auch als sicher gelten darf, daß zur Zeit der Erbauung der drei großen Kirchen von Föhr, dieses nicht nur mit Amrum verbunden war, sondern auch nach den anderen Seiten in das heutige Watt hinein Land besaß, so muß man doch erstaunt sein darüber, daß derartig mächtige Kathedralen, dazu so nahe beieinander stehend, errichtet werden konnten. Zu diesen Monumentalwerken des spätromanischen und frühgotischen Stiles gehört dann noch der gewaltige gotische Backsteinturm der „Alten Kirche" auf Pellworm[7]), der vermutlich aus dem 13./14. Jahrhundert stammt und ursprünglich etwa 57 m hoch gewesen sein soll. Die heutige Turmruine hat noch eine Höhe von 30 m.

Die Türme der Kirchen, die wie gewaltige Pfeilspitzen in den Himmelsraum gerichtet sind, haben durchweg ein etwas jüngeres Alter. Ihr gotisches Giebeldach bildet stilistisch ein feines Gegenstück zu dem „Friesengiebel" der alten Inselhäuser[8]).

Diese Kirchen sind neben den großen Grabhügeln der Vorzeit[9]) das Monumentalste an Kultur, was die Inseln aufzuweisen haben. Die große Gruppe der Thinghügel bei Tinnum auf Sylt, die während des letzten Weltkrieges bis auf zwei Hügel der Anlage eines Flugplatzes leider zum Opfer fiel und die auf demselben Höhenzug unweit davon gelegene Kirche von Keitum verband ein geistiges Band, das eine Zeitspanne von 3000 Jahren überbrückte[10]). Eine solche Tradition besteht heute außerdem noch zwischen dem an der Keitumer Bucht gelegenen, sagenumwobenen und geschichtlich denkwürdigen Biikenhügel Tipkenhoog und der Keitumkirche.

Zur Landschaft um die Kirche von Keitum schreibt *C. P. Hansen* in seinem 1859 erschienenen Buch: „Die nordfriesische Insel Sylt, wie sie war und wie sie ist" folgendes: „Die heidnischen Sylterfriesen errichteten aber auch in alter Zeit ihren Droghten oder Göttern zu Ehren sogenannte heilige Hügel, auf denen sie bei gewissen Veranlassungen ihren Göttern Opfer brachten. Ja, sie warfen sogar zum Andenken an merkwürdige Begebenheiten bisweilen kleine Hügel auf.

Das Dorf Heidum oder Alt-Keitum war gleichsam von einem Kranze heidnischer Opfer- oder Götzenhügel umgeben. Die Keitumer der alten Zeit scheinen in der That sehr eifrige Verehrer der altnordischen Gottheiten gewesen zu sein. Sie opferten auf heiligen Hügeln dem Weda und Thor, sowie der Todesgöttin Hel. Im Nordwest auf einer Anhöhe nahe am Dorfe liegt noch ein Rest des alten Opfer- oder Biikenhügels ‚Winjshoogh' oder Wednshügel. Er war dem Wedn, Weda oder Wodan geweiht. Die Friesen dachten sich den Weda als den obersten Kriegsgott, der den Seekriegern nicht allein Glück in Schlachten, sondern auch guten Wind auf ihren Fahrten gab. Sie opferten ihm, ehe sie im Frühjahre ihre Seezüge antraten, auf den Wedns- oder Winjshügeln Theertonnen, zündeten ein großes Strohfeuer am Abend vor dem 22. Februar auf diesen Hügeln an, tanzten rings um das Feuer und riefen oder sangen: ‚Vikke tare! Vikke tare'! (Lieber Weda, zehre; nimm unser Opfer an!) — Etwas westlich von dem Winjshügel liegt noch der Rest eines Hügels, welcher ‚Wüilshoogh' genannt wird und an den Bruder des Odin oder Weda, nämlich an ‚Wile' zu erinnern scheint. — Die Friesen werden aber unter der Göttin der Liebe und des Frieden die Freda, Freia oder Frigge (Wedas Gattin) sich ge-

---

[1]) Taf. 34. [2]) Taf. 162. [3]) Taf. 163. [4]) Taf. 164. [5]) Taf. 161. [6]) Taf. 162.
[7]) Taf. 34. [8]) Taf. 97. 98. 105. [9]) Taf. 65. [10]) Taf. 148.

dacht haben, widmeten ihr den Freitag und nannten ihn ‚Friidei', redeten eine geliebte Freundin ‚Frikke' an, und hatten ohne Zweifel heilige Örter, die ihr geweiht waren, z. B. das Küssethal, ‚Taatjemglaat' auf Hörnum und den Taubenhügel, ‚Düfhoogh', etwas nördlich von dem Winjshoogh bei Keitum. Es scheint, daß die Keitumkirche auf oder dicht bei einem ihr ehemals geweihten Platze gebaut worden ist. Ihr Fest wurde im December gegen das Ende des Jahres gefeiert. — Es wurde das Jöölfest von den Friesen genannt. — Südwestlich von Keitum lag einst der ‚Törshoogh' oder Thorshügel, der ohne Zweifel, dem Thor, Tör oder Tönner (dem Donnergotte), welcher in der Luft regierte, die Fruchtbarkeit der Erde veranlaßte, gewidmet war. — Der Donnerstag, oder im Friesischen Türsdei, war nach ihm genannt."

Aus der Ferne gesehen erinnern die kirchlichen Langbauten mit den hohen stolzen Türmen, zumal die Kirche von Keitum auf Sylt[1]), an fahrende Schiffe. Ruhig und doch bewegt, beharrlich und wehrhaft ist der Eindruck, den diese Bauten aus Ziegel- und Quadersteinen erwecken. Nordischer Granit und rheinischer Tuff neben dem roten, teils im großen Klosterformat gebrannten Ziegelstein, bilden das Baumaterial. Das Blei für die Dachbedeckung, sowie auch Gelder für den Bau sollen durch König Knut den Großen von Dänemark (1018—1035), der zugleich König von England (seit 1017) und König von Norwegen (seit 1028) war, aus England beschafft worden sein. Trifft das zu, dann bezieht sich das vermutlich nur auf die ältesten Teile der Kirchen, zu denen die Apsiden gehören und vielleicht auch die Chöre, wie sie die Kirche von Keitum und Morsum auf Sylt und die von Boldixum auf Föhr heute noch haben, und die einstmals wohl das Schiff waren.

Es führt baulich gesehen eine gerade Entwicklungslinie von der Dachhütte und dem rechteckigen Pfostenhaus mit Satteldach aus unserer Vorzeit zum Niedersachsenhaus. Zu ihnen gehört mit dem gleichen Raumgedanken die germanische Halle, die Basilikakirche mit hölzerner Flachdecke und schließlich der Dom. Sie alle sind der Grundform nach Einraumbauten und Langhäuser mit Geradlinigkeit und Tiefenwirkung. Das Raumgefühl besteht daher nicht aus Abgeschlossenheit, sondern Weltweite. Die Wände sind nicht als undurchdringlich und als Ende gedacht, sie sind aufzufassen wie eine lebendige Haut, durch die das Innenleben ausstrahlen kann. Die frühesten Bauten auf unserem Boden, die architektonisch die seelische Verbindung mit der Außenwelt aufweisen, sind die Ganggräber der jüngeren Steinzeit[2]).

Der nordische Rechteckbau ist im Grunde nicht der Horizontalen, wie bei der griechischen Architektur, sondern in seiner Fernwirkung der Senkrechten gleichbedeutend. Diese gegensätzliche Auffassung, wie gleichfalls die Säulenanordnung im Norden innen, bzw. im Süden außen, ist kulturell um so bedeutsamer, als die griechische Kultur hervorgegangen ist aus der Verschmelzung der alteinheimischen Bevölkerung des Landes mit Angehörigen indogermanischer Herkunft, die aus dem Norden kommend eingewandert sind. Trotz allem Unterschied und aller Gegensätzlichkeit im Seelentum der griechischen Kultur erklärt sich mit aus dieser Tatsache einer Urverbindung die große Wirkung und die besondere Anziehungskraft, die die griechische Kultur auf die abendländische ausgeübt hat. In der Renaissance und im Klassizismus ist diese Frühverbindung im Geheimen mit wirksam.

Als fremdstilig aus dem Mittelmeerraum kommend, wirkt die Romanik an den Inselkirchen, sie wird vor allem deutlich an den Apsiden. So gut, wie ihre Proportionen und Friese — so bei der Kirche von Keitum und Morsum auf Sylt[3]) — an sich auch sind, und so künstlerisch fein, wie die formenschönen und vorzüglich gesetzten Backsteinornamente wirken, zumal wenn ihre Schattenwürfe im Seitenlicht der Morgensonne auf die weiß getünchte Außenmauer fallen, so ist der Rundkörper der Apsis nicht dem Nordmeer, sondern dem Mittelmeer zugehörig.

Dem Ständerwerk der nordischen Wohnbauten, zu denen auch das Haus der Inselfriesen gehört[4]), entsprechen beim Kultbau die Säulen. Die Bäume aus den Wäldern

[1]) Taf. 164.   [2]) Taf. 65.   [3]) Taf. 163. 164.   [4]) Taf. 94. 96.

Germaniens erscheinen als Träger des Wohn- und Gotteshauses in Holz und Stein. Ihre Stämme verzweigen sich im Dom in Gurtbögen, Gewölbejoche und Netzgewölbe.

Der Dämmerschein des offenen Herdfeuers auf dem Flett des niedersächsischen Bauernhauses und das gedämpfte Licht, das durch die hohen, schmalen und bunten Fenster in das Innere des Gotteshauses dringt, bringen beide das „Rembrandtlicht" unserer nordischen Seestimmung zum Ausdruck. Es erfüllt auch den kleinen Küchenraum im Friesenhaus, wenn am Abend Feuer auf dem offenen Herde brennt. Charakteristisch für den Norden ist auch die Verwendung der großen, schweren Findlingssteine, aus denen die Vorzeitgräber errichtet wurden[1]), mit denen man die alten Feldsteinkirchen baute, aus denen der Unterbau der Inselkirchen besteht, die man verwendete als Fundament für die alten Friesenhäuser, und die eingebaut in einen Erdwall die Friesengärten umwehren[2]). Das Fundament der Wände des ältesten bisher bekannten Hauses des Nordens, eines Rechteckbaues, der 1928 bei dem Hof Strandegaard im südöstlichen Seeland ausgegraben wurde und aus dem Beginn der jüngeren Steinzeit stammt, besteht auch aus Feldsteinen.

Bescheiden im Vergleich zu den großen Kirchenbauten der Inseln sind die kleinen *Tempel* oder *Kapellen* gewesen, die es vor diesen gegeben hat. Sie waren, wenigstens vorwiegend wohl, aus Holz gebaut. Wie wir aus der Überlieferung erfahren, bestand die Kapelle von Tating in Eiderstedt vom Jahr 1103 aus Holz, ebenso die erste christliche Kirche von Eidum auf Sylt, die in der Flut des 16. Januar 1362 zerstört wurde. Auf Hallig Oland wurde 1709 eine aus Holz erbaute und vor 1648 errichtete Kirche abgebrochen. Ebenso sagt Heimreich der Jüngere in seinem Bericht über die Flut von 1717, daß „die Kirchenwände der Kirche von Nordstrandischmoor, welcher nach schlechter Gelegenheit des Landes aus Brettern bestanden, losgerissen wurden, und also Kanzel, Altar, alle Stühle und Fenster samt allen Kirchenornamenten durch des Meeres Wellen weggenommen sind..."

Derartige kleine Holzbauten sind vereinzelt im Norden auch heute noch vorhanden. Auf der sehr reizvollen Insel Rüno im Riga-Meerbusen mit seiner altansässigen schwedischen Bevölkerung sah der Verfasser 1932 eine solche altertümliche, im Innern im Naturton gehaltene kleine Holzkirche. Im Freilichtmuseum „Skansen" von Stockholm steht die aus Seglora, Västergötland, stammende, 1729—30 erbaute, 30 m lange Holzkirche. Der schwedische Bauer Pål Persson aus Stugun in Jämtland (1732—1815) hat zufolge einer Notiz des Kirchenbuches seiner Gemeinde „bei Lebzeiten als Baumeister 7 Kirchen aus Holz, wovon 6 mit Türmen, außerdem 6 Glockentürme ... aufgeführt". Besonders kunstvolle hölzerne Kirchenbauten sind die im gotischen Stil errichteten Stabkirchen von Norwegen. Die Stimmung in diesen, einem Schiffskörper ähnlichen naturhaften Holzkirchen, ist eine sehr innige und anheimelnde, das nordische Naturgefühl unmittelbar ansprechende.

Die Plätze, auf denen man die Gotteshäuser errichtete, sind vielenorts ehemals Opferstätten gewesen. Vielfach verwandelte man auch heidnische Tempel um in Kirchen, wie das aus dem angeführten Erlaß des Papstes Gregor I. schon hervorging. Ein entsprechendes Beispiel für den Süden ist der herrliche, heute noch gut erhaltene griechische Concordiatempel von Girgenti (Akragas) auf Sizilien, der am Ende des 6. Jahrhunderts n. Chr. durch Bischof Gregor II. zu einer christlichen Kirche gemacht wurde.

Bezüglich der Lage der Kirchen zueinander ist es eine bekannte Tatsache, daß die St. Severin-Kirche von Keitum auf Sylt, die St. Johannes-Kirche von Nieblum auf Föhr, die „Alte" oder St. Salvator-Kirche auf Pellworm, und die St. Magnus-Kirche von Tating in Utholm, in Eiderstedt, auf einer geraden Linie liegen, die in nordwestlich-südöstlicher Richtung verläuft. Zwischen den beiden letzteren reiht sich die Kirche von Westerhever noch ein. Die Linie Keitum-Tating bildet die Hauptachse, die von Norden nach Süden die Uthlande in der Mitte durchkreuzt. Die Kirche von Tating ist 1103 erbaut worden. Die Kirchen von Sylt, Föhr und Pellworm stammen wahrscheinlich aus dem Ende des

[1]) Taf. 65. [2]) Taf. 101.

12. Jahrhunderts. Die Überlieferung berichtet, daß die drei lezteren von demselben Baumeister gleichzeitig errichtet worden seien, und daß dieser dabei den Weg von einer Baustätte zur anderen zu Pferde zurückgelegt habe.

In seiner „Chronik der Friesischen Uthlande" schreibt *C. P. Hansen* zum Jahr 1861: „Ein Landmann in Midlum auf Föhr fand in seinem Garten die Rudera einer alten Kapelle. Die Grundmauern der Kapelle reichten 11 Fuß tief unter die jetzige Oberfläche, waren 5 Fuß dick und im Quadrat 30 Fuß lang und breit." Nach dieser Fundangabe könnte es sich um einen Tempel— oder Kapellenbau gehandelt haben, wie ihn *Johannes Meyer* in der Chronik von *Danckwerth* auf der Karte „Das Ambt Tondern 1648" bei „Middelum" auf Föhr nebst zwei Dorfhäusern eingezeichnet hat. Anscheinend handelt es sich um eine Steinsetzung, die unter der Marsch liegt. Ließe sich die Fundstelle heute noch ermitteln, so könnte eine Altersbestimmung der Schichtlage vorgenommen werden.

Die alten, heute noch auf Sylt und Föhr stehenden *Kirchen* verdanken ihre Erhaltung ihrer Lage auf der hohen Geest. Die Kirchen, die auf dem Marschland von Amrum, Alt-Nordstrand und den Halligen in früheren Zeiten errichtet worden waren, sind fast ausnahmslos ein Opfer der großen Fluten geworden. Etwa 150 m nördlich des Elisabeth-Sophienkooges auf Nordstrand sieht man heute noch zur Ebbezeit auf dem Wattboden die Reste der im Jahre 1634 untergegangenen Kirche von Morsum liegen[1]). 33 Findlingsteine, die in einem Ostwest orientierten Rechteck lagen, zeigten im Jahre 1935 dem Verfasser die Stelle an, auf der die Kirche einst gestanden hatte. Zwischen ihnen lagen im Schlick verstreut glasierte Scherben von Dachziegeln, Bruchstücke von Fliesen und Backsteine. Im Umkreis, wahrscheinlich vom Eisschub mitgerissen, lagen weitere 18 Findlingblöcke.

Auf der Insel Nordstrand grenzt unmittelbar an die Landstraße, die durch den Neuen-Koog führt, der Erdhügel der Warf, auf der die im Jahre 1634 untergegangene Kirche von Evensbüll gestanden hat. Sie gehörte zur Edoms-Harde, in die einst bis 1362 auch der Flecken Rungholt einbegriffen war. Von den 9 Kirchen, die die restliche Harde auf Alt-Nordstrand bis zur Flutkatastrophe von 1634 noch hatte, ist nur die Kirche von Odenbüll als einzige auf dem heutigen Nordstrand übrig geblieben.

Manche Kirche in den Uthlanden hat im Laufe der Jahrhunderte an einen anderen Ort versetzt werden müssen, wenn sie ihrer Lage wegen in Gefahr kam, durch die Meeresfluten oder durch Versandung zerstört zu werden. Manch andere ist auch nach Zerstörung auf einer anderen Stelle wieder errichtet worden, meist unter Verwendung des alten, noch brauchbaren Baumaterials.

Die 1634 untergegangene Kirche von Morsum auf Alt-Nordstrand hat, nach Heimreich, ursprünglich nördlicher gestanden und ist 1470 abgebrochen und versetzt worden. Die erste christliche hölzerne Kirche von Eidum (Sylt) ist, nach Kielholt, 1300 von der Flut zerstört und östlicher in Stein wieder aufgebaut worden. Nach abermaliger Zerstörung der 1300/05 neuerbauten Kirche bei dem Untergang von ganz Eidum 1436, siedelten sich die am Leben gebliebenen Eidumer auf dem hochgelegenen Heidegebiet von Sylt erneut an und nannten ihren Ort von 1450 ab Westerland. Ihre Kirche mußte des Sandfluges wegen 1635 abgebrochen werden und wurde als jetzige Westerlandskirche $1/4$ Meile östlicher wieder aufgebaut, wo sie noch heute steht. Verschüttet unter dem Dünensand von Sylt liegen heute noch die Reste der Kirche von Alt-List und Alt-Rantum. Nach einer Zusammenstellung von *Friedrich Müller* in dessen Werk „Das Wasserwesen an der Schleswig-Holsteinischen Nordseeküste" hat Gröde, dessen Kirchenglocke die Jahreszahl 1500 trägt, infolge Zerstörung durch Sturmfluten im Jahre 1636 seine fünfte, 1721 seine sechste und 1779 seine siebente Kirche erhalten. Die letztere ist die heute noch dort stehende[2]). Ein ähnliches Schicksal hat auch die ehemalige Kirche der kleinen Hallig Nordstrandischmoor betroffen, eines Fleckchens Erde, das von jeher als das „Wüste Moor" gekennzeichnet

[1]) Taf. 159. [2]) Taf. 14.

war. In dem Band der „Kunstdenkmäler des Kreises Husum" steht die Baugeschichte folgendermaßen verzeichnet: „1656 vollendet, litt unter Zerstörungen 1660, 1717 und 1720. 1751 wurde sie versetzt, im gleichen Jahre und 1756 wieder verwüstet, 1821 weggespült. Neubau von 1821, der 1825 weggerissen wurde."

Nach der Vorarbeit von *Richard Haupt* sind unter der Leitung des Provinzialkonservators *Ernst Sauermann* die Bau- und Kunstdenkmäler von Schleswig-Holstein neu inventarisiert worden. Die beiden im Jahre 1939 erschienenen Bände: „Die Kunstdenkmäler des Kreises Südtondern" und „Die Kunstdenkmäler des Kreises Husum", bearbeitet von *Heinrich Brauer, Wolfgang Scheffler* und *Hans Weber*, geben eine vorzügliche Darstellung auch der Kirchen der Nordfriesischen Inseln. Aus diesen Arbeiten seien hier nur die folgenden kunstgeschichtlich bedeutsamen Gegenstände aufgeführt:

Sylt — St. Martinskirche von Morsum, um 1240 verzeichnet. Romanischer Taufstein in Kelchform aus drei Blöcken Gotländer Kalksteins vom 13. Jahrh.; spätgotischer Flügelaltar aus der Zeit um 1500 (im Mittelschrein Gnadenstuhl — der thronende gekrönte Gottvater hält den stehenden Christus neben sich); Messingtaufschale mit Inschrift: „DATVM MORSVM KERCK VP SILT 1682"; Taufwasserkanne von 1760 aus Zinn; Kanzel von 1698; Abendmahlskelch umgearbeitet mit Teilstücken vom Ende des 15. Jahrh.; Altarleuchter von 1651 aus Messing; Kronleuchter von 1713; Glocke von 1767; Gedenktafel 1628/29.

St. Severinkirche in Keitum, um 1240 verzeichnet. Fünfflügeliger Schnitzaltar vom Ende des 15. Jahrh.; Romanischer Taufstein aus gelbem, stellenweise rötlichem Sandstein; Taufschüssel aus Messing von 1675; Renaissancekanzel von 1580; Kruzifix aus der 2. Hälfte des 15. Jahrh.; Muttergottes auf der Mondsichel, Eichenholz, letztes Viertel des 15. Jahrh.; Votivbild vom Ende des 15. Jahrh.; Abendmahlskelch von 1671; drei Kronleuchter — holländische Arbeit des 17. Jahrh. — und zwei weitere von 1683 und 1698; Lesepult, Volkskunstarbeit von 1717; Epitaph der Familie Frödden zu Tinnum von 1654; Orgel von 1787. Siebzehn Grabsteine des Friedhofs stehen unter Denkmalschutz.

Alte Westerländer Kirche von 1635. Spätgotischer Flügelaltar vom 3. Viertel des 15. Jahrh.; Romanischer Taufstein aus zwei Granitblöcken; Taufkanne von 1703; Kanzel von 1751; Kruzifix (nunmehr in der Sakristei der Neuen Kirche) 2. Hälfte des 15. Jahrh.; Je ein Paar Altarleuchter vom 15. Jahrh. und von 1673; Zwei Kronleuchter, einer von 1682; Glocke vermutlich vom 16. Jahrh. 31 Grabsteine des Friedhofs stehen ebenfalls unter Denkmalschutz.

Föhr. Kirche St. Nicolai in Boldixum. Erwähnt im Kirchenverzeichnis um 1240. Altar von 1643; Taufstein, Gotländer Kalkstein, 13. Jahrh.; Taufschale, Messing, 16. Jahrh.; Kanzel um 1630; Statue des hl. Nicolaus aus der Zeit um 1300; Drei Statuen auf der Orgel aus der Zeit um 1520; Kruzifixus vom 17. Jahrh.; Orgel von 1735; Abendmahlskelch, Silber vergoldet, vom 14. Jahrh.; Patene, Silber, vom Anfang des 14. Jahrh.; Oblatendose, Silber, Ende 17. Jahrh. 132 Grabsteine stehen unter Denkmalschutz.

Kirche St. Johannis in Nieblum, erwähnt im Verzeichnis von 1240. Fünfflügelaltar aus dem letzten Drittel des 15. Jahrh.; Taufstein des 12. Jahrh. aus Granit; Kanzel 1618; Figuren auf dem Orgelgehäuse vom 1. Drittel des 15. Jahrh.; Sakramentsschrank von 1487 (oder 1485); Abendmahlskelch, silbervergoldet von 1466; Altarleuchter vom 15. Jahrh.; Altarlesepult von 1672; Epitaph Jacobs von 1613, aus der Kirche zu Königsbüll auf Nordstrand 1634 nach Nieblum übergeführt; 129 Grabsteine des Friedhofs stehen unter Denkmalschutz.

Kirche St. Laurentii in Süderende, erwähnt im Verzeichnis von 1240. Altarschrein aus dem 2. Viertel des 15. Jahrh.; Romanische Granittaufe; Kanzel aus der Zeit um 1630; Sakristeitür von 1680; Abendmahlskelch, silbervergoldet, von 1718; Zwei Kronleuchter vom „glücklichen Mathias" 1677, ein dritter von 1702. 28 Grabsteine des Friedhofs stehen unter Denkmalschutz.

Amrum. Kirche in *Nebel,* um 1240 zuerst erwähnt, restauriert. Dreiflügeliger Altaraufsatz von 1634; Kanzel von 1623; Schalldeckel von 1662; Triumphkreuz vom Ende des 15. Jahrh.; Apostelreihe vom Anfang des 14. Jahrh.; Sakramentsschrank, jetzt im Pastorat, Anfang 15. Jahrh.; Abendmahlskelch, silbervergoldet, aus der Zeit um 1510—20; Altarleuchter, Gelbguß, 1655 und 1657; Zwei Kronleuchter von 1671. 91 Grabsteine des Friedhofs stehen unter Denkmalschutz.

Hooge. Kirche 1637—1642 erbaut, „und zwar unter Benutzung der Backsteine der 1634 zerstörten Kirche zu Osterwohld auf Nordstrand (die etwa in der Mitte zwischen Hooge und dem heutigen Nordstrandischmoor lag). Von dort kamen auch ‚Kanzel, Altar und Taufe' (Jensen, Stat.), offenbar auch das 1624 datierte Gestühl". Taufe von 1624; Renaissancekanzel aus Eiche; Kruzifix, Eiche, vom Anfang des 16. Jahrh.; Gemeindegestühl 1624; Abendmahlskelch und Patene, silbervergoldet, 1673; Ein paar Altarleuchter, Gelbguß, 13. Jahrh.; 3 Grabsteine des Friedhofs stehen unter Denkmalschutz.

Langeneß-Nordmarsch. Kirche 1725/26 neu gebaut. Flügelaltar von 1670; Ein Taufstein aus Nordmarsch vom 13. Jahrh. und einer vom Ende des 16. Jahrh.; Kanzel von 1696; Zwei Kruzifixe aus dem 17. Jahrh.; „Gemälde, Enthauptung Johannis d. T., Gerard Seghers (1594—1651) zugeschrieben, als Leihgabe im Friesenmuseum in Wyk. 1706 als Strandgut nach Langeneß gelangt. Bedeutendes Werk aus dem Kreise des Rubens."; Abendmahlskelch von 1667 und ein weiterer von 1599 aus Nordmarsch; Ein Paar Altarleuchter von 1667. 6 Grabsteine.

Oland. Neubau von 1824 an Stelle alter Kirche. Kanzel von 1620; Romanischer Taufstein aus Granit; Triumphkreuz, 1. Hälfte des 13. Jahrh.; 14 spätgotische Statuetten; Abendmahlskelch, silbervergoldet, spätgotisch; Oblatendose von 1712; Altarleuchter vom 15. Jahrh.; Bibel von 1684. 12 Grabsteine in und an der Kirche.

Gröde. Kirche 1779 an die heutige Stelle versetzt. Renaissancealtar von 1592; Taufe Mitte des 16. Jahrh.; Kanzel vom Ende des 16. Jahrh. mit Veränderungen von 1695; Lesepult von 1779; Schalldeckel von 1695; Triumphkreuz aus der Zeit um 1500; Bildwerk, Gruppe der Marienkrönung, aus einem Altarschrein, 2. Hälfte d. 15. Jahrh.; Gestühl mit geschnitzten Wangen des 17. Jahrh.; Abendmahlskelch, spätgotisch, silbervergoldet; Ein Paar Altarleuchter von 1648; Epitaph Paye Knutzen von 1704; Grabstein auf dem Friedhof von Jens Hanse vp Habel und Sabbe Jenses nebst Kindern 1681.

Nordstrand. St. Vinzenz Kirche zu Odenbüll, 13. Jahrh.(?). Altaraufsatz fünfflügelig um 1480, bemalt 1686; Taufstein 15. Jahrh.; Kanzel von 1605 (hervorragende Arbeit des „Eiderstedter Typus"); Triumphkreuz, Anfang des 15. Jahrh.; Kruzifix um 1500; Apostelreihe, aus der 1. Hälfte des 14. Jahrh.; Zwei Altarleuchter vom 14. Jahrh. (?); 6 Grabsteine stehen unter Denkmalschutz.

Römisch-Katholische Kirche in Süden. Neugotischer Backsteinbau von 1867; Kruzifix mit Corpus des 18. Jahrh.; Fünf Paar Altarleuchter aus der 2. Hälfte des 17. Jahrh.

Theresienkirche in Süden. Jetziger Bau von 1887. Tabernakel, Schränkchen des 17. Jahrh.; Taufe, Anfang des 18. Jahrh.; Meßgerät; Kelch vom Anfang des 17. Jahrh., silbervergoldet; Kelch, 2. Hälfte des 17. Jahrh., silbervergoldet; Ciborium vom 17. Jahrh.; Weihrauchgefäß, 18. Jahrh.; Paramente: „Zwei Kaseln mit hervorragender Stickarbeit vom Anfang des 16. Jahrh."; Altarleuchter: Mehrere Paare 17. Jahrh.; Zwei Kronleuchter, Messingguß, 17. Jahrh.; Fünf Grabsteine, vor dem Altar, 17. und 18. Jahrh.

Pellworm. Alte Kirche, Chor und Apsis romanisch, Ende des 12. Jahrh., 1913 völlig erneuert; Turm: Fundament am Urbanitage 1095 gelegt (zuf. Heimreich), heutiger Turm aus dem Ende des 13. Jahrh.; Altaraufsatz mit doppeltem Flügelpaar, Lübisch, ca. 1460/70; Bronzetaufe von 1475; Taufdeckel um 1600; Taufschüssel des 17. Jahrh.; Kanzel von 1600, bemalt 1624; Kruzifix aus dem Anfang des 16. Jahrh.; Sakramentsnische, Eisengitter des 15. Jahrh.; Beichtstuhl von 1691; Orgel von 1711; Abendmahlskelch von 1466, silbervergoldet; Altarleuchter: Ein Paar 15. Jahrh. ein weiteres von 1692;

Glocke im Dachreiter von 1605; Epitaph Ketelsen, um 1600; Epitaph Edleffsen von 1692. 13 Grabsteine an der Turmruine, teils Namurer Marmor, und 4 weitere stehen unter Denkmalschutz.

Mit dem Untergang der Kirchen, von denen berichtet wurde, sind auch die zugehörigen *Friedhöfe* dem Meere zum Opfer gefallen[1]). Der alte Friedhof der Hallig Habel, der vermutlich aus der Zeit vor 1362 stammt und der einzige ist, der uns Bestattete aus dem Mittelalter überliefert hat, kam 1914 an der Abbruchkante im Westen der Hallig zum Vorschein[2]). Die Familie Nommensen, die damals alleiniger Besitzer und Bewohner des kleinen Eilandes war[3]), sah, wie die mit dem Kopf nach Westen liegenden Skelette, von denen immer drei übereinander lagen, allmählich von den Fluten mit dem Erdreich der Warf fortgespült wurden. Die Köpfe der Verstorbenen waren bei der Beisetzung zu ihrem Schutz seitlich abgestützt worden mit zwei Backsteinen des großen Klosterformates, die in Schrägstellung gegeneinander aufgestellt waren. Die Toten waren anscheinend ohne Sarg bestattet worden. Es ist bedauerlich, daß die Skelette der wissenschaftlichen Untersuchung und Verwahrung entgangen sind.

Im vollen Gegensatz zu diesen tragischen Totenstätten, die das Meer verwüstet oder ganz vernichtet hat, stehen die auf der höheren Geest liegenden Friedhöfe von Sylt, Föhr und Amrum.

Die *Grabmäler* der alten Seefahrer, vor allem die von Nebel auf Amrum und die von Boldixum, Nieblum und St. Laurentii auf Föhr gehören in ihrer Art zu den schönsten, die Deutschland besitzt. Viele von ihnen sind Meisterwerke einheimischer Bildhauer. Unter diesen sei hier nur genannt: Tai Hinrichs (1718—1759) von Nordstrandischmoor, Arfst Hanckens (1735—1826) und Erk Lorenzen von Föhr, sowie Jan Peters (1769—1855) von Amrum. Die Steine gehören vorwiegend dem 18. Jahrhundert an und sind Arbeiten herrlicher Barockkunst. Sie sind Erzeugnisse der Volkskultur, die im besten Sinn des Wortes deutsch sind[4]).

Auf manchen von ihnen sind im Halbrelief die Eltern und die Kinder der Familie eingemeißelt dargestellt[5]). Eine ausführliche Beschriftung gibt eine Schilderung aus dem Leben der Verstorbenen. Die Schriftzüge selbst, die stilistisch von verschiedener Art sind, sind allein schon eines Studiums wert. Die Ausdrucksweise, in der berichtet wird, gewährt uns einen Einblick in die Denk- und Sprechweise der Menschen zur Entstehungszeit der Steine. Liebevoll verzieren Blumen und Früchte, die auf den Stein gemalt oder eingemeißelt sind, die Zwischenräume bei der Schrift, das Kopfstück, oder sogar den Seitenrand[6]). Bei Blumenornamenten versinnbildlichen Tulpen die Knaben und Rosen die Mädchen. Aufrechtstehende Blüten an einem Zweig stellen die Lebenden und geknickte die Verstorbenen der Familie dar. Auf den künstlerisch schönsten Steinen sind die Kopfstücke geschmückt mit prachtvollen Schiffsreliefs und Barockornamenten[7]).

Bewundernswert ist die Sicherheit, der Fluß der Bewegung und das feine Raumgefühl dieser Kunstfertigkeit. Niemals kehrt dieselbe Ausschmückung auf einem anderen Stein wieder. Es gleicht auf einem und demselben nicht einmal die rechte Seite der linken. Das Phantasiespiel des Barockgeistes war unerschöpflich. Kulturell betrachtet ist es lehrreich zu beobachten, wie ein Zeitgeist Allgemeingut wird und so meistervolle Werke auch aus der Hand örtlich so entlegen wohnender Menschen und Handwerker des einfachen Volkes hervorgehen läßt. Wie gleichförmig sich der Zeitgeist durchsetzt, geht am besten hervor aus der Schreibweise handgeschriebener Schriftstücke jener Epoche.

Die Lebensbejahung, Anmut, Vornehmheit und Natürlichkeit, die aus den Steinbildern spricht, zeigen uns Wesenszüge des friesischen Menschen. Sie gehen gepaart mit der Klarheit, Geradheit, Festigkeit und Geschlossenheit, die gleichfalls der Friesennatur eigen sind und auf den Steinen ebenfalls zum Ausdruck kommen. In dieser feinen Gegensätzlich-

[1]) Taf. 160.   [2]) Taf. 159.   [3]) Taf. 31.   [4]) Taf. 85. 127. 160. 165. 166.   [5]) Taf. 85. 165.
[6]) Taf. 165. 166.   [7]) Taf. 127. 165. 166.

keit haben wir die beiden sich ergänzenden Seiten, die unser ganzes deutsch-abendländisches Kulturleben durchziehen, den strengen Stil der Gotik und die lebensvolle Natur des Barock. Wir finden sie überall wieder. Sie treten uns physiognomisch entgegen im Gesicht der friesischen Menschen, in ihrer Tracht, in der Einrichtung des Hauses und selbst in der Anlage der Gärten.

Die Sinnbilder aus dem Bauern- und Seefahrerleben, der Familiensinn, die Naturverbundenheit und die Kunstfreudigkeit, die aus den Gedenksteinen zu uns reden, machen sie zu Kunstwerken schönster und reinster deutscher Romantik. Der letzte Inbegriff der Steine liegt jedoch in der Lebensbejahung und dem Gottesglauben freier und stolzer Menschen, die in einem Dasein geformt wurden, das aus dem stillen, glücklichen Frieden ihrer Inseln bestand, und dem die furchtbarsten Tragödien von Sturmflutkatastrophen und Schiffahrtsunglücken angehören. —

Über die Einführung des *Protestantismus* sagt das Amringer Kirchenbuch: „Der erste lutherische Prediger auf dieser Insel war Diedrich, die halbe Zeit katholisch, darauf lutherisch." Ein Übergang eines Geistlichen also, wie wir ihn auch von Luther her kennen und wie er in damaliger Zeit vielfach üblich war Ein Verzeichnis der Hauptpastoren und Diakonen von den drei großen Kirchen auf Föhr von der Reformation bis zur Gegenwart gibt *O. C. Nerong* in seinem Buch „Die Insel Föhr".

Auf Nordstrand gibt es heute noch einen katholischen Bevölkerungsteil. Er geht auf die Einwanderer zurück, die nach dem Untergang von Alt-Nordstrand zu Eindeichungsarbeiten 1654 aus Holland, Brabant und Belgien nach Nordstrand kamen. Es sind im Jahre 1953 im ganzen etwa 20 Menschen, die dort zu einer altkatholischen Jansenistischen Gemeinde gehören und etwa 470 Menschen, die römisch-katholischen Glauben haben. Die Kirchen beider stehen in der Ortschaft Süden. —

Das *Meer* hat den Friesen einen Sinn für das Schicksal gegeben, dem er mannhaft und aufrecht gegenübersteht, dessen Allgewalt er sich jedoch auch bewußt ist. Der Friese ist aus dem Innersten seines Wesens heraus selbständig und gläubig; er hat seinen eigenen Glauben. Mit diesem *Glauben* haben die Geschlechter des Stammes durch alle Zeiten hindurch ihre großen Leistungen vollbracht und sich über alle Schicksalsschläge hinweg, wie sie in der Weise keinen anderen deutschen Volksstamm betroffen haben, immer wieder neu behauptet. Einen alten Seefahrer der reinen Segelschiffahrt von Sylt, *Jan Meinert Peters von Tinnum*[1]) wollten eines Tages einige Männer kirchlich belehren. Er gab ihnen zur Antwort: „Ihr braucht keinen alten Seemann zu belehren. Keiner ist näher mit unserem Herrgott verbunden als der Seemann, der Tag und Nacht unter dem Firmament zwischen Himmel und Wasser schwebt."

„Wenn du beten lernen willst, so geh' auf das Meer", sagt ein altes bretonisches Sprichwort.

Überschaut man das Leben der Friesen im ganzen, so hat es sich vergleichsweise vollzogen wie das des Seefahrers in der Sage vom „Fliegenden Holländer". So wie in der Sage die Fahrt über die Meere ewig andauern wird, so sehen wir das Leben der Friesen wie unauslöschlich für alle Zeiten mit dem Meer verbunden. In dieser ewigen Verbundenheit liegt das Große der Sage und des Lebensschicksals der Friesen.

Die Friesen der Nordseeküsten, die hier dem Namen des „Holländers" gleichzusetzen sind, sind die ausgesprochensten Meermenschen Europas. Kein anderer Volksstamm hat neben der Seefahrt einen so meeresbedingten Wohnsitz gehabt und ist so von Glück und Tragik durch das Meer betroffen worden. Das gilt in ganz besonderem Maß für die Nordfriesen. Die großartigste aller Seemannssagen trägt daher den Namen des Stammes, dem sie angehören, zu Recht.

[1]) Taf. 82.

Wir sahen im geologischen Werdegang der Landschaft die Küsten der Friesen auftauchen aus der Urnordsee. Wir erlebten, wie diese Gebiete in den letzten Jahrtausenden sich „hoben" und „senkten", wie sie abwechselnd Land und Wasser wurden. Wir wissen, daß einst die Nordsee das „Friesische Meer" genannt wurde. Die Kielspuren der Schiffe, auf denen die Friesen fuhren, durchkreuzen unendlichfach alle Weltmeere. Die Friesen sind immer wieder hinausgefahren. Es war das für sie keine Frage, sondern eine Selbstverständlichkeit. Keine Sturmflutkatastrophe, und wenn sie Tausende hinwegraffte, wie zuletzt noch bei dem Untergang von Alt-Nordstrand im Jahre 1634, konnte sie abschrecken vom Meer. Auch die unbeschreiblichen Tragödien, die sich in den beiden Jahrhunderten des Walfangs von 1600—1800 im Eismeer des Nordens abgespielt haben[1]) und abermals Zahllosen das Leben gekostet und ganzen Flotten den Untergang gebracht haben, konnten die Überlebenden und die junge Generation nicht hindern, sich erneut dem Meer anzuvertrauen. Das war kein Gottversuchen und kein Übermut. Wir kennen die Frömmigkeit dieser Seemänner, wir wissen, daß Kapitän und Mannschaft täglich auf der Grönlandfahrt ihre Andacht hielten. Sie wußten, um was es ging.

Der Friese ist eins mit dem Meer. Das gilt für den Mann und seine Seefahrt genau so, wie für das gesamte Geschlecht und dessen Küsten- und Inselleben. Der tiefe Sinn und das letzthin religiöse Verständnis für die Sage vom „Fliegenden Holländer" liegt darin, daß der Friese dem Meer auf ewig angehört, wie der Bauer der Scholle auf dem festen Lande. Der Friese würde von dem Augenblick ab aufhören zu sein, was er ist, wenn er sich vom Meer zurückzöge.

Die Sage vom „Fliegenden Holländer" ist im Grunde so alt, wie die abendländische Seefahrt überhaupt. Sie hat ihren Ursprung im Ferntrieb des faustischen Menschen. Sie ist zu verstehen, wie die in der Idee gleich groß gefaßte Sage vom Riesenschiff „Mannigfuald", die am Ende des Abschnittes „Sage und Erzählung" gebracht wurde. Die Einheit von dem Seelenleben des Inselfriesen und der Naturmacht des Meeres findet in beiden Sagen einen großartigen Ausdruck.

Glaube und Freiheit der Friesen wurzelt im Urgeist des Weltmeeres. Durch ihn wird das Wesen aller Inselvölker bestimmt, wie uns das am eindrucksvollsten die Stämme der Inselfluren des Pazifischen Ozeans lehren. Als Schöpferin des Inselgebietes gibt das *Meer* der Landschaft ein ewig wechselvolles Schauspiel, das mit jedem Tag und zu jeder Jahreszeit sich wandelt und die Welt immer neu erscheinen läßt. Die Friesengeschichte, die durch das Meer bedingt ist, und mit ihren Ausstrahlungen die ganze Erde umspannt, zeigt Bilder und Ereignisse, die Gleichnis von Epen und Dramen großen Ausmaßes sind. Das tägliche Wechselspiel von Ebbe und Flut, bei dem das Wattenmeergebiet bald Land, bald Wasser ist, wie die periodisch auftretenden Springfluten, die die Wogenberge der Nordsee gegen die Inselufer anbranden lassen, lenken den Blick auf die Urtage der Erde, da die Stoffe noch nicht geschieden waren und weisen auf die Kräfte aus dem Weltall, die sichtbar in der Bewegung der Wassermassen vor unsern Augen sich auswirken.

Von den feinsten Tönen, die das Wasser einer kleinen auslaufenden Welle beim Verrieseln im Sande erzeugt, über das Rauschen und Orgeln der langen weißschäumenden Sturzwogenlinien am Strande bis zu dem Pfeifen, Heulen und Donnergetöse der Brandung im Orkan, erfüllen die Klänge der Meermusik die Inselwelt mit einer großen Natursymphonie.

[1]) Taf. 124.

Von ihr künden die Verse, die am Beginn des „*Faust*" verzeichnet stehen:

„Und schnell und unbegreiflich schnelle
Dreht sich umher der Erde Pracht;
Es wechselt Paradieseshelle
Mit tiefer, schauervoller Nacht;
Es schäumt das Meer in breiten Flüssen
Am tiefen Grund der Felsen auf,
Und Fels und Meer wird fortgerissen
In ewig schnellem Sphärenlauf.
Und Stürme brausen um die Wette,
Vom Meer aufs Land, vom Land aufs Meer,
Und bilden wütend eine Kette
der tiefsten Wirkung rings umher.
Da flammt ein blitzendes Verheeren
Dem Pfade vor des Donnerschlags.
Doch deine Boten, Herr, verehren
das sanfte Wandeln deines Tags.
Der Anblick gibt den Engeln Stärke,
Da keiner dich ergründen mag,
und alle deine hohen Werke
Sind herrlich wie am ersten Tag."

Bilderanhang
Verzeichnis siehe Seite VII

Tafel 1 befindet sich gegenüber dem Titel

Landschaft: Geologischer Aufbau   Tafel 2

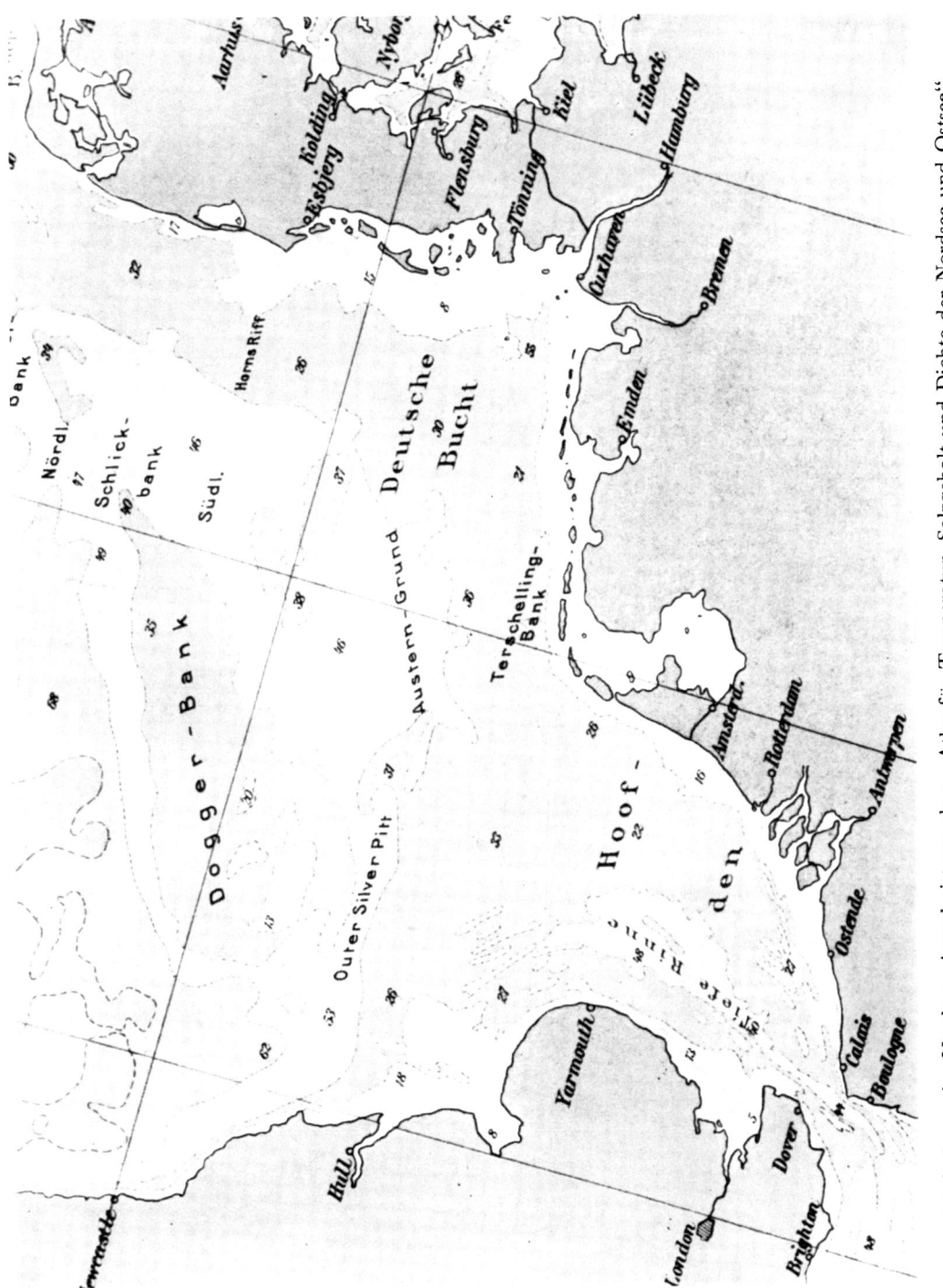

Tiefenkarte der Nordsee. Ausschnitt aus dem „Atlas für Temperatur, Salzgehalt und Dichte der Nordsee und Ostsee". Deutsche Seewarte, Hamburg, 1927

Tafel 3 Landschaft: Geologischer Aufbau

Funde aus dem Morsumkliff auf Sylt. Slg. C. P. Hansen, Heimat-Museum Keitum auf Sylt. Links etwa ½, rechts etwa 2/3 n. Gr. (Beschriftung s. Seite 9 und 10)

Landschaft: Geologischer Aufbau																																	Tafel 4

In Bernstein eingeschlossene Fliege,
n.Gr. 3 mm Körperlänge. Slg. C. P. Hansen,
Heimat-Museum, Keitum auf Sylt

Versteinerter Rückenwirbel eines Wales.
Höhe 17 cm. Gefunden im Morsumkliff 1931.
Finder und Besitzer Bossen, Morsumkliff, Sylt

Findlingsteine der Saaleeiszeit am Strand beim Gotingkliff auf Föhr, zur Ebbezeit

Tafel 5   Landschaft: Geologischer Aufbau

Morsumkliff auf Sylt. Ostende mit dem braunroten Limonitsandstein
und dem weißen Kaolinsand

Limonitsandstein. Kammerartige Absonderungen von Brauneisen, welche durch Oxydation
(Verrostung) von Sideritsandstein entstanden sind

Landschaft: Geologischer Aufbau Tafel 6

Rotes Kliff nördlich Wennigstedt auf Sylt. Abbruch nach Sturmflut. Aufnahme 7. 3. 1952

Braunkohlen- und Saprohumolithbank im Kaolinsand des Roten Kliffs auf Sylt bei
Eisenbuhne 31. Höhe bis zu 1,20 m. Sichtbare Länge: 40 m. Freigespült
durch Sturmflut. Aufnahme 26. 2. 1952

Tafel 7　　　　　　　　　　　　　　　　　　　　　　　Landschaft: Geologischer Aufbau

Abbruchspalten an der Plateaukante des Roten Kliffs bei Kampen auf Sylt. Breite des Abbruchs bis zu 4 m. Aufnahme 15. 3. 1952

Kaolinsand mit Schrägschichtung der Flußablagerung aus dem Altpleistozän im Roten Kliff auf Sylt bei Eisenbuhne 25. Abbruch nach den Stürmen vom 24. und 25. Oktober 1949. Kliffhöhe: 14 m. Aufnahme 31. 10. 1949

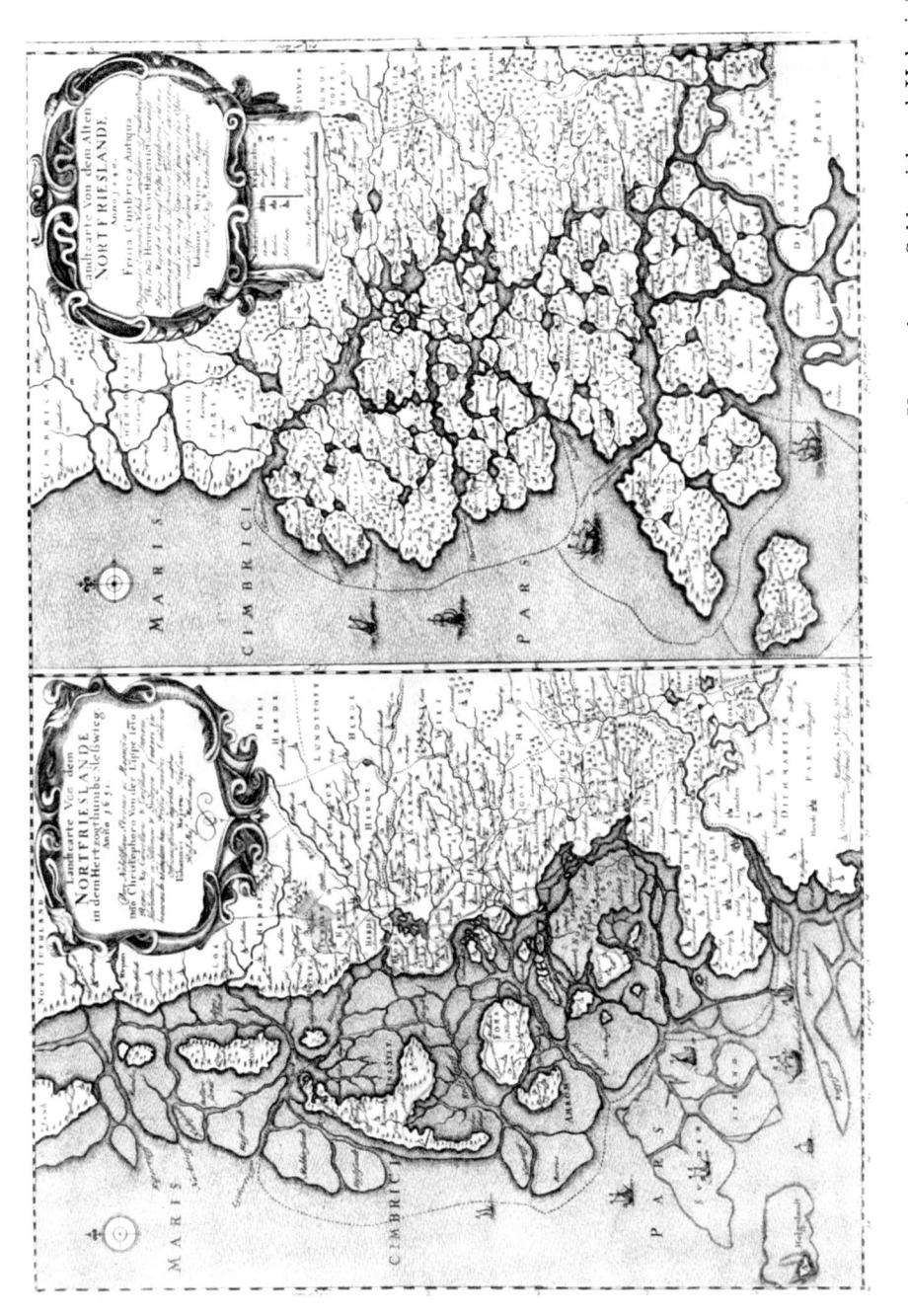

Landschaft: Umgestaltungen durch Niveauveränderungen und Sturmfluten Tafel 8

Karten von Nordfriesland Anno 1651 und 1240. Aus „Newe Landesbeschreibung der zwey Hertzogthümer Schleswich und Holstein" von Casparum Danckwerth, 1652

Tafel 9   Landschaft: Umgestaltungen durch Niveauveränderungen und Sturmfluten

Grab der ausgehenden jüngeren Steinzeit, um 2000 v. Chr., am Ufer des Süderwatts westlich von Archsum auf Sylt. 1932. Länge 3 m

Pergamenturkunde eines Handelsvertrages zwischen der Edomsharde und Hamburg vom 19. Juni 1361. Staatsarchiv Hamburg

Landschaft: Umgestaltungen durch Niveauveränderungen und Sturmfluten   Tafel 10

Rungholtwatt im Süden von Südfall mit den Resten eines Sodenbrunnens,
einer Grabensohle und einer Warf aus der Zeit von 1362 (26. Juni 1935)

Pflugfurchen im Rungholtwatt aus der Zeit von 1362 an der NW-Ecke von Südfall
(17. Juni 1936)

Tafel 11   Landschaft: Umgestaltungen durch Niveauveränderungen und Sturmfluten

Grundriß eines Hauses von dem 1362 untergegangenen Alt-List auf Sylt. Größe 5 : 10 m.
Wände aus Soden. Aufnahme 12. Oktober 1932

Sodenbrunnen auf dem Weststrand bei Rantum auf Sylt, Ortslage des 1675 untergegangenen
Niebelum. Äußerer Durchmesser 2 m (15. Oktober 1935)

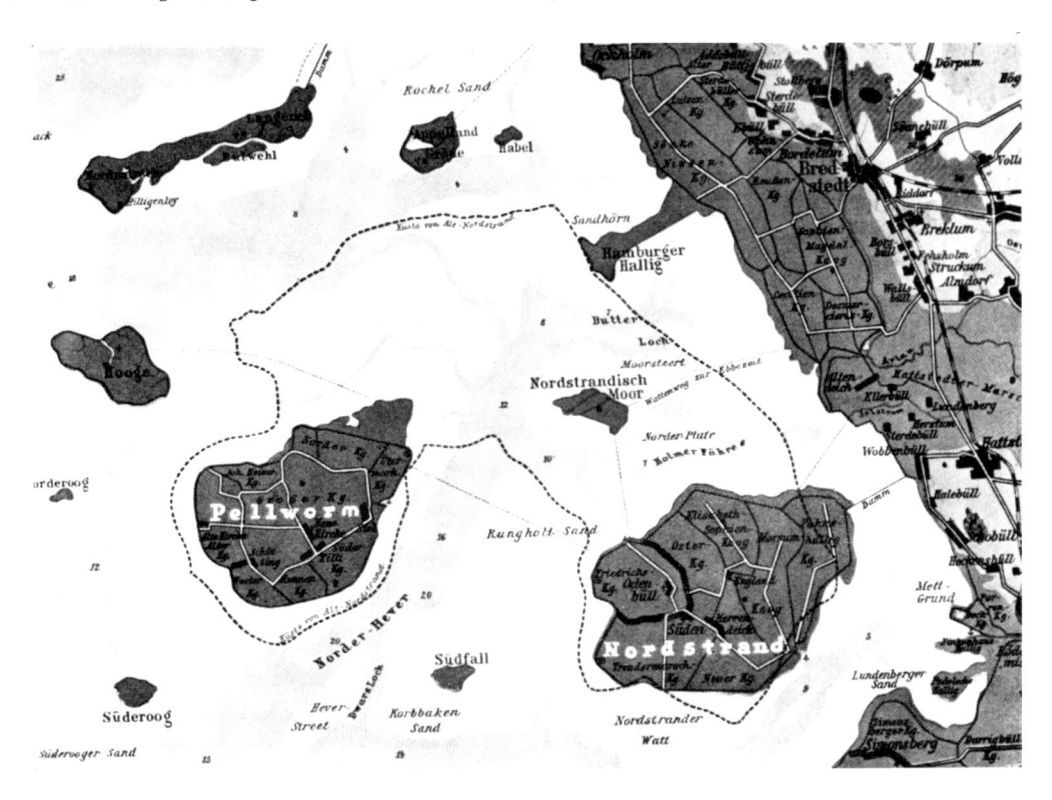

Landschaft: Umgestaltungen durch Niveauveränderungen und Sturmfluten   Tafel 12

Restgebiete des 1634 untergegangenen Alt-Nordstrand. Ausschnitt aus „Karte der nordfriesischen Kreise Husum und Süd-Tondern" von K. Sönnichsen, Bredstedt 1928

Sturmflut vom 18. Oktober 1936 bei Westerland auf Sylt. Windstärke 10, in Böen 11. Wasserstand 3,5 m ü. G. H.

Tafel 13   Landschaft: Umgestaltungen durch Krustenbewegungen und Sturmfluten

Knudswarf auf Gröde, von der Kirchwarf gesehen, während einer Überflutung der Hallig am 20. September 1935

Knudswarf auf Gröde mit dem Lehrer und seinen drei Schulkindern am Tage nach der Überflutung der Hallig vom 20. September 1935

Landschaft: Umgestaltungen durch Niveauveränderungen und Sturmfluten Tafel 14

Kirchwarf auf Gröde, von der Knudswarf gesehen, während einer Überflutung der Hallig
am 20. September 1935

Schafe auf der Böschung der Knudswarf auf Gröde während einer Überflutung der Hallig
am 20. September 1935

Tafel 15　　　　　　　　　　　　　　　　　　　　　　　Landschaft: Inselcharaktere

Brandung bei Kampen auf Sylt

Wattenmeer bei Sylt mit Blick auf Keitum und die Nössehalbinsel

Landschaft: Inselcharaktere   Tafel 16

Kunstmaler am Roten Kliff bei Kampen auf Sylt

Landschaft im Osten von Kampen auf Sylt mit Blick auf die Lister Dünen

Steilwand einer vom Westwind angeschnittenen Düne mit ihren Aufbauschichten,
am Roten Kliff bei Kampen auf Sylt

Tafel 18

Leeseite einer Wanderdüne bei Blidselbucht auf Sylt

Leehang der größten Wanderdüne der Insel bei List auf Sylt

Tafel 19   Landschaft: Inselcharaktere

Kuppen mit Strandhafer in den Wanderdünen des Listlandes auf Sylt

Sandsturm im Dünengebiet von Kampen auf Sylt. SW-Sturm mit Windstärke 10 bis 11.
Aufnahme 24. Oktober 1949

Landschaft: Inselcharaktere Tafel 20

Wintersee mit Kegeldüne in einem Dünental bei Klappholttal auf Sylt

Wintersee in einem Dünental bei Klappholttal auf Sylt

Tafel 21 — Landschaft: Inselcharaktere

Wanderdüne im Winter, westlich der Station Vogelkoje auf Sylt

Dünenlandschaft in Schnee und Eis, westlich der Station Vogelkoje auf Sylt

Landschaft: Inselcharaktere Tafel 22

Verschneite Dünen nördlich von Kampen auf Sylt

Sylter Inselbahn in den Dünen nördlich von Kampen auf Sylt. Aufnahme 14. 2. 1953

Tafel 23 Landschaft: Inselcharaktere

Postverbindung im Winter zwischen Sylt und dem Festland. Eisboot mit den Männern (v. l. n. r.) Martin Boysen, Morsum, Matthias Johannsen, Keitum, Christian Petersen, Morsum, Martin Jürgensen, Munkmarsch, Jan Jürgensen, Keitum (Vormann). Foto: Otto Lorenzen, Westerland/Sylt, Winter 1904/05

Eisbootfahrt zwischen Husum – Halebüll und der Insel Nordstrand—Morsumkoog. Von l. n. r.: Kapitän Hans Lorenz Selmer, Bahne Asmussen, Anton Meesenburg, Volquard Voss, alle wohnhaft Nordstrand. Foto-Knittel, Husum, 1892

Fischerboot in der vereisten Wattenmeerbucht von Munkmarsch auf Sylt. Februar 1936

Wattenmeerbucht und Hafen von Munkmarsch auf Sylt bei einer Vereisung im Februar 1936

Tafel 25   Landschaft: Inselcharaktere

Vereisung von Strand und Nordsee bei Kampen auf Sylt. Ausdehnung der geschlossenen
Schollenfläche bis auf 60 Seemeilen westwärts. Aufnahme 24. Februar 1947

Schneewehen auf dem Weststrand bei Kampen auf Sylt. Blick vom Roten Kliff.
Aufnahme 26. 2. 1950

Landschaft: Inselcharaktere   Tafel 26

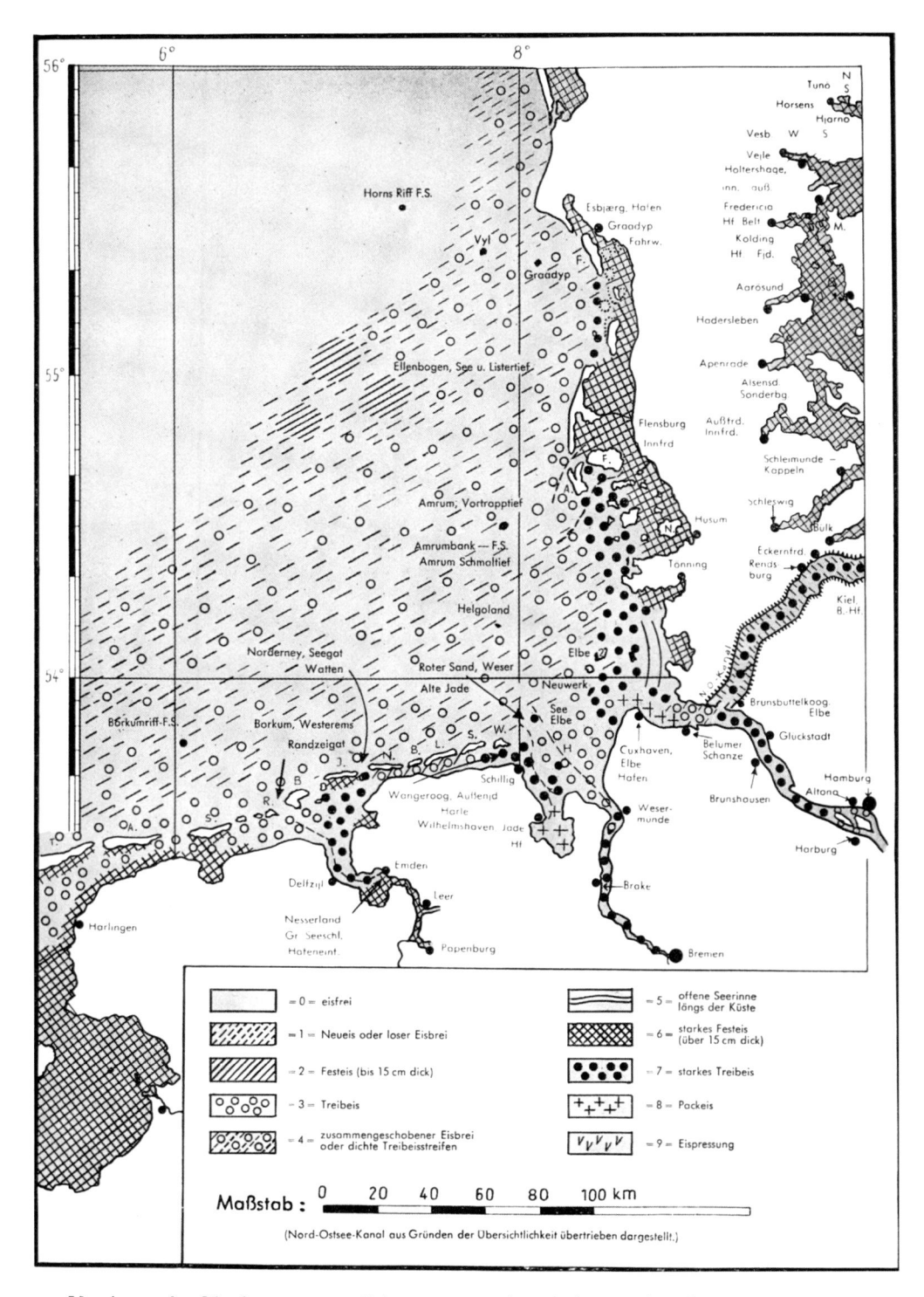

Vereisung der Nordsee vom 22. Februar 1947. Ausschnitt aus der Eiskarte des Deutschen Hydrographischen Instituts, Hamburg

Tafel 27　　　　　　　　　　　　　　　　　　　　　　　　　　Landschaft: Inselcharaktere

Keitum auf Sylt im Winter. Februar 1937

Friesenhaus, ehemals von Kapitän Andreas Bleicken, im Schnee am Keitumkliff auf Sylt

Blick vom Leuchtturm von Amrum über die Dünen auf Wittdün

Blick vom Leuchtturm von Amrum auf Süddorf und Nebel. Am Horizont rechts Föhr

Tafel 29   Landschaft: Inselcharaktere

Gerstenernte auf der hohen Geest von Föhr

Die Warf von Hallig Oland von Nordwesten gesehen

Landschaft: Inselcharaktere   Tafel 30

Blick von Wyk auf Föhr über die Norder-Aue auf Hallig Langeneß-Nordmarsch

Luftspiegelung von Hallig Gröde. Aufnahme mit Plaubel-Fernobjektiv
von der Warf der Hamburger Hallig aus

Tafel 31   Landschaft: Inselcharaktere

Die Hamburger Hallig vom Watt zur Ebbezeit aus dem Westen gesehen

Hallig Habel von Südosten gesehen. Im Vordergrund Reste der vor 100 Jahren
zerstörten Süderwarf im Watt zur Ebbezeit

Mitteltrittwarf auf Hallig Hooge von Nordwesten gesehen

Blick über die Gärten der Backenswarf auf Hallig Hooge auf die Ockelützwarf,
die Kirchwarf und die Mitteltritt- und Lorenzwarf

Tafel 33　　　　　　　　　　　　　　　　　　　　　　　　Landschaft: Inselcharaktere

Hallig Süderoog zur Ebbezeit vom Watt aus dem Westen gesehen

Friedhof der Hallig Nordstrandischmoor

Landschaft: Inselcharaktere Tafel 34

Weizenfeld im Pohnshalligkoog auf Nordstrand. Im Hintergrund die Festlandsküste

Die aus dem Ende des 12. Jahrhunderts stammende „Alte Kirche" auf Pellworm
mit der Turmruine, vom Außendeich gesehen

Tafel 35 Landschaft: Uferschutz und Landgewinnung

Brandung an der Abbruchkante der Hallig Nordmarsch-Langeneß im Nordosten der Hilligenleiwarf
(September 1935)

Zerstörung des Halligufers von Nordmarsch-Langeneß im Nordosten der Hilligenleiwarf
(September 1935)

Seitenpriel des Rummellochs zur Ebbezeit.
Das heutige Schlickwatt war einst Kulturboden des 1634 untergegangenen Buphever von Alt-Nordstrand (August 1933)

Bepflanzung des Dünenfußes am Weststrand bei Hörnum auf Sylt

Tafel 37   Landschaft: Uferschutz und Landgewinnung

Queller bei Ebbe, im Priel bei der Ockelützwarf auf Hallig Hooge

Quelleranwachs auf dem durch Grüppelanlage aufgeworfenen Schlickwatt am Nordstranderdamm.
In der Ferne Schobüll. Juli 1934

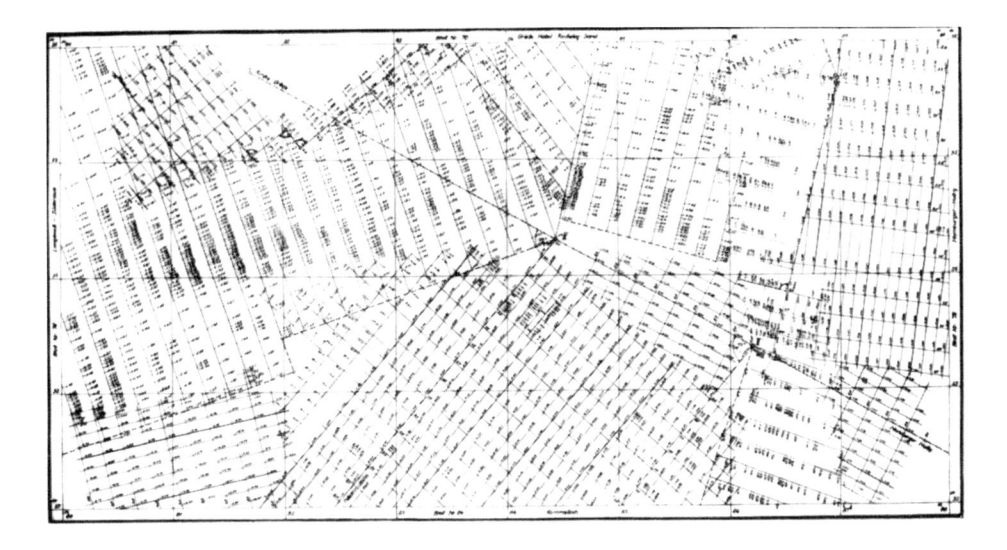

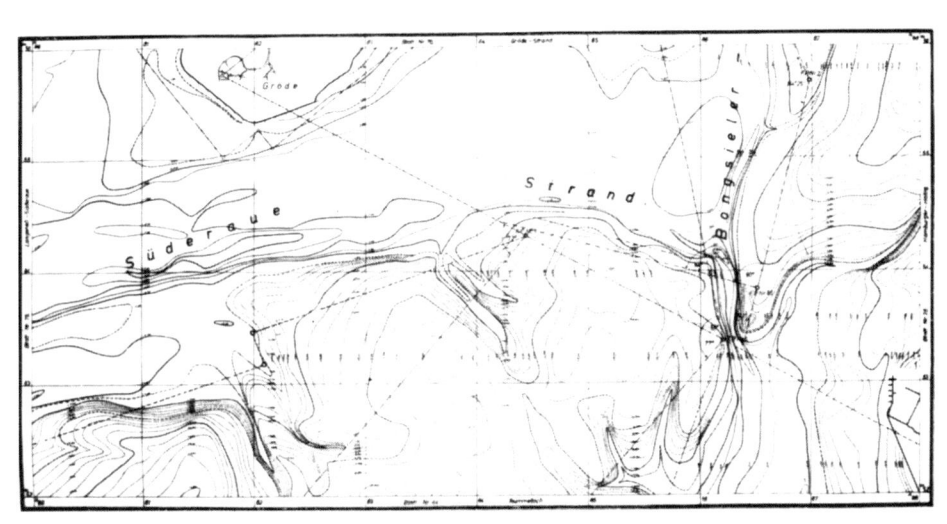

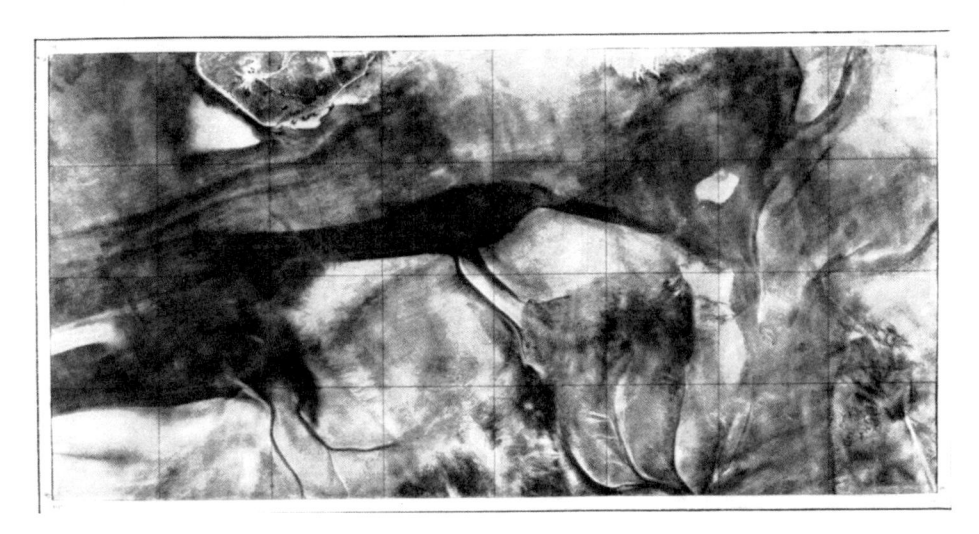

Nivellistische Vermessung des Watts bei Hallig Gröde.
Oben: Meßplan mit den Meßprofilen und den Ablesungen je hundert Meter. Mitte: Der nach dem Meßplan gezeichnete Höhenlinienplan. Unten: Im gleichen Maßstab aufgenommenes Luftbild.
Archiv Marschenbauamt Husum

Tafel 39 Landschaft: Uferschutz und Landgewinnung

Prieldurchdämmung beim Bau des Pohnshalligkooges auf Nordstrand 1923.
Aufn. Archiv Marschenbauamt Husum

Blick in den neuen Bupheverkoog auf Pellworm. Aufn. Archiv Marschenbauamt Husum

Pflanzenwelt: Geest und Marsch Tafel 40

Wermut und Queller in der Verlandungszone der Wattenmeerbucht „Grüning" im Norden von Kampen auf Sylt

Die „Grüning" genannten Wattwiesen im Norden von Kampen auf Sylt
mit den Lister Dünen im Hintergrund

Heide auf der hohen Geest im Osten von Kampen auf Sylt mit Blick nach Süden auf Keitum.
Aufnahme 1952.

Pflanzenwelt: Versunkene Waldungen und Moore Tafel 42

Funde aus dem Seetorf des Süderwatts
und vom Weststrand von Sylt
Slg. C. P. Hansen,
Heimat-Museum Keitum. ½ n. Gr.
(Beschriftung s. Seite 52)

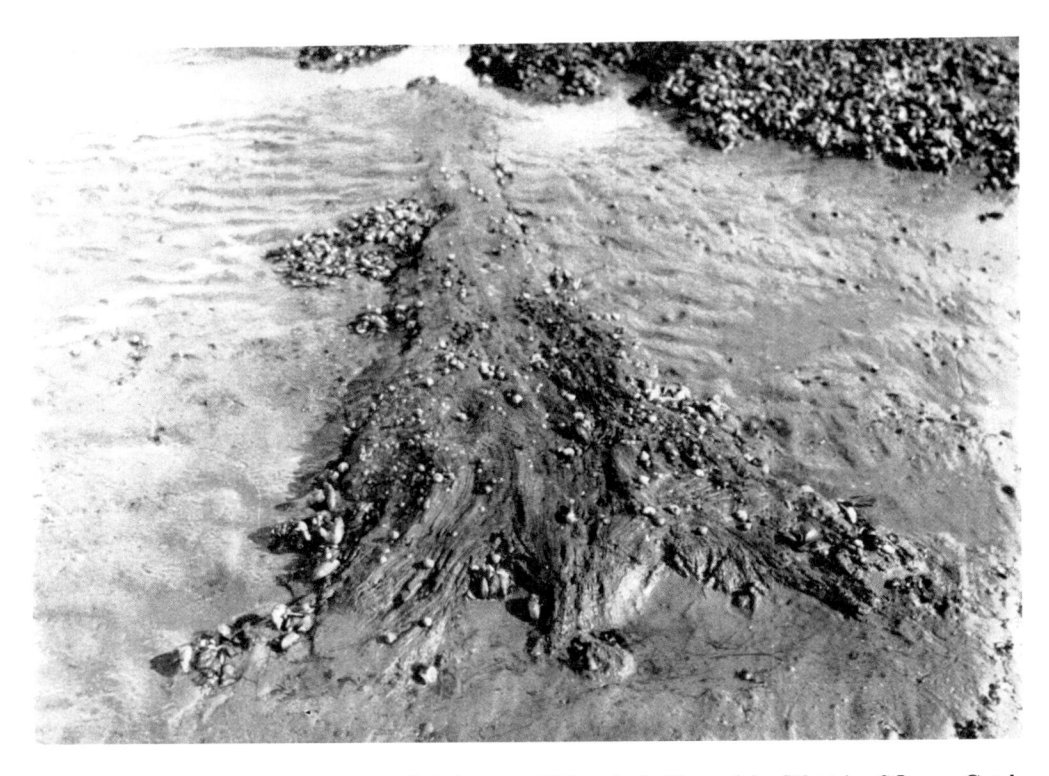

Baumstamm eines untergegangenen Gehölzes zur Ebbezeit freiliegend im Watt im SO von Gröde
Länge 3,40 m. August 1928

Tafel 43   Pflanzenwelt: Versunkene Waldungen und Moore

Schlickschollen vom Moorabbau zu Zwecken der Salzgewinnung im Mittelalter, im Watt zur
Ebbezeit freiliegend im SO der Treuburgwarf auf Hallig Nordmarsch-Langeneß.
Länge 3—4 m. Oktober 1932

Querschnitt durch zwei Schlickschollen, zwischen diesen Reste des Moorbodens,
darunter Schilftorf und toniger Feinsand. Oktober 1932

Pflanzenwelt: Dünenvegetation

Tafel 44

Krähenbeere in den Dünen bei Kampen auf Sylt

Dünenrosen am Heidehang bei der Wuldemarsch von Kampen auf Sylt

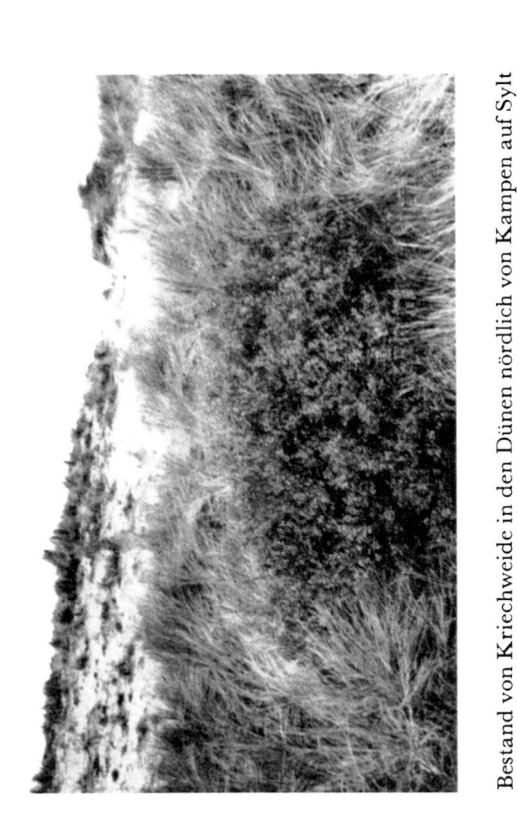

Bestand von Kriechweide in den Dünen nördlich von Kampen auf Sylt

Enzian in der Heide von Kampen auf Sylt

Tafel 45

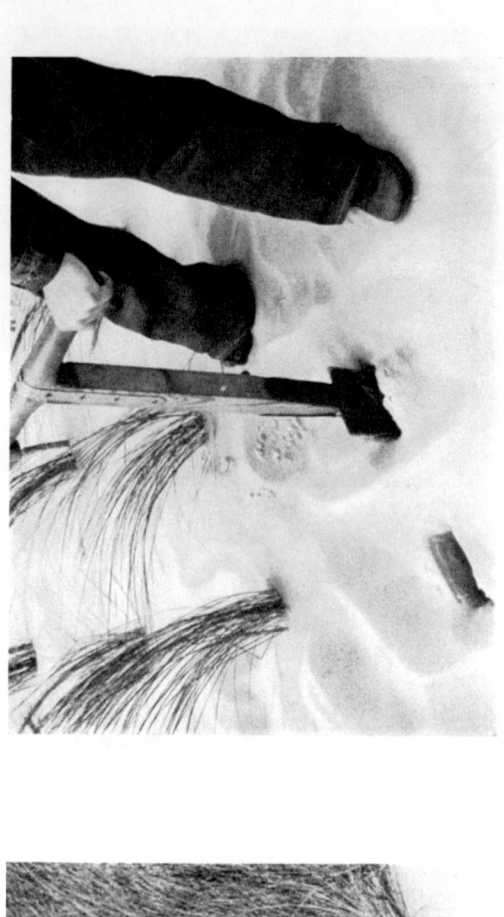

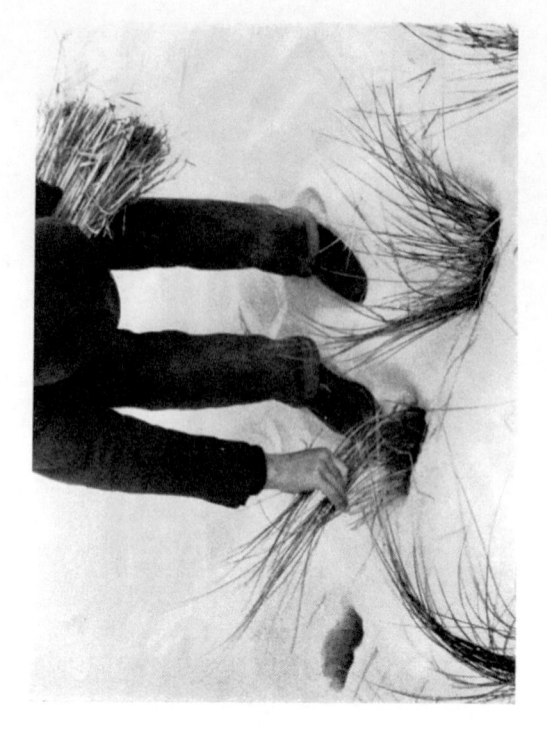

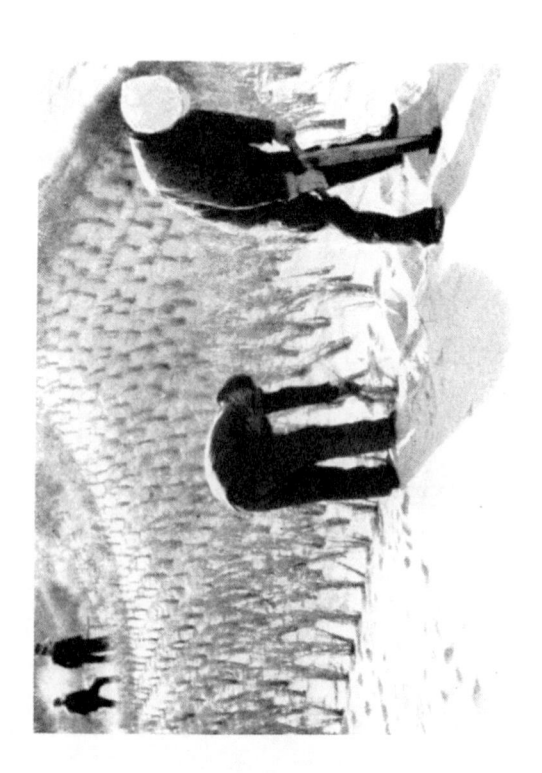

Pflanzenwelt: Dünenvegetation

Pflanzen von Dünenhalm bei Hörnum auf Sylt. Ausstechen von Halm, Grabung von Pflanzlöchern, Einpflanzen und Festtreten des Halms

Pflanzenwelt: Dünenvegetation

Tafel 46

Dünenbepflanzung bei Hörnum auf Sylt. Oktober 1936

Tafel 47　　　　　　　　　　　　　　　　　　　　　　　Pflanzenwelt: Gärten und Gehölze

Garten und Stammhaus der Uwen, der Vorfahren von Uwe Jens Lornsen, in Keitum auf Sylt.
Das 1739 erbaute Haus ist jetzt als „Altfriesisches Haus" ein Museum

Friesenhaus, jetzt Heimat-Museum, unter Pappeln und Ulmen in Keitum auf Sylt

Pflanzenwelt: Gärten und Gehölze

Lembkehain in Wyk auf Föhr

Friesenhaus vom Jahre 1711 in der Mühlenstraße von Wyk auf Föhr

Tafel 49 Pflanzenwelt: Gärten und Gehölze

Heckenweg in Midlum auf Föhr

Pflanzenwelt: Gärten und Gehölze Tafel 50

Blühender Holunder am Feding der Hanswarf auf Hooge

Tafel 51 Pflanzenwelt: Gärten und Gehölze

Vom Sturm am 10. Februar 1935 gefällter Riesenstamm einer Esche auf dem Hof von Ketel Hansen
(früher Stallerhof) im Osterkoog auf Nordstrand

Urwald von windwüchsigen Pappeln und Farnkraut in der Vogelkoje von Kampen auf Sylt

Garten der „Pension Jansen" in Keitum auf Sylt. Anlage aus der ersten Hälfte des 19. Jahrhunderts am hohen Kliffrand des Wattenmeers

Gehölz der Berg- oder Krummholzkiefer (Pinus montana) bei der Vogelkoje von Kampen auf Sylt. Aufforstung auf Düne seit 1893. Im Hintergrund Lister Dünen. Aufnahme 15. 4. 1952

Stechginster, Gaspeldorn (Ulex europaeus L.) und Kiefern, am Watt bei der Vogelkoje von Kampen auf Sylt

Ehemaliger Fangteich der Vogelkoje von Kampen auf Sylt

Tierwelt: Die Vogelwelt im Landschaftsbild Tafel 54

Schutzhütte mit dem Vogelwärter Jens Sörensen Wand auf Norderoog

Nest der Brandseeschwalbe auf Norderoog

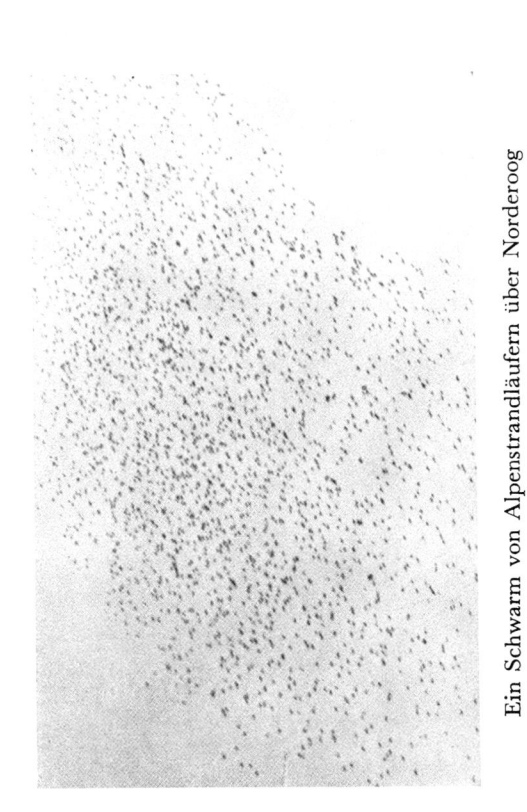

Ein Schwarm von Alpenstrandläufern über Norderoog

Gelege der Zwergseeschwalbe auf Norderoog

Tafel 55　　　　　　　　　　　　　　　　　Tierwelt: Die Vogelwelt im Landschaftsbild

Junge Silbermöwe. Westerland auf Sylt

Brutplatz der Brandseeschwalben im Grasland von Hallig Norderoog

Tierwelt: Die Vogelwelt im Landschaftsbild Tafel 56

In elegantem Flug erheben sich unzählige Brandseeschwalben von ihren Nestern und wirbeln
weiß leuchtend und laut kreischend durch die Luft. Norderoog

Im Gleitflug, leicht und sicher, kehren die schnittigen Brandseeschwalben von einem Flug
zu ihren dicht beieinander liegenden Nestern zurück. Norderoog

"Neue Oevenumer" Vogelkoje auf Föhr, gegründet 1736

Teich der "Neuen Oevenumer" Vogelkoje mit Lock- und Wildenten.
Im Hintergrund Eingang einer der vier Pfeifen

Tierwelt: Die Tierwelt der Watten Tafel 58

Schematischer Querschnitt durch eine Stromrinne im Wattenmeer. Nach A. Hagmeier u. R. Kändler. Wiss. Meeresuntersuchung. Abt. Helgoland Bd. XVI

Schematischer Querschnitt
durch eine Stromrinne im Wattenmeer.

Die Sohlen der Tiefe und Priele enthalten meist lockeren Sand ohne Bodentiere.
Die festeren Hänge sind gut besiedelt. Die Sandkoralle bildet Riffe an den Hängen.

Oberflächenbesiedlung.

Miesmuschelbank	a	Queller-Zone	d
Austernbank	b	Zostera nana	e
Sandkorallen	c	Fucus	f
Ohne Pflanzen und Epifauna		Zostera marina	g

Bodenart.

Sand   Schlick
Sand mit Schlick   loser Schill

Rothirschgeweih, ungerader Zwanzigender. Gefunden im Wattenmeer 1919 zwischen Habel und Nordstrandischmoor. Nissenhaus Husum

Tafel 59   Tierwelt: Die Tierwelt der Watten

Sandwatt zwischen Nordstrand und Südfall (am Horizont), übersät mit den Häufchen des Sandröhrenwurms (Arenicola marina)

Trichter und Häufchen des Sandröhrenwurms (Arenicola marina) im Watt

Tierwelt: Die Tierwelt der Watten

Miesmuschelbänke (Mytilus edulis L.) im Wattenmeer zur Ebbezeit freiliegend
bei der Hamburger Hallig. Am Horizont Hallig Nordstrandischmoor

Abgestorbene Klaffmuscheln (Mya arenaria) auf dem Wattengrund des Amrum-Tief
zwischen Amrum und Föhr

Tafel 61   Tierwelt

Charakteristische Schmetterlinge der Inseln in n. Gr. (Erläuterung s. Seite 81)

Tierwelt

Tafel 62

Farben- und formenschöne Schmetterlinge von Sylt, Amrum und Föhr, etwa 4/5 n. Gr. Slg. H. Koehn (Erläuterung s. Seite 82)

Tafel 63   Tierwelt: Die Tierwelt der Watten

Hornhechtfang im Fischgarten zur Ebbezeit im Wattenmeer im NW von Föhr

Vorgeschichte: Steinzeit   Tafel 64

Gekerbte Knochenspitze der mittleren Steinzeit, um 5000 v. Chr. Gefunden bei Boldixum auf Föhr. Länge 17 cm. Schleswig-Holsteinisches Mus. vorgesch. Altertümer, Schleswig

Hängegeschmeide aus Bernstein aus einem Riesensteingrab von Kampen auf Sylt, um 2200 v. Chr. Länge 41 cm. Schleswig-Holsteinisches Mus. vorgesch. Altertümer, Schleswig

Tafel 65   Vorgeschichte: Steinzeit

Denghoog bei Wenningstedt auf Sylt, von Süden gesehen. Ganggrab der jüngeren Steinzeit,
um 2200 v. Chr. Sohlenbreite 28 m; Höhe etwa 4,5 m

Kammer und Gang des Denghoog bei Wenningstedt auf Sylt

Vorgeschichte: Steinzeit   Tafel 66

Tongefäß aus dem Denghoog bei Wenningstedt auf Sylt. Höhe 32 cm.
Schleswig-Holsteinisches Mus. vorgesch. Altertümer, Schleswig

Tafel 67   Vorgeschichte: Steinzeit

Pfeilspitzen und Steindolche der Stein-Bronzezeit von Sylt.
Slg. C. P. Hansen, Heimat-Museum, Keitum. Pfeilspitzen
oben 4 — 3,7 — 3 — darunter 5,5 cm; Steindolche 11 — 25 — 19 cm lang

Dolch und Beil der jüngeren Steinzeit. Gefunden bei Goting
bzw. Ütersum auf Föhr. Länge: 26 und 19 cm.
Dr. Häberlin-Friesen-Museum, Wyk

Vorgeschichte: Steinzeit					Tafel 68

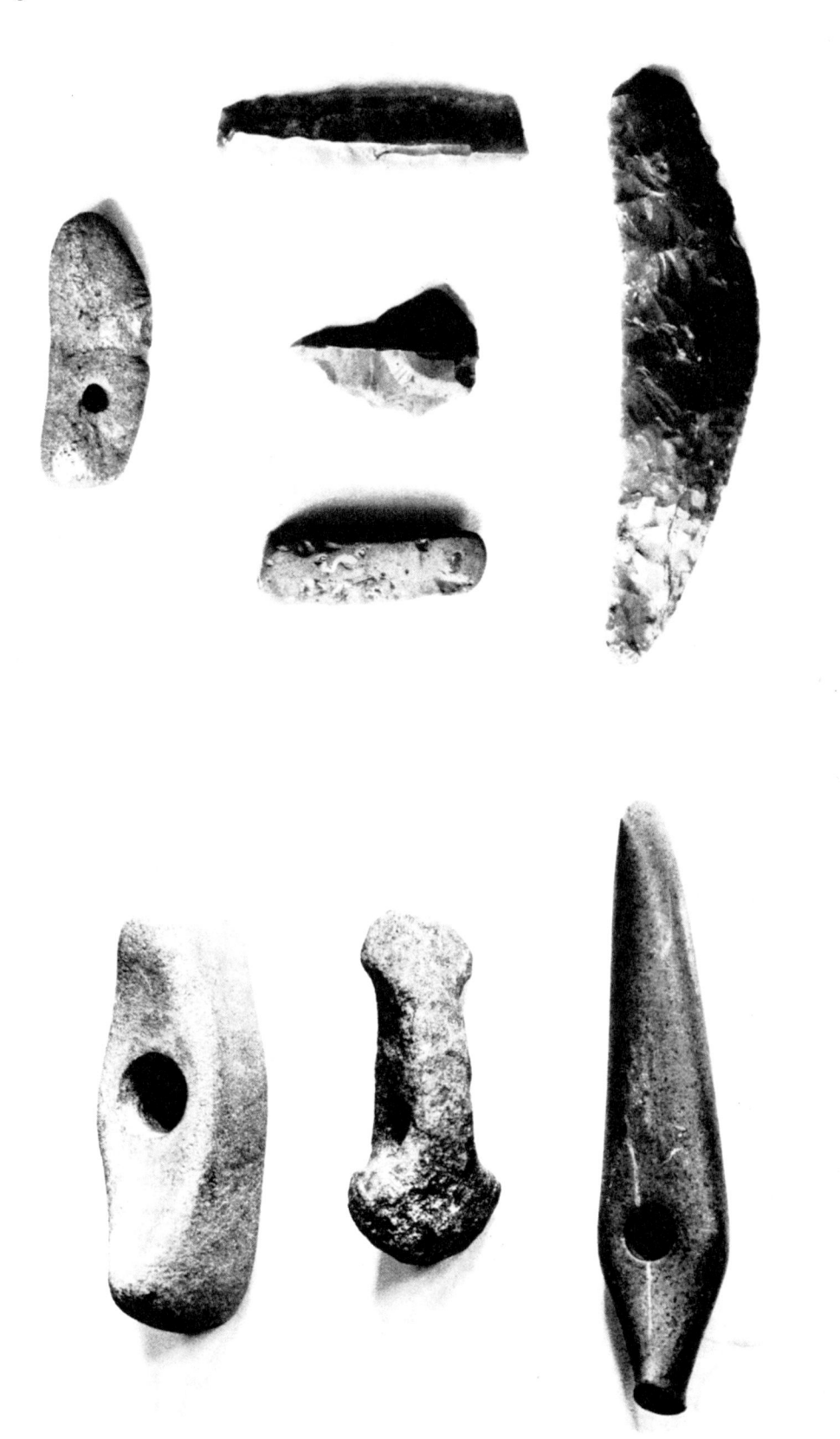

Werkzeuge der jüngeren Steinzeit: Wetzstein, Meißel, Bohrer, Messer, Sichel, 17,5 — 6,5 — 5,5 — 9 — 17,5 cm lang. Gefunden auf Föhr.
Dr. Häberlin-Friesen-Museum, Wyk

Streitäxte (oben 15 u. unten 21,5 cm lang) von Goting und Amazonenaxt (Mitte 12,5 cm lang) von Utersum auf Föhr.
Dr. Häberlin-Friesen-Museum, Wyk

Tafel 69 Vorgeschichte: Bronzezeit, Eisenzeit, Wikingerzeit

Bronzedolch aus dem nordöstlichen Krockhoog bei Kampen auf Sylt. Ältere Bronzezeit, etwa 1500 v. Chr. Länge 61 cm. Schleswig-Holsteinisches Mus. vorgesch. Altertümer, Schleswig

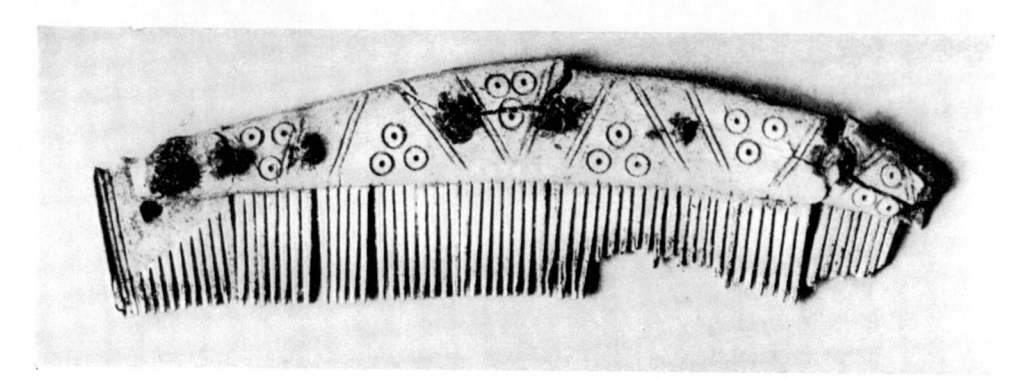

Kamm aus Knochen. Gefunden 1890 in einem Grabhügel der Wikingerzeit bei Hedehusum auf Föhr. Jüngere Eisenzeit, um 800 n. Chr. Länge 17,5 cm. Schleswig-Holsteinisches Mus. vorgesch. Altertümer, Schleswig.

Wall vom Wikinghafen bei Goting auf Föhr

Frühgeschichte   Tafel 70

Krummwall auf Amrum. Blick von der Mitte des Wallbogens nach NW auf Nebel

Krummwall auf Amrum. Blick von der Mitte des Wallbogens nach SO auf Wittdün
und den Esenhugh bei Steenodde

Tafel 71

Frühgeschichte

Tinnumburg auf Sylt, von Norden gesehen. Äußerer Durchmesser 110 m. Im Vordergrund der versumpfte Döplemsee

Eisenzeit und Steinzeit												Tafel 72

Skalnastal auf Amrum. Freilegung von drei- und viereckigen Steinsetzungen der jüngeren Kaiserzeit.
Aufnahme Dr. Peter La Baume, 1952 Landesamt f. Vor- u. Frühgeschichte, Schleswig.

Abformung der Grabkammer des jungsteinzeitlichen Harhoog bei Keitum auf Sylt mittels
Gips-Papierhülle zur Aufstellung im Museum vorgeschichtlicher Altertümer in Schleswig.
Aufnahme 25. 7. 1951

Tafel 73   Bronzezeit und Steinzeit

Instandsetzung eines der bronzezeitlichen Krockhooger bei Kampen auf Sylt durch das Jugendaufbauwerk „Berghof" bei Flensburg. Aufnahme August 1952

Wiederfreilegung eines Ganggrabes der jüngeren Steinzeit durch die Pfadfinder von Kampen auf Sylt. Aufnahme 7. 7. 1951

Entdeckungsgeschichte   Tafel 74

Älteste Spezialkarte von Schleswig-Holstein aus dem Jahre 1559 von Marcus Jordanus

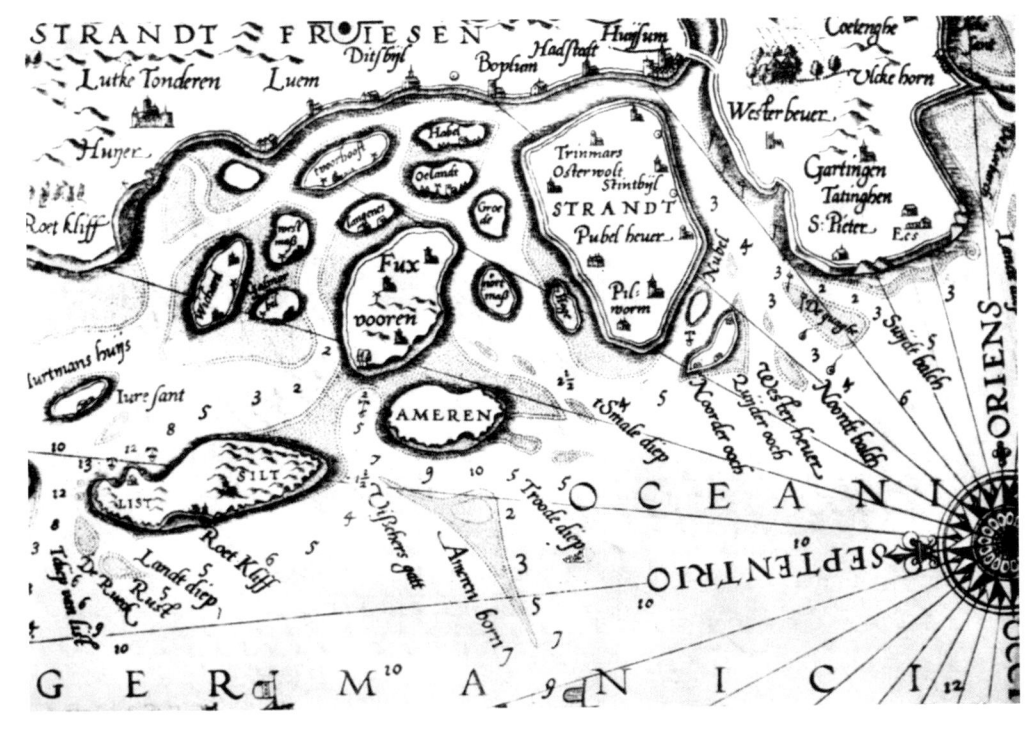

Ausschnitt einer Karte aus dem ältesten niederdeutschen Seeatlas „Spieghel der Zeevaert"
von Lucas Jansz Waghenaer, Enckhusen 1589

Tafel 75 Stammesgeschichte: Rasse

Anke Johannsen
Hilligenleiwarf auf Hallig Nordmarsch-Langeneß

August Jacobs
Kirchhofswarf auf Hallig Nordmarsch-Langeneß

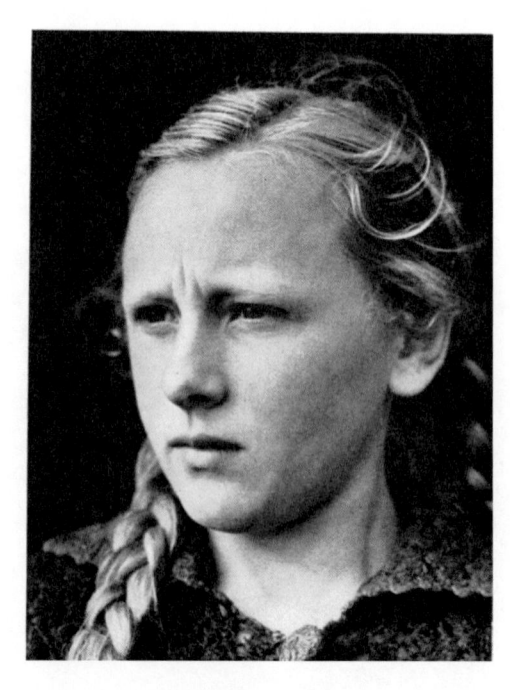

Regina Jacobs
Kirchhofswarf auf Hallig Nordmarsch-Langeneß

Stammesgeschichte: Rasse   Tafel 76

Engellena Jensen. Oevenum auf Föhr

Ella Jacobsen. Wyk auf Föhr

Tafel 77   Stammesgeschichte: Rasse

Peter Diedrichsen. Bauer, List auf Sylt

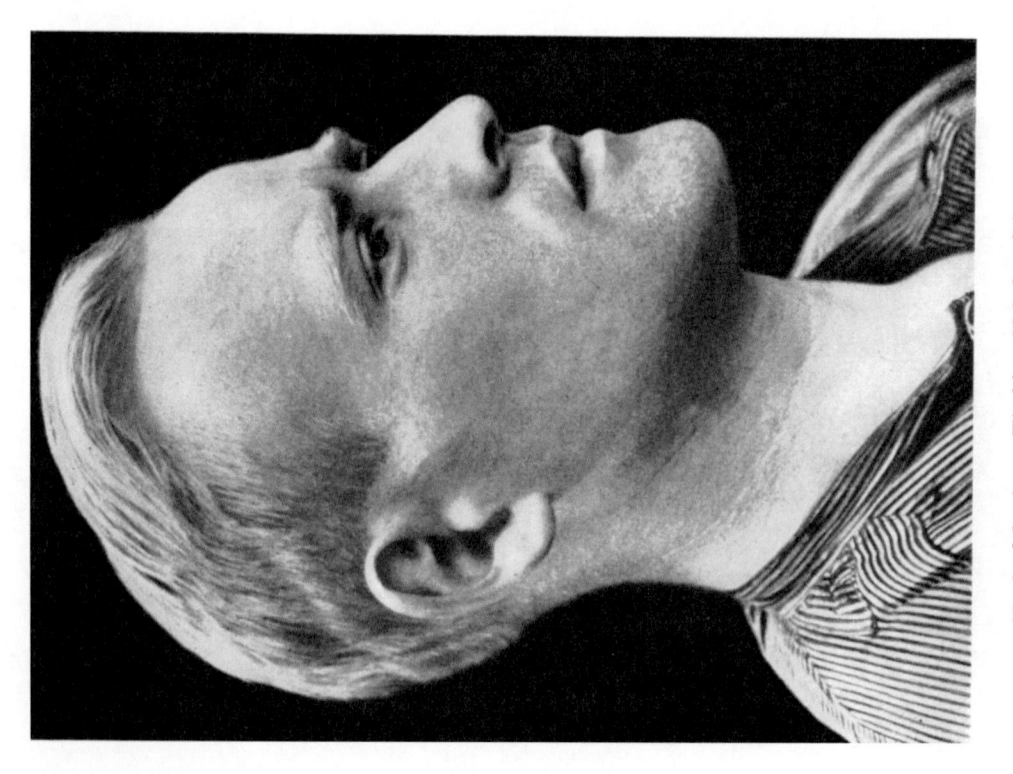

Tücke Martinen. Tischler, Nebel auf Amrum

Stammesgeschichte: Rasse   Tafel 78

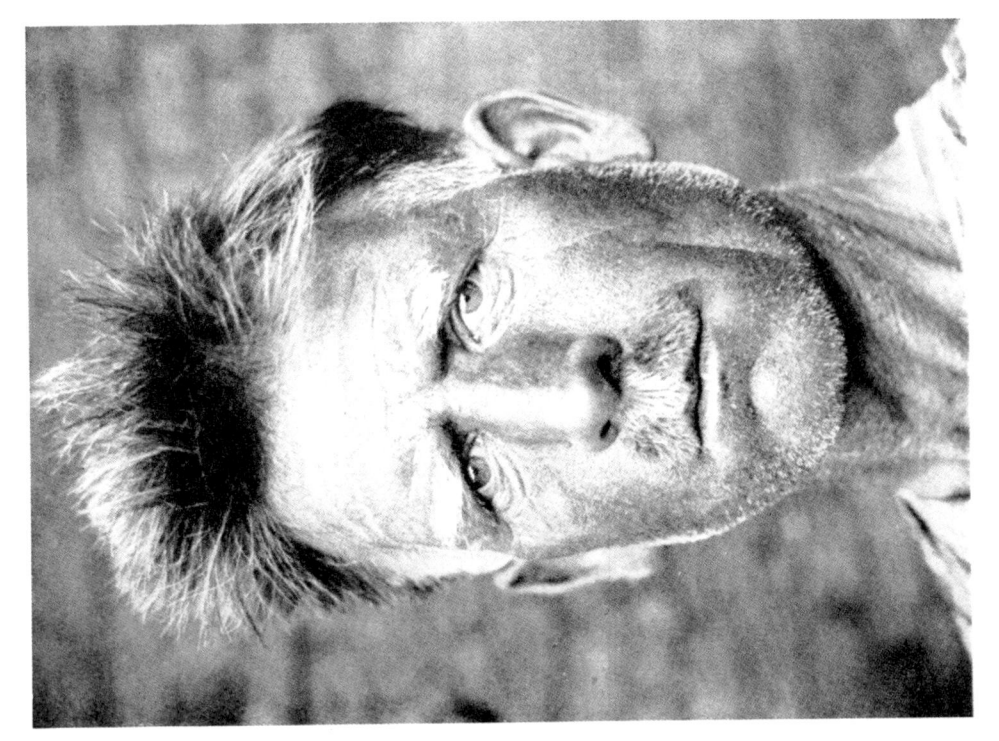

Alfred Petersen. Bauer, Ockenswarf auf Hallig Hooge

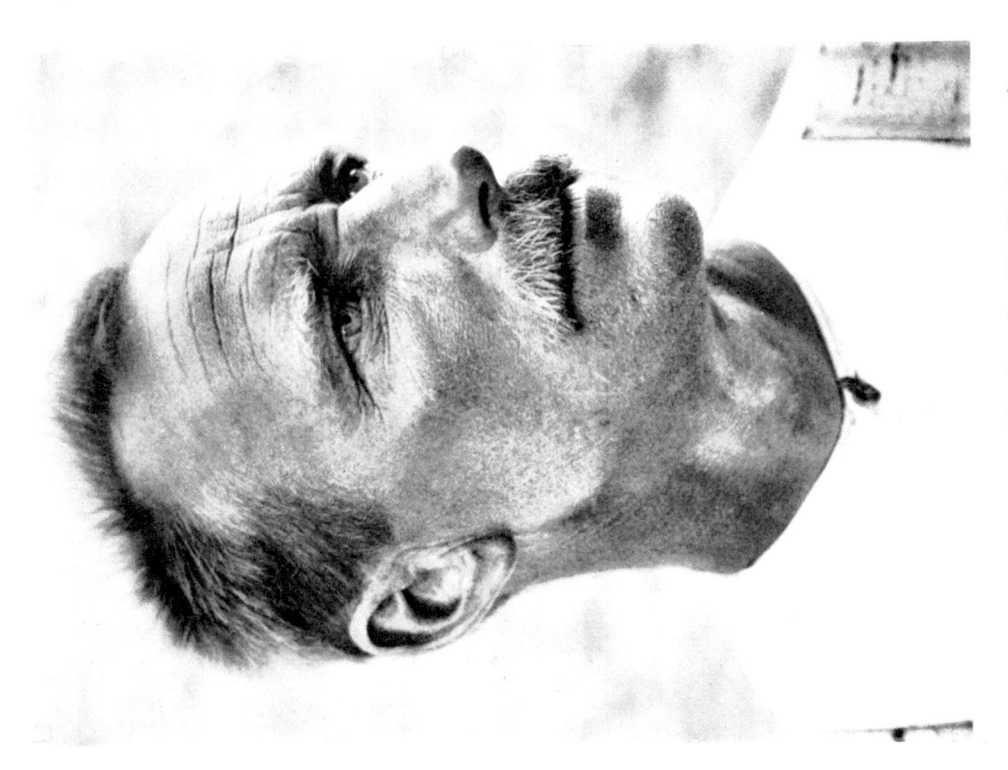

Sönke Hinrichsen. Bauer, Ketelswarf auf Hallig Langeneß

Tafel 79 Stammesgeschichte: Rasse

Florine Paulsen, Honkenswarf auf Hallig Langeneß

Anna Hansen, Norderhörnwarf auf Hallig Nordmarsch-Langeneß

Stammesgeschichte: Rasse

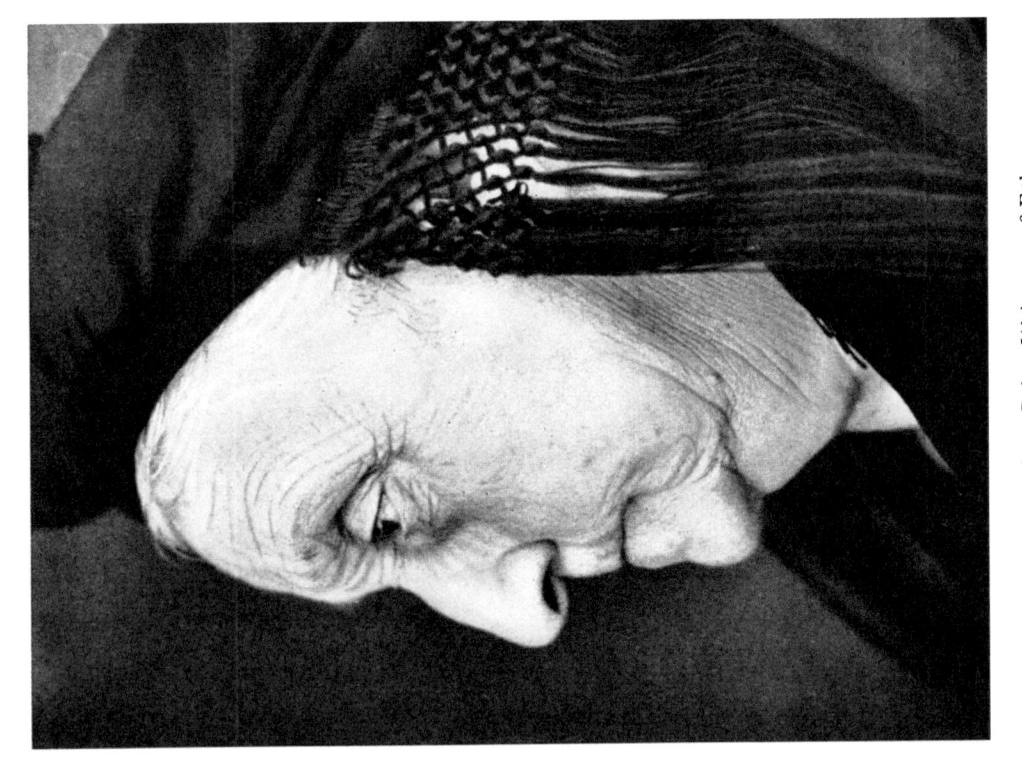

Tafel 80

Seciena Bohn, Wrixum auf Föhr

Hinrike Petersen, Knudswarf auf Hallig Gröde

Tafel 81   Stammesgeschichte: **Rasse**

Harald Hansen, Amtmann des Amtes Keitum-Land auf Sylt

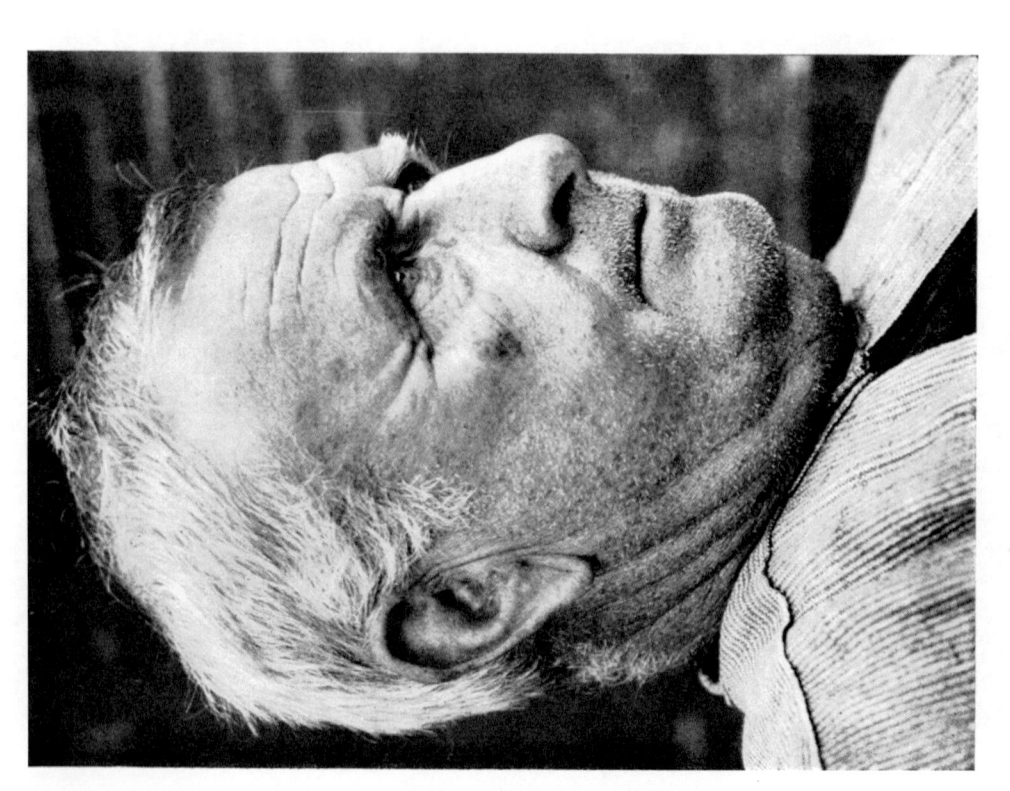

Heinrich Jensen, Bauer, Oevenum auf Föhr

Stammesgeschichte: Rasse   Tafel 82

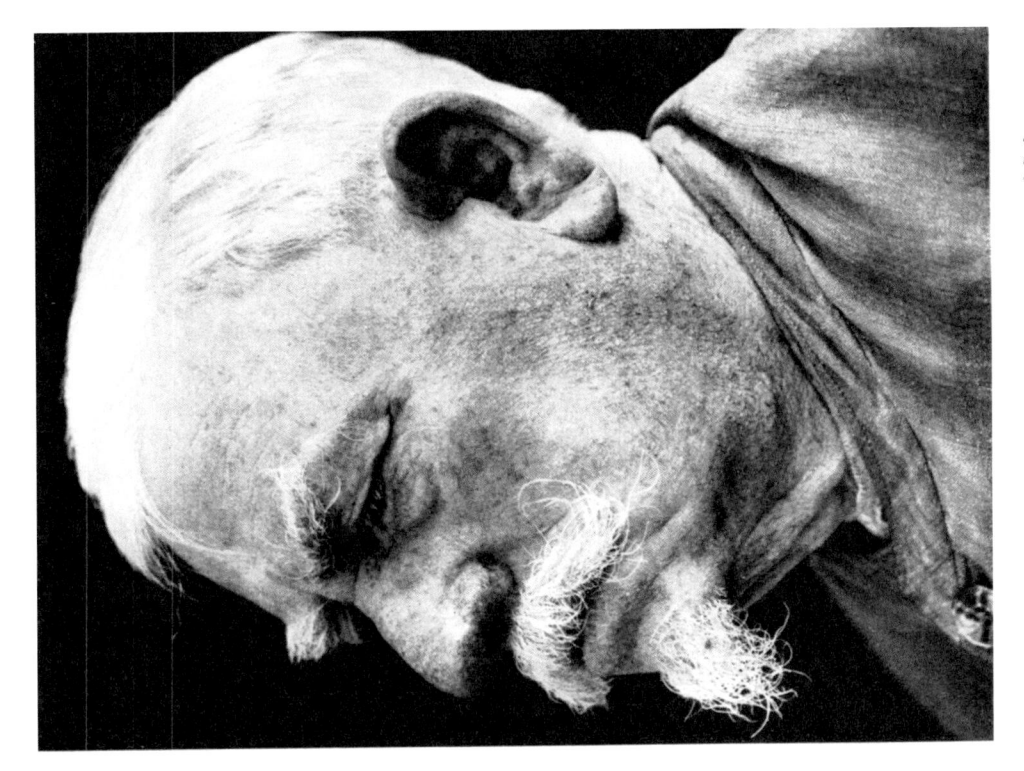

Jan Meinert Peters. Seefahrer, Tinnum auf Sylt

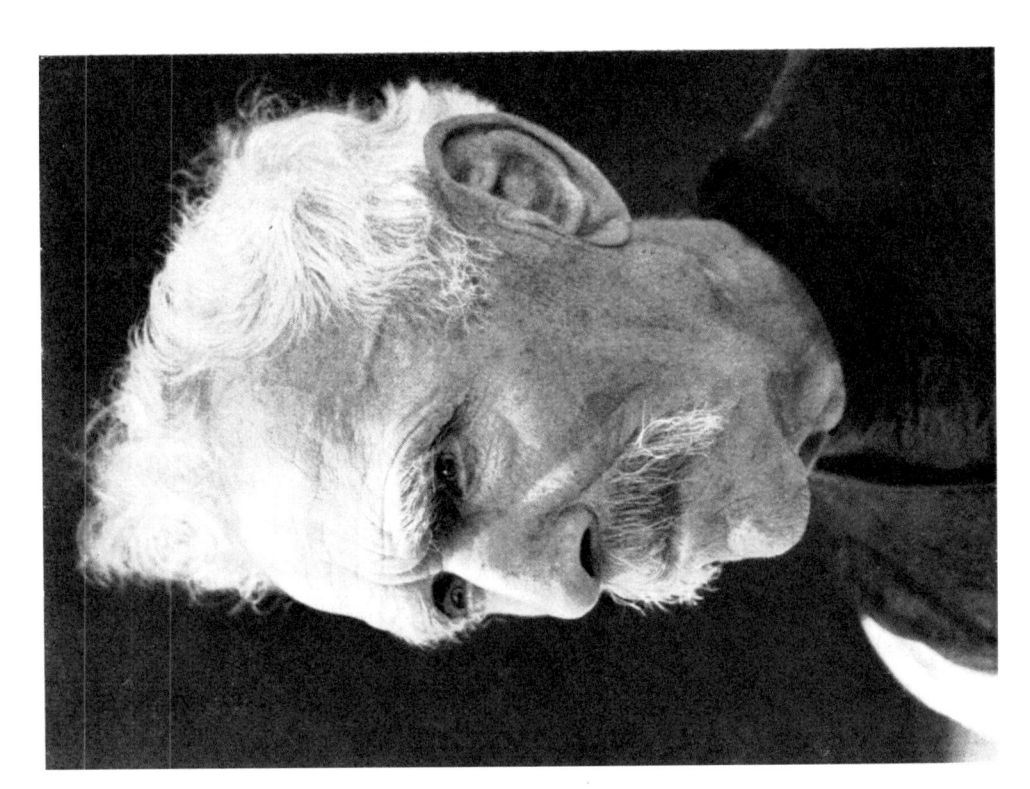

Friedrich Martensen. Bauer von Pellworm

Tafel 83   Stammesgeschichte: Rasse

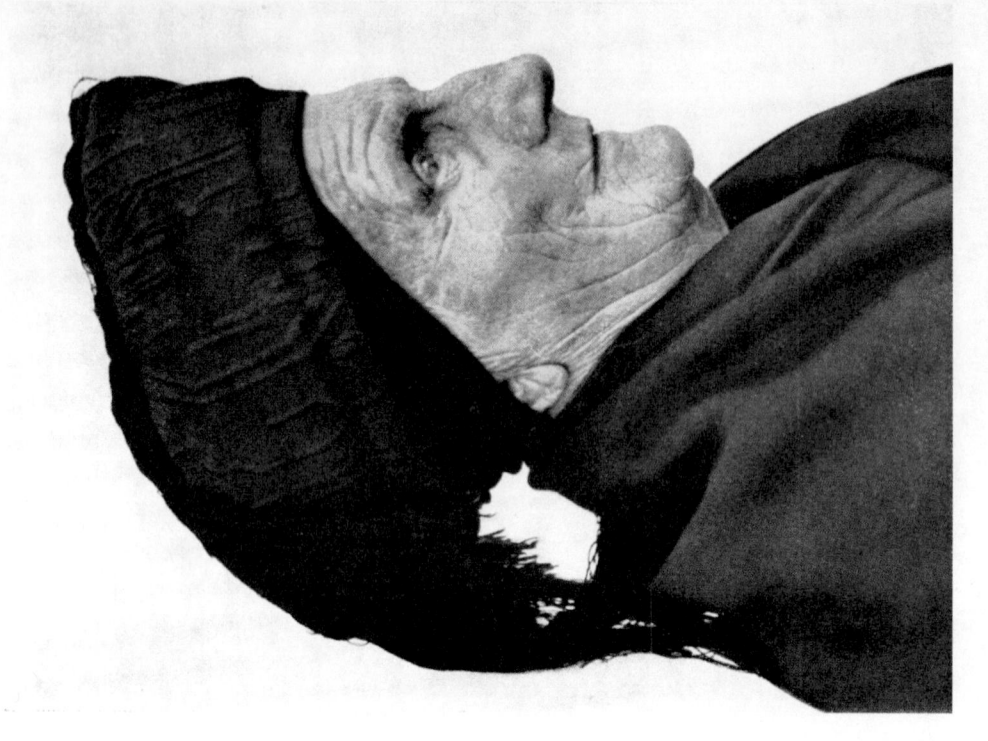

Naemi Jacobsen. Hanswarf auf Hallig Hooge

Medje Pfeiffer. Wyk auf Föhr (geb. auf Hallig Hooge)

Stammesgeschichte: Rasse Tafel 84

„Sonntagmorgen", Ölgemälde von C. L. Jessen, 1901. Stadt Wyk auf Föhr

Grabstein des Seefahrers Erck Jung Hansen, 1704—1748, in Nieblum auf Föhr

Grabstein von Marret Ocken, 1744—1787, des Ocke Freddens Ehefrau, nebst deren Mann,
2 Söhnen und 3 Töchtern, Boldixum auf Föhr

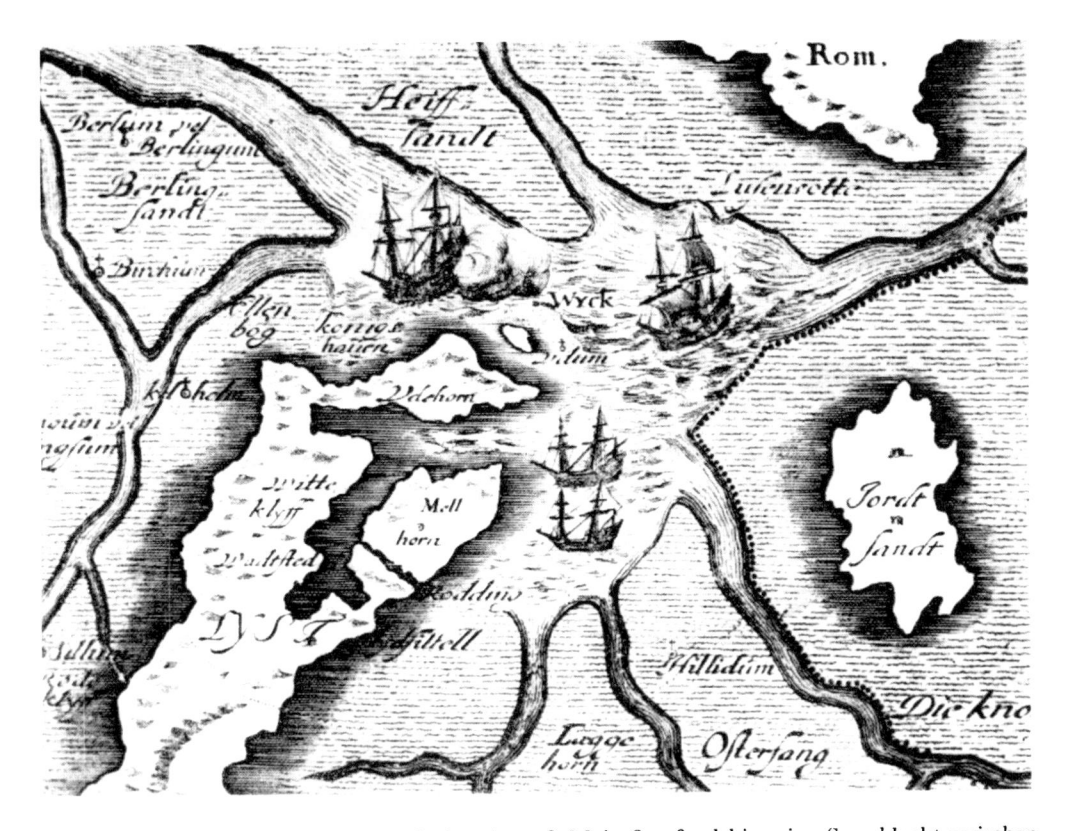

Nordspitze von Sylt mit dem Königshafen. Am 16. Mai 1644 fand hier eine Seeschlacht zwischen der vereinigten schwedisch-holländischen und der dänischen Flotte statt. Ausschnitt aus der Karte „Das Ambt Tondern", Anno 1648, von Johannes Meyer

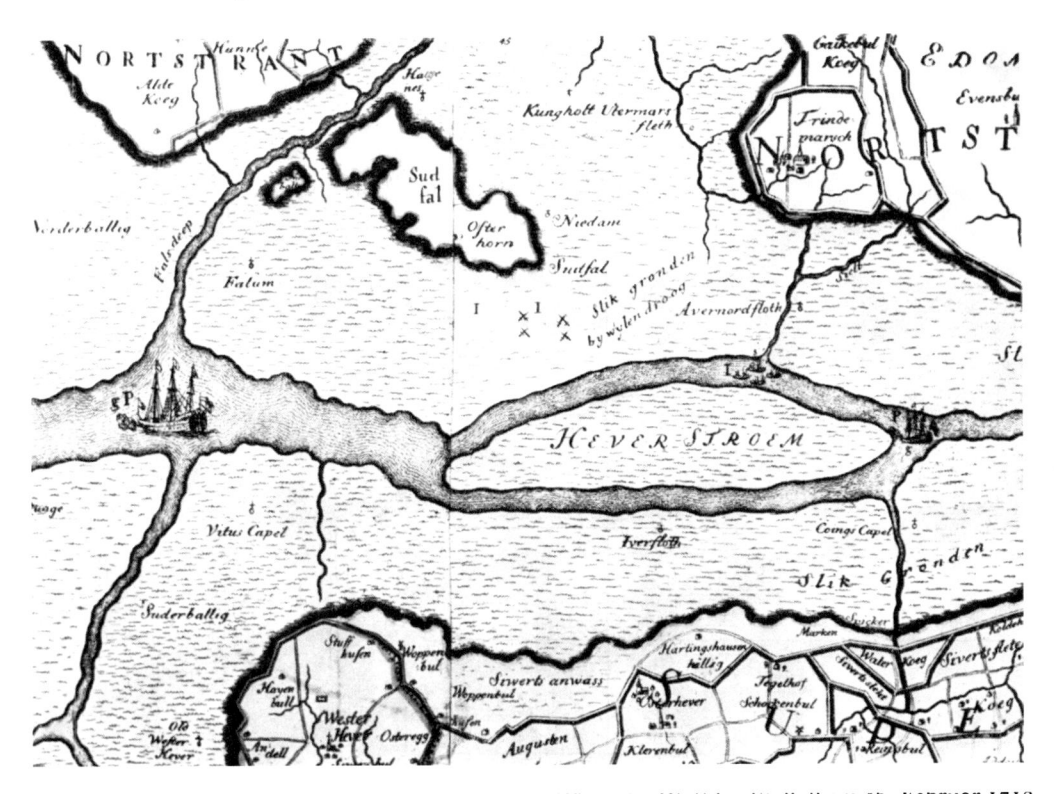

Kampfplatz eines Gefechts zwischen Schweden und Dänen im Watt bei Sudfall am 16. Februar 1713. Nach einer Kartenzeichnung des dänischen Kapitäns Woldenberg

Uwe Jens Lornsen, 1793—1838.
Nach einer Lithographie. Verein für Hamburgische Geschichte, Hamburg

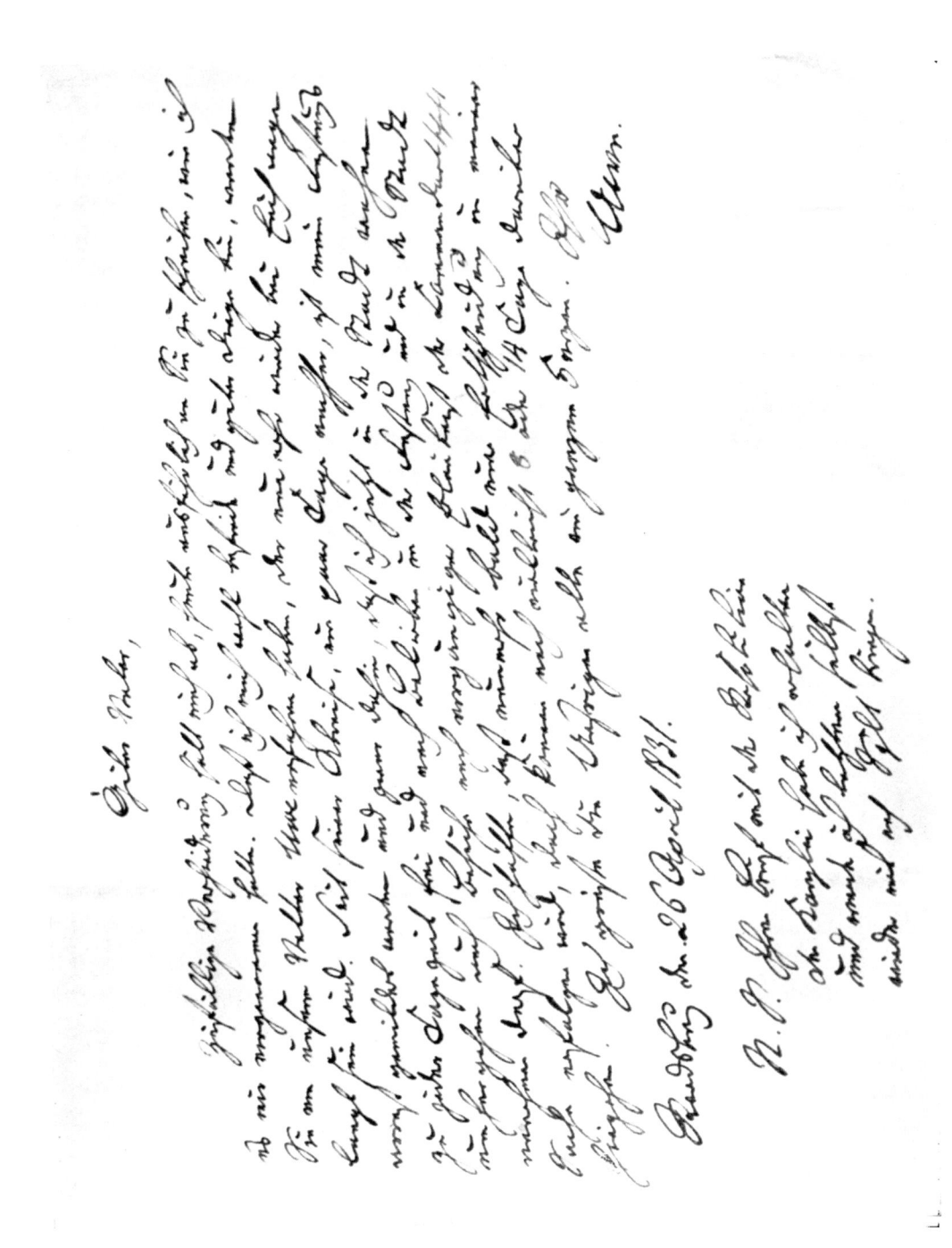

Brief von Uwe Jens Lornsen aus seiner Festungshaft in Rendsburg an seinen Vater in Keitum auf Sylt. Besitz Groot, Keitum

Tafel 89	Stammesgeschichte: Landesgeschichte

Kapitän A. Andersen, Keitum, Fregattenkapitän Lindner, Rittmeister Graf Waldburg und Hauptmann von Wiser nach einem Kriegsmarsch durch das Wattenmeer bei Jordsand am 12. Juli 1864. Nach einer Photographie von F. Brandt, Flensburg

Kanonenkugeln, die die dänische Flotte 1864 auf das Festland bei Dagebüll geschossen hat. Besitzer Theodor Thomsen, Peterswarf bei Dagebüll

Hausbau: Warfbau   Tafel 90

Tamenswarf auf Hallig Langeneß (Butwehl), gesehen aus SW vom Außendeich.
Warfhöhe: 4,40 m. Haus gebaut 1825. Besitzer Tade Hansen

Ockelützwarf auf Hallig Hooge aus SW gesehen. Hamburger Luftbild G. m. b. H. Nr. 1820.

Tafel 91　　　　　　　　　　　　　　　　　　　　　　　　　　　　Hausbau: Warfbau

Ockelützwarf auf Hallig Hooge. Blick vom Feding aus auf die Hanswarf

Haus Jacobsen auf der Norderwarf von Hallig Nordstrandischmoor. Vorrichtung zum Sammeln des Regenwassers in einem Brunnen vor dem Hause

Hausbau: Warfbau Tafel 92

Steinsarg als Tränke auf der Knudswarf von Hallig Gröde

Haus Johannsen auf der Hilligenleiwarf auf Hallig Nordmarsch-Langeneß bei Weststurm.
Die Sturmflut vom 17. September 1935 hat die Warfböschung zerstört

Tafel 93 Hausbau: Das uthländische Haus

Friesenhaus vom Jahre 1672 von S. Nielsen in Wenningstedt auf Sylt. Nordseite

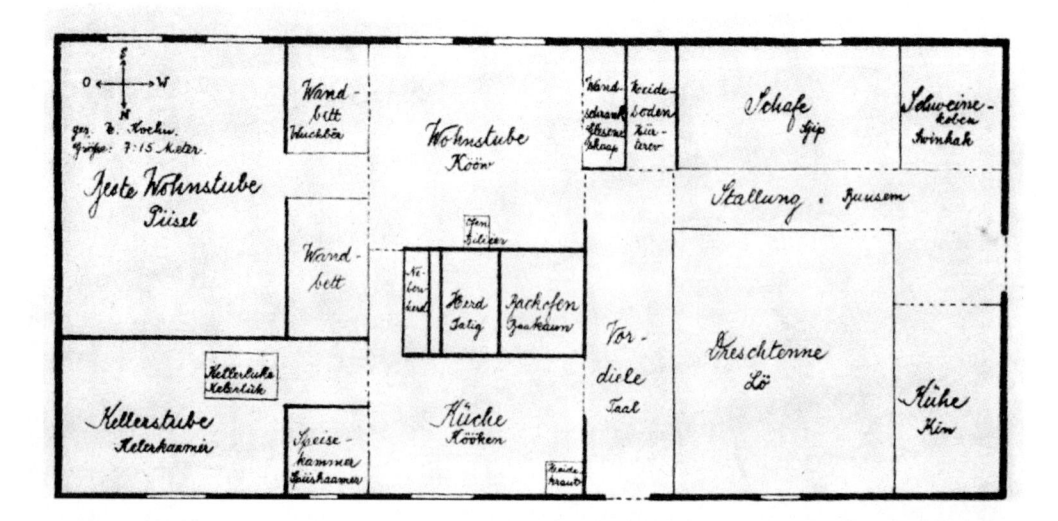

Grundriß des Friesenhauses von S. Nielsen in Wenningstedt auf Sylt. Gebaut 1672.

Offenes Herdfeuer im Friesenhaus von S. Nielsen in Wenningstedt auf Sylt

Küche im Friesenhaus von S. Nielsen in Wenningstedt auf Sylt

Tafel 95 Hausbau: Das uthländische Haus

Haus Olesen von Alkersum auf Föhr, gebaut 1617. Das älteste erhaltene Friesenhaus der Insel; jetzt Museum in Wyk

Erdsodenwand am Stallteil des Hauses Olesen von Alkersum auf Föhr

Haus des Halligschiffers Theodor Johannsen auf der Mayenswarf von Nordmarsch-Langeneß

Altes Hallig-Ständerhaus auf der Neuwarf auf Nordstrandischmoor

Tafel 97   Hausbau: Das uthländische Haus

Giebel des Hauses Thiessen in Morsum-Osterende auf Sylt

Giebel des Hauses Olesen von Alkersum auf Föhr von 1617

Hausbau: Das uthländische Haus   Tafel 98

Giebel des „Weißen Hauses" in Kampen auf Sylt von 1763

Giebel des Hauses Nissen in Klein Morsum auf Sylt

Tafel 99　　　　　　　　　　　　　　　　　　　　　　　　Hausbau: Das uthländische Haus

Vernähen des Retdaches mit Reep aus Dünenhalm.
Kampen auf Sylt

Anfertigung von Reep aus Dünenhalm zum Binden des Retdaches.
Morsum-Osterende auf Sylt.

Hausbau: Das uthländische Haus   Tafel 100

Dachdecken in Kampen auf Sylt. Ausrichten des Rets mit dem hölzernen Klopfer

Der First der Friesenhäuser wird bedeckt mit Erdsoden, die gegen Westen gestaffelt
und mit Holzpflöcken befestigt sind

Bauerngehöft von Morsum auf Sylt

Bauernhaus mit Gartenwall von Anna Bohn in Morsum-Osterende auf Sylt

Hausbau: Gehöft Tafel 102

Altes Friesengehöft von Friedrich Andersen in Keitum auf Sylt

Friesengehöft von Martin Knudsen in Kampen auf Sylt. Haus vom Jahre 1786

Tafel 103   Hausbau: Badeorte

Nordseebad Westerland-Sylt. Ansicht des Strandes.

Westerland auf Sylt nach einem Farbendruck um 1880

Badestrand von Kampen auf Sylt, 1953

Hausbau: Badeorte Tafel 104

Wyk auf Föhr um 1845

Badestrand von Wyk auf Föhr

Tafel 105   Hausbau: Dorfanlage

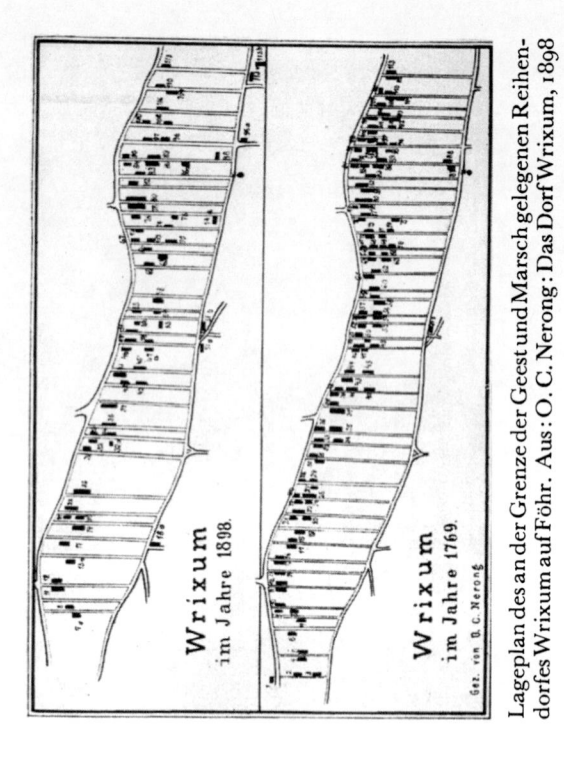

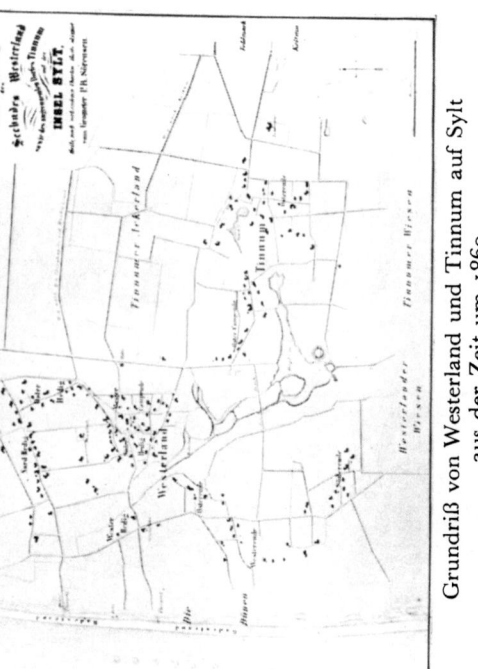

Lageplan des an der Grenze der Geest und Marsch gelegenen Reihendorfes Wrixum auf Föhr. Aus: O. C. Nerong: Das Dorf Wrixum, 1898

Grundriß von Westerland und Tinnum auf Sylt aus der Zeit um 1860

Hausrat: Einheimisches und fremdes Kulturgut   Tafel 106

Alte Friesin von Nieblum auf Föhr am Spinnrad. Vor dem Fenster ein friesischer Klapptisch

Wohnstube des Halligschiffers Theodor Johannsen. Neben dem Wandbett der eiserne von
der Küche aus heizbare Beilegeofen. Mayenswarf auf Nordmarsch-Langeneß

Tafel 107 Hausrat: Einheimisches und fremdes Kulturgut

Wandschrank und Beilegeofen vom Jahre 1675 nebst Messingstülpe, holländischer Uhr und Schiffsbild in der gekachelten Wohnstube eines Seefahrerhauses der Ketelswarf auf Hallig Langeneß

Ecke mit Wandschrank und Tür des holzgetäfelten und bemalten Pesels eines Seefahrerhauses der Ketelswarf auf Hallig Langeneß

Hausrat: Einheimisches und fremdes Kulturgut   Tafel 108

Friesischer Eckschrank mit Porzellan aus Ostasien, das die Seefahrer von ihren Reisen mit heimbrachten. Königspesel auf der Hanswarf auf Hallig Hooge

Eiserner Beilegeofen vom Jahre 1669 aus dem Königspesel der Hanswarf auf Hallig Hooge

Tafel 109　　　　　　　　　　　　　　　　Hausrat: Einheimisches und fremdes Kulturgut

Durchblick durch die mit Fliesenwänden ausgestatteten Räume

Hausrat: Einheimisches und fremdes Kulturgut
Tafel 110

Ecke mit dem Wandbett im Königspesel der Hanswarf auf Hallig Hooge

Alte Friesin, Naemi Jacobsen, im Königspesel der Hanswarf auf Hallig Hooge

Tafel III Hausrat: Einheimisches und fremdes Kulturgut

Pesel mit Wandbett und Erdgrube nebst Geldkiste in dem 1699 gebauten Haus des Commandeurs und Strandinspektors Lorens de haan in Westerland-Süderende auf Sylt

Tongefäße aus dem 19. Jahrhundert von Sylt.
Unten Mitte: Gefäß zum Wollefärben. Die übrigen: Kochgefäße (Jutetöpfe)

Tafel 113 Hausrat: Einheimisches und fremdes Kulturgut

Sammlung H. W. Jessel, Westerland auf Sylt. Text S. 141.
Fliesen von den Nordfriesischen Inseln

Tracht und Schmuck: Volkstrachten im Wandel der Zeit   Tafel 114

Bauer und Frau von Sylt. Nach Rantzau-Westphalen, 1597, Monumenta inedita

Karren Swen und Swen Fröden von Sylt. Ausschnitt aus einem Ölbild v. J. 1654. Kirche von Keitum

Kleidung der Nordstrander, Frau und Mann. Nach Rantzau-Westphalen, 1597, Monumenta inedita

Tafel 115　　　　　　　　　　　Tracht und Schmuck: Volkstrachten im Wandel der Zeit

Mädchen von Sylt. Nach Rantzau-Westphalen, 1597, Monumenta inedita

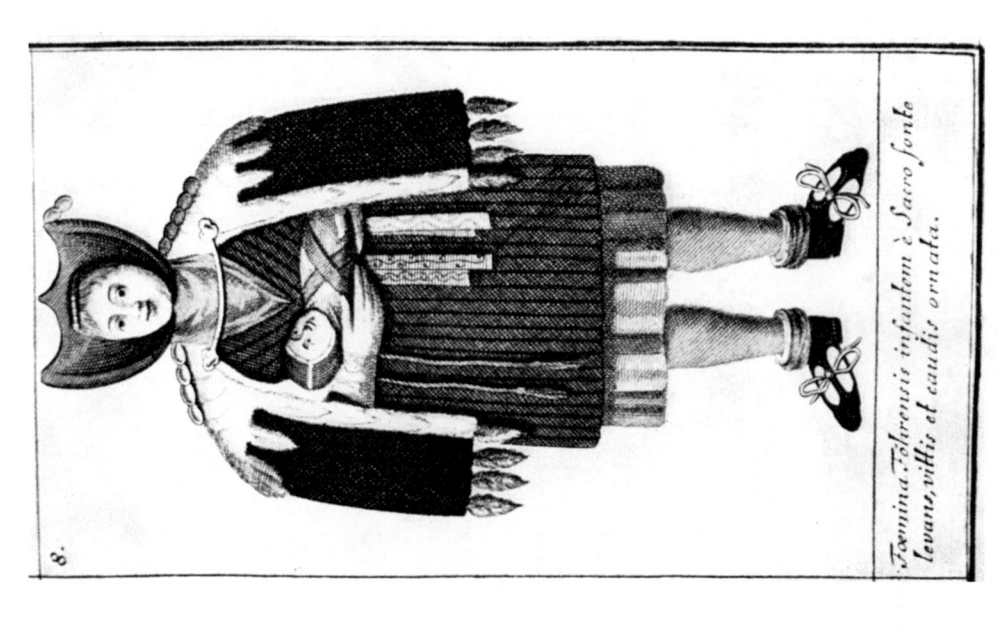

Frau von Föhr, Kind aus der Taufe hebend, mit Binden und Schwänzen geziert. Nach Hamsfort-Westphalen, Monumenta inedita, 1739

Tracht und Schmuck: Volkstrachten im Wandel der Zeit   Tafel 116

„Eine Frau auf ihrem Kirchgang auf Sylt nach Ankunft ihres Mannes von einer Seereise." 18. Jahrh. Nach J. Rieter

„Jungfrau im Brautschmuck von der Insel Fören." Puppe aus der Zeit um 1700. Kunst- und Naturalienkammer des Waisenhauses zu Halle

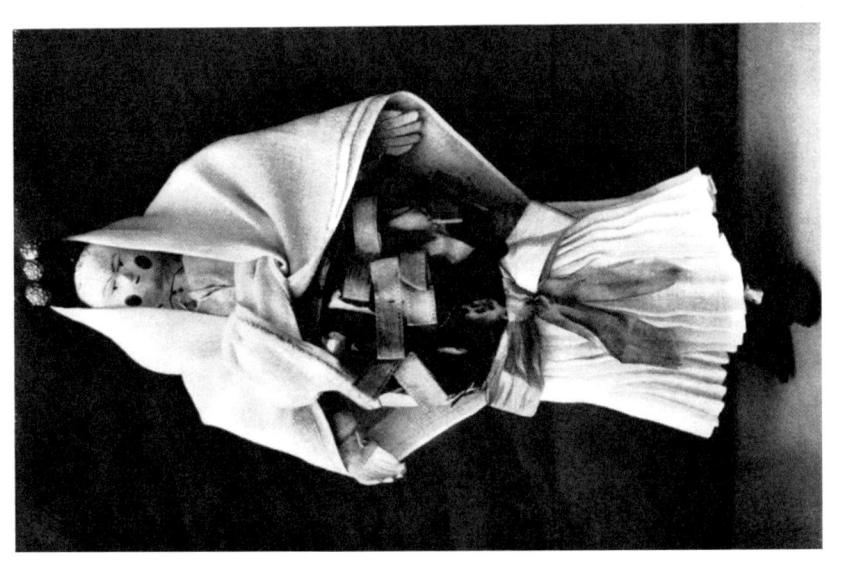

„Jungfrau im Brautschmuck von der Insel Sylt." Puppe aus der Zeit um 1700. Kunst- und Naturalienkammer des Waisenhauses zu Halle

Tafel 117   Tracht und Schmuck: Volkstrachten im Wandel der Zeit

Kapitän Jens Peter Clementz, 1752—1842,
von Keitum auf Sylt.
Ausschnitt aus einem Ölgemälde
von Paul Ipsen, 1780. Familienbesitz

Göntje Braren, 1791—1883, von Föhr.
Miniatur von Oluf Braren, um 1820.
Besitzer: Kapt. Johann Braren,
Witsum auf Föhr

Kapitän Jürgens Groot mit Familie, Wrixum auf Föhr.
Ausschnitt aus einem Aquarell von J. Hansen, Wyk 1807. Besitzer C. Meisler, Wrixum

Tracht und Schmuck: Volkstrachten im Wandel der Zeit   Tafel 118

Rosina Maria Knudsen, geb. Hassold,
1791—1876, Föhr

Schwarzes Kopftuch und rotes mit Perlen
besticktes Läppchen der verheirateten Frau.
Tracht der Gegenwart von Föhr

Frau von Föhr im Leichengefolge.
Nach Hamsfort-Westphalen,
Monumenta inedita, 1739

Trauertracht von Föhr
aus der Zeit vor 1910

Tafel 119   Tracht und Schmuck: Volkstrachten im Wandel der Zeit

Festtracht der Friesinnen auf Föhr

Tracht und Schmuck: Silber- und Goldschmuck

Frauen von Nieblum auf Föhr auf dem Kirchgang. 1935

Silberschmied Emil Hansen von Wyk auf Föhr bei der Anfertigung von Silberknöpfen

Tafel 121　　　　　　　　　　　　　　　　　　　　　Tracht und Schmuck: Silber- und Goldschmuck

Silberner Schürzenhaken, von Langeneß.
Meister J. S. J. 9 cm lang.
Museum für Kunst und Gewerbe, Hamburg

Silberner Brustschmuck, von Föhr.
Altonaer Museum

Teil einer Silberschließe, von Föhr.
Museum für Kunst und Gewerbe, Hamburg

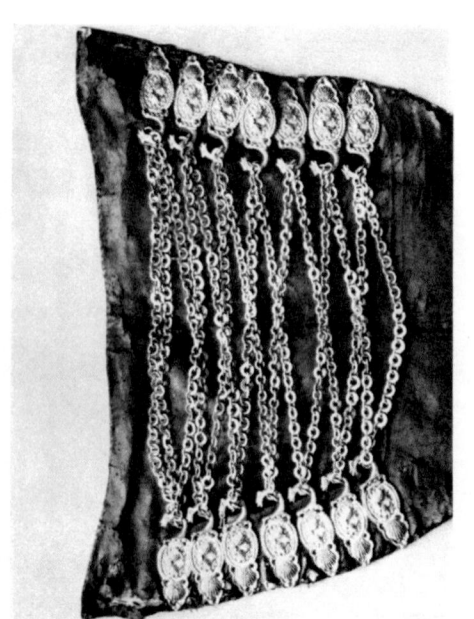

Silberne Maillenkette, von Langeneß.
Museum für Kunst und Gewerbe, Hamburg

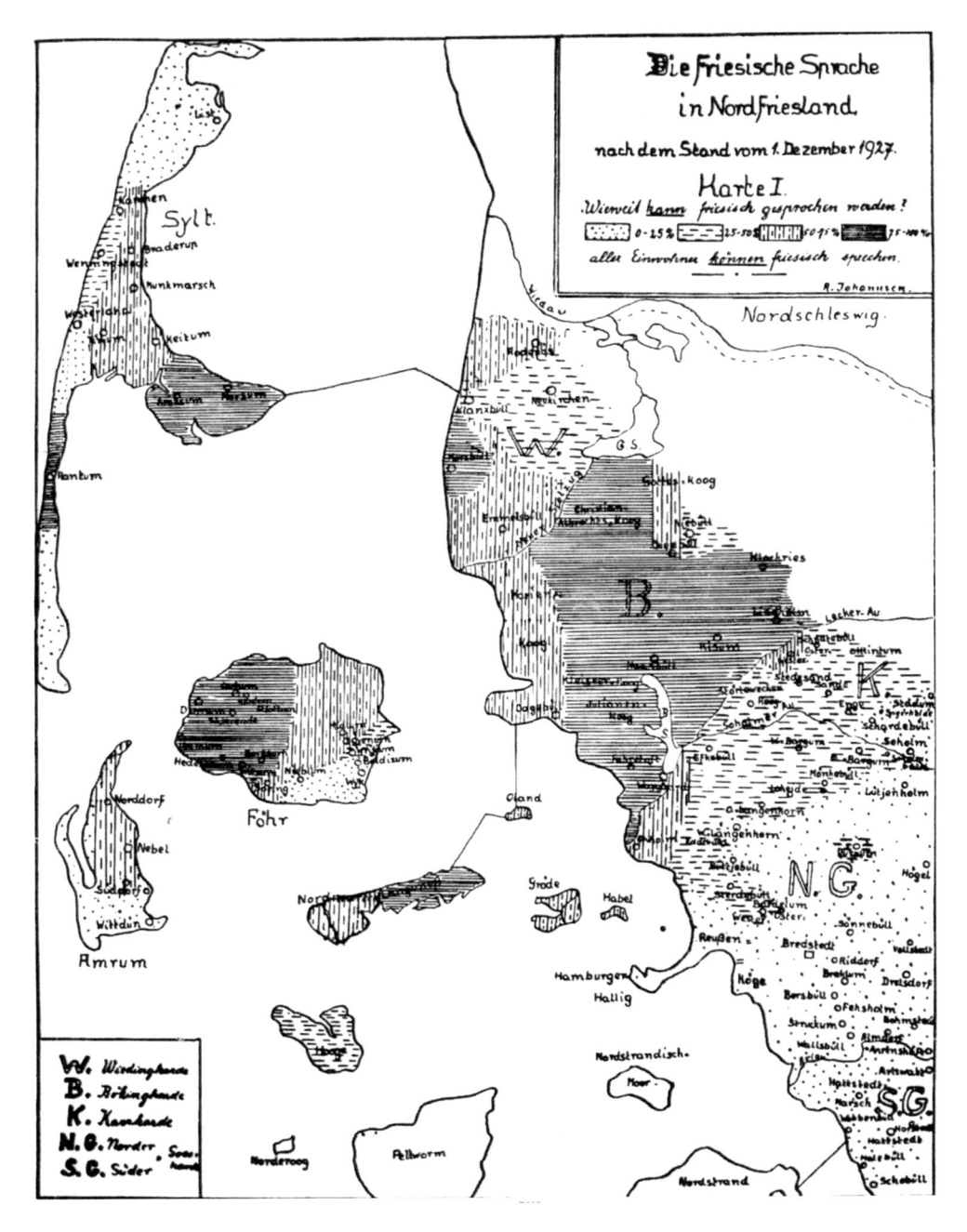

Die friesische Sprache in Nordfriesland nach dem Stand vom 1. Dezember 1927, von A. Johannsen.
Aus: Nordfriesland, herausgegeben von L. C. Peters

Tafel 123 Seefahrt: Fischfang

Der versandete Fischerhafen Renning am Budersandberg bei Hörnum auf Sylt.
Gez. von C. P. Hansen um 1860; lith. W. Heuer

Heringfang. Nach einem alten Kupferstich

Seefahrt: Grönlandfahrt   Tafel 124

Grönlandwal (Balaena mysticetus). Ölbild von F. Diehl, Hamburg

Untergang zweier Walfangschiffe im Grönlandeis, 1678.
Links: Schiff des Commandeurs Cornelius Claas Bille; rechts: Schiff „Roode Vos".
Kupferstich aus „Groenlandsche Visschery", Amsterdam 1728, von C. G. Zorgdrager

Walfang in Grönland. Kupferstich aus „Groenlandsche Visschery", Amsterdam 1728,
von C. G. Zorgdrager

Fliesenbild eines Walfangschiffes. Nebel auf Amrum

Seefahrt: Grönlandfahrt   Tafel 126

Tür des Kirchengestühls der Frauensitze der Familie des Kapitäns Momme Hatje Mommsen von 1743. Hallig Hooge. Jetzt Kanzeltür

Grabstein des Kommandeurs Matthias Petersen 1632—1706. St. Laurentii auf Föhr

Zaun aus Walkieferknochen in Nieblum auf Föhr

Relief am Grabstein des Seefahrers Rörd Knuten, 1730—1812, in Nieblum auf Föhr

Relief am Grabstein des Schiffers Paul Frercksen, 1731—1806, von Langeneß.
Boldixum auf Föhr

Seefahrt: Leistungen einzelner Seefahrer   Tafel 128

Junge beim Schiffspiel in einem Priel der Hallig Hooge

Hafen von Wyk auf Föhr

Tafel 129 Seefahrt: Leistungen einzelner Seefahrer

Kapitän Paul Nickels Paulsen, 1812—1882, von Nieblum auf Föhr

„Helene Sloman", der erste Atlantikdampfer Hamburgs und der erste Dampfer Deutschlands, der unter deutscher Flagge, unter Kapt. Paul Nickels Paulsen von Föhr, 1850 den Atlantik überquerte.
Aquarell von J. Gottheil, 1850, im Besitz von Rob. M. Sloman jr., Hamburg

Kapitän Boye Petersen von Langeneß

Fünfmastvollschiff „Preußen" der Firma F. Laeisz, Hamburg. Von 1902—1909 geführt von
Kapitän Boye Petersen von Langeneß

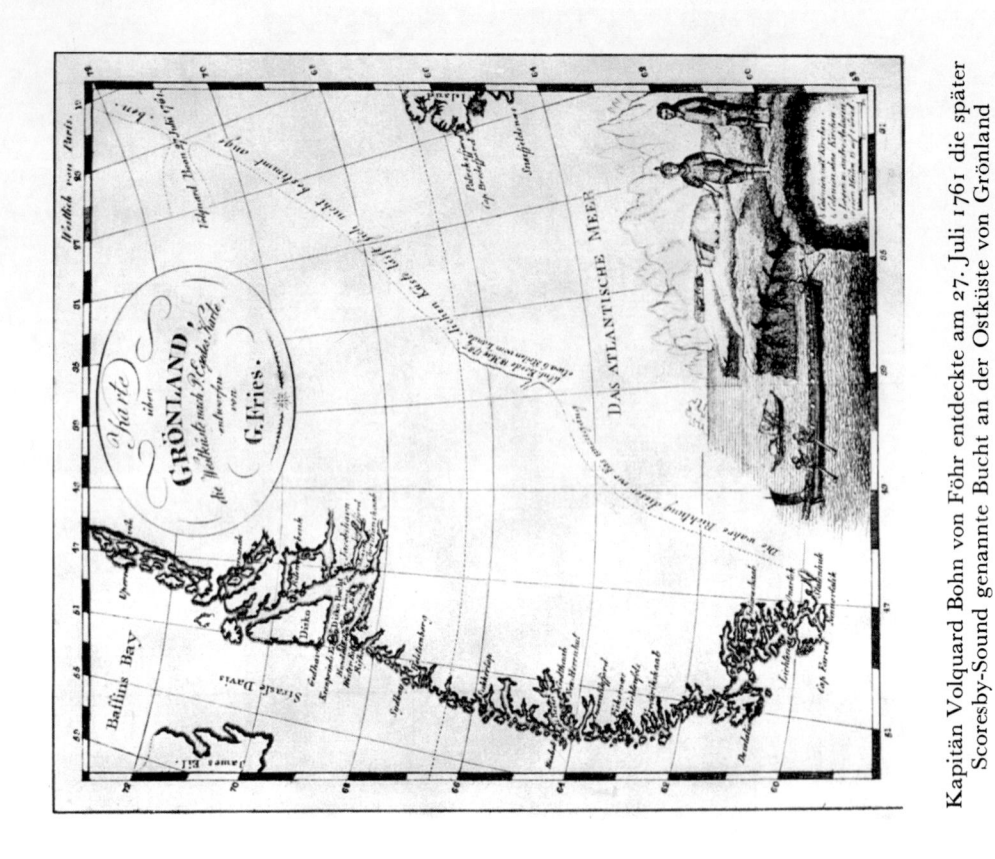

Tafel 131 Seefahrt: Leistungen einzelner Seefahrer

Kapitän Volquard Bohn von Föhr entdeckte am 27. Juli 1761 die später Scoresby-Sound genannte Bucht an der Ostküste von Grönland

Kapitän Eduard Paulsen von Boldixum auf Föhr, als Steuermann des Zeppelin L 50 im 1. Weltkrieg

Seefahrt: Leistungen einzelner Seefahrer
Tafel 132

Kapitän Carl Christiansen, 1864—1937, von Westerland auf Sylt

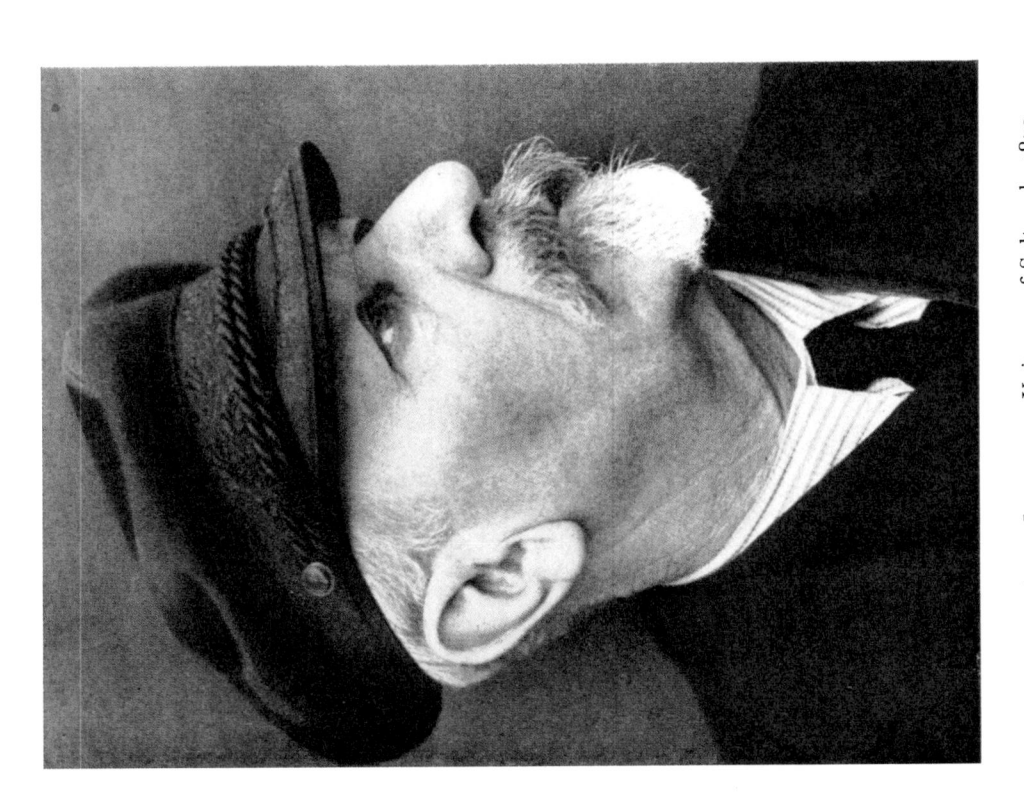

Kapitän Johann Jansen von Keitum auf Sylt, geb. 1872

Tafel 133 Seefahrt: Erlebnisse einzelner Seefahrer

Kapt. Haye Laurens, 1753—1835, von Hallig Hooge. Ölgemälde um 1800. Nachlaß: Haye Lorenz Jacobsen, Tondern

Lilienorden, zur Auszeichnung von Kapt. Haye Laurens von Hooge durch König Ludwig XVIII. von Frankreich im Jahre 1818. Familienbesitz, Hooge

Ludwig XVIII. von Frankreich als Graf von Provence und die Herzogin und der Herzog von Angoulême. Miniatur von 1804. Prov. Museum Mitau

Seefahrt: Erlebnisse einzelner Seefahrer   Tafel 134

Urkunde zur Verleihung des Lilienordens durch Ludwig XVIII. von Frankreich an Kapitän Haye Laurens von Hooge, unterzeichnet von Richelieu, Paris 14. Juli 1818. Familienbesitz, Hooge

Bark „De Kinds Kinder", auf der Ludwig XVIII. von Frankreich unter Führung von Kapitän Haye Laurens von Hooge 1804 eine Seereise von Riga nach Kalmar unternahm. Aquarell, Wyk 1803. Familienbesitz, Hamburg

Silberne Teekanne, Geschenk Ludwig XVIII. an Haye Laurens. Familienbesitz, Hooge

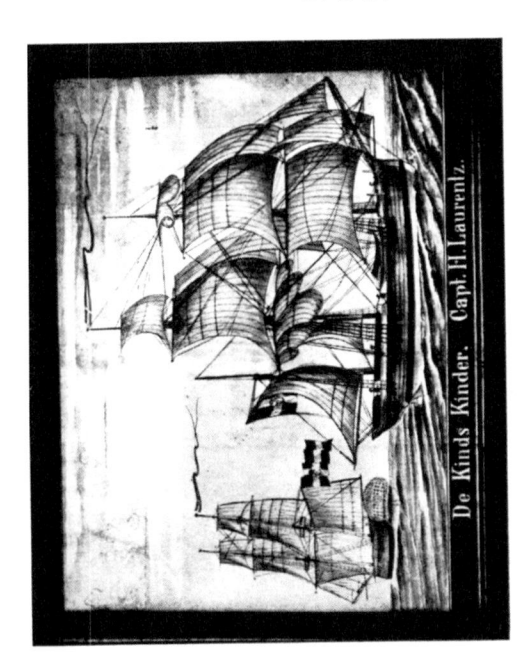

Strandung der holländischen Kuff „De Spruit" bei Wenningstedt auf Sylt am 30. September 1872.
Nach einer Photographie von P. E. Nickelsen, Westerland

Strandung des französischen Dampfers „Adrar" am 20. Oktober 1935 am Weststrand des Listlandes auf Sylt. Photo 25. Februar 1936

Seefahrt: Schicksale							Tafel 136

Strandung des dänischen Fischkutters E 162 — „Flemming" von Esbjerg bei NW-Sturm
am 6. Oktober 1946 bei Buhne 32 bei Kampen auf Sylt

Friedhof der Heimatlosen in Westerland auf Sylt mit 53 Gräbern am
Strande tot Angetriebener

Tafel 137 Seefahrt: Schicksale

Peter Carstensen. Vormann der
Rettungsstation Hörnum auf Sylt, seit 1936.
Rettungsmann seit 1914

Ludwig Hansen. Vormann der
Rettungsstation List auf Sylt, seit 1925
Rettungsmann seit 1919

Arthur Hansen. Vormann der
Seenotstelle Westerland auf Sylt, seit 1940.
Rettungsmann seit 1928

Jürgen Bleicken. Vormann der Rettungsstation
Kampen auf Sylt, seit 1920 bis zur
Aufhebung 1949. Strandvogt seit 1924

Landwirtschaft: Deichbau, Agrarverfassung

Tafel 138

Grenzmarke im Halligrasen der Fenne des Bols Backenswarf auf Hooge. E = Edlef Bandixen; △ = Grenzzeichen innerhalb eines Bols

Vermessung zur Aufteilung des Landes als Eigenbesitz auf Hallig Hooge. 26. September 1935

Überflutung des Marschlandes bei Archsum auf Sylt am 11. Oktober 1935. Ansicht vom Bahndamm bei Keitum

Bau eines Kajedeiches bei Wadens, südlich Tinnum auf Sylt. 2. Oktober 1936

Pflüger beim Leuchtturm von Kampen auf Sylt

Pflugland bei Kampen auf Sylt. Am Horizont Hügelgräber

Landwirtschaft: Ackerbau und Viehzucht   Tafel 140

Schafe auf dem Weideland von Hallig Gröde, von der Knudswarf gesehen

Weideland und Warfen von Hallig Gröde

Tafel 141 Landwirtschaft: Ackerbau und Viehzucht

Einen Tag alte Zwillingslämmer im Märzschnee bei Munkmarsch auf Sylt

Schafschur in Kampen auf Sylt

Landwirtschaft: Ackerbau und Viehzucht

Tafel 142

Melken. Tinnum auf Sylt

Butterschwinge im Hill von Neuton Nommensen auf Gröde

Tafel 143 Landwirtschaft: Ackerbau und Viehzucht

Pflugland im Wattenmeer zur Ebbezeit freiliegend, aus der Zeit von 1362, im NW der Hallig Hooge, vom Steindeich aus gesehen

Gerstenfeld bei der Ipkenswarf auf Hooge. Erster Anbauversuch von Getreide auf der Hallig.
Juli 1933

Landwirtschaft: Ackerbau und Viehzucht   Tafel 144

Roggensäerin bei Nebel auf Amrum

Haferdrusch auf der Tenne (Lö) des Hauses Nielsen in Wenningstedt auf Sylt

Tafel 145　　　　　　　　　　　　　　　　　Landwirtschaft: Ackerbau und Viehzucht

Heuernte auf Langeneß

Entladen eines Heuerntewagens auf der Ketelswarf von Langeneß

Heilkunde

Tafel 146

Messung der Kondensationskerne der Luft mit dem Kernzähler von Scholz durch Dr. Leistner, Wyk auf Föhr

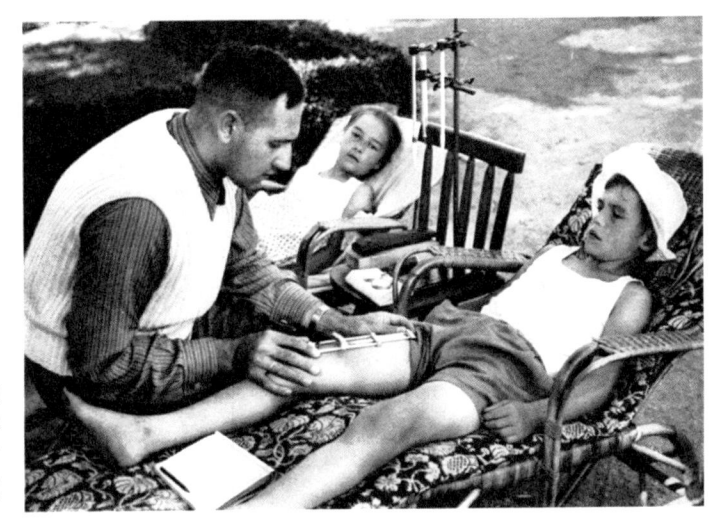

Messung der Temperatur und Feuchtigkeit der Haut an Kindern durch Dr. Leistner, Leiter der Bioklimat. Forschungsstelle, Wyk auf Föhr

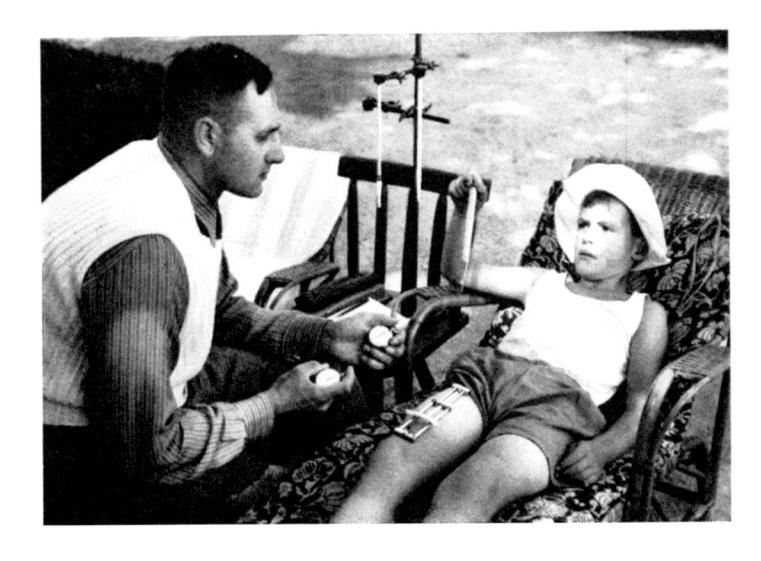

Messung der Temperatur, Feuchtigkeit und Ventilation der Luft zur Untersuchung des Klimaeinflusses auf die Regulationsmechanismen der Haut, durch Dr. Leistner, Wyk auf Föhr

Tafel 147　　　　　　　　　　　　　　　　　　　　　　　　　　　Heilkunde

Gymnastik am Strand in Wyk auf Föhr.
Kindersanatorium von Dr. Schede

Ballspiel am Strand von Wyk auf Föhr
Kindersanatorium von Dr. Schede

Ausbootung des Arztes Dr. med. Carl Häberlin, Wyk auf Föhr,
auf der Fahrt zu einem Krankenbesuch nach Hallig Langeneß

Bioklimatische Forschungsstelle Wyk auf Föhr

Recht Tafel 148

Thinghügel auf Sylt. Im Hintergrund die Kirche von Keitum

Tafel 149

Bauernhaus von Henry Jacobsen, gebaut 1705. Neuer Koog auf Nordstrand. Bei den beiden oberen Fenstern befand sich die „Gerichtsstube"; jetzt im Altonaer Museum

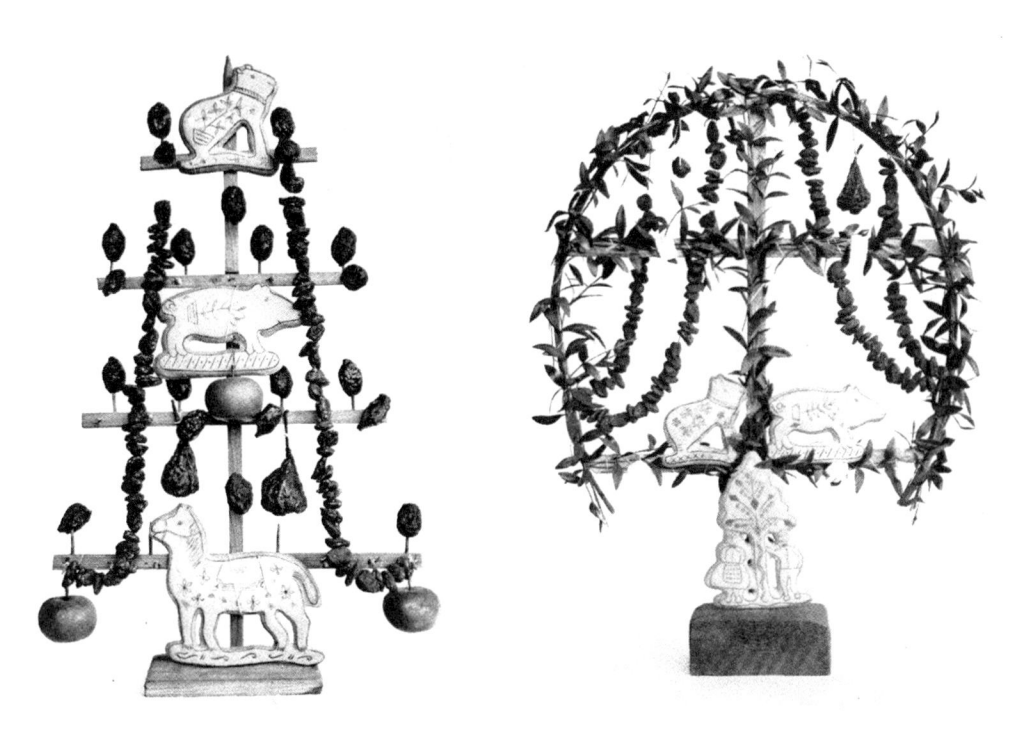

„Weihnachtsbaum", wie er bis 1886 auf Föhr üblich war. Modelle des Altonaer Museums

Biikenbrennen auf dem nördlichen Jüdälhoog beim Leuchtturm von Kampen auf Sylt
am 21. Februar 1937

Tafel 151   Sitten und Bräuche: Feiern und Feste

Stickerei auf einem Sterbeleinen. Honkenswarf auf Hallig Langeneß

Stickerei auf einem Sterbekissen des Kapitäns Haye Laurens von Hooge

Totenkrone für Kinder, von Hallig Langeneß. Höhe: 11 cm. Museum Wyk auf Föhr

Sitten und Bräuche: Spiele   Tafel 152

Kinder von Hallig Hooge beim Kreisspiel

Schlittenfahren in Keitum auf Sylt

Tafel 153 Sitten und Bräuche: Spiele

Ringreiten in Keitum auf Sylt

Umzug der Ringreiter von Sylt nach der Preisverteilung durch Keitum am 16. Juni 1935

Geistesleben: Volksgeist   Tafel 154

Erich Johannsen, 1862—1938. Heimatdichter von Sylt

Christian Peter Hansen, 1803—1879. Chronist von Sylt

Reisehügel bei Braderup auf Sylt. Residenz des Zwergkönigs Finn

Holstich oder Wullstich bei Kampen auf Sylt

Verschworenenweg bei der Vogelkoje auf Amrum

Osetal bei Wenningstedt auf Sylt

Schulunterricht auf Hallig Gröde. Sommer 1932

Schulklasse von Hallig Hooge. September 1935

Geistesleben: Religion Tafel 158

Ausschnitt aus der Karte „Nordertheil vom Alt Nordt Frisslande bis an das Jahr 1240"
von Joh. Meyer, Husum 1649, aus: „Newe Landesbeschreibung der zwey Hertzogthümer
Schleswich und Holstein" von Caspar Danckwerth, 1652

Balckstein im Wattenmeer nördlich von Dunsum auf Föhr. Sichtbarer Durchmesser 2,50 m
Aufnahme August 1933

Fundamentsteine der 1634 untergegangenen Kirche von Morsum auf Alt-Nordstrand, im Wattenmeer zur Ebbezeit, von O nach W gesehen. Aufnahme Juni 1935

Friedhof bei Hallig Habel, vermutlich von vor 1362, zur Ebbezeit im Wattenmeer freiliegend, 30 m von der westlichen Halligkante entfernt. Aufnahme Oktober 1932

Geistesleben: Religion   Tafel 160

Friedhof der Kirchwarf von Gröde während einer Überflutung der Hallig bei Südweststurm
am 20. September 1935

Blick vom Kirchturm der St. Johannis-Kirche in Nieblum auf Föhr auf den Friedhof und das Dorf

Kirche der Hallig Gröde von 1779

St. Nicolai-Kirche in Boldixum auf Föhr. Anfang des 13. Jahrhunderts

Geistesleben: Religion Tafel 162

St. Laurentii-Kirche bei Süderende auf Föhr. Anfang des 13. Jahrhunderts

St. Johannis-Kirche von Nieblum auf Föhr. Ende des 12. Jahrhunderts

St. Martin-Kirche von Morsum auf Sylt. Ende des 12. Jahrhunderts

Geistesleben: Religion   Tafel 164

St. Severin-Kirche von Keitum auf Sylt. Ende des 12. Jahrhunderts

Tafel 165 Geistesleben: Religion

Grabstein des Müllers Hans Christiansen, 1685—1771, in Nieblum auf Föhr

Grabstein von Peter Melffsen, Anfang des 18. Jahrhunderts, Boldixum auf Föhr

Grabstein des Kapitäns Dirck Cramers, 1725—1769, in Nieblum auf Föhr

Geistesleben: Religion Tafel 166

Grabstein des Schiffers Oluf Jensen, 1672—1750, in Nebel auf Amrum. Rückseite

Grabstein des Schiffers Oluf Jensen, 1672—1750, in Nebel auf Amrum, Vorderseite

Tafel 167

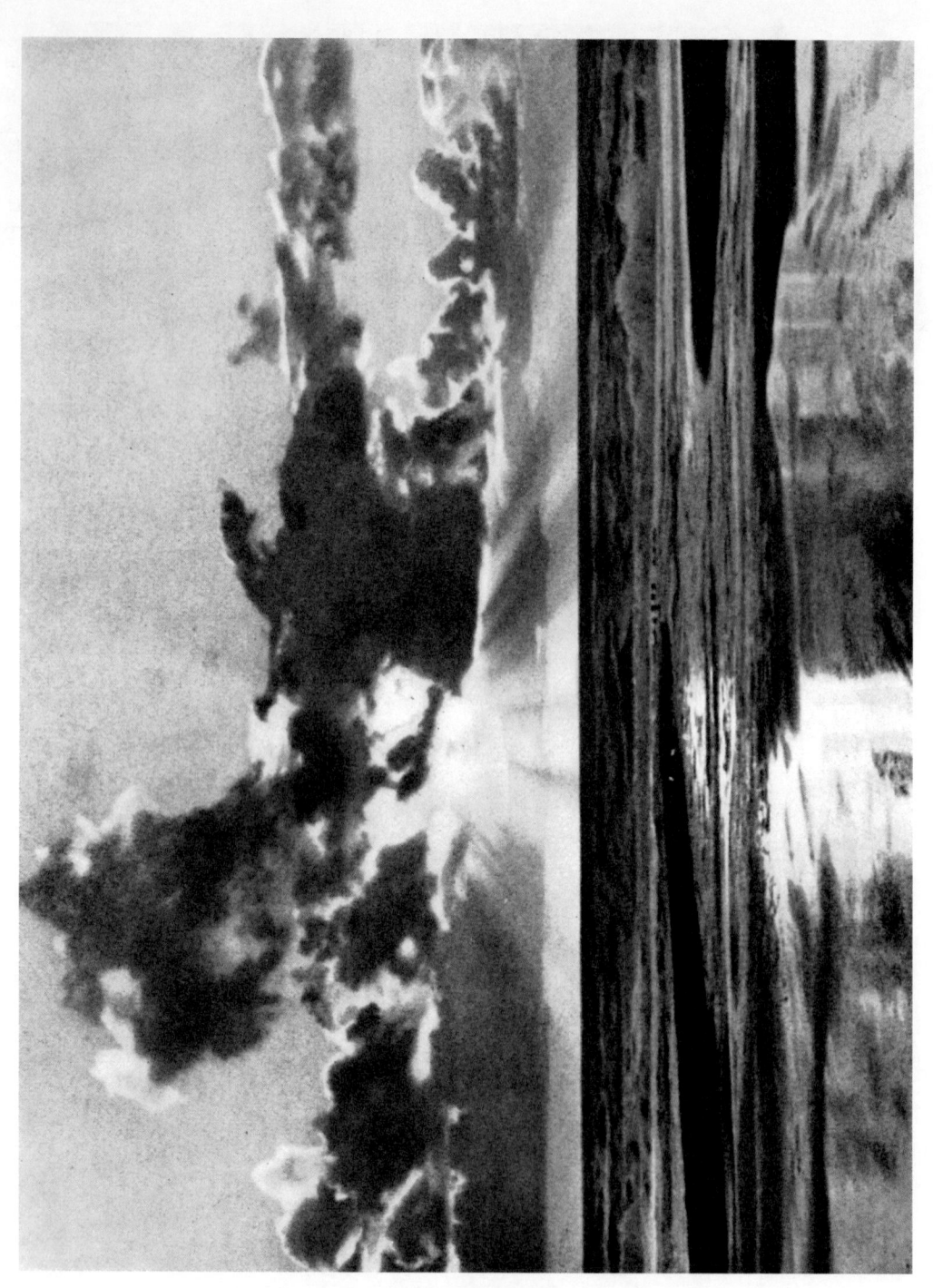

Sonnenuntergang auf Sylt

Vervielfältigung verboten

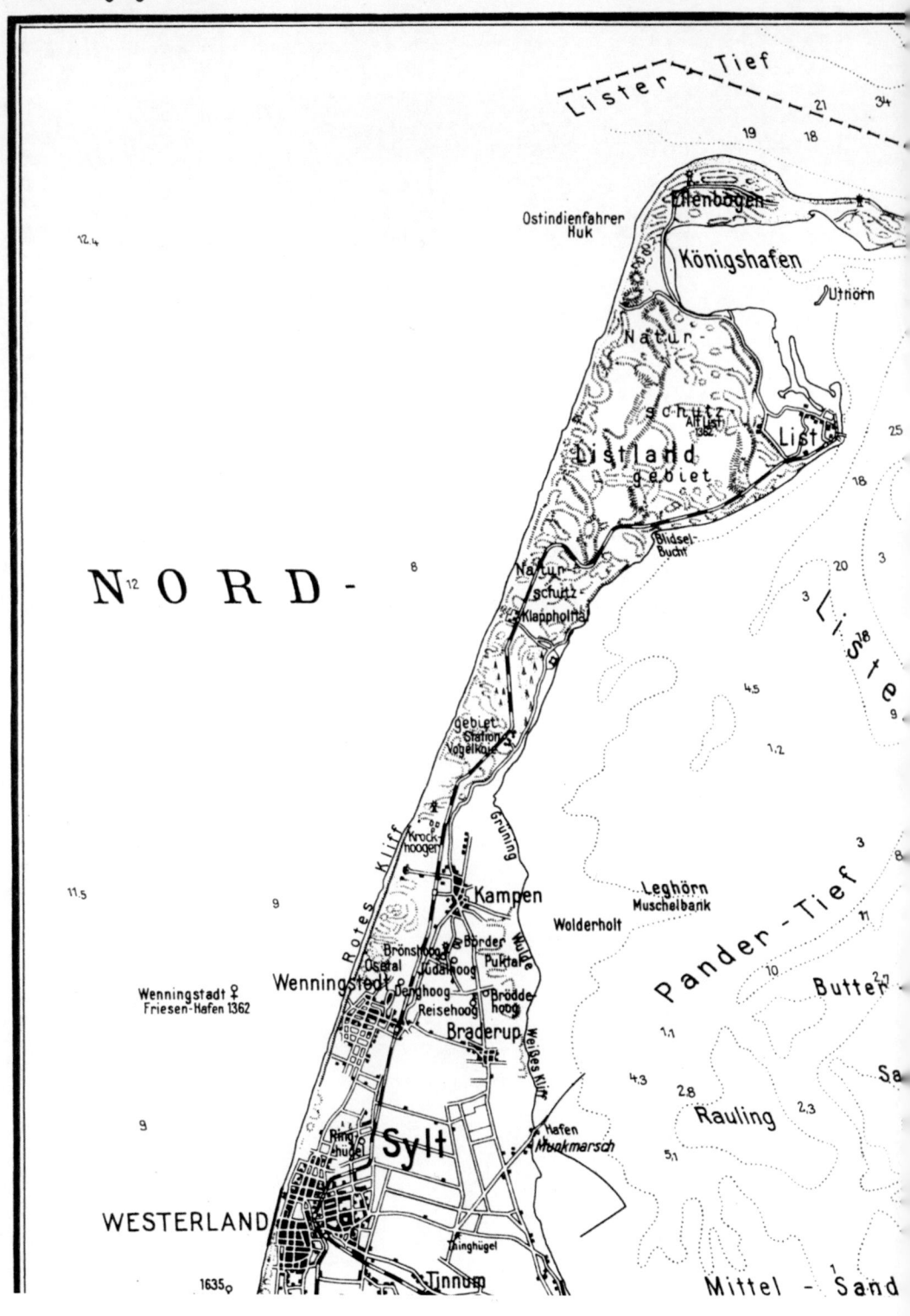

Karte der Nordf

Entworfen von Henry Koehn, H

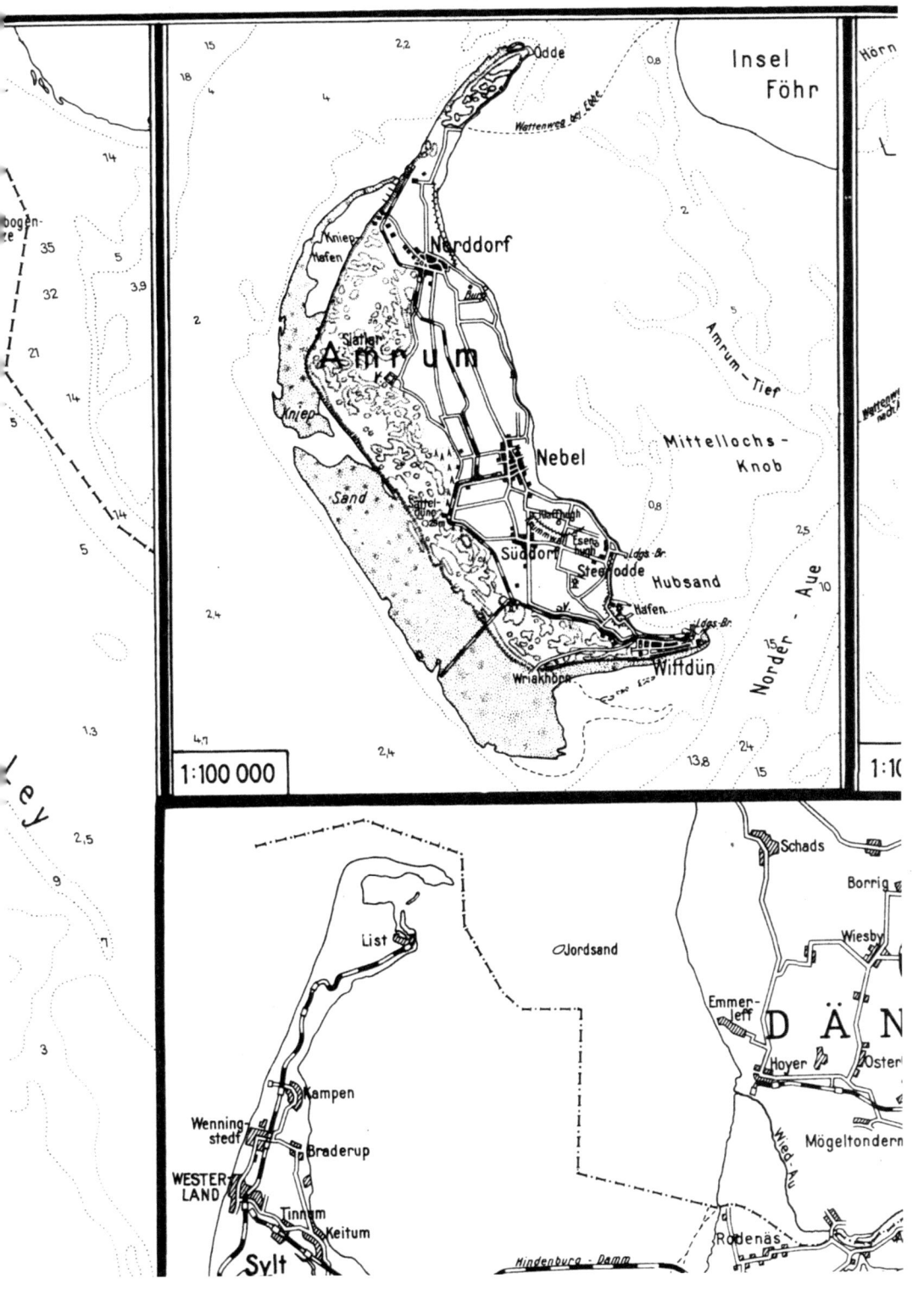

1:100 000

riesischen Inseln
Hamburg 1939, berichtigt 1953.

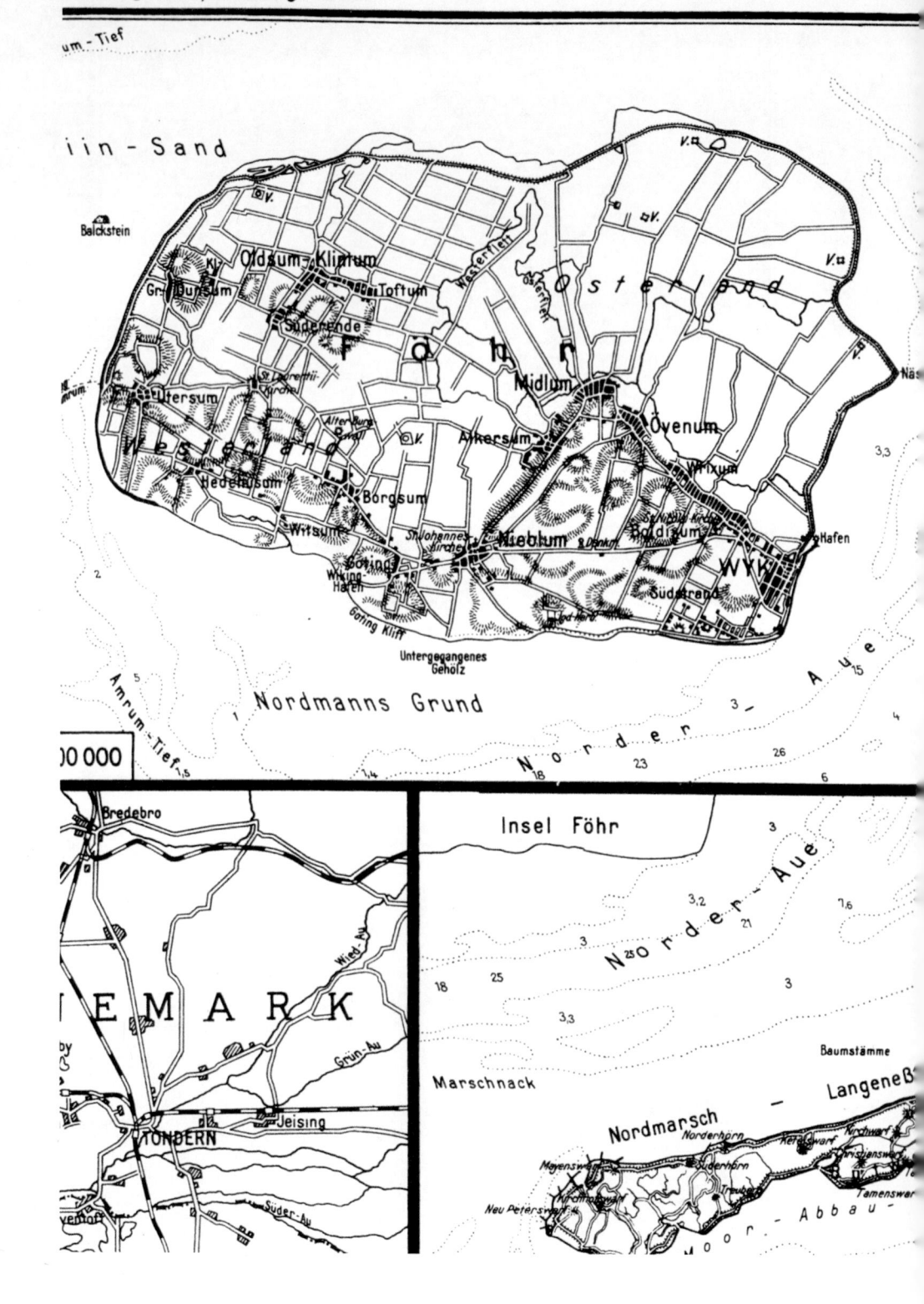

Aus dem gleichnamigen Werk des Verfassers

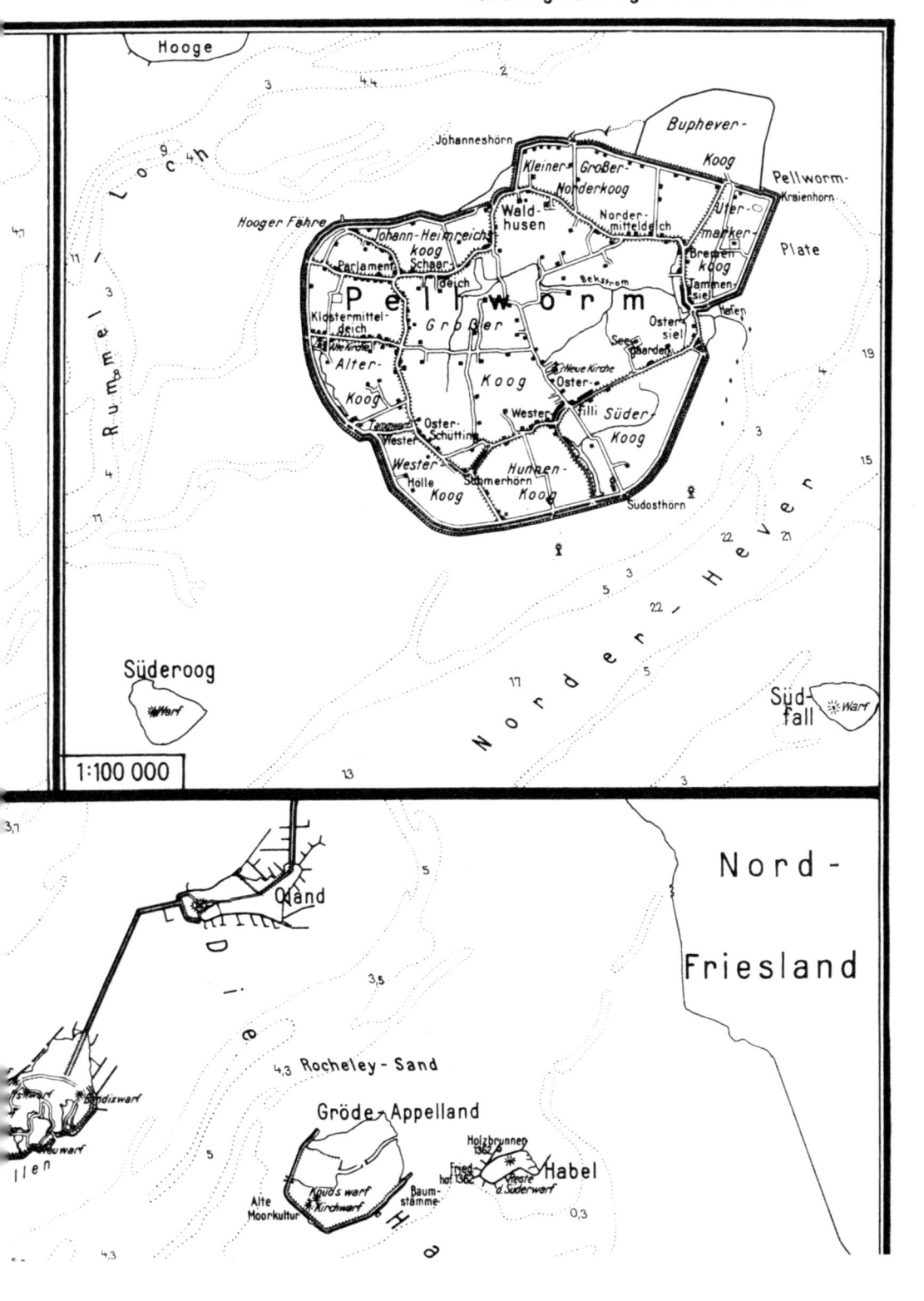

1:100 000

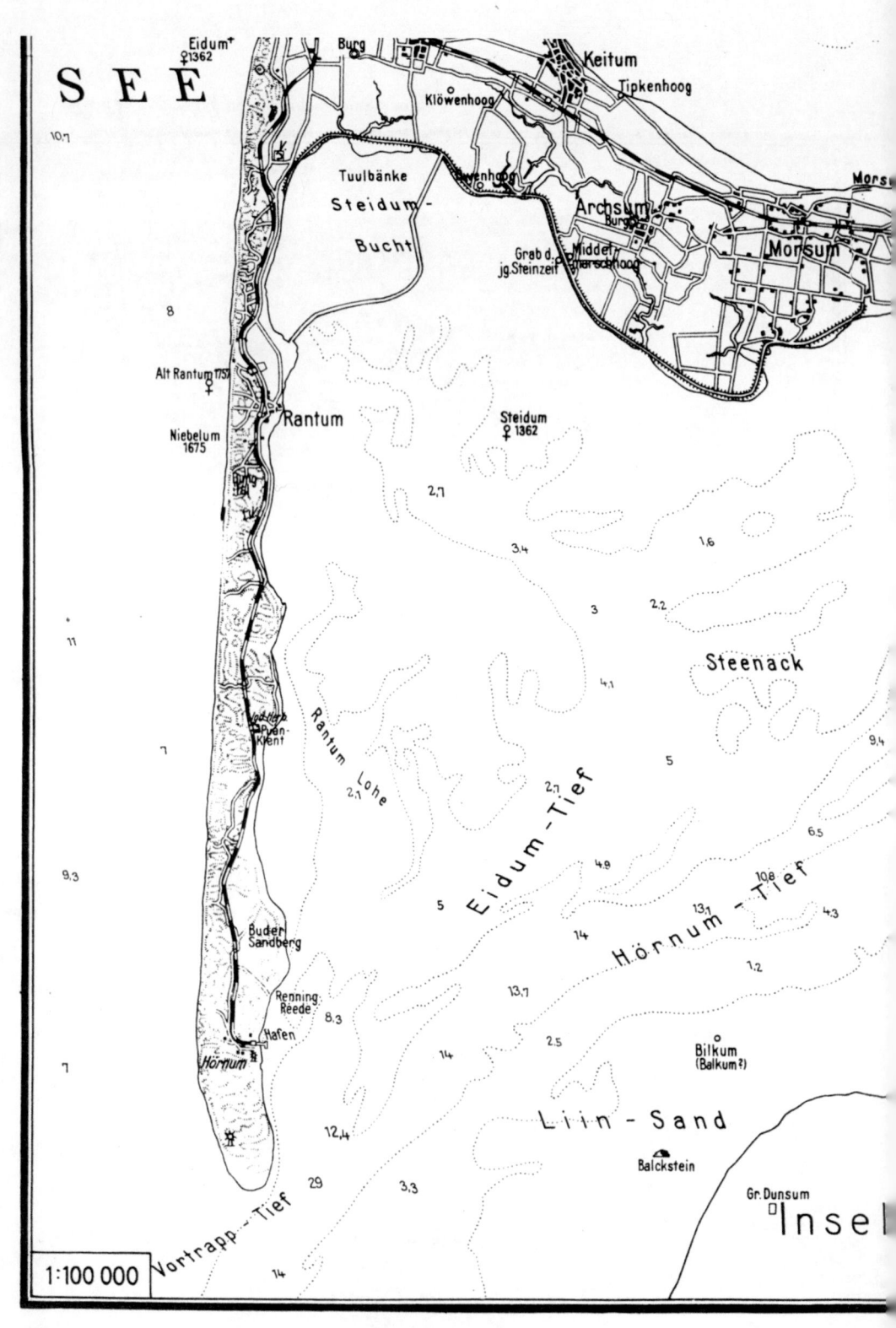

Druck: Gustav A. Schmidt, Hamburg 33 (1953)

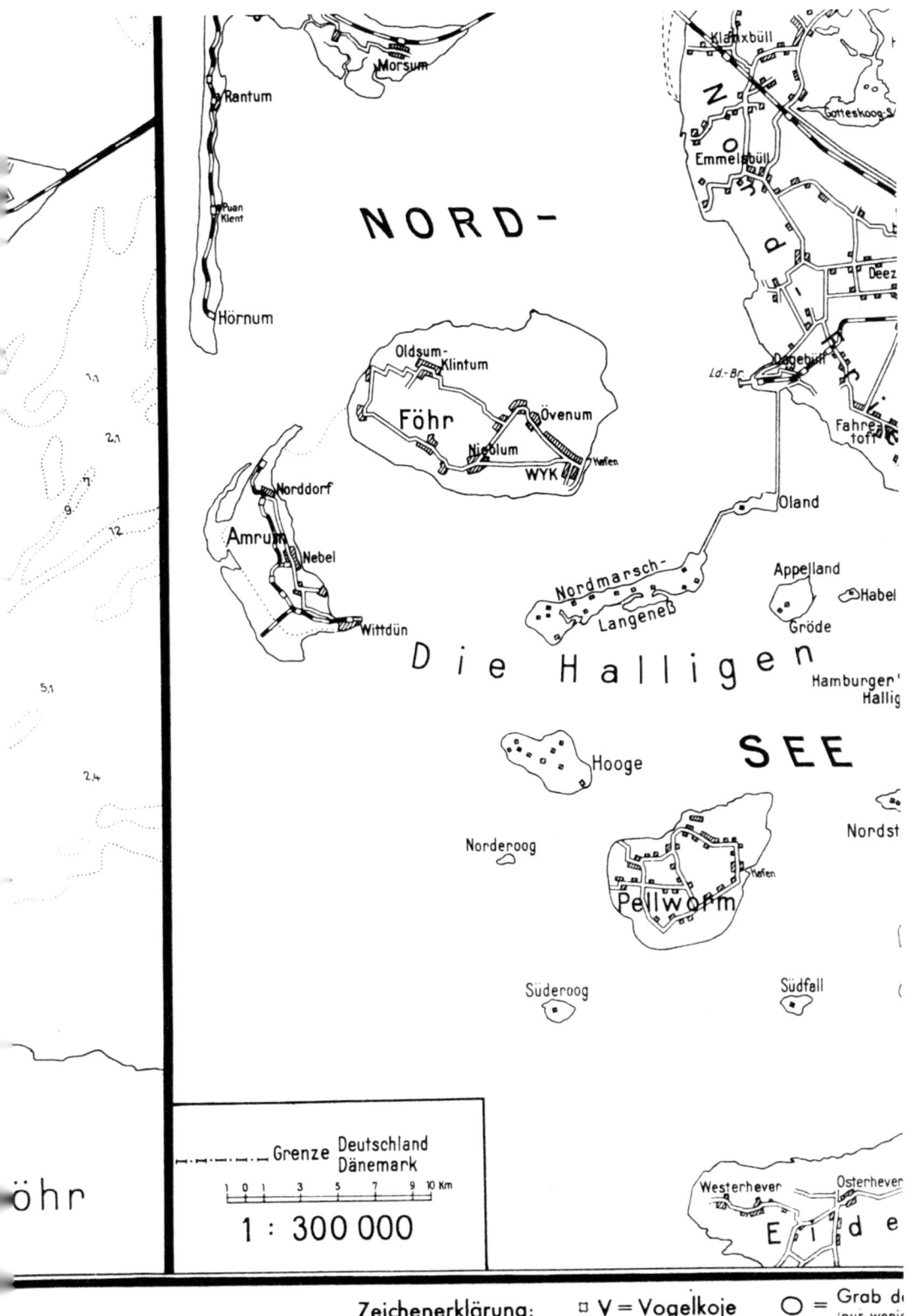

Morsum
Rantum
Klanxbüll
N O R D -
Emmelsbüll
Gotteskoog-S.
Puan
Klent
Deez
Hörnum
Oldsum-
Klintum
Ld.-Br.
Dagebüll
Föhr
Övenum
Niblum
Hafen
Fahre
toft
WYK
Oland
Norddorf
Amrum
Nordmarsch-
Appelland
Nebel
Langeneß
Habel
Gröde
Wittdün
D i e H a l l i g e n
Hamburger
Hallig
S E E
Hooge
Norderoog
Nordst
Hafen
Pellworm
Süderoog
Südfall

·—··—··— Grenze Deutschland
           Dänemark

0 1   3   5   7   9 10 Km

1 : 300 000

Westerhever   Osterhever
E i d e

Zeichenerklärung: ▫ V = Vogelkoje   ○ = Grab d
                    ⚓ = Leuchtfeuer   ◎ = Burg
                    Die Tiefenangaben beziehen sich

öhr

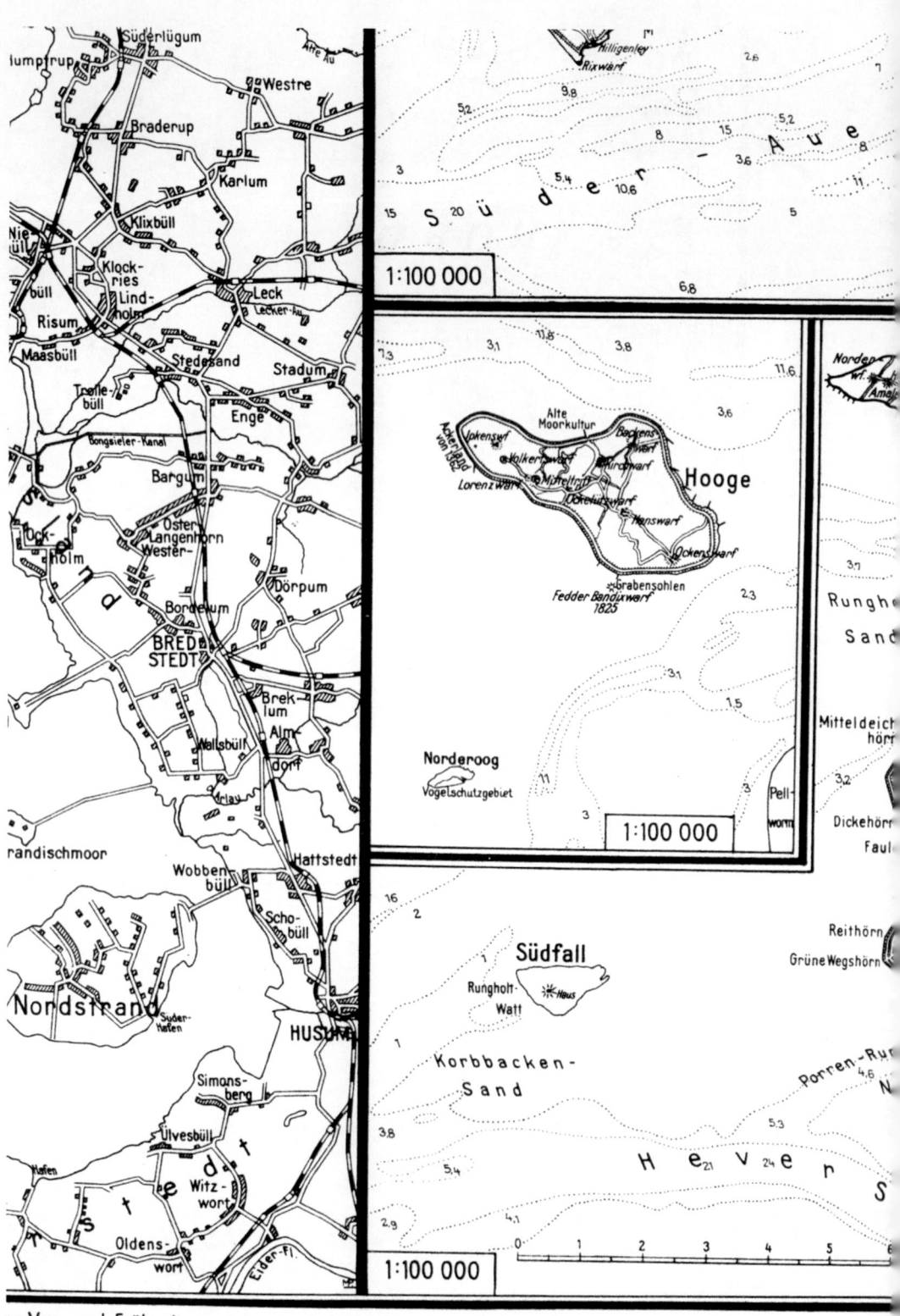

... er Vor- und Frühzeit
(...ge aufgeführt)
† = Kirche
⚲ = untergegangene Kirche
auf mittleres Springniedrigwasser

1:100 000

1:100 000

1:100 000

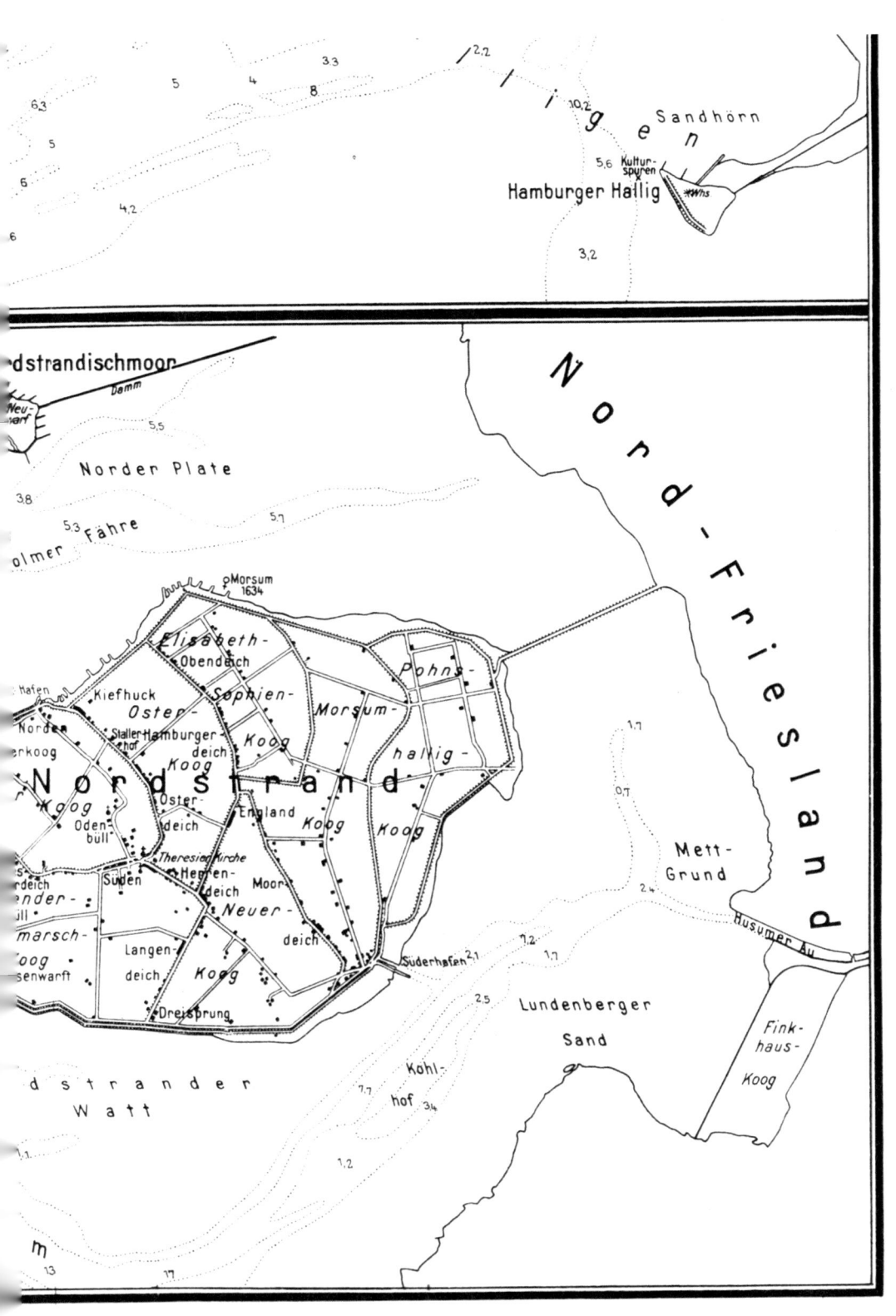

Verlag von Cram, de Gruyter & Co., Hamburg